Windows Server 2019 系统与网站配置指南

戴有炜 著

清華大学出版社
北 京

内 容 简 介

本书是微软系统资深工程师顾问戴有炜先生新版升级的 Windows Server 2019 两卷力作中的系统与网站配置指南篇。

书中秉承了作者的一贯写作风格：大量的系统与网站配置实例兼具扎实的理论基础，以及完整清晰的操作过程，以简单易懂的文字进行描述，内容丰富且图文并茂。全书共分 17 章，主要内容包括 Windows Server 2019 概述、安装与基本环境设置，本地用户与组账户的管理，虚拟环境的搭建，建立 Active Directory 域，文件权限与共享文件夹，打印服务器的配置与管理，组策略与安全设置，磁盘系统的管理，分布式文件系统，系统启动的疑难排除，利用 DHCP 自动分配 IP 地址，解析 DNS 主机名，架设 IIS 网站，PKI 与 https 网站，Server Core、Nano Server 与 Container 等。

本书面向广大计算机系统管理和系统维护人员，可作为高等院校相关专业和技术培训班的教学用书，更可作为微软认证考试的参考用书。

图书在版编目（CIP）数据

Windows Server 2019 系统与网站配置指南 / 戴有炜著.—北京：清华大学出版社，2021.1（2023.9重印）
ISBN 978-7-302-56885-8

Ⅰ.①W… Ⅱ.①戴… Ⅲ.①Windows NT 操作系统－网络服务器－指南 Ⅳ.①TP316.86-62

中国版本图书馆 CIP 数据核字（2020）第 226794 号

责任编辑：夏毓彦
封面设计：王　翔
责任校对：闫秀华
责任印制：丛怀宇
出版发行：清华大学出版社
　　网　　址：http://www.tup.com.cn，http://www.wqbook.com
　　地　　址：北京清华大学学研大厦 A 座　　**邮　　编：**100084
　　社 总 机：010-83470000　　**邮　　购：**010-62786544
　　投稿与读者服务：010-62776969，c-service@tup.tsinghua.edu.cn
　　质 量 反 馈：010-62772015，zhiliang@tup.tsinghua.edu.cn
印 装 者：三河市铭诚印务有限公司
经　　销：全国新华书店
开　　本：190mm×260mm　　**印　张：**30　　**字　　数：**768 千字
版　　次：2021 年 1 月第 1 版　　**印　　次：**2023 年 9 月第 4 次印刷
定　　价：119.00 元

产品编号：086651-01

序

首先感谢读者长期以来的支持与爱护！两本Windows Server 2019图书仍然采用我一贯的编写风格，也就是完全站在读者立场来组织内容，并且以务实的精神来编写。我花费相当多时间在不断地测试与验证书中所叙述的内容，并融合多年的教学经验，然后以最容易让读者理解的方式进行编写，希望能够协助你迅速地学会Windows Server 2019。

本套书的宗旨是希望能够让读者通过书中丰富的示例和详尽的实用操作来充分地了解Windows Server 2019，进而能够轻松地管理Windows Server 2019的网络环境，因此书中不但对理论解说清楚，而且范例充足。对需要参加微软认证考试的读者来说，这套书更是不可或缺的实用参考手册。

学习网络操作系统，首要是动手实践，只有实际演练书中所介绍的各项技术，才能充分了解并掌握它，因此建议你利用Windows Server 2019 Hyper-V等提供虚拟化技术的软件来搭建书中的网络测试环境。

本套书分为《Windows Server 2019系统与网站配置指南》与《Windows Server 2019 Active Directory配置指南》两种，内容丰富翔实，相信它们仍然不会辜负你的期望，在学习Windows Server 2019时给予你最大的帮助。

戴有炜

目 录

第 1 章　Windows Server 2019 概述

Windows Server 2019可以帮助信息部门的IT人员来搭建功能强大的网站、应用程序服务器、高度虚拟化的云环境与容器，大、中或小型的企业网络都可以利用Windows Server 2019的强大管理功能与安全措施来简化网站与服务器的管理、改善资源的可用性、减少成本支出、保护企业应用程序与数据，让IT人员更轻松有效地管理网站、应用程序服务器与云环境。

- Windows Server 2019版本
- Windows网络架构
- TCP/IP通信协议简介

1.1 Windows Server 2019版本

Windows Server 2019提供高效应用与虚拟化的环境，它分为以下三个版本（表1-1-1中列出Datacenter与Standard版的几个主要特色）：

- Datacenter Edition：适用于高度虚拟化和云环境。
- Standard Edition：适用于低密度或非虚拟化的环境。
- Essentials Edition：适用于最多 25 位用户，最多 50 台设备的小型企业。

表 1-1-1

版本	Datacenter	Standard
Windows Server 核心功能	√	√
虚拟机/Hyper-V容器数量	无限制	2
Windows Server容器数量	无限制	无限制
Host Guardian Service	√	√
超融合架构	√	
Shielded Virtual Machines	√	
软件定义存储	√	

1.2 Windows网络架构

我们可以利用Windows系统来搭建网络，以便将资源共享给网络上的用户。 Windows网络架构大致可分为工作组架构（workgroup）、域架构（domain）与包含前两者的混合架构。我们也可以利用Azure AD Connect将域架构的目录服务Active Directory与云的Azure Active Directory整合在一起。

工作组架构是一种分布式的管理模式，适用于小型网络；域架构是一种集中式的管理模式，适用于各种不同大小规模的网络。以下针对工作组架构与域架构的差异来加以说明。

1.2.1 工作组架构的网络

工作组是由若干通过网络连接在一起的计算机所组成的（参见图1-2-1），它们可以将计算机内的文件、打印机等资源共享出来供网络用户来访问与使用。工作组架构的网络也被称为**对等式**（peer-to-peer）网络，因为网络上每一台计算机的地位都是平等的，它们的资源与管理分散在各个计算机上。工作组架构网络的特点可以概括为以下三个方面：

- 每一台Windows计算机都有一个**本地安全账户数据库**，称为Security Accounts Manager（SAM）。用户如果要访问每一台计算机内的资源，系统管理员便需要在每一台计算机的SAM数据库内建立用户账户。例如，如果用户Peter想要访问每一台计算机内的资源，则需要在每一台计算机的SAM数据库内建立Peter账户，并设置这些账户的权限。这种架构下的账户与权限管理工作比较烦琐，例如当用户欲更改其账户密码时，就需要对该用户账户在每一台计算机内的密码都进行修改。

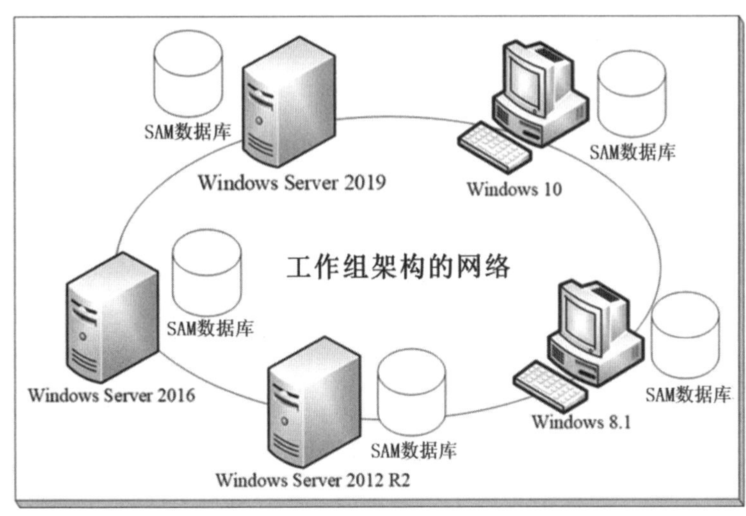

图 1-2-1

- 工作组内可以只有Windows 10、Windows 8.1等客户端等级的计算机，不需要服务器等级的计算机（例如Windows Server 2019）。
- 如果企业内部计算机数量不多的话，例如10或20台计算机，就可以采用工作组架构的网络。

1.2.2　域架构的网络

域也是由若干通过网络连接在一起的计算机所组成的（参见图1-2-2），它们可将计算机内的文件、打印机等资源共享出来供网络用户来访问与使用。与工作组架构不同的是：域内所有计算机共享一个集中式的目录数据库（directory database），其中包含着整个域内所有用户的账户等相关数据。负责提供目录数据库的添加、删除、修改与查询等目录服务（directory service）的组件为**Active Directory域服务**（Active Directory Domain Services，AD DS）。目录数据库是存储在**域控制器**（domain controller）内，而只有服务器等级的计算机才可以扮演域控制器的角色。

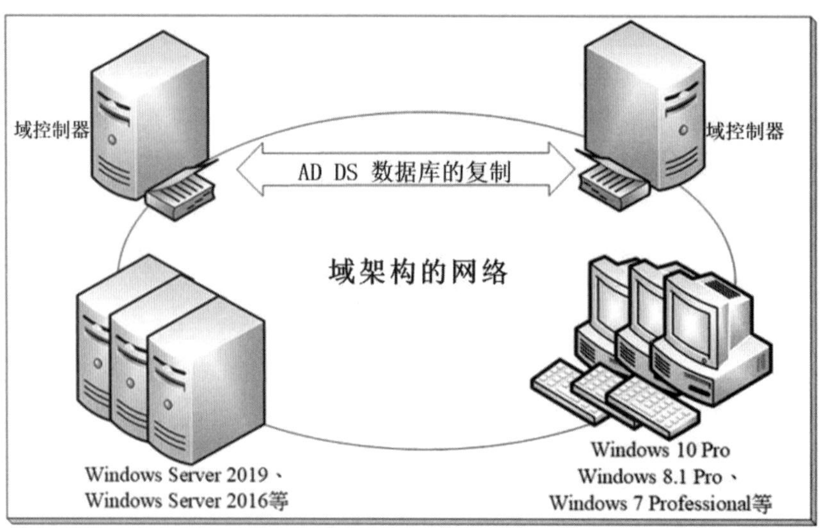

图 1-2-2

1.2.3 域中计算机的种类

域中的计算机成员如下：

- **域控制器（domain controller）**：服务器等级的计算机才可以扮演域控制器，例如Windows Server 2019 Datacenter、Windows Server 2016 Datacenter等。

  一个域内可以有多台域控制器，而在大部分情况下，每台域控制器的地位都是平等的，它们各自存储着一份几乎完全相同的AD DS数据库（目录数据库）。当在其中一台域控制器内新建了一个用户账户后，此账户被存储在该域控制器的AD DS数据库中，之后会自动被复制到其他域控制器的AD DS数据库中，这样可以确保所有域控制器内的AD DS数据库的内容都相同（同步）。

  当用户在域内某台计算机登录时，会由其中一台域控制器根据其AD DS数据库内的账户数据来审核用户所输入的账户名与密码是否正确，如果正确，用户就可以成功登录，反之将被拒绝登录。

  多台域控制器还可提供容错功能，例如其中一台域控制器出现故障了，此时仍可由其他域控制器来继续服务。它也可改善用户登录效率，因为多台域控制器可分担审核用户登录身份（账户名称与密码）的负担。

- **成员服务器（member server）**：当服务器等级的计算机加入域后，用户就可以在这些计算机上利用AD DS内的用户账户来登录，否则只能够利用本地用户账户登录。这些加入域的服务器被称为**成员服务器**，成员服务器没有AD DS，它们也不负责审核“域”用户的账户名称与密码。成员服务器可以是：

  - Windows Server 2019 Datacenter/Standard
  - Windows Server 2016 Datacenter/Standard
  - Windows Server 2012（R2）Datacenter/Standard

如果上述服务器并没有被加入域的话，它们被称为**独立服务器**（stand-alone server）或**工作组服务器**（workgroup server）。不论是独立服务器或成员服务器，它们都有一个**本地安全账户数据库**（SAM），系统可以用它来审核本地用户（非域用户）的身份。

- 其他目前比较常用的Windows计算机，例如：
  - Windows 10 Enterprise/Pro/Education
  - Windows 8.1（8）Enterprise/Pro
  - Windows 7 Ultimate/Enterprise/Professional

  当上述客户端计算机加入域以后，用户就可以在这些计算机上利用AD DS内的账户来登录，否则只能够利用本地账户来登录。

可以将Windows Server 2019、Windows Server 2016等独立服务器或成员服务器升级为域控制器，也可以将域控制器降级为独立服务器或成员服务器。

1. 某些低级别的版本，例如Windows 10 Home无法加入域，因此只能够利用本地用户账户来登录。
2. 如果Windows 10客户端已加入云Azure Active Directory域，则可以利用Azure Active Directory内的账户来登录。

1.3 TCP/IP通信协议简介

网络上计算机之间互相传递的信号只是一连串的“0”与“1”， 这一连串的电子信号到底代表什么意义，必须彼此之间通过一套同样的规则来解释，才能够互相沟通，就好像人类用“语言”来互相沟通一样，这个计算机之间的通信规则被称为**通信协议**（protocol），而Windows网络依赖最深的通信协议是TCP/IP。

TCP/IP通信协议是目前完整并且被广泛支持的通信协议，它让不同网络架构、不同操作系统的计算机之间可以相互通信，例如Windows Server 2019、Windows 10、Linux主机等。它也是Internet的标准通信协议，更是Active Directory Domain Services（AD DS）所必须采用的通信协议。

每一台连接在网络上的计算机可被称为是一台**主机**（host），而主机与主机之间的通信会牵涉到三个最基本的要素：**IP地址**、**子网掩码**与**网关**。

1.3.1 IP地址

每一台主机都有唯一的IP地址（就好像是住家的门牌号码一样），IP地址不但可以被用来识别每一台主机，其地址结构中也隐含着如何在网络之间传送数据的路由信息。

IP地址占用32个位（bit），一般是以4个十进制数来表示，每一个数字称为一个octet（8位组）。Octet与octet之间以点（dot）隔开，例如192.168.1.31。

此处所介绍的IP地址为目前使用最为广泛的IPv4，它共占用32个位， Windows 系统也支持IPv6，它共占用128个位 。

这个32位的IP地址内包含了**网络标识符**与**主机标识符**两部分：

- **网络标识符（Network ID）**：每一个网络都有一个唯一的网络标识符，换句话说，位于相同网络内的每一台主机都拥有相同的网络标识符。
- **主机标识符（Host ID）**：相同网络内的每一台主机都有一个唯一的主机标识符。

如果该网络是直接通过路由器连接Internet的话，则需要为此网络申请网络标识符，整个网络内所有主机都使用此相同的网络标识符，然后再为该网络内每一台主机分配一个唯一的主机标识符，这样网络上每一台主机就都会有一个唯一的IP地址（网络标识符+主机标识符）。可以向ISP（互联网服务提供商）申请网络标识符。

如果此网络并未通过路由器来连接Internet的话，则可以自行选择任何一个可用的网络标识符，不用申请，但是网络内各主机的IP地址不能相同。

1.3.2 IP类别

传统的IP地址被分为Class A、B、C、D、E五大类别，其中只有Class A、B、C三个类别的IP地址可供一般主机来使用（参见表1-3-1），每种类别所支持的IP数量都不同，以便满足各种不同大小规模的网络需求。IP地址共占用4个字节（byte），表中将IP地址的各字节以W.X.Y.Z的形式来加以说明。

表1-3-1

IP地址类别	网络标识符	主机标识符	W 值可为	可支持的网络数量	每个网络可支持的主机数量
A	W	X.Y.Z	1~126	126	16 777 214
B	W.X	Y.Z	128~191	16 384	65 534
C	W.X.Y	Z	192~223	2 097 152	254

- Class A的网络，其网络标识符占用一个字节（W），W的范围为1到126，共可提供126个Class A的网络。主机标识符共占用X、Y、Z三个字节（24 个位），此24个位可支持$2^{24}-2=16\ 777\ 216-2=16\ 777\ 214$台主机（减2的原因后述）。
- Class B的网络，其网络标识符占用两个字节（W、X），W的范围为128~191，它可

提供（191 – 128 + 1）× 256 = 16 384个Class B的网络。主机标识符共占用Y、Z两个字节，因此每个网络可支持2^{16} – 2 = 65 536 – 2 = 65 534台主机。

- Class C的网络，其网络标识符占用三个字节（W、X、Y），W的范围为192~223，它可提供（ 223 – 192 + 1 ）× 256 × 256 = 2 097 152个Class C的网络。主机标识符占用一个字节（Z），每个网络可支持2^{8} – 2 = 254台主机。

在设置主机的IP地址时请注意以下的事项：

- **网络标识符不能是127**：网络标识符127是供**环回测试**（loopback test）使用的，可用来检查网卡与驱动程序运作工作是否正常。不能将它分配给主机使用。通常127.0.0.1这个IP地址用来代表主机本身。
- **每一个网络的第1个IP地址代表网络本身、最后一个IP地址代表广播地址（broadcast address），因此实际可分配给主机的IP地址将减少2 个**：例如如果所申请的网络标识符为203.3.6，它共有203.3.6.0 到203.3.6.255共256个IP地址，但203.3.6.0是用来代表这个网络（因此一般会说其网络标识符为4个字节的203.3.6.0）；而203.3.6.255是保留给广播使用的（255代表广播），例如发送消息到203.3.6.255这个地址，表示将该消息将广播给网络标识符为203.3.6.0网络内的所有主机。

图1-3-1为Class C的网络示例，其网络标识符为192.168.1.0，图中5台主机的主机标识符分别为1、2、3、21与22。

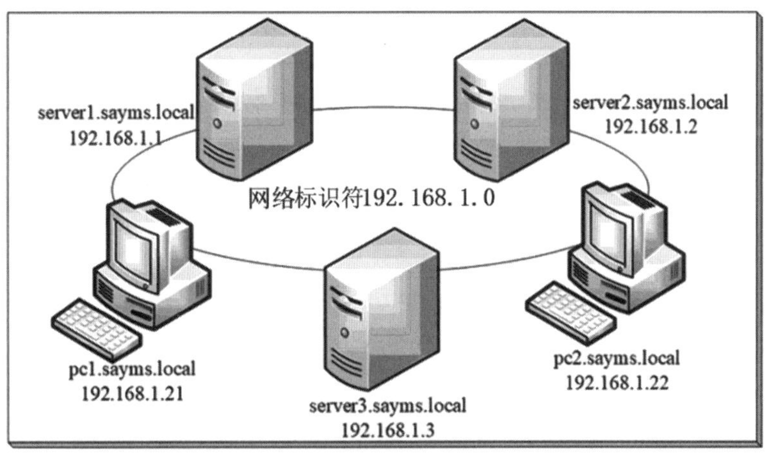

图 1-3-1

1.3.3 子网掩码

子网掩码也占用32 位，当IP网络上两台主机在相互通信时，它们利用子网掩码来确定双方的网络标识符，进而明确彼此是否在相同的网络内。

表1-3-2中为各类网络默认的子网掩码值，其中值为1的位是用来标识网络标识符，值为0

的位是用来标识主机标识符，例如某台主机的IP地址为192.168.1.3，其二进制值为11000000.10101000.00000001.00000011，而子网掩码为255.255.255.0，其二进制值为11111111.11111111.11111111.00000000，则计算其网络标识符的原则是：将IP地址与子网掩码两个值中相对应的位进行AND（与）逻辑运算（参见图1-3-2），所得出来的结果192.168.1.0就是网络标识符。

表1-3-2

IP 地址类别	默认子网掩码（二进制）	默认子网掩码（十进制）
A	11111111 00000000 00000000 00000000	255.0.0.0
B	11111111 11111111 00000000 00000000	255.255.0.0
C	11111111 11111111 11111111 00000000	255.255.255.0

192.168.1.3	→	11000000	10101000	00000001	00000011
255.255.255.0	→	11111111	11111111	11111111	00000000
AND后的结果	→	11000000 (192)	10101000 (168)	00000001 (1)	00000000 (0)

图 1-3-2

如果A主机的IP地址为192.168.1.3、子网掩码为255.255.255.0，B主机的IP地址为192.168.1.5、子网掩码为255.255.255.0，则A主机与B主机的网络标识符都是192.168.1.0，表示它们是在同一个网络内，因此可直接相互通信，不需要借助于路由设备。

前述的Class A、B、C是类别式划分法，但目前普遍采用的是无类别的CIDR（Classless Inter-Domain Routing）划分法，它在表示IP地址与子网掩码时有所不同，例如网络标识符为192.168.1.0、子网掩码为255.255.255.0，则会利用192.168.1.0/24来代表此网络，其中24代表子网掩码中位值为1的数量为24个；同理如果网络标识符为10.120.0.0、子网掩码为255.255.0.0，则会利用10.120.0.0/16来代表此网络。

1.3.4 默认网关

某主机如果要与同一个IP子网内的主机（网络标识符相同）通信时，可以直接将数据发送给该主机；但如果要与不同子网内的主机（网络标识符不同）通信的话，就需要先将数据发送给路由设备，再由路由设备负责发送给目标主机。一般主机如果要通过路由设备来转发数据的话，只要事先将其**默认网关**指定到路由设备的IP地址即可。

以图1-3-3为例，图中甲、乙两个网络是通过路由器来连接的。当甲网络的主机A要与乙网络的主机B通信时，由于主机A的IP地址为192.168.1.1、子网掩码为255.255.255.0、网络标识符为192.168.1.0，而主机B的IP地址为192.168.2.10、子网掩码为255.255.255.0、网络标识符为192.168.2.0，主机A可以判断出主机B是位于不同的子网内，因此会将数据发送给其默认网

关，也就是IP地址为192.168.1.254的路由器，然后由路由器负责将其转发到主机B。

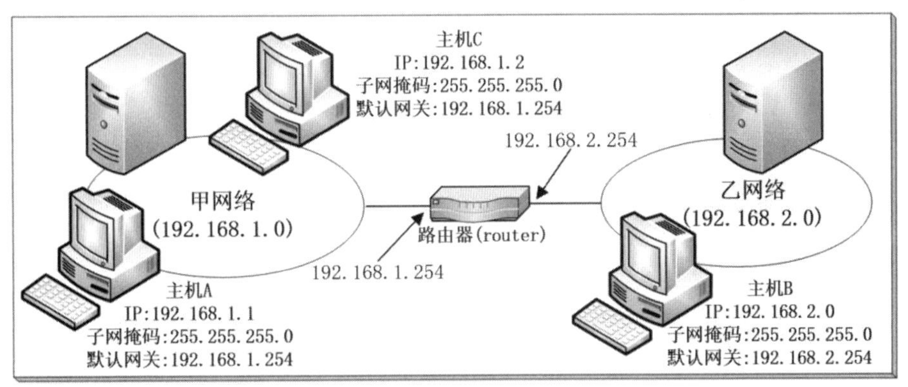

图 1-3-3

1.3.5 私有IP的使用

前面提到IP类别中的Class A、B、C是可供主机使用的IP地址。在这些IP地址中，有一些是被归类为**私有IP**（private IP）（参见表1-3-3），各公司可以自行选用适合的私有IP，而且不需要申请，因此可以节省网络建设的成本。

表1-3-3

网络标识符	子网掩码	IP地址范围
10.0.0.0	255.0.0.0	10.0.0.1 ~ 10.255.255.254
172.16.0.0	255.240.0.0	172.16.0.1 ~ 172.31.255.254
192.168.0.0	255.255.0.0	192.168.0.1 ~ 192.168.255.254

不过私有IP仅限于公司内部的局域网络使用，虽然它可以让内部计算机相互通信，但是无法直接与外界计算机通信。如果要对外上网、收发电子邮件的话，需要通过具备Network Address Translation（NAT）功能的设备，例如IP共享设备、宽带路由器。

其他不属于私有IP的地址被称为**公有IP**（public IP），例如220.135.145.145。使用公有IP的计算机可以通过路由器来直接对外通信，因此在这些计算机上可以搭建商业网站，让外部用户直接访问到此商业网站。这些公有IP需事先申请。

如果Windows计算机的IP地址设置是采用自动获取的方式，但是却因故无法取得IP地址的话，此时该计算机会通过Automatic Private IP Addressing（APIPA）的机制来为自己设置一个网络标识符为169.254.0.0的临时IP地址，例如169.254.49.31，不过只能够利用它来与同一个网络内IP地址（即169.254.x.x格式）的计算机通信。

第2章　安装 Windows Server 2019

本章将介绍安装Windows Server 2019前必备的基本知识、如何安装Windows Server 2019，接着说明如何登录、注销、锁定与关闭Windows Server 2019。

- 安装前的注意事项
- 安装或升级为Windows Server 2019
- 启动与使用Windows Server 2019

2.1 安装前的注意事项

2.1.1 Windows Server 2019的安装选择

Windows Server 2019提供三种安装选择：

- **包含桌面体验的服务器**：它会安装标准的图形用户界面，并支持所有的服务与工具。由于包含图形用户界面（GUI），因此用户可以通过友好的窗口界面与管理工具来管理服务器。
- **Server Core**：它可以降低管理需求、减少硬盘容量占用、减少被攻击面。由于没有窗口管理界面，只能使用**命令提示符**（command prompt）、Windows PowerShell或通过远程计算机来管理此服务器。有的服务在**Server Core**中并不支持，除非有图形化界面或特殊服务的需求，否则这是微软的**建议**选项。
  另外，为了提高应用程序的兼容性，让某些具有交互需求的应用程序可以正常在Server Core环境下运行，Windows Server 2019 Server Core新增一项称为**Server Core 应用程序兼容性FOD**（Feature-on-Demand，可选安装）的功能，它也支持一些图形接口的管理工具。
- **Nano Server**：类似于 Server Core，但明显较小、适用于云环境、没有本地登录功能。Windows Server 2019仅在容器（container）内支持Nano Server。

2.1.2 Windows Server 2019的系统需求

若要在计算机内安装与使用Windows Server 2019的话，此计算机的硬件配备需符合如表2-1-1所示的基本需求（除非特别指明，否则以下说明同时适用于**包含桌面体验的服务器、Server Core与Nano Server**）。

表2-1-1

组件	需求（附注）
处理器（CPU）	最少1.4GHz、64位；支持NX或DEP；支持CMPXCHG16B、 LAHF/SAHF与PrefetchW；支持SLAT（EPT或NPT）
内存（RAM）	512MB（包含桌面体验的服务器最少需要2GB）
硬盘	最少32GB，不支持IDE硬盘（PATA硬盘）

1. 实际的需求要看计算机设置、所安装的应用程序、所扮演的角色与所安装的功能数量的多少而可能需要增加。
2. 本书中许多示例需要使用多台计算机来练习，此时可以利用Windows Server 2019 内置的Hyper-V来建置虚拟的测试网络与计算机（见第5章）。

可以上网搜索与下载coreinfo.exe程序、打开**命令提示符**（按⊞+R键➲运行cmd.exe）、执行coreinfo.exe来查看计算机的CPU是否支持表中所列的功能。例如图2-1-1中可看出支持64位与NX。从图2-1-2可看出支持CMPXCHG16B（CX16）与LAHF/SAHF（图中假设coreinfo.exe是位于C:\Coreinfo文件夹内）。

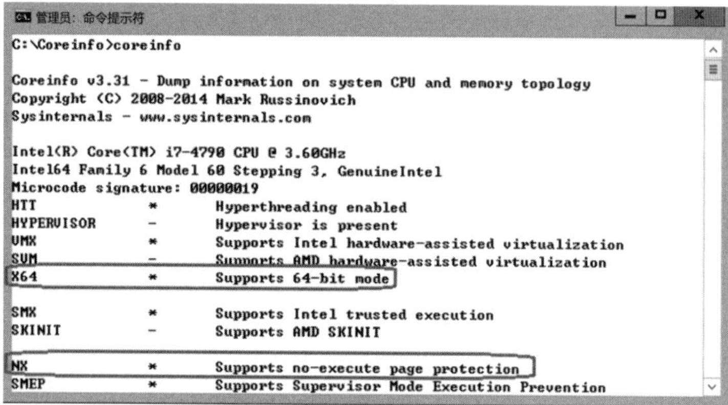

```
管理员: 命令提示符
C:\Coreinfo>coreinfo

Coreinfo v3.31 - Dump information on system CPU and memory topology
Copyright (C) 2008-2014 Mark Russinovich
Sysinternals - www.sysinternals.com

Intel(R) Core(TM) i7-4790 CPU @ 3.60GHz
Intel64 Family 6 Model 60 Stepping 3, GenuineIntel
Microcode signature: 00000019
HTT             *       Hyperthreading enabled
HYPERVISOR      -       Hypervisor is present
VMX             *       Supports Intel hardware-assisted virtualization
SVM             -       Supports AMD hardware-assisted virtualization
X64             *       Supports 64-bit mode

SMX             *       Supports Intel trusted execution
SKINIT          -       Supports AMD SKINIT

NX              *       Supports no-execute page protection
SMEP            *       Supports Supervisor Mode Execution Prevention
```

图 2-1-1

```
管理员: 命令提示符
CX8             *       Supports compare and exchange 8-byte instructions
CX16            *       Supports CMPXCHG16B instruction
BMI1            *       Supports bit manipulation extensions 1
BMI2            *       Supports bit manipulation extensions 2
ADX             -       Supports ADCX/ADOX instructions
DCA             -       Supports prefetch from memory-mapped device
F16C            *       Supports half-precision instruction
FXSR            *       Supports FXSAVE/FXSTOR instructions
FFXSR           -       Supports optimized FXSAVE/FSRSTOR instruction
MONITOR         *       Supports MONITOR and MWAIT instructions
MOVBE           *       Supports MOVBE instruction
ERMSB           *       Supports Enhanced REP MOVSB/STOSB
PCLMULDQ        *       Supports PCLMULDQ instruction
POPCNT          *       Supports POPCNT instruction
LZCNT           *       Supports LZCNT instruction
SEP             *       Supports fast system call instructions
LAHF-SAHF       *       Supports LAHF/SAHF instructions in 64-bit mode
HLE             *       Supports Hardware Lock Elision instructions
RTM             *       Supports Restricted Transactional Memory instructions
```

图 2-1-2

从图2-1-3可看出支持PrefetchW、从图2-1-4中执行coreinfo /v的结果可看出支持SLAT。

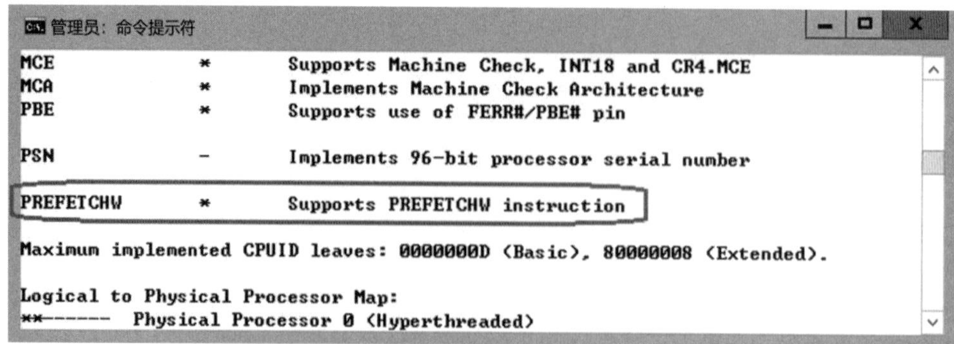

```
管理员: 命令提示符
MCE             *       Supports Machine Check, INT18 and CR4.MCE
MCA             *       Implements Machine Check Architecture
PBE             *       Supports use of FERR#/PBE# pin

PSN             -       Implements 96-bit processor serial number

PREFETCHW       *       Supports PREFETCHW instruction

Maximum implemented CPUID leaves: 0000000D (Basic), 80000008 (Extended).

Logical to Physical Processor Map:
**------  Physical Processor 0 (Hyperthreaded)
```

图 2-1-3

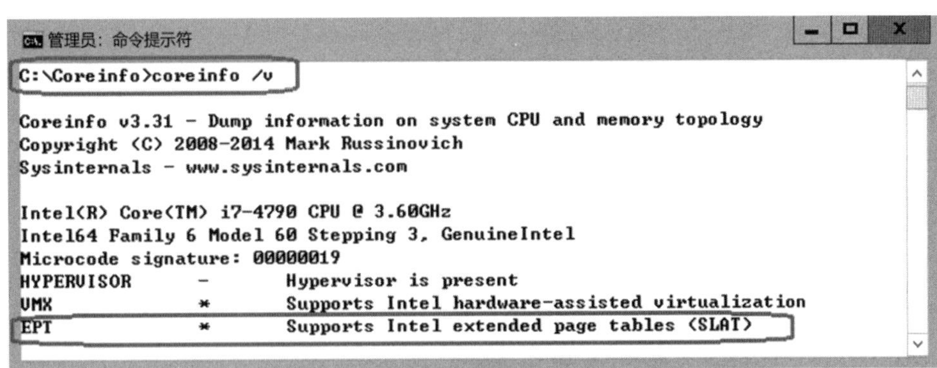

图 2-1-4

2.1.3 选择磁盘分区

在磁盘（硬盘）具备存储数据的能力之前，它需要被分割成一或数个磁盘分区（partition），每个磁盘分区都是独立的存储单位。可以在安装过程中选择要安装Windows Server 2019的磁盘分区（以下假设为**MBR磁盘**，详见第10章）：

- 如果磁盘并未经过分区（例如全新磁盘），如图2-1-5左边所示，则可以将整个磁盘当作一个磁盘分区，并选择将Windows Server 2019安装到此分区（会被安装到Windows文件夹内），不过因为安装程序会自动建立一个系统保留分区，因此最后结果将会是如图2-1-5右边所示的情况。

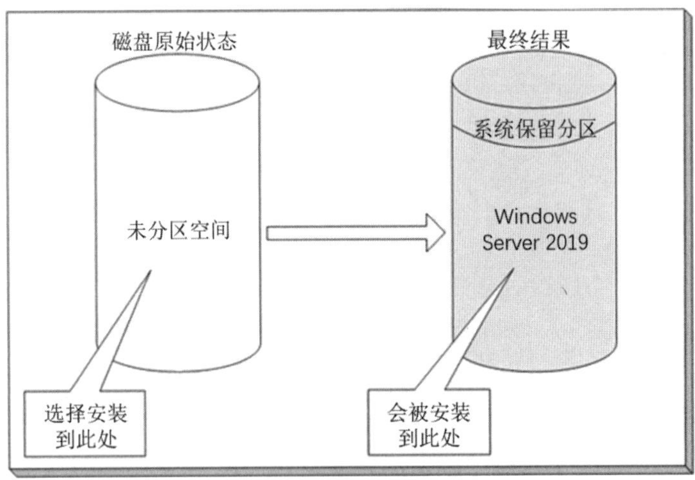

图 2-1-5

- 可以将一个未分区磁盘的部分空间划分出一个磁盘分区，然后将Windows Server 2019安装到此分区，不过安装程序会自动建立一个系统保留分区，如图2-1-6所示，图中最后结果中剩余的未分区空间可以用来当作文件存储分区或安装另外一套操作系统。

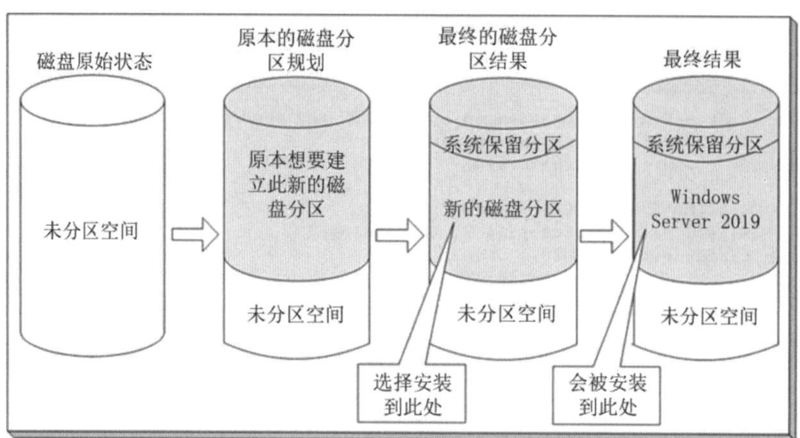

图 2-1-6

- 如果磁盘分区内已经有其他操作系统的话，例如Windows Server 2016，还要将Windows Server 2019安装到此分区的话，则可以（参见图2-1-7）：
  - **对旧版Windows系统升级**：此时旧版系统会被Windows Server 2019取代，同时原来大部分的系统设置会被保留在Windows Server 2019系统内，一般的数据文件（非操作系统文件）也会被保留。
  - **不对旧版Windows系统升级**：此磁盘分区内原有文件会被保留，虽然旧版系统已经无法使用，不过此系统所在的文件夹（一般是Windows）会被移动到Windows.old文件夹内。而新的Windows Server 2019会被安装到此磁盘分区的Windows文件夹内。

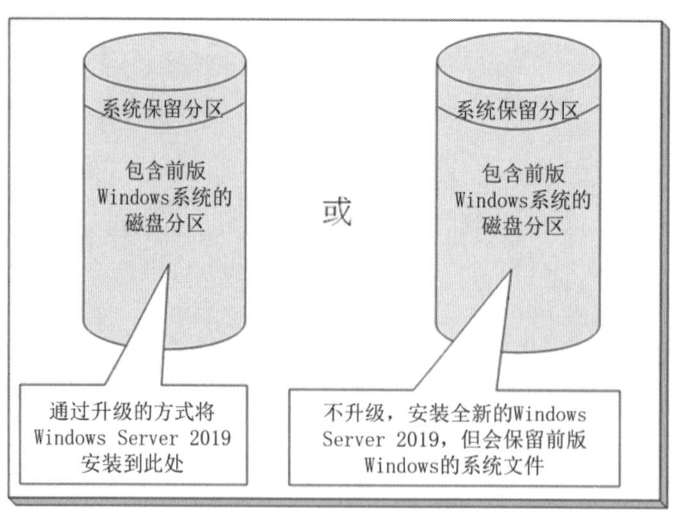

图 2-1-7

如果在安装过程中将现有磁盘分区删除或格式化的话，则该分区内的现有数据都将丢失。

- 虽然磁盘内已经有其他Windows系统，不过该磁盘内尚有其他未分区空间，而要将Windows Server 2019安装到此未分区空间的Windows文件夹内，如图2-1-8所示，此方式在启动计算机时，可选择Windows Server 2019或原有的其他Windows系统，这就是所谓的**多重引导**设置（multiboot）。

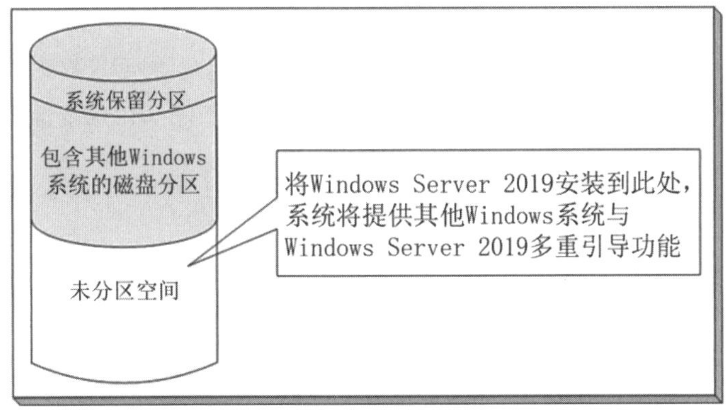

图 2-1-8

磁盘分区需要被格式化为适当的文件系统后，才能在其中安装操作系统与存储数据，文件系统包含NTFS、ReFS、FAT32、FAT与exFAT等。只能将Windows Server 2019安装到NTFS磁盘分区内，其他类型的磁盘仅能用来存储数据。

2.2 安装或升级为Windows Server 2019

可以选择全新安装Windows Server 2019或将现有的旧版Windows系统升级（以下主要是针对具备图形界面的“桌面体验服务器”来说明）。

- **全新安装**：请利用包含Windows Server 2019的 U盘（或DVD）来启动计算机与执U盘内的安装程序。如果磁盘内已经有旧版Windows系统的话，则也可以先启动此系统，然后插入U盘来执行其中的安装程序；也可以直接执行Windows Server 2019 ISO文件内的安装程序。
- **将现有的旧版Windows操作系统升级**：例如先启动旧版Windows Server 2016，然后插入包含Windows Server 2019的U盘（或DVD）来执行其中的安装程序；也可以直接执行Windows Server 2019 ISO文件内的安装程序。

2.2.1 利用U盘来启动计算机与安装

这种安装方式只能够全新安装，无法升级安装。请准备好包含Windows Server 2019 的U盘（或DVD），然后依照以下步骤来安装Windows Server 2019。

> 可以上网找工具程序来制作包含Windows Server 2019的U盘，例如Windows USB/DVD Download Tool、WinToFlash。

STEP 1　将Windows Server 2019 U盘插入计算机的USB插槽。

STEP 2　将计算机的BIOS设置改为从USB来启动计算机、重新启动计算机后会执行U盘的内安装程序（开启计算机的电源后，按Del键或F2键可进入BIOS设置界面，然后选择从U盘启动计算机）。

STEP 3　在图2-2-1的界面中单击下一步按钮后单击现在安装。

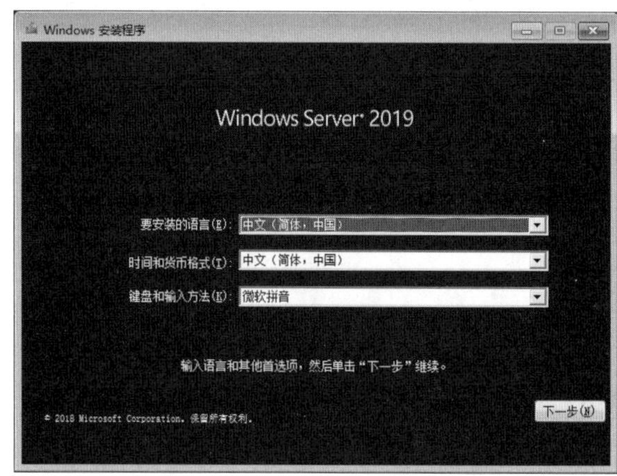

图 2-2-1

STEP 4　在**激活Windows**界面中输入产品密钥后单击下一步按钮，或是单击**我没有产品密钥**来试用此产品。

STEP 5　在图2-2-2中选择要安装的版本后单击下一步按钮（此处我们选择**Windows Server 2019 Datacenter（桌面体验）**）。

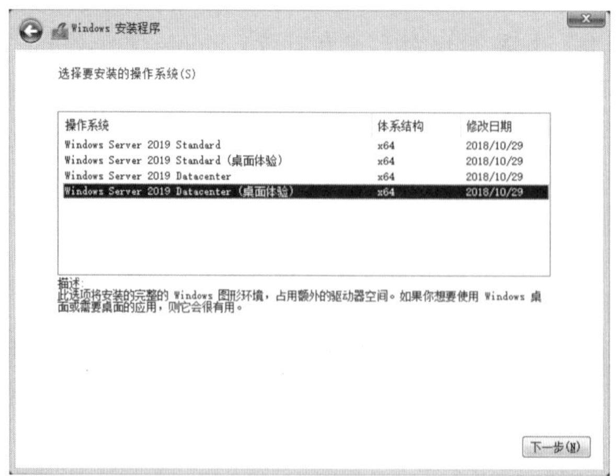

图 2-2-2

STEP 6 在**适用的声明和许可条款**界面中勾选**我接受授权条款**后单击下一步按钮。

STEP 7 在图2-2-3中单击**自定义：仅安装Windows（高级）**。

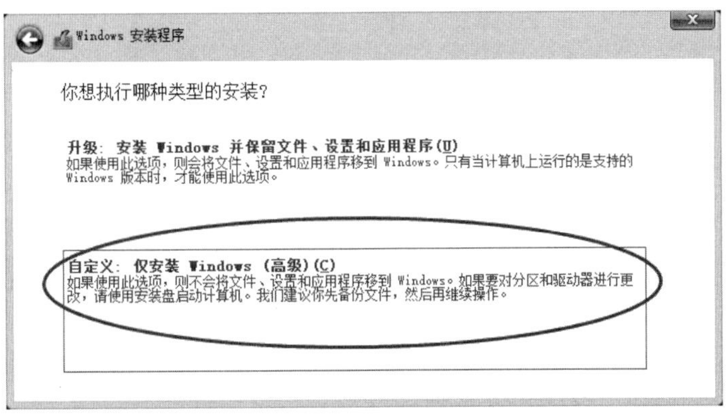

图 2-2-3

STEP 8 在**你想将Windows安装在哪里？**界面中直接单击下一步按钮以便开始安装Windows Server 2019。

如果需要安装厂商提供的驱动程序才能访问磁盘的话，请在界面中单击**加载驱动程序**；若单击**新建**，可以建立主分区；单击**格式化**、**删除**，则可以对现有磁盘分区格式化或删除。

2.2.2 在现有的Windows系统内来安装

这种安装方式既可以用来升级安装，也可以用来全新安装，不过主要是用来升级安装，因此以下说明以升级安装为主。请准备好包含Windows Server 2019的 ISO文件或U盘（或DVD），然后依照以下步骤来安装Windows Server 2019。

STEP 1 启动现有的Windows系统、登录。

STEP 2 插入包含Windows Server 2019的U盘（或DVD）来执行U盘内的安装程序；也可以执行 ISO文件内的安装程序**setup.exe**。

STEP 3 接下来的步骤与前面利用U盘来启动计算机与安装类似，此处不再说明。

2.3 启动与使用Windows Server 2019

2.3.1 启动与登录

安装完成后会自动重新启动。第一次启动Windows Server 2019时会如图2-3-1所示要求设置系统管理员Administrator的密码（单击密码右侧图标可显示所输入的密码），设置好后单击完成按钮。

> 用户的密码默认需至少6个字符、不能包含用户账户名称或全名，还有至少要包含A~Z、a~z、0~9、非字母数字（例如!、$、#、%）等4组字符中的3组，例如12abAB是一个有效的密码，而123456是无效的密码。

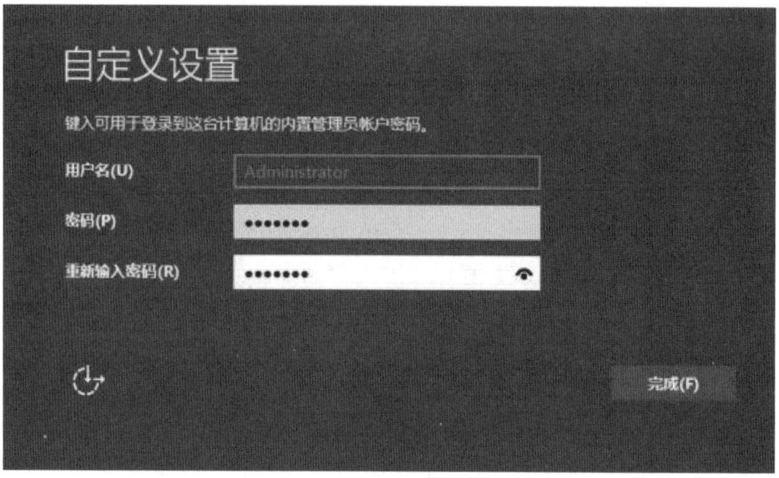

图 2-3-1

接下来请按照图2-3-2的要求按Ctrl + Alt + Del键（先按住Ctrl + Alt 不放，再按 Del键），然后在图2-3-3的界面中输入系统管理员（Administrator）的密码后按Enter键登录系统（sign in）。登录成功后会出现图2-3-4中的**服务器管理器**界面。

图 2-3-2

图 2-3-3

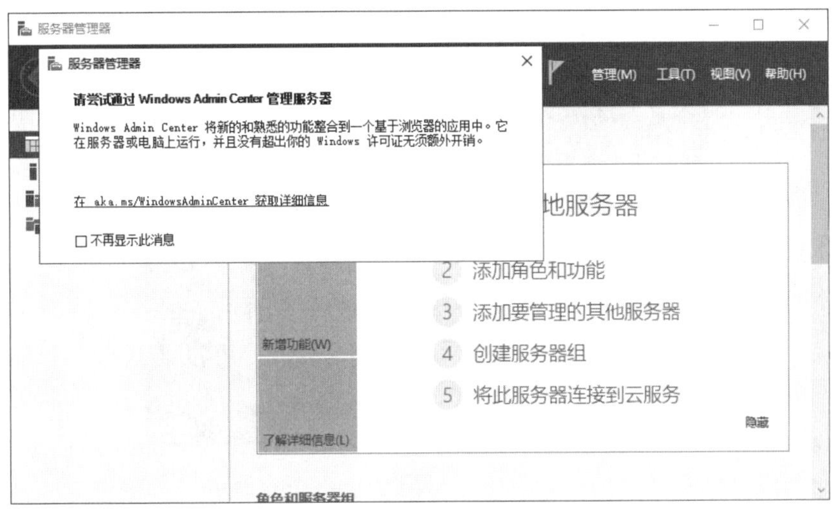

图 2-3-4

1. 可以利用**服务器管理器**来管理系统；上图界面中也提示可以使用新的、通过浏览器的管理工具**Windows Admin Center**。
2. 也可以通过自定义的**微软管理控制台**（Microsoft Management Console，MMC）来管理系统：【按⊞+R键➲输入**MMC**➲单击确定按钮➲选择**文件**菜单➲添加/删除管理单元➲在列表中选择所需的工具】。

2.3.2　锁定、注销与关机

若暂时不想使用此计算机，但又不能将计算机关机的话，可以选择注销或锁定计算机。请单击左下角的**开始**图标⊞，然后单击图2-3-5中代表用户账户的人头图标：

- **锁定**：锁定期间所有的应用程序都仍然会继续运行。如果要解除锁定，以便继续使用此计算机的话，需重新输入密码。
- **注销**：注销会结束当前正在运行的应用程序。之后如果要继续使用此计算机的话，必须重新登录。

如果要对计算机关机或重新启动的话：【请单击左下角的**开始**图标⊞➲如图2-3-6所示选择**关机**或**重启**】。

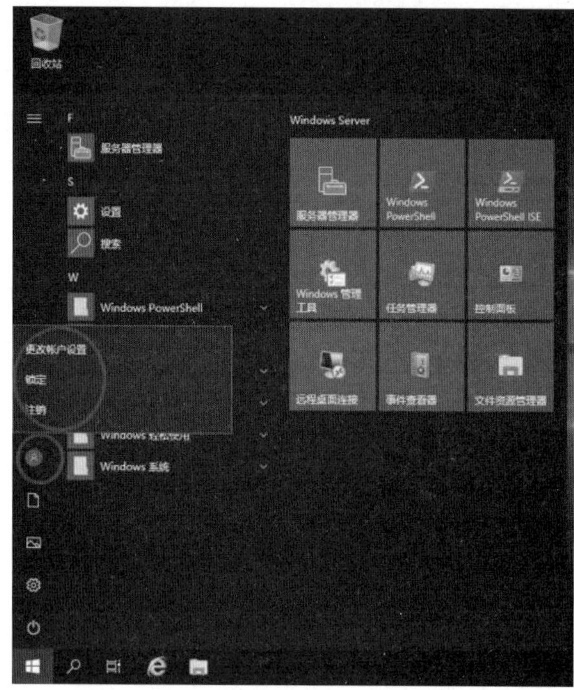

图 2-3-5

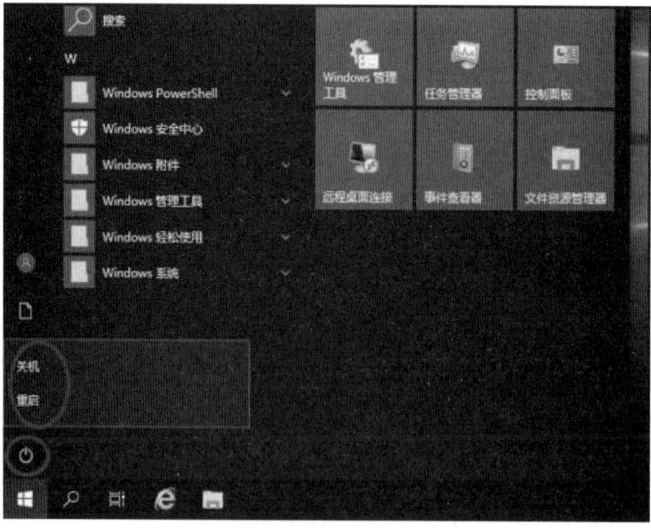

图 2-3-6

也可以直接按Ctrl + Alt + Del键，然后在图2-3-7的界面中单击**锁定**、**注销**等选项，或单击右下角的**关机**图标。

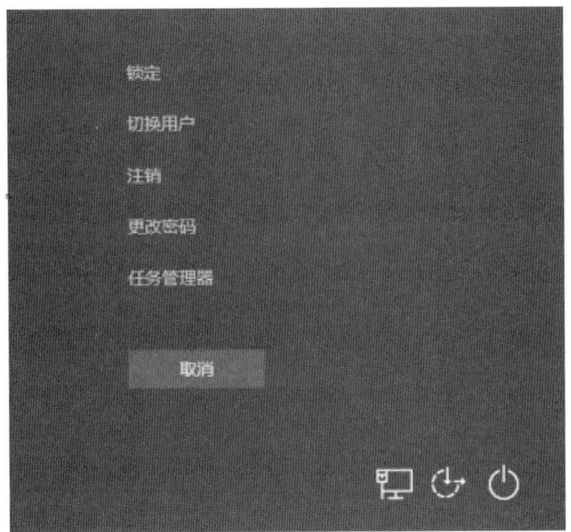

图 2-3-7

第 3 章　Windows Server 2019 基本环境

本章将介绍如何设置Windows Server 2019的基本环境，以便熟悉与拥有基本的服务器管理能力。

- 屏幕的显示设置
- 计算机名称与TCP/IP设置
- 安装Windows Admin Center
- 连接Internet与激活Windows系统
- Windows Defender 防火墙与网络位置
- 环境变量的管理
- 其他的环境设置

3.1 屏幕的显示设置

通过对显示设置做适当的调整，可以让监视器得到最佳的显示效果，让观看屏幕时更方便、眼睛更舒服。

屏幕上所显示的字符是由一点一点所组成的，这些点被称为**像素**（pixel），可以自行调整水平与垂直的显示点数，例如水平1920点、垂直1080点，此时我们将其称为“分辨率为1920×1080”，分辨率越高，画面越细腻，影像与对象的清晰度越佳。每一个**像素**所能够显示的颜色多寡，要看利用多少个位（bit）来显示1个**像素**，例如若由16个位来显示1个**像素**，则1个**像素**可以有2^{16}=65 536 种颜色，同理32个位可以有2^{32} = 4 294 967 296种颜色 。

如果要调整显示分辨率或文字显示大小等设置的话：【右击桌面空白处➲显示设置➲然后通过图3-1-1来调整】。如果要同时更改屏幕分辨率、显示颜色与屏幕刷新频率的话：【单击图下方的**高级显示设置**➲显示器1的显示适配器属性】。

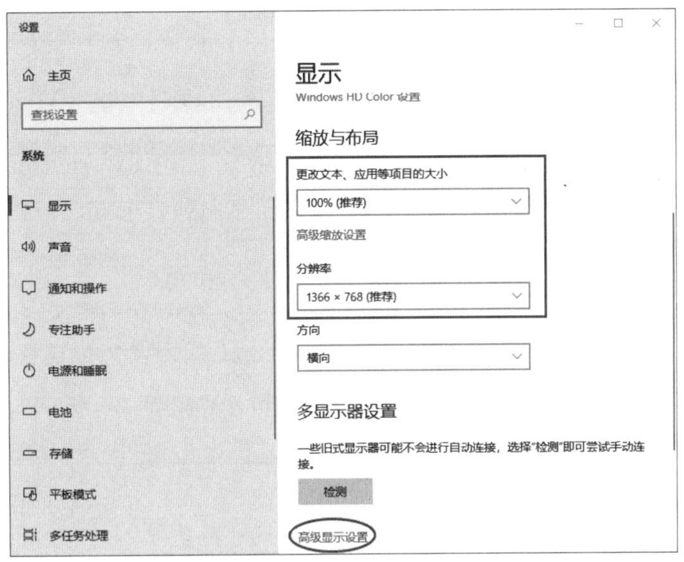

图 3-1-1

3.2 计算机名与TCP/IP设置

计算机名与TCP/IP的IP地址都是用来识别计算机的信息，它们是计算机之间相互通信所需要的基本信息。

3.2.1　更改计算机名与工作组名

每一台计算机的计算机名必须是唯一的，不应该与网络上其他计算机相同。虽然系统会自动设置计算机名，不过建议将此计算机名改为比较易于识别的名称。每一台计算机所隶属的工作组名默认都是WORKGROUP。更改计算机名或工作组名的方法如下所示。

STEP 1　单击左下角**开始**图标⊞➲服务器管理器（先关闭关于Windows Admin Center的说明窗口）➲单击图3-2-1中**本地服务器**右侧由系统自动设置的计算机名➲单击前景图的更改按钮。

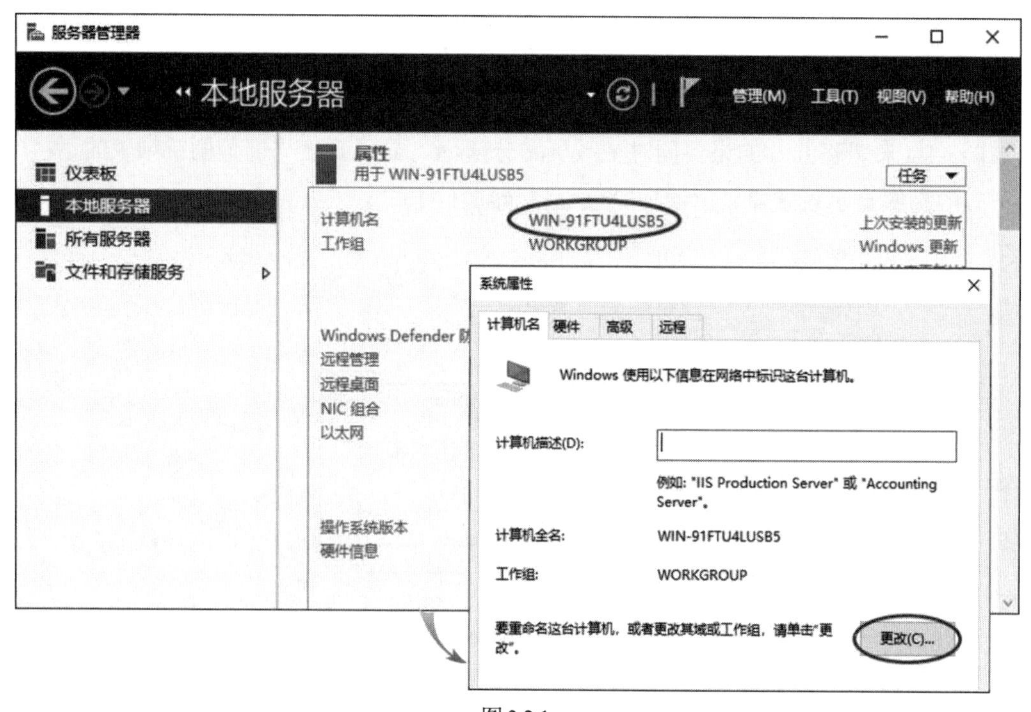

图 3-2-1

Windows 10更改计算机名的方法是：【单击左下角的**开始**图标⊞➲单击**设置**图标⚙➲系统➲关于➲重命名这台电脑】。

STEP 2　更改图3-2-2中的**计算机名**后单击确定按钮（图中并未更改**工作组**名），依照提示重新启动计算机后，这些更改才会生效。

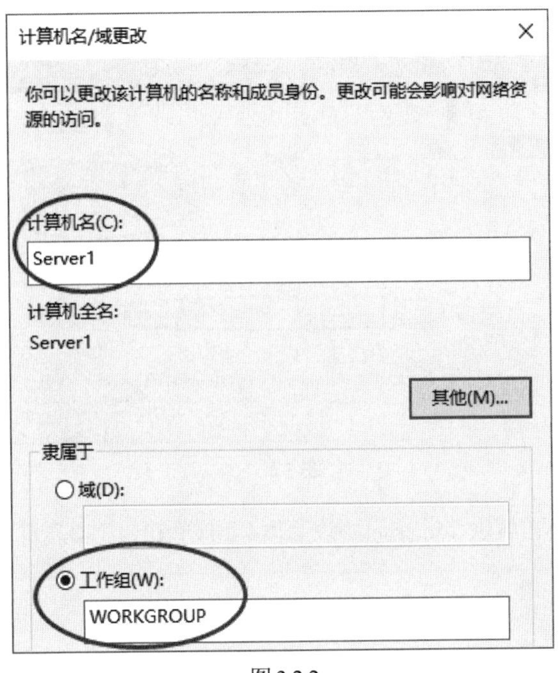

图 3-2-2

3.2.2 TCP/IP的设置与测试

一台计算机如果要与网络上其他计算机通信的话，还需要有适当的TCP/IP设置值，例如正确的IP地址。一台计算机取得IP地址的方式有两种：

- **自动获取IP地址**：这是默认值，此时计算机会自动向DHCP 服务器租用IP地址，这台服务器可能是一台计算机，也可能是一台具备DHCP服务器功能的IP共享设备（NAT）、宽带路由器、无线基站等。
  如果找不到DHCP服务器的话，此计算机会利用Automatic Private IP Addressing机制（APIPA）来自动为自己设置一个符合169.254.0.0/16格式的IP地址，不过此时仅能够与同一个网络内也是使用169.254.0.0/16格式的计算机通信。
- **手动设置IP地址**：这种方式会增加系统管理员的负担，而且手动设置容易出错，它比较适合于企业内部的服务器来使用。

设置 IP 地址

STEP 1 打开**服务器管理器**➲单击图3-2-3中**本地服务器**右侧**以太网**的设置值➲双击图中的**以太网**。

图 3-2-3

STEP 2 在图3-2-4中单击**属性**➲Internet协议版本4（TCP/IPv4）➲属性。

图 3-2-4

STEP 3 在图3-2-5中设置IP地址、子网掩码、默认网关与首选DNS服务器等。设置完成后请依序单击确定、关闭按钮来结束设置。

- **IP地址**：请依照计算机所在的网络环境来设置，或依照图标来设置。
- **子网掩码**：请依照计算机所在的网络环境来设置，如果IP地址是设置成图中的192.168.8.1，则可以输入255.255.255.0，或在IP地址输入完成后直接按Tab键，系统会自动填入子网掩码的默认值。
- **默认网关**：位于内部局域网的计算机要通过路由器或IP共享设备（NAT）来连接Internet的话，此处请输入路由器或IP共享设备的局域网IP地址（LAN IP地址），假设是192.168.8.254，否则保留空白即可。
- **首选DNS服务器**：位于内部局域网的计算机要上网的话，此处请输入DNS服务器的

IP地址，它可以是企业自行搭建的DNS服务器、Internet上任一台可提供服务的DNS服务器或IP共享设备的局域网IP地址（LAN IP地址）等。

- **备用DNS服务器**：如果首选DNS服务器故障、没有响应的话，会自动改用此处的DNS服务器。

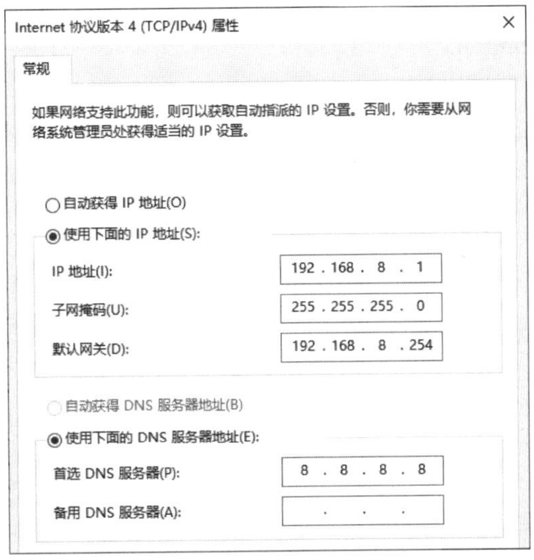

图 3-2-5

查看 IP 地址的设置值

如果IP地址是自动获取的，则可能想要知道所租用到的IP设置值；即使IP地址是手动设置的，所设置的IP地址也不一定就是可用的IP地址，例如IP地址已经被其他计算机先占用了。这时可以通过图3-2-6的**服务器管理器**来查看IP地址的设置值为192.168.8.1。

如果要查看更详细的信息：【单击图3-2-6中圈起来的部分➲双击**以太网**➲单击**详细信息**按钮➲如图3-2-7所示可看到IP地址的详细设置值】，从图中还可看到网卡的物理地址（MAC address）为00-15-5D-01-14-00。

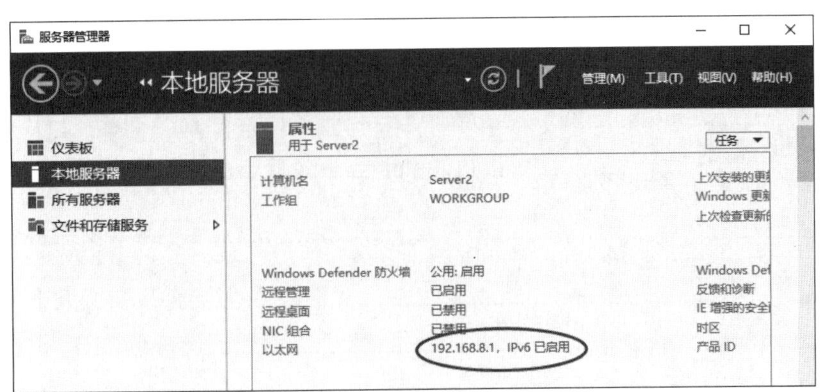

图 3-2-6

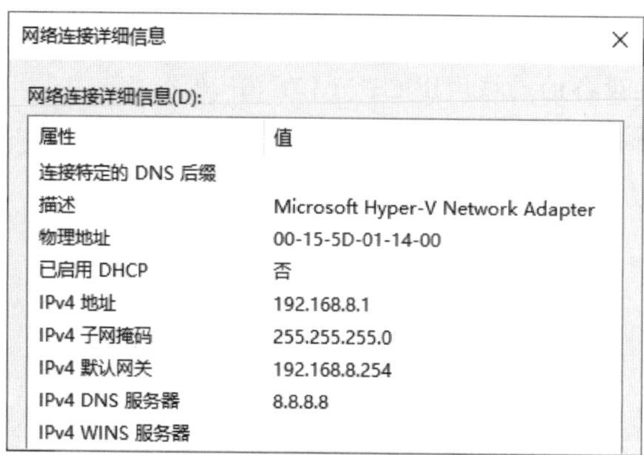

图 3-2-7

1. 如果IP地址与同一网络内另外一台计算机相同（冲突）的话，且该计算机先启动，则系统会另外分配169.254.0.0/16格式的IP地址给你的计算机使用，且在图3-2-6中圈起来处会显示**多个IPv4地址**的信息（单击该处可查看更详细的信息）。
2. 也可以利用【单击左下方**开始**图标⊞➲Windows PowerShell】，然后执行**ipconfig**或**ipconfig/all**来查看IP地址设置值（如果IP地址之后有**复制**的标识，表示另一台计算机已经先使用此IP地址，且目前使用的IP地址为后面标示有**首选**字样的169.254.0.0/16格式的IP地址）。

使用 Ping 命令来排错

可以利用Ping命令来检测网络问题与找出不正确的设置。请【单击左下方**开始**图标⊞➲Windows PowerShell】，然后执行：

- 环回测试（loopback test）

  也就是执行**ping 127.0.0.1**命令，它可以检测本地计算机的网卡硬件与TCP/IP驱动程序是否可以正常接收、发送TCP/IP数据包。如果正常的话，会出现类似图3-2-8的回复界面（自动测试4次）。

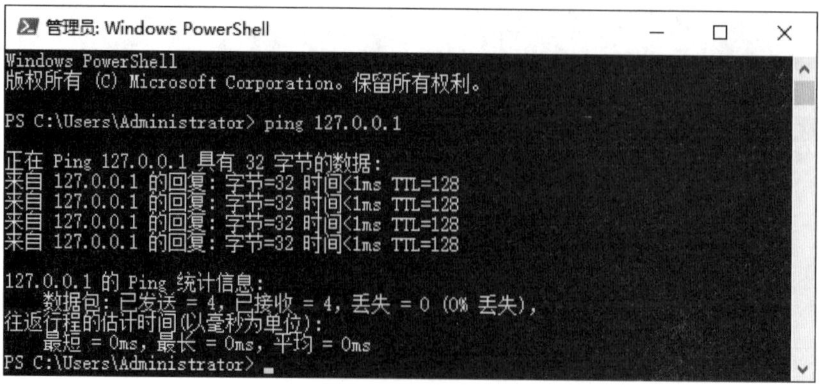

```
管理员: Windows PowerShell
Windows PowerShell
版权所有 (C) Microsoft Corporation。保留所有权利。

PS C:\Users\Administrator> ping 127.0.0.1

正在 Ping 127.0.0.1 具有 32 字节的数据:
来自 127.0.0.1 的回复: 字节=32 时间<1ms TTL=128
来自 127.0.0.1 的回复: 字节=32 时间<1ms TTL=128
来自 127.0.0.1 的回复: 字节=32 时间<1ms TTL=128
来自 127.0.0.1 的回复: 字节=32 时间<1ms TTL=128

127.0.0.1 的 Ping 统计信息:
    数据包: 已发送 = 4，已接收 = 4，丢失 = 0 (0% 丢失)，
往返行程的估计时间(以毫秒为单位):
    最短 = 0ms，最长 = 0ms，平均 = 0ms
PS C:\Users\Administrator> _
```

图 3-2-8

- 测试与同一个网络内其他计算机是否可以正常通信

  例如若另一台计算机的IP地址为192.168.8.2，则请输入**ping 192.168.8.2**，若正常的话，应该会有如图3-2-9所示的回复，不过因为其他计算机的**Windows Defender防火墙**默认会阻止Ping协议数据包，因此可能出现如图3-2-10所示的**请求超时**的界面。

```
管理员: Windows PowerShell
PS C:\Users\Administrator> ping 192.168.8.2

正在 Ping 192.168.8.2 具有 32 字节的数据:
来自 192.168.8.2 的回复: 字节=32 时间<1ms TTL=128
来自 192.168.8.2 的回复: 字节=32 时间<1ms TTL=128
来自 192.168.8.2 的回复: 字节=32 时间<1ms TTL=128
来自 192.168.8.2 的回复: 字节=32 时间<1ms TTL=128

192.168.8.2 的 Ping 统计信息:
    数据包: 已发送 = 4，已接收 = 4，丢失 = 0 (0% 丢失)，
往返行程的估计时间(以毫秒为单位):
    最短 = 0ms，最长 = 0ms，平均 = 0ms
PS C:\Users\Administrator>
```

图 3-2-9

```
管理员: Windows PowerShell
PS C:\Users\Administrator> ping 192.168.8.2

正在 Ping 192.168.8.2 具有 32 字节的数据:
请求超时。
请求超时。
请求超时。
请求超时。

192.168.8.2 的 Ping 统计信息:
    数据包: 已发送 = 4，已接收 = 0，丢失 = 4 (100% 丢失)，
PS C:\Users\Administrator>
```

图 3-2-10

- Ping默认网关的IP地址。它可以检测当前计算机是否能够与默认网关正常通信。只有与默认网关能正常通信，之后才可以通过默认网关来与其他网络的计算机通信。

3.3 安装Windows Admin Center

除了**服务器管理器**之外，现在又新增了一个浏览器接口的管理工具Windows Admin Center。在启动**服务器管理器**时，它会提醒你来尝试使用它（见图3-3-1）。可以通过单击图中的链接来下载与安装它（下载前先阅读下一段的说明）。

对于Windows Server而言，一般都是扮演着重要服务器的角色，因此系统默认会禁止利用它来访问Internet，以免增加被攻击的风险。系统是通过启用**IE增强的安全配置**（IE ESC）来将Internet的安全等级设置为**高安全性**，此时它会阻挡你所连接的绝大部分网站（除了少数微软网站，例如Windows Update网站）。

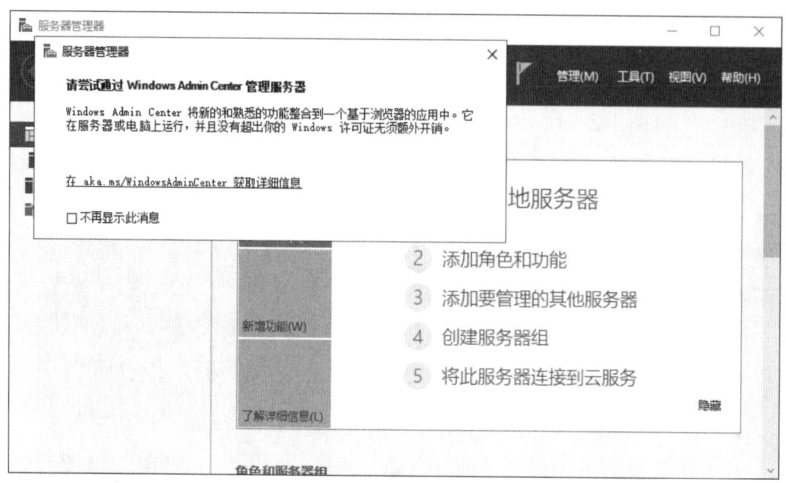

图 3-3-1

可以通过暂时关闭**IE ESC**来将安全级别降为**中高**，以便下载Windows Admin Center（或到其他计算机下载）：【关闭前面图3-3-1的提示消息➲单击图3-3-2中**本地服务器**右侧的**IE增强的安全配置**处来设置（图中已经将此设置关闭（可分别针对系统管理员与普通用户来设置）】。

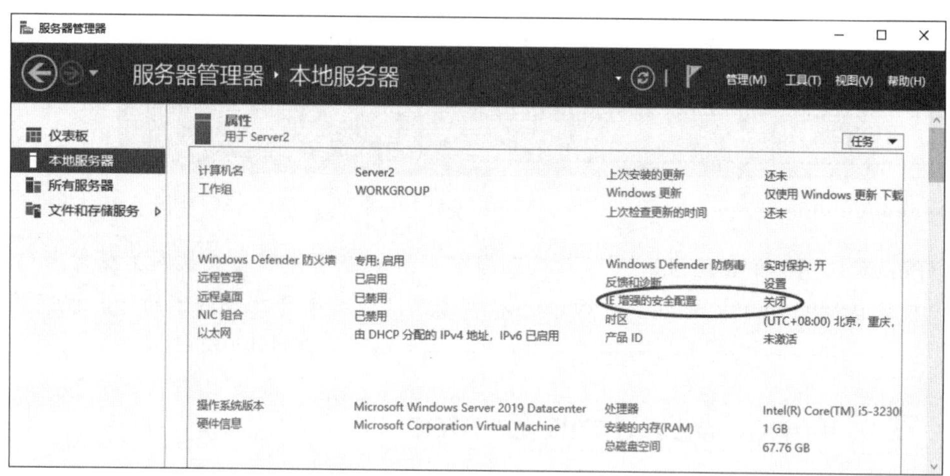

图 3-3-2

下载Windows Admin Center完成后采用默认值安装即可。安装完成后，可到例如Windows 10计算机上打开浏览器（目前仅支持Microsoft Edge与Google Chrome），然后输入**https://服务器的名称或IP地址/**，例如**https://192.168.8.1/**（若出现此网站不安全的消息，可不理会，继续单击**详细信息➲继续访问此网页（不建议）**）。接着输入用户账号（例如Administrator）与密码、单击要管理的服务器（例如Server1）…，然后便可以如图3-3-3所示来管理服务器Server1，例如可通过界面右上方的**编辑计算机ID**来更改计算机名、工作组名等。

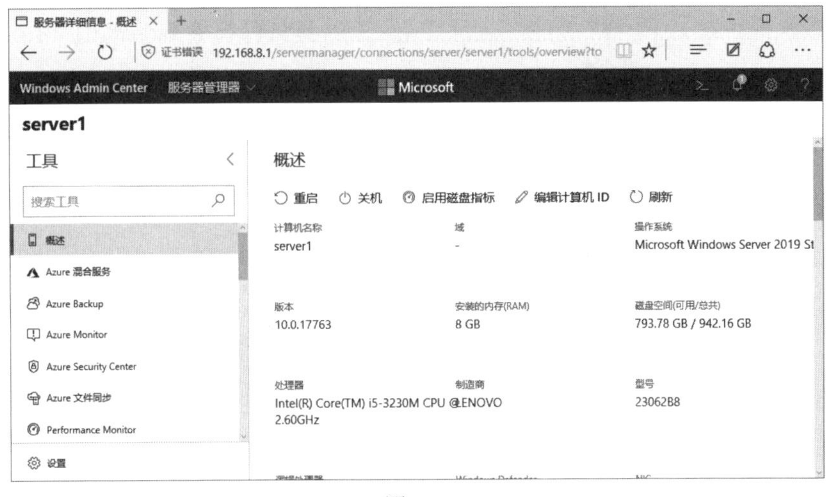

图 3-3-3

3.4 连接Internet与激活Windows系统

Windows Server 2019安装完成后，需执行激活程序，以便拥有完整的系统功能，但是需要先让计算机可以连接Internet。

3.4.1 连接Internet

你的计算机可能是通过以下几种方式来连接Internet的：

- 通过路由器或NAT上网：
  如果计算机是位于企业内部局域网，并且是通过路由器或NAT（IP分共享设备）来连接Internet的话，则需将其**默认网关**指定到路由器或NAT的IP地址（参考前面图3-2-5）。还需要在**首选DNS服务器**处，输入企业内部DNS服务器的IP地址或Internet上任何一台处于工作状态的DNS服务器的IP地址。
- 通过代理服务器上网：
  需要指定代理服务器：单击左下角**开始**图标⊞➲单击**设置**图标⚙➲网络和Internet➲网络和共享中心➲Internet选项➲单击**连接**选项卡➲单击 局域网设置 按钮➲输入企业内部的代理服务器的主机名或IP地址、端口号（图3-4-1中仅是示例）】。如果代理服务器支持Web Proxy Autodiscovery Protocol（WPAD）的话，则还可以勾选**自动检测设置**。

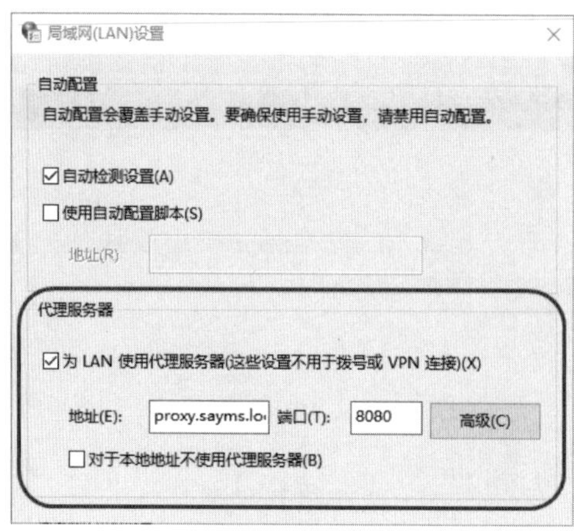

图 3-4-1

- 通过ADSL或VDSL上网：
  如果要通过ADSL或VDSL非固定式上网的话，需要创建一个连接来连接ISP（例如中国电信）与上网：选中右下方任务栏的**网络**图标并右击➲打开网络和Internet设置➲网络和共享中心➲单击**设置新的连接或网络**➲单击**连接到Internet**后单击下一步按钮➲单击**宽带（PPPoE）**➲输入用来连接ISP的账号与密码，然后单击连接按钮就可以连接ISP与上网。

3.4.2 激活Windows Server 2019

Windows Server 2019安装完成后需执行激活程序，否则有些用户个性化功能无法使用，例如无法更改背景、颜色等。启用Windows Server 2019的方法：【打开**服务器管理器**➲通过单击图3-4-2中**本地服务器**右侧的**产品ID**处的状态值（目前是**未激活**）来输入产品密钥与激活】。

图 3-4-2

3.5 Windows Defender防火墙与网络位置

内置的**Windows Defender防火墙**可以保护计算机，避免遭受恶意软件的攻击。

3.5.1 网络位置

系统将网络位置分为**专用网络**、**公用网络**与**域网络**，而且可以自动判断计算机所在的网络位置，例如加入域的计算机的网络位置自动被设置为**域网络**。可以通过【单击左下角**开始**图标⊞➲**设置**图标⚙➲更新和安全➲Windows安全中心➲防火墙和网络保护】来查看网络位置，如图3-5-1所示此计算机所在的网络位置为**专用网络**。

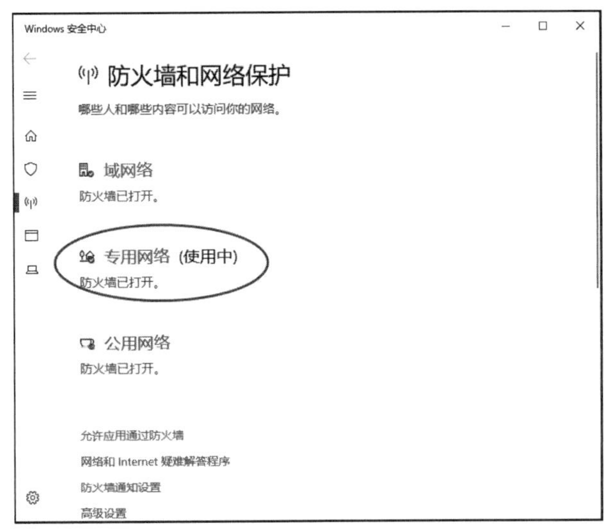

图 3-5-1

为了增加计算机在网络内的安全性，系统支持对位于不同网络位置的计算机设置不同的防火墙规则，例如位于公用网络的计算机，其防火墙的设置较为严格，而位于专用网络的计算机的防火墙规则较为宽松。

如果要自行更改网络位置的话，例如要将网络位置从**专用网络**更改为**公用网络**的话，可以通过【单击左下角**开始**图标⊞➲Windows PowerShell】，然后先执行以下命令来获取网络名称（参考图3-5-2），例如通常是**网络**：

Get-NetConnectionProfile

接着再执行以下命令来将此网络的网络位置更改为Public：

Set-NetConnectionProfile -Name "网络" -NetworkCategory Public

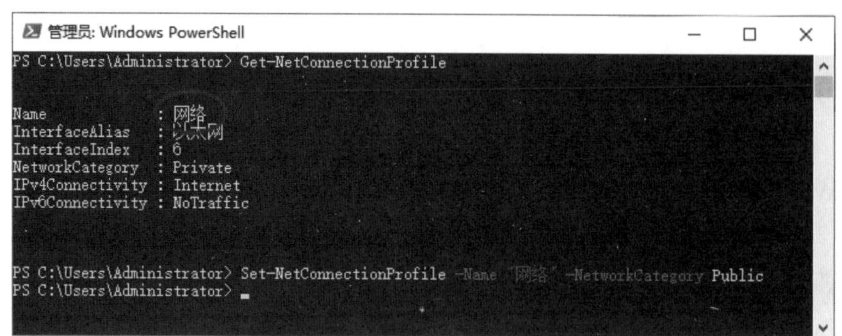

图 3-5-2

系统默认已经针对每一个网络位置启用了**Windows Defender 防火墙**，它会阻挡其他计算机与这台计算机的相关通信。如果要更改设置的话，可以单击前面图3-5-1中的**域网络**、**专用网络**或**公用网络**来设置。

3.5.2 解除对某些程序的阻挡

Windows Defender 防火墙会阻挡绝大部分的入站连接，不过可以通过单击前面图3-5-1中的**允许应用通过防火墙**来解除对某些程序的阻挡，例如要允许网络上其他用户来访问你计算机内的共享文件与打印机的话，请勾选图3-5-3中**文件与打印机共享**，且可分别针对**专用网络**与**公用网络**来设置（如果此计算机已经加入域的话，则还会有**域网络**供选择）。

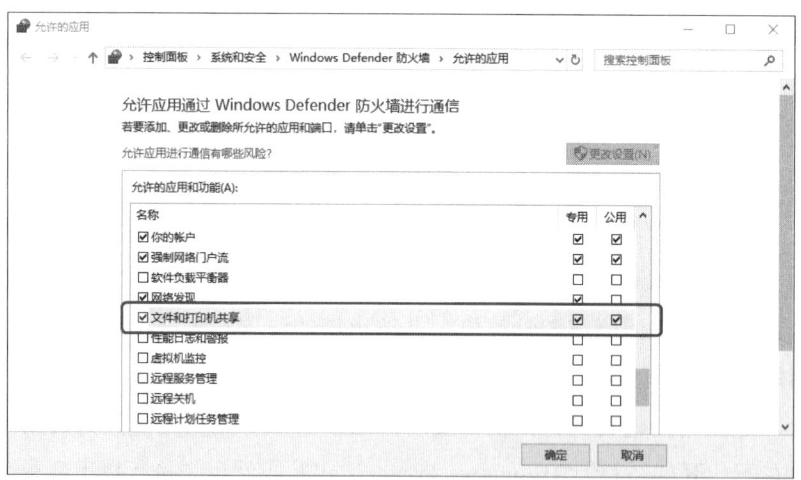

图 3-5-3

3.5.3 Windows Defender 防火墙的高级安全设置

如果要进一步配置防火墙规则的话，可以通过**高级安全 Windows Defender 防火墙**：单击前面图3-5-1中的**高级设置**，之后可由图3-5-4左侧看出它可以同时针对入站与出站连接来分

别设置访问规则（图中的**入站规则**与**出站规则**）。

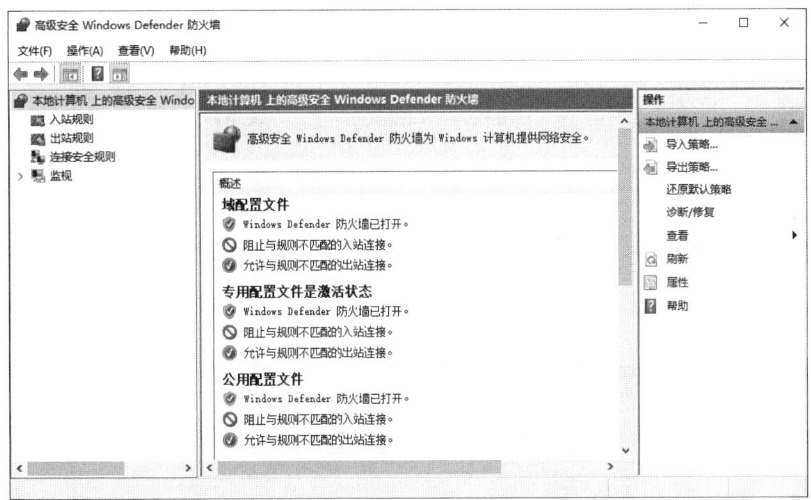

图 3-5-4

不同的网络位置可以有不同的Windows Defender**防火墙**规则设置，同时也有不同的配置文件，而这些配置文件可通过以下的方法来更改：【选中前面图3-5-4左侧的**在本地计算机上的高级安全Windows Defender防火墙**右击➲属性】，如图3-5-5所示，图中针对域、专用与公用网络位置的入站与出站连接分别有不同设置值，这些设置值包括：

- **阻止（默认值）**：阻止防火墙规则没有明确允许连接的所有连接。
- **阻止所有连接**：阻止全部连接，无论是否有防火墙规则明确允许的连接。
- **允许**：允许连接，但有防火墙规则明确阻止的连接除外。

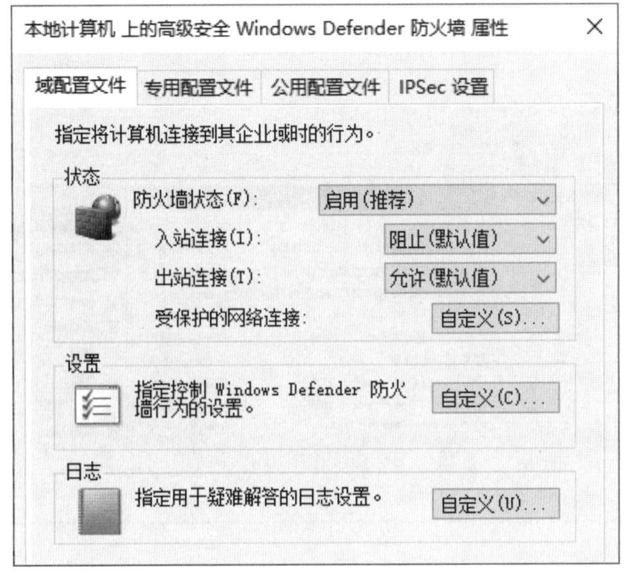

图 3-5-5

可以针对特定程序或流量来允许或阻止，例如防火墙默认是启用的，因此网络上其他用户无法利用Ping命令来与你的计算机通信，如果要开放的话，可通过**高级安全Windows Defender 防火墙**的**入站规则**来开放ICMP Echo Request数据包：【单击前面图3-5-4左侧的**入站规则**➲单击中间下方的**文件与打印机共享（回显请求 – ICMPv4-In）**➲如图3-5-6所示勾选**已启用**】。

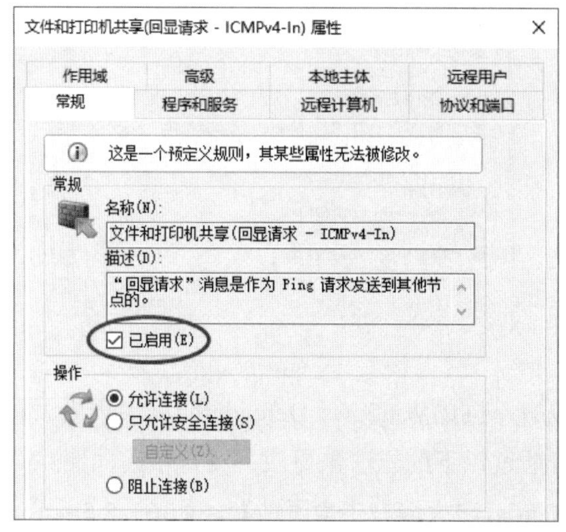

图 3-5-6

如果要开放的服务或应用程序未列在列表中的话，可在此处通过新建规则来开放，例如此计算机是网站，而你要开放让其他用户来连接此网站的话，可通过单击图3-5-7中**新建规则**来建立一个开放端口号码为80的规则（如果是安装系统包含的“Web服务器（IIS）”的话，则系统会自动新建规则来开放端口80）。

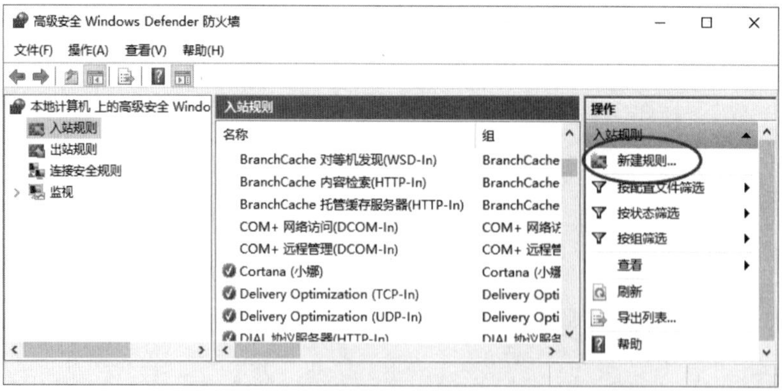

图 3-5-7

3.6 环境变量的管理

环境变量（environment variable）会影响计算机如何来执行程序、查找文件、分配内存空间等工作方式。

3.6.1 查看现有的环境变量

可以通过【单击左下角**开始**图标⊞➲Windows PowerShell➲执行**dir env:**或**Get-Childitem env:** 命令】来查看现有的环境变量，如图3-6-1所示，图中每一行有一个环境变量，左边Name为环境变量名称，右边Value为环境变量值，例如分别通过环境变量COMPUTERNAME、USERNAME，可以分别得知此计算机的计算机名为SERVER1、登录的用户名为Administrator。

```
管理员: Windows PowerShell
PS C:\Users\Administrator> dir env:

Name                           Value
----                           -----
ALLUSERSPROFILE                C:\ProgramData
APPDATA                        C:\Users\Administrator\AppData\Roaming
CommonProgramFiles             C:\Program Files\Common Files
CommonProgramFiles(x86)        C:\Program Files (x86)\Common Files
CommonProgramW6432             C:\Program Files\Common Files
COMPUTERNAME                   SERVER1
ComSpec                        C:\Windows\system32\cmd.exe
DriverData                     C:\Windows\System32\Drivers\DriverData
FPS_BROWSER_APP_PROFILE_STRING Internet Explorer
FPS_BROWSER_USER_PROFILE_ST... Default
HOMEDRIVE                      C:
HOMEPATH                       \Users\Administrator
LOCALAPPDATA                   C:\Users\Administrator\AppData\Local
LOGONSERVER                    \\SERVER1
NUMBER_OF_PROCESSORS           4
OS                             Windows_NT
Path                           C:\Windows\system32;C:\Windows;C:\Windows\System32\Wbem;C:\Windows\System32\WindowsPo...
PATHEXT                        .COM;.EXE;.BAT;.CMD;.VBS;.VBE;.JS;.JSE;.WSF;.WSH;.MSC;.CPL
PROCESSOR_ARCHITECTURE         AMD64
PROCESSOR_IDENTIFIER           Intel64 Family 6 Model 58 Stepping 9, GenuineIntel
PROCESSOR_LEVEL                6
PROCESSOR_REVISION             3a09
ProgramData                    C:\ProgramData
ProgramFiles                   C:\Program Files
ProgramFiles(x86)              C:\Program Files (x86)
ProgramW6432                   C:\Program Files
PSModulePath                   C:\Users\Administrator\Documents\WindowsPowerShell\Modules;C:\Program Files\WindowsPo...
PUBLIC                         C:\Users\Public
SESSIONNAME                    Console
SystemDrive                    C:
SystemRoot                     C:\Windows
TEMP                           C:\Users\ADMINI~1\AppData\Local\Temp
TMP                            C:\Users\ADMINI~1\AppData\Local\Temp
USERDOMAIN                     SERVER1
USERDOMAIN_ROAMINGPROFILE      SERVER1
USERNAME                       Administrator
USERPROFILE                    C:\Users\Administrator
windir                         C:\Windows

PS C:\Users\Administrator>
```

图 3-6-1

你也可以【按⊞+R键➲执行cmd】来打开**命令提示符**窗口，然后通过**SET**命令来查看环境变量。

3.6.2 更改环境变量

环境变量分为以下两类：

- **系统变量**：它会被应用到每一位在此计算机登录的用户，也就是所有用户的工作环境内都会有这些变量。只有具备系统管理员权限的用户，才有权利更改系统变量。建议不要随便修改此处的变量，以免系统不能正常工作。
- **用户变量**：每一个用户都可以拥有自己专属的用户变量，这些变量只会被应用到该用户，不会影响到其他用户。

如果要更改环境变量的话：【打开**文件资源管理器**➲选中**此电脑**右击**属性**➲单击左侧的**高级系统设置**➲单击下方环境变量按钮】，然后通过图3-6-2来修改，图中上、下半部分别为用户（Administrator）与系统变量区域。

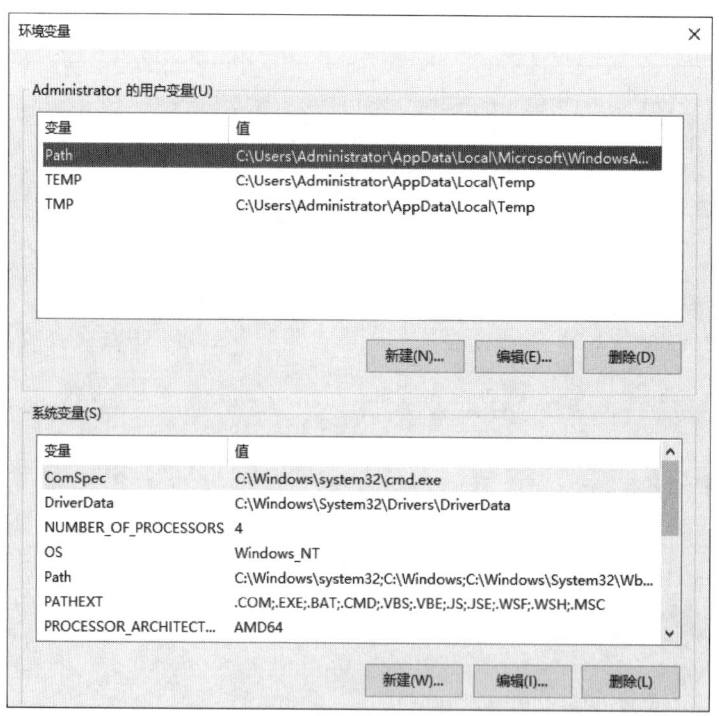

图 3-6-2

计算机在应用环境变量时，会先应用系统变量，再应用用户变量。如果这两个区域内都有相同变量的话，则以用户变量优先。例如系统变量区域内有一个变量TEST=SYS、用户变量区域内也有一个变量TEST=USER，则最后的结果是TEST=USER。

变量PATH例外：用户变量会被附加在系统变量之后。例如若系统变量区域内的PATH= C:\WINDOWS\system32、用户变量区域内的PATH= C:\Tools，则最后的结果为PATH=C:\WINDOWS\system32；C:\Tools（系统在查找可执行文件时，是根据PATH的文件夹路径，依路径的先后顺序来查找文件）。

3.6.3 环境变量的使用

在Windows PowerShell中使用环境变量时，可在环境变量前加上**$env:**，例如图3-6-3中的**$env:username**代表当前登录的用户账户名称（Administrator）。

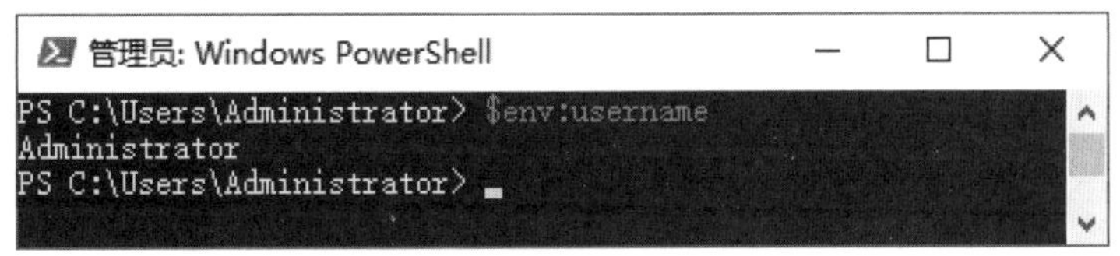

图 3-6-3

3.7 其他的环境设置

3.7.1 硬件设备的管理

系统支持Plug and Play（PnP，即插即用）功能，它会自动检测新安装的设备（例如网卡）并安装其所需的驱动程序。如果新硬件设备无法被自动检测到的话，则可以尝试【单击左下角**开始**图标⊞➲**设置**图标⚙➲设备➲添加蓝牙或其他设备】来添加设备。

你也可以利用：【单击左下角**开始**图标⊞➲Windows管理工具➲计算机管理➲**设备管理器**】来管理设备。

你可以在**设备管理器**界面中【选中服务器名右击➲扫描检测硬件改动】来扫描是否有新安装的设备；也可以选中某设备右击将该设备禁用或卸载。

在更新某设备的驱动程序后，如果发现此新驱动程序无法正常工作时，还是可以将之前正常的驱动程序再安装回来，此功能称为**回退驱动程序**（driver rollback）。其操作步骤为：【在**设备管理器**界面中选中该设备右击➲属性➲单击图3-7-1中**驱动程序**选项卡下的回退驱动程序按钮】。

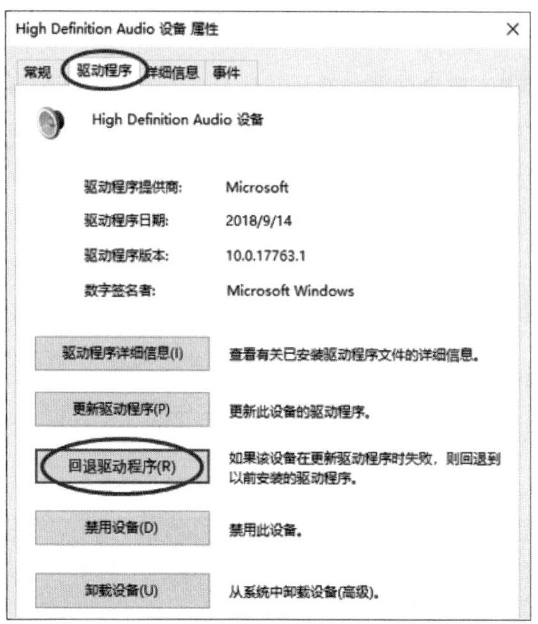

图 3-7-1

> 驱动程序经过签名后，可以确保所要安装的驱动程序是安全的。当你在安装驱动程序时，如果该驱动程序未经过签名、数字签名无法被验证是否有效或驱动程序内容被窜改过的话，系统便会显示警告信息。建议不要安装未经过签名或数字签名无法被验证是否有效的驱动程序，除非你确认该驱动程序确实是从发行厂商处取得的。

3.7.2 虚拟内存

当计算机的物理内存（RAM）不够用时，系统会通过将部分硬盘（磁盘）空间虚拟成内存的方式来提供更多的内存给应用程序或服务。系统是通过建立一个名称为pagefile.sys的文件来当作虚拟内存的存储空间，此文件又被称为**页面文件**。

因为虚拟内存是通过硬盘提供的，如果硬盘是普通的传统硬盘的话，因其访问速度比内存慢很多，因此如果经常发生内存不够用的情况时，建议安装更多的内存，以免计算机运行效率被硬盘拖慢。

虚拟内存的设置：【打开**文件资源管理器**➲选中**此电脑**右击➲属性➲高级系统设置➲单击**性能**处的设置按钮➲**高级**选项卡➲单击更改按钮】，如图3-7-2所示。

图 3-7-2

系统默认会自动管理所有磁盘的页面文件，并将文件建立在Windows系统的安装磁盘的根文件夹，例如C:\之下。页面文件大小有初始大小与最大值，初始大小容量用完后，系统会自动扩大，但不会超过最大值。也可以自行设置页面文件大小，或将页面文件同时建立在多个物理磁盘内，以提高页面文件的工作效率。

页面文件pagefile.sys是受保护的系统文件，首先【打开**文件资源管理器**➲单击上方**查看**菜单➲单击右侧**选项**图标➲**查看**选项卡➲取消勾选**隐藏受保护的操作系统文件**、点选**显示隐藏的文件、文件夹和磁盘驱动器**】，在C:\之下才看得到它（见图3-7-3）。

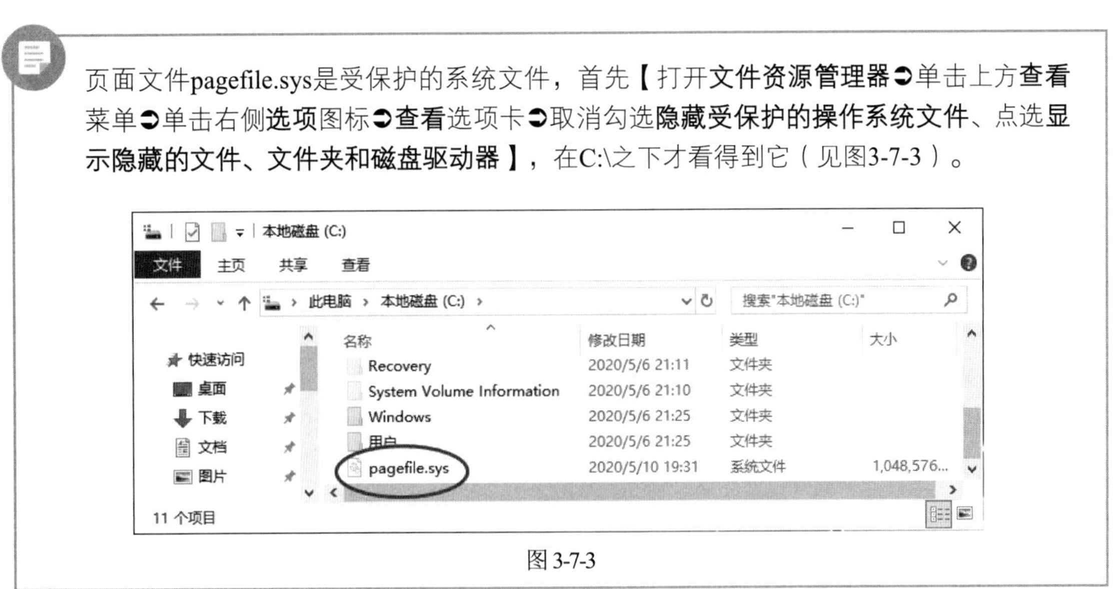

图 3-7-3

1. 如果计算机拥有多个显示端口的话，则可以连接多个显示器来扩大工作桌面，其设置方法为：【选中桌面空白处右击➲显示设置】。
2. 你可以通过**任务管理器**来查看或管理计算机内的应用程序、性能、用户与服务等，而打开**任务管理器**的方法可以是：【按Ctrl + Alt + Del 键➲任务管理器】或【右击下方的任务栏➲任务管理器】。
3. 为了确保计算机的安全性与拥有良好效能，请定期更新系统。定期更新的相关设置方法为【单击左下角的**开始**图标⊞➲单击**设置**图标⚙➲更新和安全】。
4. 磁盘使用一段时间后，存储在磁盘内的文件可能会零零散散的分布在磁盘内，从而影响到磁盘的访问效率，因此建议定期整理磁盘：【打开**文件资源管理器**➲选中任一磁盘右击➲属性➲单击**工具**选项卡下的优化按钮➲然后选中要整理的磁盘➲可先通过分析按钮来了解该磁盘分散的程度、如果需要的话再通过优化按钮来整理磁盘】。

第 4 章　本地用户与组账户

每一位用户在使用计算机前都必须登录该计算机，而登录时需输入有效的用户账户名与密码；另外，如果能够善用组来管理用户权限的话，则必定能够减轻许多网络管理的负担。

- 内置的本地账户
- 本地用户账户的管理
- 密码的更改、备份与还原
- 本地组账户的管理

4.1 内置的本地账户

我们在第1章内介绍过每一台Windows计算机都有一个**本地安全账户数据库**（SAM），用户在使用计算机前都必须登录该计算机，也就是要提供有效的用户账户名与密码，而这个用户账户就是建立在**本地安全账户数据库**内，这个账户被称为**本地用户账户**，而建立在此数据库内的组被称为**本地组账户**。

4.1.1 内置的本地用户账户

以下是两个重要的系统内置用户账户：

- **Administrator（系统管理员）**：它拥有最高的管理权限，可以利用它来执行整台计算机的管理工作，例如建立用户账户与组账户等。此账户无法被删除，但为了更安全起见，建议将其改名。
- **Guest（来宾）**：它是供没有账户的用户来临时使用的账户，它只有很少的权限。此账户无法被删除，但可以将其改名。此账户默认是被禁用的。

4.1.2 内置的本地组账户

系统内置的本地组本身都已经被赋予了一些权限，目的是让它们具备管理本地计算机或访问本地资源的能力。在此基础上，如果用户账户被加入到本地组内，他们就会具备该组所拥有的权限。以下列出一些常用的本地组：

- **Administrators**：该组内的用户具备系统管理员的权限，他们拥有对这台计算机最大的控制权，可以执行整台计算机的管理工作。内置的系统管理员Administrator就是隶属于该组，而且无法将它从此该组内删除。
- **Backup Operators**：该组内的用户可以通过Windows Server Backup工具来备份与还原计算机内的文件，不论他们是否有权限访问这些文件。
- **Guests**：该组内的用户无法永久改变其桌面的工作环境，当他们登录时，系统会为他们建立一个临时的工作环境（临时的用户配置文件），而注销时此临时的环境就会被删除。该组默认的成员为用户账户Guest。
- **Network Configuration Operators**：该组内的用户可以执行常规的网络配置操作，例如更改IP地址，但是不能安装、删除驱动程序与服务，也不能执行与网络服务器（例如DNS、DHCP服务器）配置有关的操作。
- **Remote Desktop Users**：该组内的用户可以从远程利用远程桌面来登录本地计算机。
- **Users**：该组内的用户只拥有一些基本权限，例如执行应用程序、使用本地打印机

等，但是他们不能将文件夹共享给网络上其他的用户、不能对计算机关机等。所有新建的本地用户账户都自动会隶属于该组。

4.1.3　特殊的组账户

Windows Server中还有一些特殊组，你无法更改这些组的成员。以下列出几个常用的特殊组：

- **Everyone**：所有用户都属于这个组。如果Guest账户被启用的话，则为Everyone分配权限时需注意，因为如果一位在你计算机内没有账户的用户通过网络来登录你的计算机时，他会被自动允许利用Guest账户来连接，此时因为Guest也是隶属于Everyone组，所以他将具备Everyone组所拥有的权限。
- **Authenticated Users**：凡是利用有效用户账户登录此计算机的用户，都隶属于该组。
- **Interactive**：凡是在本地登录（通过按Ctrl + Alt + Del 键登录）的用户，都隶属于该组。
- **Network**：凡是通过网络登录此计算机的用户，都隶属于该组。
- **Anonymous Logon**：凡是未利用有效的用户账户来连接的使用者（匿名用户），都隶属于该组。Anonymous Logon默认不隶属于Everyone组。

4.2　本地用户账户的管理

系统默认只有Administrators组内的用户才有权限来管理用户与组账户，因此，请利用隶属于该组的Administrator登录来执行以下操作。

4.2.1　新建本地用户账户

我们可以利用**本地用户和组**来建立本地用户账户：【单击左下角**开始**图标⊞➲Windows系统工具➲计算机管理➲系统工具➲本地用户和组➲在图4-2-1背景图中选中**用户**右击➲新用户➲在前景图中输入相关数据➲单击创建按钮】。

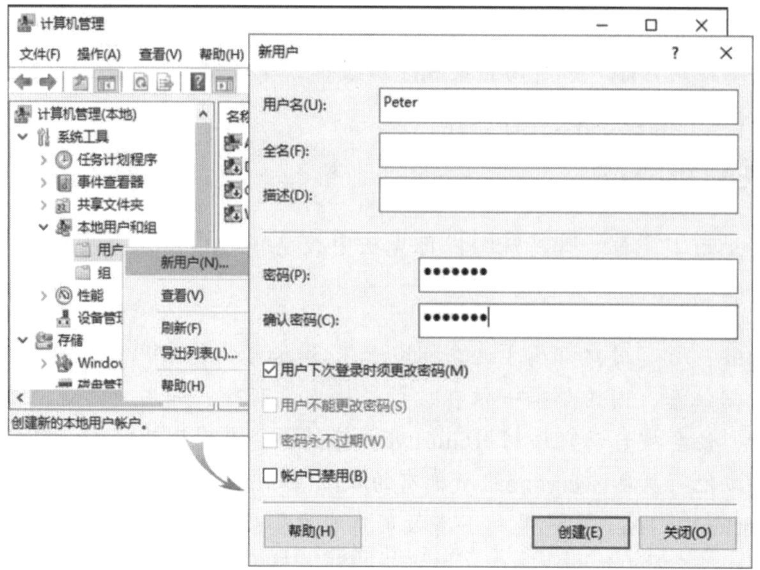

图 4-2-1

你也可以通过【开始➲控制面板➲用户账户】来管理用户账户。

- **用户名**：它是用户登录时需要输入的账户名称。
- **全名、描述**：用户的完整名称、用来描述此用户的说明文字。
- **密码、确认密码**：设置用户账户的密码。所输入的密码会以黑点来显示，以避免被别人看到，必须再一次输入密码来确认所输入的密码是正确的。

1. 密码中英文字母大小写是被视为不同的字符，例如abc12#与ABC12#是不同密码。还有如果密码为空白，则系统默认是此用户账户只能够从本地登录，无法从网络登录（无法从其他计算机利用此账户来连接）。
2. 用户密码默认必须至少为6个字符，且不能包含用户账户名称或全名，还有至少要包含A~Z、a~z、0~9、非字母数字（例如!、$、#、%）等4组字符中的3组，例如12abAB是有效的密码，而123456是无效的密码。

- **用户下次登录时须更改密码**：用户在下次登录时，系统会强制要求用户要更改密码，这个操作可以确保只有该用户自己知道其所更改过的密码。

如果该用户是通过网络来登录的话，请勿勾选此复选框，否则用户将无法登录，因为用户通过网络登录时无法更改密码。

- **用户不能更改密码**：它可防止用户更改密码。如果未勾选此复选框的话，用户可通过【按 Ctrl + Alt + Del 键➲更改密码】的方法来更改自己的账户密码。

- **密码永不过期**：除非勾选此复选框，否则系统默认42天后会强制要求用户更改密码（可通过**账户策略**来变更改此默认值，见第9章）。
- **账户已禁用**：它可防止用户利用此账户登录系统，例如你预先为新进员工建立了账户，但该员工尚未报到，或某位请长假的员工账户，都可以利用此选项暂时将该账户禁用。被禁用的账户前面会有一个向下的箭头↓符号。

用户账户创建好后，请注销，然后在图4-2-2中单击此新账户，以便练习利用此账户来登录。完成练习后，再注销、改用Administrator登录。

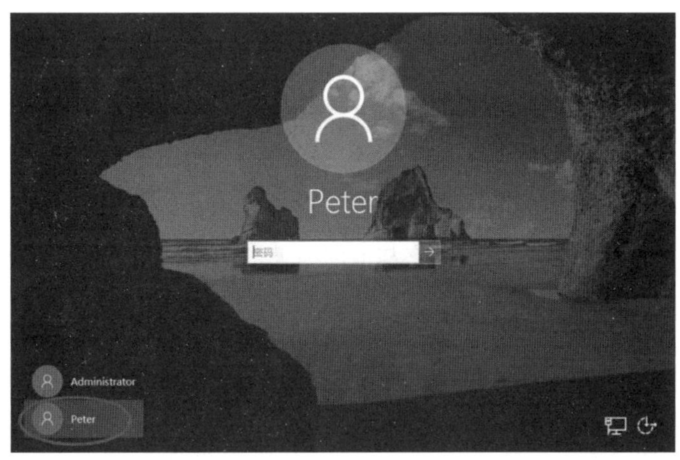

图 4-2-2

4.2.2 修改本地用户账户

如图4-2-3所示选中用户账户右击，然后通过界面中的选项来更改用户账户的密码、删除用户账户、更改用户账户名等。

图 4-2-3

系统会为每一个用户账户建立一个唯一的安全标识符（security identifier，SID），在系统内部是利用SID来标识该用户的，例如文件权限列表内是通过SID来记录该用户具备何种权限的，而不是通过用户账户名称来记录的，不过为了便于查看这些列表，系统在我们通过**文件资源管理器**来查看这些列表时，所显示的是用户账户名称。

当将账户删除后，即使再新建一个名称相同的账户，因为系统会为这个新账户分配一个新SID，它与原账户的SID不同，所以这个新账户不会拥有原账户的权限。

如果是重命名账户的话，由于SID不会改变，因此用户原来所拥有的权限不会受到影响。例如当某员工离职时，可以暂时先将其用户账户禁用，等到新员工来接替他的工作时，再将此账户改为新员工的名称、重新设置密码与相关的个人信息后再重新启用此账户即可。

4.2.3 其他的用户账户管理工具

你也可通过【单击左下角**开始**图标⊞➲控制面板➲用户账户➲用户账户➲管理其他账户（见图4-2-4）】的方法管理用户账户，它与前面所使用的**本地用户和组**各有特色。

图4-2-4

你还可以利用如图4-2-5所示的Windows Admin Center（参考3.3节的说明）来执行用户与组账户的管理工作。

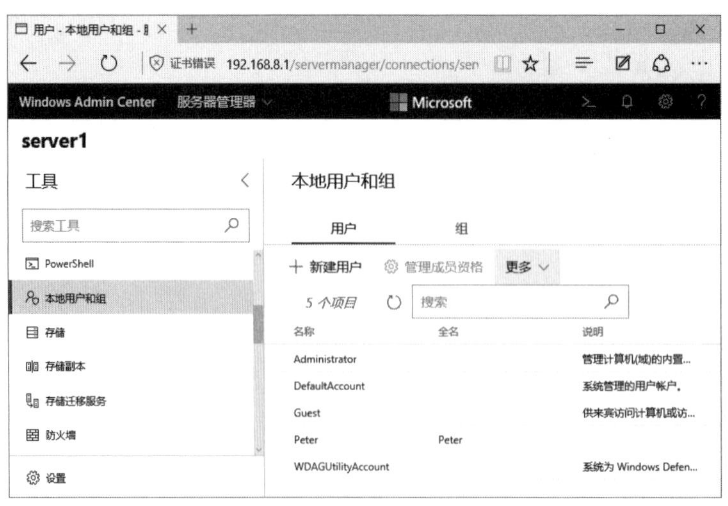

图4-2-5

4.3　密码的更改、备份与还原

本地用户要更改密码的话，可以在登录完成后按 Ctrl + Alt + Del 键，然后在图4-3-1中单击**更改密码**。

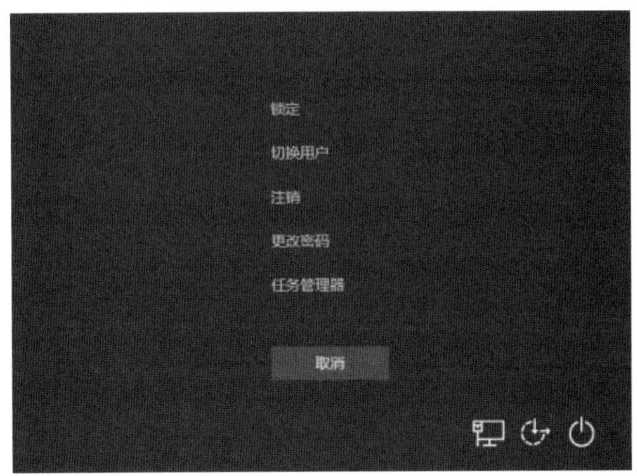

图 4-3-1

如果用户在登录时忘记密码而无法登录时应该怎么办呢？他应该事先就制作**密码重置盘**，该磁盘在密码忘记时就可以派用上场。

4.3.1　建立密码重置盘

可以使用可移动磁盘（以下以U盘为例）来制作密码重置盘。

STEP 1　在计算机上插入已经格式化的U盘，如果尚未格式化，请先【打开**文件资源管理器**➲选中U盘右击➲格式化】。

STEP 2　以需要建立密码重置盘的用户登录【单击左下角的**开始**图标⊞➲控制面板➲用户账户➲用户账户➲单击左侧**创建密码重置盘**（见图4-3-2）】。

图 4-3-2

STEP 3　出现**欢迎使用忘记密码向导**的界面时，请直接单击下一步按钮（无论更改过多少次密码，都只需制作一次**密码重置盘**即可，并保管好**密码重置盘**，因为任何人得到它，就可以重置你的密码，进而访问你的私人数据）。

STEP 4　在图4-3-3选择可移动磁盘（U盘）。

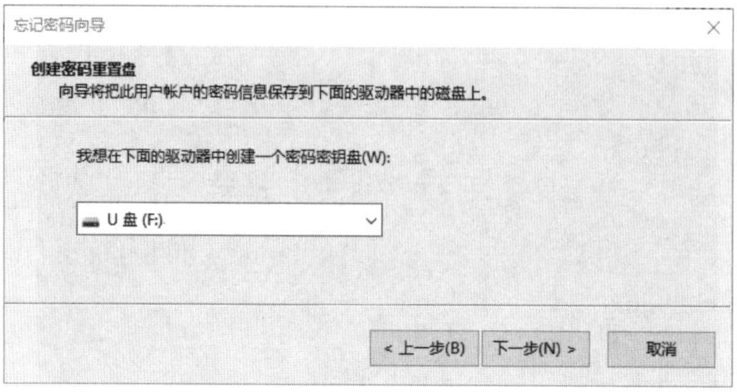

忘记密码向导

创建密码重置盘

向导将把此用户帐户的密码信息保存到下面的驱动器中的磁盘上。

我想在下面的驱动器中创建一个密码密钥盘(W):

U 盘 (F:)

< 上一步(B)　下一步(N) >　取消

图 4-3-3

STEP 5　在图4-3-4中输入当前的密码，单击下一步按钮，完成后续的步骤。

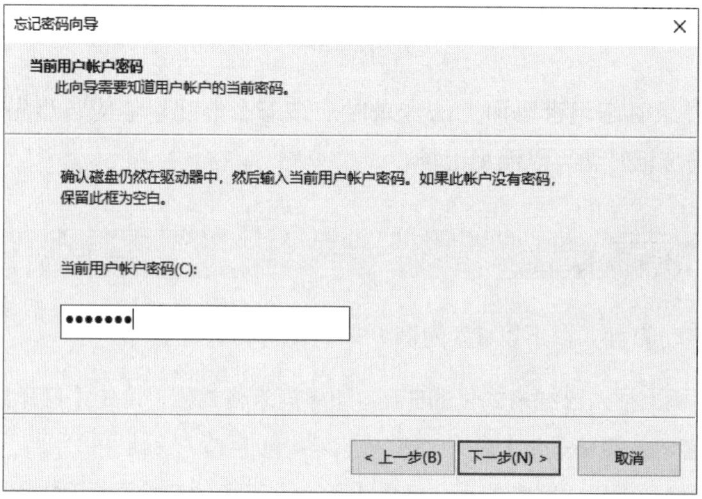

忘记密码向导

当前用户帐户密码

此向导需要知道用户帐户的当前密码。

确认磁盘仍然在驱动器中，然后输入当前用户帐户密码。如果此帐户没有密码，保留此框为空白。

当前用户帐户密码(C):

••••••••

< 上一步(B)　下一步(N) >　取消

图 4-3-4

4.3.2　重置密码

如果用户在登录时忘记密码的话，此时就可以利用前面所制作的**密码重置盘**来重新设置一个新密码，其步骤如下所示：

STEP 1　在登录、输入错误的密码后，单击图4-3-5中的**重置密码**。

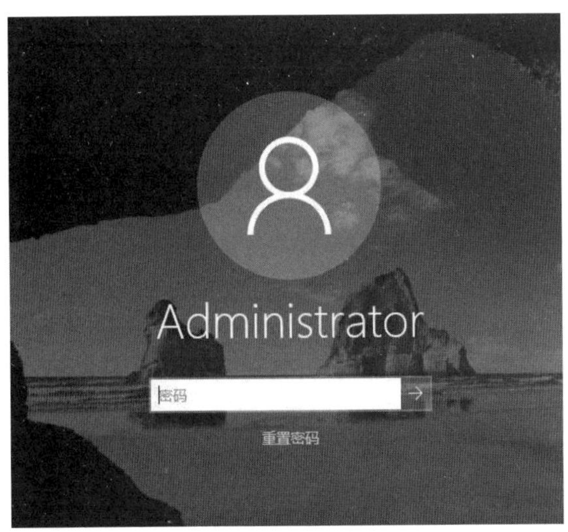

图 4-3-5

STEP 2　出现**欢迎使用密码重置向导**界面时单击下一步按钮。

STEP 3　出现**请插入密码重置盘**界面时，选择所插入的U盘后单击下一步按钮。

STEP 4　在图4-3-6中设置新密码、确认密码与密码提示，单击下一步按钮。

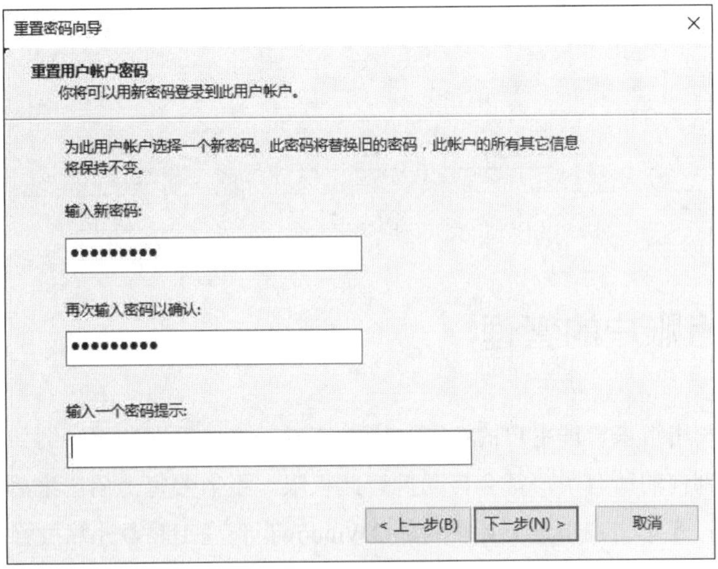

重置密码向导

重置用户帐户密码
你将可以用新密码登录到此用户帐户。

为此用户帐户选择一个新密码。此密码将替换旧的密码，此帐户的所有其它信息将保持不变。

输入新密码:
●●●●●●●●●●

再次输入密码以确认:
●●●●●●●●●●

输入一个密码提示:

< 上一步(B)　下一步(N) >　取消

图 4-3-6

STEP 5　继续完成之后的步骤并利用新密码登录。

4.3.3　未制作密码重置磁盘怎么办

如果用户忘记了密码，也未事先制作**密码重置盘**的话，此时需要请系统管理员为用户设置新密码（无法查出旧密码）：【单击左下角**开始**图标⊞➲Windows 管理工具➲计算机管理➲

系统工具➲本地用户和组➲用户➲选中用户账户右击➲设置密码】，之后会出现如图4-3-7所示的警告信息，提醒你应该在用户未制作**密码重置盘**的情况下才使用这种方法，因为有些受保护的数据在通过此种方法将用户的密码改变后，用户就无法再访问这些数据了，例如被用户加密的文件、利用用户的公钥加密过的电子邮件等。

如果系统管理员Administrator本身忘记密码，也未制作**密码重置盘**的话，应该怎么办？此时可利用另外一位具备系统管理员权限的用户账户（隶属于Administrators组）来登录与更改Administrator的密码，但是请记得事先建立这个具备系统管理员权限的用户账户，以备不时之需。

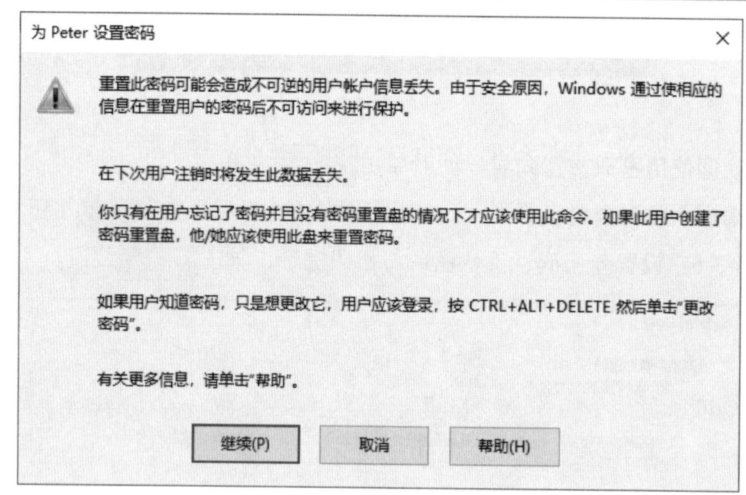

图 4-3-7

4.4　本地组账户的管理

如果能有效利用组来管理用户的权限，则能够减轻许多管理负担。例如当针对**业务部**设置权限后，**业务部**内的所有用户都会自动拥有此权限，不需要每个用户来单独设置。建立本地组账户的方法：【单击左下角**开始**图标⊞➲Windows 管理工具➲计算机管理➲如图4-4-1所示选址**组**右击➲新建组➲设置该组的名称（例如**业务部**）➲单击添加按钮将用户加入到此组➲单击创建按钮】。

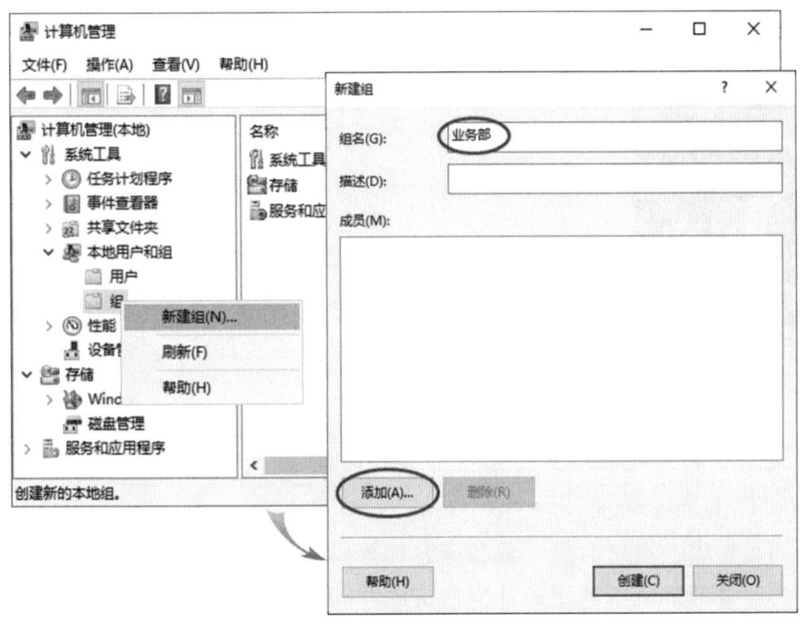

图 4-4-1

如果要再将其他用户账户加入到此组的话：【双击此组➲单击添加按钮】，或是【双击用户账户➲隶属于➲单击添加按钮】。

5

第5章　搭建虚拟环境

阅读本书的过程中，最好有一个包含多台计算机的网络环境来练习与验证书中所介绍的内容，然而一般读者要同时准备多台计算机可能有困难，还好现在可以使用虚拟化软件（例如Windows Server 2019内置的 Hyper-V），来让你轻松拥有这样的测试环境。另外本章也会介绍如何在微软的云Microsoft Azure建立虚拟机。

- Hyper-V的硬件需求
- 安装Hyper-V
- 建立虚拟交换机与虚拟机
- 建立更多的虚拟机
- 通过Hyper-V主机连接Internet
- 在Microsoft Azure云建立虚拟机

5.1 Hyper-V的硬件需求

如果要使用Hyper-V的虚拟技术来搭建测试环境的话，请准备一台CPU（中央处理器）速度够快、内存够多、硬盘容量够大的物理计算机，在此计算机上利用Hyper-V来建立多台虚拟机与虚拟交换机（旧称“虚拟网络”），然后在虚拟机中安装所需的操作系统，例如Windows Server 2019、Windows 10等。

以Windows Server 2019为例，这台物理计算机除了CPU需要64位之外，Hyper-V还有以下的主要需求：

- 支持**二级地址转换**（Second Level Address Translation, SLAT）。
- 支持**虚拟机监视器模式扩展**（VM Monitor Mode extensions）。
- 在BIOS或UEFI内需要开启**硬件辅助虚拟化技术**（hardware-assisted virtualization），也就是开启IntelVT（Intel Virtualization Technology）或AMD-V（AMD Virtualization）。
- 在BIOS或UEFI内需要开启**数据执行保护**（hardware data execution protection，DEP），也就是开启Intel XD bit（execute disable bit）或AMD NX bit（no execute bit）。

你可以在打开Windows PowerShell后，利用Systeminfo.exe程序来查看计算机是否有符合Hyper-V的要求。执行后，在输出的最后即可查看，如图5-1-1所示。

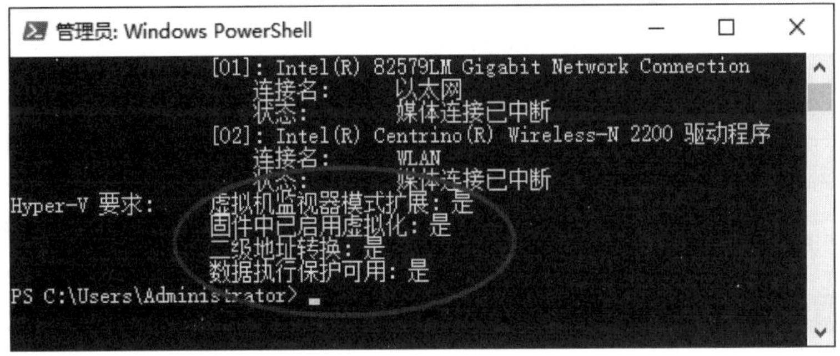

图 5-1-1

Windows Server 2016/Windows Server 2012 R2等服务器、Windows 10（不含Home版）、Windows 8.1 Enterprise/Pro等64位系统也支持Hyper-V。

5.2 安装Hyper-V

请先在物理计算机上安装支持Hyper-V的操作系统，本书采用Windows Server 2019

Datacenter。

5.2.1 安装Hyper-V角色

安装完操作系统后，通过**添加角色和功能**的方式来安装Hyper-V。这台安装Hyper-V的物理计算机被称为**主机**（host），其操作系统被称为**主机操作系统**，而虚拟机内所安装的操作系统被称为**来宾操作系统**。

安装Hyper-V的方法是：单击左下角**开始**图标⊞➲服务器管理器➲单击**仪表板**处的**添加角色和功能**➲持续单击下一步按钮是到出现图5-2-1**选择服务器角色**界面时勾选**Hyper-V**➲单击添加功能按钮➲持续单击下一步按钮……。你也可以利用Windows Admin Center来安装Hyper-V，如图5-2-2所示。

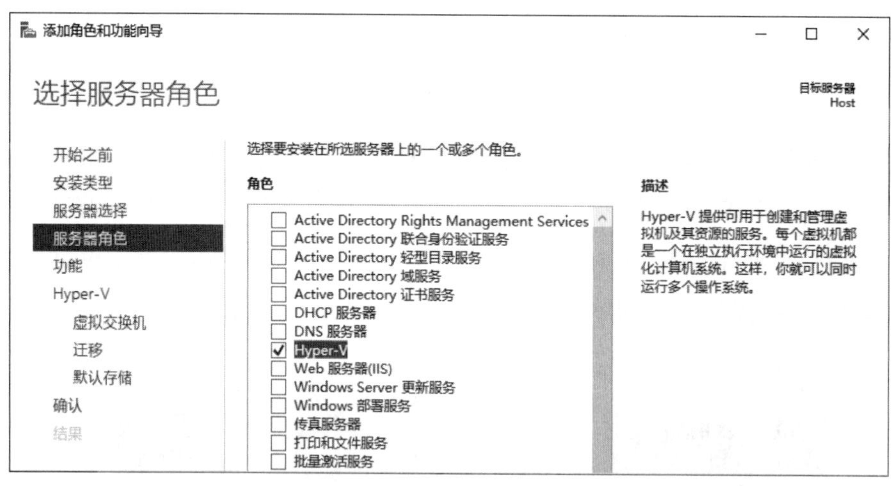

图 5-2-1

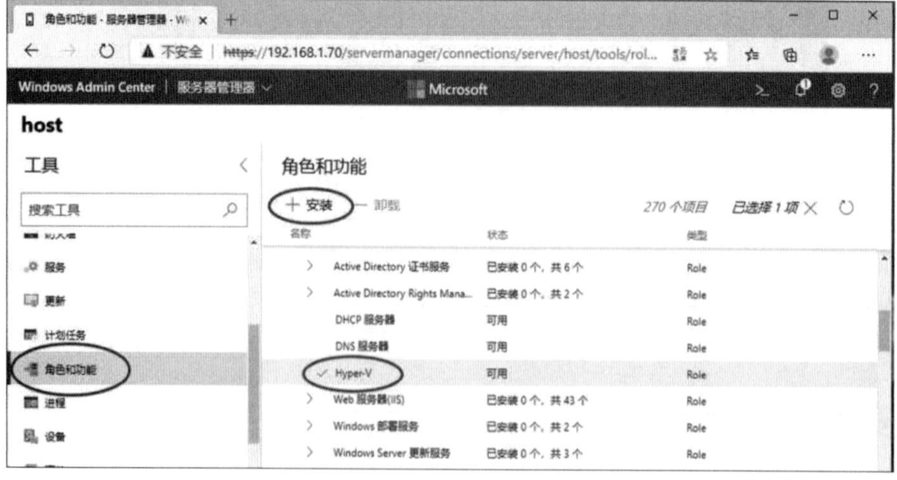

图 5-2-2

5.2.2 Hyper-V的虚拟交换机

Hyper-V支持建立以下三种类型的虚拟交换机（参见图5-2-3中的示例）：

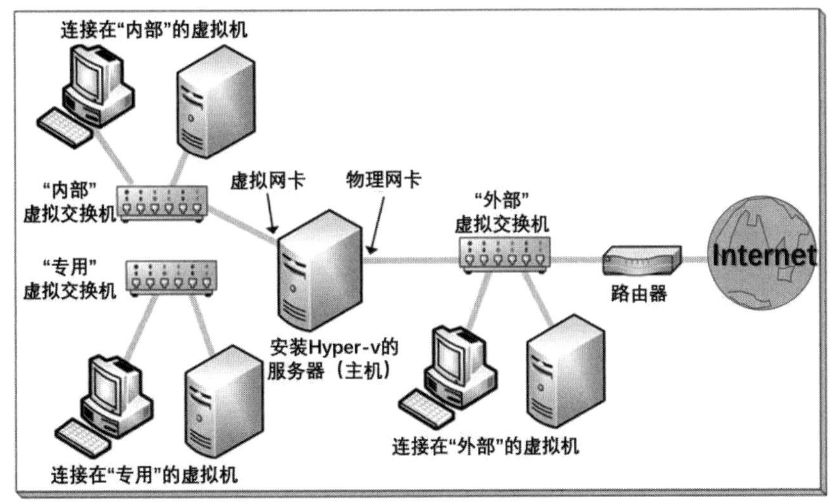

图 5-2-3

- **“外部”虚拟交换机**：其所连接的网络就是主机物理网卡所连接的网络，因此如果将虚拟机的虚拟网卡连接到此虚拟交换机的话，则它们可以与连接在这个交换器上的其他计算机通信（包含主机），甚至可以连接Internet。如果主机有多块物理网卡的话，则可以针对每一块网卡各建立一个外部虚拟交换机。
- **“内部”虚拟交换机**：连接在这个虚拟交换机上的计算机之间可以相互通信（包含主机），但是无法与其他网络内的计算机通信，同时它们也无法连接Internet，除非在主机启用NAT或路由器功能。可以建立多个内部虚拟交换机。
- **“专用”虚拟交换机**：连接在这个虚拟交换机上的计算机之间可以相互通信，但是并不能与主机通信，也无法与其他网络内的计算机通信（图5-2-3中的主机并没有网卡连接在此虚拟交换机上）。可以建立多个专用虚拟交换机。

5.3 建立虚拟交换机与虚拟机

5.3.1 建立虚拟交换机

以下我们要练习先建立一个隶属于**外部**类型的虚拟交换机，然后将虚拟机的虚拟网卡连接到此虚拟交换机。

STEP 1 单击左下角**开始**图标⊞➲Windows 管理工具➲Hyper-V管理器。

STEP 2　如图5-3-1所示单击主机名右侧的**虚拟交换机管理器...**。

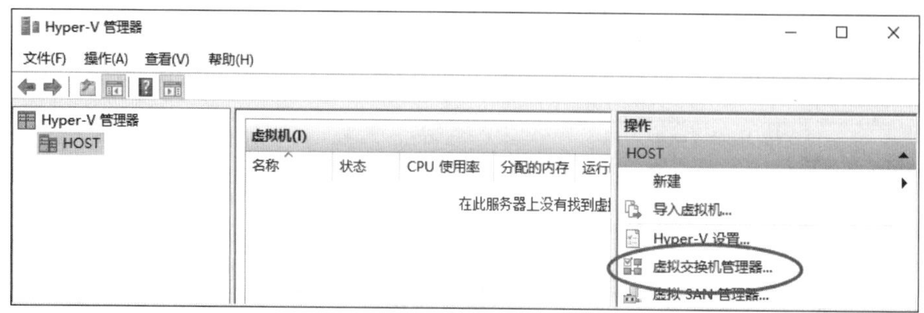

图 5-3-1

STEP 3　如图5-3-2所示选择**外部**后单击**创建虚拟交换机**按钮。

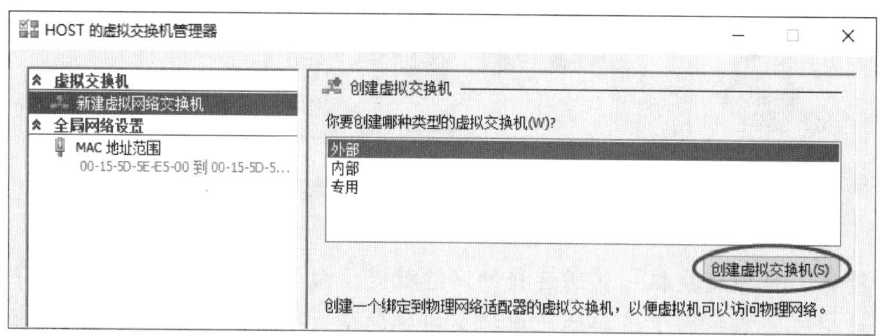

图 5-3-2

STEP 4　在图5-3-3中为此虚拟交换机命名（例如**对外连接的虚拟交换机**）、在**外部网络**选择一块物理网卡，以便将此虚拟交换机连接到此网卡所在的网络。完成后单击**确定**按钮、出现提示界面提醒你网络会暂时断开连接时单击**是（Y）**按钮。

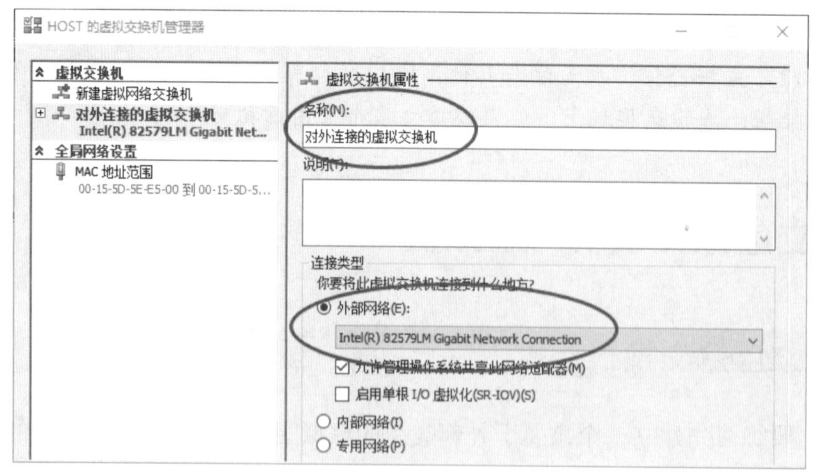

图 5-3-3

STEP 5　Hyper-V会在主机内建立一个连接到此虚拟交换机的网络连接，而你可以通过【单击

左下角**开始**图标⊞➲控制面板➲网络和Internet➲网络和共享中心➲更改适配器设置】的方法来查看，如图5-3-4中的连接“**vEthernet（对外连接的虚拟交换机）**”。

如果要利用这台主机来连接Internet，或让这台主机来与连接在此虚拟交换机的其他计算机通信的话，请设置此vEthernet连接的TCP/IP配置值，而不是设置物理网卡的连接（图中**以太网**）的TCP/IP配置，因为此时，物理网卡连接已经被设置为**虚拟交换机**（可以通过【双击**以太网**➲属性➲如图5-3-5所示来查看】）。

图 5-3-4

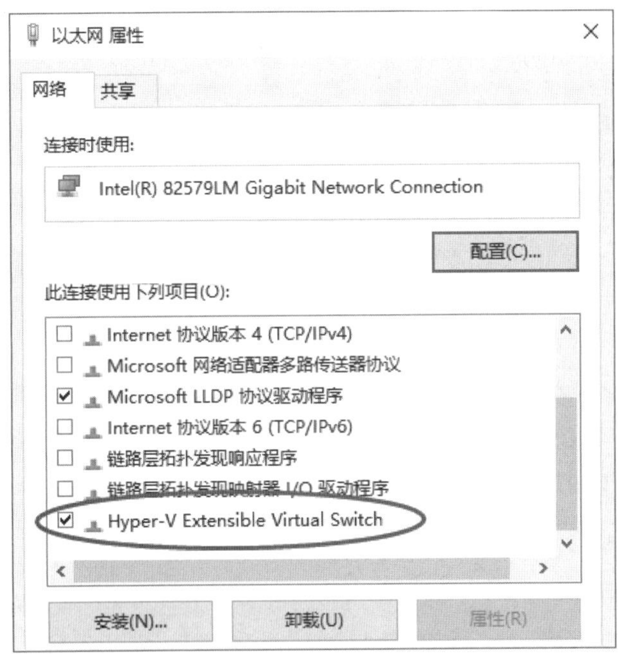

图 5-3-5

5.3.2 建立Windows Server 2019虚拟机

以下将建立一个包含Windows Server 2019 Datacenter的虚拟机。请先准备好Windows Server 2019 Datacenter的 ISO文件。

STEP 1 请如图5-3-6所示【选中主机名右击➲新建➲虚拟机】（也可以【单击右侧**操作**窗格的**新建**➲虚拟机】）。

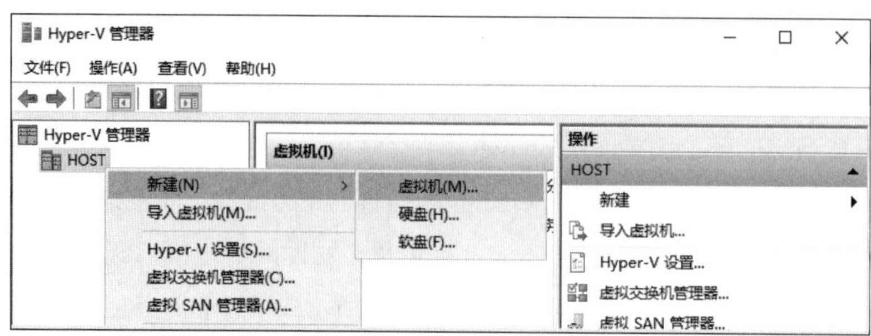

图 5-3-6

STEP 2　出现**开始之前**界面时单击下一步按钮。

STEP 3　在图5-3-7中为此虚拟机设置一个好记的名称（例如Windows2019Base）后单击下一步按钮（虚拟机的配置文件默认会被存储到C:\ProgramData\ Microsoft\Windows\Hyper-v文件夹，可通过下方选项来更改文件夹）。

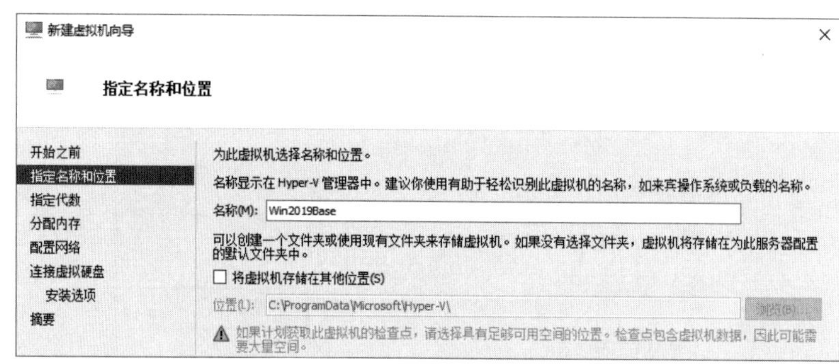

图 5-3-7

STEP 4　在图5-3-8中可选择与旧版Hyper-V兼容的第一代，或拥有新功能的第二代（但来宾操作系统至少需要是Windows Server 2012或64位的Windows 8等以上版本的操作系统）后单击下一步按钮（以下选第二代）。

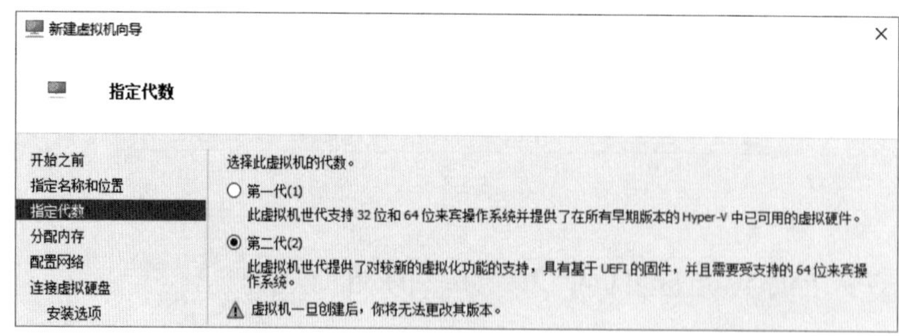

图 5-3-8

STEP 5　在图5-3-9中指定要分配给此虚拟机的内存容量后单击下一步按钮（可勾选图中的**为此虚拟机使用动态内存**，以便让系统根据实际需要来自动调整要分配多少内存给此虚拟机使用，但是最多不超过**启动内存**处的设置值）。

新建虚拟机向导
分配内存
开始之前
指定名称和位置
指定代数
分配内存
配置网络
指定分配给此虚拟机的内存量。指定的内存量可在 32 MB 到 12582912 MB 之间。若要提高性能，指定的内存量应大于操作系统的最低推荐量。
启动内存(M): 3072 MB
为此虚拟机使用动态内存(U)。
当你决定向虚拟机分配多少内存时，请考虑你要使用虚拟机的方式及它运行的操作系统。

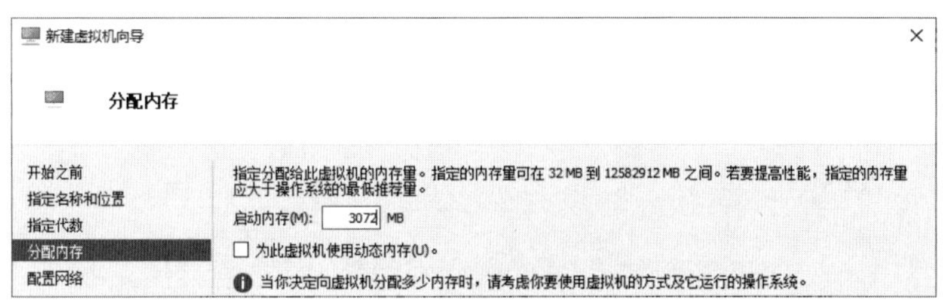

图 5-3-9

STEP 6 在图5-3-10中将虚拟网卡连接到适当的虚拟交换机后单击下一步按钮。图中将其连接到之前所建立的第1个虚拟交换机**对外连接的虚拟交换机**。

新建虚拟机向导
配置网络
开始之前
指定名称和位置
指定代数
分配内存
配置网络
连接虚拟硬盘
每个新虚拟机包含一个网络适配器。你可以配置网络适配器以使用虚拟交换机，否则，它将保持断开连接状态。
连接(C): 对外连接的虚拟交换机

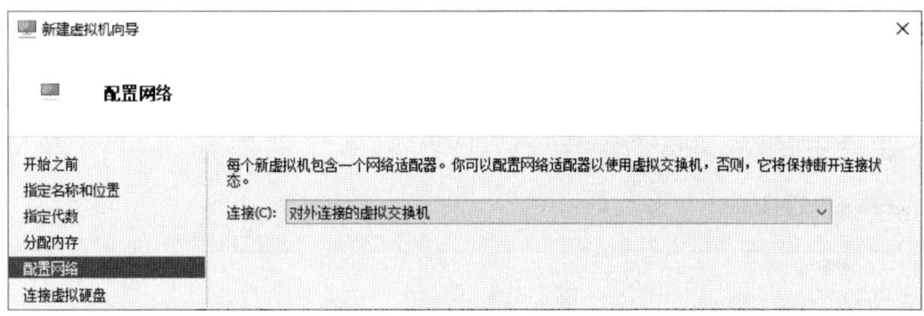

图 5-3-10

STEP 7 在图5-3-11中单击下一步按钮即可。这是用来设置计划分配给虚拟机使用的虚拟硬盘，含文件名（扩展名为.vhdx）、存储位置与容量，图中为默认值，其容量是由系统动态调整的，最大可自动扩充到127GB。虚拟硬盘文件的默认存储位置是C:\Users\Public\Documents\Hyper-V\Virtual Hard Disks。

新建虚拟机向导
连接虚拟硬盘
开始之前
指定名称和位置
指定代数
分配内存
配置网络
连接虚拟硬盘
安装选项
摘要
虚拟机需要具有存储，以便可以安装操作系统。可以立即指定存储，也可以稍后通过修改虚拟机的属性来配置存储。
创建虚拟硬盘(C)
使用此选项可创建 VHDX 动态扩展虚拟硬盘。
名称(M): Windows2019Base.vhdx
位置(L): C:\Users\Public\Documents\Hyper-V\Virtual Hard Disks\
浏览(B)...
大小(S): 127 GB (最大值: 64 TB)
使用现有虚拟硬盘(U)
使用此选项可连接现有的 VHDX 虚拟硬盘。
位置(L): C:\Users\Public\Documents\Hyper-V\Virtual Hard Disks
浏览(B)...
以后附加虚拟硬盘(A)
使用此选项可先跳过此步骤，并在以后附加一个现有的虚拟硬盘。
< 上一步(P)
下一步(N) >
完成(F)
取消

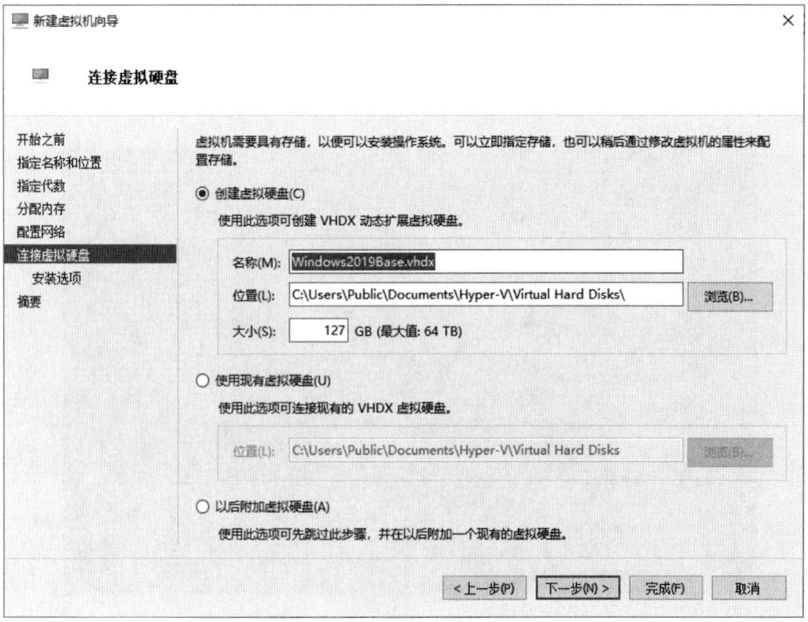

图 5-3-11

STEP 8　在图5-3-12中选择Windows Server 2019的 ISO文件后单击**下一步**按钮。

图 5-3-12

STEP 9　确认**正在完成新建虚拟机向导**界面中的设置信息无误后单击**完成**按钮。

STEP 10　图 5-3-13 中的 Windows2019Base 就是我们所建立的虚拟机，请双击此虚拟机 Windows2019Base。

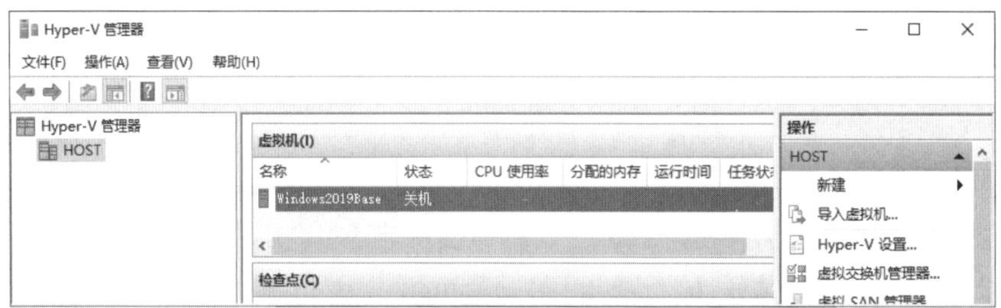

图 5-3-13

STEP 11　单击图5-3-14中的**启动**来启动此虚拟机。

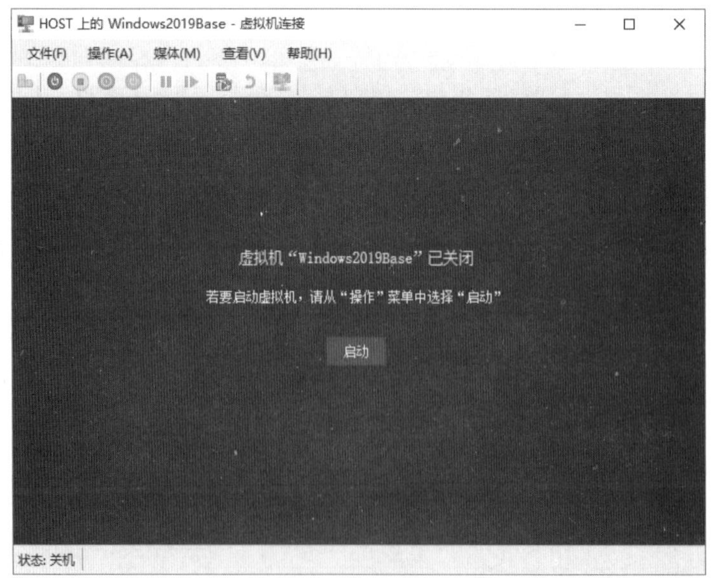

图 5-3-14

STEP **12** 如图5-3-15所示开始安装Windows Server 2019（以下省略安装步骤）。

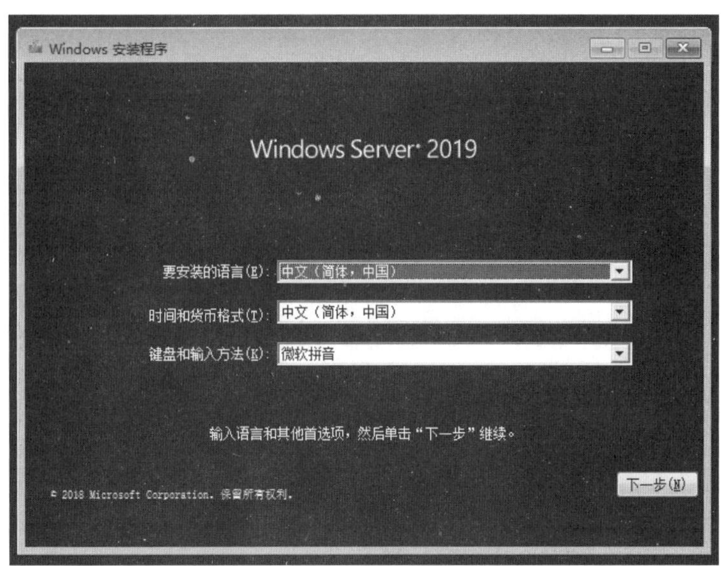

图 5-3-15

安装过程中，若发生无法顺利将鼠标指针移动到窗口外的情况，请先按Ctrl + Alt + ←键（被称为**鼠标释放键**）后，再移动鼠标指针即可。另外有些显卡驱动程序的快捷键会占用这3个键，此时可先按Ctrl + Alt + Del键，然后按**取消**，就可以在主机操作鼠标了，建议将此类显卡的快捷键功能取消。也可以在**Hyper-V管理器**窗口界面单击右侧**Hyper-V设置...**来更改**鼠标释放键**。通过按Ctrl + Alt + End 键可以来模拟在虚拟机内按Ctrl + Alt + Del 的操作。

以后只要如前面STEP **11**与STEP **12**的方法就可以启动此虚拟机。如果想要让主机与虚拟机之间可以通过复制、粘贴方式相互拷贝文件、字符的话，则需要启用**增强会话模式**：如图5-3-16所示单击Hyper-V设置，然后如图5-3-17所示来勾选。

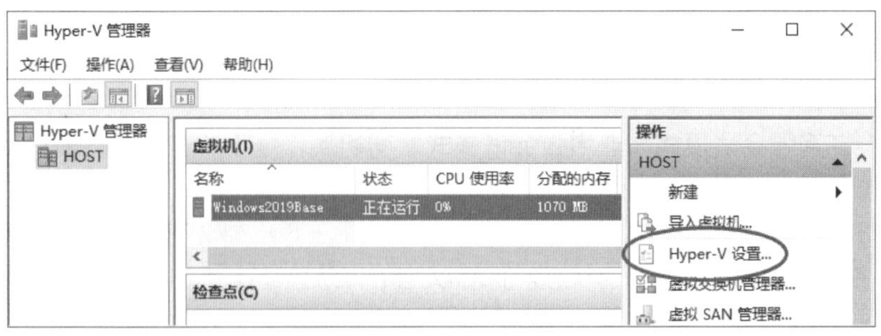

图 5-3-16

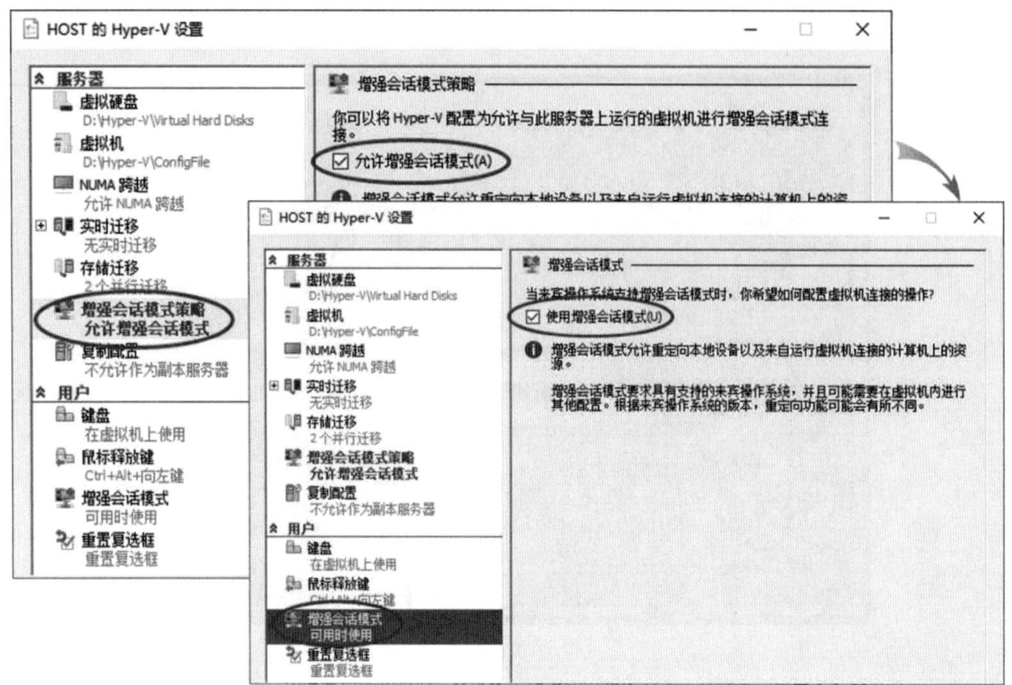

图 5-3-17

以后启动虚拟机时，Hyper-V会要求你设置其显示分辨率，如图5-3-18所示。

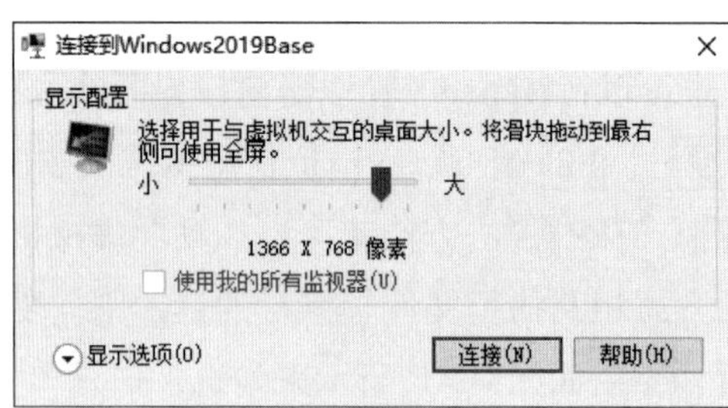

图 5-3-18

1. 如果要在**增强会话模式**与**非增强会话模式**之间切换，可【单击虚拟机窗口上方的**查看**➲**增强会话**】。
2. 你也可以将虚拟机的状态保存起来后关闭虚拟机，下一次要使用此虚拟机时，就可以直接将其恢复成为关闭前的状态。保存状态的方法为：【单击虚拟机窗口中的**操作**菜单➲保存】。

5.4 建立更多的虚拟机

你可以重复利用前一节所叙述的步骤来建立更多虚拟机，不过采用这种方法时，每一个

虚拟机会占用比较多的硬盘空间，而且重复创建虚拟机也比较浪费时间。本节将介绍另外一种省时又省硬盘空间的方法。

5.4.1 差异虚拟硬盘

此方法是将之前所建立虚拟机Windows2019Base的虚拟硬盘当作**母盘**（parent disk），并以此母盘为基准来建立**差异虚拟硬盘**（differencing virtual disk），然后将此差异虚拟硬盘分配给新的虚拟机使用，如图5-4-1所示当启动右侧的虚拟机时，它仍然会使用Windows2019Base的母盘，但之后在此系统内所进行的任何改动都只会被存储到差异虚拟硬盘，并不会更改Windows2019Base母盘的内容。

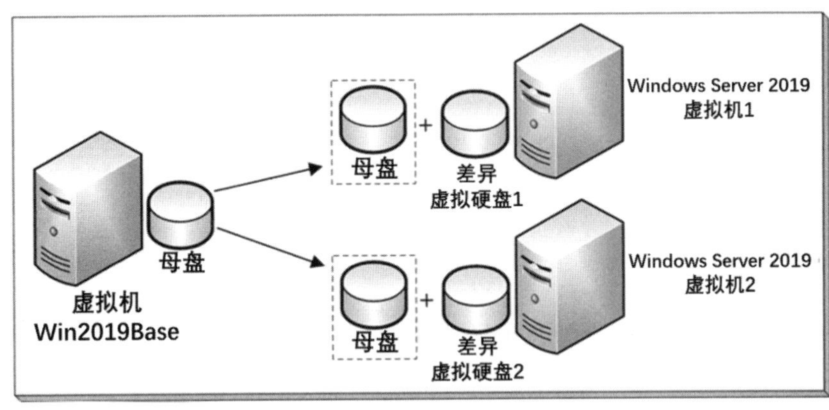

图5-4-1

之后如果使用**母盘**的Windows2019Base虚拟机被启动过的话，则其他使用**差异虚拟硬盘**的虚拟机将无法启动。如果**母盘**文件发生故障或丢失的话，则其他使用**差异虚拟硬盘**的虚拟机也无法启动。

5.4.2 建立使用“差异虚拟硬盘”的虚拟机

以下将Windows2019Base虚拟机的虚拟硬盘当作母盘来制作差异虚拟硬盘，并建立使用此差异虚拟硬盘的虚拟机Server1。请先将Windows2019Base虚拟机关机。

STEP 1 如图5-4-2所示【选中主机名右击➲新建➲硬盘】。

STEP 2 出现**开始之前**界面时单击下一步按钮。

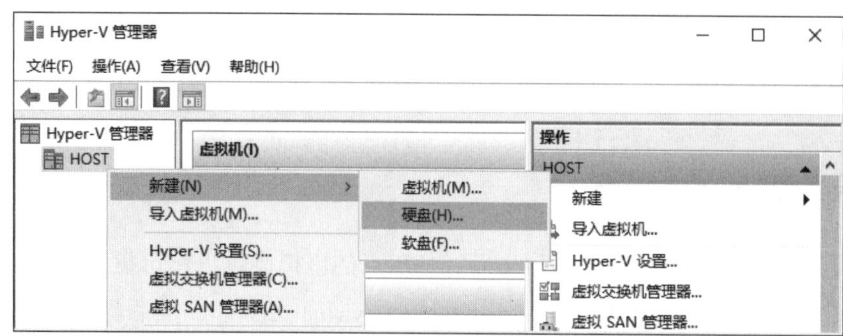

图 5-4-2

STEP 3　在**选择磁盘格式**界面中选择默认的VHDX格式后单击下一步按钮。

STEP 4　在图5-4-3中选择**差异**后单击下一步按钮。

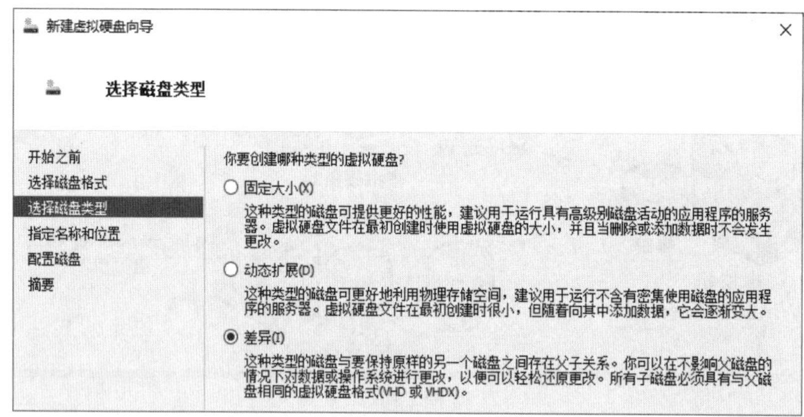

图 5-4-3

STEP 5　在图5-4-4中为此虚拟硬盘命名（例如Server1.vhdx）后单击下一步按钮。虚拟硬盘文件默认的存储位置为C:\Users\Public\Documents\Hyper-V\Virtual Hard Disks。

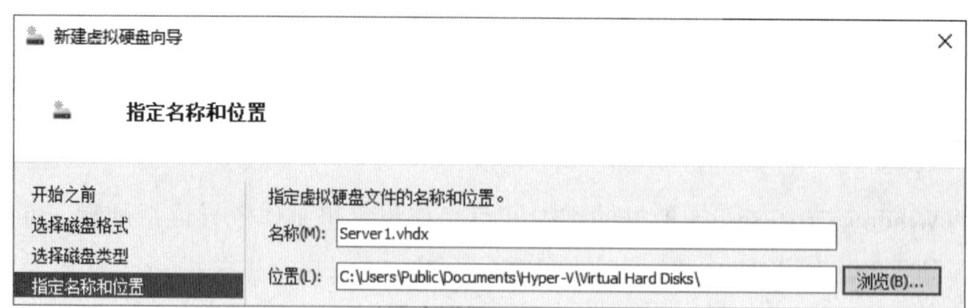

图 5-4-4

STEP 6　在图5-4-5中选择要当作**母盘**的虚拟硬盘文件，也就是Windows2019Base.vhdx。

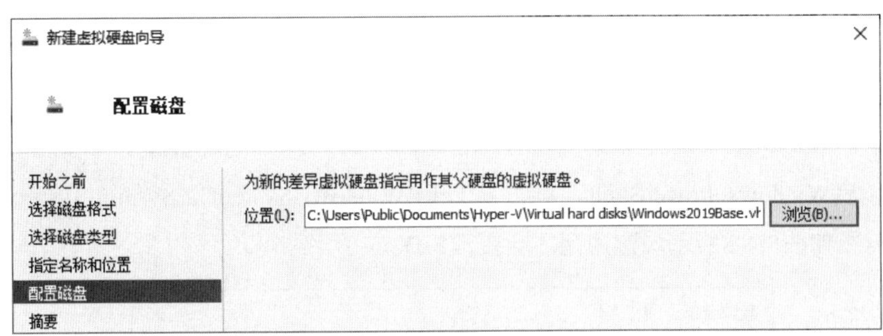

图 5-4-5

STEP 7　出现**正在完成新建虚拟硬盘向导**界面时单击完成按钮。

STEP 8　接下来将建立使用差异虚拟硬盘的虚拟机。请【选中主机名右击➲新建➲虚拟机】，接下来的步骤与前面**建立Windows Server 2019虚拟机**相同，但是在图5-4-6中需要选择差异虚拟硬盘Server1.vhdx。

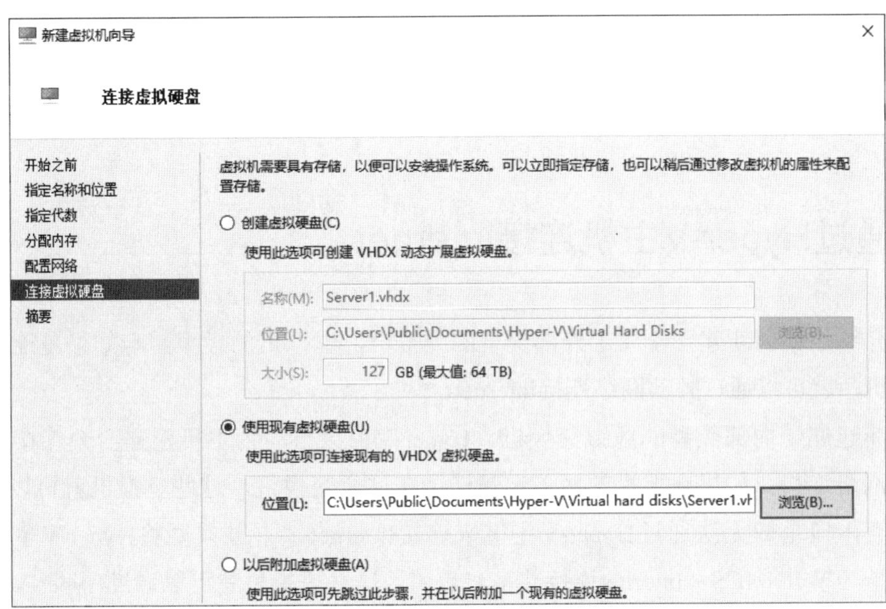

图 5-4-6

STEP 9　图5-4-7为完成后的界面，请启动此虚拟机、登录。

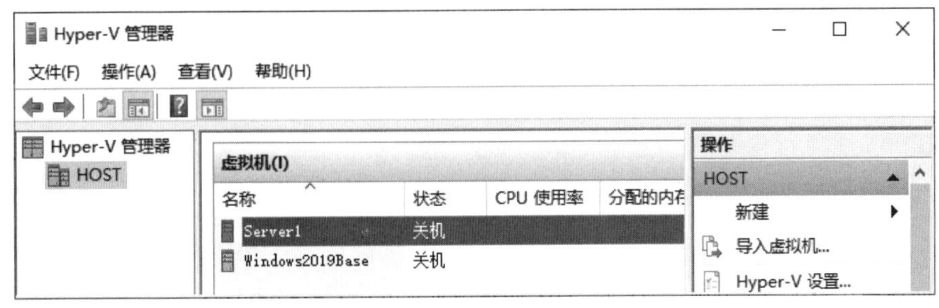

图 5-4-7

STEP 10 由于此新虚拟机的硬盘是利用Windows2019Base所制作出来的，所以其SID 等具备唯一性的信息，会与Windows2019Base相同，建议执行sysprep.exe来更改此虚拟机的SID等信息，否则在某些情况下会有问题，例如2台SID相同的计算机无法同时加入域。请开启Windows PowerShell，然后执行C:\Windows\System32\Sysprep\sysprep.exe，注意需要如图5-4-8所示勾选**通用**才会更改SID。

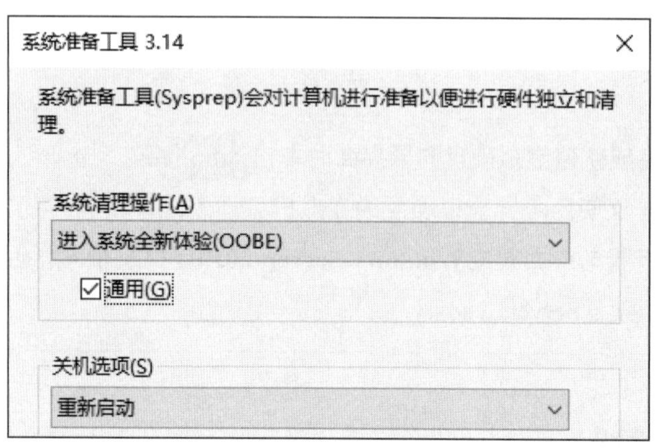

图 5-4-8

5.5 通过Hyper-V主机连接Internet

前面介绍过如何新建一个属于**外部**类型的虚拟机，虚拟机的虚拟网卡如果是连接到这个虚拟交换机，就可以通过外部网络连接Internet。

如果新建属于**内部**类型的虚拟交换机，Hyper-V也会自动为主机建立一个连接到此虚拟交换机的网络连接。如果虚拟机的网卡也是连接在这个交换机，这些虚拟机就可以与Hyper-V主机通信，但是却无法通过Hyper-V主机来连接Internet，不过只要将Hyper-V主机的NAT（网络地址转换）或ICS（Internet连接共享）启用，这些虚拟机就可以通过Hyper-V主机来连接Internet。

新建**内部**虚拟交换机的方法为：【打开**Hyper-V管理器**➲单击主机名➲单击右侧**虚拟交换机管理器**➲如图5-5-1背景图所示选择**内部**➲单击创建虚拟交换机按钮➲在前景图中为此虚拟交换机命名（例如**内部虚拟交换机**）后单击确定按钮】。

图 5-5-1

完成后，系统会为Hyper-V主机新建一个连接到这个虚拟交换机的网络连接，如图5-5-2所示的**vEthernet（内部虚拟交换机）**。

图 5-5-2

如果想让连接在此内部虚拟交换机的虚拟机可以通过Hyper-V主机上网，只要将上图中可以连上Internet的连接**vEthernet（对外连接的虚拟交换机）**的**Internet连接共享**（ICS）启用即可：【选中**vEthernet（对外连接的虚拟交换机）**右击➲属性➲如图5-5-3勾选**共享**选项卡下的选项】。

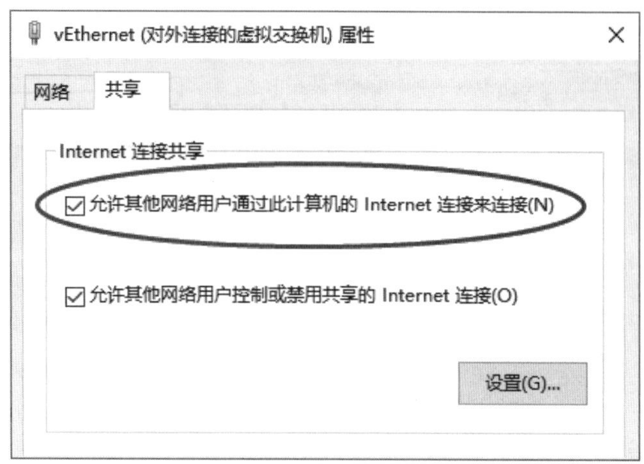

图 5-5-3

系统会将Hyper-V主机的**vEthernet**（**内部虚拟交换机**）连接的IP地址改为192.168.137.1（见图5-5-4），而连接**内部虚拟交换机**的虚拟机，其IP地址也需为192.168.137.x/24的格式、同时**默认网关**需指定到192.168.137.1这个IP地址。因为**Internet连接共享**具备DHCP的分配IP地址的功能，也就是连接在**内部虚拟交换机**的虚拟主机的IP地址设置为自动获取即可，不需手动设置。

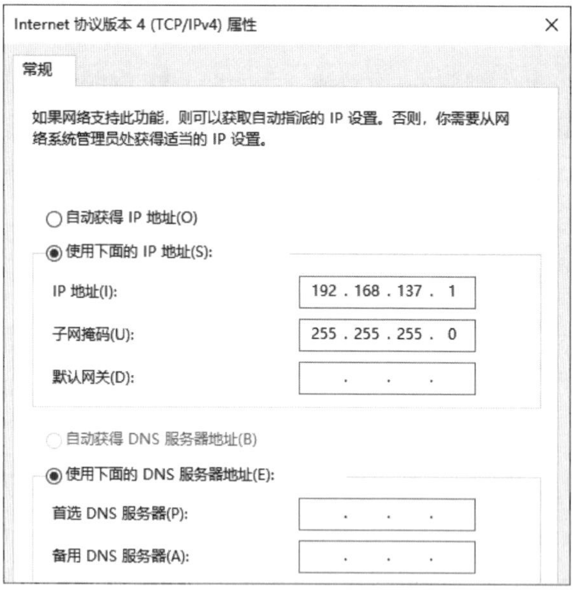

图 5-5-4

5.6 在Microsoft Azure云建立虚拟机

传统上，企业将各项服务搭建在企业内部机房内，例如服务器、存储设备、数据库、网

络、软件服务等，然而随着云计算越来越普及，企业为了降低硬件成本、减少电费支出、减少机房空间的使用、提高管理效率、降低IT人员的管理负担，因此越来越多的企业逐渐走向云。

云计算最基本的项目之一就是虚拟机，本节将介绍如何在Microsoft Azure云上面建立包含Windows Server 2019的虚拟机。

5.6.1 申请免费使用账号

你需要申请Microsoft Azure账号，当前的免费账号可以使用某些热门服务12个月+ $200元的免费额度可使用所有服务30天 + 25种以上可以永久免费使用的服务。免费额度用完或30天使用期限到期时，必须继续订阅，才可以继续使用免费与收费服务。如果要查看虚拟机的详细收费数据，可以访问以下估算网站：

https://azure.microsoft.com/zh-cn/pricing/calculator/

然后【单击**产品**标签下的**计算**（可能是英文界面）➲单击右侧**虚拟机**➲待出现**虚拟机已创建**提示时单击**查看**或往下滚动窗口➲在**层**处选择所需价格层次➲在**实例**处选择所需虚拟机（参考图5-6-1，图中信息仅供参考，随时可能发生变化）】。

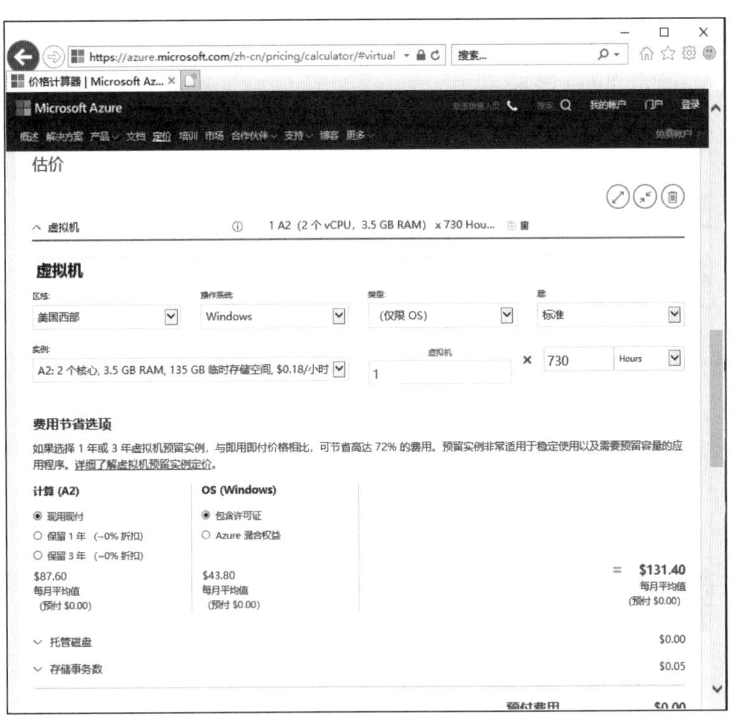

图 5-6-1

若要申请免费账户的话，可通过网址https://azure.microsoft.com/zh-cn/free/，然后单击**免费开始使用**（需准备信用卡）。

5.6.2 建立虚拟机

完成账户申请后，就可以使用Microsoft Azure云资源，而我们将开始来建立虚拟机。

STEP 1　请开启浏览器、利用http://portal.azure.com/ 登录Microsoft Azure。

STEP 2　如图5-6-2所示单击左下方的**虚拟机**。

图 5-6-2

STEP 3　如图5-6-3所示单击**+添加**。

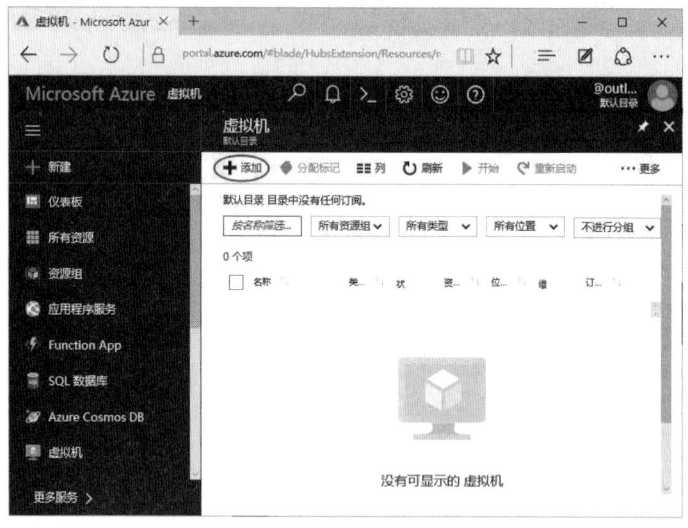

图 5-6-3

STEP 4　在图5-6-4中输入、选择以下相关数据：

- 订阅账户：此时仅有**免费试用版**可供选择。免费额度用完或试用期限到期，此**免费试用版**订阅账户无法再使用，但是可以申请其他类型的订阅账户，然后在此选择来使用它（要收费）。

图 5-6-4

- 资源组：选择用来集中管理资源的资源组，由于当前还没有资源组可供使用，因此请单击**新建**，然后自行设置组名，例如MyResource1。
- 虚拟机名称：为此虚拟机命名，例如MyServer1。
- 区域：选择虚拟机放置位置。

STEP 5　将前面的图往下滚动，然后在图5-6-5中输入、选择以下相关数据：

- 镜像：选择虚拟机内的操作系统种类，例如Windows Server 2019 Datacenter（或选择占用较少硬盘、内存、vCPU的[smalldisk]Windows Server 2019 Datacenter，花费更少），可能需单击**浏览所有镜像及磁盘**（或**浏览所有公用和私人镜像**）来查找、选择。
- 大小：通过单击**更改大小**来选择虚拟机的大小，例如**基本**A2。
- 用户名与密码请自定义。密码需要至少12个字符，且至少要包含A~Z、a~z、0~9、非字母数字（例如!、$、#、%）等4组字符中的3组。

图 5-6-5

STEP 6　由于我们要用**远程桌面连接**来连接此虚拟机，因此需开放**远程桌面连接**所使用的端口号码3389：将前面的图往下滚动，然后在图5-6-6中的**选择端口**处选择**RDP（3389）**。其他字段使用默认值即可。

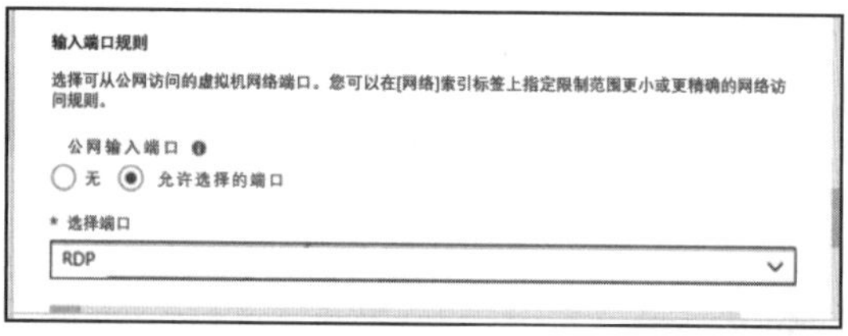

输入端口规则

选择可从公网访问的虚拟机网络端口。您可以在[网络]索引标签上指定限制范围更小或更精确的网络访问规则。

公网输入端口

无　允许选择的端口

* 选择端口

RDP

图 5-6-6

STEP 7　接下来的界面，都单击**下一步**即可，或是直接单击**查看+创建**。然后在图5-6-7中确认设置都无误后单击**创建**。

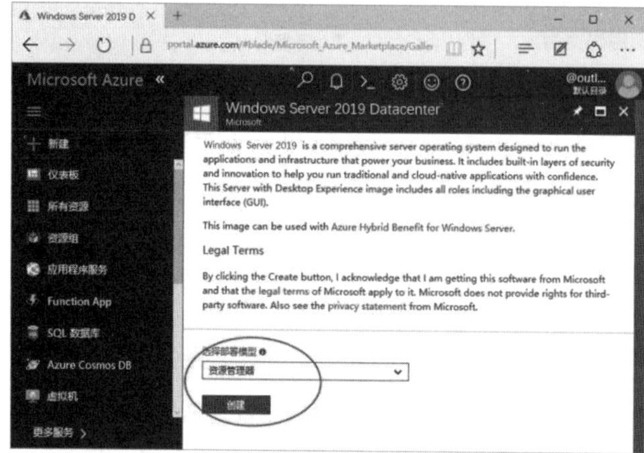

图 5-6-7

STEP 8　等待虚拟机建立好后，既可通过如图5-6-8所示单击**仪表板**左侧的**虚拟机**、单击所建立虚拟机MyServer1，也可以通过左侧的**所有资源**来查看当前在Azure使用的所有资源，包含虚拟机。

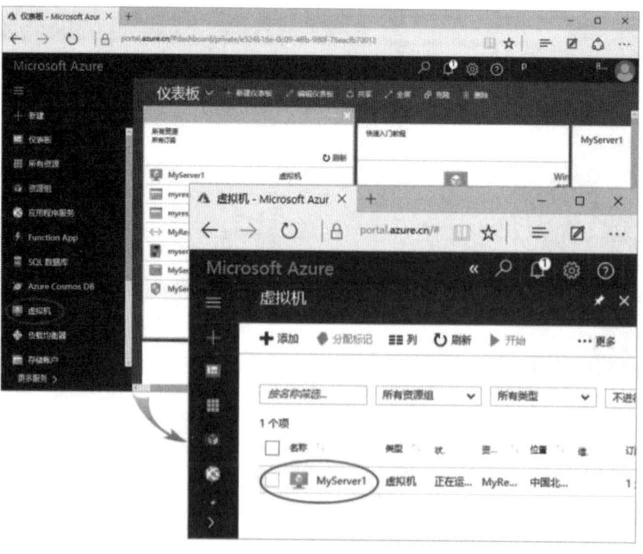

图 5-6-8

STEP 9　从图5-6-9可知此虚拟机的相关设置值，例如其公网IP地址、资源的使用情况等。还可以将虚拟机关机（停止）、启动、重新启动与删除等。

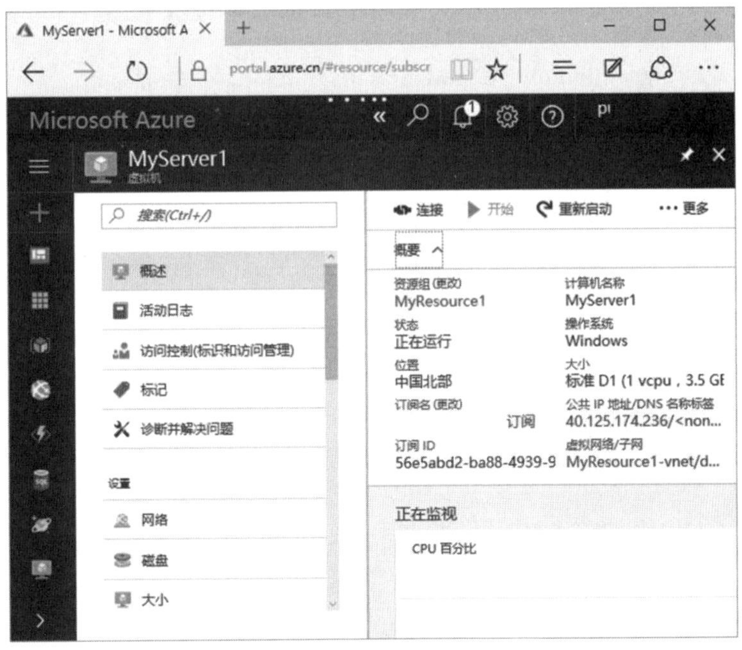

图 5-6-9

STEP 10　接下来将使用**远程桌面连接**来连接与管理此虚拟机，其方法可先如图5-6-10所示单击**概述**处的**连接**、单击**下载RDP文件**、然后单击**打开**来连接此位于Microsoft Azure云的Windows Server 2019虚拟机（也可以自行执行mstsc.exe来连接此虚拟机，其中IP地址请使用图5-6-9中的**公网IP地址**）。

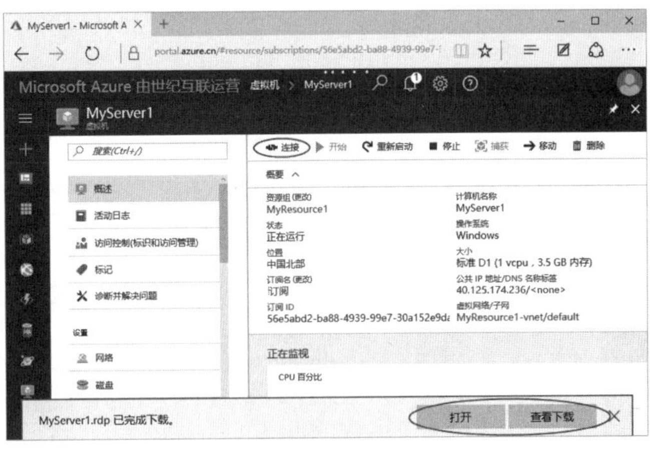

图 5-6-10

STEP 11　在图5-6-11中单击**连接**按钮。

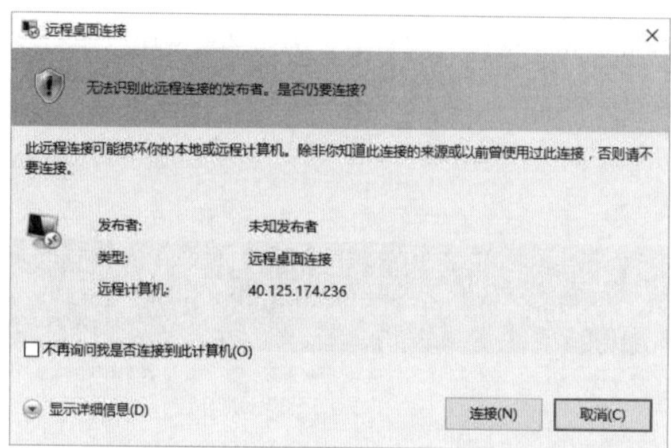

图 5-6-11

如果**远程桌面连接**的端口3389未开放的话，将无法连接到此虚拟机，此时请单击虚拟机之下的**网络**、单击右侧的**添加输入端口规则**来开放。

STEP 12 在图5-6-12中输入图5-6-5中所设置的用户名与密码后单击确定按钮、单击是（Y）按钮。

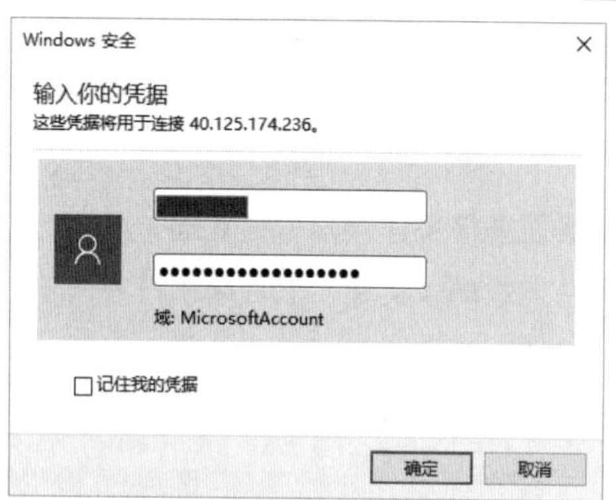

图 5-6-12

STEP 13 图5-6-13为连接到位于Azure 的Windows Server 2019虚拟机的界面。

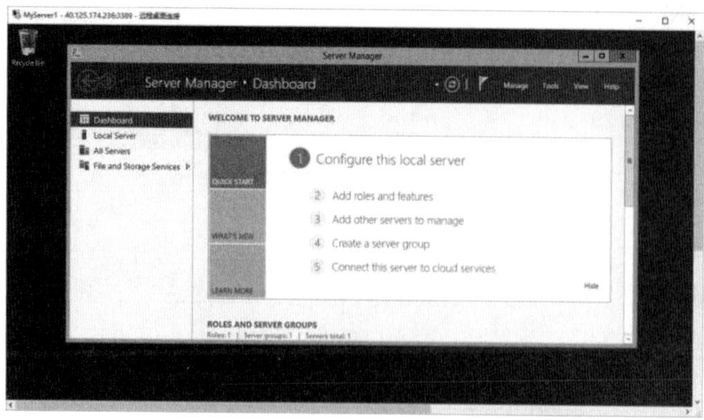

图 5-6-13

5.6.3 将英文版Windows Server 2019中文化

目前在Microsoft Azure云所建立的Windows Server 2019虚拟机是英文版，我们可以通过安装中文语言包的方式来将它中文化。

STEP 1 单击左下角开始图标⊞➲单击设置图标⚙➲单击Time & Language➲如图5-6-14所示单击Language处的+Add a language。

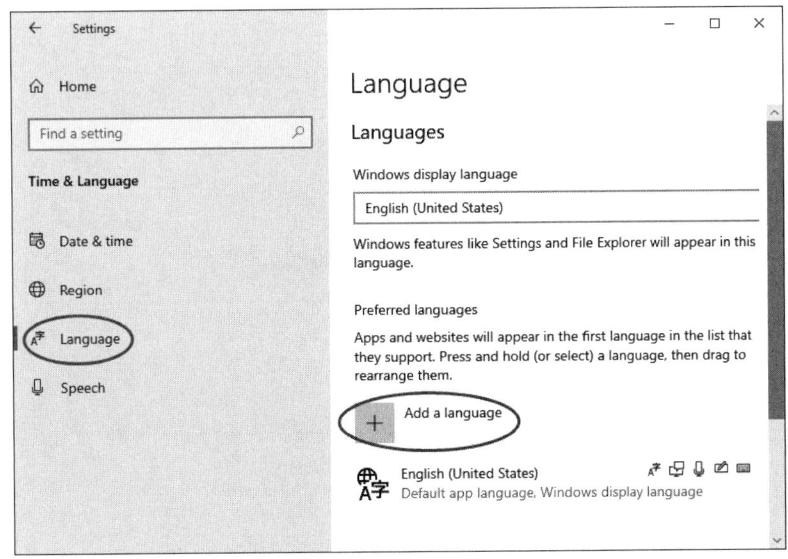

图 5-6-14

STEP 2 如图5-6-15所示选择**中文（中华人民共和国）**后单击**Next**按钮。

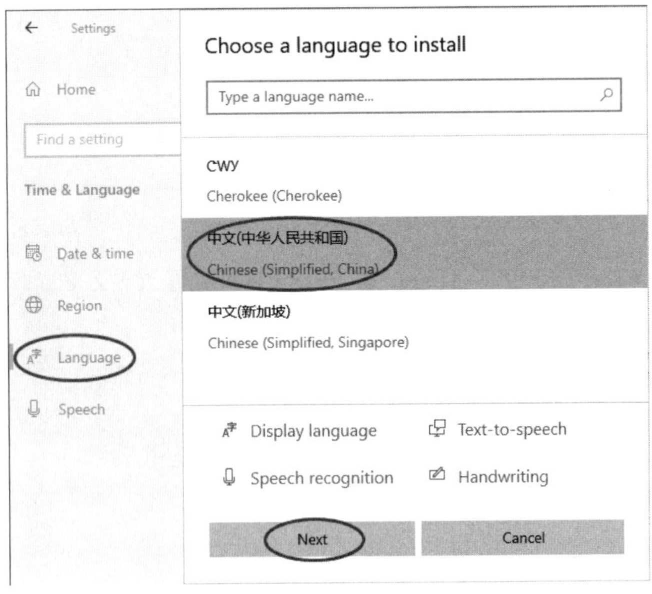

图 5-6-15

STEP 3　在图5-6-16中直接单击Install按钮。

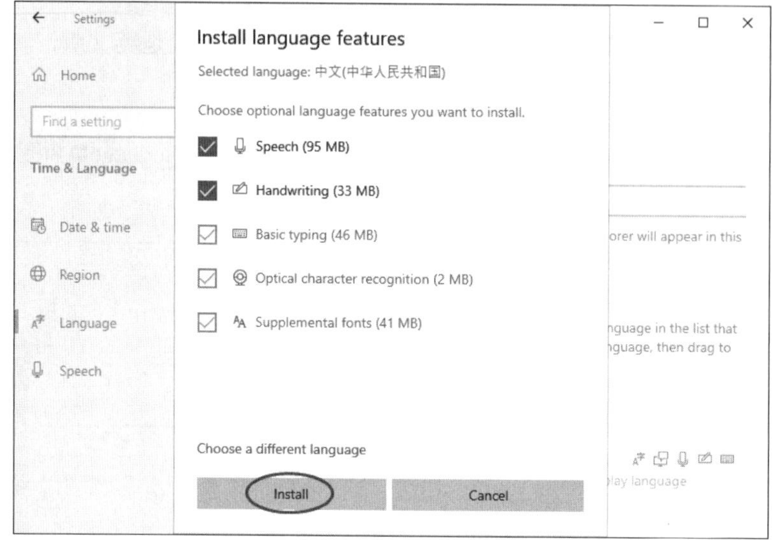

图 5-6-16

STEP 4　如图5-6-17所示正在安装中文语言。

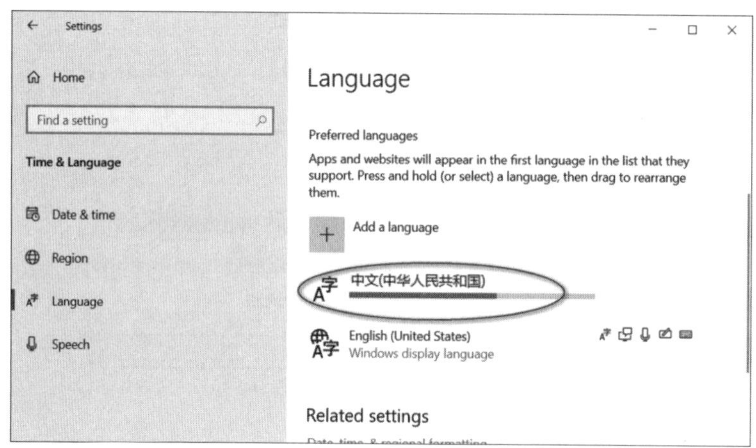

图 5-6-17

STEP 5　单击图5-6-18中的**Date & Time**、通过**Time zone**处修改时区。

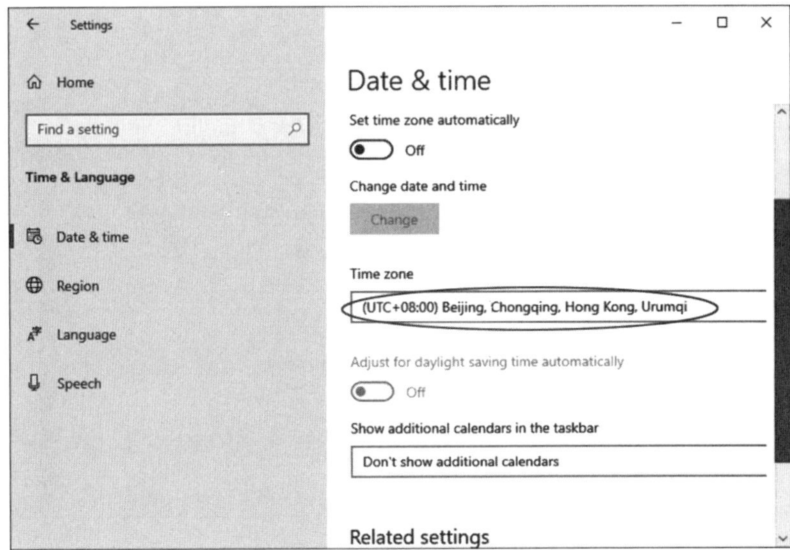

图 5-6-18

STEP 6 如图5-6-19所示单击**Region**来更改或确认区域与区域格式。

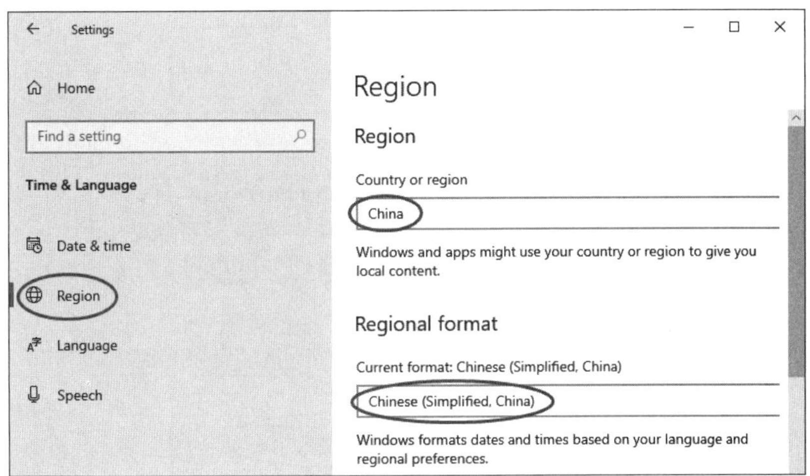

图 5-6-19

STEP 7 单击图5-6-20左侧Language➲单击Administrative language settings。

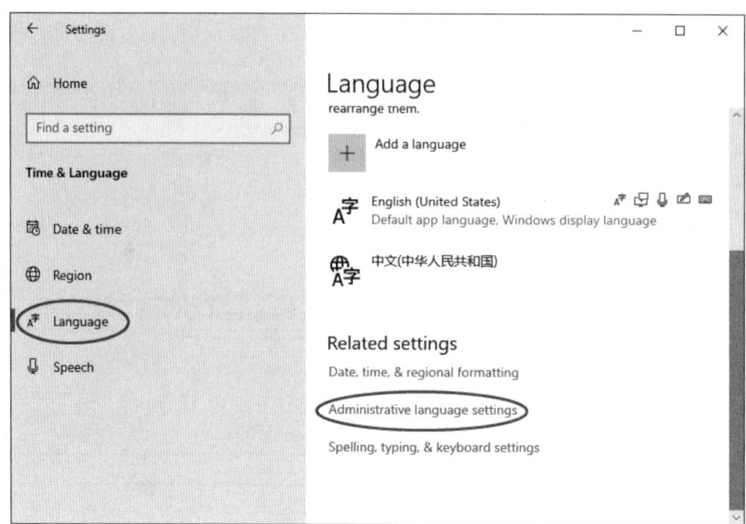

图 5-6-20

STEP 8　如图5-6-21所示单击Administrative选项卡下的Change system local按钮➲选择**Chinese（Simplified, China）**➲单击OK按钮➲单击Restart now按钮来重新启动计算机。

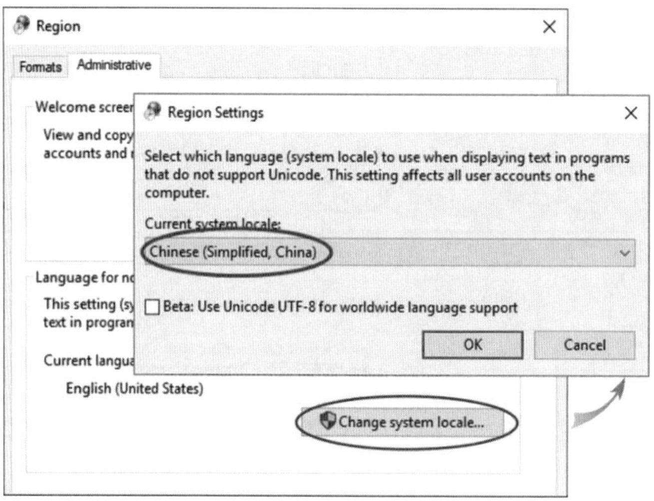

图 5-6-21

5.6.4　Azure的基本管理

单击图5-6-22中左侧**虚拟机**后可看到已建立的两台虚拟机。

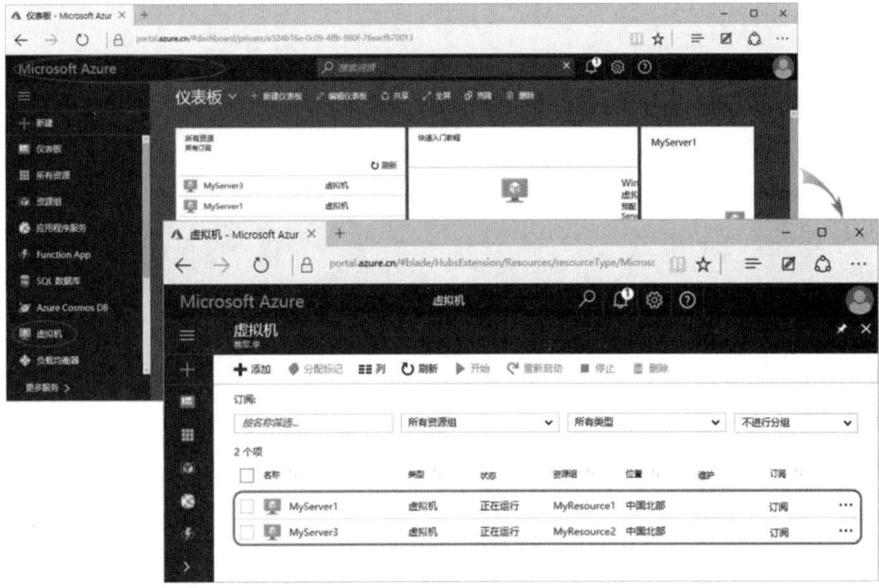

图 5-6-22

在单击图中的虚拟机后，例如MyServer1，就可以看到如图5-6-23所示的管理界面，除了可以将虚拟机关机（停止）、启动、重新启动与删除外，还可以监控系统CPU、网络、硬盘等工作情况。

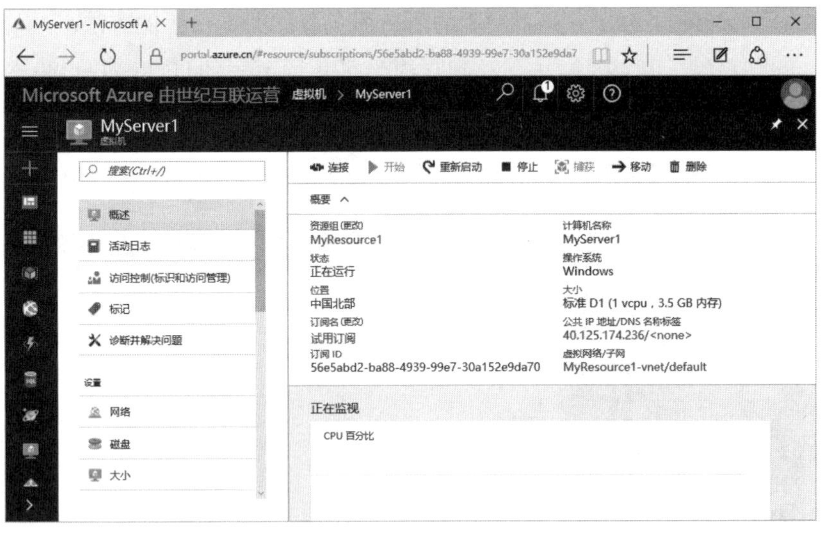

图 5-6-23

如果要查询账单的话【单击左侧的**成本管理 + 计费**➲通过图5-6-24所示查看】。

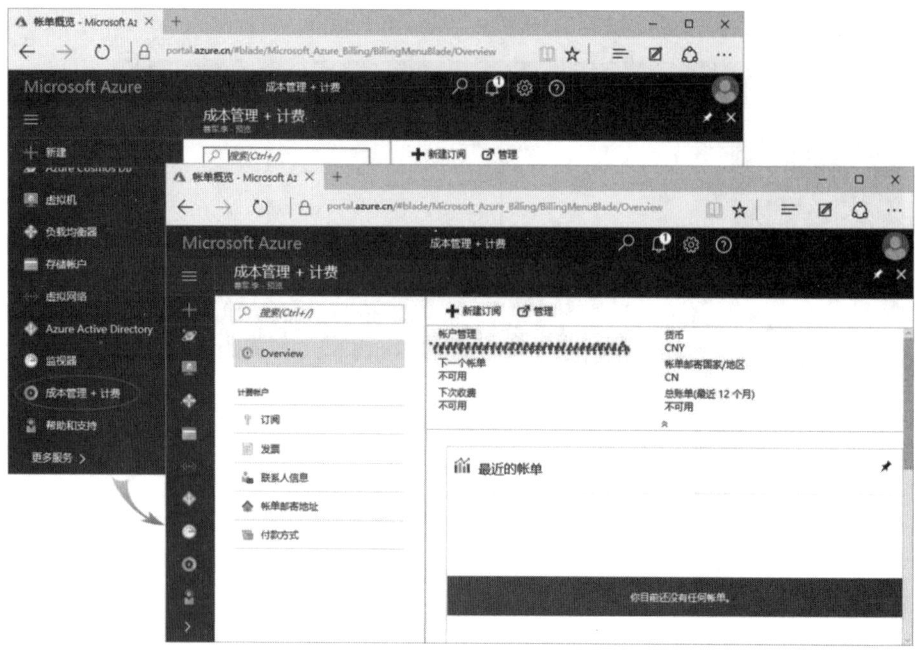

图 5-6-24

如果免费试用的订阅账户**免费试用版**使用期限已到或免费额度已经用完的话，可以添加其他的订阅账户，以便继续使用Azure的资源。添加订阅账户的方法可通过前面图5-6-24上方的**+新建订阅**，也可以通过【单击界面左侧的**所有服务**➲订阅账户】的方法。

在新建订阅账户时，从图5-6-25可看到它提供了各种不同的订阅账户可供选择，其中的Pay-As-You-Go就是“用多少资源，付多少钱”。

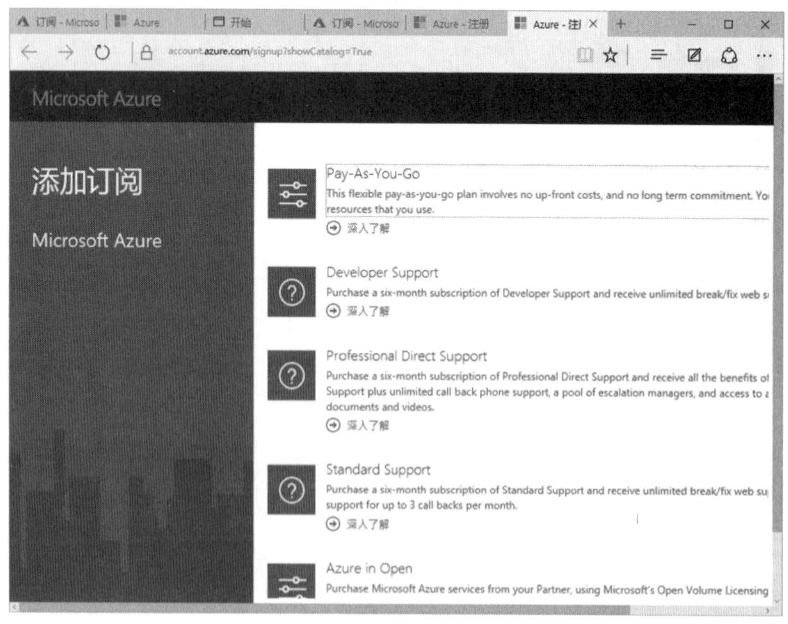

图 5-6-25

第 6 章　建立 Active Directory 域

本章将介绍Active Directory的概念与Active Directory 域的搭建方法。

- Active Directory域服务
- 建立Active Directory域
- 将Windows计算机加入或脱离域
- 管理Active Directory域用户账户
- 管理Active Directory域组账户
- 提升域与林功能级别
- Active Directory回收站
- 删除域控制器与域

6.1 Active Directory域服务

什么是**目录（directory）**呢？日常生活中的电话簿内记录着亲朋好友的姓名与电话等数据，这是**telephone directory**（电话目录）；计算机中的文件系统（file system）内记录着文件的文件名、大小与日期等数据，这是**file directory**（文件目录）。

如果这些目录内的数据能够加以整理并形成系统的结构的话，用户就能够很容易且迅速地查找到所需要的数据了。而directory service（目录服务）所提供的服务，就是要让用户快捷、方便地在目录内查找所需要的数据。在现实生活中，查号台也可以说是一种目录服务。

Active Directory（活动目录）域内的directory database（目录数据库）被用来存储用户账户、计算机账户、打印机与共享文件夹等对象，而提供目录服务的组件就是**Active Directory域服务**（Active Directory Domain Services，AD DS，活动目录域服务），它负责目录数据库的存储、新建、删除、修改与查询等工作。

6.1.1 Active Directory的适用范围

Active Directory的适用范围（Scope）非常广泛，它可以用在一台计算机、一个小型局域网络（LAN）或数个广域网（WAN）的结合。它可以包含此范围中所有可查询的对象，例如文件、打印机、应用程序、服务器、域控制器与用户账户等。

6.1.2 名称空间

名称空间（Namespace）是一块界定好的区域（bounded area），在此区域内，我们可以利用某个名称来找到与此名称有关的信息。例如一本电话簿就是一个**名称空间**，在这本电话簿内（界定好的区域内），我们可以利用姓名来找到此人的电话、地址等数据。又例如Windows操作系统的NTFS文件系统也是一个**名称空间**，在此文件系统内，我们可以利用文件名来找到该文件的大小、修改日期与文件内容等数据。

Active Directory域服务（AD DS）也是一个**名称空间**。利用AD DS，我们可以通过对象名称来找到与此对象有关的所有信息。

在TCP/IP网络环境内利用Domain Name System （DNS）来解析主机名与IP地址的映射关系，例如利用DNS来得知主机的IP地址。AD DS也与DNS紧密地继承在一起，AD DS的域名**空间**也是采用DNS架构，因此域名是采用DNS格式来命名的，例如可以将AD DS的域名命名为sayms.local。

6.1.3 对象与属性

AD DS内的资源是以**对象**（Object）的形式存在的，例如用户、计算机等都是对象，而对象是通过**属性**（Attribute）来描述其特征的，也就是说对象本身是一些**属性**的集合。例如若要为用户**王乔治**建立一个账户，则需要新建一个对象类型（object class）为**用户**的对象（也就是用户账户），然后在此对象内输入**王乔治**的姓、名、登录名与地址等，这其中的用户账户就是对象，而姓、名与登录名等就是该对象的属性（参见表6-1-1）。另外图6-1-1中的**王乔治**就是对象类型为**用户**（user）的对象。

表6-1-1

对象（object）	属性（attributes）
用户（user）	姓 名 登录名 地址 ……

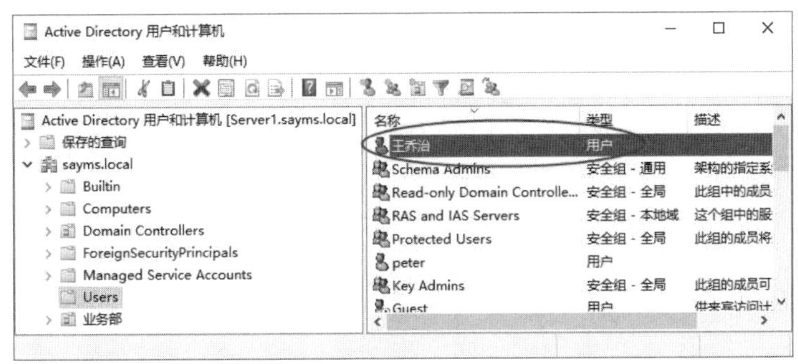

图 6-1-1

6.1.4 容器与组织单位

容器（Container）与对象相似，它也有自己的名称，也是一些属性的集合，不过容器内可以包含其他对象（例如**用户**、**计算机**等对象），也可以包含其他容器。而**组织单位**（Organization Units，OU）是一个比较特殊的容器，其中除了可以包含其他对象与组织单位之外，还有**组策略**（group policy）的功能。

图6-1-2所示就是一个名称为**业务部**的组织单位，其中包含着多个对象，两个为**用户**对象、两个为**计算机**对象和两个本身也是组织单位的对象。AD DS是以分层架构（hierarchical）将对象、容器与组织单位等组合在一起，并将其存储到AD DS数据库内。

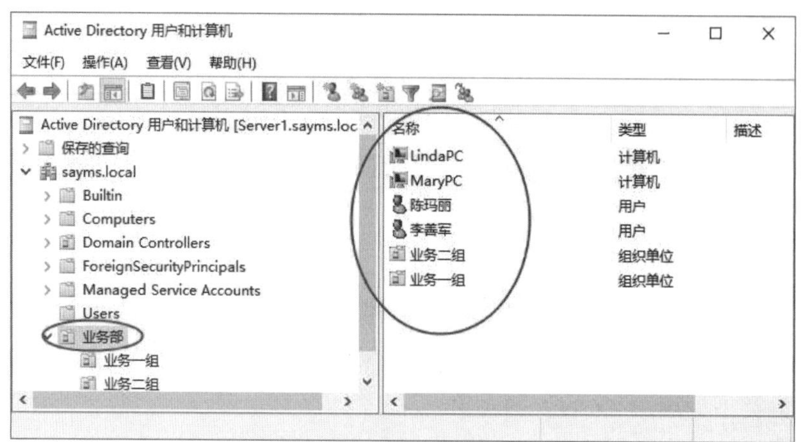

图 6-1-2

6.1.5 域树

可以搭建包含多个域的网络，而且是以**域树**（Domain Tree）的形式存在，例如图6-1-3就是一个域树，其中最上层的域名为sayms.local，它是此域树的**根域**（root domain）；根域之下还有两个子域（sales.sayms.local与mkt.sayms.local），之下总共还有3个子域。

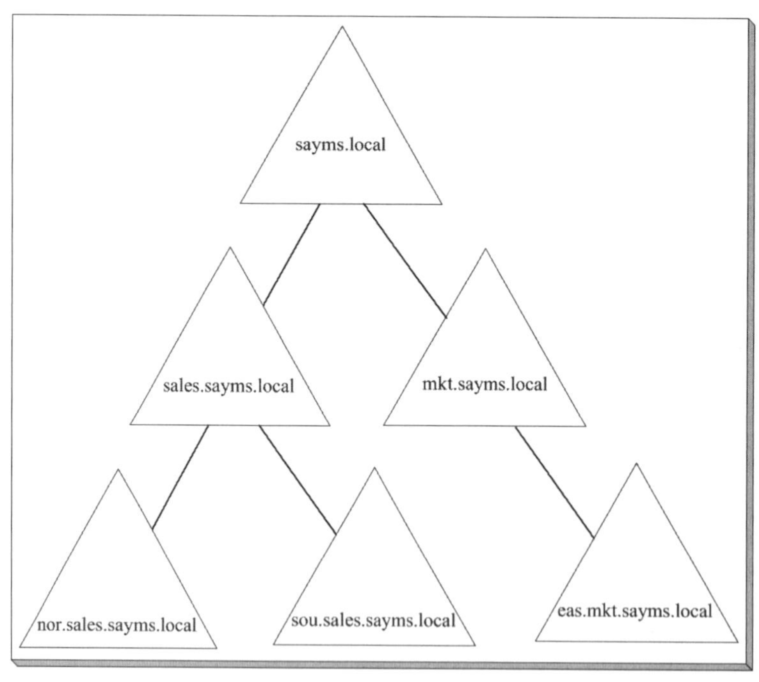

图 6-1-3

图中域树符合DNS域名空间的命名原则，而且是有连续性的，也就是子域的域名中包含其父域的域名，例如域sales.sayms.local的后缀中包含其上一层（父域）的域名sayms.local；而nor.sales.sayms.local的后缀中包含其上一层的域名sales.sayms.local。

在域树内的所有域共享一个 AD DS，也就是在此域树之下只有一个AD DS，不过其中的数据是分散存储在各域内的，每一个域内仅存储隶属于该域的数据，例如该域内的用户账户（存储在域控制器内）。

6.1.6 信任

两个域之间必须拥有信任关系（trust relationship），才可以访问对方域内的资源。而任何一个新的AD DS域被加入到域树后，这个域会自动信任其上一层的父网域，同时父网域也会自动信任此新子域，而且这些信任关系具备双向可传递性（two-way transitive），此信任关系也被称为Kerberos trust。

域A的用户登录到其所隶属的域后，这个用户可否访问网域B内的资源呢？

只要域B信任域A就没有问题。

我们以图6-1-4来解释双向可传递性，图中域A信任域B（箭头由A指向B）、域B又信任域C，因此域 A自动信任域 C；另外域 C信任域 B（箭头由C指向B）、域 B又信任域 A，因此域 C自动信任域 A。结果是域A和域C之间自动有着双向的信任关系。

当任何一个新域加入到域树后，它会自动双向信任这个域树内所有的域，因此只要拥有适当权限，这个新域内的用户就可以访问其他域内的资源，同理其他域内的用户也可以访问这个新域内的资源。

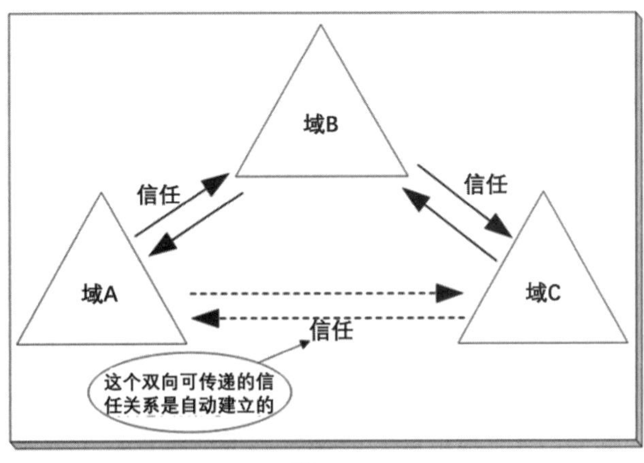

图 6-1-4

6.1.7 域林

域林（Forest）是由一或多个域树所组成，每一个域树都有自己唯一的名称空间，如图

6-1-5所示，例如其中一个域树内的每一个域名都是以sayms.local结尾，而另一个则是以sayiis.local结尾。

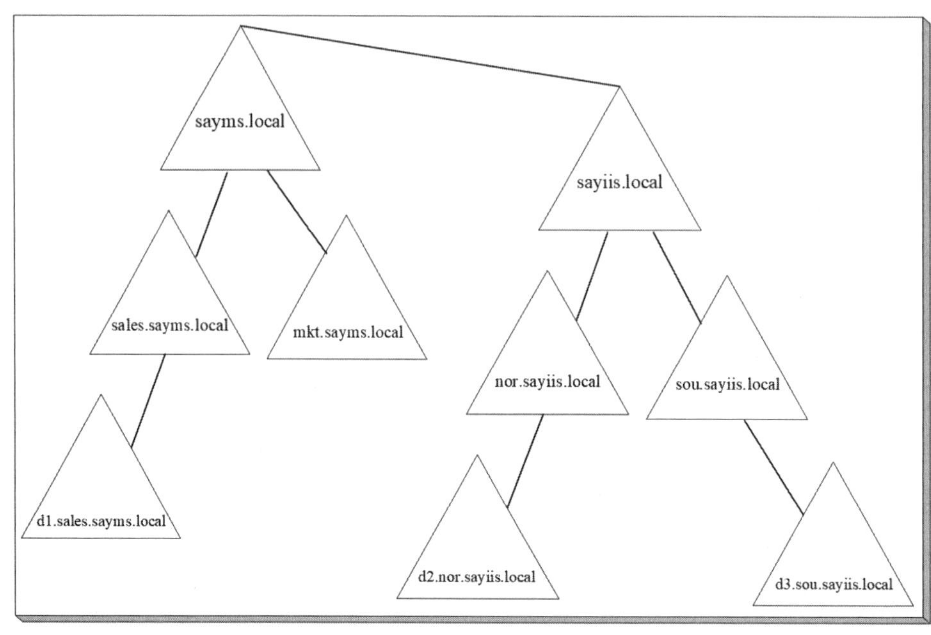

图6-1-5

第1个域树的根域，就是整个域林的根域（forest root domain），同时其域名就是域林的林名称。例如图6-1-5中的sayms.local是第1个域树的根域，它就是整个域林的根域，而域林的名称就是sayms.local。

当建立域林时，每一个域树的根域（例如图6-1-5中的sayiis.local）与域林的根域（例如图6-1-5中的sayms.local）之间双向的、可传递的信任关系会被自动地建立起来，因此每一个域树中的每一个域内的用户，只要拥有权限，就可以访问其他任何一个域树内的资源，也可以到其他任何一个域树内的成员计算机上登录。

6.1.8 架构

AD DS对象类型与属性数据是定义在**架构**（Schema）中的，例如它定义了**用户**对象类型内包含哪一些属性（姓、名、电话等）、每一个属性的数据类型等信息。

隶属于Schema Admins组的用户可以修改**架构**内的数据，应用程序也可以自行在**架构**内增加其所需要的对象类型或属性。在一个域林内的所有域树共享相同的**架构**。

6.1.9 域控制器

Active Directory域服务（AD DS）的目录数据是存储在域控制器（Domain Controller）

中的。一个域内可以有多台域控制器，每一台域控制器的地位几乎是平等的，它们各自存储着一份相同的AD DS数据库。当在任何一台域控制器内新建一个用户账户后，此账户默认是被建立在此域控制器的AD DS数据库中的，之后会自动被复制（replicate）到其他域控制器的AD DS数据库，以便让所有域控制器内的AD DS数据库都能够同步（synchronize）。

当用户在域内某台计算机登录时，会由其中一台域控制器根据其AD DS数据库内的账户数据来审核用户所输入的账户与密码是否正确。如果是正确的，用户就可以登录成功；反之，会被拒绝登录。

多台域控制器还可以提供容错功能，例如其中一台域控制器发生故障了，此时其他域控制器仍然能够继续提供服务。另外它也可以改善用户的登录效率，因为多台域控制器可以分担审核用户登录身份（账户名称与密码）的工作。

域控制器是由服务器等级的计算机来扮演的，例如Windows Server 2019、Windows Server 2016、Windows Server 2012（R2）等。

前述域控制器的AD DS数据库是可以被读与写的，除此之外，还有一种AD DS数据库是只能被读取、不能被修改的，称为**只读域控制器**（Read-Only Domain Controller，RODC）。如果企业位于远地的网络，其安全措施并不像总公司一样完备的话，很适合于架设RODC。

6.1.10 轻量级目录访问协议

轻量级目录访问协议（Lightweight Directory Access Protocol，LDAP）是一种用来查询与更新AD DS数据库的目录服务通信协议。AD DS是利用 **LDAP名称路径**（LDAP naming path）来表示对象在AD DS数据库内的位置的，以便用它来访问AD DS数据库内的对象。**LDAP名称路径**包含：

- **Distinguished Name（DN）**：它是对象在AD DS数据库内的完整路径，例如图6-1-6中的用户账户名称为**林小洋**，其DN为：
  CN=林小洋,OU=业务一组,OU=业务部,DC=sayms,DC=local
  其中DC（domain component）表示DNS域名中的组件，例如sayms.local中的sayms与local；OU为组织单位；CN为common name。除了DC与OU之外，其他都是利用CN来表示，例如用户与计算机对象都是属于CN。上述DN表示法中的**sayms.local**为域名，**业务部**、**业务一组**都是组织单位。此DN表示账户**林小洋**是存储在**sayms.local\业务部\业务一组**路径内的。
- **Relative Distinguished Name（RDN）**：RDN是用来代表DN完整路径中的部分路径，例如前述路径中，CN=林小洋、OU=业务一组等都是RDN。

除了DN与RDN这两个对象名称外，还有以下两个名称：

- **Global Unique Identifier（GUID）**：GUID是一个128-bit的数值，系统会自动为每一

个对象指定一个唯一的GUID。虽然你可以改变对象的名称，但是其GUID永远不会改变。

- **User Principal Name（UPN）**：每一个用户还可以有一个比DN更短、更容易记忆的名称UPN，例如图6-1-6中的**林小洋**是隶属域sayms.local，则其UPN可为bob@sayms.local。建议用户登录时所输入账户名称最好是UPN，因为无论此用户的账户被移动到哪一个域，其UPN都不会改变，因此用户可以一直使用同一个名称来登录。

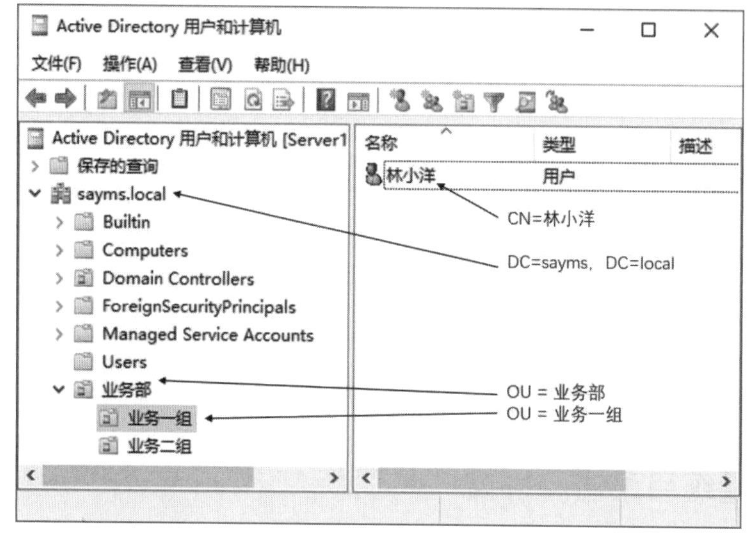

图6-1-6

6.1.11 全局编录

虽然在域树内的所有域共享一个AD DS数据库，但其数据却是分散在各个域内，而每一个域只存储该域本身的数据。为了让用户、应用程序能够快速找到位于其他域内的资源，因此在AD DS内便设计了**全局编录**（global catalog）。一个域林内的所有域树共享相同的**全局编录**。

全局编录的数据是存储在域控制器内的，这台域控制器可被称为**全局编录服务器**。虽然它存储着域林内所有域的AD DS数据库内的所有对象，但是只存储对象的部分属性，这些属性都是在查找AD DS对象时常用的、典型的、与业务相关的属性，例如用户的电话号码、登录账户名称等。**全局编录**让用户即使不知道对象是位于哪一个域内，仍然可以很快捷地查找到所需的对象。

用户登录时，**全局编录服务器**还负责提供该用户所隶属的**通用组**信息；用户利用UPN登录时，它也负责提供该用户是隶属于哪一个域的信息。

6.1.12 站点

站点（site）是由一或多个IP子网所组成，这些子网之间通过**高速且可靠的连接**互联在一起，也就是这些子网之间的连接速度要快速且稳定、符合站点内部连接的要求，否则就应该将它们分别规划为不同的站点。

通常，一个LAN（局域网）之内的各个子网之间的连接都符合快速且高可靠的要求，因此可以将一个LAN规划为一个站点；而WAN（广域网）内的各个LAN之间的连接一般都无法做到高速、稳定与可靠，因此WAN之中的各个LAN应分别规划为不同的站点，参见图6-1-7。

域是逻辑的（logical）分组，而站点是物理的（physical）分组。在AD DS内每一个站点可能包含多个域；而一个域内的各台计算机也可能分别位于不同站点内。

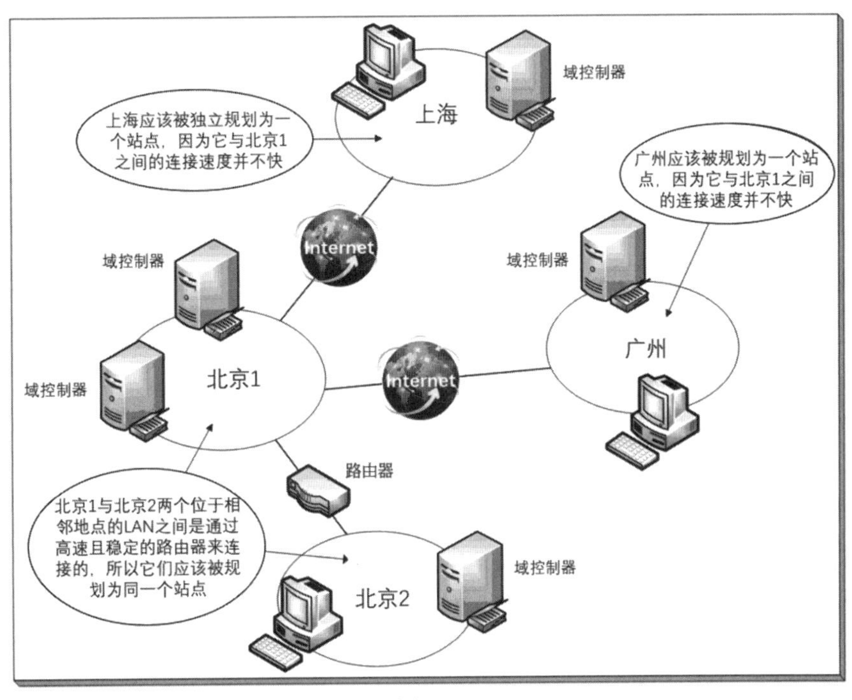

图6-1-7

如果一个域的域控制器是分布在不同站点中的，而站点之间是低速连接的话，由于不同站点的域控制器之间也会相互复制AD DS数据库，因此要谨慎规划执行复制的时间段，也就是尽量在非高峰时期才执行复制工作，同时复制频率不要太高，以避免复制时占用站点之间连接的网络带宽，影响站点之间其他数据的传输效率。

同一个站点内的域控制器之间是通过快速连接互联的，因此在复制AD DS数据时可以快速复制。AD DS会设置让同一个站点内、隶属于同一个域的域控制器之间自动执行复制操作，且默认的复制频率会高于不同站点之间域控制器之间的复制频率。

不同站点之间在复制时所传输的数据会被压缩，以减少站点之间连接带宽的负载；但是同一个站点内的域控制器之间在复制时并不会压缩数据。

6.1.13 域功能级别与林功能级别

随着新操作系统的诞生，其所带来的新功能不断增加，AD DS将域与林划分为不同的功能级别，新的功能级别支持着新功能的应用。

域功能级别

Active Directory域服务（AD DS）的**域功能级别**（domain functionality level）设置只会影响到该域本身，不会影响到其他域。**域功能级别**分为以下几种模式：

- **Windows Server 2008**：域控制器操作系统为Windows Server 2008或新版本。
- **Windows Server 2008 R2**：域控制器操作系统为Windows Server 2008 R2或新版本。
- **Windows Server 2012**：域控制器操作系统为Windows Server 2012或新版本。
- **Windows Server 2012 R2**：域控制器操作系统为Windows Server 2012 R2或新版本。
- **Windows Server 2016**：域控制器操作系统为Windows Server 2016或新版本。

其中新的Windows Server 2016级别拥有AD DS的所有功能。你可以提升域功能级别，例如将Windows Server 2012 R2提升到Windows Server 2016。

Windows Server 2019并未添加新的域功能级别与林功能级别。

林功能级别

Active Directory域服务（AD DS）的**林功能级别**（forest functionality level）设置，会影响到该林内的所有域。**林功能级别**分为以下几种模式：

- **Windows Server 2008**：域控制器操作系统为Windows Server 2008或新版本。
- **Windows Server 2008 R2**：域控制器操作系统为Windows Server 2008 R2或新版本。
- **Windows Server 2012**：域控制器操作系统为Windows Server 2012或新版本。
- **Windows Server 2012 R2**：域控制器操作系统为Windows Server 2012 R2或新版本。
- **Windows Server 2016**：域控制器操作系统为Windows Server 2016或新版本。

其中新的Windows Server 2016级别拥有AD DS的所有功能。你可以提升林功能级别，例如将Windows Server 2012 R2提升到Windows Server 2016。

表6-1-2中列出每一个林功能级别所支持的域功能级别。

表6-1-2

林功能级别	支持的域功能级别
Windows Server 2008	Windows Server 2008、Windows Server 2008 R2、Windows Server 2012、Windows Server 2012 R2、Windows Server 2016
Windows Server 2008 R2	Windows Server 2008 R2、Windows Server 2012、Windows Server 2012 R2、Windows Server 2016
Windows Server 2012	Windows Server 2012、Windows Server 2012 R2、Windows Server 2016
Windows Server 2012 R2	Windows Server 2012 R2、Windows Server 2016
Windows Server 2016	Windows Server 2016

6.1.14 目录分区

AD DS数据库被逻辑的分为以下多个**目录分区**（directory partition）：

- **架构目录分区（Schema Directory Partition）**：它存储着整个林中所有对象与属性的定义数据，也存储着如何建立新对象与属性的规则。整个林内所有域共享一份相同的**架构目录分区**，它会被复制到林中所有域的所有域控制器。
- **配置目录分区（Configuration Directory Partition）**：它存储着整个AD DS的结构，例如有哪些域、站点、域控制器等信息。整个林共享一份相同的**配置目录分区**，它会被复制到林中所有域的所有域控制器。
- **域目录分区（Domain Directory Partition）**：每一个域各有一个**域目录分区**，其中存储着与该域有关的对象，例如用户、组与计算机等对象。每一个域各自拥有一份**域目录分区**，它只会被复制到该域内的所有域控制器，但并不会被复制到其他域的域控制器。
- **应用程序目录分区（Application Directory Partition）**：一般来说，**应用程序目录分区**是由应用程序所建立的，其中存储着与该应用程序有关的数据。例如由Windows Server 2019扮演的DNS 服务器，如果所建立的DNS区域为**Active Directory集成区域**的话，则它便会在AD DS数据库内建立**应用程序目录分区**，以便存储该区域的数据。**应用程序目录分区**会被复制到林中的特定域控制器，而不是所有的域控制器。

6.2 建立Active Directory域

我们利用图6-2-1来介绍如何建立第1个林中的第1个域（根域）。建立域的方式是先安装一台Windows服务器（此处以Windows Server 2019 Datacenter为例），然后将其升级为域控制器。我们也将架设此域内的第2台域控制器（Windows Server 2019 Datacenter）、一台成员服务器（Windows Server 2019 Datacenter）与一台加入域的Windows 10企业版客户端。建议利用Windows Server 2019 Hyper-V所提供的虚拟机来搭建图中的网络环境。

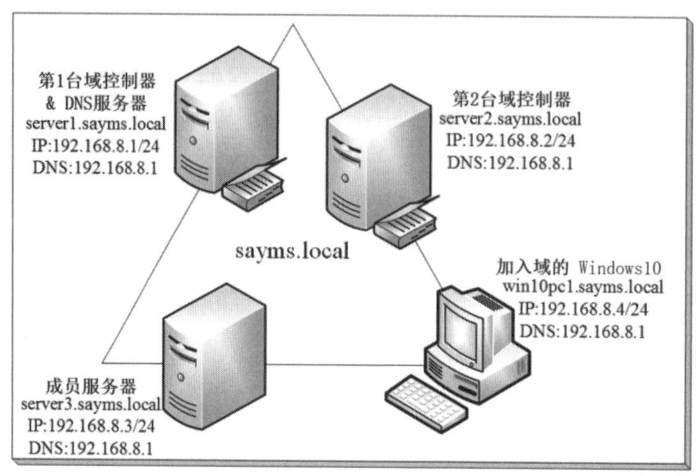

图6-2-1

我们先要将图6-2-1左上角的服务器升级为域控制器。在建立第一台域控制器server1.sayms.local时，它就会同时建立此域控制器所隶属的域sayms.local，也会建立域sayms.local所隶属的域树，而域sayms.local也是此域树的根域。由于是第一个域树，因此它同时会建立一个新的域林，林名称就是第一个域树的根域的域名，也就是sayms.local。域sayms.local就是整个域林的**林根域**。

6.2.1 建立域的必要条件

在将Windows Server 2019升级为域控制器前，请注意以下事项：

- **DNS域名**：请事先为AD DS域想好一个符合DNS格式的域名，例如sayms.local。
- **DNS服务器**：由于域控制器需将自己注册到DNS服务器内，以便让其他计算机通过DNS服务器来找到这台域控制器，因此需要有一台DNS服务器。如果当前没有DNS服务器的话，则可以在升级过程中，选择在这台即将升级为域控制器的服务器上安装DNS服务器。

6.2.2 建立网络中的第一台域控制器

我们将通过添加服务器角色的方式，将图6-2-1中左上角的服务器server1.sayms.local升级为域控制器。

STEP 1 先将该台计算机的计算机名称设置为server1、IPv4地址等设置为如图6-2-1中所示。注意将计算机名设置为server1即可，等升级为域控制器后，其计算机名会自动被改为

server1.sayms.local。

STEP 2 打开**服务器管理器**，如图6-2-2所示单击**仪表板**处的**添加角色和功能**（也可以如图6-2-3所示使用Windows Admin Center，参见3.3节）。

图 6-2-2

图 6-2-3

STEP 3 持续单击下一步按钮一直到图6-2-4中勾选**Active Directory域服务**、单击添加功能按钮来安装所需的其他功能。

图 6-2-4

STEP 4 持续单击下一步按钮一直到**确认安装选项**界面中单击安装按钮。

STEP 5　图6-2-5为完成安装后的界面，请单击**将此服务器提升为域控制器**。

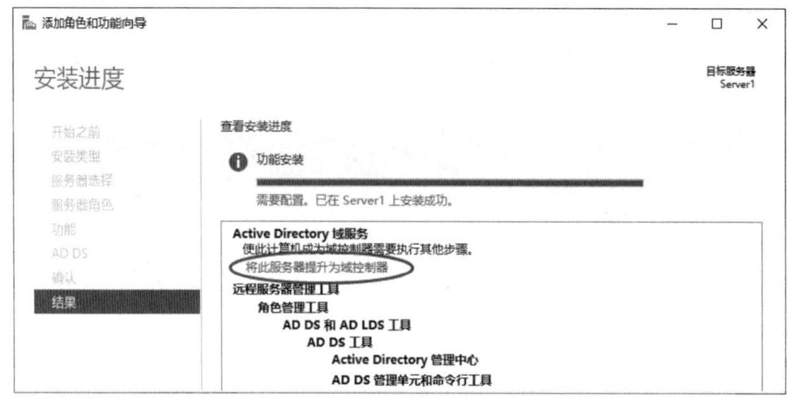

图 6-2-5

若已经关闭图6-2-5的话，则可以如图6-2-6所示单击**服务器管理器**上方的旗帜符号、单击**将此服务器提升为域控制器**。

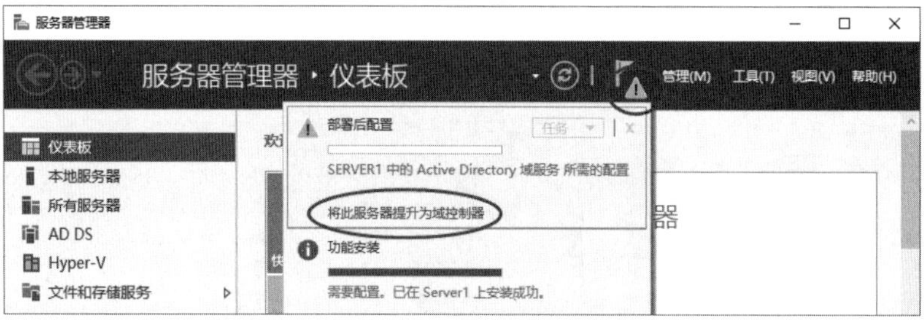

图 6-2-6

STEP 6　如图6-2-7所示选择**添加新林**、设置**林**根域名（假设是sayms.local）、单击下一步按钮。

图 6-2-7

STEP 7　完成图6-2-8中的设置后单击下一步按钮：

- 选择林功能级别、域功能级别。

此处选择的林功能级别为最高的Windows Server 2016，此时域功能级别只能选择Windows Server 2016。

- 默认会直接在此服务器上安装DNS服务器。
- 第一台域控制器必须扮演**全局编录服务器**角色。
- 第一台域控制器不能是**只读域控制器**（RODC）。
- 设置**目录服务还原模式**的系统管理员密码：
  目录服务还原模式（目录服务修复模式）是一个安全模式，进入此模式可以修复AD DS数据库。可以在系统启动时按F8键来选择此模式，不过必须输入此处所设置的密码。

> 密码默认需要至少7个字符，不能包含用户账户名称（指**用户SamAccountName**）或全名，还有至少要包含A~Z、a~z、0~9、特殊符号（例如!、$、#、%）等4组字符中的3组，例如123abcABC为有效密码，而1234567为无效密码。

图 6-2-8

STEP 8 出现图6-2-9的警告界面时，直接单击下一步按钮。

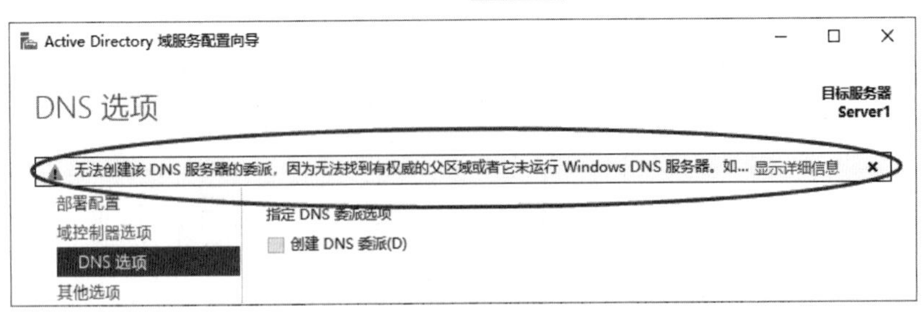

图 6-2-9

STEP 9 在**其他选项**界面中，安装程序会依照默认的命名规则自动为此域设置一个NetBIOS域名。如果依照默认的规则所设置的NetBIOS域名已被占用的话，则会自动指定建议名称。完成后单击下一步按钮（NetBIOS域名命名的默认规则为DNS域名第1个句点左边的文字，例如DNS名称为sayms.local，则NetBIOS名称为SAYMS，它让不支持DNS

名称的旧系统，可以通过NetBIOS名称来与此域通信。NetBIOS名称不分大小写）。

STEP 10 在图6-2-10中可直接单击下一步按钮：

- **数据库文件夹**：用来存储AD DS数据库。
- **日志文件文件夹**：用来存储AD DS数据库的更改记录，利用日志文件可对AD DS数据库进行修复操作。
- **SYSVOL文件夹**：用来存储域共享文件（例如组策略相关的文件）。如果要将其更改到其他磁盘的话，则目标磁盘需为使用NTFS文件系统的磁盘。若要将现有的FAT或FAT32文件系统磁盘转换为NTFS文件系统的话：【单击左下角**开始**图标⊞➲Windows PowerShell】，然后执行**CONVERT D: /FS:NTFS** 命令（此示例假设是要对磁盘D:进行文件系统转换）。

  如果计算机内有多块硬盘的话，建议将数据库与日志文件文件夹分别定义到不同硬盘内，因为两块硬盘分别工作可以提高运行效率，而且分开存储可以避免两份资料同时出现问题，以提高修复AD DS数据库的能力。

图 6-2-10

STEP 11 在**查看选项**界面中单击下一步按钮。

STEP 12 在图6-2-11的界面中，如果顺利通过先决条件检查的话，直接单击安装按钮，否则请根据界面提示先排除问题。安装完成后会自动重新启动。

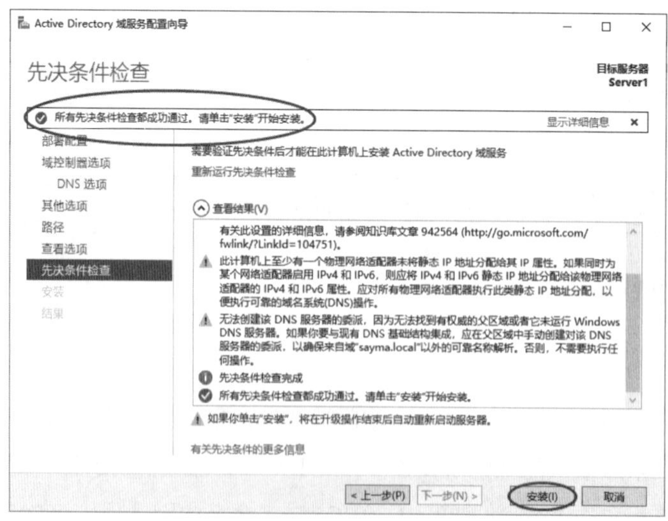

图 6-2-11

6.2.3 检查DNS服务器内的记录是否完备

域控制器会将自己所扮演的角色注册到DNS服务器，以便让其他计算机能够通过DNS服务器来查找到这台域控制器，因此我们先来检查DNS服务器内是否已经有了这些记录。需要利用域管理员（SAYMS\Administrator）登录。

检查主机记录

首先检查域控制器是否已将其主机名与IP地址注册到DNS服务器内，需要到同时也是DNS服务器的计算机server1.sayms.local上【单击**服务器管理器**右上方的**工具**➲ DNS】或【单击左下角**开始**图标⊞➲Windows 管理工具➲DNS】，如图6-2-12所示会有名称为sayms.local的区域，图中**主机（A）**记录表示域控制器server1.sayms.local已正确地将其主机名与IP地址注册到DNS服务器内。

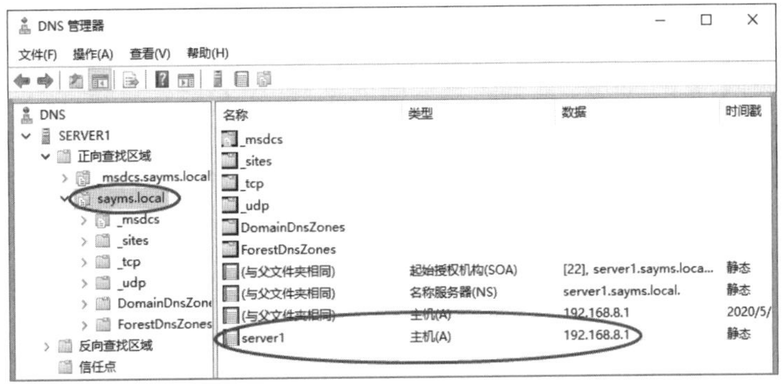

图 6-2-12

如果域控制器已经正确将其所扮演角色也注册到DNS服务器中的话，则应该还会有如图所示的 _tcp、_udp 等文件夹。在单击_tcp文件夹后可以看到图6-2-13的界面，其中数据类型为**服务位置（SRV）**的_ldap记录，表示server1.sayms.local已经正确地注册为域控制器。由图中的_gc记录还可以看出**全局编录服务**器的角色也是由server1.sayms.local所扮演的。

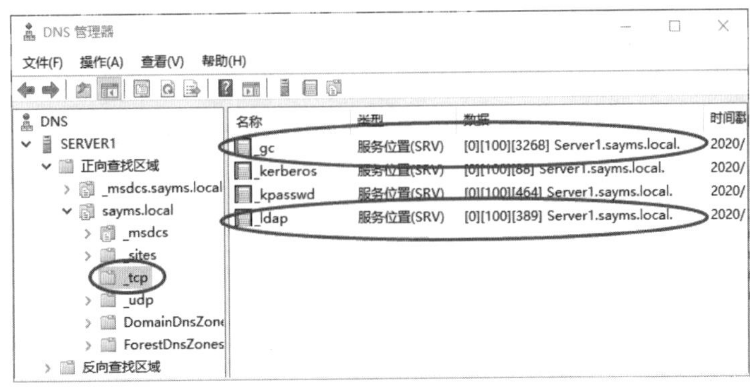

图 6-2-13

DNS区域内有这些数据后，其他需要加入域的计算机就可以通过查询此区域来得知域控制器为server1.sayms.local。这些加入域的成员（域控制器、成员服务器、Windows 10等客户端）也会将其主机与IP地址数据注册到此DNS区域内。

排除注册失败的问题

如果因为域成员本身的设置有误或网络问题，造成它们无法将数据注册到DNS服务器中的话，可以在问题解决后，重新启动这些计算机或利用以下方法来手动执行DNS注册操作：

- 若是某域成员计算机的主机名与IP地址没有正确注册到DNS服务器中的话，请到此计算机上执行**ipconfig /registerdns**来手动注册。完成后，到DNS服务器检查是否已经有了正确记录，例如域成员主机名为server1.sayms.local，IP地址为192.168.8.1，则请检查区域sayms.local内是否有server1的主机（A）记录、其IP地址是否为192.168.8.1。
- 如果发现域控制器并没有将其所扮演的角色注册到DNS服务器中的话，也就是并没有类似图6-2-13的_tcp等文件夹与相关记录时，请到此台域控制器上利用【单击左下角**开始**图标⊞➲Windows 管理工具➲服务➲如图6-2-14所示选中**Netlogon**服务右击➲重新启动】的方式来注册。

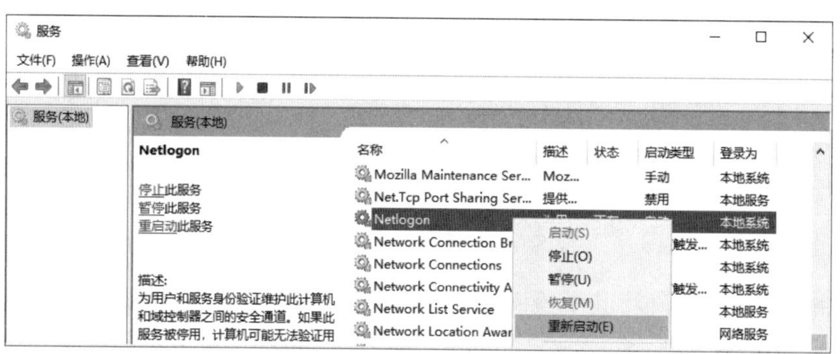

图6-2-14

6.2.4 建立更多的域控制器

一个域内若有多台域控制器的话，便可以拥有以下好处：

- **改善用户登录的效率**：同时有多台域控制器来对客户端提供服务的话，可以分担审核用户登录身份（账户与密码）的负担，提供更高效的用户登录支持。
- **容错功能**：如果有域控制器发生故障的话，此时仍然能够由其他正常的域控制器来继续提供服务，因此对客户端的服务并不会停止。

我们将通过添加服务器角色的方式，将图6-2-15中右上角的服务器server2.sayms.local升级为域控制器。

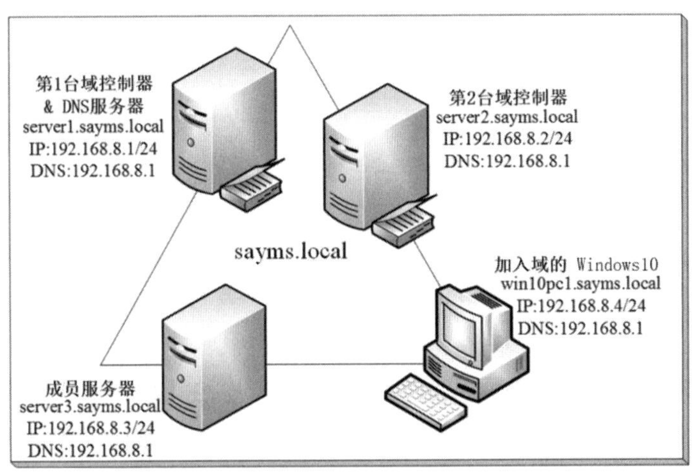

图 6-2-15

如果虚拟机的虚拟硬盘（例如本例的server2）是从同一个虚拟硬盘复制来的，则建立好虚拟机后，需要执行sysprep.exe（参见5.4节最后 STEP 10 的说明），以便拥有唯一的SID等设置值。

STEP 1　先将该台计算机的计算机名称设置为server2、IPv4地址等设置为如图6-2-16所示。注意将计算机名设置为server2即可，等升级为域控制器后，其计算机名自动会被改为server2.sayms.local。

STEP 2　接下来的步骤与前面**建立网络中的第一台域控制器**的 STEP 2 开始的步骤相同，需要注意的是，在图6-2-7中需要改为选择**将域控制器添加到现有域**、输入域名sayms.local、单击更改按钮后输入有权限添加域控制器的账户（sayms\Administrator）与密码。

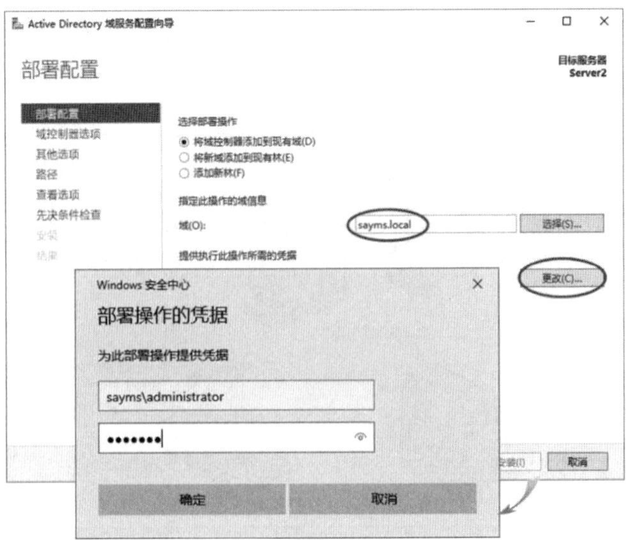

图 6-2-16

只有Enterprise Admins或Domain Admins组内的用户有权限建立其他域控制器。如果现在所登录的账户不是隶属于这两个组的话（例如现在的登录账户为本地Administrator），则需如前景图所示另外指定有权限的用户账户。

6.3 将Windows计算机加入或脱离域

Windows计算机加入域后，就可以访问AD DS数据库与其他域中的资源了，例如用户可以在这些计算机上利用域用户账户来登录域、访问域中其他计算机内的资源。以下列出部分可以被加入域的计算机：

- Windows Server 2019 Datacenter/Standard
- Windows Server 2016 Datacenter/Standard
- Windows Server 2012 R2 Datacenter/Standard
- Windows Server 2012 Datacenter/Standard
- Windows 10 Enterprise/Pro/Education
- Windows 8.1 Enterprise/Pro
- Windows 8 Enterprise/Pro
- Windows 7 Ultimate/ Enterprise/Professional

6.3.1 将Windows计算机加入域

我们要将图6-3-1左下角的服务器server3加入域，假设它是Windows Server 2019 Enterprise；同时也要将右下角的Windows 10 Enterprise计算机加入域。以下步骤利用左下角的服务器server3（Windows Server 2019）来说明。

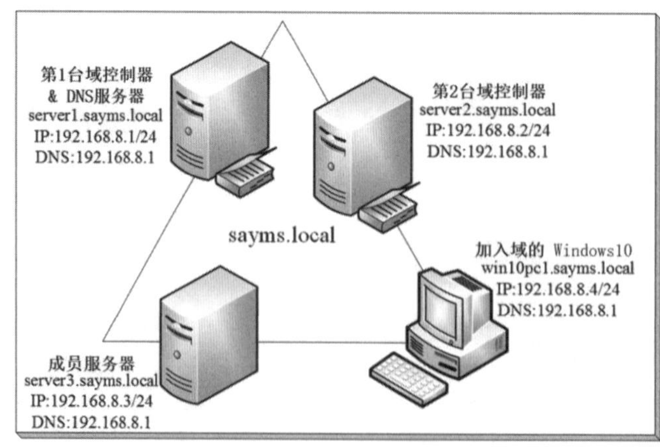

图6-3-1

STEP 1 请先将该台计算机的计算机名设置为server3、IPv4地址等设置为图6-3-1中所示。注意计算机名设置为server3即可，等加入域后，其计算机名自动会被改为server3.sayms.local。

STEP 2 打开**服务器管理器**➲单击左侧**本地服务器**➲如图6-3-2所示单击**工作组**处的WORKGROUP。

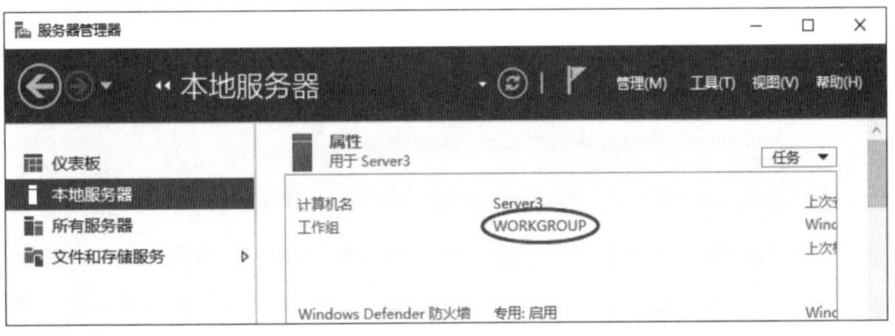

图 6-3-2

如果是Windows 10计算机的话：【打开**文件资源管理器**➲选中**此电脑**右击➲**属性**➲单击右侧的**更改设置**】。

如果是Windows 8.1计算机的话：【切换到**开始**菜单（可按Windows键⊞）➲单击菜单左下方⬇符号➲选中**此电脑**右击➲单击下方的**属性**➲单击右侧的**更改设置**】。

如果是Windows 8计算机的话：【按⊞键切换到**开始**菜单➲鼠标在空白处右击➲单击**所有应用程序**➲选中**计算机**右击➲单击下方**属性**➲……】。

如果是Windows 7的话：【开始➲选中**计算机**右击➲属性➲单击右下角的**更改设置**】。

因为Windows7等系统默认已经启用**用户账户控制**，因此如果不是本地系统管理员的话，则此时系统会先要求输入本地系统管理员的密码。

STEP 3 单击图6-3-3中的**更改**按钮。

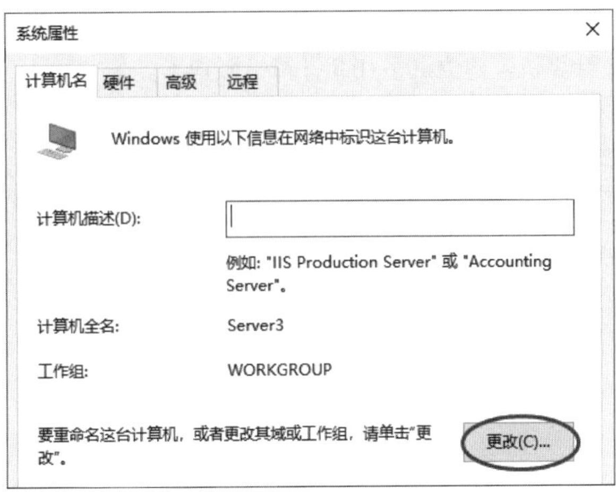

图 6-3-3

STEP 4　点选图6-3-4中的**域**➲输入域名sayms.local➲单击确定按钮➲输入域内任何一位用户账户（隶属于Domain Users组）与密码，图中利用Administrator➲单击确定按钮。

如果出现错误警告的话，请检查TCP/IPv4的设置是否有误，尤其是**首选DNS服务器**的IPv4地址是否正确，以本例来说应该是192.168.8.1。

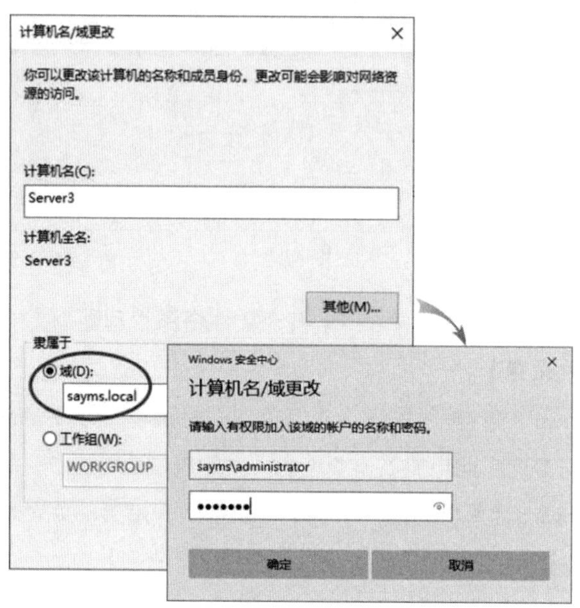

图 6-3-4

STEP 5　出现欢迎**加入sayms.local域**界面表示已经成功地加入域，也就是此计算机的账户已经被建立在AD DS数据库内（会被建立在Computers容器内），单击确定按钮。

如果出现错误警告的话，请检查所输入的账户与密码是否正确。不一定需要域管理员账户，可以输入AD DS数据库内其他任何用户账户名与密码，不过他们只能在AD DS数据库内最多加入10台计算机（建立最多10个计算机账户）。

STEP 6　出现提示需要重新启动计算机的界面时单击确定按钮。

STEP 7　回到图6-3-5中可以看出，加入域后，其完整计算机名的后缀就会附上域名，如图中的Server3.sayms.local，单击关闭按钮。

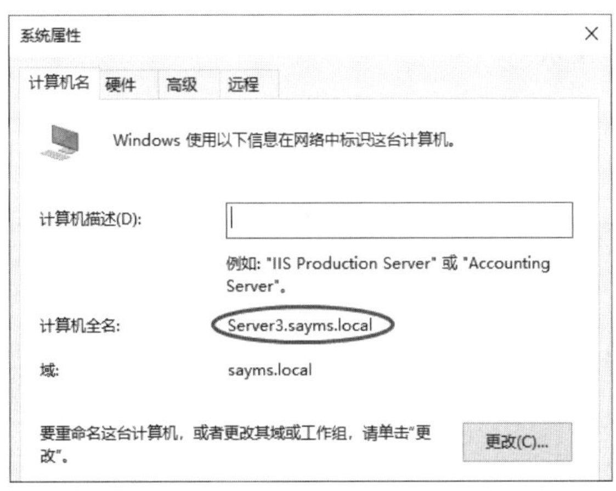

图 6-3-5

STEP 8　依照系统提示重新启动计算机。

STEP 9　请自行将图6-3-1中的Windows 10计算机加入域。

6.3.2　利用已加入域的计算机登录

可以在已经加入域的计算机上，利用本地或域用户账户来登录。

利用本地用户账户登录

出现如图6-3-6所示的登录界面时，默认是利用本地系统管理员Administrator的身份登录，因此只要输入本地Administrator的密码就可以登录。

此时系统会利用本地安全数据库来检查账户名与密码是否正确，如果正确，就可以成功登录，也可以访问此计算机内的资源（如果有权限的话），不过无法访问域内其他计算机的资源，除非在连接其他计算机时另外再提供有权限的用户名与密码。

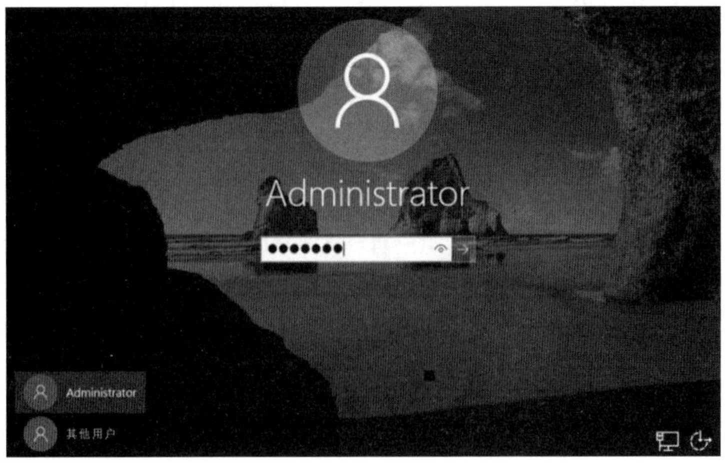

图 6-3-6

利用域用户账户登录

如果要改用域管理员Administrator身份登录的话：【单击图6-3-7中左下方的**其他用户**➲输入域系统管理员的账户（sayms\administrator）与密码】。

图 6-3-7

注意账户名前面需要附加域名，例如sayms.local\Administrator或sayms\Administrator，此时账户名与密码会被发送给域控制器，并利用AD DS数据库来检查账户名与密码是否正确，如果正确，就可以登录成功，且可以直接连接域内任何一台计算机与访问其中的资源（如果已经被赋予权限的话），不需要再另外手动输入用户名与密码。

6.3.3 脱离域

需要域Enterprise Admins、Domain Admins成员或本地Administrator才有权限将计算机脱离域，如果你没有权限的话，系统会先要求输入有权限账户的账户名与密码。

脱离域的方法与加入域的方法大同小异，以Windows Server 2019为例，其方法也是通过【打开**服务器管理器**➲单击左侧**本地服务器**➲单击右侧**域**处的sayms.local➲单击更改按钮➲点选图6-3-8中的**工作组**➲输入适当的工作组名（图中假设是SAYMSTEST）后单击确定按钮➲出现**欢迎加入工作组**界面时单击确定按钮➲重新启动计算机】。之后在这台计算机上就只能够利用本地用户账户来登录，无法再使用域用户账户。这些计算机脱离域后，其原本在AD DS的Computers容器内的计算机账户会被禁用（计算机账户图标会多一个向下的箭头）。

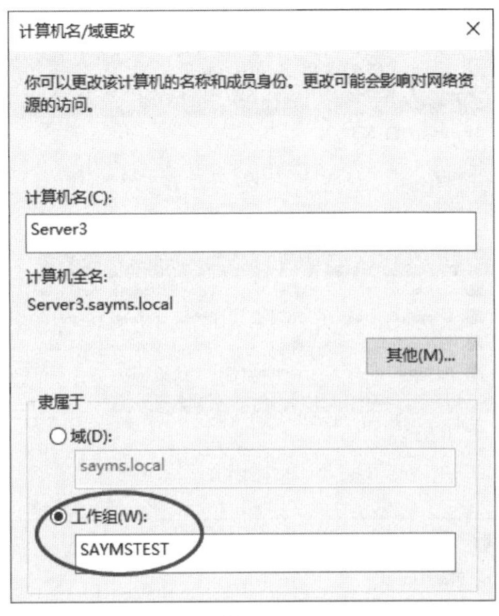

图 6-3-8

6.4 管理Active Directory域用户账户

6.4.1 内置的Active Directory管理工具

你可以在Windows Server 2019计算机上通过以下两个工具来管理域账户，例如用户账户、组账户与计算机账户等：

- **Active Directory用户和计算机**：它是旧版本的管理工具。
- **Active Directory管理中心**：这是从Windows Server 2008 R2开始提供的工具。以下尽量通过**Active Directory管理中心**来说明。

这两个工具默认只存在于域控制器，你可以通过【单击左下角**开始**图标⊞➲Windows管理工具】或【单击**服务器管理器**右上方的**工具**】，来找到**Active Directory管理中心**与**Active Directory用户和计算机**。以我们的实验环境为例，请到域控制器server1或server2计算机上运行它们，如图6-4-1和图6-4-2所示。

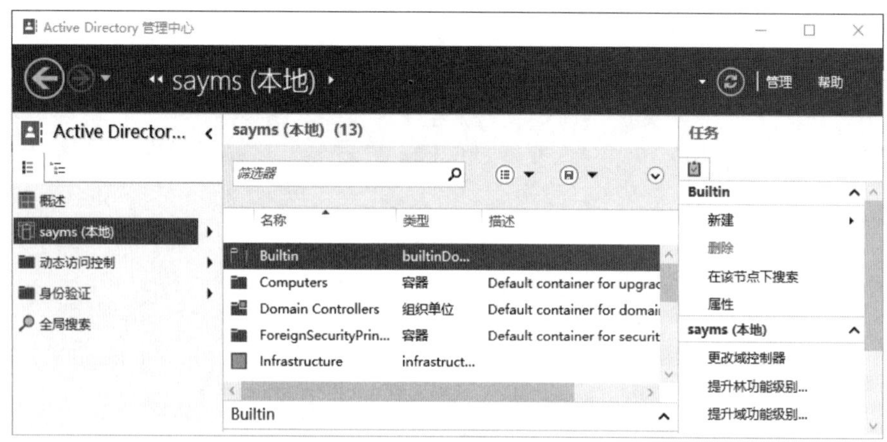

图6-4-1

图6-4-2

在服务器没有被升级成为域控制器之前，原本位于本地安全性数据库内的本地账户会在升级后被移动到AD DS数据库内，是被放置到Users容器内，而且域控制器的计算机账户会被放置到图中的Domain Controllers组织单位内，其他加入域的计算机账户默认会被放置到图中的Computers容器内。

只有在建立域内的第1台域控制器时，该服务器原来的本地账户才会被移动到AD DS数据库，其他域控制器（例如本范例中的Server2）原来的本地账户并不会被移动到AD DS数据库。

6.4.2 其他成员计算机内的Active Directory管理工具

非域控制器的Windows Server 2019、Windows Server 2016、Windows Server 2012（R2）等成员服务器与Windows 10、Windows 8.1（8）、Windows 7等客户端计算机内默认并没有管理AD DS的工具，例如**Active Directory用户和计算机**、**Active Directory管理中心**等，但可以另外安装。

Windows Server 2019、Windows Server 2016 等成员服务器

Windows Server 2019、Windows Server 2016、Windows Server 2012（R2）成员服务器可以通过**添加角色和功能**的方式来拥有AD DS管理工具：【打开**服务器管理器**➲单击**仪表板**处的**添加角色和功能**➲持续单击下一步按钮一直到出现图6-4-3所示的**选择功能**界面时勾选**远程服务器管理工具**下的**AD DS和AD LDS工具**】，安装完成后可以到**开始**菜单的**Windows 管理工具**来运行这些工具。

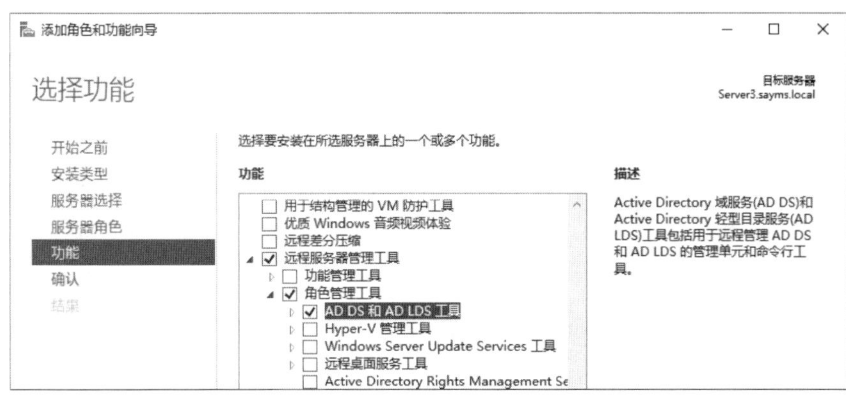

图 6-4-3

Windows Server 2008 R2、Windows Server 2008 成员服务器

Windows Server 2008 R2、Windows Server 2008成员服务器可以通过**添加功能**的方式来拥有AD DS管理工具：【打开**服务器管理器**➲单击**功能**右侧的**添加功能**➲勾选图6-4-4中**远程服务器管理工具**之下的**AD DS和AD LDS工具**】，安装完成后可以到**管理工具**来运行这些工具。

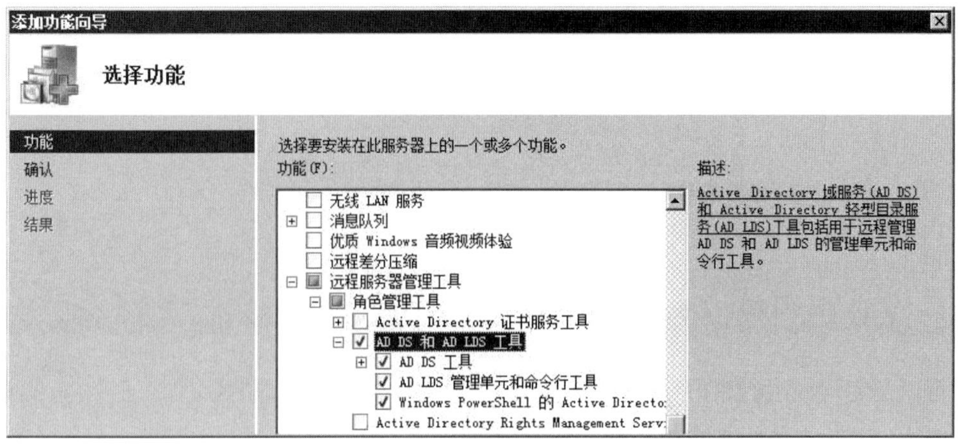

图 6-4-4

Windows 10、Windows 8.1、Windows 8

Windows 10计算机需要到微软网站下载与安装**Windows 10的远程服务器管理工具**，安装完成后可通过【单击左下角**开始**图标⊞➲Windows管理工具】来使用**Active Directory管理中心**与**Active Directory用户和计算机**等工具。

Windows 8.1（Windows 8）计算机需要到微软网站下载与安装**Windows 8.1 的远程服务器管理工具**（**Windows 8的远程服务器管理工具**），安装完成后可通过【按Windows键⊞切换到**开始**菜单➲单击菜单左下方⬇图标➲管理工具】来使用**Active Directory管理中心**与**Active Directory用户和计算机**等工具。

Windows 7

Windows 7计算机需要到微软网站下载与安装Windows 7 SP1远程服务器管理工具，安装完成之后使用【开始➲控制面板➲单击最下方的程序➲单击最上方的打开或关闭Windows功能➲勾选图6-4-5中远程服务器管理工具之下的Active Directory管理中心】。完成之后，就可以在【开始➲管理工具】中来使用Active Directory管理中心与Active Directory用户和计算机等工具。

图6-4-5

6.4.3 建立组织单位与域用户账户

你可以在容器或组织单位（OU）内建立用户账户。以下我们将先建立一个名称为**业务部**的组织单位，然后在此组织单位内建立域用户账户。

STEP 1 单击左下角**开始**图标⊞➲Windows 管理工具➲Active Directory管理中心➲选中图6-4-6

中域名**sayms**（本地）右击➲新建➲组织单位。

图 6-4-6

STEP 2 如图6-4-7所示在**名称**框输入**业务部**后单击确定按钮。

图 6-4-7

STEP 3 如图6-4-8所示选中**业务部**组织单位右击➲新建➲用户。

图 6-4-8

STEP 4 在图6-4-9中输入以下数据单击**确定**按钮：

- 名字、姓氏与全名等数据。
- **用户UPN登录**：用户可使用邮箱格式的名称（如george@sayms.local）来登录域，此名称被称为User Principal Name（UPN）。整个林内，此名称必须是唯一的。
- **用户SamAccountName登录**：用户也可利用此名称（sayms\george）来登录域，其中sayms为NetBIOS域名。同一个域内，此登录名必须是唯一的。
- **密码**、**确认密码与密码选项**等说明与**4.2节**相同，请自行前往参考。

域用户的密码默认需至少7个字符，且不能包含用户账户名称（指**用户SamAccountName**）或全名，还有至少要包含A~Z、a~z、0~9、特殊字符（例如!、$、#、%）等4组字符中的3组，例如123abcABC为有效密码，而1234567为无效密码。若要更改此默认值的话，请参考第9章。

- **防止意外删除**：若勾选此复选框的话，此账户将无法被删除。
- **账户过期**：用来设置账户的有效期限，默认为从不过期。

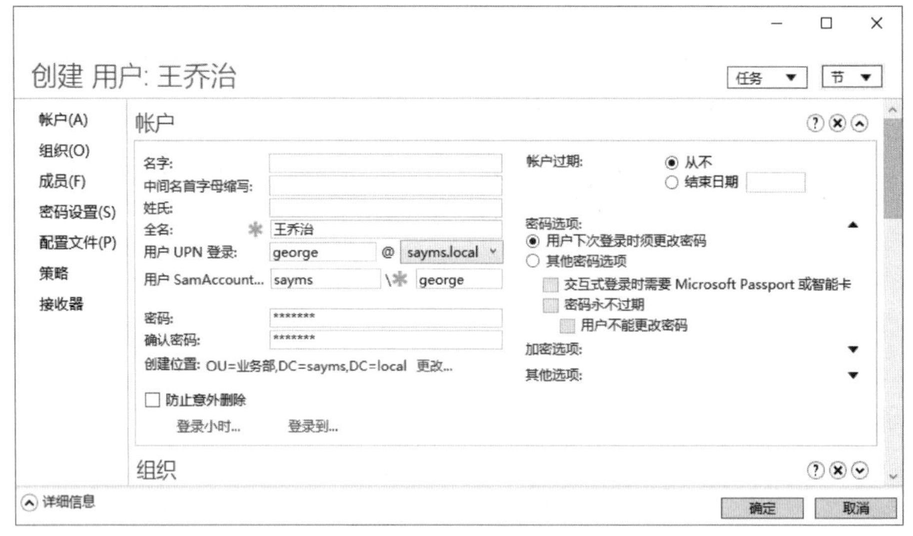

图6-4-9

我们将利用刚才建立的域用户账户（george）来测试登录域的操作。请直接到域内任何一台非域控制器的计算机上来登录域，例如Windows Server 2019成员服务器或已加入域的Windows 10计算机。

普通用户默认无法在域控制器上登录，除非另外开放（参考下一小节）。

请在登录界面中：单击界面左下方的**其他用户**➲如图6-4-10所示输入域名\用户账户名（sayms\george或sayms.local\george）与密码，也可以如图6-4-11所示输入UPN名称

（george@sayms.local）与密码来登录。

图 6-4-10

图 6-4-11

若是利用Hyper-V来搭建测试环境，并且启用了**增强会话模式**的话（参见第5章的相关说明），则域用户在域成员计算机上需要被加入到本地Remote Desktop Users组内，否则无法登录，且会有图6-4-12或图6-4-13的提示界面。

图6-4-12

图6-4-13

你可以通过以下方法来将域用户加入到本地Remote Desktop Users组：【在域成员计算机上利用sayms\administrator登录➲单击左下角**开始**图标⊞➲Windows 管理工具➲计算机管理➲系统工具➲本地用户和组➲组➲……】，如图6-4-14所示，图中假设是将Domain Users加入到组中。

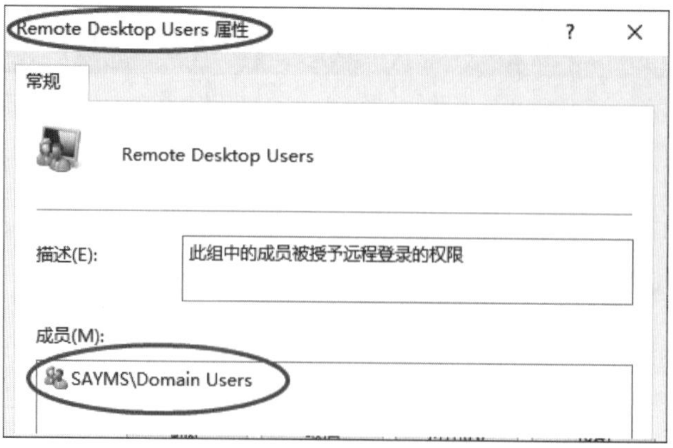

图6-4-14

6.4.4 利用新用户账户登录域控制器测试

除了域Administrators等少数组内的成员外，其他普通域用户默认无法在域控制器上登录，除非在域控制器上开放普通用户登录的权限。

赋予用户在域控制器登录的权限

普通用户需要在域控制器上拥有**允许本地登录**的权限，才能在域控制器上登录。该权限可以通过组策略来开放：到任何一台域控制器上【单击左下角**开始**图标⊞➲Windows 管理工具➲组策略管理➲如图6-4-15所示展开到Domain Controllers➲选中Default Domain Controllers Policy右击➲编辑】。

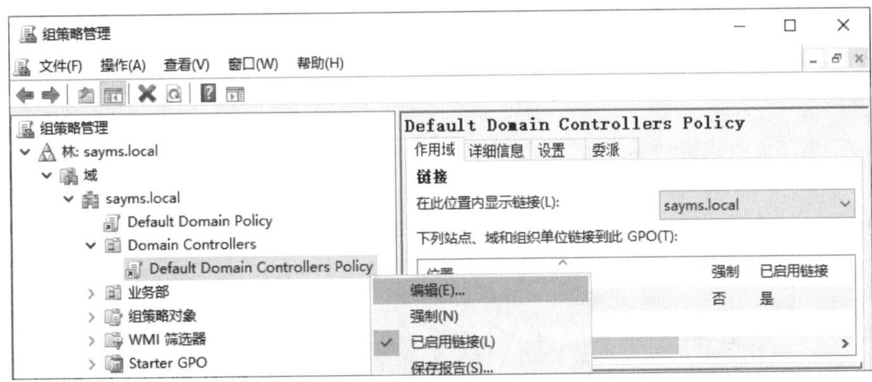

图 6-4-15

接着在图6-4-16中【双击**计算机配置**处的**策略**➲Windows设置➲安全设置➲本地策略➲用户权限分配➲双击右侧**允许本地登录**➲单击添加用户或组按钮】，然后将用户或组加入到列表内。

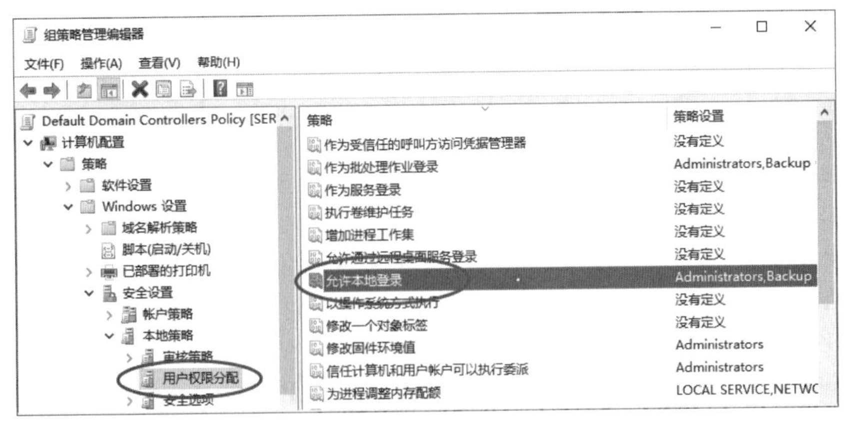

图 6-4-16

接着需要等待设置值被应用到域控制器后才有效，而应用的方法有以下3种方式：

- 将域控制器重新启动。
- 等域控制器自动应用此新策略设置，可能需要等5分钟或更久。
- 手动应用：到域控制器上执行gpupdate 或 gpupdate/force。

可以到已经完成应用的域控制器上，利用前面所建立的新用户账户来测试是否可以正常登录（无法登录吗? 请参考**登录疑难排除**）。

多台域控制器的情况

如果域内有多台域控制器的话，则所配置的相关安全配置值，是先被存储到扮演 **PDC操作主机**角色的域控制器内，而此角色默认是由域内的第1台域控制器所扮演的。你可以通过【单击左下角**开始**图标⊞➲Windows管理工具➲Active Directory用户和计算机➲选中域名sayms.local右击➲操作主机➲图6-4-17中的**PDC**选项卡】的方法来查看**PDC操作主机**是哪一台域控制器（例如图中的server1.sayms.local，也可以执行Netdom Query FSMO命令来查询）。

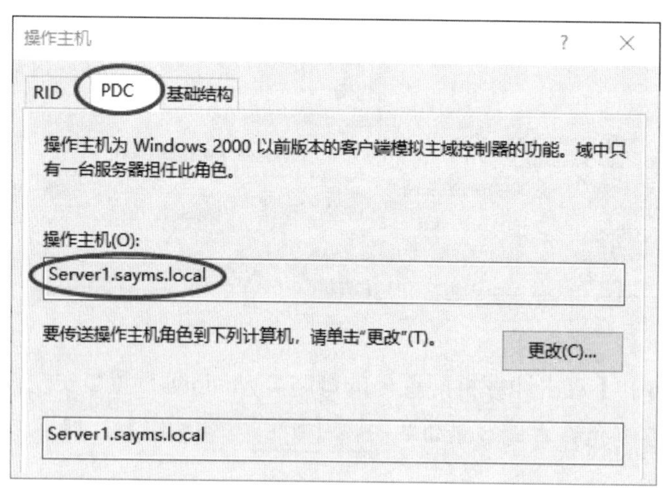

图6-4-17

你需要等设置值从**PDC操作主机**复制到其他域控制器后，它们才会应用这些设置值。那么，这些设置值何时会被复制到其他域控制器呢？它分为以下两种情况：

- **自动复制**：**PDC操作主机**默认是15秒后会自动将其复制出去，因此其他域控制器可能需要等15秒或更久才会接收到此设置值。
- **手动复制**：到任何一台域控制器上【单击左下角**开始**图标⊞➲Windows 管理工具➲Active Directory站点和服务➲Sites➲Default-First-Site-Name ➲Servers➲单击需要接收设置值的域控制器➲NTDS Settings➲如图6-4-18所示选中扮演**PDC操作主机**角色的服务器右击➲立即复制】，图中假设SERVER1是**PDC操作主机**、SERVER2是欲接收设置值的域控制器。

图 6-4-18

基本上，同一个站点内的域控制器之间会隔15秒自动复制，不需要手动复制，除非发生特殊情况，或是你希望不同站点之间的域控制器能够立即复制，才有必要采用手动复制。

当你利用**Active Directory管理中心**或**Active Directory用户和计算机**来新建、删除、修改用户账户等AD DS内的对象时，这些更改的信息会先被存储在哪一台域控制器中呢？

如果是组策略设置值的话（例如**允许本地登录**的权限），则它是先被存储在**PDC操作主机**内，但如果是AD DS用户账户或其他对象有改动，则这些改动数据会先被存储在所连接的域控制器，系统默认会在15秒后自动将改动数据复制到其他域控制器。

如果要查询当前所连接的域控制器的话，可如图6-4-19所示在**Active Directory管理中心**控制台中将鼠标指针选中图中的**sayms（本地）**，它就会显示目前所连的域控制器，例如图中所连接的域控制器为Server1.sayms.local。如果要更改连接到其他域控制器的话，可单击右侧的**更改域控制器**。

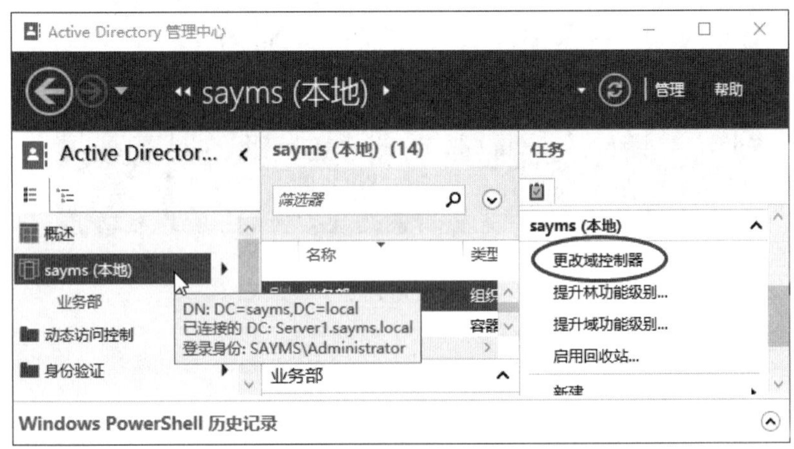

图 6-4-19

如果是使用**Active Directory用户和计算机**：可从图6-4-20中来查看所连接的域控制器为server1.sayms.local。如果要更改连接到其他域控制器：【选中图6-4-20中的**Active Directory用户和计算机（server1.sayms.local）**右击➲更改域控制器】。

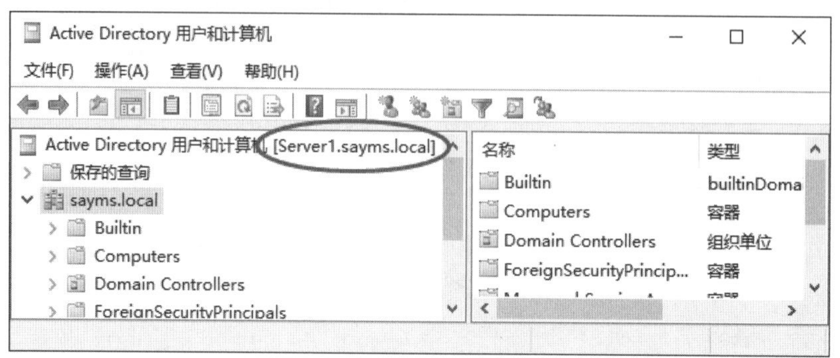

图 6-4-20

登录疑难排除

当在域控制器上利用普通用户账户登录时，如果出现如图6-4-21所示“不允许使用你正在尝试的登入方式……”警示画面，表示此用户账户在这台域控制器上没有被赋予**允许本地登录**的权限，其可能原因是尚未被赋予此权限、原则设置值尚未被复写到此域控制器、尚未套用，此时请参考前面所介绍的方法来解决问题。

图 6-4-21

6.4.5 域用户个人信息的设置

每一个域用户账户内都有一些相关的属性数据，例如地址、电话号码、电子邮件等，域用户可以通过这些属性来查找AD DS数据库内的用户，例如可以通过电话号码来查找用户，

因此为了更容易找到所需的用户账户，这些属性数据越完整越好。

在**Active Directory管理中心**控制台中可以通过双击用户账户的方式来输入用户的相关数据，如图6-4-22所示在**组织**信息处可以输入用户的地址、电话号码等。

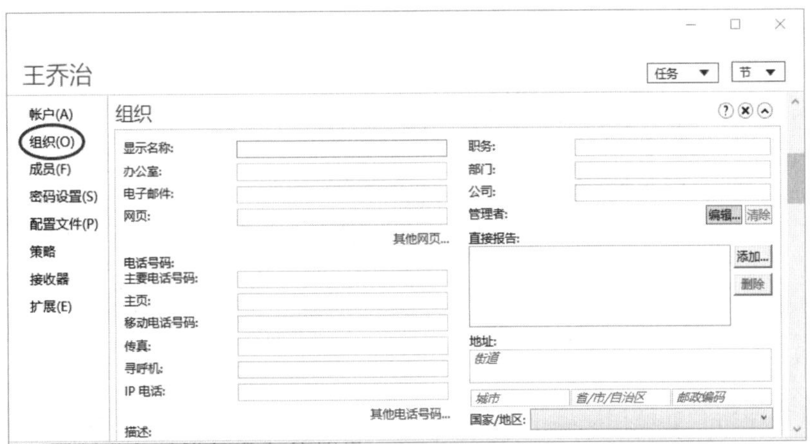

图 6-4-22

6.4.6 限制登录时段与登录计算机

我们可以限制用户的登录时段与只能够使用某些计算机来登录域，其设置方法是通过单击图6-4-23中的**登录小时...**与**登录到...**。

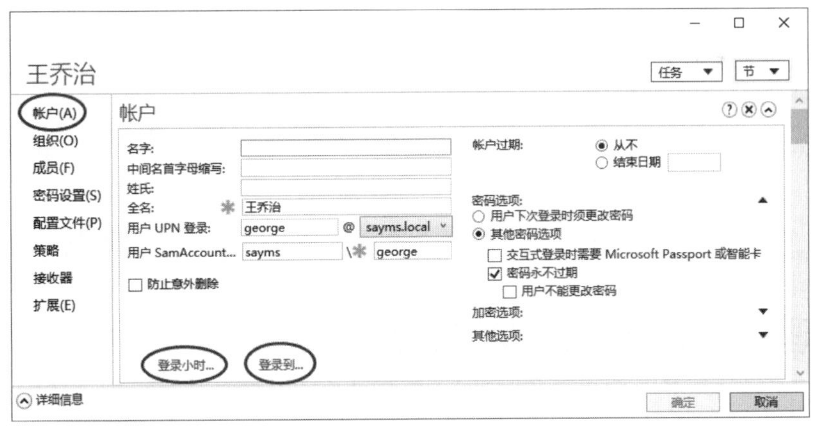

图 6-4-23

单击图6-4-23的**登录小时...**后便可以通过图6-4-24来设置，图中横轴每一方块代表一个小时，纵轴每一方块代表一天，填充颜色与空白方块分别表示允许与不允许用户登录的时段，默认是开放所有时段。选好时段后选择**允许登录**或**拒绝登录**来允许或拒绝用户在上述时间段登录。

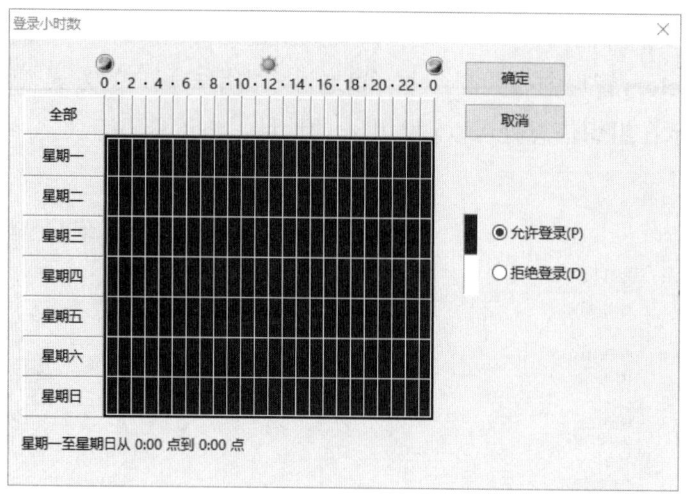

图 6-4-24

域用户默认在所有非域控制器的成员计算机上具备**允许本地登录**的权限，因此他们可以利用这些计算机来登录域，不过也可以限制他们只能利用某些特定计算机来登录域：【单击前面图6-4-23中的**登录到...**➲在图6-4-25中选择**下列计算机**➲输入计算机名后单击添加按钮】，计算机名可为NetBIOS名称（例如Win10PC1）或DNS名称（例如Win10PC1.sayms.local）。

图 6-4-25

6.5 管理Active Directory域组账户

我们在第4章中已经介绍过本地组账户，此处将介绍域组账户。

6.5.1 域内的组类型

AD DS的域组分为以下两种类型：

- **安全组**：是具备权限属性的组，即可以为安全组分配权限，例如可以指定一个安全组对文件具备**读取**的权限。当然，安全组也可以用于与安全无关的工作上，例如可

以给安全组发送电子邮件。

- **分发组**：是不具备权限属性的组，即无法对分发组分配权限。分发组被用在与安全（权限设置等）无关的工作上，例如可以向分发组发送电子邮件。

可以将现有的安全组转换为分发组，反之亦然。

6.5.2 组的使用范围

从组的使用范围角度出发，域内的组分为三种（见表6-5-1）：本地域组（domain local group）、全局组（global group）、通用组（universal group）。

表6-5-1

组 特性	本地域组	全局组	通用组
可包含的成员	所有域内的用户、全局组、通用组；相同域内的本地域组	相同域内的用户与全局组	所有域内的用户、全局组、通用组
可以在哪一个域内被分配权限	同一个域	所有域	所有域
组转换	可以被换成通用组（只要原组内的成员不含本地域组即可）	可以被换成通用组（只要原组不隶属于任何一个全局组即可）	可以被换成本地域组；可以被换成全局组（只要原组内的成员不包含通用组即可）

本地域组

本地域组主要是为其分配其所属域中各种资源的权限，以便可以访问该域内的资源。

- 其成员可以包含域林内任何一个域内的用户、全局组、通用组；也可以包含相同域内的本地域组；但无法包含域林内其他域内的本地域组。
- 本地域组只能够访问其所属域内的资源，无法访问域林内其他不同域内的资源；换句话说当在为本地域组分配权限时，只能设置相同域内的域本地组的权限，无法设置域林内其他不同域内的本地域组的权限。

全局组

它主要是用来组织用户，也就是可以将多个即将被赋予相同权限的用户账户，加入到同一个全局组内。

- 全局组内的成员，只可以包含相同域内的用户与全局组。
- 全局组可以访问域林中任何一个域内的资源，也就是说你可以在域林中的任何一个域内设置全局组的权限（这个全局组可以位于域林中任何一个域内），以便让此全局组具备权限来访问该域内的资源。

通用组

它可以在域林内所有域中被设置权限，以便访问域林中所有域内的资源。

- 通用组具备“万用领域”特性，其成员可以包含域林中任何一个域内的用户、全局组、通用组。但是它无法包含任何一个域内的本地域组。
- 通用组可以访问域林中任何一个域内的资源，也就是说你可以在任何一个域中来设置通用组的权限（这个通用组可以位于域林中任何一个域内），以便让此通用组具备权限来访问该域内的资源。

6.5.3 域组的建立与管理

新建域组的方法是：【单击左下角**开始**图标⊞➲Windows 管理工具➲Active Directory管理中心➲单击域名（例如图6-5-1中的sayms）➲单击任意容器或组织单位（例如图中的**业务部**）➲单击右侧的**新建**➲组】。

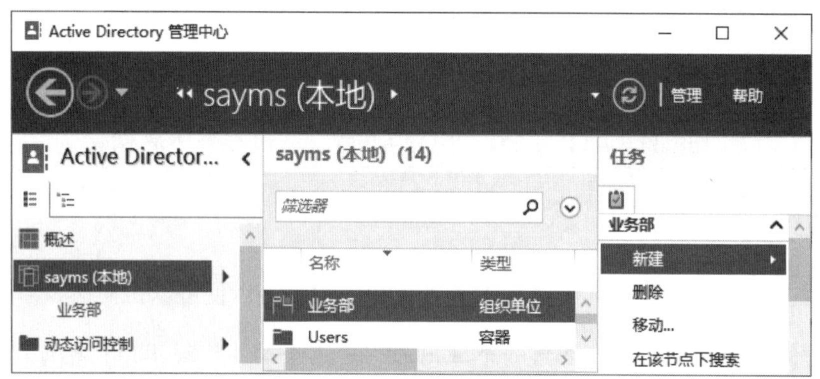

图 6-5-1

然后在图6-5-2中输入组名、输入可供旧版操作系统访问的组名（SamAccountName）、选择组类型与组范围等。如果要删除组的话：【选中组账户右击➲删除】。域用户账户与组账户也都有唯一的安全标识符（security identifier，SID），SID的说明请**参考4.2节**。若要将用户、组等加入到组内的话，可通过图6-5-2左侧的**成员**节点完成。

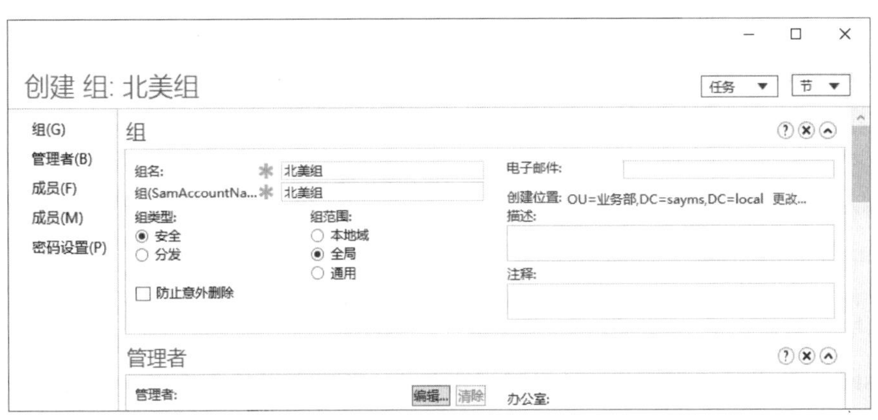

图 6-5-2

6.5.4 AD DS内置的域组

AD DS有许多内置组，它们分别隶属于本地域组、全局组、通用组与特殊组。

内置的本地域组

这些本地域组本身已被赋予一定的权限，以便让其具备管理AD DS域的能力。只要将用户或组账户加入到这些组内，这些账户也会自动具备相同的权限。以下是Builtin容器内常用的与系统管理工作密切相关的本地域组。

- **Account Operators**：其成员默认可在容器与组织单位内新建/删除/修改用户、组与计算机账户，不过部分内置的容器除外，例如Builtin容器与Domain Controllers 组织单位，同时也不允许在部分内置的容器内新建计算机账户，例如Users容器。他们也无法更改大部分组的成员，例如Administrators组等。
- **Administrators**：其成员具备系统管理员权限，他们对所有域控制器拥有最大的控制权，可以执行AD DS管理工作。内置系统管理员Administrator就是该组的成员，而且无法将其从此组内删除。

  此组默认的成员包含了Administrator、全局组Domain Admins、通用组Enterprise Admins等。
- **Backup Operators**：其成员可以通过Windows Server Backup工具来备份与还原域控制器内的文件，无论他们是否有权限访问这些文件。其成员也可以对域控制器执行关机操作。
- **Guests**：其成员无法永久改变其桌面环境，当他们登录时，系统会为他们建立一个临时的工作环境（用户配置文件），而注销时此临时的环境就会被删除。此组默认的成员为用户账户Guest与全局组Domain Guests。
- **Network Configuration Operators**：其成员可在域控制器上执行常规的网络配置工作，例如更改IP地址，但不能安装、删除驱动程序与服务，也不能执行与网络服务器配置有关的工作，例如DNS与DHCP服务器的配置。

- **Performance Monitor Users**：其成员可监视域控制器的工作性能。
- **Print Operators**：其成员可以管理域控制器上的打印机，也可以对域控制器执行关机操作。
- **Remote Desktop Users**：其成员可从远程计算机通过远程桌面登录本地计算机。
- **Server Operators**：其成员可以备份与还原域控制器内的文件；锁定与解锁域控制器；对域控制器的执行硬盘格式化操作；更改域控制器的系统时间；对域控制器执行关机操作等。
- **Users**：其成员仅拥有基本的系统使用权限，例如执行应用程序，但是他们不能修改操作系统的配置、不能更改其他用户的数据、不能对服务器执行关机操作。此组默认的成员为全局组Domain Users。

内置的全局组

AD DS内置的全局组本身并没有任何权限，但是可以将其加入到具备权限的本地域组，或为此全局组直接分配权限。这些内置全局组是位于容器Users内。以下列出常用的全局组：

- **Domain Admins**：域成员计算机会自动将此组加入到其本地组Administrators内，因此Domain Admins组内的每一个成员，在域内的每一台计算机上都具备系统管理员权限。此组默认的成员为域用户Administrator。
- **Domain Computers**：所有的域成员计算机（域控制器除外）都会被自动加入到此组内。
- **Domain Controllers**：域内的所有域控制器都会被自动加入到此组内。
- **Domain Users**：域成员计算机会自动将此组加入到其本地组Users内，因此Domain Users内的用户将享有本地组Users所拥有的权限，例如拥有**允许本地登录**的权限。此组默认的成员为域用户Administrator，而以后新建的域用户账户都会自动隶属于此组。
- **Domain Guests**：域成员计算机会自动将此组加入到本地组Guests内。此组默认的成员为域用户账户Guest。

内置的通用组

- **Enterprise Admins**：此组只存在于林根域，其成员有权管理林内的所有域。此组默认的成员为林根域内的用户Administrator。
- **Schema Admins**：此组只存在于林根域，其成员具备管理**架构**（schema）的权限。此组默认的成员为林根域内的用户Administrator。

内置的特殊组

此部分与**4.1节**相同，请自行前往参考。

6.6 提升域与林功能级别

我们在**6.1节**最后已经说明了域与林功能各个级别，此处将介绍如何将现有的级别进行提升操作：【单击左下角**开始**图标⊞➲Windows 管理工具➲Active Directory管理中心➲单击域名**sayms（本地）**➲单击图6-6-1右侧的**提升林功能级别...**或**提升域功能级别...**】。Windows Server 2019并未增加新的域功能级别与林功能级别，最高等级仍然是Windows Server 2016。

也可以通过【单击左下角**开始**图标⊞➲Windows 管理工具➲Active Directory域和信任关系➲选中**Active Directory域和信任关系**右击➲提升林功能级别】或【单击左下角**开始**图标⊞➲Windows 管理工具➲Active Directory用户和计算机➲选中域名sayms.local右击➲提升域功能级别】的方法。

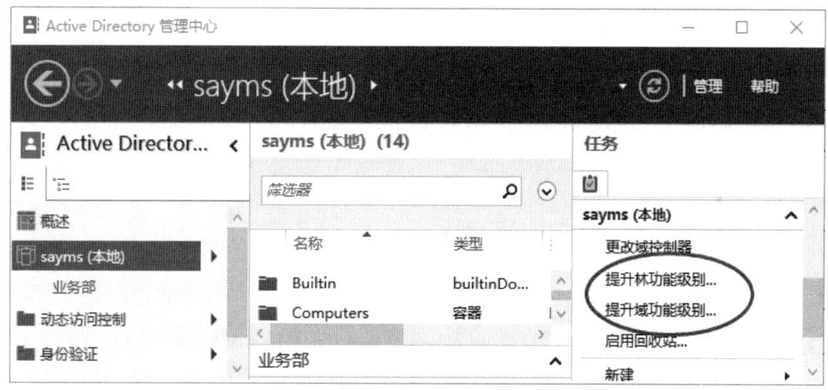

图 6-6-1

参考表6-6-1来提升域功能级别。参考表6-6-2来提升林功能级别。

表6-6-1

当前的域功能级别	可提升的级别
Windows Server 2008	Windows Server 2008 R2、Windows Server 2012、Windows Server 2012 R2、Windows Server 2016
Windows Server 2008 R2	Windows Server 2012、Windows Server 2012 R2、Windows Server 2016
Windows Server 2012	Windows Server 2012 R2、Windows Server 2016
Windows Server 2012 R2	Windows Server 2016

表6-6-2

当前的林功能级别	可提升的级别
Windows Server 2008	Windows Server 2008 R2、Windows Server 2012、Windows Server 2012 R2、Windows Server 2016
Windows Server 2008 R2	Windows Server 2012、Windows Server 2012 R2、Windows Server 2016
Windows Server 2012	Windows Server 2012 R2、Windows Server 2016
Windows Server 2012 R2	Windows Server 2016

这些升级信息会自动被复制到所有的域控制器，不过可能需要花费15秒或更久的时间。

另外，为了让支持目录访问的应用程序，可以在没有域的环境下享有目录服务与目录数据库的好处，系统提供了 **Active Directory轻型目录服务**（Active Directory Lightweight Directory Services，AD LDS），它支持在计算机内建立多个目录服务的环境，每一个环境被称为一个**AD LDS实例**（Instance），每一个**AD LDS实例**拥有独立的目录设置、架构、目录数据库。

安装AD LDS的方法为【打开**服务器管理器**➲单击**仪表板**处的**添加角色和功能**➲……➲在**选取服务器角色**处选择**Active Directory轻型目录服务**➲……】，之后就可以通过以下方法来建立**AD LDS实例**：【单击左下角**开始**图标⊞➲Windows管理工具➲Active Directory轻型目录服务安装向导】，也可以通过【单击左下角**开始**图标⊞➲Windows管理工具➲ADSI编辑器】来管理**AD LDS实例**内的目录设置、架构与对象等。

6.7 Active Directory回收站

Active Directory回收站（Active Directory Recycle Bin）让你可以快速恢复被误删的对象。如果要启用**Active Directory回收站**的话，林与域功能级别需要Windows Server 2008 R2（含）以上的级别，因此林中的所有域控制器都必须是Windows Server 2008 R2（含）以上。如果林与域功能级别尚未符合要求的话，请参考前一节的说明来提升功能级别。注意一旦启用**Active Directory回收站**后，就无法再禁用，因此域与林功能级别也都无法再被降级。启用**Active Directory回收站**与恢复误删对象的练习步骤如下所示。

STEP 1　打开**Active Directory管理中心**➲单击图6-7-1左侧域名sayms➲单击右侧的**启用回收站**（请先确认所有域控制器都在线）。

图 6-7-1

STEP 2 如图6-7-2所示单击**确定**按钮。

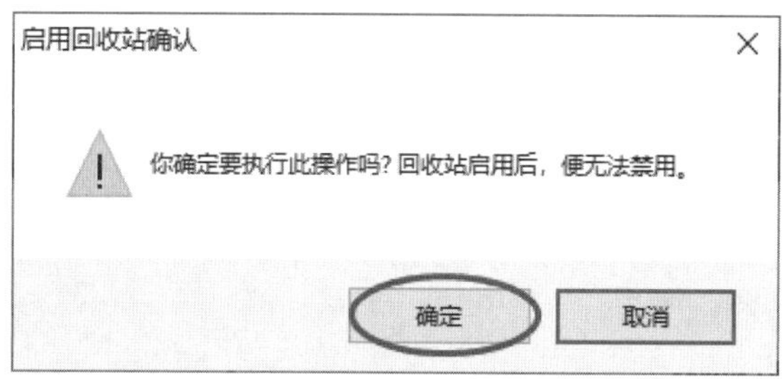

图 6-7-2

STEP 3 在图6-7-3单击**确定**按钮后按**F5**键刷新界面。

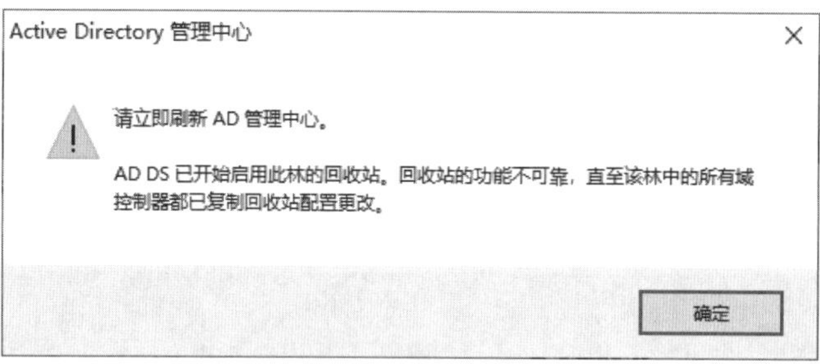

图 6-7-3

> 如果域内有多台域控制器或有多个域的话，则需等待配置值被复制到所有的域控制器后，**Active Directory回收站**的功能才会完全正常。

STEP 4 试着将某个组织单位（例如**业务部**）删除，但是要先将**防止意外删除**的复选框取消：如图6-7-4所示点选**业务部**、单击右侧的**属性**。

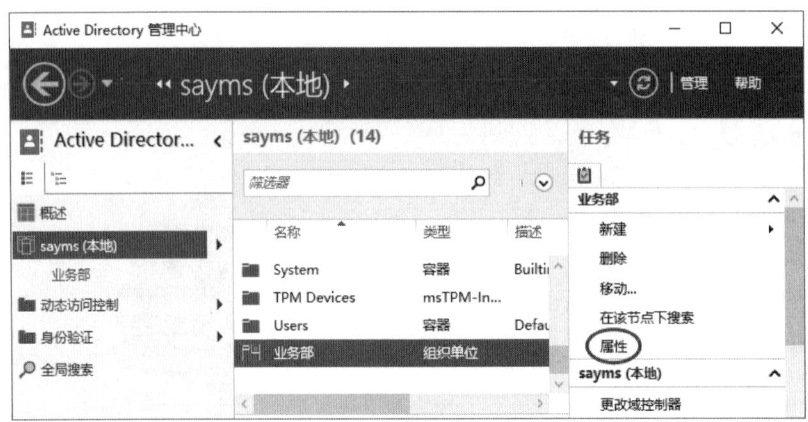

图 6-7-4

STEP 5　取消勾选图6-7-5中的复选框后单击确定按钮➲选中组织单位**业务部**右击➲删除➲单击两次是（Y）按钮。

图 6-7-5

STEP 6　接下来要通过**回收站**来恢复组织单位**业务部**：双击图6-7-6中的**Deleted Objects**容器。

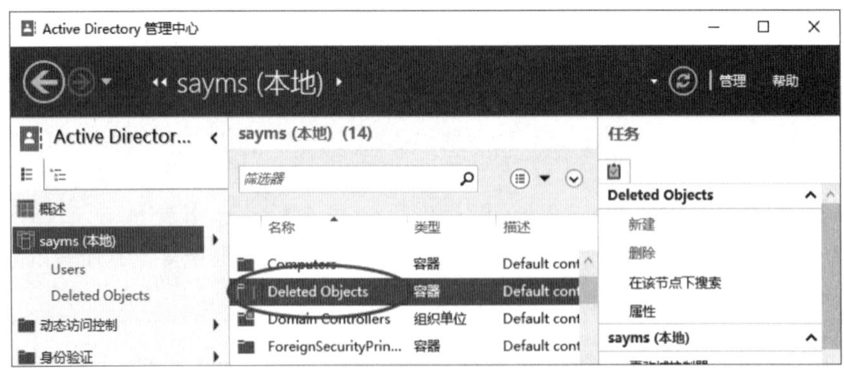

图 6-7-6

STEP 7　在图6-7-7中选择要恢复的组织单位**业务部**后，单击右侧的**还原**来将其还原到原始位置。

图 6-7-7

STEP 8 组织单位**业务部**还原完成后，接着继续在图6-7-8中选择原本位于组织单位**业务部**内的用户账户后单击**还原**。

图 6-7-8

STEP 9 利用**Active Directory管理中心**来检查组织单位**业务部**与用户**王乔治**、**北美组**是等否已成功地被恢复，而且这些被恢复的对象也会被复制到其他的域控制器。

6.8 删除域控制器与域

可以通过降级的方式来删除域控制器，也就是将AD DS从域控制器中删除。在降级前请先注意以下事项：

- 如果域内还有其他域控制器存在，则它会被降级为该域的成员服务器，例如将图6-8-1中的server2.sayms.local降级时，由于还有另外一台域控制器server1.sayms.local存在，因此server2.sayms.local会被降级为域sayms.local的成员服务器。必须是Domain Admins或Enterprise Admins组的成员才有权限删除域控制器。
- 如果这台域控制器是此域内的最后一台域控制器，例如假设图6-8-1中的server2.sayms.local已被降级，此时若再对server1.sayms.local降级的话，则域内将不会再有其他域控制器存在，因此域也会被删除，而server1.sayms.local也会被降级为独立服务器。

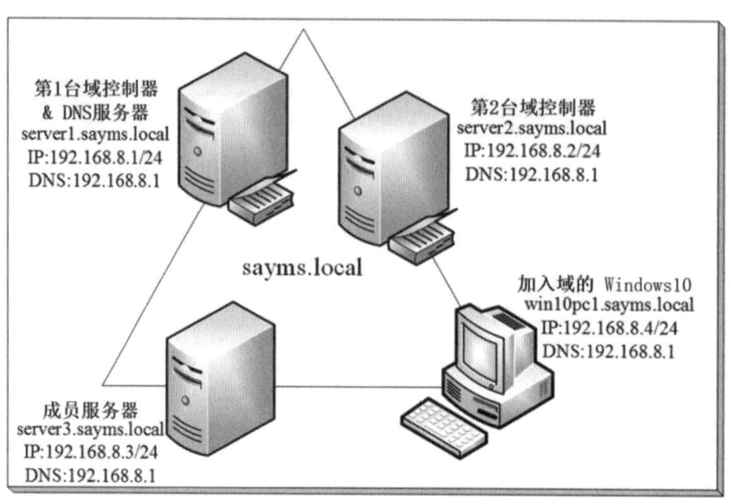

图 6-8-1

建议先将此域的其他成员计算机（例如win10pc1.sayms.local、server2.sayms.local）脱离域后，再将域删除。

需要Enterprise Admins组成员，才有权限删除域内的最后一台域控制器（也就是删除域）。若此域之下还有子域的话，请先删除子域。

- 如果此域控制器是**全局编录服务器**的话，请检查其所属站点（site）内是否还有其他**全局编录服务器**，如果没有的话，需要先指派另外一台域控制器来扮演**全局编录服务器**，否则将影响用户登录，指派的方法为【单击左下角**开始**图标⊞➲Windows 管理工具➲Active Directory站点和服务➲Sites➲Default-First-Site-Name➲Servers➲选择服务器➲选中 **NTDS Settings** 右击➲属性➲勾选**全局编录**】。
- 如果所删除的域控制器是林内最后一台域控制器的话，则林会被一并删除。Enterprise Admins组的成员才有权限移除这台域控制器与林。

删除域控制器的步骤如下所示：

STEP 1　打开**服务器管理器**➲单击图6-8-2中**管理**菜单下的**删除角色和功能**。

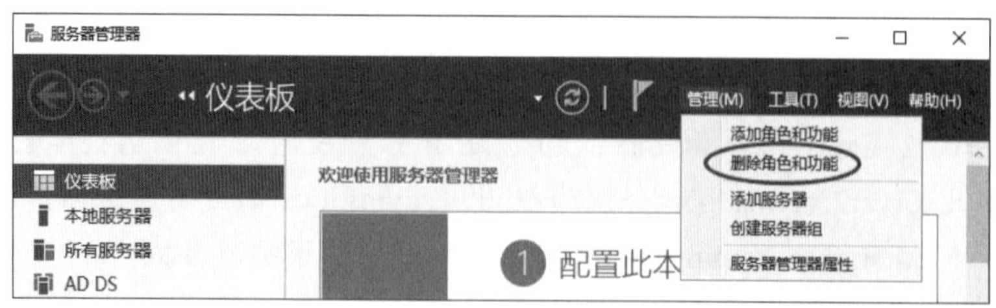

图 6-8-2

STEP 2　出现**开始之前**界面时单击下一步按钮。

STEP 3　确认在**选择目标服务器**界面中的服务器无误后，单击下一步按钮。

STEP 4 在图6-8-3中取消勾选**Active Directory域服务**，单击删除功能按钮。

图 6-8-3

STEP 5 出现图6-8-4所示的界面时，单击**将此域控制器降级**。

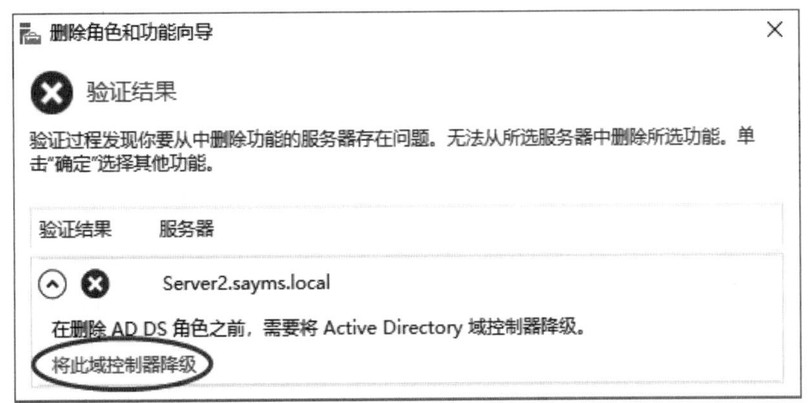

图 6-8-4

STEP 6 在图6-8-5中若当前的用户有权删除此域控制器的话，请单击下一步按钮，否则单击更改按钮来输入新的账户名与密码。如果是最后一台域控制器的话，请勾选图6-8-6中**域中的最后一个域控制器**。

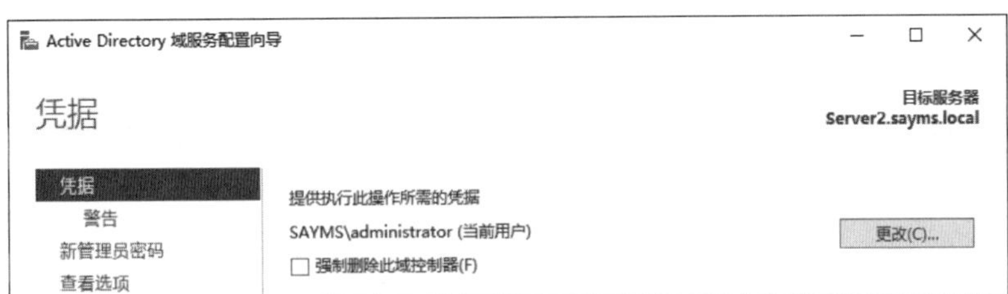

图 6-8-5

如果因故无法删除此域控制器的话（例如在删除域控制器时，需要能够连接到其他域控制器，但却无法连接到），此时可勾选图6-8-5中**强制删除此域控制器**。

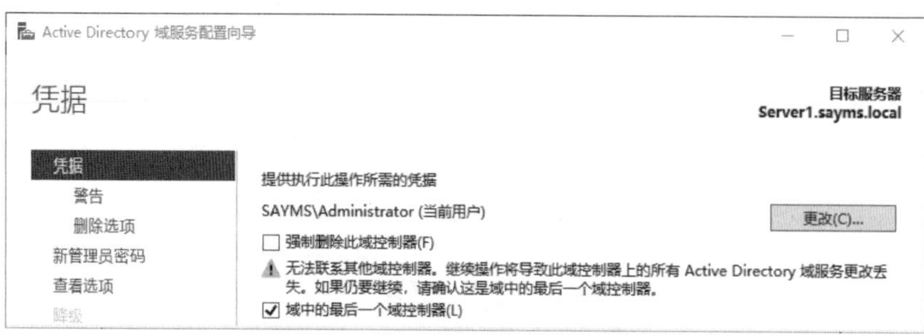

图 6-8-6

STEP 7　在图6-8-7中勾选**继续删除**后单击下一步按钮。

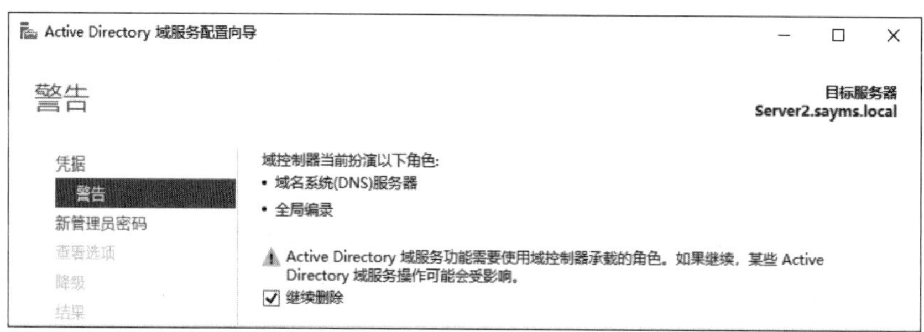

图 6-8-7

STEP 8　如果出现图6-8-8界面的话，可以选择是否要删除DNS区域与应用程序目录分区后单击下一步按钮。

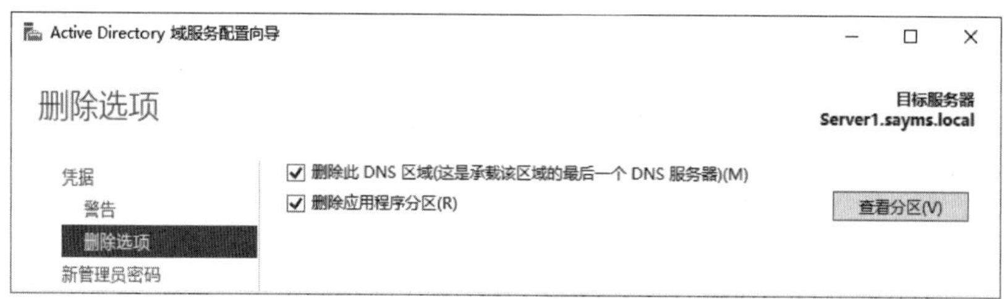

图 6-8-8

STEP 9　在图6-8-9中为这台即将被降级为独立或成员服务器的计算机，设置其本地Administrator的新密码后单击下一步按钮。

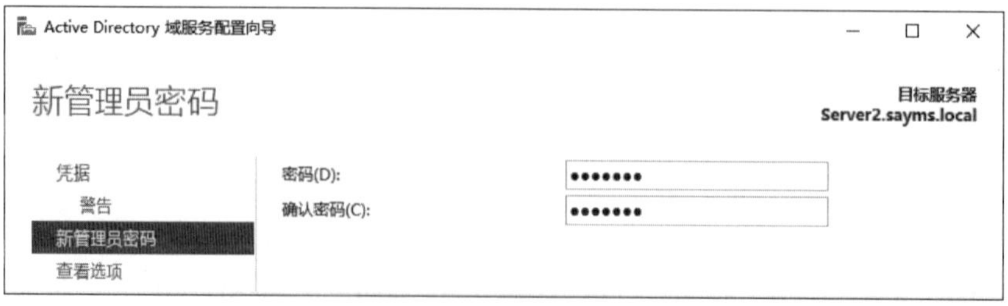

图 6-8-9

密码默认需要至少7个字符，不能包含用户账户名或全名，还有至少要包含A~Z、a~z、0~9、特殊字符（例如!、$、#、%）等4组字符中的3组，例如123abcABC是一个有效的密码，而1234567是无效的密码。

STEP 10 在**查看选项**界面中单击降级按钮。

STEP 11 完成后会自动重新启动计算机，请重新登录。

虽然这台服务器已经不再是域控制器了，不过此时其**Active Directory域服务**组件仍然存在，并没有被删除，因此如果现在再将其升级为域控制器的话，可以参考图6-2-6的方法。

STEP 12 继续在服务器管理员中单击管理菜单下的删除角色和功能。

STEP 13 出现**开始之前**界面时单击下一步按钮。

STEP 14 确认在**选择目标服务器**界面的服务器无误后单击下一步按钮。

STEP 15 在图6-8-10中取消勾选**Active Directory域服务**，单击删除功能按钮。

图 6-8-10

STEP 16 回到**删除服务器角色**界面时，确认**Active Directory域服务**已经被取消勾选（也可以一起取消勾选DNS服务器）后单击下一步按钮。

STEP 17 出现**删除功能**界面时，单击下一步按钮。

STEP 18 在**确认删除选项**界面中单击删除按钮。

STEP 19 完成后，重新启动计算机。

第 7 章　文件权限与共享文件夹

在Windows Server的文件系统中，NTFS与ReFS磁盘提供了很多安全功能。我们可以通过**共享文件夹**（shared folder）来将文件分享给网络上的其他用户。

- NTFS与ReFS权限的种类
- 用户的有效权限
- 权限的设置
- 文件与文件夹的所有权
- 文件复制或移动后权限的变化
- 文件的压缩
- 加密文件系统
- 磁盘配额
- 共享文件夹
- 卷影复制

7.1 NTFS与ReFS权限的种类

用户必须对磁盘内的文件或文件夹拥有特定的权限后，才可以访问与使用这些资源。权限可分为基本权限与特殊权限，其中基本权限可以满足常规的使用需求，而通过特殊权限可以更精细地来控制与分配权限。

以下权限仅适用于文件系统为NTFS与ReFS的磁盘，其他的exFAT、FAT32与FAT均不具备权限功能。

7.1.1 基本文件权限的种类

- **读取**：它可以读取文件内容、查看文件属性与权限配置等（可通过【打开**文件资源管理器**➲选中文件右击➲属性】的方法来查看**只读**、**隐藏**等文件属性）。
- **写入**：它可以修改文件内容、在文件后面增加数据与改变文件属性等（用户至少还需要具备**读取**权限才可以更改文件内容）。
- **读取和执行**：它除了拥有**读取**的所有权限外，还具备执行应用程序的权限。
- **修改**：它除了拥有前述的所有权限外，还可以删除文件。
- **完全控制**：它拥有前述所有权限，再加上**更改权限**与**取得所有权**的特殊权限。

7.1.2 基本文件夹权限的种类

- **读取**：它可以查看文件夹内的文件与子文件夹名称、查看文件夹属性与权限等。
- **写入**：它可以在文件夹内新建文件与子文件夹、修改文件夹属性等。
- **列出文件夹内容**：它除了拥有**读取**的所有权限之外，还具备**遍历文件夹**的特殊权限，也就是可以遍历该文件夹下的所有子目录结构。
- **读取和执行**：它与**列出文件夹内容**相同，不过**列出文件夹内容**权限只会被文件夹继承，而**读取和执行**则会同时被文件夹与文件继承。
- **修改**：它除了拥有前述的所有权限之外，还可以删除此文件夹。
- **完全控制**：它拥有前述所有权限，再加上**更改权限**与**取得所有权**的特殊权限。

7.2 用户的有效权限

7.2.1 权限是可以被继承的

当针对文件夹设置权限后，这个权限默认会被此文件夹之下的子文件夹与文件继承，例如设置用户A对甲文件夹拥有**读取**的权限，则用户A对甲文件夹内的文件也会拥有**读取**的权限。

设置文件夹权限时，除了可以让子文件夹与文件都继承权限之外，也可以只让子文件夹或文件来继承，或都不让它们继承。

而设置子文件夹或文件权限时，可以让子文件夹或文件不要继承父文件夹的权限，如此该子文件夹或文件的权限将是直接针对它们设置的权限作为有效权限。

7.2.2 权限是有累加性的

如果用户同时隶属于多个组，且该用户与这些组分别对某个文件拥有特定的权限设置，则该用户对此文件的最终有效权限是这些权限的总和，例如若用户A同时属于**业务部**与**经理**组，且其权限分别如表7-2-1所示，则用户A最后的有效权限为这3个权限的总和，也就是**写入**+**读取**+**执行**。

表7-2-1

用户或组	权限
使用者A	写入
组 **业务部**	读取
组 **经理**	读取和执行
用户A最后的有效权限为 **写入 + 读取 + 执行**	

7.2.3 “拒绝”权限的优先级高于允许权限

虽然用户对某个文件的有效权限是其所有权限来源的总和，但只要其中有一个权限来源被设置为**拒绝**的话，则用户将不会拥有访问权限。例如若用户A同时属于**业务部**与**经理**组，且其权限分别如表7-2-2所示，则用户A的**读取**权限会被**拒绝**，也就是无法读取此文件。

表7-2-2

用户或组	权限
用户A	读取
组 **业务部**	拒绝读取
组 **经理**	修改
用户A的读取权限为 **拒绝**	

继承的权限，其优先级比直接设置的权限低，例如将用户A对甲文件夹的**写入**权限设置为**拒绝**，当甲文件夹内的文件继承此权限时，则用户A对此文件的**写入**权限也会被拒绝。此时如果直接将用户A对此文件的**写入**权限设置为**允许**的话，因为其优先级较高，所以用户A对此文件最终拥有**写入**的权限。

7.3 权限的设置

系统会为新的NTFS或ReFS磁盘自动设置默认权限值，如图7-3-1所示为C:盘（NTFS）的默认权限，其中有部分的权限会被其下的子文件夹或文件继承。

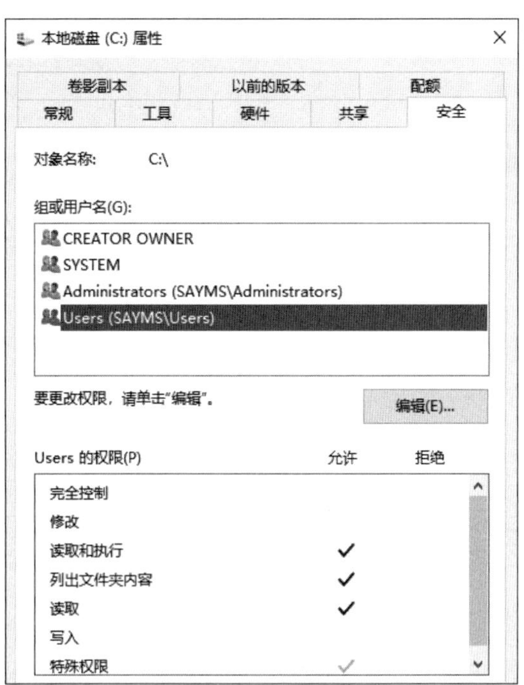

图 7-3-1

7.3.1 分配文件与文件夹的权限

如果要为用户分配文件权限：【单击左下方**文件资源管理器**图标➲单击**此电脑**➲展开磁盘驱动器➲选中所选文件右击➲属性➲**安全**选项卡】，之后将出现图7-3-2的界面（以自行建立的文件夹C:\Test内的文件Readme为例），图中的文件已经有一些从父文件夹C:\Test继承来的权限，例如Users组的权限（灰色对勾表示为继承的权限）。

只有Administrators组内的成员、文件/文件夹的所有者、具备**完全控制**权限的用户，才有权利来分配这个文件/文件夹的权限。以下步骤假设是在成员服务器Server3上操作。

如果要将权限赋予其他用户的话：【单击前面图7-3-2中间编辑按钮➲在下一个界面中单击添加按钮➲单击位置按钮选择用户账户的位置（域或本地用户）、通过高级按钮来选取用户账户➲立即查找➲从列表中选择用户或组】，我们假设选择了域sayms.local的用户**王乔治**与本地Server3的用户**jackie**，图7-3-3为完成设置后的界面，王乔治与Jackie的默认权限都是**读取和执行**与**读取**，如果要修改此权限的话，请勾选权限右侧的**允许**或**拒绝**复选框即可。

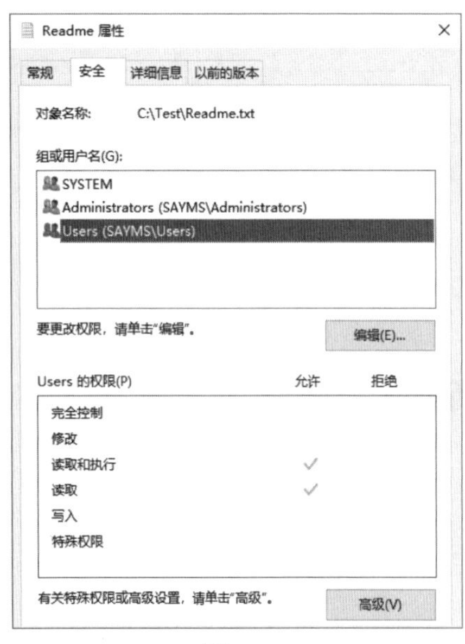

图 7-3-2

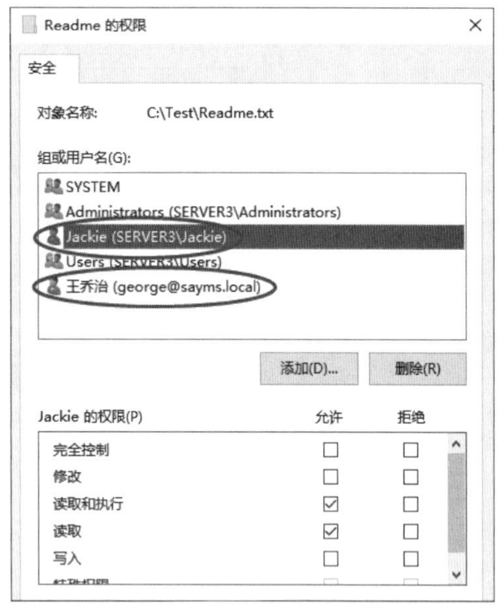

图 7-3-3

不过由父项所继承的权限（例如图中Users的权限），不能直接将其灰色的勾选取消，只能增加勾选，例如可以增加Users的**写入**权限。如果要更改继承的权限，例如Users从父项继承了**读取**权限，则只要勾选该权限右侧的**拒绝**，就会拒绝其读取权限；又例如若Users从父项继承了读取被拒绝的权限，则只要勾选该权限右侧的**允许**，就可以让其拥有读取权限。完成图7-3-3中的设置后单击确定按钮。

7.3.2　不继承父文件夹的权限

如果不想继承父文件夹权限的话，例如不想让文件Readme继承其父文件夹C:\Test的权限：【单击图7-3-4右下方的高级按钮➲单击禁用继承按钮➲通过下一个界面来选择保留原本从父文件夹所继承来的权限或删除这些权限】，之后针对C:\Test所设置的新权限，文件Readme都不会继承。

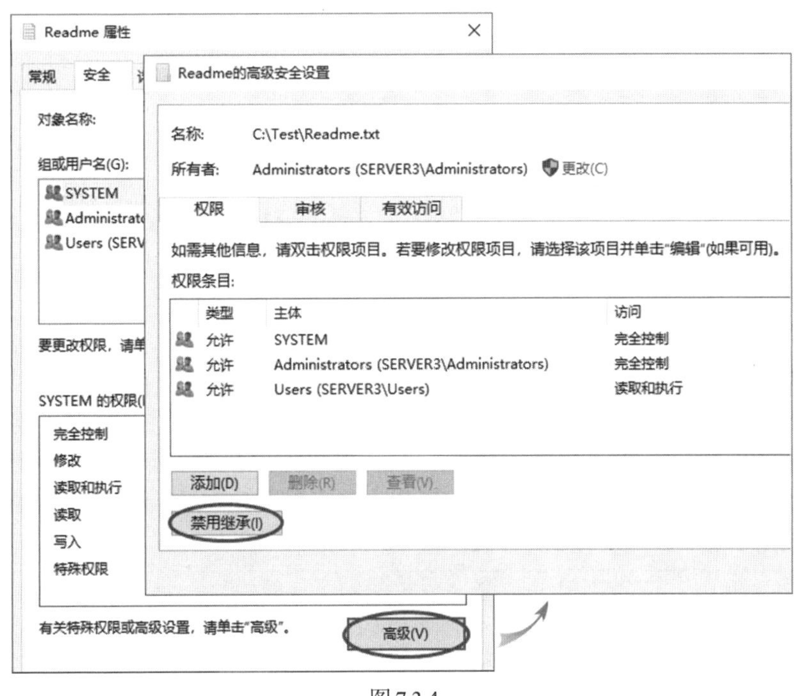

图 7-3-4

如果要为用户分配文件夹权限的话，可以通过【选中文件夹右击➲属性➲**安全**选项卡】的方法，其权限分配方式与文件权限类似，请参考前面的说明。

7.3.3　特殊权限的分配

前面所介绍的是基本权限，它是为了简化权限管理而设计的，已满足常规管理需求，除此之外还可以利用特殊权限来更精细地分配权限，以便满足各种不同的需求。

我们以文件夹的特殊权限设置为例来说明：【选中文件夹右击➲属性➲安全➲高级按钮➲在图7-3-5中点选用户账户后单击编辑按钮➲单击右侧的**显示高级权限**】（如果在图7-3-5中未出现编辑按钮，而是查看按钮的话，请先单击禁用继承按钮）。

图 7-3-5

> 若勾选**使用可从此对象继承的权限项目替换所有子对象的权限项目**，表示强制将其下子对象的权限改成与此文件夹相同，但仅限那些可以被子对象继承的权限。例如图7-3-5中Jackie 的权限会被设置到所有的子对象，包含子文件夹、文件，因为Jackie右侧**应用于**的设置为**此文件夹、子文件夹和文件**；而王乔治的权限设置并不会影响到子对象的权限，因为其**应用于**的配置为**只有该文件夹**。

接着通过图7-3-6来允许或拒绝将指定权限应用到指定的位置，在7.1节中所介绍的基本权限就是这些特殊权限的组合，例如基本权限**读取**就是其中**列出文件夹/读取数据**、**读取属性**、**读取扩展属性**、**读取权限**等4个特殊权限的组合。

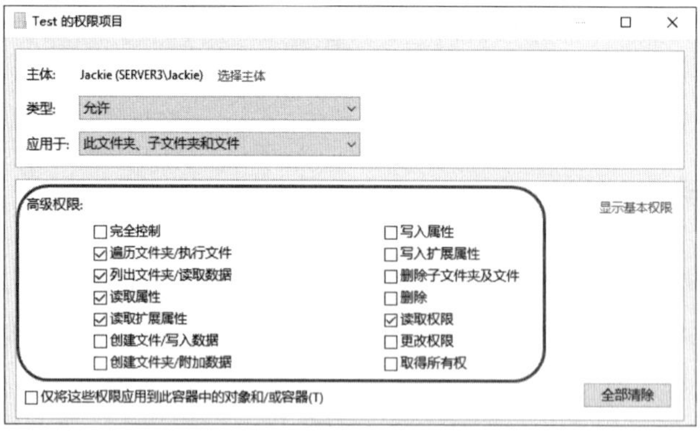

图 7-3-6

特殊权限的意义

- **遍历文件夹/执行文件**：**遍历文件夹**让用户即使在没有权限访问文件夹的情况下，仍然可以切换到该文件夹内部。此权限只适用于文件夹，不适用于文件。另外这个权

限只有用户在组策略或本地策略（见第9章）内未被赋予**忽略遍历检查**权限时才有效。**执行文件**让用户可以执行程序，此权限适用于文件，不适用于文件夹。

- **列出文件夹/读取数据**：**列出文件夹**（适用于文件夹）让用户可以查看文件夹内的文件与子文件夹名称。**读取数据**（适用于文件）让用户可以查看文件内容。
- **读取属性**：它让用户可以查看文件夹或文件的属性（只读、隐藏等属性）。
- **读取扩展属性**：它让用户可以查看文件夹或文件的扩展属性。扩展属性是由应用程序自行定义的，不同的应用程序可能有不同的扩充属性。
- **创建文件/写入数据**：**创建文件**（适用于文件夹）让用户可以在文件夹内建立文件。**写入数据**（适用于文件）让用户能够修改文件内容或覆盖文件内容。
- **创建文件夹/附加数据**：**创建文件夹**（适用于文件夹）让用户可以在文件夹内建立子文件夹。**附加数据**（适用于文件）让用户可以在文件的后面新增加数据，但是无法修改、删除、覆盖原有内容。
- **写入属性**：它让用户可以修改文件夹或文件的属性（只读、隐藏等属性）。
- **写入扩展属性**：它让用户可以修改文件夹或文件的扩展属性。
- **删除子文件夹及文件**：它让用户可以删除此文件夹内的子文件夹与文件，即使用户对此子文件夹或文件没有**删除**的权限也可以将其删除（见下一个权限）。
- **删除**：它让用户可以删除此文件夹或文件。

> 用户对此文件夹或文件就算是没有**删除**的权限，但只要他对父文件夹具备**删除子文件夹及文件**的权限，那么他还是可以将此文件夹或文件删除。例如用户对位于C:\Test文件夹内的文件Readme.txt并没有删除的权限，但是却对C:\Test文件夹拥有**删除子文件夹及文件**的权限，则他还是可以将文件Readme.txt删除。

- **读取权限**：它让用户可以查看文件夹或文件的权限设置。
- **更改权限**：它让用户可以更改文件夹或文件的权限设置。
- **取得所有权**：它让用户可以夺取文件夹或文件的所有权。文件夹或文件的所有者，无论他当前对此文件夹或文件拥有何种权限，他仍然具备更改此文件夹或文件权限的能力。

7.3.4 用户的有效访问权限

前面说过，如果用户同时隶属于多个组，而且该用户与这些组分别对某个文件拥有特定的权限设置，则该用户对此文件的最终有效权限是这些权限的总和。

可以通过【选中文件或文件夹右击➲属性➲安全选项卡➲高级按钮➲单击图7-3-7中有效访问选项卡➲单击**选择用户**来确定用户后单击查看有效访问按钮】的方法来查看用户的有效访问权限。

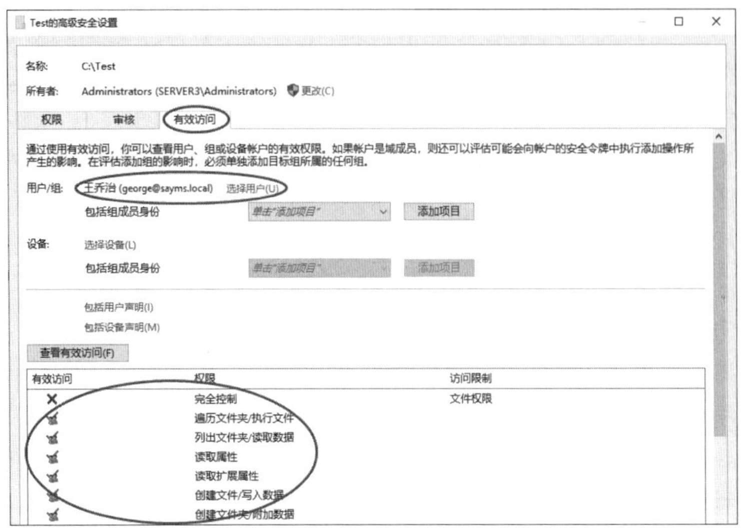

图 7-3-7

7.4 文件与文件夹的所有权

NTFS与ReFS磁盘内的每一个文件与文件夹都有**所有者**，默认是创建文件或文件夹的用户，就是该文件或文件夹的所有者。所有者可以更改其所拥有的文件或文件夹的权限，不论其当前是否有权限访问此文件或文件夹。

用户可以夺取文件或文件夹的所有权，使其成为新所有者，然而一个用户必须具备以下的条件之一，才可以夺取所有权：

- 具备**取得文件或其他对象的所有权**权限的用户。默认仅Administrators组拥有此权限。
- 对该文件或文件夹拥有**取得所有权**的特殊权限。
- 具备**还原文件和目录**权限的用户。

任何用户在变成文件或文件夹的新所有者后，他便具备更改该文件或文件夹权限的能力，但是并不会影响此用户的其他权限，同时文件夹或文件的所有权被夺取后，也不会影响原所有者的其他已有权限。

系统管理员可以直接将所有权转移给其他用户。用户也可以自己夺取所有权，例如假设文件Note.txt是系统管理员所建立的，因此他是该文件的所有者，如果他将**取得拥有权**的权限赋予用户Mary（可同过前面的图7-3-6来设置），则Mary可以在登录后，通过以下方法来查看或夺取文件的所有权：【选中文件Note.txt右击➲属性➲**安全**选项卡➲高级➲单击**所有者**右侧的**更改**➲通过接下来的界面选择Mary本人➲……】。

需要将组策略中的**用户账户控制：以系统管理员批准模式运行所有管理员**策略禁用，否则会要求输入系统管理员的密码。禁用此策略的方法为（以本地计算机策略为例）：【按⊞+R键➲执行gpedit.msc➲计算机配置➲Windows设置➲安全设置➲本地策略➲安全选项】。完成后需重新启动计算机。

7.5　文件复制或移动后权限的变化

磁盘的文件被复制或移动到另一个文件夹后，其权限可能会发生变化（参考图7-5-1）：

- **如果文件被复制到另一个文件夹**：无论是被复制到同一个磁盘或不同磁盘的另一个文件夹内，它都相当于新建一个文件，这个新文件的权限会继承目的地的权限。例如若用户对位于C:\Data内的文件File1具有**读取**的权限，对文件夹C:\Tools具有**完全控制**的权限，当File1被复制到C:\Tools文件夹后，用户对这个新文件将具有**完全控制**的权限。

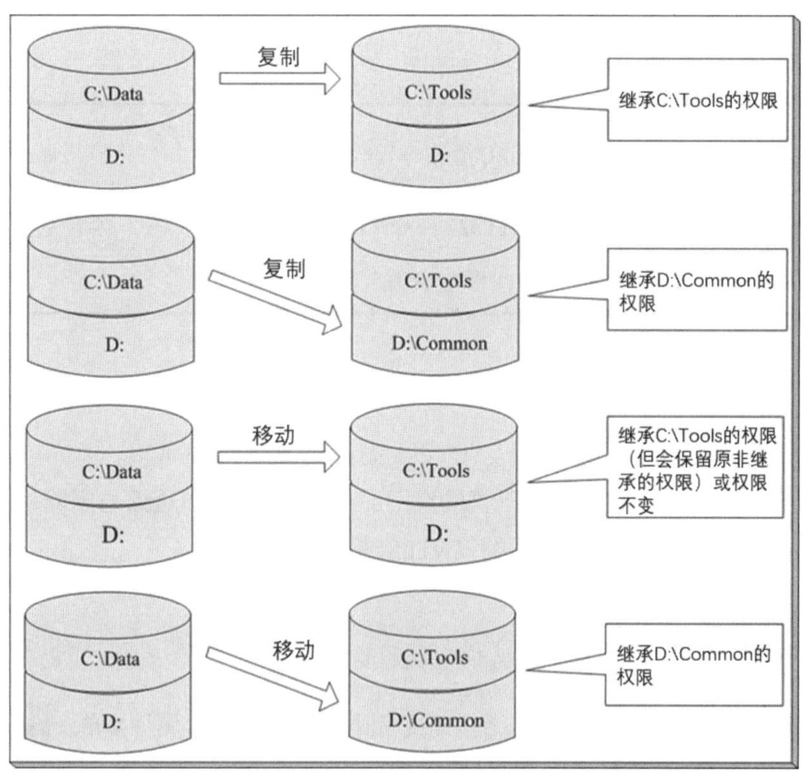

图 7-5-1

- 如果文件被移动到同一个磁盘的另一个文件夹：
  - **如果原文件是被设置为继承父项权限**：则会先删除从源文件夹所继承的权限（但

会保留非继承的权限），然后继承目标文件夹的权限。例如由C:\Data文件夹移动到C:\Tools文件夹时，会先删除原权限中从C:\Data继承的权限、保留非继承的权限、然后加上继承自C:\Tools的权限。

- **如果原文件被设置为不继承父项权限**：则仍然保有原权限（权限不变），例如由C:\Data文件夹移动到C:\Tools文件夹。

- **如果文件是被移动到另一个磁盘**：则此文件将继承目的地的权限，例如由C:\Data文件夹移动到D:\Common文件夹，因为是在D:\Common产生一个新文件（并将原文件删除），因此会继承D:\Common的权限。

将文件移动或复制到目的地的用户，会成为此文件的所有者。文件夹的移动或复制的原理与文件是相同的。

如果将文件由NTFS（或ReFS）磁盘移动或复制到FAT、FAT32或exFAT磁盘，则新文件的原有权限都将被删除，因为FAT、FAT32与exFAT都不具备权限设置功能。

如果要对文件（或文件夹）进行移动操作的话（无论目的地是否在同一个磁盘内），则必须对源文件具备**修改**权限，同时也必须对目的地文件夹具备**写入**权限，因为系统在移动文件时，会先将文件复制到目的地文件夹（因此对它需具备**写入**权限），再将源文件删除（因此对它需具备**修改**权限）。

Q 将文件或文件夹复制或移动到U盘后，其权限如何变化？

A U盘可被格式化成FAT、FAT32、exFAT或NTFS文件系统（可移动设备不支持ReFS），因此要看它是哪一种文件系统来确定其权限变化。

7.6 文件的压缩

将文件压缩后可以减少它们占用磁盘的空间。系统支持**NTFS压缩**与**压缩（zipped）文件夹**两种不同的压缩方法，其中**NTFS压缩**仅NTFS磁盘支持。

7.6.1 NTFS压缩

若要对NTFS磁盘内的文件压缩的话，请【选中该文件右击➲属性➲单击高级按钮➲如图7-6-1所示勾选**压缩内容以便节省磁盘空间**】。

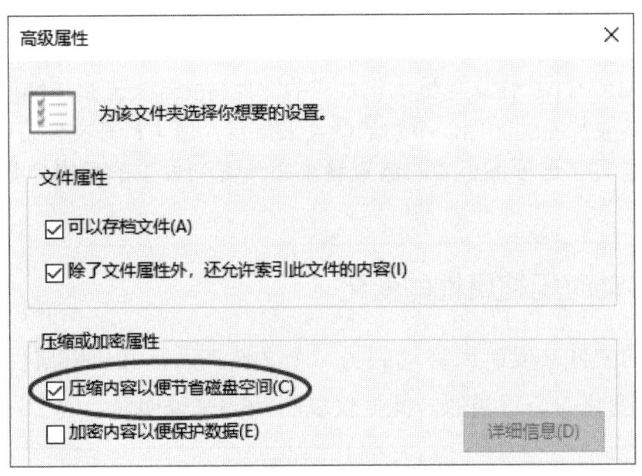

图 7-6-1

如果要压缩文件夹的话【选中该文件夹右击➲属性➲单击高级按钮➲勾选**压缩内容以便节省磁盘空间**➲单击确定按钮➲单击应用按钮➲接着出现图7-6-2】：

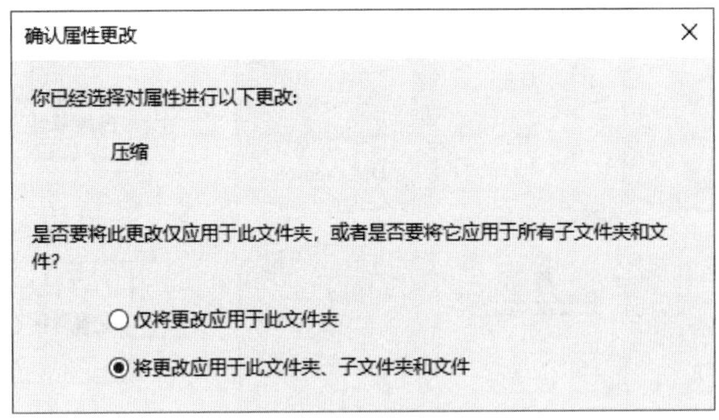

图 7-6-2

- **仅将更改应用于此文件夹**：以后在此文件夹内新建的文件、子文件夹与子文件夹内的文件都会被自动压缩，但不会影响到此文件夹内现有的文件与文件夹。
- **将更改应用于此文件夹、子文件夹和文件**：不但以后在此文件夹内新建的文件、子文件夹与子文件夹内的文件都会被自动压缩，同时会将已经存在于此文件夹内的现有文件、子文件夹与子文件夹内的文件一并压缩。

你也可以针对整个磁盘来做压缩设置：【选中磁盘（例如C:）右击➲属性➲压缩此驱动器以节约磁盘空间】。

当用户或应用程序要读取压缩文件时，系统会将文件由磁盘内读出、自动将解压缩后的内容提供给用户或应用程序，然而存储在磁盘内的文件仍然是处于压缩状态；而要将数据写入文件时，它们也会被自动压缩后再写入磁盘内的文件。

1. 也可使用COMPACT.EXE来压缩。已加密的文件与文件夹无法压缩。
2. 如果要对压缩或加密的文件以不同的颜色来显示，请【打开**文件资源管理器**➲单击上方**查看**➲单击右侧**选项**图标➲勾选**查看**高级设置列表下的**用彩色显示加密或压缩的NTFS文件**】。

文件复制或移动时压缩属性的变化

当NTFS磁盘内的文件被复制或移动到另一个文件夹后，其压缩属性的变化与7.5节**文件复制或移动后权限的变化**的原理类似，此处仅以图7-6-3来说明。

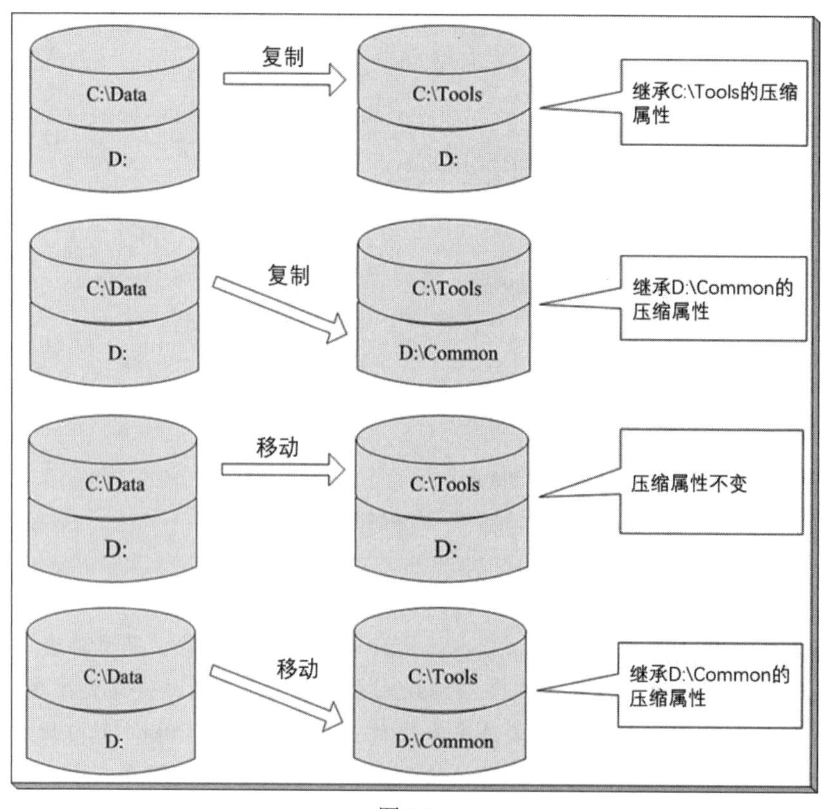

图 7-6-3

7.6.2 压缩的（zipped）文件夹

无论是FAT、FAT32、exFAT、NTFS或ReFS磁盘内都可以建立**压缩（zipped）文件夹**。在利用**文件资源管理器**建立**压缩（zipped）文件夹**后，之后被复制到此文件夹内的文件都会被自动压缩。

可以在不需要手动解压缩的情况下，直接读取**压缩（zipped）文件夹**内的文件，甚至可以直接执行其中的应用程序。**压缩（zipped）文件夹**的文件夹名的扩展名为.zip，它可以被

WinZip、WinRAR等文件压缩工具软件解压缩。

可以如图7-6-4所示通过【选中界面右侧空白处右击➲新建➲压缩（zipped）文件夹】的方法来新建**压缩（zipped）文件夹**。

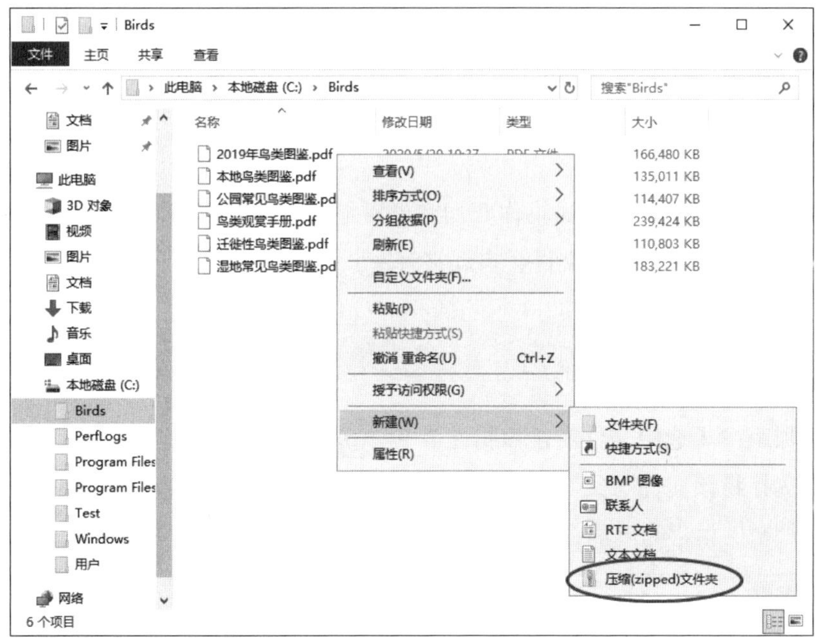

图 7-6-4

你也可以如图7-6-5所示通过【选择需要压缩的文件➲选中这些文件右击➲发送到➲压缩（zipped）文件夹】来建立一个包含这些文件的**压缩（zipped）文件夹**。

压缩（zipped）文件夹的扩展名为.zip，不过系统默认会隐藏扩展名，如果要显示扩展名的话：【打开**文件资源管理器**➲单击上方的**查看**➲勾选**扩展名**】。如果已经安装了WinZip或WinRAR等软件的话，则默认会通过这些软件来打开**压缩（zipped）文件夹**。

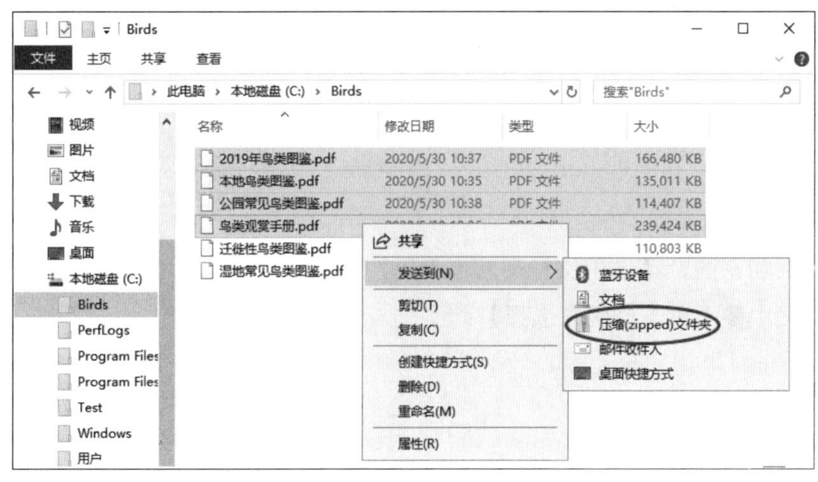

图 7-6-5

7.7 加密文件系统

加密文件系统（Encrypting File System，EFS）提供文件加密的功能，文件经过加密后，只有当初对其加密的用户或被授权的用户能够读取，因此可以增加文件的安全性。只有NTFS磁盘内的文件、文件夹才可以被加密，如果你将文件复制或移动到非NTFS磁盘内，则复制后的文件会被解密。

文件压缩与加密无法并存。如果你要加密已压缩的文件，则该文件会自动被解压缩。如果你要压缩已加密的文件，则该文件会自动被解密。

7.7.1 对文件与文件夹加密

要对文件加密：【选中文件右击➲属性➲单击高级按钮➲如图7-7-1所示勾选**加密内容以便保护数据**➲选择将该文件与父文件夹都加密，或只针对该文件加密】。如果选择将该文件与父文件夹都加密的话，则以后在此文件夹内所新建的文件都会自动被加密。

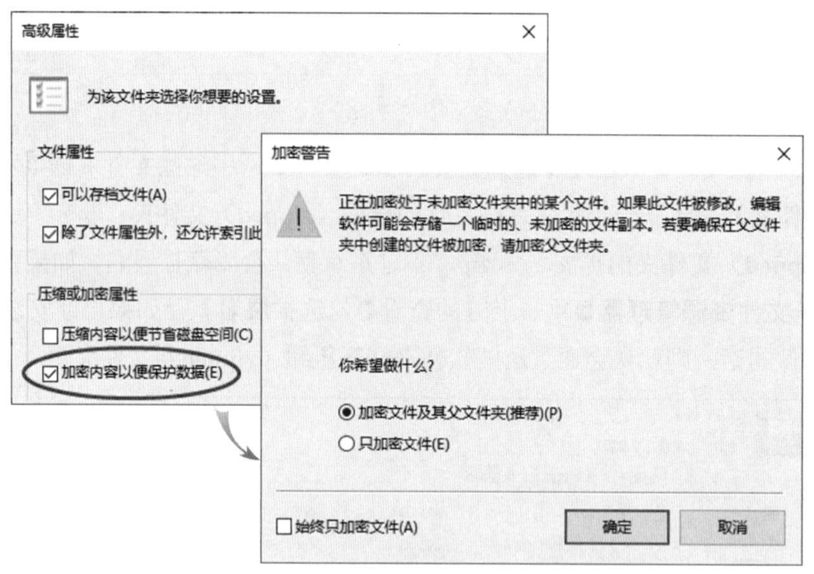

图 7-7-1

要对文件夹加密的：【选中文件夹右击➲属性➲单击高级按钮➲勾选**加密内容以便保护数据**➲在图7-7-2中参考以下说明来选择】：

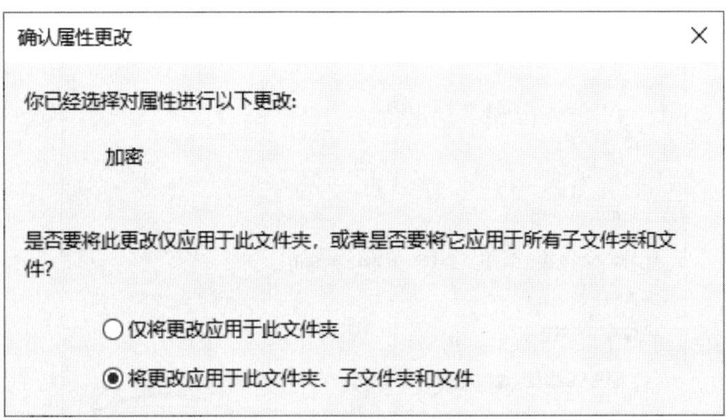
确认属性更改

你已经选择对属性进行以下更改:

加密

是否要将此更改仅应用于此文件夹，或者是否要将它应用于所有子文件夹和文件?

○ 仅将更改应用于此文件夹

◉ 将更改应用于此文件夹、子文件夹和文件

图 7-7-2

- **仅将更改应用于此文件夹：** 以后在此文件夹内新建的文件、子文件夹与子文件夹内的文件都会被自动加密，但不会影响到此文件夹内现有的文件与文件夹。
- **将更改应用于此文件夹、子文件夹和文件：** 不但以后在此文件夹内所新建的文件、子文件夹与子文件夹内的文件都会被自动加密，同时会将已经存在于此文件夹内现有的文件、子文件夹与子文件夹内的文件都一起并加密。

当用户或应用程序读取加密文件时，系统会将文件由磁盘内读出、自动将解密后的内容提供给用户或应用程序，然而存储在磁盘内的文件仍然是处于加密状态；而要将数据写入文件时，它们也会被自动加密后再写入到文件。

当将未加密文件移动或复制到加密文件夹后，该文件会被自动加密。当将加密文件移动或复制到非加密文件夹时，该文件仍然会保持其加密的状态。

7.7.2 授权其他用户可以读取加密的文件

你所加密的文件只有自己可以读取，但是也可以授权给其他用户读取。被授权的用户必须具备**EFS证书**，而普通用户在第1次执行加密操作后，他就会自动被赋予**EFS证书**，这样一来，该用户就可以被授权了。

假设要授权给用户george：先让george对任何一个文件执行加密的操作，以便拥有**EFS证书**，然后【选中需要授权的加密文件右击➲属性➲单击高级按钮➲在图7-7-3中单击详细信息按钮➲添加按钮➲选择用户george】。

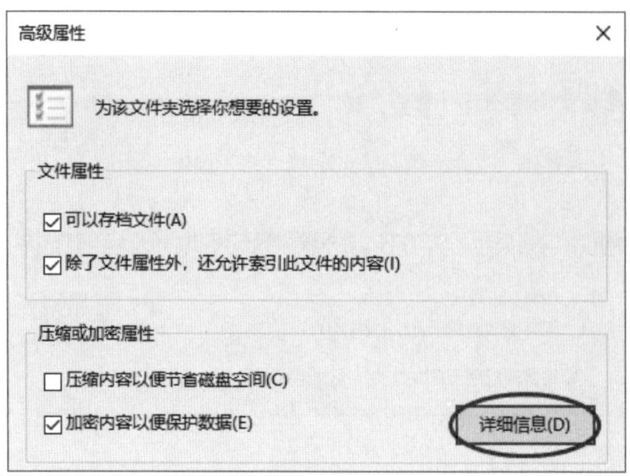

图 7-7-3

7.7.3 备份EFS证书

为了避免你的**EFS证书**丢失或损坏，造成文件无法读取的后果，因此建议利用**证书管理**控制台来备份你的**EFS证书**：【按⊞+R键➲执行**certmgr.msc**➲展开**个人**、**证书**➲选中右侧**预期目的**为**加密文件系统**的证书右击➲所有任务➲导出➲单击下一步按钮➲选择**是，导出私钥**➲在**导出文件格式**界面中单击下一步按钮来选择默认的.pfx格式➲在**安全**界面中选择用户或设置密码（以后仅该用户有权导入证书，否则需输入此处的密码）➲……】，建议你将此证书文件备份到另外一个安全的地方。如果你有多个**EFS证书**的话，建议全部导出保存。

7.8 磁盘配额

我们可以通过**磁盘配额**功能来限制用户在NTFS磁盘内的使用容量，也可以跟踪每一个用户的NTFS磁盘空间使用情况。通过磁盘配额的限制，可以避免个别用户占用大量的硬盘空间。

7.8.1 磁盘配额的特性

- 磁盘配额是针对单一用户来控制与跟踪的。
- 仅NTFS磁盘支持磁盘配额，ReFS、exFAT、FAT32与FAT磁盘不支持。
- 磁盘配额是以文件与文件夹的所有权来计算的：在一个磁盘内，只要文件或文件夹的所有权是属于用户的，则其所占有的磁盘空间都会被计算到该用户的配额内。
- 磁盘配额的计算不考虑文件压缩的因素：磁盘配额在计算用户的磁盘空间总使用量时，是以文件的原始大小来计算的。

- 每一个磁盘分区的磁盘配额是独立计算的，不论这些磁盘分区是否在同一块硬盘内：例如如果第一块硬盘被划分为C: 与D: 两个磁盘分区，则用户在磁盘C: 与D:内分别可以拥有不同的磁盘配额。
- 系统管理员并不会受到磁盘配额的限制。

7.8.2 磁盘配额的设置

用户需具备系统管理员权限才可以设置磁盘配额：【打开**文件资源管理器**➲选中磁盘驱动器（例如C:盘）右击➲属性➲如图7-8-1所示勾选**配额**选项卡下的**启用配额管理**➲单击应用按钮】。

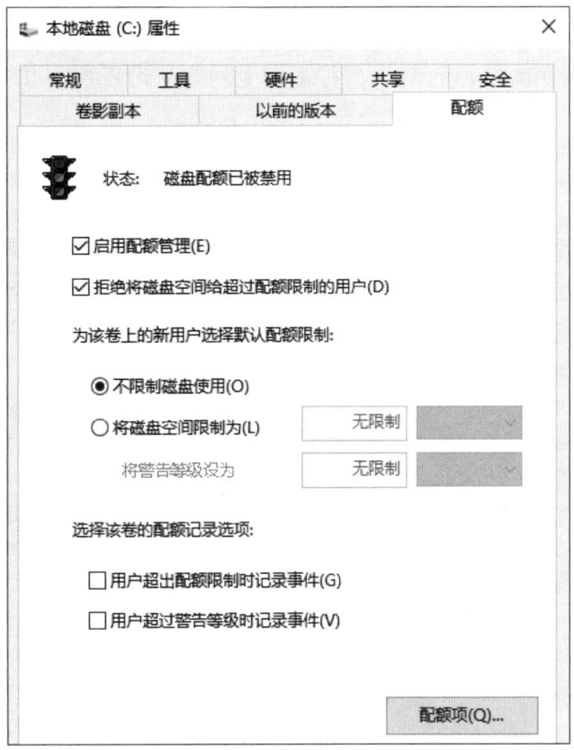

图 7-8-1

- **拒绝将磁盘空间给超过配额限制的用户**：如果用户在此磁盘所使用的磁盘空间已超过配额限制时：
  - 如果未勾选此复选框，则他仍可继续将新数据存储到此磁盘内。此功能可用来跟踪、监视用户的磁盘空间使用情况，但不会限制其磁盘使用空间。
  - 如果勾选此复选框，则用户就无法再向磁盘内写如任何新数据。如果用户尝试写入数据的话，屏幕上就会有类似图7-8-2的被拒绝写入的提示。

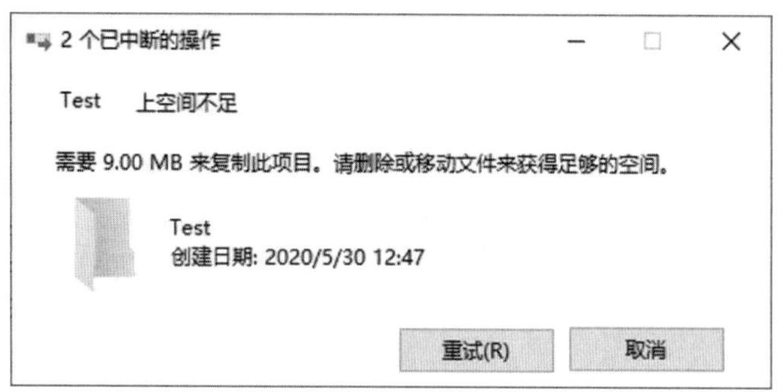

图 7-8-2

- **为该卷上的新用户选择默认配额限制**：用来设置新用户的磁盘配额。
  - **不限制磁盘使用**：用户在此磁盘上的可用空间不受限制。
  - **将磁盘空间限制为**：限制用户在此磁盘上的可用空间。磁盘配额未启用前就已经在此磁盘内存储数据的用户，将不会受到此处的限制，但可另外针对这些用户来设置配额。
  - **将警告等级设为**：可让系统管理员来查看用户所使用的磁盘空间是否已超过此处的警告值。
- **选择该卷的配额记录选项**：当用户超过配额限制或警告等级时，是否要将这些事项记录到系统日志内。如果勾选的话，可以通过【单击左下角**开始**图标⊞➲Windows管理工具➲事件查看器➲Windows日志➲系统➲如图7-8-3所示单击来源为 **Ntfs**（**Ntfs**）的事件】来查看其详细信息。

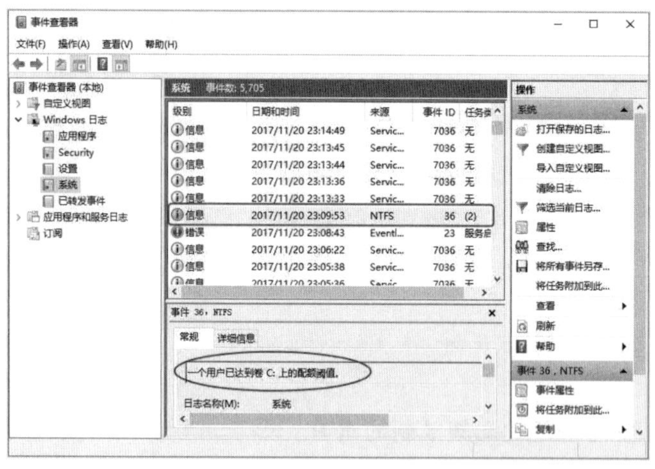

图 7-8-3

7.8.3 监控每一位用户的磁盘配额使用情况

选择图7-8-1右下方配额项按钮后，就可通过图7-8-4的界面来监视每一个用户的磁盘配额使用情况，也可以通过它来个别设置每一个用户的磁盘配额。

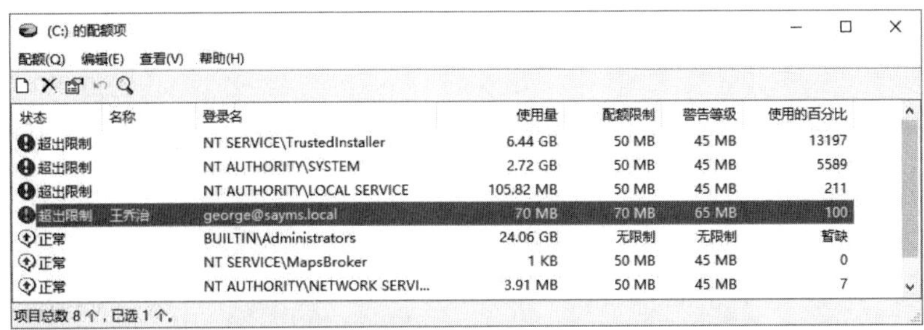

图 7-8-4

如果要更改其中任何一个用户的磁盘配额设置的话，只要在图7-8-4中双击该用户，就可以来更改其磁盘配额。

如果要针对未出现在图7-8-4列表中的用户来事先设置其磁盘配额的话，可以通过【单击图7-8-4上方的**配额**菜单➲新建配额项】的方法来设置。

7.9 共享文件夹

当你将文件夹（例如图7-9-1中的Database）设置为共享文件夹后，用户就可以通过网络来访问此文件夹内的文件（用户需要有适当的权限）。

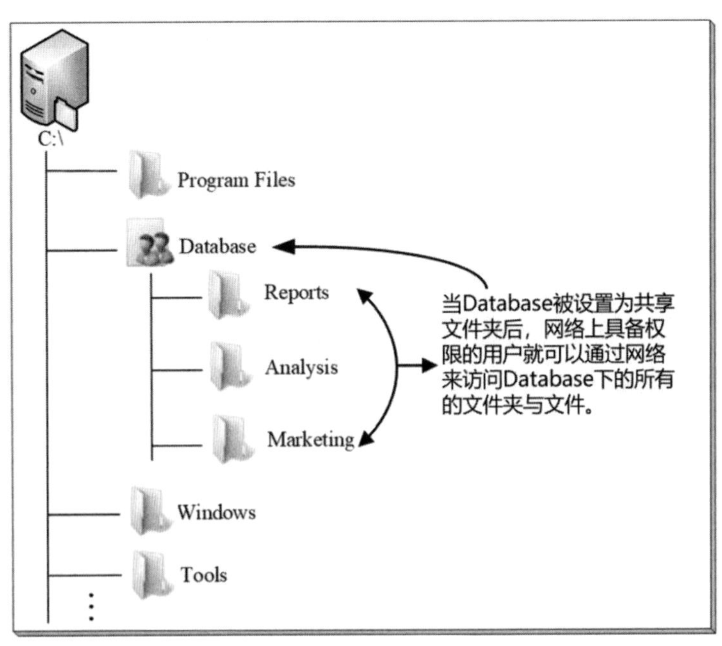

图 7-9-1

位于ReFS、NTFS、FAT32、FAT或exFAT磁盘内的文件夹，都可以被设置为共享文件夹，然后通过共享权限将访问权限赋予网络用户。

7.9.1 共享文件夹的权限

网络用户必须拥有适当的共享权限才可以访问共享文件夹。表7-9-1列出共享权限的种类与其所具备的访问能力。

表7-9-1

具备的能力 \ 权限的种类	读取	更改	完全控制
查看文件名与子文件夹名称；查看文件内容；执行程序	√	√	√
新建与删除文件、子文件夹；更改文件内容		√	√
更改权限（只适用于NTFS、ReFS内的文件或文件夹）			√

共享权限只对通过网络来访问此共享文件夹的用户有约束力，如果是由本地登录（直接在计算机前按Ctrl+Alt+Del键登录），就不受此权限的约束。

由于位于FAT、FAT32或exFAT磁盘内的共享文件夹并没有类似ReFS、NTFS的权限保护，同时共享权限又对本地登录的用户没有约束力，此时如果用户直接在本地登录的话，他将可以访问FAT、FAT32与exFAT磁盘内的所有文件。

7.9.2 用户的有效权限

如果网络用户同时隶属于多个组，他们分别对某个共享文件夹拥有不同的共享权限的话，则该网络用户对此共享文件夹的有效共享权限是什么呢？

与NTFS权限类似，网络用户对共享文件夹的有效权限是其所有权限来源的总和；同时"拒绝"权限的优先级较高，也就是说虽然用户对某个共享文件夹的有效权限是其所有权限来源的总和，但只要其中有一个权限来源被设置为**拒绝**的话，则用户将不会拥有访问权限。可参考7.2节**用户的有效权限**的说明。

共享文件夹的复制或移动

如果将共享文件夹复制到其他磁盘分区内，则原始文件夹仍然保留共享状态，但是复制的那一份新文件夹并不会被设置为共享文件夹。如果将共享文件夹移动到其他磁盘分区内，则此文件夹将不再是共享的文件夹。

与 NTFS（或 ReFS）权限配合使用

当将文件夹设置为共享文件夹后，网络用户才会看到此共享文件夹。如果文件夹是位于

NTFS（或ReFS）磁盘内，则用户到底有没有权限访问此文件夹，取决于共享权限与NTFS权限两者的设置情况。

网络用户最后的有效权限，是共享权限与NTFS权限两者之中最严格（most restrictive）的设置。例如经过累加后，若用户A对共享文件夹C:\Test的有效共享权限为**读取**、对此文件夹的有效NTFS权限为**完全控制**，如表7-9-2所示，则用户A对C:\Test的最后有效权限为两者之中最严格的**读取**。

表7-9-2

权限类型	用户A经过累加的有效权限
C:\Test的共享权限	读取
C:\Test的NTFS权限	完全控制
用户A通过网络访问C:\Test的最后有效权限为最严格的**读取**	

如果用户是直接由本地登录（未通过网络登录），则其对C:\Test的有效权限是由NTFS权限来决定的，也就是**完全控制**的权限，因为由本地登录并不受共享权限的约束。

7.9.3 将文件夹共享与停止共享

隶属Administrators组的用户具备将文件夹设置为共享文件夹的权限。

STEP 1 单击屏幕下方的**文件资源管理器**图标➲单击**此电脑**➲单击磁盘（例如C:）➲如图7-9-2所示选中文件夹（例如DataBase）右击➲授予访问权限➲特定用户。

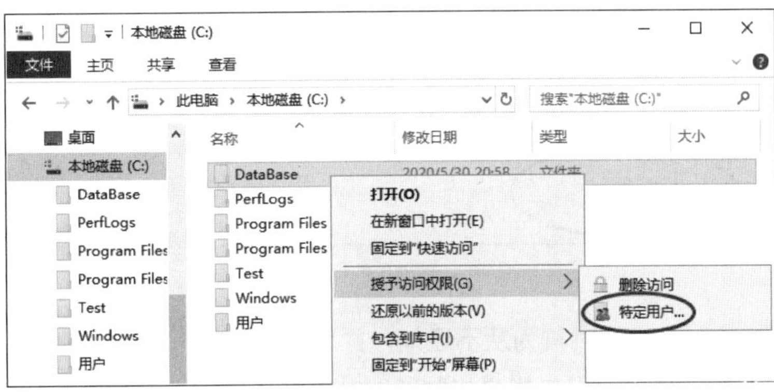

图 7-9-2

STEP 2 在图7-9-3中单击向下箭头来选择你要与之共享的用户或组，默认权限为**读取**，但是可以通过用户右侧的向下箭头来更改。完成后单击**共享**按钮。

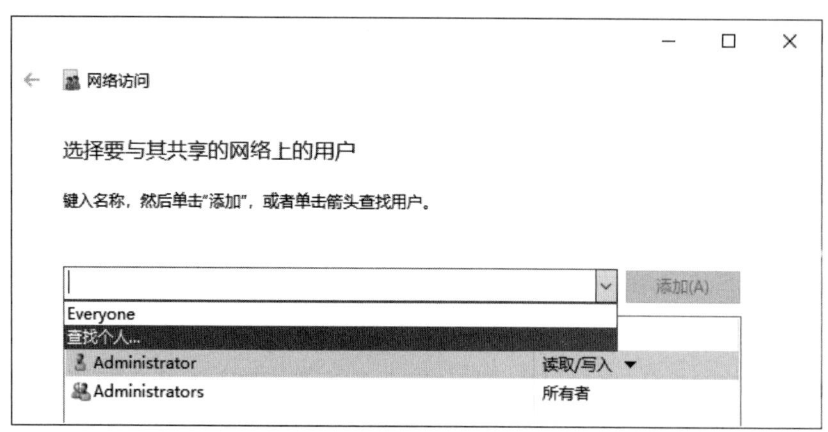

图 7-9-3

STEP 3 从图7-9-4可看出，网络用户可以通过\\SERVER1\Database来访问此文件夹，其中SERVER1为计算机名、Database为共享名（默认与文件夹名相同）。单击完成按钮。

1. 系统会将**共享权限**设置为“Everyone**完全控制**”、将NTFS（ReFS）权限设置为所指定的权限。因为**共享权限**为“Everyone **完全控制**”，这是最宽松的权限，因此最后的有效权限视NTFS权限设置而定。
2. 如果此计算机的网络位置为**公用网络**，则系统会询问是否要启用网络发现与文件共享。如果选择**否**，则此计算机的网络位置会被更改为**专用网络**。

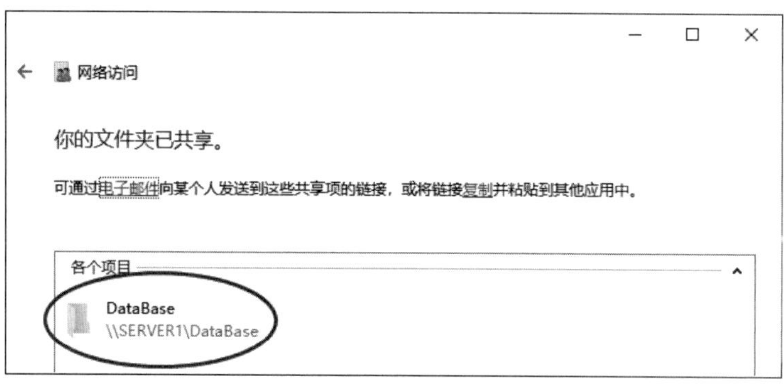

图 7-9-4

如果**用户账户控制**的通知时机为**从不通知**，并且你不是系统管理员的话，则系统会拒绝你将文件夹共享。如果要更改**用户账户控制**通知时机：【单击左下角**开始**图标⊞➲控制面板➲用户账户➲用户账户➲更改用户账户控制设置】。

在第1次对文件夹共享后，系统就会启用**文件和打印机共享**，而你可以通过【单击左下角**开始**图标⊞➲控制面板➲网络和Internet➲网络和共享中心➲更改高级共享设置】来查看此设置，如图7-9-5所示（图中假设网络位置是**域**网络）。

图 7-9-5

如果要停止将文件夹共享或是要更改权限的话，可在前面图7-9-2选择**删除访问**，然后在图7-9-6中设置。

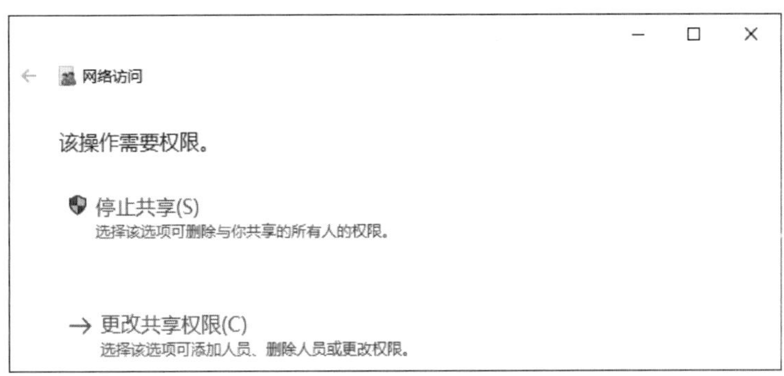

图 7-9-6

也可以通过图7-9-2的**特定用户**来更改权限，或是【选中共享文件夹右击➲属性➲**共享**选项卡➲共享按钮或高级共享按钮】。

7.9.4 隐藏共享文件夹

如果共享文件夹有特殊使用目的，不想让用户在网络上浏览到它的话，此时只要在共享名最后加上一个 $符号，就可以将共享文件夹隐藏起来。例如将前面的共享名Database改为Database$，其步骤为：【选中共享文件夹右击➲属性➲**共享**选项卡➲高级共享按钮➲单击添加按钮来添加共享名Database$，然后通过单击删除按钮来删除旧的共享名Database】。

系统内置多个供系统内部使用或管理用的隐藏的共享文件夹，例如C$（代表C磁盘）、ADMIN$（代表Windows系统的安装文件夹，例如C:\Windows）等。

你也可以通过【单击左下角**开始**图标⊞➲Windows管理工具➲计算机管理➲单击**系统工具**之下的**共享文件夹**】，然后利用其中的**共享**来查看与管理共享文件夹、利用其中的**会话**来查看与管理连接此文件夹的用户、利用其中的**打开的文件**来查看与管理被打开访问的文件。

7.9.5 访问网络共享文件夹

如果要连接网络计算机来访问其所共享的文件夹的话，简单的方式是直接输入共享文件夹名，例如要连接前面的\\Server1\Database的话：【按⊞+R键➲如图7-9-7所示输入\\Server3\Database后按Enter键】，可能需输入用户账户与密码后（见后面的说明），就可以访问共享文件夹Database。

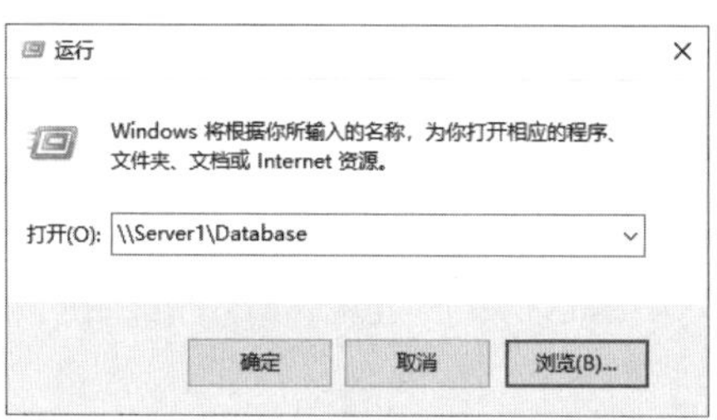

图 7-9-7

也可以利用网络发现功能来连接网络计算机、访问共享文件夹，但是你的计算机需要启用网络发现功能，以Windows 10为例：【按⊞+R键➲输入Control后按Enter键➲网络和Internet➲网络和共享中心➲更改高级共享设置➲如图7-9-8所示（图中假设目前的网络位置是**域**网络）】。接着可以【打开**文件资源管理器**➲单击**网络**➲之后便可看到网络上的计算机、单击计算机后（可能需要输入用户名与密码），就可以访问此计算机所共享的文件夹Database】。

图 7-9-8

如果看不到网络上其他Windows计算机的话，请检查这些计算机是否已启用**网络发现**，并检查其Function Discovery Resource Publication服务是否已经启用（可通过【单击左下角**开始**图标⊞➲Windows 管理工具➲服务】来查看与启用。

7.9.6 连接网络计算机的身份验证机制

当连接网络上的其他计算机时，你必须提供有效的用户账户名与密码。默认情况下，你的计算机会自动以当前正在使用的账户名与密码来连接该网络计算机，也就是会以你当初登录本地计算机时所输入的账户名与密码来连接网络计算机（见图7-9-9），此时是否会连接成功呢？请看以下的分析。

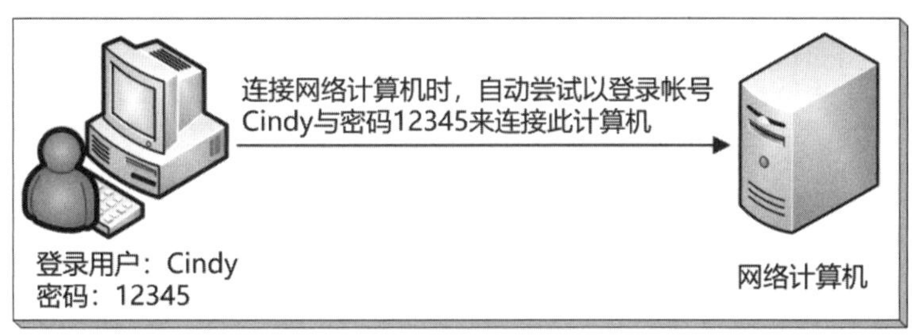

图 7-9-9

如果你的计算机与网络计算机都已加入域（同一个域或有信任关系的不同域），并且是利用域用户账户登录的话，则当你在连接该网络计算机时，系统会自动利用此账户来连接网络计算机，此网络计算机再通过域控制器来确认你的身份后，就被允许连接该网络计算机，不需要再自行手动输入账户名与密码，如图7-9-10所示（假设两台计算机隶属于同一个域）。

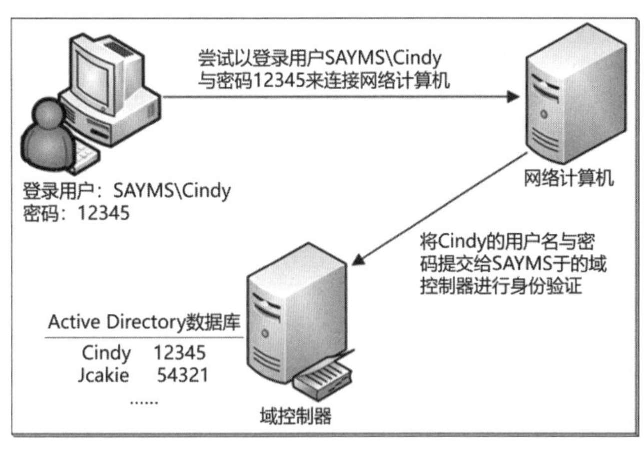

图 7-9-10

如果你的计算机与网络计算机并未加入域，或者一台计算机加入了域，但另外一台计算机没有加入域，或者两台计算机分别隶属于两个不具备信任关系的域，此时不论是利用本地或域用户账户登录，当连接该网络计算机时，系统仍然是会自动利用此账户来连接网络计算机：

- 如果该网络计算机内已经为你建立了一个名称相同的用户账户：
  - 如果密码也相同，则你将自动利用此用户账户来成功地连接，如图7-9-11所示（以本地用户账户为例）。
  - 如果密码不同，则系统会要求你重新输入用户名与密码。

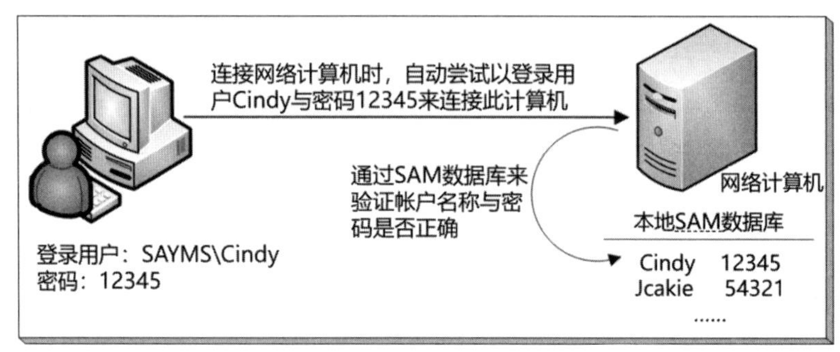

图 7-9-11

- 如果该网络计算机内不存在名称相同的用户账户：
  - 如果网络计算机已启用guest账户，则系统会自动让你利用guest身份连接。
  - 如果该网络计算机禁用guest账户（默认设置），则系统会要求重新输入用户名与密码。

管理网络密码

如果想简化每次连接网络计算机都必须手动输入账户与密码的操作，可以在连接网络计算机时如图7-9-12所示勾选**记住我的凭据**，让系统以后都通过这个用户账户与密码来连接该网络计算机。

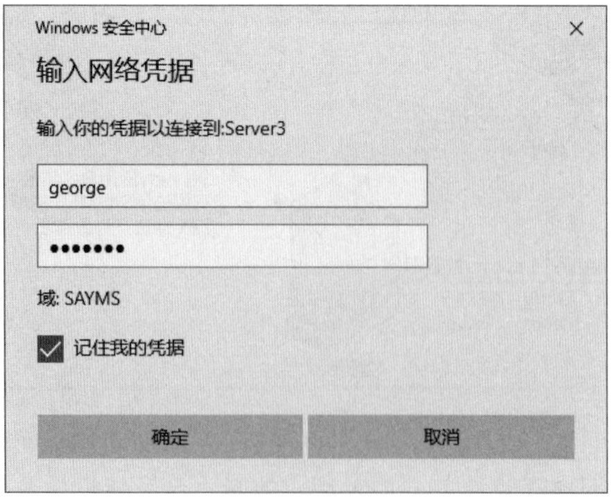

Windows 安全中心

输入网络凭据

输入你的凭据以连接到:Server3

george

•••••••

域: SAYMS

☑ 记住我的凭据

确定　取消

图 7-9-12

如果要更进一步来管理网络密码的话（例如添加、修改、删除网络密码）：【打开**控制面板**➲用户账户➲单击**凭据管理器**之下的**管理Windows凭据**➲通过**Windows凭据**处来管理网络密码】。

7.9.7　利用网络驱动器来连接网络计算机

你可以利用驱动器号的方式来连接网络计算机的共享文件夹：【如图7-9-13所示选中**网络**（或**计算机**）右击➲映射网络驱动器➲如前景图所示利用Z:（或其他尚未被使用的盘符）来映射\\Server3\Database】，完成连接后，就可以通过该驱动器号来访问共享文件夹内的文件，如图7-9-14所示的Z:磁盘驱动器。

图 7-9-13

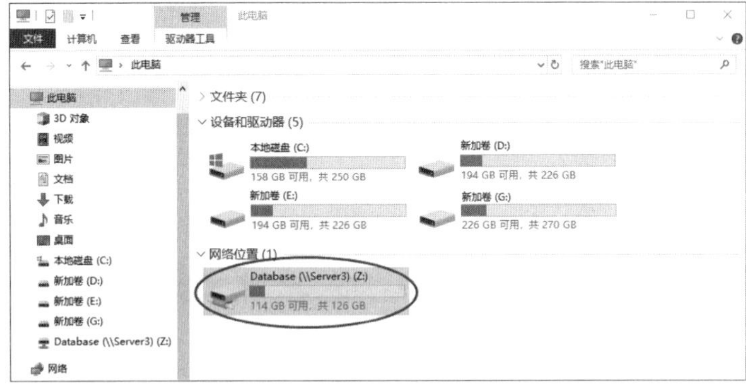

图 7-9-14

你也可以利用**NET USE Z: \\Server3\Database** 命令来完成上述共享工作。如果要断开网络驱动器连接的话，可以选中图7-9-14的网络驱动器Z:右击➲断开连接，也可以利用**NET USE Z: /Delete**命令。

7.10 卷影副本

共享文件夹的卷影副本（Shadow Copies of Shared Folders）功能，会自动在特定的时间将所有共享文件夹内的文件复制到另一存储区内备份，此存储区域被称为**卷影副本存储区**。如果用户将共享文件夹内的文件误删或错误修改了文件内容后，他可以通过**卷影副本存储区**内的备份文件来查看原始文件或恢复文件内容，如图7-10-1所示。

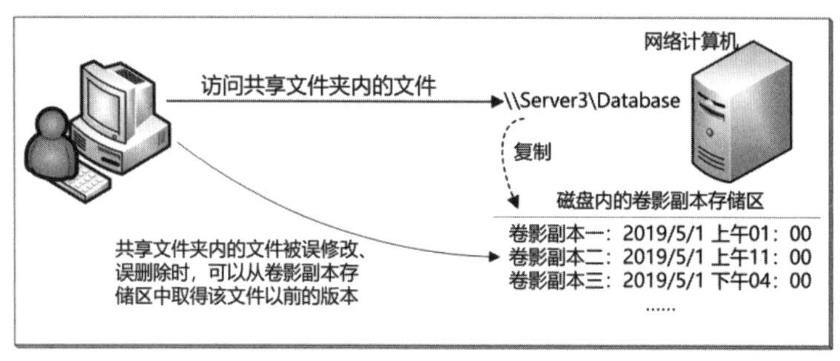

图 7-10-1

7.10.1 网络计算机启用“共享文件夹的卷影副本”功能

共享文件夹所在的网络计算机，其启用**共享文件夹的卷影副本**功能的方法为：【**打开文件资源管理器**➲单击**此电脑**➲选中任意磁盘右击➲属性➲如图7-10-2所示选择需要启用**卷影副本**的磁盘➲单击启用按钮➲单击是按钮】。

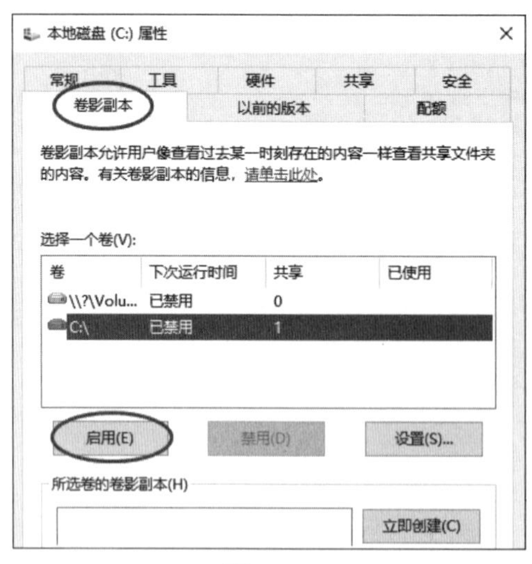

图 7-10-2

启用时会自动为该磁盘建立第一个**卷影副本**，也就是将该磁盘内所有共享文件夹内的文件都复制一份到**卷影副本存储区**内，而且默认以后会在星期一到星期五的上午7:00与下午

12:00两个时间点，分别自动新建一个**卷影副本**。

图7-10-3中的C:磁盘已经有两个**卷影副本**，你也可以单击立即创建按钮来手动建立新的**卷影副本**。用户在还原文件时，可以选择在不同时间点所建立的**卷影副本**内的旧文件来还原文件。

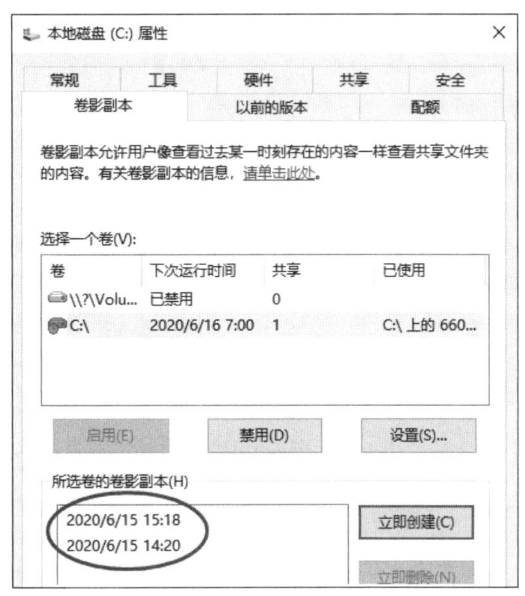

图 7-10-3

1. **卷影副本**内的文件只能读取，不能修改，而且每一个磁盘最大支持创建64个**卷影副本**，如果卷影副本的数量已达到此限制，则最旧的**卷影副本**会被删除。
2. 可以通过图7-10-3中的设置按钮来更改设置（若要更改存储**卷影副本**的磁盘的话，则需在启用**卷影副本**前进行更改）。

7.10.2 客户端访问“卷影副本”内的文件

以下利用Windows 10客户端来说明。客户端用户通过网络连接共享文件夹后，如果误改了某网络文件的内容，此时他可以通过以下步骤来恢复原文件内容：【选中此文件（以Confidential为例）右击➲还原➲如图7-10-4所示在**以前的版本**选项卡下，从**文件版本**处选择旧版本的文件单击还原按钮】。图中**文件版本**处显示了位于两个**卷影副本**内的旧文件，用户可以自行决定要利用哪一个**卷影副本**内的旧文件来还原文件，也可以通过图中的打开按钮来查看旧文件的内容或利用复制操作来复制文件。

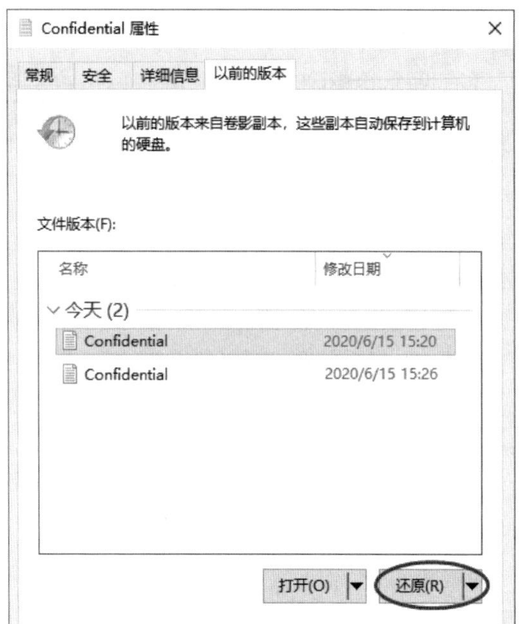

图 7-10-4

如果要还原被删除的文件，请在连接到共享文件夹后【在文件列表界面中的空白区域右击➲属性➲单击**以前的版本**选项卡➲选择旧版本所在的文件夹➲单击打开按钮➲复制需要还原的文件】。

第 8 章　搭建打印服务器

通过打印服务器的打印管理功能，不但可以让用户方便地打印文件，还可以减轻系统管理员的负担。

- 打印服务器概述
- 设置打印服务器
- 用户如何连接网络共享打印机
- 共享打印机的高级设置
- 打印机权限与所有权
- 利用分隔页来分割打印文件
- 管理等待打印的文件

8.1 打印服务器概述

当你在计算机内安装打印机，并将其共享给网络上的其他用户后，这台计算机便扮演了打印服务器的角色。Windows Server 2019打印服务器具备以下的功能：

- 支持USB、IEEE 1394（firewire）、无线、蓝牙打印机、具备网卡的网络接口打印机与传统IEEE 1284并行端口等打印机。
- 支持利用网页浏览器连接与管理打印服务器。
- Windows 客户端的用户连接到打印服务器时，其所需打印机驱动程序会自动由打印服务器下载并安装到用户的计算机。

我们先通过图8-1-1来介绍一些打印服务中的术语：

- **物理打印机**：它就是可以放置打印纸的物理打印机，也就是打印设备。
- **逻辑打印机**：它是介于客户端应用程序与物理打印机之间的软件接口，用户的打印文件通过它来发送给物理打印机。

  物理或逻辑打印机都可以被简称为**打印机**，但为了避免混淆，在本章内有些地方我们会以**打印机**来代表逻辑打印机、以**打印设备**来代表物理打印机。
- **打印服务器**：此处代表一台计算机，它连接着物理打印设备，并将此打印设备共享给网络用户。打印服务器负责接收用户所提交的待打印文件，然后将它发送到打印设备完成实际打印操作。
- **打印机驱动程序**：打印服务器接收到用户提交的打印文件后，打印机驱动程序负责将待打印文件转换为打印设备能够辨识的格式，然后发送至打印设备完成打印。不同型号的打印设备其打印机驱动程序是不尽相同的。

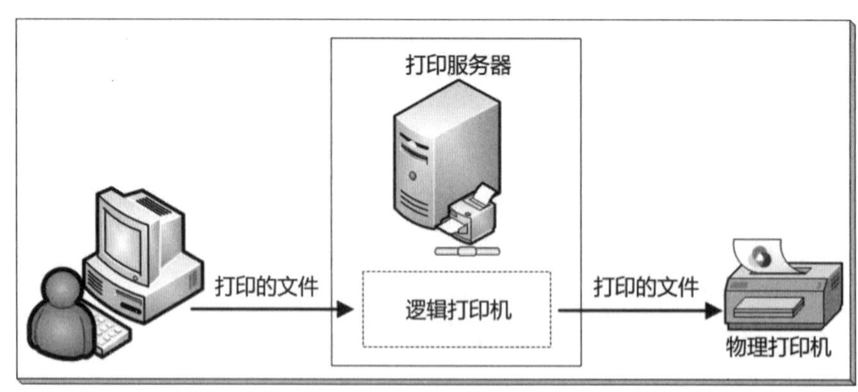

图 8-1-1

8.2 设置打印服务器

当你在本地计算机上安装打印机，并将其设置为共享打印机共享给网络用户使用后，这台计算机就是一台可以对用户提供服务的打印服务器。

如果希望通过浏览器来连接或管理这台打印服务器的话，则打印服务器还需要安装**Internet打印**角色服务：【打开**服务器管理器**➲单击**仪表板**处的**添加角色和功能**➲持续单击下一步按钮一直到出现图8-2-1界面时勾选背景图中的**打印和文件服务**➲……➲在前景图勾选**Internet打印**➲……】，它会同时安装**Web服务器**（**IIS**）角色。

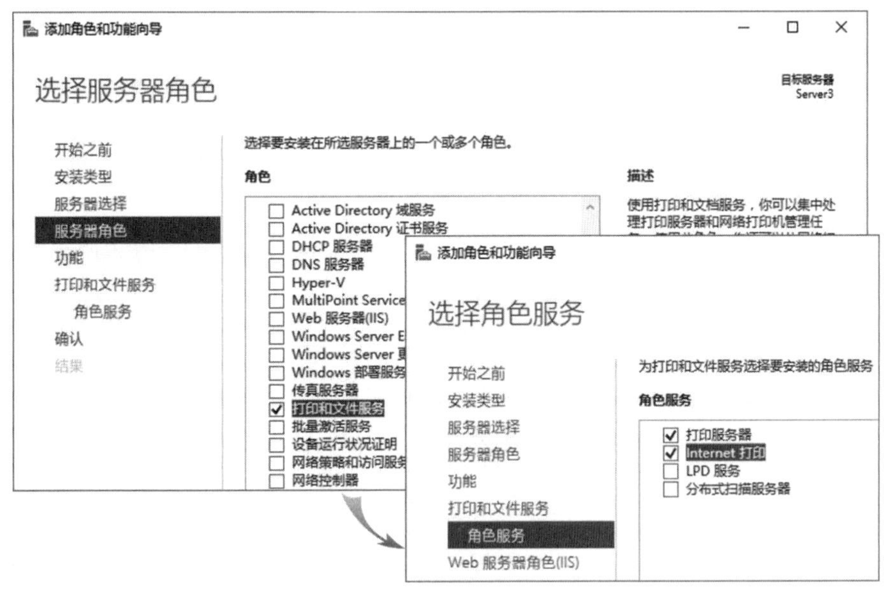

图 8-2-1

8.2.1 安装USB、IEEE 1394即插即用打印机

请将即插即用（Plug-and-Play）打印机连接到计算机的USB或IEEE 1394端口，然后打开打印机电源，如果系统支持此打印机的驱动程序，就会自动检测与安装此打印机。安装时如果系统找不到所需要的驱动程序，请自行准备好驱动程序（一般是在打印机厂商所提供的光盘内或上网下载），然后依照界面提示进行安装。你也可以通过执行厂商官方的安装程序来安装，此程序通常会提供比较多的功能。

安装完成后可通过【单击左下角**开始**图标⊞➲单击**设置**图标⚙➲设备➲打印机和扫描仪】来查看此打印机，如图8-2-2所示（图中假设打印机是EPSON WP-4525 Series）。

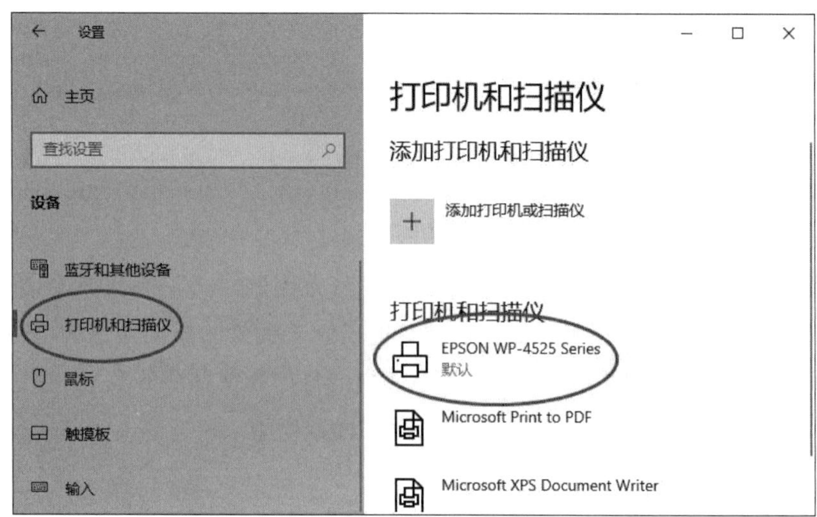

图 8-2-2

在图8-2-2中执行管理工作时（例如单击上方**添加打印机或扫描仪**），或要管理打印机（例如图中的EPSON打印机）时，若出现以下的错误消息：

Windows 无法访问指定的设备、路径或文件。你可能没有合适的权限访问这个项目。

此时可以通过以下两种方法之一来解决问题：

- 执行gpedit.msc，然后浏览到以下路径：
  计算机配置➲Windows设置➲安全设置➲本地策略➲安全选项。
  接着将**用户账户控制:以管理员批准模式运行所有管理员**策略启用后重新启动计算机。
- 通过【单击左下角**开始**图标⊞➲控制面板➲单击**硬件**下的**查看设备和打印机**】的方法来管理打印机。

8.2.2 安装网络接口打印机

包含网卡的**网络接口打印机**可以通过网线直接连接到网络。可以利用厂商所附程序或通过以下步骤来安装：【单击左下角**开始**图标⊞➲单击**设置**图标⚙➲设备➲打印机或扫描仪➲单击上方**添加打印机或扫描仪**➲单击**我需要的打印机不在列表中**➲选择**通过手动设置添加本地打印机或网络打印机**➲在图8-2-3中选择**创建新端口**的端口类型选择**Standard TCP/IP Port**后单击下一步按钮➲如前景图所示输入打印机主机名或IP地址、设置端口名称➲……】，默认会自动被设置为共享打印机。

图 8-2-3

如果要安装传统IEEE 1284并行端口（LPT）打印机的话，请在前面图8-2-3中背景图中选择**使用现有的端口**。

8.2.3　将现有的打印机设置为共享打印机

可以将尚未被共享的打印机设置为共享打印机：【单击左下角**开始**图标⊞➲单击**设置**图标⚙➲设备➲打印机和扫描仪➲单击要被共享的打印机➲单击管理按钮➲单击**打印机属性**➲单击**共享**选项卡➲如图8-2-4所示勾选**共享这台打印机**，并设置共享名】。

在AD DS域环境之下，建议勾选图中的**列入目录**，以便将该打印机发布到AD DS，让域用户可以通过AD DS来查找到这台打印机。

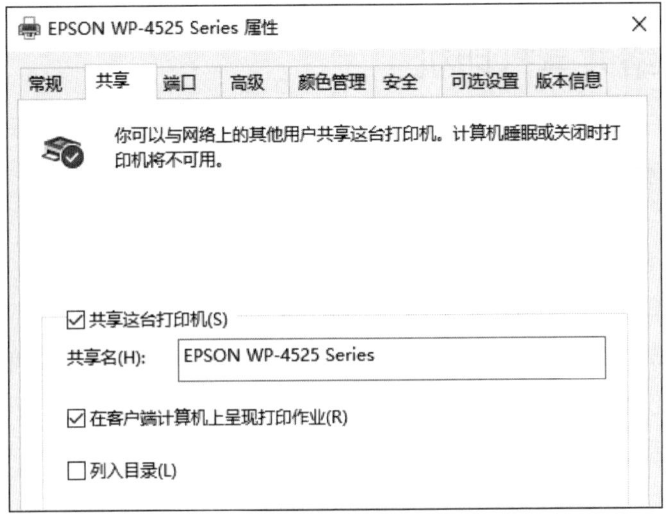

图 8-2-4

8.2.4　利用"打印管理"来建立打印机服务器

当在Windows Server 2019计算机上安装**打印和文件服务**时，它会顺便安装**打印管理**控制台，而我们可以通过它来安装、管理本地计算机与网络计算机上的共享打印机。使用**打印管理**控制台的方法为：【单击左下角**开始**图标⊞➲Windows管理工具➲打印管理】，如图8-2-5所示，图中共有两台打印服务器Server3与Server1。

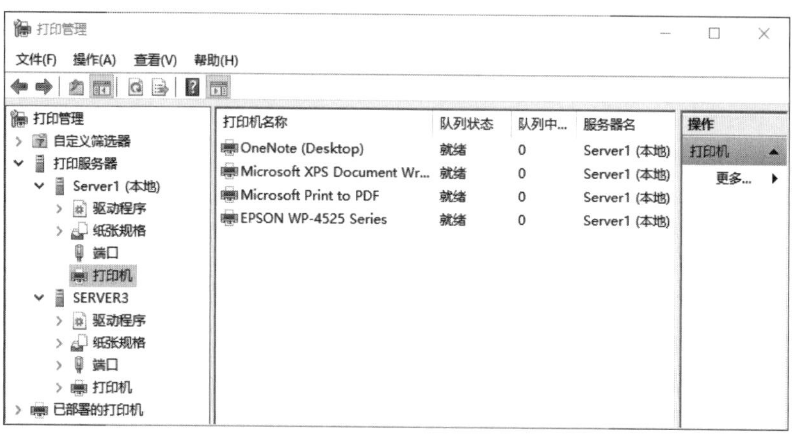

图 8-2-5

1. 也可以仅安装**打印管理**控制台：【打开**服务器管理器**➲添加角色和功能➲……➲在**功能**界面下展开**远程服务器管理工具**➲展开**角色管理工具**➲勾选**打印和文件服务工具**】。
2. 你必须具备系统管理员权限，才可以管理图中的打印服务器，否则服务器前面图标会显示一个向下的红色箭头。

8.3　连接网络共享打印机

8.3.1　连接与使用共享打印机

客户端可以通过【按⊞+R键➲输入\\server1\EPSONWP-4525Series】的方式来连接网络共享打印机，其中server1是服务器名、EPSONWP-4525Series是打印机共享名。以Windows 10的客户端为例，完成后上述步骤后，可以通过【单击左下角**开始**图标⊞➲单击**设置**图标⚙➲设备➲打印机与扫描仪】来查看此新添加的打印机，如图8-3-1所示。如果要删除此打印机的话：单击此打印机后➲单击删除设备按钮。

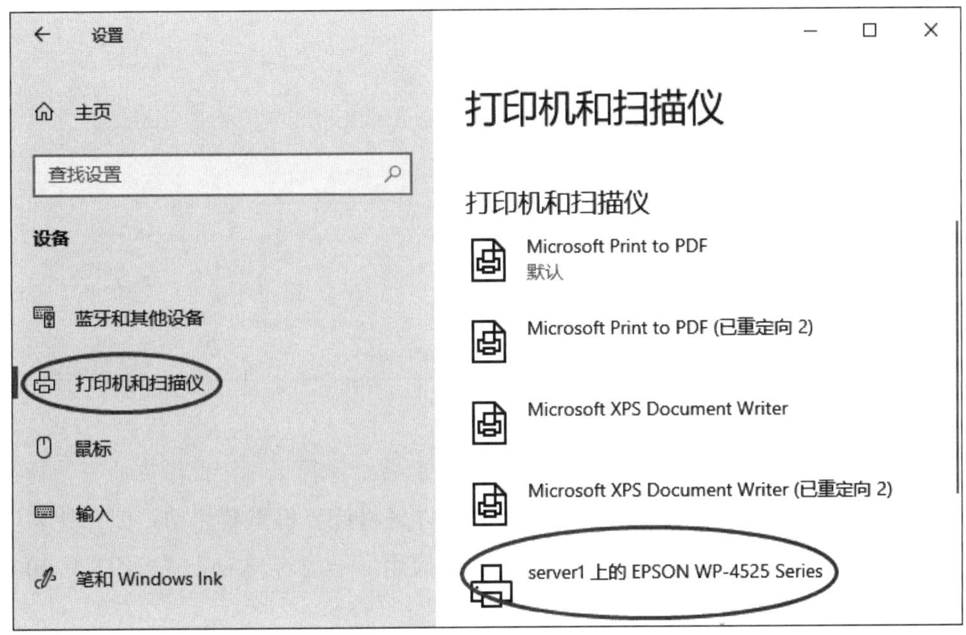

图 8-3-1

我们也可以利用AD DS域的组策略，将共享打印机部署给计算机或用户，当计算机或用户应用此策略后，就会自动安装此打印机。部署方法如下：【打开**打印管理**控制台➲如图8-3-2所示选中打印机右击➲使用组策略部署】，然后如图8-3-3所示【单击浏览按钮来选择要通过哪一个GPO（假设是Default Domain Policy）来部署此打印机➲勾选要部署给用户或计算机后单击添加按钮、单击确定按钮】。

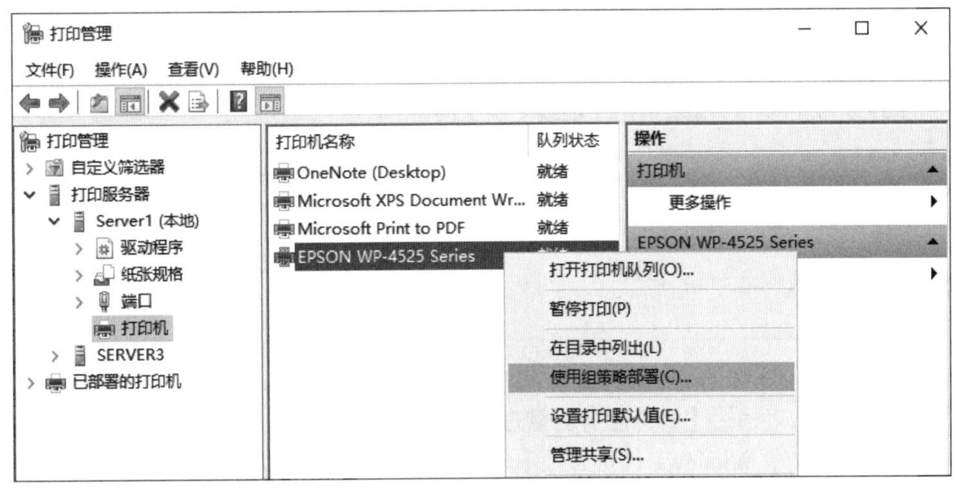

图 8-3-2

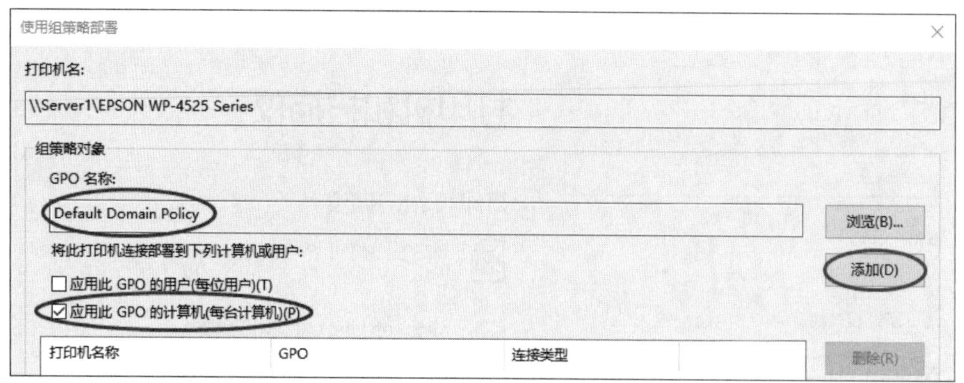

图 8-3-3

此示例是通过域级别的Default Domain Policy来部署给计算机，因此域内所有计算机应用此策略后，就会自动安装此打印机。应用的方式可以是将计算机重新启动，或在计算机上执行**gpupdate /force**命令，或等一段时间后让其自动应用（一般客户端计算机约需等90~120分钟）。

1. 客户端也可以利用网络发现来连接共享打印机。网络发现的相关说明、身份验证机制等都已经在7.9节介绍过了，可自行前往参考。
2. 客户端还可利用**添加打印机向导**来连接共享打印机，以Windows 10为例：【单击左下角**开始**图标⊞➲单击**设置**图标⚙➲设备➲打印机和扫描仪➲单击上方**添加打印机或扫描仪**➲单击**我需要的打印机不在列表中**➲在**按名称选择共享打印机**处输入打印机的网络路径，例如\\server1\EPSONWP-4525Series】，其中server1是服务器名、EPSONWP-4525Series是打印机共享名。

8.3.2 利用Web浏览器来管理共享打印机

如果共享打印机所在的打印服务器本身也是IIS Web Server，则用户可以通过网址来连接与管理共享打印机。如果打印服务器尚未安装IIS Web Server，可通过**服务器管理器**来安装**Web服务器（IIS）**角色。

客户端如果要通过Internet来连接共享打印机的话，则需要启用**Internet打印**功能。Windows Server可通过【打开**服务器管理器**➲添加角色和功能】来启用，它是位于**打印和文件服务**之下；Windows 10可通过【单击左下角**开始**图标⊞➲单击**设置**图标⚙➲应用程序➲应用程序和功能➲程序和功能➲打开或关闭Windows功能】。如果是通过局域网连接的话，就不需要安装此功能。

用户可以在网页浏览器内输入URL网址来连接打印服务器，例如**http://server1/printers/**（见图8-3-4）或**http://server1.sayms.local/printers/**，其中的server1为打印服务器的计算机

名、server1.sayms.local为其DNS主机名。若用户无权限连接打印服务器的话，则还需先输入有权限的用户账户名与密码。

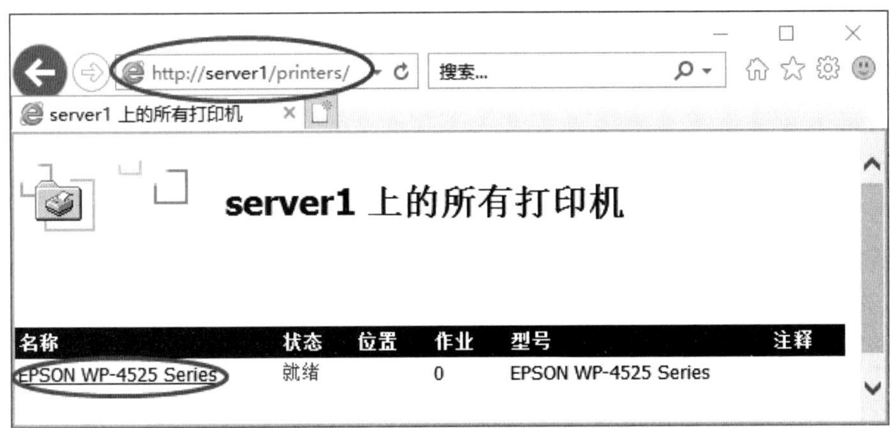

图 8-3-4

它会将打印服务器内所有的共享打印机显示在画面上，例如当用户点取图中的EPSON WP-4525 Series后，便可以在图8-3-5来查看、管理此打印机与待打印的文件。

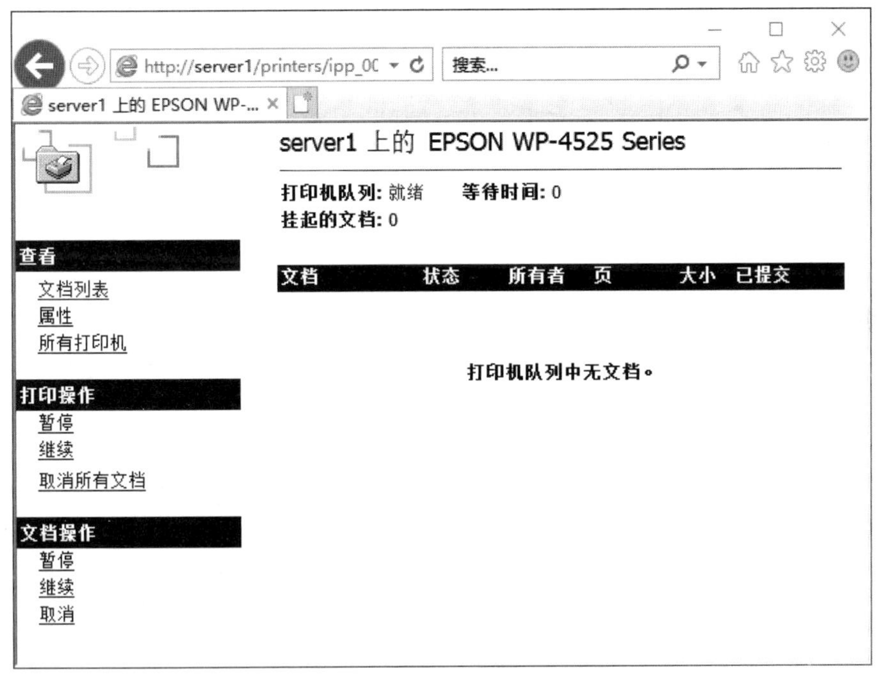

图 8-3-5

8.4 共享打印机的高级设置

8.4.1 设置打印优先级

如果是一台同时对普通业务员工与紧急业务员工提供服务的打印设备，而你希望紧急业务员工的文件拥有较高打印优先级，换句话说，如何让紧急业务员工的文件可以优先打印呢？利用**打印优先级**可以实现上述目标。如图8-4-1所示在打印服务器内建立两个拥有不同打印优先级的逻辑打印机，而这两个逻辑打印机是映射到同一台物理打印设备上的，此方式让同一台打印设备可以处理由多个逻辑打印机所提交的文件。

图中安装在打印服务器内的打印机EPSON WP-4525-A拥有较低的打印优先级（1），而打印机EPSON WP-4525-B的打印优先级较高（99），因此通过EPSON WP-4525-B打印的文件，可以优先打印（如果此时打印设备正在打印其他文件的话，则需要等此文件打印完成后，才会开始打印这份优先级较高的文件）。你可以通过权限设置来指定只有紧急业务员工才有权限使用EPSON WP-4525-B。

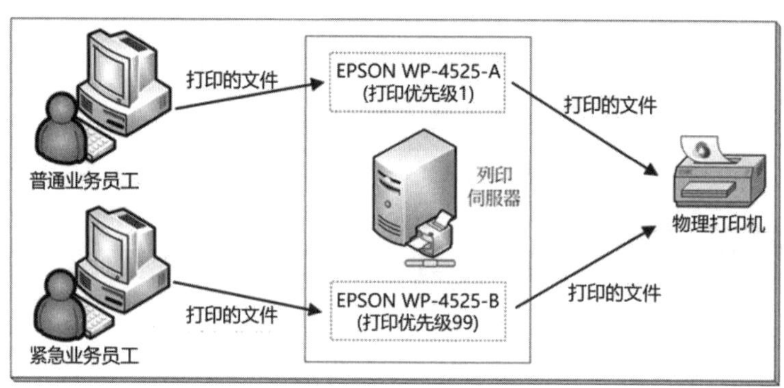

图 8-4-1

这种架构的设置方式：以图8-4-1为例，请先建立一台打印机（假设为USB端口），然后再以手动方式建立第2台相同的打印机（【单击左下角**开始**图标⊞➲单击**设置**图标⚙➲设备➲打印机和扫描仪➲单击上方**添加打印机或扫描仪**➲单击**我需要的打印机不在列表中**➲选择**通过手动设置添加本地打印机或网络打印机**➲选择**使用现有的端口**】），并选择相同的打印端口（USB端口）。

完成添加打印机工作后：【在**打印机与扫描仪**界面下单击该打印机（两台打印机被合并在一个图标内）➲单击管理按钮➲在图8-4-2中选择要更改优先级的打印机➲单击**打印机属性**➲如图8-4-3所示通过**高级**选项卡来设置其优先级】，1代表最低优先级，99代表最高优先级。

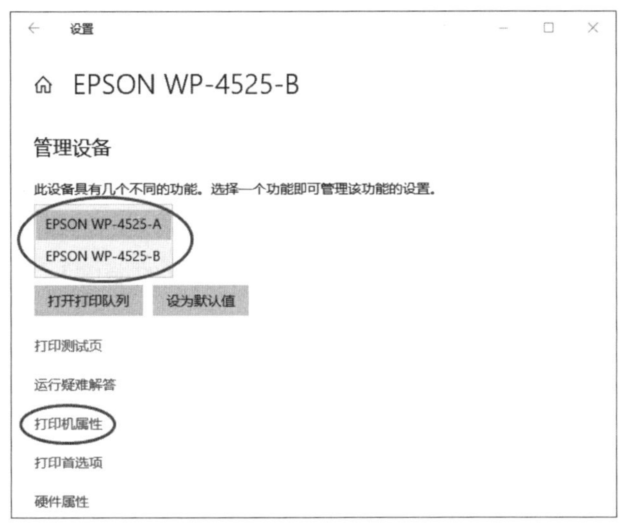

图 8-4-2

图 8-4-3

以上工作也可以通过**打印管理**控制台来完成：【单击左下角**开始**图标⊞➲Windows 系统管理工具➲打印管理➲选中要设置的打印机右击➲属性】。

8.4.2 设置打印机的打印时间

如果打印设备在白天上班时过于忙碌，因而你希望某些已经送到打印服务器的非紧急文件不要立刻打印，等到打印设备负载较轻的特定时段再打印。或某份文件过于庞大，会占用太多打印时间，因而影响到其他文件的打印。此时你也可以让此份文件等到打印设备负载较轻的特定时段再打印。

如果要实现以上目标的话，可以如图8-4-4所示在打印服务器内创建两个打印时段不同的逻辑打印机，它们都是使用同一台物理打印设备。图中安装在打印服务器的打印机EPSON WP-4525-A一天24小时都提供打印服务，而打印机EPSON WP-4525-B只有在18:00到22:00才提供打印服务。因此通过EPSON WP-4525-A打印的文件，只要轮到它就会开始打印。而送到

EPSON WP-4525-B的文件，会被暂时搁置在打印服务器中，等到18:00才会将其提交到打印设备去打印。

这种架构的设置方式：以图8-4-4为例，请先建立一台打印机（假设为USB端口），然后再以手动方式建立第2台相同的打印机（【单击左下角**开始**图标⊞➲单击**设置**图标⚙➲**设备**➲**打印机和扫描仪**➲单击上方**添加打印机或扫描仪**➲单击**我需要的打印机不在列表中**➲选择**通过手动设置添加本地打印机或网络打印机**➲选择**使用现有的端口**】），并选择相同的端口（USB端口）。

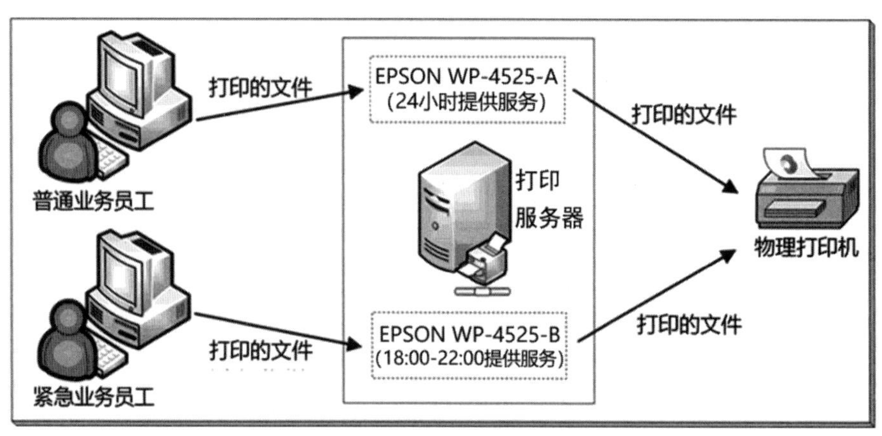

图 8-4-4

接着【在**打印机和扫描仪**界面下单击该打印机（两台打印机被合并在一个图标内）➲单击**管理**按钮➲选择要更改服务时段的打印机➲单击**打印机属性**➲如图8-4-5所示通过**高级**选项卡来选择打印服务的时段】。

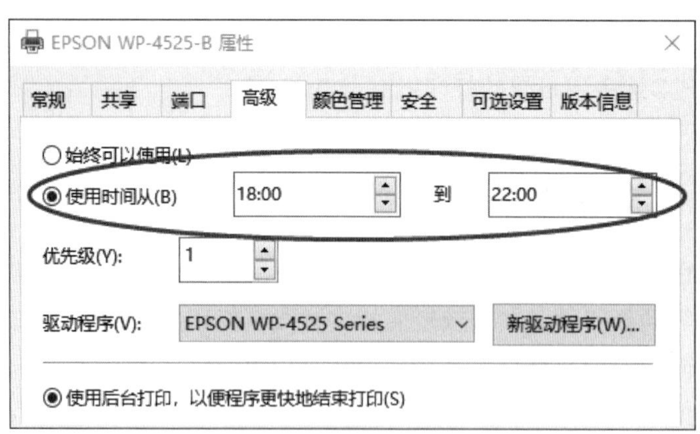

图 8-4-5

8.4.3 设置打印机池

所谓**打印机池**（printer pool）就是将多台相同的物理打印设备逻辑上集中起来，然后仅建立一个逻辑打印机映射到这些打印设备，也就是让一个逻辑打印机可以同时使用多台物理打印设备来打印文件，如图8-4-6所示。

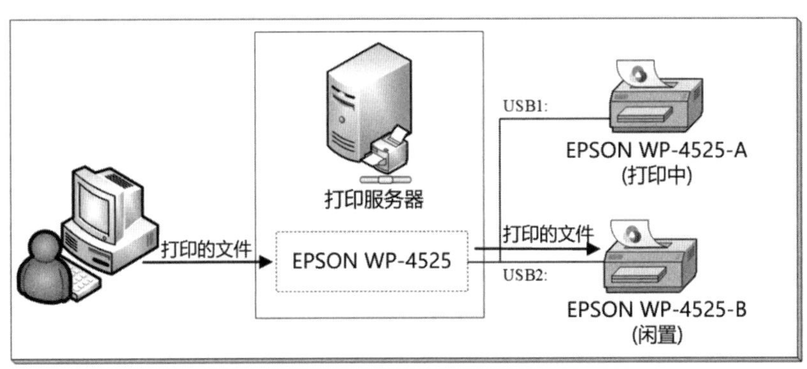

图 8-4-6

当用户将文件提交到此逻辑打印机时，逻辑打印机会根据打印设备的忙碌状态来决定要将此文件发送给**打印机池**中的哪一台打印设备进行打印。例如图8-4-6中打印服务器内的EPSON WP-4525为**打印机池**，当其收到需要打印的文件时，由于打印设备EPSON WP-4525-A正在打印文件，而打印设备EPSON WP-4525-B处于闲置状态，故打印机EPSON WP-4525会将此文件发送给打印设备EPSON WP-4525-B进行打印。

用户通过**打印机池**来打印可以节省自行查找打印设备的时间。建议最好将打印设备集中放置，以便让用户能方便地找到打印出来的文件。如果**打印机池**中有一台打印设备因故停止打印（例如缺纸），则只有当前正在打印的文件会被搁置在这台打印设备上，其他文件仍然可由其他打印设备继续正常打印。

打印机池的建立方法为（以图8-4-6为例）：【先建立一台打印机➲接着在**打印机和扫描仪**界面下单击该打印机➲单击管理按钮➲单击**打印机属性**➲如图8-4-7所示通过**端口**选项卡进行设置】，图中需先勾选最下方的**启用打印机池**，再增加勾选上方所有连接着打印设备的端口（假设是USB：端口）。

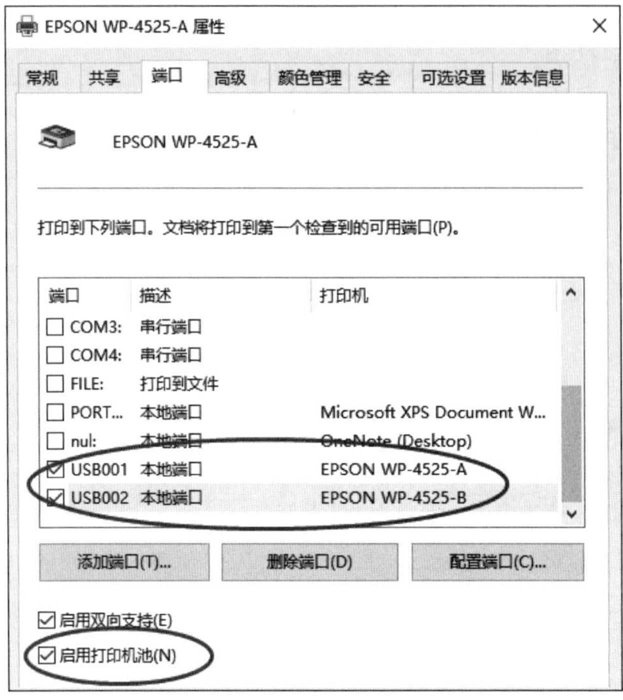

图 8-4-7

文件被发送到打印服务器后，它是被暂时存储在%*Systemroot*%\System32\spool\PRINTERS文件夹中，你可以在打印服务器上【在**打印机和扫描仪**界面下单击**打印服务器属性**➲**高级**选项卡】来查看。

8.5 打印机权限与所有权

你所添加的每一台打印机，默认是所有用户都有权限将文件提交到此打印机进行打印的。然而在某些情况下，你并不希望所有用户都可以使用网络共享打印机，例如某台有特殊用途的高档打印设备，其每张的打印成本很高，因此你可能需要通过权限设置，限制只有某些人员才可以使用此打印机。

你可以通过【在**打印机和扫描仪**界面下单击该打印机➲单击管理按钮➲单击**打印机属性**➲如图8-5-1所示**安全**选项卡】的方法来查看与更改用户的打印权限，由图中可看出默认是Everyone都有**打印**的权限。由于打印机权限的设置方法与文件权限是相同的，故此处不再重复，请自行参考**第7章**的说明，此处仅将打印机的权限种类与其所具备的能力列于表8-5-1。

图 8-5-1

表8-5-1

打印机的权限 / 具备的能力	打印	管理文档	管理此打印机
连接打印机与打印文件	√		√
暂停、继续、重新开始与取消打印用户自己的文件	√		√
暂停、继续、重新开始与取消打印所有的文件		√（见附注）	√
更改所有文件的打印顺序、时间等设置		√（见附注）	√
将打印机设置为共享打印机			√
更改打印机属性（properties）			√
删除打印机			√
更改打印机的权限			√

用户被赋予**管理文档**权限后，他并不能够管理已经在等待打印的文件，只能够管理在被赋予**管理文档**权限之后才提交到打印机的文件。

如果你想将**共享打印机**隐藏起来让用户无法通过网络浏览到它，只要将共享名的最后一个字符设置为$符号即可。被隐藏起来的打印机，用户还是可以通过自行输入UNC网络路径的方式进行连接，例如通过【按⊞+R键➲输入打印机的UNC路径，例如\\Server3\EPSON WP-4525$】。

每一台打印机都有**所有者**，所有者具备更改此打印机权限的能力。打印机的默认所有者是SYSTEM。由于打印机所有权的相关原理与设置都与文件相同，故此处不再重复，请自行参考7.4节**文件与文件夹的所有权**的说明。

8.6 利用分隔页来分隔打印文件

由于共享打印机可供多人同时使用，因此在打印设备上可能有多份已经打印完成的文件，但是却不容易分辨出属于何人所有，此时可以利用**分隔页**（separator page）来分隔每一份文件，也就是在打印每一份文件之前，先打印分隔页，这个分隔页内可以包含拥有该文件的用户名、打印日期、打印时间等数据。

分隔页上需要包含哪些数据是通过**分隔页文件**来设置的。分隔页文件除了可供打印分隔页之外，它还具备控制打印机工作的功能。

8.6.1 建立分隔页文件

系统内置了多个标准分隔页文件，它们是位于C:\Windows\System32文件夹内：

- **sysprint.sep**：适用于与PostScript兼容的打印设备。
- **pcl.sep**：适用于与PCL兼容的打印设备。它先会将打印设备切换到PCL模式（利用\H命令，后述），然后再打印分隔页。
- **pscript.sep**：适用于与PostScript兼容的打印设备，用来将打印设备切换到PostScript模式（利用 \H命令），但是不会打印分隔页。
- **sysprtj.sep**：日文版的sysprint.sep。

如果以上标准分隔页文件并不能满足需要，请自行在C:\Windows\System32文件夹内利用**记事本**来设计分隔页文件。分隔页文件中的第一行用来代表命令符号（escape character），你可以自行决定此命令符号，例如如果你想将\符号当作命令符号的话，则请在第一行输入 \ 后按Enter键。我们以上述的pcl.sep文件为例来说明，其内容如图8-6-1所示。

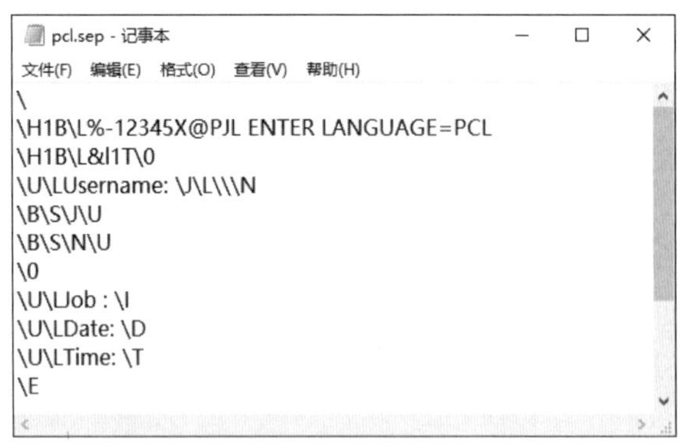

图8-6-1

其中第一行为\（其后跟着按Enter键），表示此文件是以\代表命令符号。表8-6-1中列出页面文件内可使用的命令，此表假设命令符号为\。

表 8-6-1

命令	功能
\J	打印出此文件的用户的域名。仅Windows Server 2012（含）、 Windows 8（含）之后的系统支持
\N	打印出此文件的用户名
\I	打印作业号（每一个文件都会被赋予一个作业号）
\D	打印文件被打印出来时的日期
\T	打印文件被打印出来时的时间
\L	打印所有跟在\L后的文字，一直到遇到另一个命令符号为止
\Fpathname	由一个空白行的开头，将pathname所指的文件内容打印出来，此文件不会经过任何处理，而是直接打印
\Hnn	送出打印机句柄nn，此句柄随打印机而有不同的定义与功能，请参阅打印机手册
\Wnn	设置分隔页的打印宽度，默认为80，最大为256，超过设置值的字符会被截掉
\U	关闭块字符（block character）打印，它兼具跳到下一行的功能
\B\S	以单宽度块字符打印文字，直到遇到\U为止（见以下范例）
\B\M	以双宽度块字符打印文字，直到遇到\U为止
\E	跳页
\n	跳n行（可由0到9），n为0表示跳到下一行

\Fpathname中所指定的文件请存储到以下文件夹之一，否则无法打印此文件：

- C:\Windows\System32。
- C:\Windows\System32\SepFiles，或是此文件夹之下的任何一个子文件夹内。
- 自定义文件夹之下的SepFiles文件夹内，例如C:\Test\SepFiles，或是此文件夹之下的任何一个子文件夹内。

假设分隔页文件的内容如图8-6-2所示，且文件的打印人为Tom，则打印出来的分隔页会类似图8-6-3，其中tom的字样会被利用#符号拼出来的原因，是因为 \B\S命令的关系。如果是用 \B\M命令的话，则字会更大（#符号会重复）。

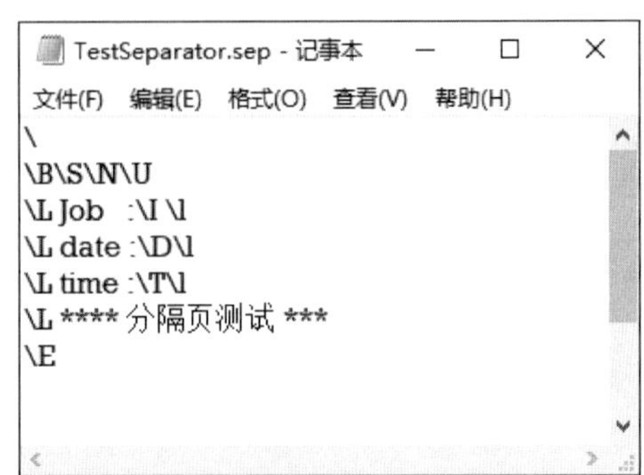

图 8-6-2

```
    #
    #
 #####       ##      #  #  #
    #      #    #    #  #  #
    #     #      #   #  #  #
    #     #      #   #  #  #
    #     #      #   #  #  #
    #     #      #   #  #  #
    #   #   #   #    #  #  #
     ##       ##     ## #  ##

Job  : 9

date : 2020/6/23

time : 下午 12:07:15

**** 分隔页测试 ****
```

图 8-6-3

8.6.2　选择分隔页文件

选择分隔页文件的方法为：【在**打印机和扫描仪**界面下单击该打印机➲单击管理按钮➲单击**打印机属性**➲单击图8-6-4**高级**选项卡之下的分隔页按钮➲输入或选择分隔页文件➲单击确定按钮】。

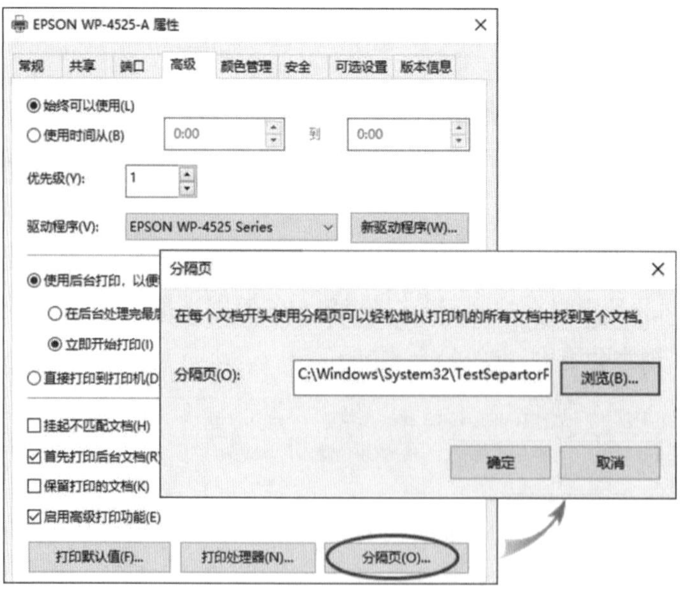

图 8-6-4

8.7　管理等待打印的文件

当打印服务器接收到打印文件后，这些文件会在打印机内排队等待打印，如果你具备管理文件的权限，就可以针对这些文件执行管理的工作，例如暂停打印、继续打印、重新开始打印与取消打印等。

8.7.1　暂停、继续、重新开始、取消打印某份文件

你可以通过【在**打印机和扫描仪**界面下单击打印机➲单击打开队列按钮➲如图8-7-1所示选中文件右击】的方法来暂停（或继续）打印该文件、重新从第1页开始打印（重新启动）或取消打印该份文件。

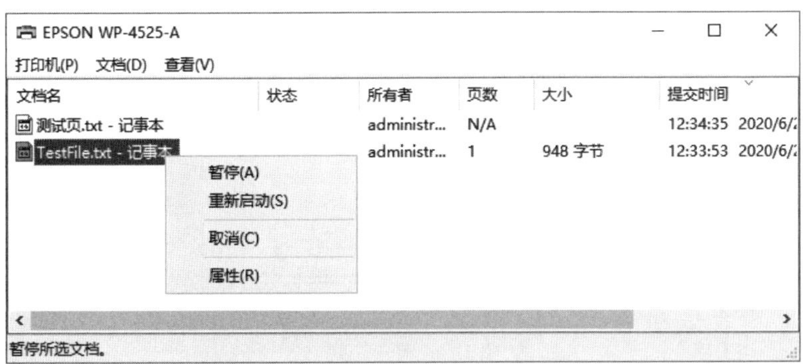

图 8-7-1

8.7.2　暂停、继续、取消打印所有文件

你可以通过如图8-7-2所示在打印机界面中选用上方**打印机**菜单，然后从出现的选项来暂停（或继续）、取消打印所有文件。

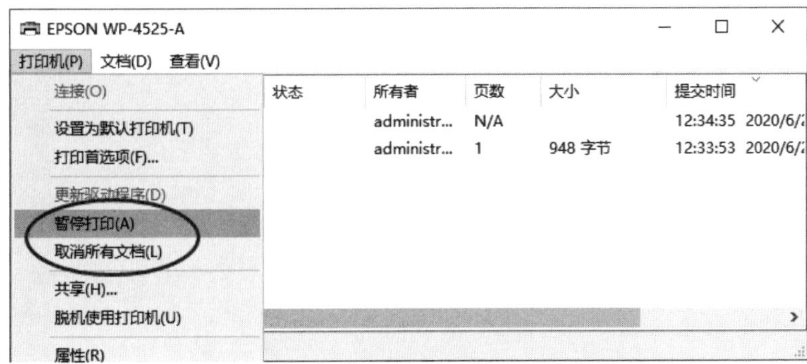

图 8-7-2

8.7.3 更改文件的打印优先级与打印时间

一个打印机内所有文件的默认打印优先级都相同，此时先送到打印服务器的文件会先打印，不过你可以更改文件的打印优先级，以便让急件可以优先打印：【选中该份文件右击➲属性➲通过图8-7-3的**优先级**来设置】，图中文件的优先级号码是默认的1（最低），你只要将优先级的号码调整到比1大即可。

打印机默认是24小时提供服务，因此送到打印服务器的文件，只要轮到它就会开始打印，不过你也可针对所选文件来更改其打印时间，在时间未到之前，即使轮到该份文件也不会打印它。你可以通过图8-7-3中最下方的**日程安排**来更改打印时间。

图 8-7-3

第 9 章　组策略与安全设置

系统管理员可以通过**组策略**（group policy）的强大功能来实现对网络用户与计算机工作环境的充分管控，进而减轻网络管理的工作负担。

- 组策略概述
- 本地计算机策略实例演练
- 域组策略实例演练
- 本地安全策略
- 域与域控制器安全策略
- 审核资源的使用

9.1 组策略概述

系统管理员可以利用组策略来管理用户的工作环境，通过它来确保用户拥有相应的工作环境，也通过它来限制用户，如此不但可以让用户拥有适当的环境，也可以减轻系统管理员的管理工作负担。

组策略包含**计算机配置**与**用户配置**两部分。计算机配置仅对计算机环境有影响，用户配置仅对用户环境有影响。可以通过以下两种方法来设置组策略：

- **本地计算机策略**：可用来设置单一计算机的策略，这个策略内的计算机配置只会被应用到这台计算机、而用户配置会被应用到在此计算机登录的所有用户。
- **域组策略**：在域内可以针对站点、域或组织单位来配置组策略，其中域组策略内的配置会被应用到域内的所有计算机与用户，而组织单位的组策略会被应用到该组织单位内的所有计算机与用户。

对加入域的计算机来说，如果其本地计算机策略的设置与“域或组织单位”的组策略设置有冲突的话，则以“域或组织单位”组策略的配置优先。

9.2 本地计算机策略实例演练

以下请利用未加入域的计算机来练习本地计算机策略，以免受到域组策略的干扰，造成本地计算机策略的设置无效，因而影响到验证实验结果。

9.2.1 计算机配置实例演练

如果你将计算机内的文件夹设置为共享文件夹，以便共享给某用户，让其可以通过网络登录来访问此文件夹，但是却不想让该用户直接坐在这台计算机前登录（本地登录）的话，则通过以下实例演练后，就可以达到目的了。

请【按⊞+R键➲输入gpedit.msc后按Enter键➲展开**计算机配置**➲Windows设置➲安全设置➲本地策略➲用户权限分配➲双击右侧的**拒绝本地登录**➲通过单击添加用户或组来选择用户……】，如图9-2-1所示假设是用户john。完成后，在图9-2-2中的登录界面上，就无法选择被**拒绝本地登录**的用户john。此时用户john只能够通过网络来连接（登录）。

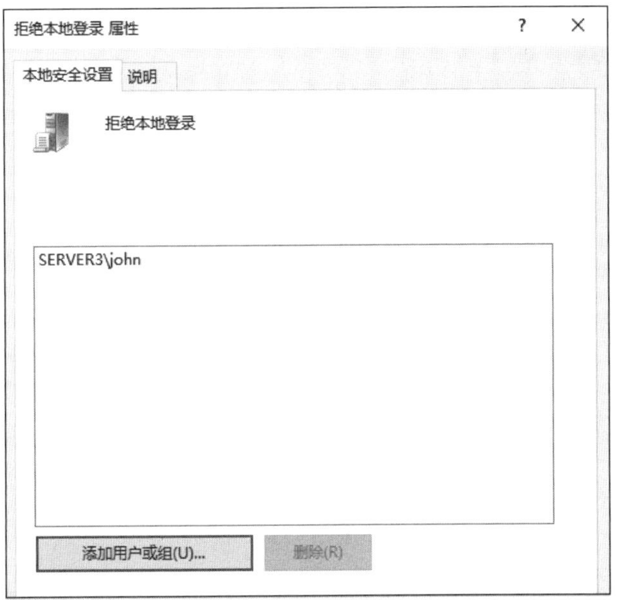

图 9-2-1

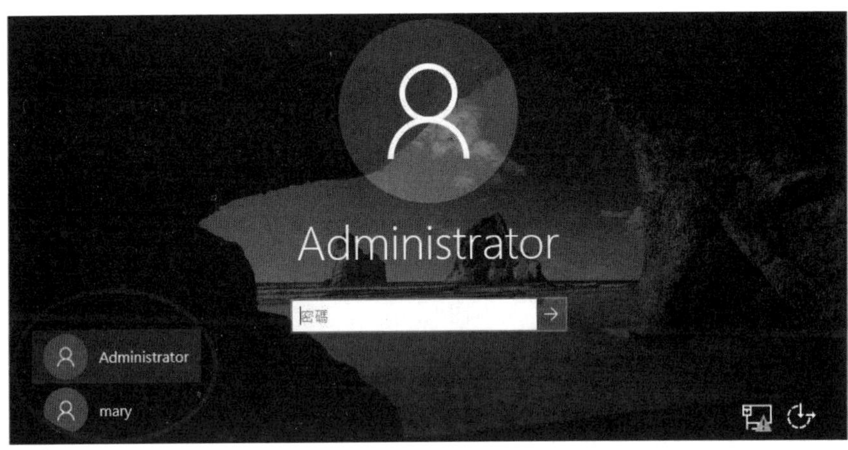

图 9-2-2

请不要随意更改计算机配置，以免更改影响系统正常运行的设置值。

9.2.2 用户配置实例演练

例如如果要避免用户通过**控制面板**与**系统设置**来随意更改设置，进而影响系统正常运行的话，则通过以下实例演练可以让用户无法访问**控制面板**与**系统设置**。

请【按⊞+R键➲输入gpedit.msc后按Enter键➲展开**用户配置**➲管理模板➲控制面板➲双击右侧的**禁止访问“控制面板”和PC设置**➲点选**已启用**……】，如图9-2-3所示为完成后的界面。

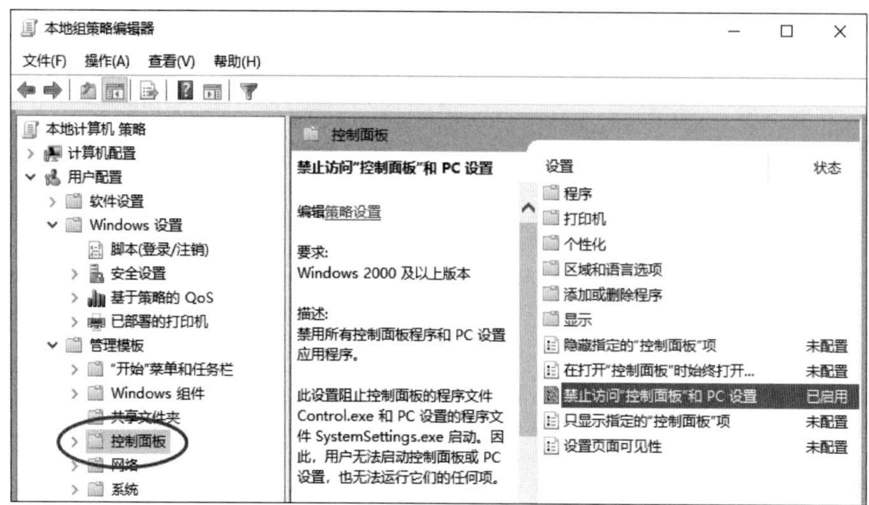

图 9-2-3

完成后，任何用户在这台计算机上【单击左下角**开始**图标⊞➲单击**设置**图标⚙】后无法打开**Windows 设置**界面；或是【单击左下角**开始**图标⊞➲控制面板】或是【按⊞+R键➲输入Control后按Enter键】后会出现如图9-2-4所示的警告提示。

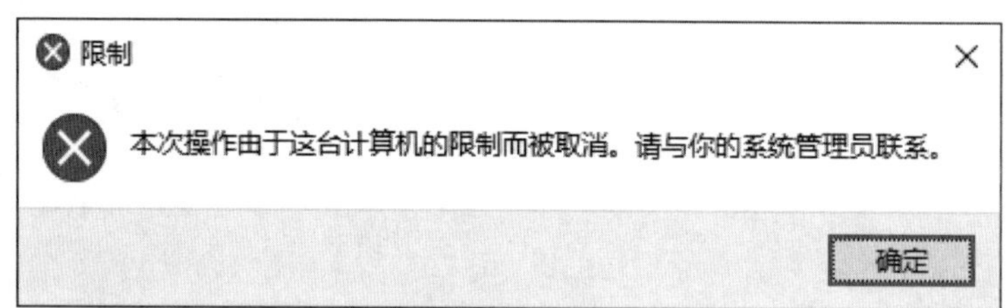

图 9-2-4

9.3 域组策略实例演练

虽然在域内可以针对站点、域或组织单位来设置组策略，但是以下内容我们将通过常用的域与组织单位进行说明。

9.3.1 组策略基本概念

如图9-3-1所示可以针对域sayms.local（图中显示为sayms）来设置组策略，此策略设置会被应用到域内所有计算机与用户，包含图中组织单位**业务部**内的所有计算机与用户（换句话说，**业务部**会继承域sayms.local的策略设置）。

你也可以针对组织单位**业务部**来设置组策略，此策略会应用到该组织单位内所有的计算机与用户。由于**业务部**会继承域sayms.local的策略设置，因此**业务部**最后的有效设置是域

sayms.local的策略设置加上**业务部**的策略设置。

如果**业务部**的策略设置与域sayms.local的策略设置发生冲突的话，对**业务部**内的所有计算机与用户来说，默认是以**业务部**的策略设置优先。

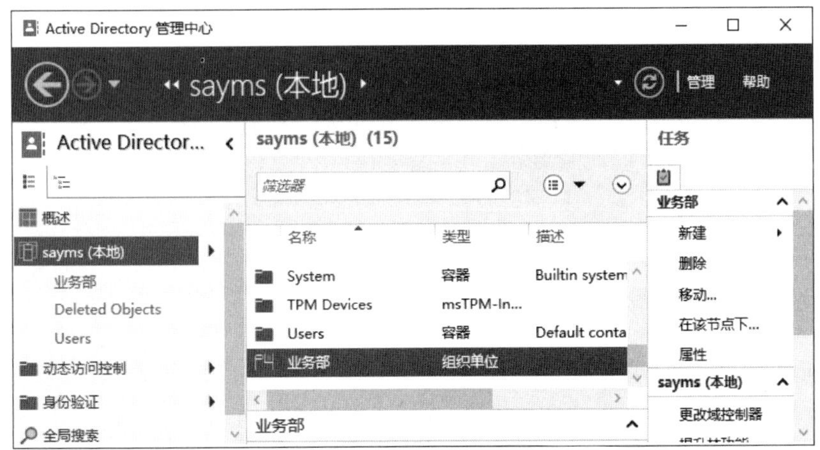

图 9-3-1

组策略是通过GPO（Group Policy Object，组策略对象）来设置的（可以将GPO视为记录组策略设置的文档），当你将GPO链接（link）到域sayms.local或组织单位**业务部**后，此GPO设置就可以被应用到域sayms.local或组织单位**业务部**内所有用户与计算机。系统已内置两个GPO：

- **Default Domain Policy**：此GPO已经被链接到域sayms.local，因此其设置值会被应用到域sayms.local内的所有用户与计算机。
- **Default Domain Controllers Policy**：此GPO已经被链接到组织单位Domain Controllers，因此其设置值会被应用到Domain Controllers内的所有用户与计算机。Domain Controllers内默认只有扮演域控制器角色的计算机。

你也可以针对**业务部**（或域sayms.local）建立多个GPO，此时这些GPO内的设置会被叠加应用到**业务部**内的所有用户与计算机，如果这些GPO内的设置发生冲突的话，则以排列在前面的GPO设置优先。

9.3.2 域组策略实例演练

以下假设要针对组织单位**业务部**内的所有计算机来设置，禁止在这些计算机上执行程序**记事本**，但是当前**业务部**内并没有计算机，并且等一下我们要利用Win10PC1来练习，因此请将Computers容器内的Win10PC1移动到组织单位**业务部**：【选中Win10PC1右击➲移动……】，图9-3-2中是移动完成后的界面。

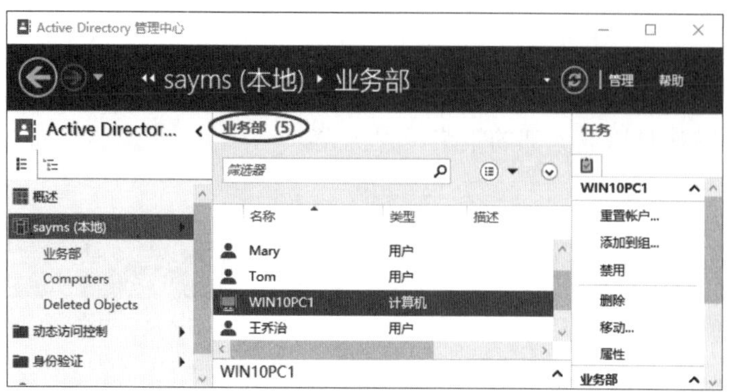

图 9-3-2

AppLocker 基本概念

我们将利用AppLocker功能来禁用**记事本**（notepad.exe）。AppLocker可以让你针对不同类别的程序来设置不同的规则，这些规则从总体上看可分为以下5大类别：

- **可执行规则**：适用于.exe与 .com程序，例如本示例的**记事本**（notepad.exe）。
- **Windows 安装程序规则**：适用于.msi、.msp与 .mst安装程序。
- **脚本规则**：适用于.ps1、.bat、 .cmd、 .vbs与 .js脚本程序。
- **封装应用规则**：适用于.appx程序（例如**天气**、**市场**等动态块程序）。
- **DLL规则**：适用于.dll与 .ocx程序。

域组策略与 AppLocker 实例演练

以下示例要拒绝**记事本**程序的运行，因为其文件名为notepad.exe，因此可以通过**可执行规则**来定义它。此程序是位于C:\Windows\System32文件夹内。

STEP 1　到域控制器上利用域系统管理员账户登录。

STEP 2　单击左下角**开始**图标⊞➲Windows 管理工具➲组策略管理。

STEP 3　如图9-3-3所示展开到组织单位**业务部**➲选中**业务部**右击➲在这个域中创建GPO并在此处链接。

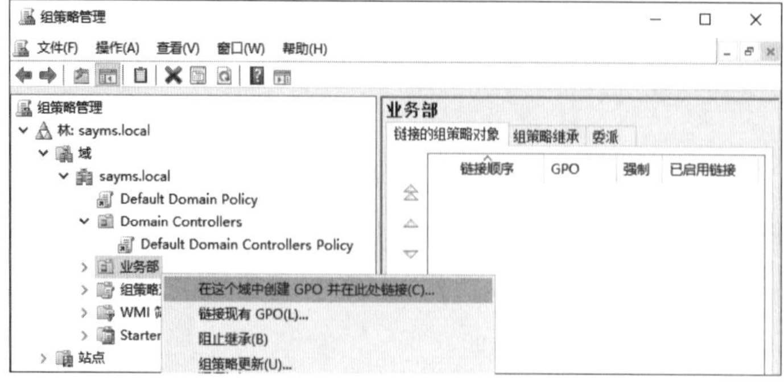

图 9-3-3

1. 图中也可以看到内置的GPO：Default Domain Policy和位于组织单位Domain Controllers下的Default Domain Controllers Policy。请不要随意更改这两个GPO的内容，以免影响到系统的正常运行。
2. 你可以选中组织单位右击后选择**阻止继承**，表示不要继承域sayms.local策略设置。也可以选中域GPO（例如Default Domain Policy）右击后选择**强制**，表示域sayms.local之下的组织单位必须继承此GPO设置，不论组织单位是否选择**阻止继承**。

STEP 4　在图9-3-4中为此GPO命名（假设是**测试用的GPO**）后单击**确定**按钮。

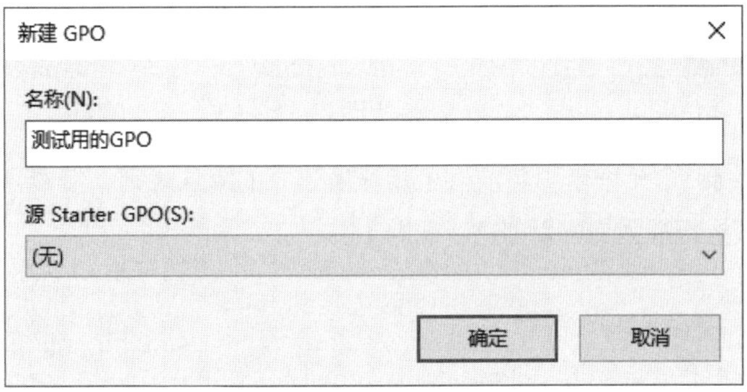

新建 GPO

名称(N):

测试用的GPO

源 Starter GPO(S):

(无)

确定　取消

图 9-3-4

STEP 5　如图9-3-5所示【选中新建的GPO右击➲编辑】。

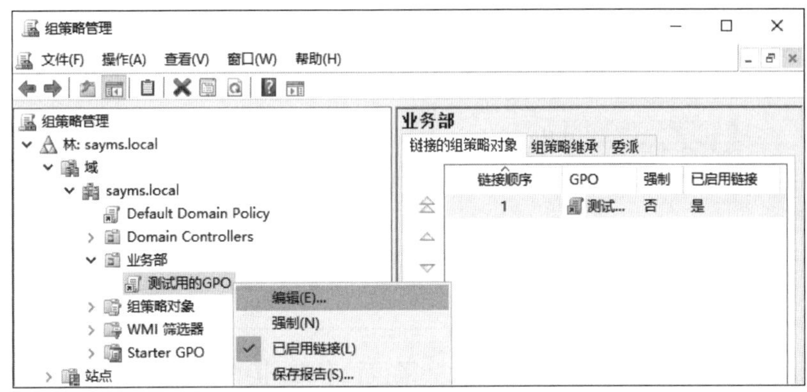

图 9-3-5

STEP 6　展开**计算机配置**➲策略➲Windows设置➲安全设置➲应用程序控制策略➲AppLocker➲在图9-3-6中选中**可执行规则**右击➲创建默认规则。

因为一旦建立规则后，凡是未列在规则内的可执行文件都会被阻止，因此需要先通过此步骤来建立默认规则，这些默认规则会允许普通用户执行ProgramFiles与Windows文件夹内的所有程序、允许系统管理员执行所有程序。

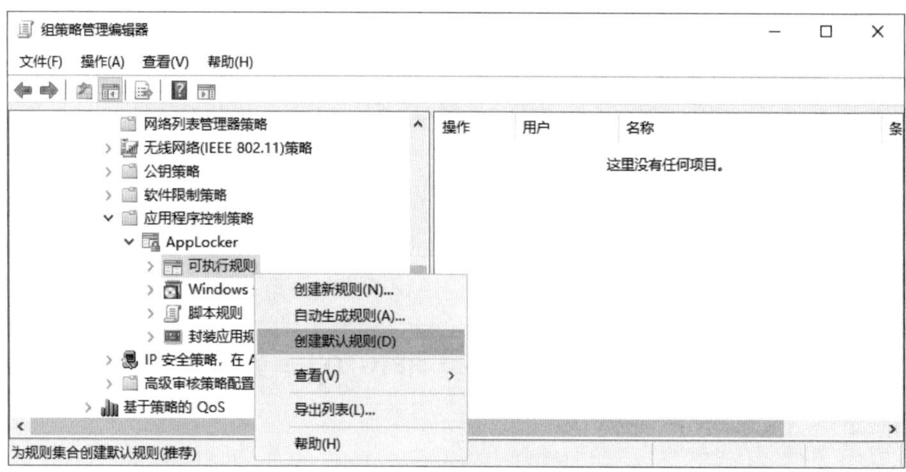

图 9-3-6

STEP 7　图9-3-7右侧3个允许规则是前一个步骤所建立的默认规则，接着请如图9-3-7左侧所示【选中**可执行规则**右击➲创建新规则】。

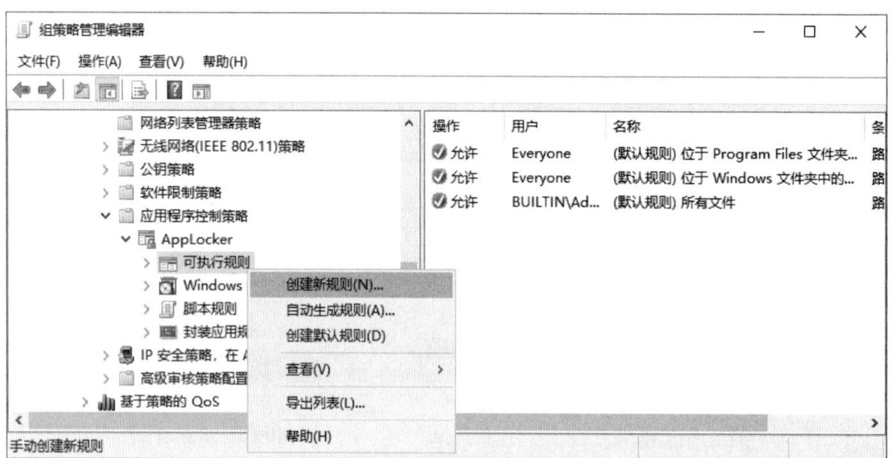

图 9-3-7

因为**DLL规则**会影响到系统性能，并且如果设置存在问题的话，还可能导致系统发生意外行为，因此默认并未显示**DLL规则**供管理员设置，除非通过【选中AppLocker右击➲属性➲高级】的方法来管理DLL规则。

STEP 8　出现**在你开始前**界面时单击下一步按钮。

STEP 9　如图9-3-8所示选择**拒绝**后单击下一步按钮。

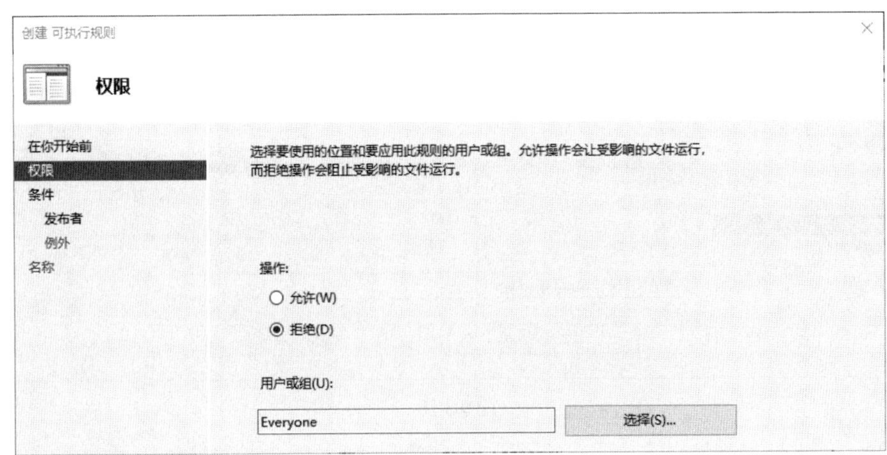

图 9-3-8

STEP 10 如图9-3-9所示选择**路径**后单击下一步按钮。

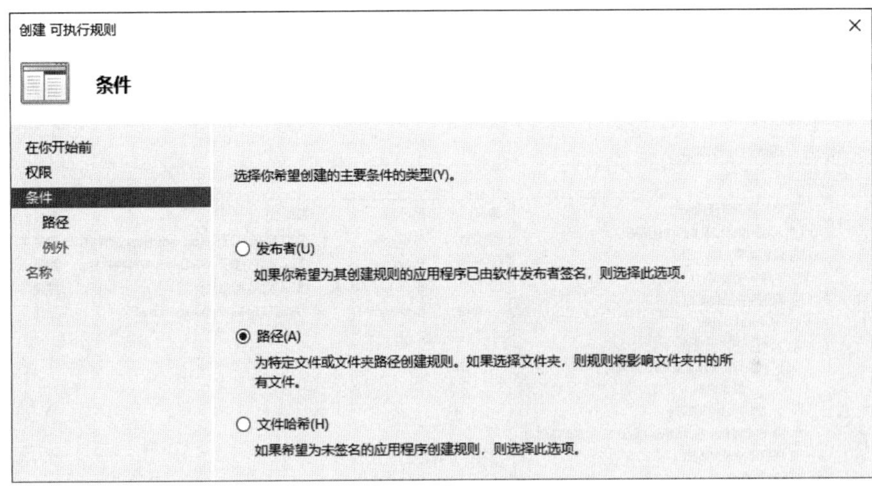

图 9-3-9

如果程序已经过签名的话，则图中也可以根据程序**发布者**来设置，也就是拒绝（或允许）特定**发布者**所签名、发布的程序；除此之外，还可以通过图中**文件哈希**来设置，此时系统会计算程序文件的哈希值，客户端用户运行程序时也会计算程序的哈希值，只要哈希值与规则内的程序相同，就会被拒绝执行。

STEP 11 在图9-3-10中通过浏览文件按钮来选择**记事本**的程序文件，它是位于C:\Windows\System32\notepad.exe，图中为完成后的界面。完成后可直接单击创建按钮或一直单击下一步按钮，最后单击创建按钮。

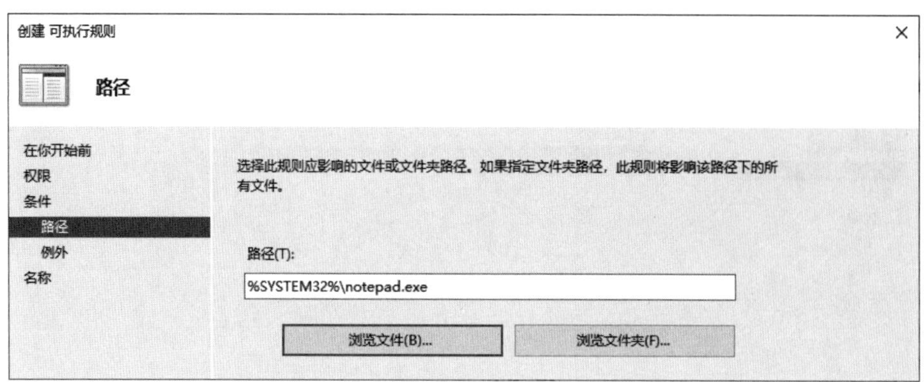

图 9-3-10

由于不同客户端计算机的**记事本**的安装文件夹可能不同，因此系统自动将图中原本的C:\Windows\System32改为变量表示法%SYSTEM32%。

STEP 12　图9-3-11为完成后的界面。

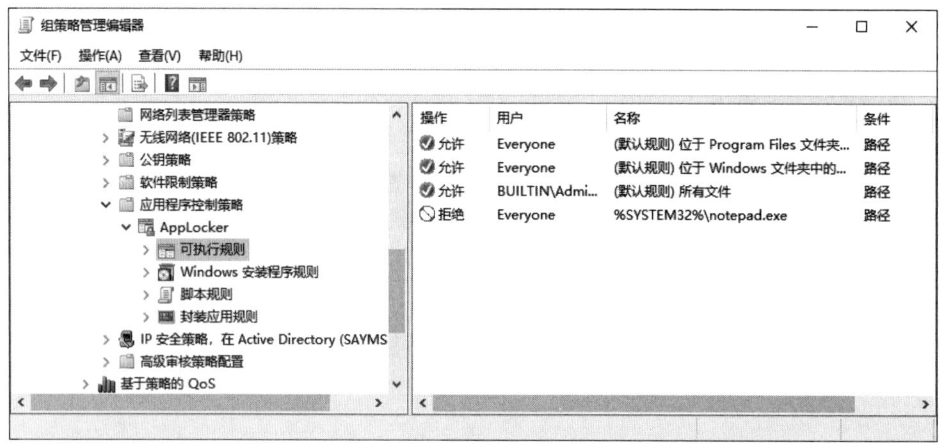

图 9-3-11

STEP 13　一旦建立规则后，凡是未列在规则内的可执行文件都会被拒绝，虽然我们是在**可执行规则**处建立规则，但是**封装应用程序**也会一起被拒绝（例如**天气**、**市场**等.appx动态磁贴程序），如果要解除拒绝，则需要在**封装应用规则**处来允许**封装的应用程序**，我们只需要通过建立默认规则来开放即可：【选中前面图9-3-11中**封装应用规则**右击➲创建默认规则】，此默认规则会开放所有已签名的**封装的应用程序**。

本例中，不需要在**Windows 安装程序规则**与**脚本规则**类别建立默认规则，因为它们没有受到影响。

STEP 14　客户端计算机需要启动Application Identity服务才会支持Applocker功能。你可以到客户

端计算机上启动此服务，或通过GPO来为客户端设置。本例通过此处的GPO来设置：如图9-3-12所示将此服务设置为**自动**启动。

图 9-3-12

STEP 15 请重新启动位于组织单位**业务部**内的计算机（WIN10PC1）、在此计算机上利用任意用户账户登录，然后【按Windows键⊞+R键➲输入notepad后按Enter键】或【单击左下角**开始**图标⊞➲Windows附件➲**记事本**】，就会显示如图9-3-13所示的被拒绝的界面。由于我们并没有拒绝天气、相片、新闻等动态磁贴程序，因此应该可以正常执行它们。

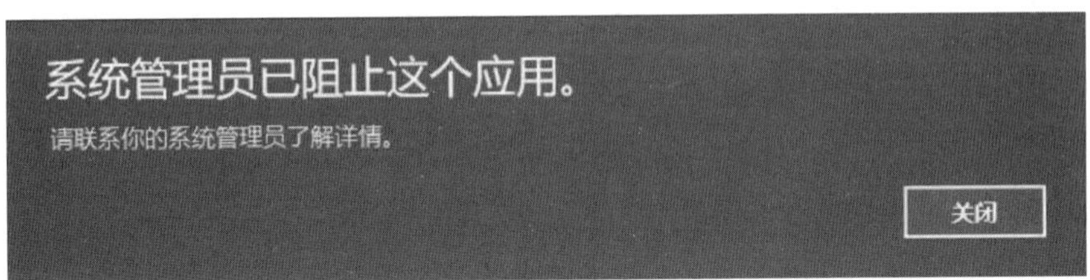

图 9-3-13

> 如果在【单击左下角**开始**图标⊞➲天气】后，也出现上述被阻止界面的话，应该是未在前面的 STEP 13 为**封装应用规则**建立默认规则。

9.3.3 组策略例外排除

前面通过**测试用的GPO**的**计算机配置**来限制组织单位**业务部**内所有计算机都不能执行记事本（notepad），但你也可以让**业务部**内的特定计算机不要受到此限制，也就是让此GPO不要应用到特定的计算机，可以通过**组策略筛选**来实现。

组织单位**业务部**内的所有计算机默认都会应用该组织单位的所有GPO设置，因为它们对这些GPO都具备**读取**与**应用组策略**的权限，以**测试用的GPO**为例可以【单击**测试用的GPO**右侧**委派**选项卡下的高级按钮➲然后从图9-3-14可得知Authenticated Users（包含域内的用户与计算机）具备这两个权限】。

假设**业务部**内有很多计算机，而我们不想要将此GPO设置应用到其中的Win10PC1的话：【单击前面图9-3-14中的添加按钮➲单击对象类型按钮➲勾选**计算机**➲单击确定按钮➲单击高级按钮➲单击立即查找按钮➲选择Win10PC1➲单击确定按钮➲单击确定按钮】，然后如图9-3-15所示将**读取**与**应用组策略**权限都设置为**拒绝**。

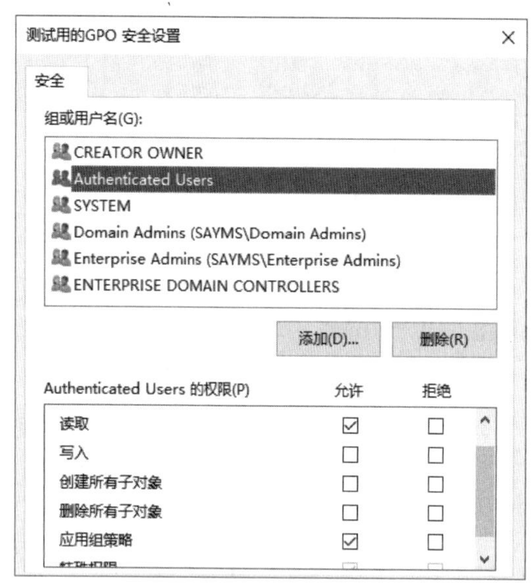

图 9-3-14

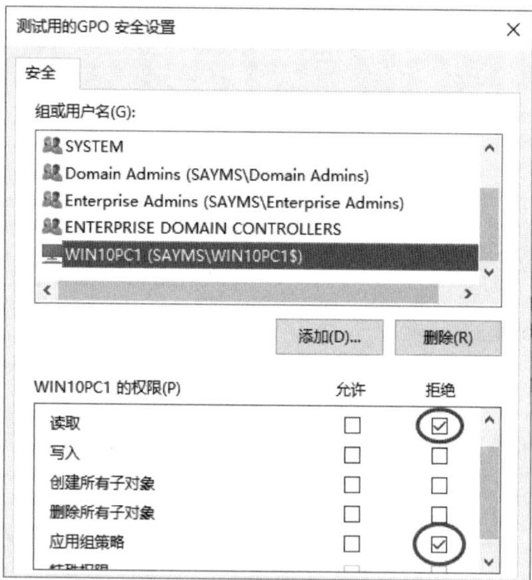

图 9-3-15

9.4 本地安全策略

我们可以通过【执行gpedit.msc➲通过图9-4-1中背景图**本地计算机 策略**中的**安全设置**或【单击左下角**开始**图标⊞➲Windows 管理工具➲本地安全策略（参见图9-4-1中的前景图）】的方法来确保计算机的安全性，这些设置包含密码策略、账户锁定策略与本地策略等。

以下利用**本地安全策略**来练习，建议到未加入域的计算机来练习，以免受到域组策略的干扰，因为域组策略的优先级较高，可能会造成**本地安全策略**的设置无效，因而影响到你验证实验结果。

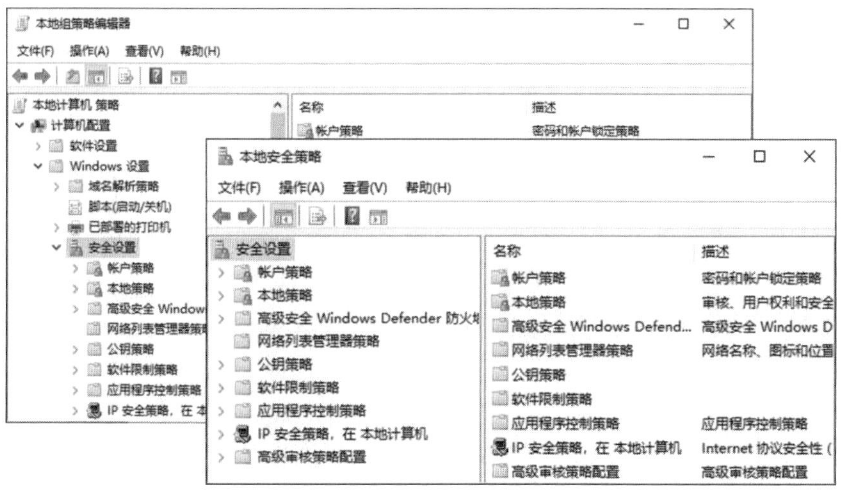

图 9-4-1

9.4.1 账户策略的设置

此处将介绍密码策略与账户锁定策略的使用。

密码策略

请如图9-4-2所示选择**密码策略**。

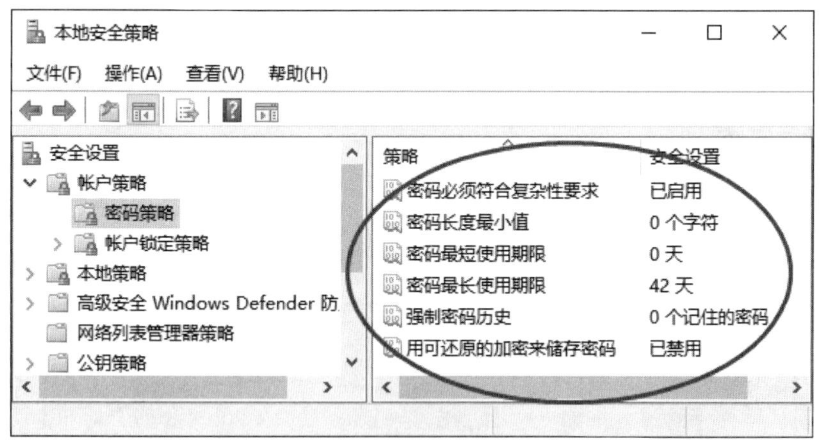

图 9-4-2

在选择图中右侧的策略后，如果系统不允许修改配置值的话，应该是因为这台计算机已经加入域，且该策略在域内已经配置了，此时会以域设置为其最后有效设置（未加入域之前，就已经在本地设置的相关策略也会被域策略替代）。

- **用可还原的加密来存储密码**：如果应用程序需要读取用户的密码，以便验证用户身份的话，就可以启用此功能。不过因为它相当于用户密码没有加密，因此不安全，所以建议若非必要，请不要启用此功能。

- **密码必须符合复杂性要求**：表示用户的密码需要满足以下要求（这是默认值）：
  - 不能包含用户账户名称或全名。
  - 长度至少要6个字符。
  - 至少要包含A~Z、a~z、0~9、特殊字符（例如!、$、#、%）等4类字符中的3类

  因此123ABCdef是有效的密码，然而87654321是无效的，因为它只使用了数字这一类字符。又例如若用户账户名为mary，则123ABCmary是无效密码，因为密码中包含了用户账户名。
- **密码最长使用期限**：用来设置密码最长的使用期限（可为0~999天）。用户在登录时，如果密码使用期限已到期的话，系统会要求用户更改密码。0表示密码没有使用期限。默认值是42天。
- **密码最短使用期限**：用来设置用户密码最短的使用期限（可为0~998天），期限未到前，用户不得更改密码。默认值0表示用户可以随时更改密码。
- **强制密码历史**：用来设置是否要保存用户曾经使用过的旧密码，以便决定用户在更改其密码时，是否可以重复使用旧密码。
  - 1~24：表示要保存密码历史记录。例如如果设置为5，则用户的新密码不能与前5次曾经使用过的旧密码相同。
  - 0（默认值）：表示不保存密码历史记录，因此密码可以重复使用，也就是用户更改密码时，可以将其设置为以前曾经用过的任何一个旧密码。
- **密码长度最小值**：用来设置用户的密码最少需要几个字符。此处可为0~14，0（默认值）表示用户可以没有密码。

账户锁定策略

你可以通过图9-4-3中的**账户锁定策略**来设置账户锁定的方式。

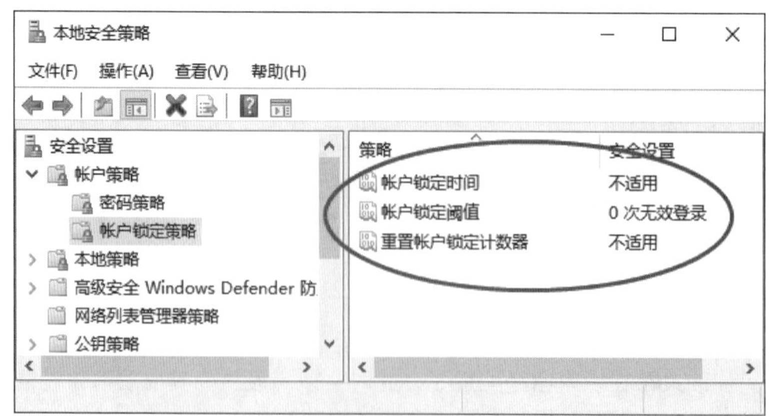

图9-4-3

- **账户锁定阈值**：它支持当用户多次登录失败后（密码错误），将该用户账户锁定，

在未被解除锁定之前，用户无法再利用此账户来登录。此处用来设置登录失败次数，其值可为0~999。默认值为0，表示账户永远不会被锁定。

- **账户锁定时间**：用来设置锁定账户的期限，期限过后自动解除锁定。此处可为0~99999分钟，0分钟表示永久锁定，不会自动被解除锁定，此时需要由系统管理员手动解除锁定，也就是取消勾选图9-4-4中**账户已锁定**（账户被锁定后该选项才可用）。

图 9-4-4

- **重置账户锁定计数器**：“锁定计数器”用于记录用户登录失败的次数，其起始值为0，如果用户登录失败，则锁定计数的值就会加1，如果登录成功，则此值会归0。如果此值等于前面所说的**账户锁定阈值**，该账户就会被锁定。在还未被锁定之前，如果上一次登录失败后，已经超过了此处所设置的时间长度的话，则“锁定计数器”值便会自动归0。

9.4.2 本地策略

此处要介绍的本地策略包含**用户权限分配**与**安全选项**策略。

用户权限分配

你可以通过图9-4-5的**用户权限分配**来将权限分配给用户或组。当分配图中右侧任何一个权限给用户时或组时，只要双击该权限，然后将用户或组加入即可。以下列举几个比较常用的权限来加以说明。

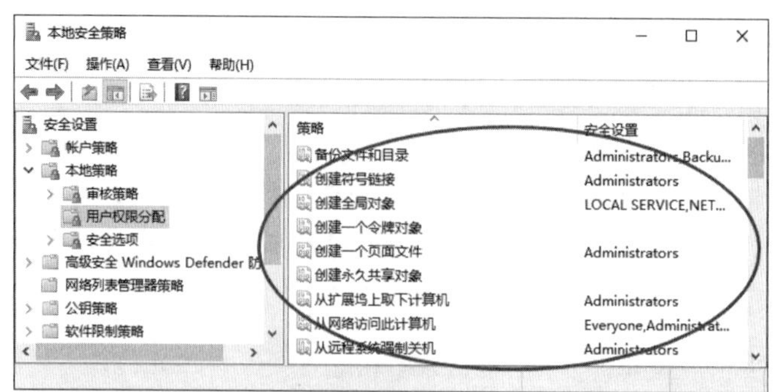

图 9-4-5

- **允许本地登录**：允许用户在本台计算机前利用按Ctrl+Alt+Del键方式登录。
- **拒绝本地登录**：与前一个权限刚好相反。此权限优先于前一个权限。
- **将工作站添加到域**：允许用户将计算机加入到域。
- **关闭系统**：允许用户将此计算机关机。
- **从网络访问此计算机**：允许用户通过网络上其他计算机来连接、访问此计算机。
- **拒绝从网络访问此计算机**：与前一个权限相反。此权限优先于前一个权限。
- **从远程系统强制关机**：允许用户从远程计算机来将此台计算机关机。
- **备份文件和目录**：允许用户备份硬盘内的文件与文件夹。
- **还原文件和目录**：允许用户还原所备份的文件与文件夹。
- **管理审核和安全日志**：允许用户指定要审核的事件，也允许用户查询与删除安全日志。
- **更改系统时间**：允许用户更改计算机的系统日期与时间。
- **加载和卸载设备驱动程序**：允许用户加载与卸载设备的驱动程序。
- **取得文件或其他对象的所有权**：允许夺取其他用户所有的文件、文件夹或其他对象的所有权。

安全选项

你可以利用图9-4-6的**安全选项**来启用一些安全设置，以下以几个常用的选项来加以说明：

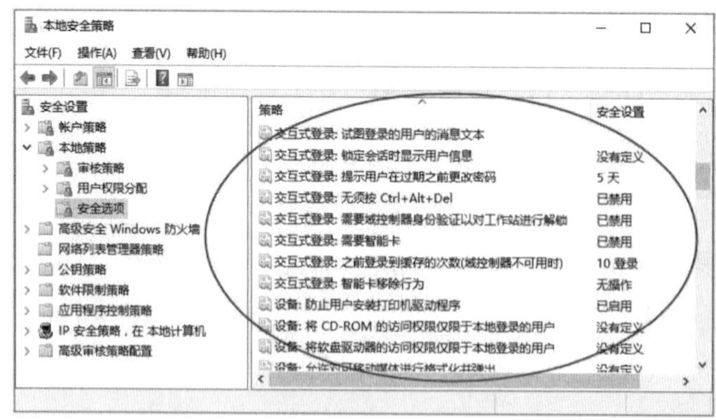

图 9-4-6

- 交互式登录：无须按Ctrl+Alt+Del 键。

让登录界面不要显示类似按Ctrl+Alt+Del **解锁**的消息（**交互式登录**就是在计算机前面登录，而不是通过网络登录）。

- 交互式登录：不显示上次登录
  让客户端的登录界面上不要显示上一次登录者的用户账户名称。
- 交互式登录：提示用户在过期之前更改密码
  用来设置在用户的密码过期前几天，提示用户要更改密码。
- 交互式登录：之前登录到缓存的次数（域控制器不可用时）
  域用户登录成功后，其账户信息会被存储到用户计算机的缓存区，如果之后此计算机因故无法与域控制器连接的话，该用户登录时还是可以通过缓存区的账户数据来验证身份与登录。你可以通过此策略来设置缓存区内账户数据的数量，默认为记录10个登录用户的账户信息。
- 交互式登录：试图登录的用户的消息标题、试图登录的用户的消息文本
  如果希望在用户登录计算机前，能够显示希望他看到的登录消息的话，可以通过这两个选项来设置，其中一个用来设置消息的标题文字，一个用来设置消息正文的文本内容。
- 关机：允许系统在未登录的情况下关闭
  可以在登录界面的右下角显示关机图标，以便在不需要登录的情况下就可直接通过此图标将计算机关机。

9.5 域与域控制器安全策略

你可以针对图9-5-1中的域sayms.local（sayms）来设置安全策略，此策略设置会被应用到域内的所有计算机与用户。你也可以针对域内的组织单位来设置安全策略，例如图中的Domain Controllers与**业务部**，此策略会应用到该组织单位内的所有计算机与用户。以下针对域sayms.local与组织单位Domain Controllers来说明安全策略。

图 9-5-1

9.5.1 域安全策略的设置

你可以到域控制器上利用系统管理的身份登录，然后【单击左下角**开始**图标⊞➲Windows管理工具➲组策略管理➲如图9-5-2所示选中Default Domain Policy这个GPO（或自建的GPO）右击➲编辑】来设置域安全策略。由于它的设置方式与本地安全策略相同，故此处不再重复，仅列出注意事项：

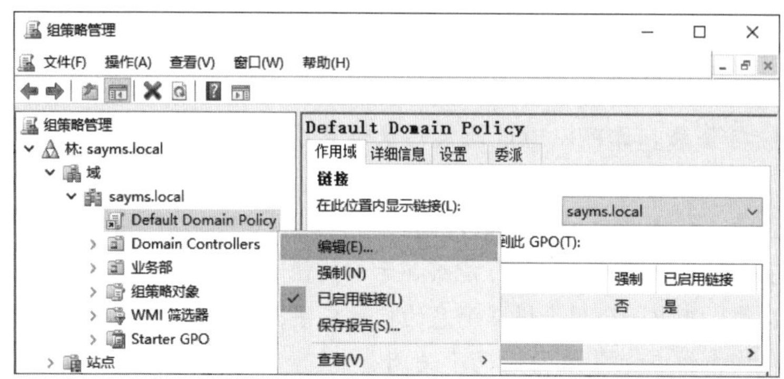

图 9-5-2

- 隶属于域的任何一台计算机都会受到域安全策略的影响。
- 隶属于域的计算机，如果其**本地安全策略**设置与**域安全策略**设置发生冲突时，则以**域安全策略**的设置优先，也就是本地设置自动无效。

  例如计算机Server3隶属于域sayms.local，且Server3本地安全策略内已启用**交互式登录：不显示上次登录**，此时如果将域安全策略内的相同策略禁用，则用户在计算机Server3计算机上登录时，还是会看到上一次登录者的账户名，因为**域安全策略**优先于**本地安全策略**，同时本地安全策略内的相同策略也会自动被改为禁用，而且不允许更改。

  只有在域安全策略内的设置处于**没有定义**的状态时，本地安全策略的设置才有效，也就是如果域安全策略内的设置是被设置成**已启用**或**已禁用**的话，则本地安全策略的设置无效。
- 域安全策略的设置有变化时，这些策略需应用到本地计算机后，对本地计算机才有效。应用时，系统会比较域安全策略与本地安全策略，并以域安全策略的设置优先。本地计算机何时才会应用域策略内发生变动的设置呢？
  - 本地安全策略更改时。
  - 本地计算机重新启动时。
  - 如果此计算机是域控制器，则它默认是每隔5分钟会自动应用；如果是非域控制器的话，则它默认是每隔90~120分钟会自动应用。应用时会自动读取发生变化的设置。所有计算机每隔16小时也会自动强制应用域安全策略内的所有设置，即使策略设置没有发生变化。
  - 执行**gpupdate**命令手动应用；如果要强制应用（无论策略设置是否发生变化），

请执行**gpupdate /force**命令。

> 如果域内有多台域控制器的话，则域成员计算机在应用**域安全策略**时，是从其所连接的域控制器来读取与应用策略。因为这些策略设置默认都是固定先存储在域内的第一台域控制器（被称为**PDC操作主机**）内，而系统默认是在15秒钟后会将这些策略配置复制到其他域控制器（也可以自行手动复制）。你必须等到这些策略设置被复制到其他域控制器后，才能够保证域内所有计算机都可以成功的应用这些策略。详情可参考6.4节内的说明。

9.5.2 域控制器安全策略的设置

域控制器安全策略设置会影响组织单位Domain Controllers内的域控制器（见图9-5-3），但不会影响位于其他组织单位或容器内的计算机（与用户）。

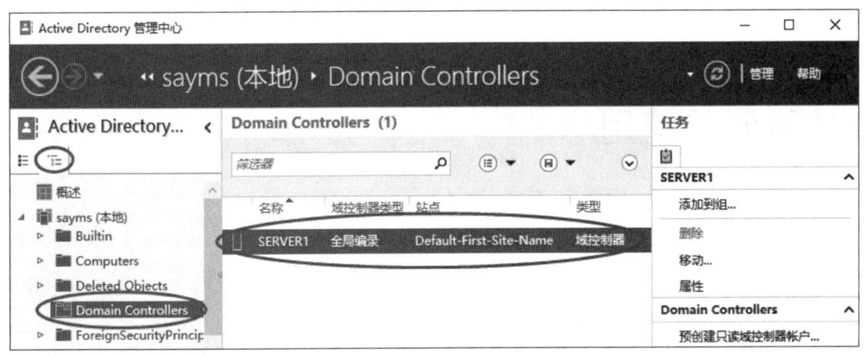

图 9-5-3

你可以到域控制器上利用系统管理员身份登录，然后【单击左下角**开始**图标⊞➲Windows管理工具➲组策略管理➲如图9-5-4所示选中Default Domain Controllers Policy（或自建的GPO）右击➲编辑】来设置域控制器安全策略。由于它的设置方式与**域安全策略**、**本地安全策略**相同，因此此处不再重复，仅列出注意事项：

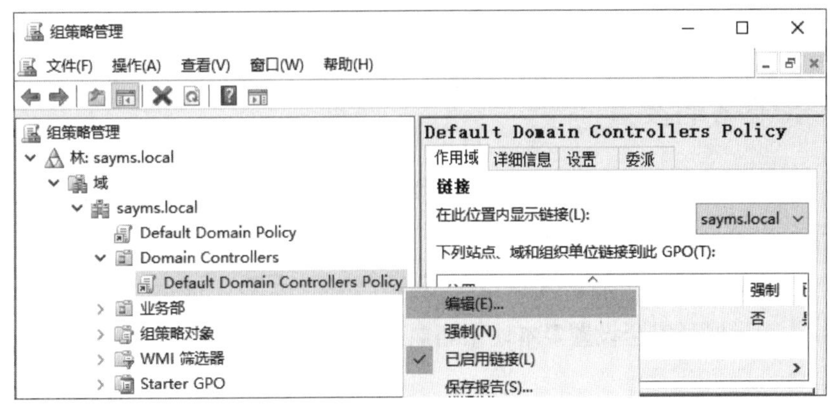

图 9-5-4

- 位于组织单位Domain Controllers内的所有域控制器，都会受到**域控制器安全策略**的影响。
- **域控制器安全策略**的设置必须要应用到域控制器后，这些设置对域控制器才有作用。应用时机与其他相关说明在前一节已介绍过了。
- **域控制器安全策略**与**域安全策略**的设置发生冲突时，对位于Domain Controllers容器内的计算机来说，默认是以**域控制器安全策略**的设置优先，也就是**域安全策略**自动无效。不过**账户策略**例外：**域安全策略**中的**账户策略**设置对域内所有的用户都有效，就算用户账户是位于组织单位Domain Controllers内也有效，也就是说**域控制器安全策略**的**账户策略**对Domain Controllers容器内的用户并没有作用。

> 除了**策略设置**之外，还有**个人设置**功能。**个人设置**非强制性，客户端可自行更改设置值，所以**个人设置**适合于用来当作默认值；然而**策略设置**是强制性设置，客户端应用这些设置后，就无法更改。只有网域组策略才有**个人设置**功能，本地计算机策略并无此功能。

9.6 审核资源的使用

通过审核（auditing）功能可以让系统管理员跟踪是否有用户访问了计算机内特定的资源、跟踪计算机运行情况等。审核工作通常需要经过以下两个步骤：

- **启用审核策略**：Administrators组内的成员才有权限启用审核策略。
- **设置需要审核的资源**：需要具备**管理审核和安全日志**权限的用户才可以审核资源，默认是Administrators组内的成员才有此权限。你可以利用**用户权限分配**策略（参见**用户权限分配**的说明）来将**管理审核和安全日志**权限赋予其他用户。

审核日志是被存储在**安全日志**内的，而你可以利用【单击左下角**开始**图标⊞➲Windows管理工具➲事件查看器➲Windows日志➲安全】来查看（或在**服务器管理器**界面中单击右上方的**工具**菜单➲事件查看器➲……）。

9.6.1 审核策略的设置

审核策略的设置可以通过**本地安全策略**、**域安全策略**、**域控制器安全策略**或组织单位的组策略来设置，其相关的应用规则已经解释过了。此处利用本地安全策略来举例说明，因此建议到未加入域的计算机登录后：【单击左下角**开始**图标⊞➲Windows 管理工具➲本地安全策略➲如图9-6-1所示展开**安全设置**➲本地策略➲审核策略】。

本地安全策略的设置只对本地计算机有效，如果要利用域控制器或域成员计算机做实验，则请通过域控制器安全策略、域安全策略或组织单位的组策略。

由图9-6-1中可知审核策略内提供了以下的审核事件：

- **审核目录服务访问**：审核是否有用户访问AD DS内的对象。你必须另外选择要审核的对象与用户。此设置只对域控制器有作用。
- **审核系统事件**：审核是否有用户重新启动、关机或系统发生了任何会影响到系统安全或影响安全日志正常运行的事件。
- **审核对象访问**：审核是否有用户访问文件、文件夹或打印机等资源。你必须另外选择要审核的文件、文件夹或打印机。
- 审核策略更改：审核用户权限分配策略、审核策略或信任策略等是否发生更改。

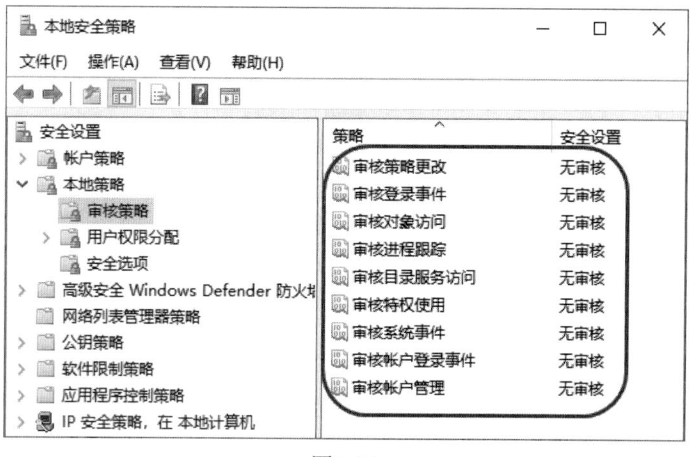

图 9-6-1

- **审核特权使用**：审核用户是否使用了**用户权限分配**策略内所赋予的权限，例如更改系统时间（系统不会审核部分会产生大量日志的事件，因为这会影响到计算机性能，例如**备份文件和目录**、**还原文件和目录**等事件，如果要审核它们，请通过执行Regedit，然后启用fullprivilegeauditing键值，它位于HKEY_LOCAL_MACHINE\SYSTEM\CurrentControlSet\Control\Lsa）。
- **审核登录事件**：审核是否发生了利用本地用户账户登录的事件。例如在本地计算机启用此策略后，如果用户在这台计算机上利用本地用户账户登录的话，则安全日志内会有记录，然而如果用户是利用域用户账户登录的话，就不会有记录。
- **审核账户管理**：审核是否有账户新建、修改、删除、启用、禁用、更改账户名、更改密码等与账户数据有关的事件发生。
- **审核登录事件**：审核是否发生用户登录与注销的行为，不论用户是直接在本地登录或通过网络登录，也不论是利用本地或域用户账户来登录。
- **审核进程跟踪**：审核程序的执行与结束，例如是否有某个程序被启动或结束。

每一个被审核的事件都可以分为**成功**与**失败**两种结果，也就是可以审核该事件是否成功的发生，例如你可以审核用户登录成功的操作，也可以审核其登录失败的操作。

9.6.2 审核登录事件

我们将练习如何来审核是否有用户在本地登录，而且同时要审核登录成功与失败的事件。首先请检查**审核登录事件**策略是否如图9-6-2所示的已经被启用。如果尚未被启用，请双击该策略，以便进入该策略并启用该策略。

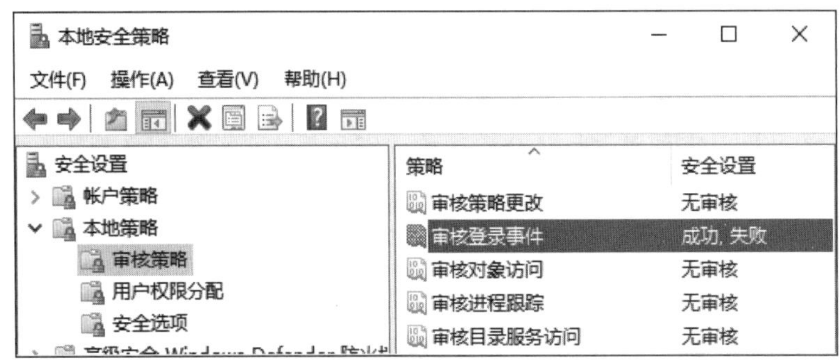

图 9-6-2

注销当前用户，然后改用任何一个本地用户账户（假设是mary）登录，但是故意输入错误密码，然后改用Administrator账户登录（请输入正确密码）。Mary登录失败与Administrator登录成功的操作，都会被记录到安全日志内。我们可如图9-6-3所示通过**事件查看器**来查看mary登录失败的事件，图中失败审核事件（图形为一把锁，工作类别为Logon）为mary登录失败的事件，请双击该事件，就可看到包含登录日期/时间、失败的原因、用户名、计算机名等。我们还可看到登录类型为2，表示为本地登录，若登录类型为3，则表示为网络登录（通过网络来连接）。

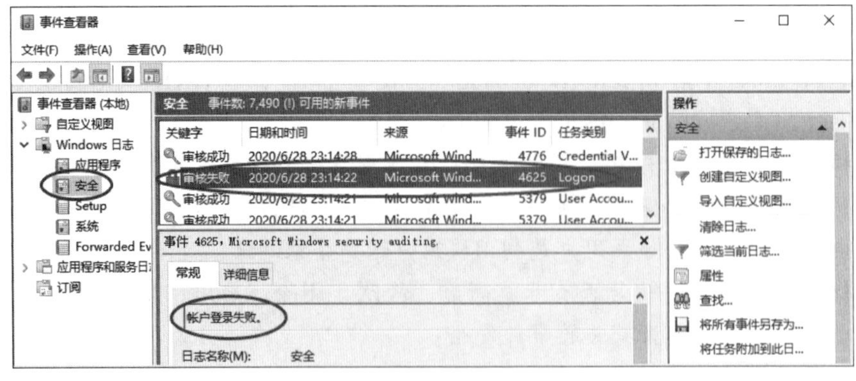

图 9-6-3

9.6.3 审核对文件的访问行为

以下将审核用户Mary是否打开了我们所指定的文件（假设是本地计算机内的文件report.xls）。首先请如图9-6-4所示启用**审核对象访问**策略，接下来需要选择要审核的文件与用户，其步骤如下所示。

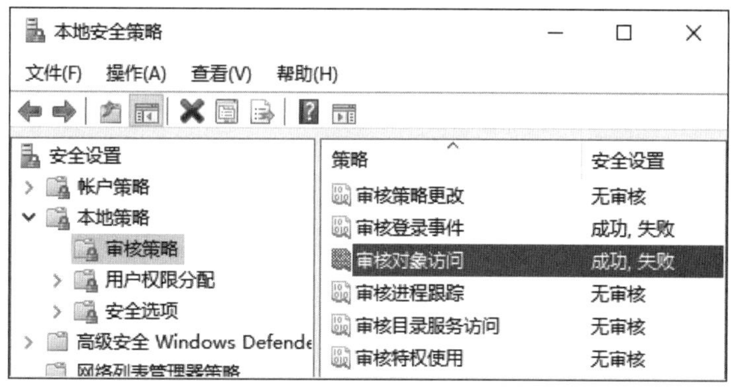

图 9-6-4

STEP 1 打开**文件资源管理器**➲选中要审核的文件（假设是reports.xls）右击➲属性➲安全➲高级➲如图9-6-5所示单击**审核**选项卡下的添加按钮。

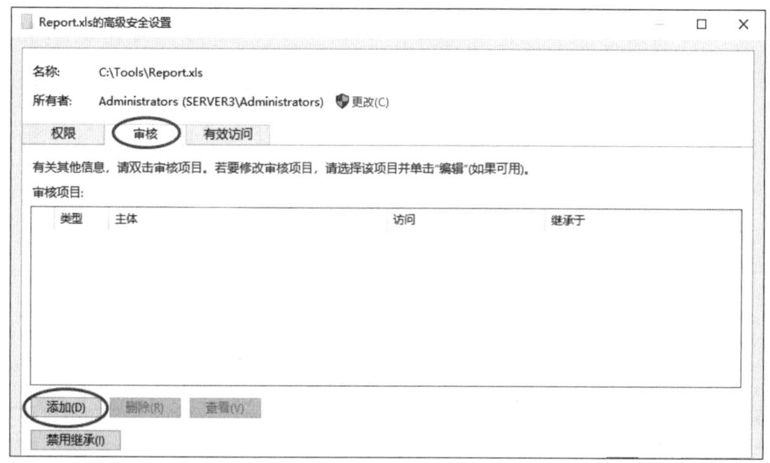

图 9-6-5

如果你不具备**管理审核于安全日志**权限，并且**用户账户控制**的**通知**非**不要通知**的话，则系统会要求输入系统管理员账户与密码才可执行审核设置，如果**通知**为**不要通知**的话，你将无法通过编辑按钮来做任何审核设置。

STEP 2 通过单击图9-6-6中**选择主体**来选择要审核的用户（假设是mary，此图为完成后的界面），在**类型**处选择审核**全部**事件（成功与失败），通过图下方来选择要审核的动作

后依序单击确定按钮来结束设置。

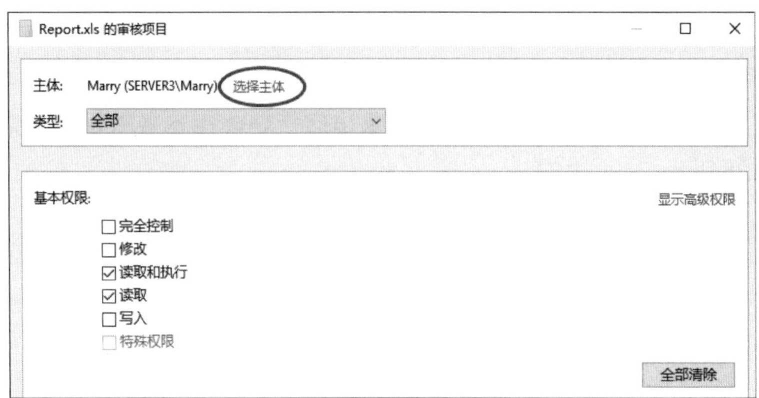

图 9-6-6

接下来我们通过以下步骤来测试与查看审核的结果。

STEP 1　注销Administrator，利用上述被审核的用户账户（mary）登录。

STEP 2　打开**文件资源管理器**，然后尝试打开上述被审核的文件。

STEP 3　注销，重新利用administrator账户登录，以便查看审核记录。

不具备**管理审核与安全日志**权限的用户，无法查看**安全日志**的内容。

STEP 4　打开**事件查看器**，如图9-6-7所示查找与双击审核到的日志，之后就可以从图9-6-8看到刚才打开的文件（report.xls）的操作已被详细记录在此。

系统需要执行多个相关步骤来完成用户打开文件的操作，而这些步骤可能都会被记录在安全日志中，因此会有多条类似的日志，浏览这些记录查找所需的数据。

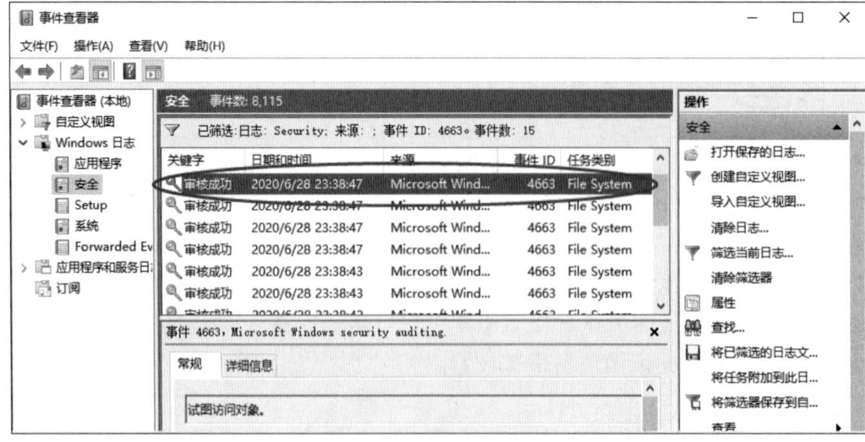

图 9-6-7

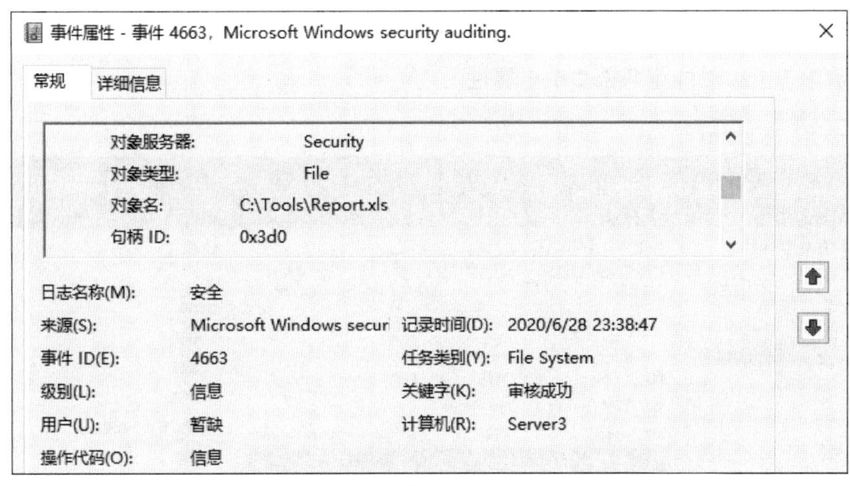

图 9-6-8

9.6.4　审核对打印机的访问行为

审核用户是否访问了打印机（例如通过打印机打印文件） 的设置步骤与审核文件相同，例如也需要启用**审核对象访问**策略，然后通过【单击左下角**开始**图标⊞➲控制面板➲硬件➲设备和打印机➲选中打印机右击➲打印机属性➲**安全**选项卡➲高级➲**审核**选项卡➲添加】的方法来设置，此处不再重复说明其操作步骤。

9.6.5　审核对AD DS对象的访问行为

我们可以审核是否有用户在AD DS数据库内进行了新建、删除或修改对象等操作。以下练习要审核是否有用户在组织单位**业务部**内建立了新用户账户。

请先到域控制器利用Administrator账户登录，然后通过【单击左下角**开始**图标⊞➲Windows 管理工具➲组策略管理➲展开到组织单位Default Domain Controllers➲ 选 中 Default Domain Controllers Policy右击➲编辑】的方法来启用**审核目录服务访问**策略，并假设同时选择审核成功与失败事件，如图9-6-9所示。

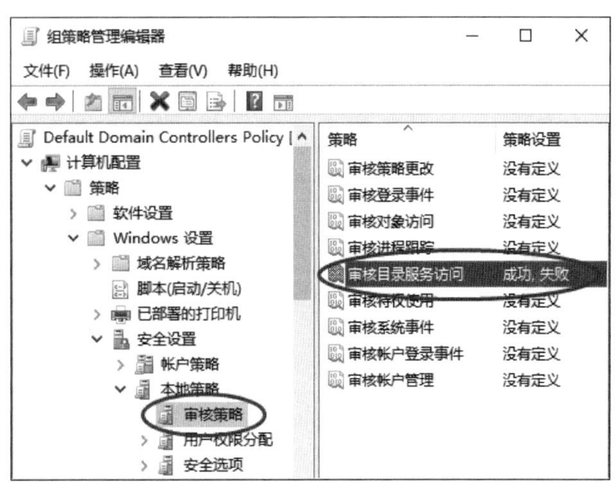

图 9-6-9

接下来要审核是否有用户在组织单位**业务部**内新建用户账户：

STEP 1　单击左下角**开始**图标⊞➲Windows 管理工具➲Active Directory管理中心➲如图9-6-10所示单击组织单位**业务部**➲单击**属性**。

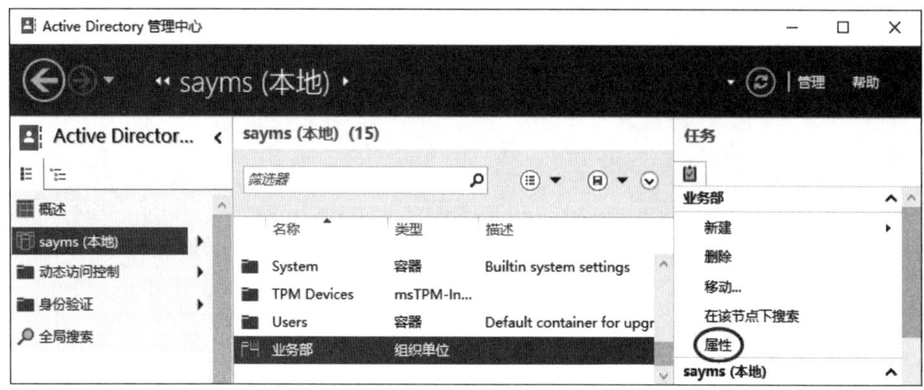

图 9-6-10

STEP 2　如图9-6-11所示单击**扩展**节点，单击**安全**选项卡之下的**高级**按钮。

图 9-6-11

STEP 3　如图9-6-12所示单击**审核**选项卡下的**添加**按钮。

业务部的高级安全设置

所有者: Domain Admins (SAYMS\Domain Admins) 更改(C)

权限 审核 有效访问

有关其他信息，请双击审核项目。若要修改审核项目，请选择该项目并单击"编辑"(如果可用)。

审核项目:

类型	主体	访问	继承于	应用于
成功	Everyone		DC=sayms,DC=local	后代 组织单位 对象
成功	Everyone		DC=sayms,DC=local	后代 组织单位 对象

添加(D) 删除(R) 查看(V) 还原默认值(S)

禁用继承(I)

确定 取消 应用(A)

图 9-6-12

STEP 4 在图9-6-13中通过上方**选择主体**来选择要审核的用户（图中已完成选择Everyone），在**类型**处选择审核**全部**事件（成功与失败），通过下方来选择审核**创建所有子对象**后单击**确定**按钮来结束设置。

业务部 的审核项目

主体: Everyone 选择主体

类型: 全部

应用于: 这个对象及全部后代

权限:

- ☐ 完全控制
- ☑ 列出内容
- ☑ 读取全部属性
- ☐ 写入全部属性
- ☐ 删除
- ☐ 删除子树目录
- ☑ 读取权限
- ☐ 修改权限
- ☐ 修改所有者
- ☐ 所有验证的写入
- ☐ 所有扩展权限
- ☑ 创建所有子对象
- ☐ 删除所有子对象
- ☑ 创建 account 对象
- ☐ 删除 account 对象
- ☐ 删除 msDS-GroupManagedServiceAccount 对象
- ☑ 创建 msDS-ManagedServiceAccount 对象
- ☐ 删除 msDS-ManagedServiceAccount 对象
- ☑ 创建 msDS-ShadowPrincipalContainer 对象
- ☐ 删除 msDS-ShadowPrincipalContainer 对象
- ☑ 创建 msieee80211-Policy 对象
- ☐ 删除 msieee80211-Policy 对象
- ☑ 创建 msImaging-PSPs 对象
- ☐ 删除 msImaging-PSPs 对象
- ☑ 创建 MSMQ 队列别名 对象
- ☐ 删除 MSMQ 队列别名 对象
- ☑ 创建 MSMQ 组 对象
- ☐ 删除 MSMQ 组 对象
- ☑ 创建 msPKI-Key-Recovery-Agent 对象
- ☐ 删除 msPKI-Key-Recovery-Agent 对象

图 9-6-13

STEP 5 图9-6-14为完成后的界面。

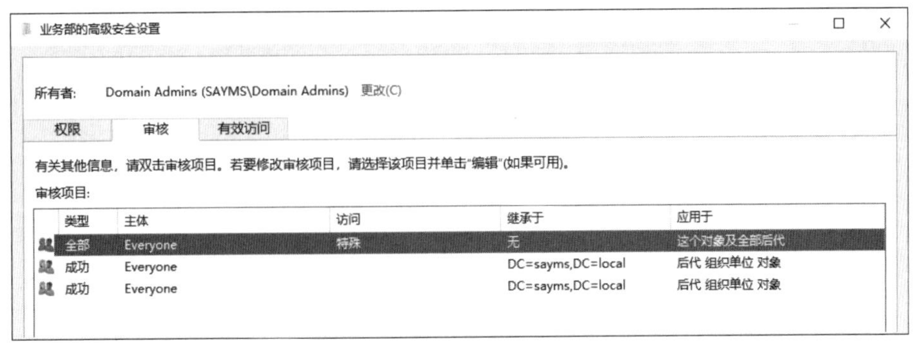

图 9-6-14

等审核策略成功应用到域控制器后（等5分钟、重新启动域控制器或手动应用，详情可参考6.4节的说明），再执行以下的步骤。

STEP 1　通过【打开**Active Directory管理中心**➲选中组织单位**业务部**右击➲新建➲用户】的方法来建立一个用户账户，例如jackie。

STEP 2　打开**事件查看器**➲双击图9-6-15中所审核到的事件日志，其事件ID为4720、任务类别为User Account Management（**用户账户管理**），之后就可以看到刚才新建用户账户（jackie）的操作已被详细记录下来（见图9-6-16）。

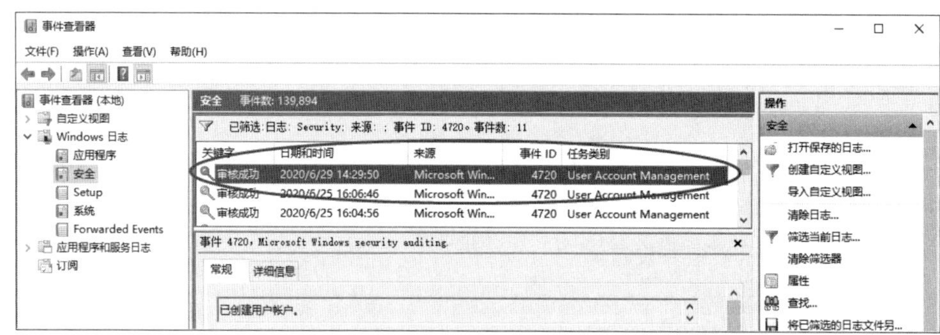

图 9-6-15

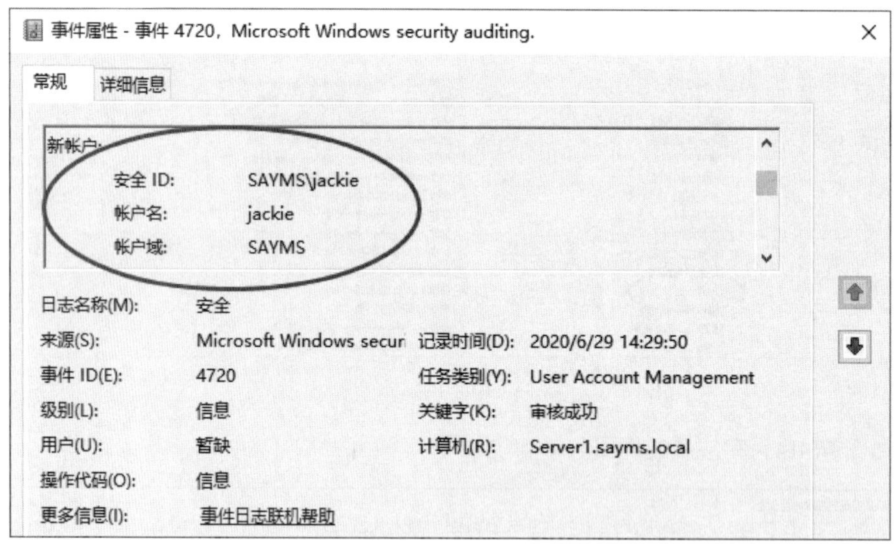

图 9-6-16

第 10 章　磁盘系统的管理

磁盘内存储着计算机内的所有数据，因此必须对磁盘有充分的了解，并妥善地管理磁盘，以便有效利用磁盘来存储宝贵的数据、确保数据的完整与安全。

- 磁盘概述
- 基本卷的管理
- 动态磁盘的管理
- 移动磁盘设备

10.1 磁盘概述

在数据能够被存储到磁盘之前，该磁盘必须被分割成一个或数个磁盘分区（partition），如图10-1-1中一个磁盘（一块硬盘）被分割为3个磁盘分区。

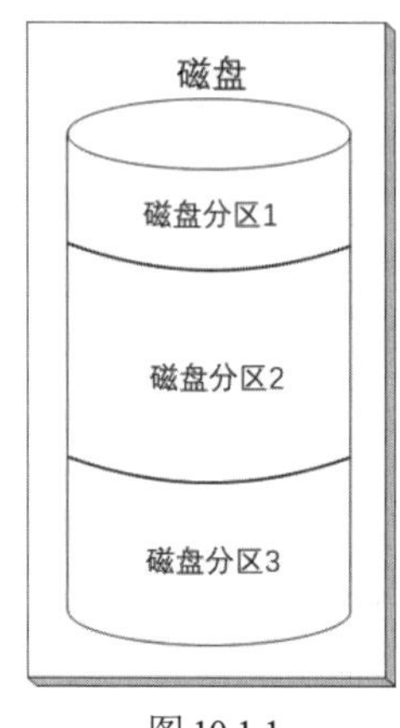

图 10-1-1

在磁盘内有一个被称为**磁盘分区表**（partition table）的区域，它是被用来存储这些磁盘分区的相关数据信息的，例如每一个磁盘分区的起始地址、结束地址、是否为**活动**（active）的磁盘分区等信息。

10.1.1 MBR磁盘与GPT磁盘

磁盘按分区表的格式可以分为**MBR磁盘**与**GPT磁盘**两种磁盘分区格式（style）：

- **MBR磁盘**：它是传统的磁盘分区格式，其**磁盘分区表**存储在MBR内（master boot record，见图10-1-2左半部）。MBR位于磁盘最前端，计算机启动时，使用传统BIOS（基本输入输出系统，它是计算机主板上的一个固化在ROM芯片上的程序）的计算机，其BIOS会先读取MBR，并将控制权交给MBR内的程序代码，然后由此程序代码来继续后续的启动工作。**MBR磁盘**所支持硬盘的最大容量为2.2TB（1TB=1024GB）。
- **GPT磁盘**：它是一种新的磁盘分区表格式，其**磁盘分区表**存储在GPT（GUID partition table，见图10-1-2右半部）内，它也是位于磁盘的前端，它具有**主分区表**与**备份分区表**，可提供容错功能。使用新式UEFI BIOS的计算机，其BIOS会先读取GPT，并将控制权交给GPT内的程序代码，然后由此程序代码来继续后续的启动工作。GPT磁盘所支持硬盘的容量可以超过2.2TB。

你可以利用图形接口的**磁盘管理**工具或**Diskpart**命令将空的MBR磁盘转换成GPT磁盘或

将空的GPT磁盘转换成MBR磁盘。

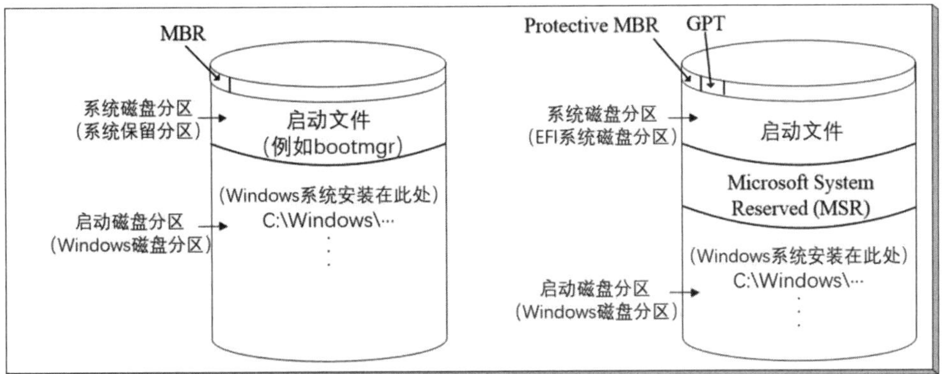

图 10-1-2

为了兼容起见，GPT磁盘内另外还提供了Protective MBR，它让仅支持MBR的程序仍然可以正常运行。

10.1.2 基本磁盘与动态磁盘

Windows系统将磁盘分为**基本磁盘**与**动态磁盘**两种类型：

- **基本磁盘**：传统的磁盘系统，新安装的硬盘默认是基本磁盘。
- **动态磁盘**：它支持多种特殊的磁盘分区，其中有的可以提高系统访问效率、有的可以提供容错功能、有的可以扩大磁盘的使用空间。

以下先针对基本磁盘来说明，至于动态磁盘部分则留待后面的章节再介绍。

主要与扩展磁盘分区

在数据能够被存储到基本磁盘之前，该磁盘必须被分割成一或多个磁盘分区，而磁盘分区分为两种：

- **主分区**：它可以用来启动操作系统。计算机启动时，MBR或GPT内的程序代码会到**活动**（active）的主分区内读取与执行启动程序代码，然后将控制权交给此启动程序代码来启动相关的操作系统。
- **扩展磁盘分区**：它只能用于存储文件，无法用于启动操作系统，也就是说MBR或GPT内的程序代码不会到扩展磁盘分区内读取与执行启动程序代码。

一个**MBR磁盘**内最多可建立4个主分区或3个主分区加上1个扩展磁盘分区（图10-1-3左半部）。每一主分区都可被赋予一个驱动器号，例如C:、D: 等。扩展磁盘分区内可建立多个逻辑分区。基本磁盘内的每一个主分区或逻辑分区又被称为**基本卷**（basic volume）。

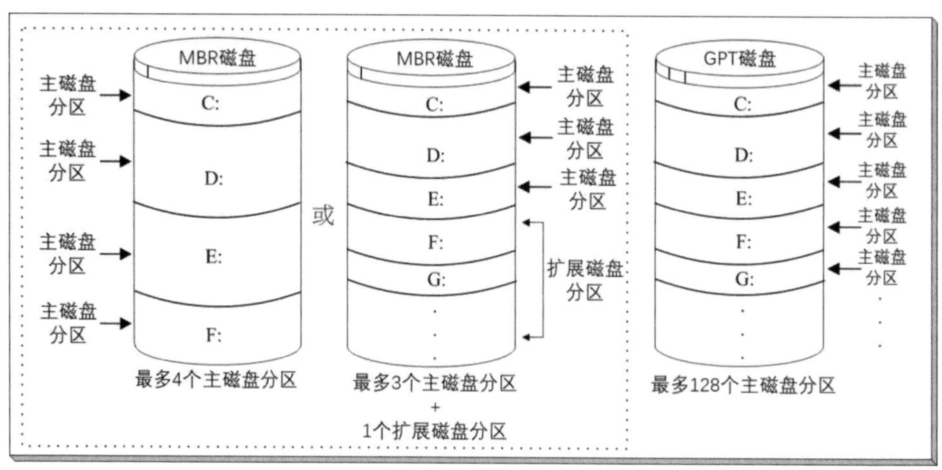

图 10-1-3

> Q 卷（volume）与磁盘分区（partition）有什么不同？
>
> A 卷是由一或多个磁盘分区所组成的，我们在后面介绍动态磁盘时会介绍包含多个磁盘分区的卷。

Windows系统的一个GPT磁盘内最多可以创建128个主分区（图10-1-3右半部），而每一个主分区都可以被赋予一个驱动器号（但最多只有A~Z等26个代号可用）。由于可有多达128个主分区，因此GPT磁盘不需要扩展磁盘分区。大于 2.2TB的磁盘分区需要使用GPT磁盘。

启动分区与系统分区

Windows系统又将磁盘分区进一步划分为启动分区（boot volume）与系统分区（system volume）两种：

- **启动分区**：它是用来存储Windows操作系统文件的磁盘分区。操作系统文件一般是放在Windows文件夹内，此文件夹所在的磁盘分区就是**启动分区**，以图10-1-4的MBR磁盘来说，其左半部与右半部的C:磁盘驱动器都是存储系统文件（Windows文件夹）的磁盘分区，因此它们都是**启动分区**。**启动分区**可以是主分区或扩展磁盘分区内的逻辑分区。
- **系统分区**：如果将系统启动的程序分为两个阶段来看的话，**系统分区**内就是存储第1阶段所需要的启动文件（例如**Windows启动管理器**bootmgr）。系统利用其中的启动信息，就可以到**启动分区**中的Windows文件夹内读取启动Windows系统所需的其他文件，然后进入第2阶段的启动程序。如果计算机内安装了多套Windows操作系统的话，**系统分区**内的程序也会负责显示操作系统列表来供用户选择。

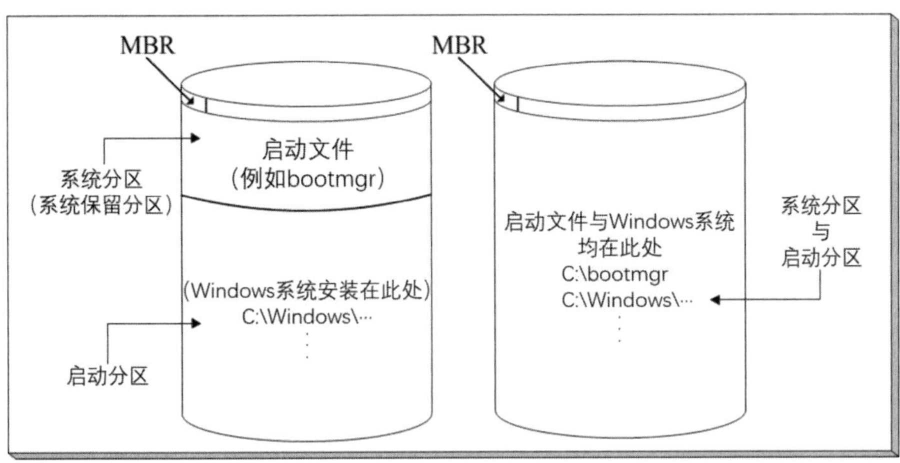

图 10-1-4

例如图10-1-4左半部的**系统保留分区**与右半部的C:都是**系统分区**，其中右半部因为只有一个磁盘分区，启动文件与Windows文件夹都是存储在此处，因此它既是**系统分区**，也是**启动分区**。

在安装Windows Server 2019时，安装程序就会自动建立扮演**系统分区**角色的**系统保留分区**，且无驱动器号（参考图10-1-4左上半部），包含**Windows修复环境**（Windows Recovery Environment，Windows RE）。你也可以自行删除此默认分区，如图10-1-4右半部所示只有1个磁盘分区。

使用UEFI BIOS的计算机可以选择**UEFI模式**或传统**BIOS模式**来启动Windows系统。如果是**UEFI模式**的话，则启动磁盘需要是GPT磁盘，并且此磁盘最少需要3个GPT磁盘分区（参见图10-1-5）：

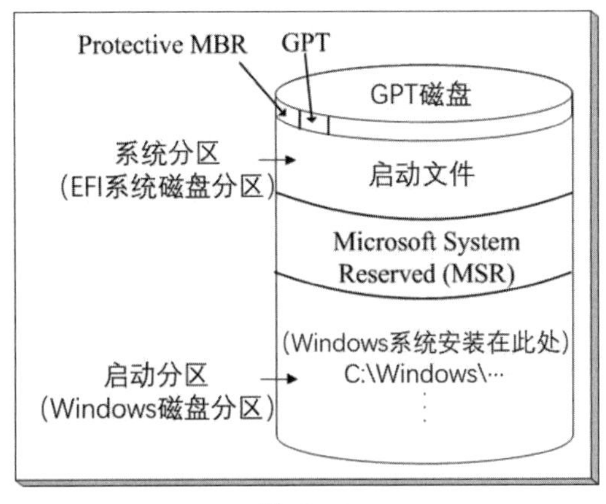

图 10-1-5

- **EFI系统分区（ESP）**：其文件系统为FAT32，可用来存储BIOS/OEM厂商所需要的文件、启动操作系统所需要的文件等、**Windows修复环境**（Windows RE）。

- **Microsoft System Reserved磁盘分区（MSR）**：保留区域，供操作系统使用。
- **Windows磁盘分区**：其文件系统为NTFS，它是用来存储Windows操作系统文件的磁盘分区。操作系统文件一般是放在Windows文件夹内。

在**UEFI模式**之下，如果将Windows Server 2019安装到一个空硬盘中，则除了以上3个磁盘分区之外，安装程序还会自动多建立一个**修复磁盘分区**，如图10-1-6所示，它将**Windows RE**与**EFI系统分区**划分成为两个磁盘分区。

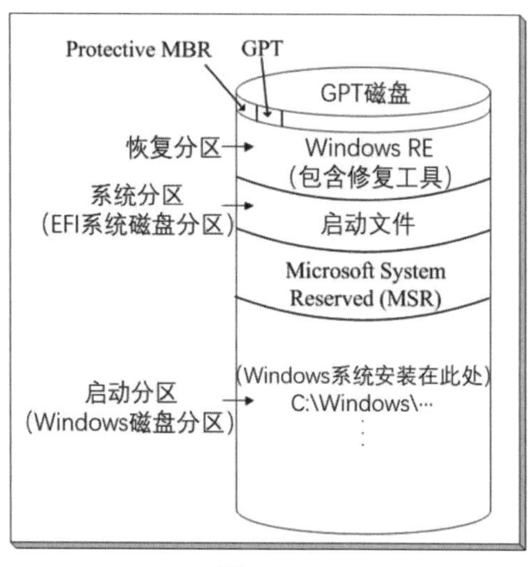

图 10-1-6

如果是数据磁盘的话，则至少需要一个**MSR**与一个用来存储数据的磁盘分区。**UEFI模式**的系统虽然也可以有MBR磁盘，但MBR磁盘只能够当作数据磁盘，无法作为启动磁盘。

如果硬盘内已经有操作系统，且此硬盘是MBR磁盘的话，则必须先删除其中的所有磁盘分区，才可以将其转换为GPT磁盘，其方法为：在安装过程中通过单击**修复计算机**来进入**命令提示符**，然后执行**diskpart**程序，接着依序执行**select disk 0**、**clean**、**convert gpt**命令。

在**文件资源管理器**中看不到**系统保留分区**（MBR磁盘）、**恢复分区**、**EFI系统分区**与**MSR**等磁盘分区。在Windows系统内置的磁盘管理工具**"磁盘管理"**内看不到MBR、GPT、Protective MBR等特殊信息，虽然可以看到**系统保留分区**（MBR磁盘）、**恢复分区**与**EFI系统分区**等磁盘分区，但还是看不到MSR，例如图10-1-7中的磁盘为GPT磁盘，图中可以看到**恢复分区**与**EFI系统分区**（当然还有Windows磁盘分区），但看不到MSR（**磁盘管理**的打开方法：【单击左下角**开始**图标⊞➲Windows 管理工具➲计算机管理➲……】）。

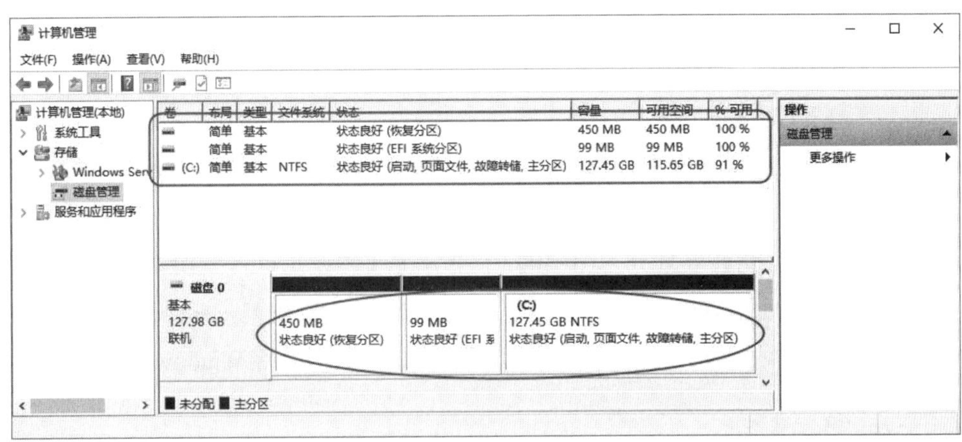

图 10-1-7

1. 在安装Windows Server 2019前，可能需要先进入BIOS内来修改设置，例如将“**开机设备控制**”改为UEFI，才会有如图10-1-7所示的分区架构。
2. 在**UEFI模式**下安装Windows Server 2019完成后，系统会自动修改BIOS设置，并将其改为优先通过“**Windows Boot Manager**”来启动计算机。

我们可以通过**diskpart.exe**程序来查看MSR：打开Windows PowerShell，如图10-1-8所示执行**diskpart**程序，依序执行**select disk 0**、**list partition**命令，图中所有4个磁盘分区都可以看到。

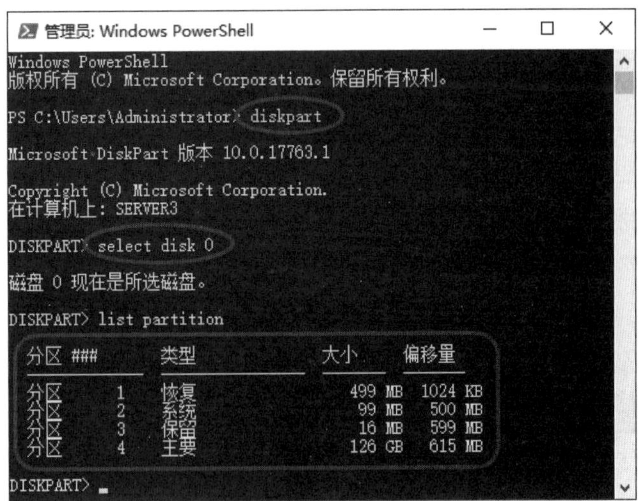

图 10-1-8

建议你利用 Hyper-V（见第5章）的虚拟机与虚拟硬盘来练习本章的内容。

10.2　基本卷的管理

可以通过【单击左下角**开始**图标⊞➲Windows 管理工具➲计算机管理➲存储➲磁盘管理】工具来管理基本卷，如图10-2-1所示，图中磁盘 0为基本磁盘、MBR磁盘，此磁盘在安装Windows Server 2019时就会被划分为图中的2个主分区（假设是以传统**BIOS模式**工作），其中第一个为**系统保留分区**（包含**Windows修复环境**，Windows RE），它是**系统分区**、**活动**的磁盘分区、没有驱动器号；另一个分区的驱动器号为C:，它是安装Windows Server 2019的**启动分区**。

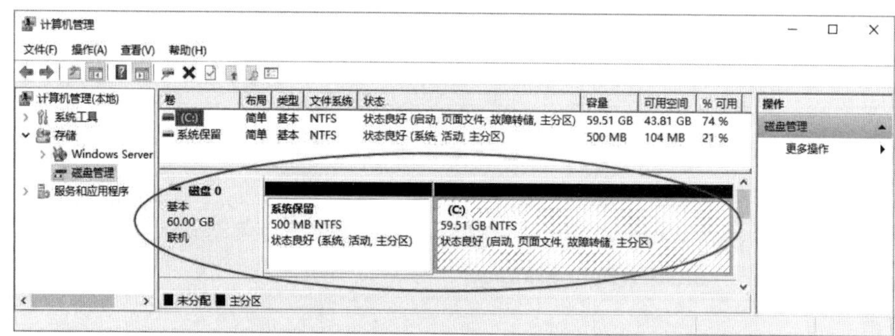

图 10-2-1

如果是以**UEFI模式**工作的话，则磁盘分区架构会如前面的图10-1-7所示。

10.2.1　压缩卷

你可以将NTFS磁盘分区压缩（shrink），以图10-2-1中磁盘 0为例，其中第2个磁盘分区的驱动器号为C:，虽然C: 的容量约为59.51GB，可是实际使用量大约为10GB，如果想从尚未使用的剩余空间中划分出约20GB的空间，并将其变成另外一个未分割的可用空间的话，此时可以利用**压缩**功能来缩小原磁盘分区的容量，以便将节约出的空间划分为另外一个磁盘分区：【如图10-2-2所示选中C: 磁盘右击➲压缩卷➲输入要划分出空间的大小（20480MB，也就是20GB）➲单击压缩按钮】。图10-2-3为完成后的界面，图中右侧多出一个约20GB的可用空间，而原来拥有59.51容量的C: 磁盘只剩下39.51GB。如果要再将C: 的39.51GB与未配置的20GB合并回来的话：【选中C: 右击➲扩展卷】。

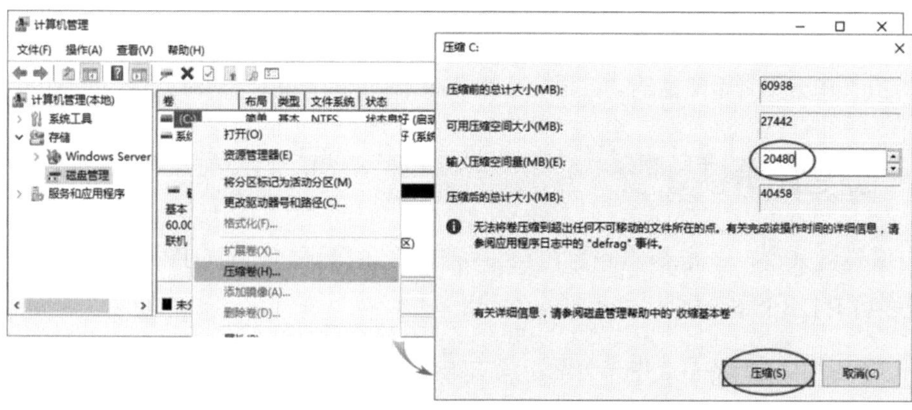

图 10-2-2

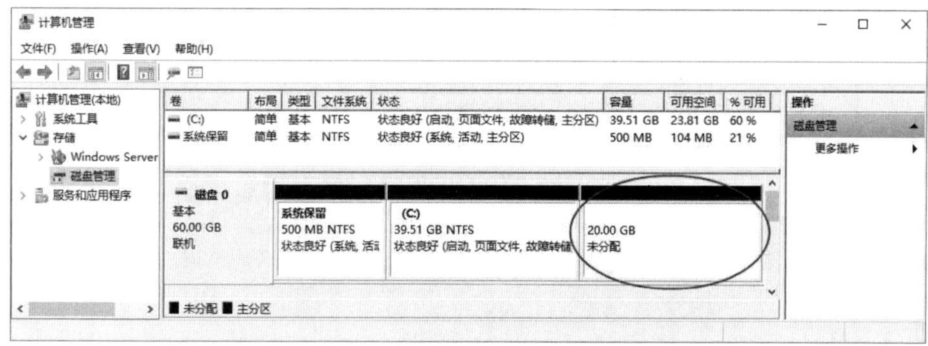

图 10-2-3

10.2.2 安装新磁盘

在计算机内安装了新磁盘（硬盘）后，需要经过初始化后才可以使用：【打开**磁盘管理**➲如图10-2-4选中新磁盘右击➲联机➲选中此新磁盘右击➲初始化磁盘➲选择**MBR**或**GPT**分区形式➲单击确定按钮】，接着就可以在新磁盘内来创建磁盘分区了。

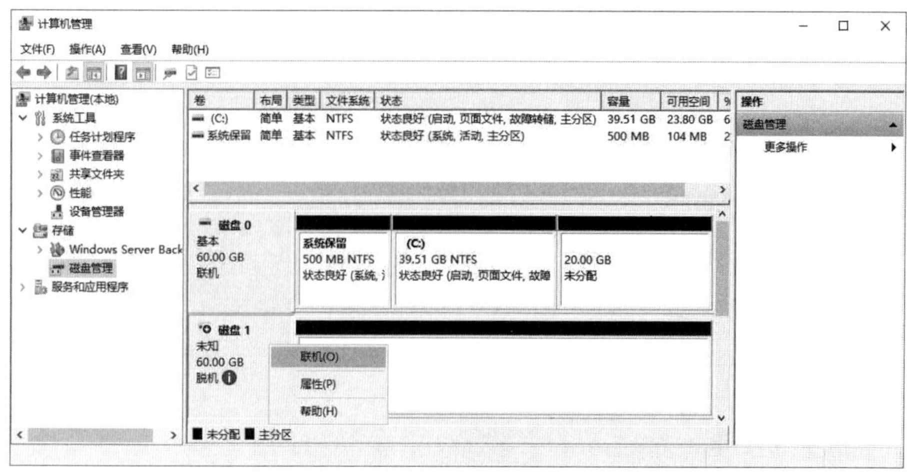

图 10-2-4

如果界面中看不到新磁盘的话，请先【选择**操作**菜单➲重新扫描磁盘】。

10.2.3　新建主分区

对MBR磁盘来说，一个基本磁盘内最多可有4个主分区，而对GTP磁盘来说，一个基本磁盘内最多可有128个主分区。

STEP 1　如图10-2-5所示【选中未分配空间右击➲新建简单卷】（新建的简单卷会自动被设置为主分区，但如果是新建第4个简单卷的话，它将自动被设置为扩展分区）。

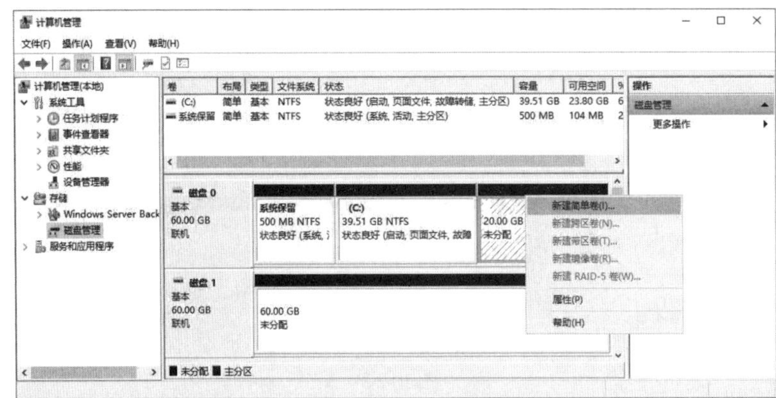

图 10-2-5

STEP 2　出现**欢迎使用新建简单卷向导**界面时单击下一步按钮。

STEP 3　在图10-2-6中设置此主分区大小（假设是6GB）后单击下一步按钮。

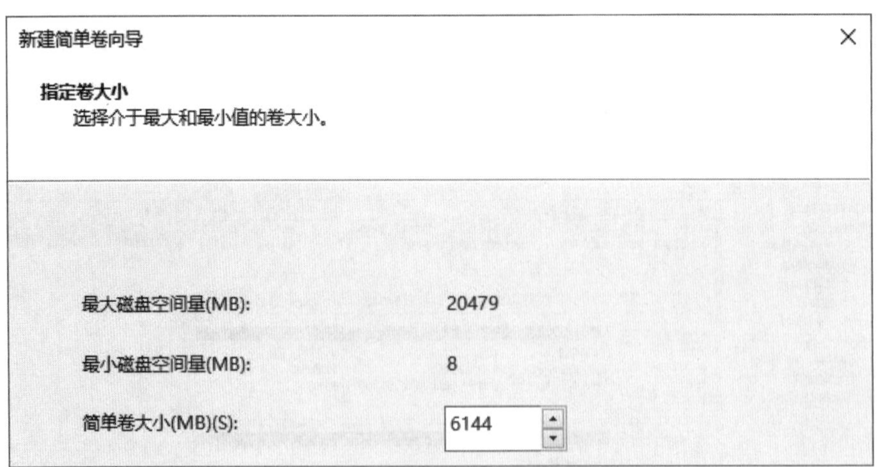

图 10-2-6

STEP 4　完成图10-2-7中的选择后单击下一步按钮（图中选择第1个选项）：

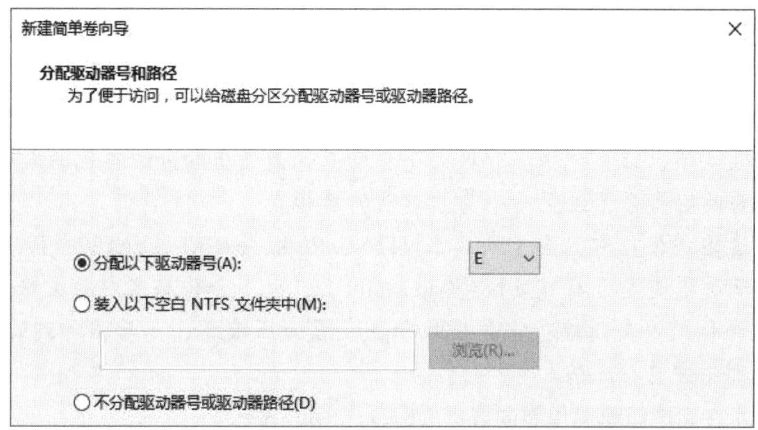

图 10-2-7

- **分配以下驱动器号**：指定一个驱动器号代表此磁盘分区，例如E:。
- **装入以下空白NTFS文件夹中**：也就是指定一个空的NTFS文件夹（其中不能有任何文件）来代表此磁盘分区，例如若此文件夹为C:\Tools，则以后所有存储到C:\Tools的文件，都会被存储到此磁盘分区内。
- **不分配驱动器号或驱动器路径**：不指定任何的驱动器号或磁盘路径（可事后通过【选中该磁盘分区右击➲更改驱动器号和路径】的方法来指定）。

STEP 5 在图10-2-8中默认是要对此磁盘分区进行格式化操作的：

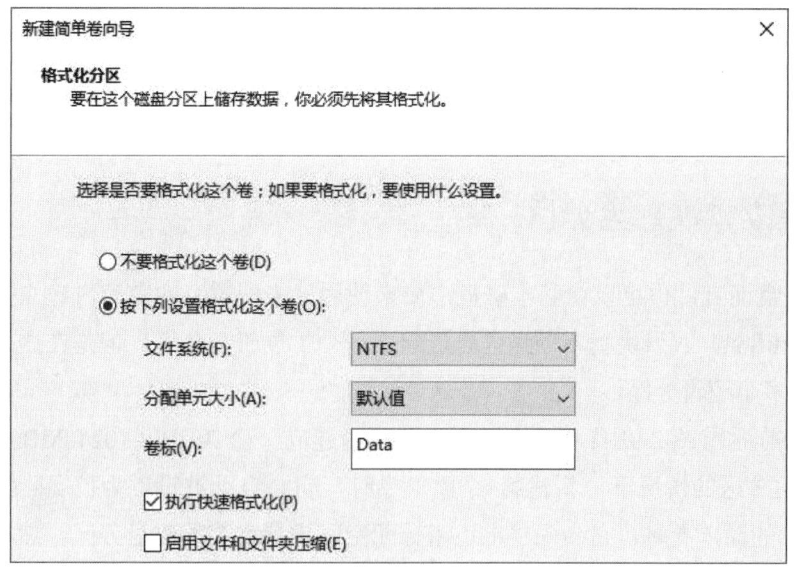

图 10-2-8

- **文件系统**：可选择将其格式化为NTFS、ReFS、exFAT、FAT32或FAT的文件系统（分区需等于或小于4GB以下，才可以选择FAT）。
- **分配单元大小**：分配单元（allocation unit）是磁盘的最小访问单位，其大小必须适当，例如如果设置为8KB，则当你要存储一个5KB的文件时，系统会一次就分配8KB

的磁盘空间，然而此文件只会用到5KB，多余的3KB将被闲置不用，因此会浪费磁盘空间。如果将分配单元缩小到1KB，则因为系统一次只配置1KB，因此必须连续配置5次才满足5KB存储空间的要求，这将影响到系统效率。除非有特殊需求，否则建议用默认值，让系统根据分区大小自动选择最适当的分配单元的大小。

- **卷标**：为此磁盘分区设置一个易于识别的名称。
- **执行快速格式化**：它只会重新建立NTFS、Refs、exFAT、FAT32或FAT表格，但不会花费时间去检查是否有坏扇区（bad sector），也不会将扇区内的数据删除。
- **启用文件和文件夹压缩**：它会将此分区设置为**压缩卷**，以后添加到此分区的文件及文件夹都会被自动压缩。

STEP 6 出现**正在完成新建简单卷向导**界面时单击完成按钮。

STEP 7 之后系统会开始将此磁盘分区格式化，图10-2-9为完成后的界面，其容量大小为6GB。

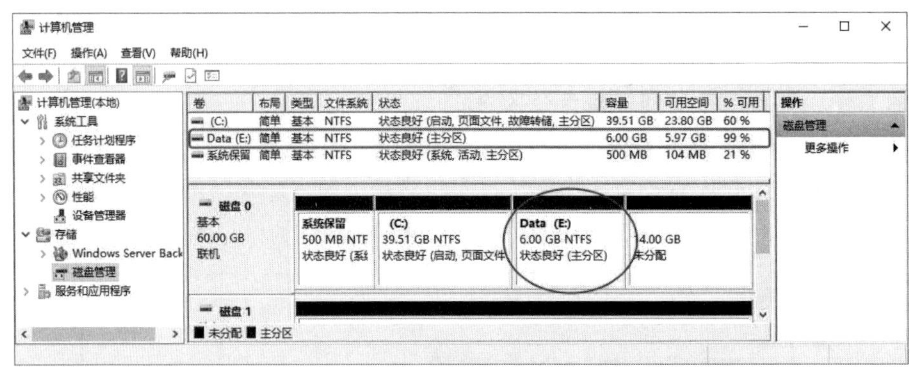

图 10-2-9

10.2.4 建立扩展磁盘分区

对MBR磁盘而言，你可以在基本磁盘中尚未使用（未配置）的空间内建立扩展磁盘分区（extended partition）。一块基本磁盘内只能建立一个扩展磁盘分区，但是在这个扩展磁盘分区内可以建立多个逻辑分区。

我们将在前面图10-2-9中14GB的未分配空间内建立一个10GB（10240MB）的简单卷。在已经有3个主分区的情况下，新建第4个简单卷时，它会自动被设置为扩展磁盘分区，因此在建立此10GB的简单卷时，它会先将上述未分配空间设置为扩展磁盘分区，然后在其中建立一个10GB的简单卷，并赋予逻辑分区号，剩余的可用空间（4GB）可以再建立多个简单卷。

建立扩展磁盘分区的步骤与前面建立主分区类似，此处不再重复，图10-2-10为完成后的界面，圈起来的部分就是扩展磁盘分区，其中10GB的F: 磁盘就是所建立的简单卷，另外还剩余大约4GB的可用空间。

只有在建立第4个磁盘分区时，才会自动被设置为扩展磁盘分区。如果你不希望受限于4个磁盘分区的话，请使用**Diskpart.exe**程序。要利用**Diskpart.exe**在图10-2-9中14GB的未分配空间内建立一个10GB简单卷的话，打开**Windows PowerShell**，然后依序执行以下命令：**diskpart**、**Select Disk 0**、**create partition extended size=10240**、**exit**、**exit**。

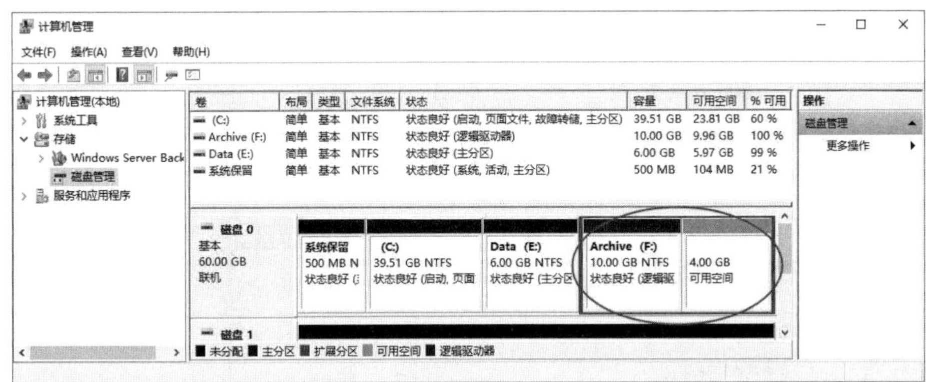

图 10-2-10

建立逻辑分区

我们可以在扩展磁盘分区的可用空间内建立多个逻辑分区。

STEP 1 选中图10-2-11中扩展磁盘分区（绿色框）右击➲新建简单卷。

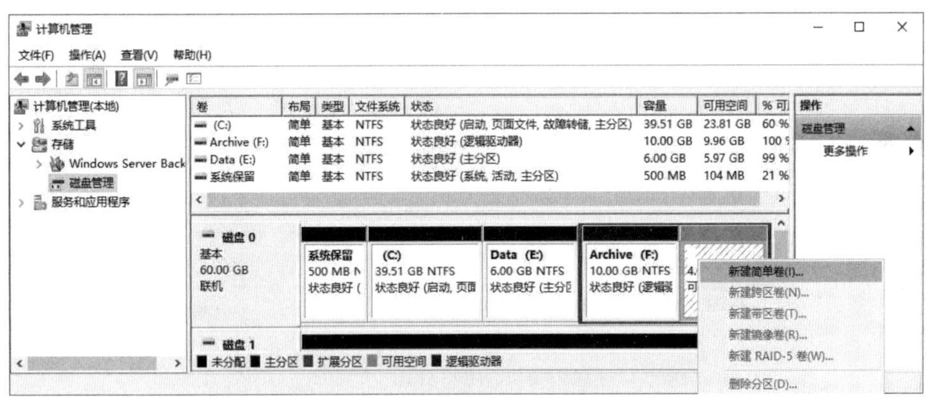

图 10-2-11

STEP 2 出现**欢迎使用新建简单卷向导**界面时单击下一步按钮。

STEP 3 在图10-2-12中设置此磁盘分区的大小后单击下一步按钮。

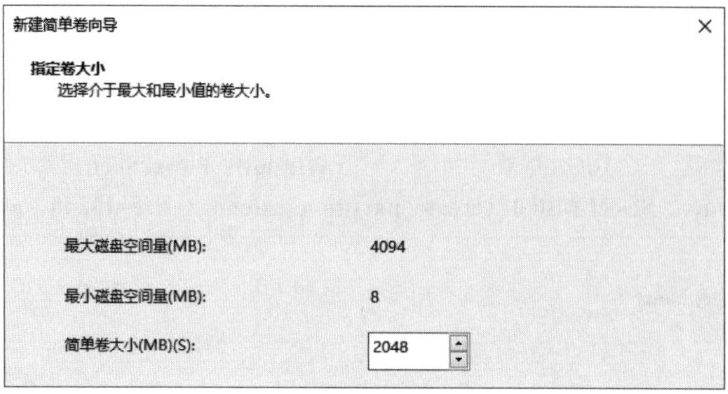

新建简单卷向导
指定卷大小
选择介于最大和最小值的卷大小。
最大磁盘空间量(MB):
4094
最小磁盘空间量(MB):
8
简单卷大小(MB)(S):
2048

图 10-2-12

STEP 4 在图10-2-13中为此磁盘分区分配一个驱动器后单击下一步按钮（此界面的详细说明可以参阅图10-2-7的说明）。

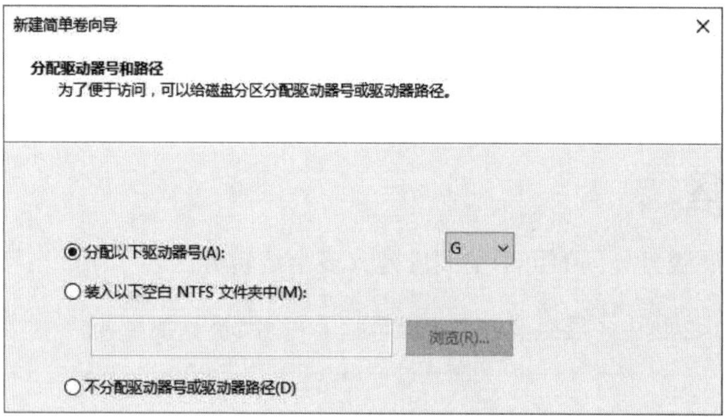

新建简单卷向导
分配驱动器号和路径
为了便于访问，可以给磁盘分区分配驱动器号或驱动器路径。
分配以下驱动器号(A):
G
装入以下空白 NTFS 文件夹中(M):
浏览(R)...
不分配驱动器号或驱动器路径(D)

图 10-2-13

STEP 5 在图10-2-14中选择适当的设置值后单击下一步按钮（此界面的详细说明可以参阅图10-2-8的说明）。

新建简单卷向导
格式化分区
要在这个磁盘分区上储存数据，你必须先将其格式化。
选择是否要格式化这个卷；如果要格式化，要使用什么设置。
不要格式化这个卷(D)
按下列设置格式化这个卷(O):
文件系统(F):
NTFS
分配单元大小(A):
默认值
卷标(V):
WebPage
执行快速格式化(P)
启用文件和文件夹压缩(E)

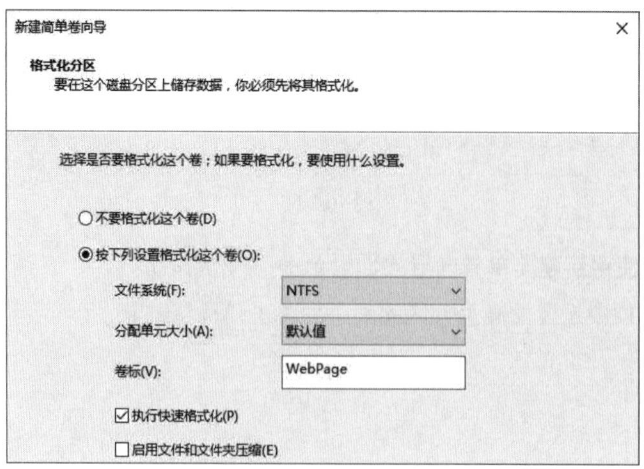

图 10-2-14

STEP 6　出现**正在完成新建简单卷向导**界面时单击完成按钮。

STEP 7　之后系统会开始对此分区进行格式化，图10-2-15为完成后的界面（磁盘驱动器G:）。由图中可知此扩展磁盘分区内还有约2GB的可用空间（绿色区域），可以在此空间内再新建简单卷（逻辑分区）。

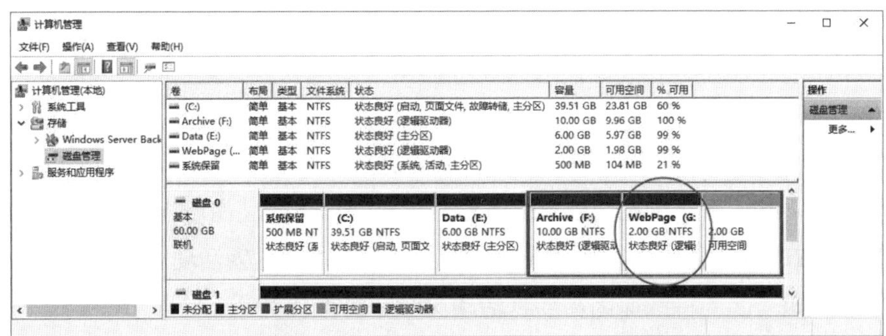

图 10-2-15

10.2.5　指定“活动”的磁盘分区

系统分区内存储着启动文件，例如Bootmgr（启动管理器）等。使用**BIOS模式**工作的计算机启动时，计算机主板上的BIOS会读取磁盘内的MBR，然后由MBR去读取**系统分区**内的启动程序代码（位于**系统分区**最前端的Partition Boot Sector内），再由此程序代码去读取**系统分区**内的启动文件，启动文件再到**活动分区**内加载操作系统文件并启动操作系统。然而因为MBR是到**活动**（active）的磁盘分区去读取启动程序代码，因此必须将**系统分区**设置为**活动**状态。

以图10-2-16为例，磁盘0中第2个磁盘分区内安装着Windows Server 2019，它是**启动分区**；第1个磁盘分区为**系统保留**分区，它存储着启动文件，例如Bootmgr（启动管理器），由于它是**系统分区**，因此它应该是**活动分区**。

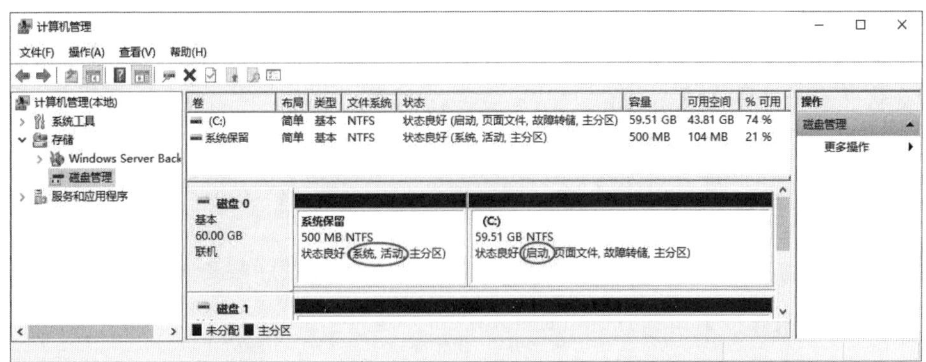

图 10-2-16

如果将第2个磁盘分区设置为**活动**的话，则重新启动计算机时，因为第2个磁盘分区内没有启动文件，因此MBR无法读取到启动文件，界面会提示**BOOTMGR is missing** 的消息，也无法启动Windows Server 2019，此时必须利用其他方法来重新将第1个磁盘分区设置为**活动**，例如利用Windows Server 2019 USB来启动计算机，然后通过**修复计算机**选项来修复。

使用传统**BIOS模式**工作的计算机，在安装Windows Server 2019时，有两个自动建立的磁盘分区，其中一个为**系统保留**分区，另一个分区用来安装Windows Server 2019（见图10-2-16）。安装程序会将启动文件复制到**系统保留分**区内（如果是使用**UEFI模式**工作的计算机，则启动文件是在**EFI系统分区**内，参见图10-1-5），并将它设置为**活动**，此磁盘分区是扮演**系统分区**的角色。如果因为特殊原因需要将**活动**磁盘分区变更为另一个主分区的话：【选中该主分区右击➲将分区标记为活动分区】。只有主分区可以被设置为**活动**状态，扩展磁盘分区内的逻辑分区无法被设置为**活动**状态。

10.2.6 磁盘分区的格式化、添加卷标、转换文件系统与删除

- **格式化**：如果在新建磁盘分区时，并未对其进行格式化操作，这种情况下可以利用【选中磁盘分区右击➲格式化】的方法执行格式化操作。注意如果磁盘分区内已经有数据存在的话，则格式化后这些数据都将丢失。
  不能在系统已启动的情况下对**系统分区**或**启动分区**进行格式化操作，但是可以在安装操作系统过程中，通过安装程序来将它们删除或格式化。
- **添加卷标**：通过【选中磁盘分区右击➲属性】的方法来设置一个易于识别的卷标。
- **将FAT/FAT32转换为NTFS文件系统**：可以利用CONVERT.EXE程序将文件系统为FAT/FAT32的磁盘分区转换为NTFS（无法转换为ReFS）：【单击左下角**开始**图标⊞➲Windows PowerShell】，然后执行命令（假设要将磁盘H: 转换为NTFS）**CONVERT H: /FS:NTFS**。
- **删除磁盘分区或逻辑分区**：可通过【选中该磁盘分区（或卷）右键单击➲删除磁盘分区（或**删除卷**）】的方法。

10.2.7 更改驱动器号和路径

如果要更改驱动器号或磁盘路径：【选中卷右击➲更改驱动器号和路径➲单击更改按钮➲如图10-2-17所示来操作】。

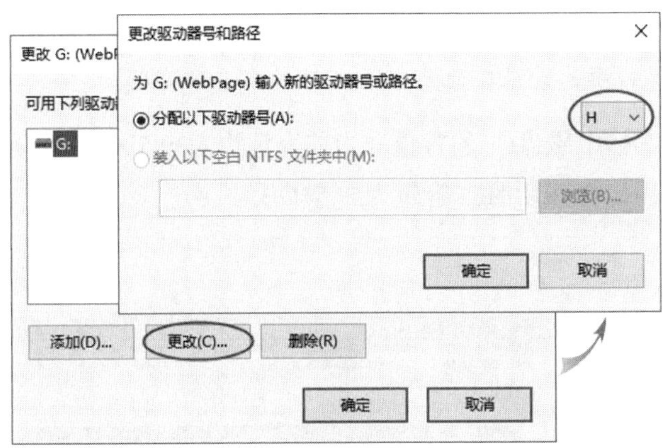

图 10-2-17

1. 请勿任意更改驱动器号，因为有很多应用程序会直接参照驱动器号来访问数据，如果更改了驱动器号，这些应用程序可能会无法读取所需的数据。
2. 当前正在使用中的**启动分区**的驱动器号是无法更改的。

你也可以【选中卷右击➲更改驱动器号和路径➲单击添加按钮➲如图10-2-18所示将磁盘分区映射到一个空文件夹（例如C:\WebPage）】，则以后所有保存到C:\WebPage的文件都会被存储到此磁盘分区内。

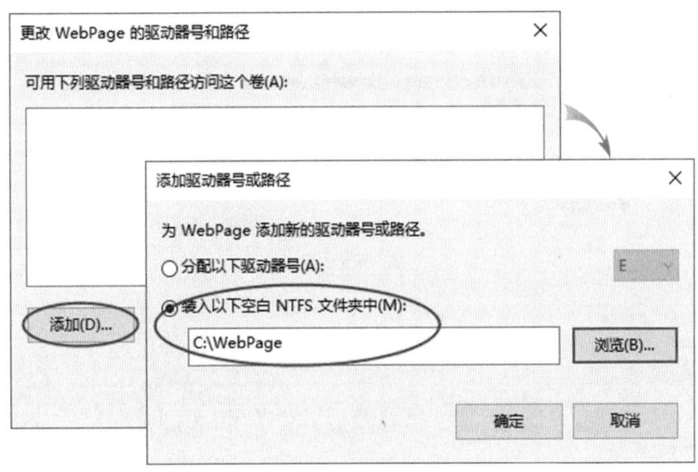

图 10-2-18

10.2.8 扩展卷

基本卷可以被扩展，也就是可以将未配置的空间合并到基本卷内，以便扩大其容量，不过需要注意以下事项：

- 只有尚未格式化或已被格式化为NTFS、ReFS卷才可以被扩展。exFAT、FAT32与FAT

的卷无法被扩展。

- 扩展的空间，必须是紧跟在此基本卷之后的未分配空间。

假设要扩展图10-2-19中磁盘C: 的容量（当前容量约为39.51GB），也就是要将后面20GB的可用空间合并到C: 内，合并后的C: 容量为59.51GB。

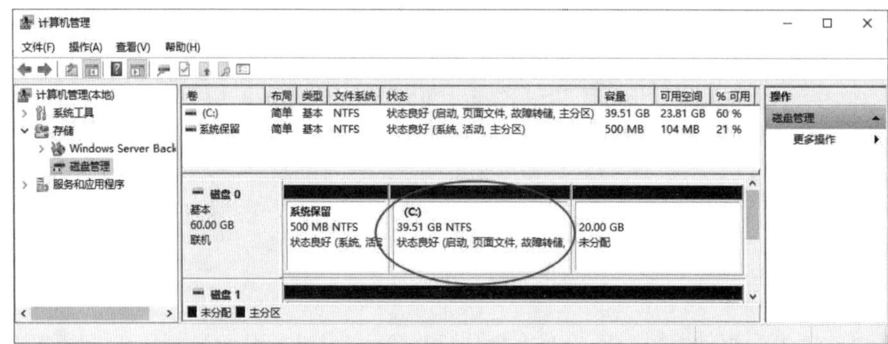

图 10-2-19

请如图10-2-20所示【选中磁盘C: 右击➲扩展卷➲设置要扩展的容量与此容量的来源磁盘（磁盘0）】，图10-2-21为完成后的界面，由图中可看出C: 磁盘的容量已被扩大为59.51GB。

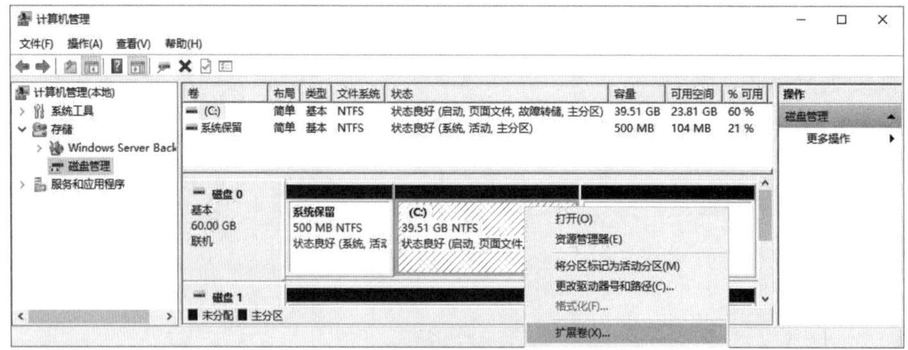

图 10-2-20

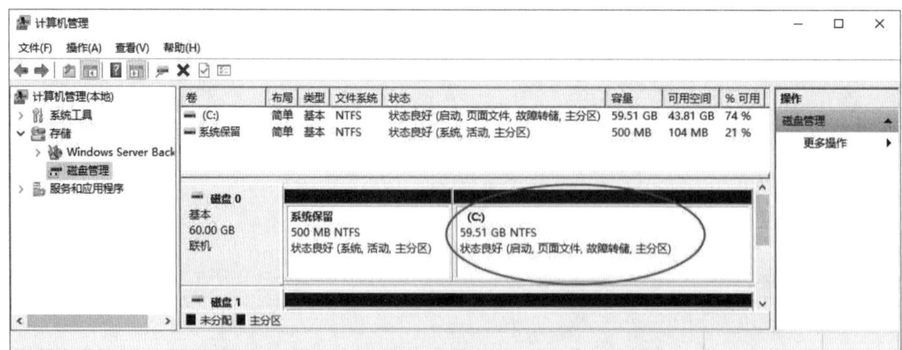

图 10-2-21

10.3 动态磁盘的管理

动态磁盘支持多种类型的动态卷，它们之中有的可以提高访问效率、有的可以提供容错功能、有的可以扩大磁盘的使用空间，这些卷包含：**简单卷**（simple volume）、**跨区卷**（spanned volume）、**带区卷**（striped volume）、**镜像卷**（mirrored volume）、**RAID-5卷**（RAID-5 volume）。其中简单卷为动态磁盘的基本单位，而其他4种则分别具备着不同的特点，如表10-3-1所示。

表10-3-1

卷种类	磁盘数	可用来存储数据的容量	性能（与单一磁盘比较）	容错
跨区	2~32个	全部	不变	无
带区（RAID-0）	2~32个	全部	提高磁盘读、写性能	无
镜像（RAID-1）	2个	一半	读提升、写稍微下降	有
RAID-5	3~32个	磁盘数–1	读提升多、写下降稍多	有

10.3.1 将基本磁盘转换为动态磁盘

需要先将基本磁盘转换成动态磁盘后，才能在磁盘内建立上述特殊的卷，不过在转换之前，请先注意以下事项：

- Administrators或Backup Operators组的成员才有权限执行转换操作。
- 在转换之前，请先关闭所有正在运行的程序。
- 一旦转换为动态磁盘后，原有的主分区与逻辑分区都会自动被转换成**简单卷**。
- 一旦转换为动态磁盘后，整个磁盘内就不会再有任何的基本卷（主分区或逻辑分区）。
- 一旦转换为动态磁盘后，除非先删除磁盘内的所有卷（变成空磁盘），否则无法将它转换回基本磁盘。
- 如果一个基本磁盘内同时安装了多套Windows操作系统的话，请不要将此基本磁盘转成动态磁盘，因为一旦转换为动态磁盘后，则除了当前的操作系统外，可能无法再启动其他操作系统。

将基本磁盘转换为动态磁盘的步骤为：【如图10-3-1所示选中任意一个基本磁盘右击➲转换到动态磁盘➲勾选所有要转换的基本磁盘➲单击确定按钮➲单击转换按钮】。

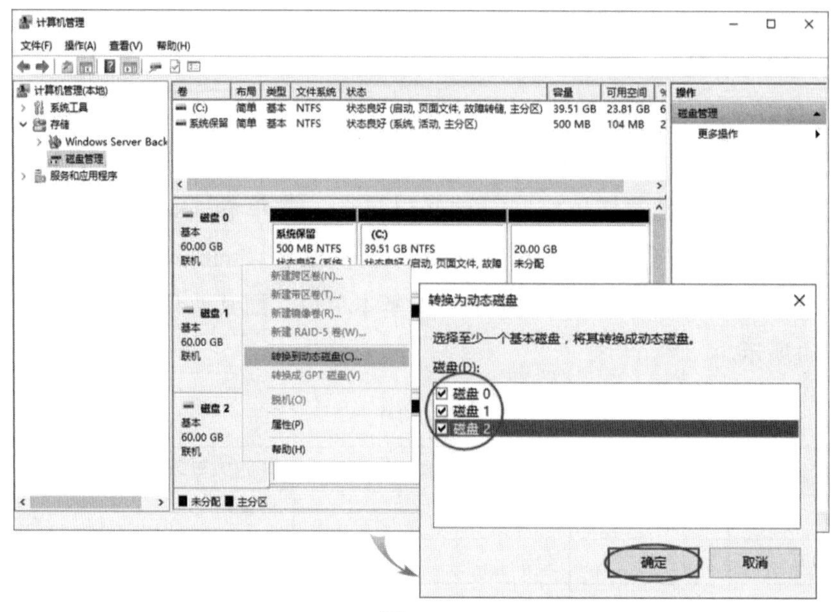

图 10-3-1

10.3.2 简单卷

简单卷是动态磁盘的基本单位，它的地位与基本磁盘中的主分区相当。你可以选择未分配空间来建立简单卷，必要时可对此简单卷扩展。

简单卷可以被格式化为NTFS、ReFS、exFAT、FAT32或FAT文件系统，但如果要扩展简单卷的话（扩展简单卷的容量），则需要是NTFS或ReFS。建立简单卷的步骤如下所示：

STEP 1 如图10-3-2所示【选中一块未配置的空间（假设是磁盘1）右击➲新建简单卷】。

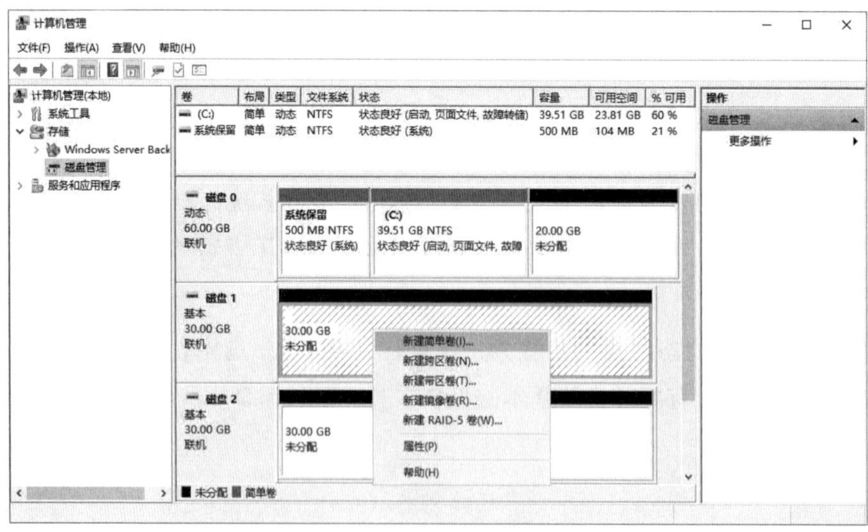

图 10-3-2

STEP 2 出现**欢迎使用新建简单卷向导**界面时单击下一步按钮。

STEP 3 在图10-3-3中设置此简单卷的大小后单击下一步按钮。

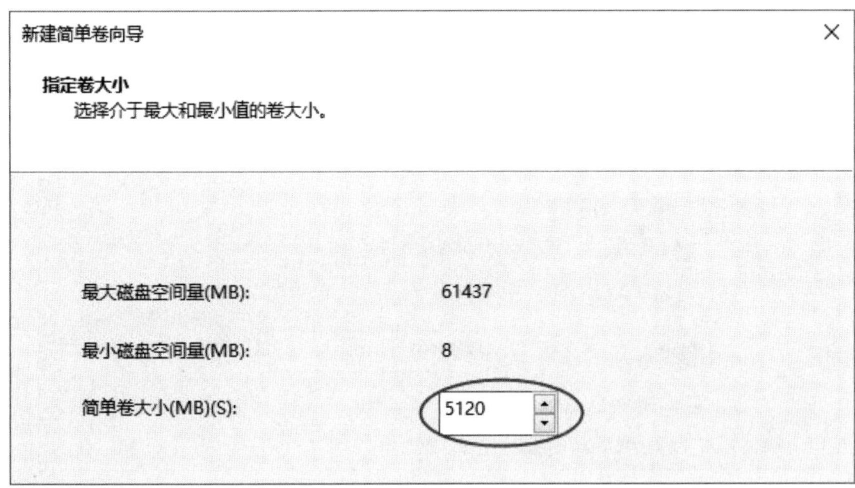

图 10-3-3

STEP 4 在图10-3-4中指定一个驱动器号来代表此简单卷后单击下一步按钮（此界面的详细说明，可参阅图10-2-7的说明）。

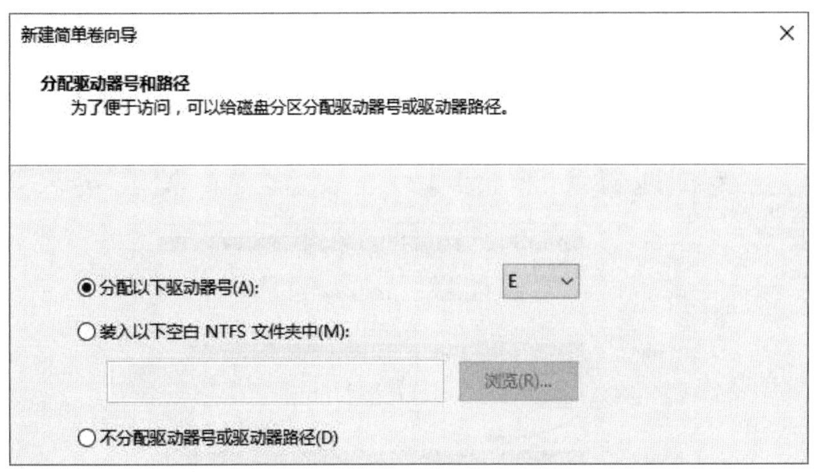

图 10-3-4

STEP 5 在图10-3-5中，请输入与选择适当的设置值后单击下一步按钮（此界面的详细说明，请参阅图10-2-8的说明）。

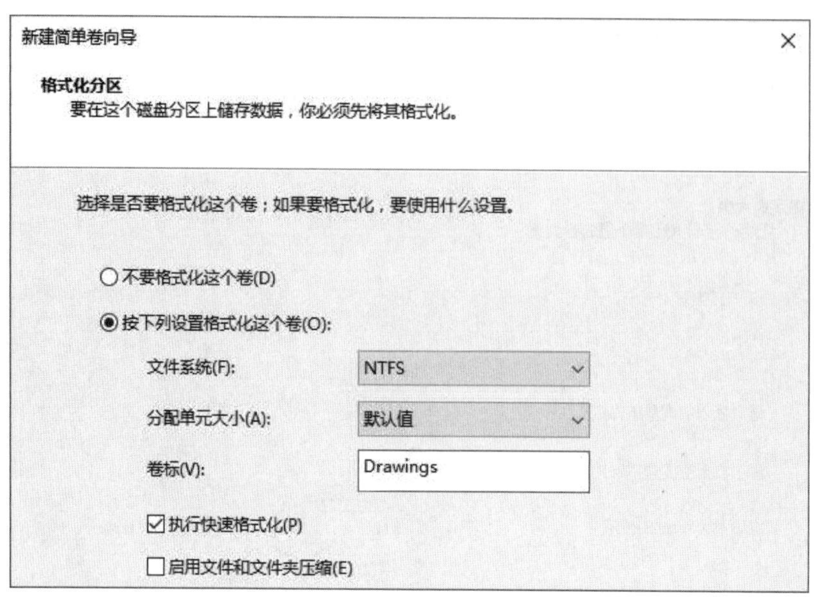

图 10-3-5

STEP 6 出现**完成新建简单卷向导**界面时单击完成按钮。

STEP 7 系统开始格式化此卷，图10-3-6为完成后的界面，图中的E: 就是我们所建立的简单卷，其右边为剩余的未分配空间。

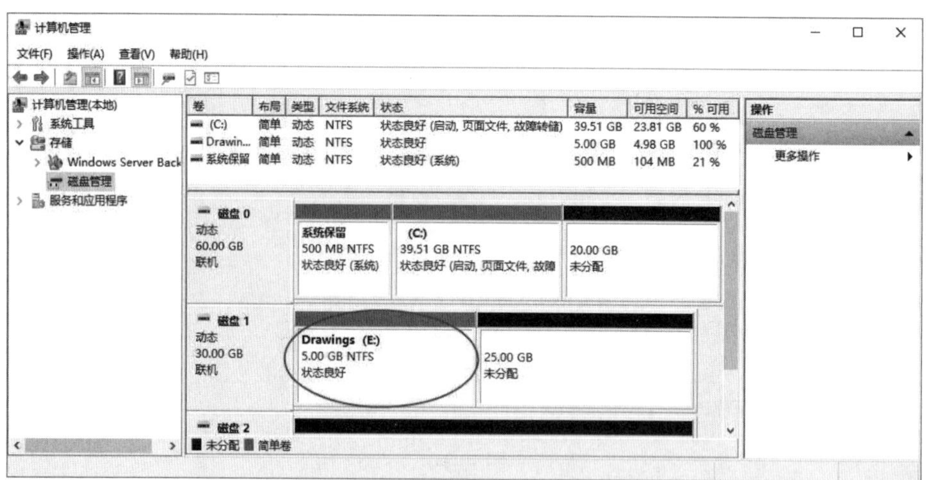

图 10-3-6

10.3.3 扩展简单卷

简单卷可以被扩展，也就是可以将未配置的空间合并到简单卷内，以便扩大其容量，不过请注意以下事项：

- 只有尚未格式化或已被格式化为NTFS、ReFS的卷才可以被扩展，exFAT、FAT32与

FAT的卷无法被扩展。

- 新增加的空间，可以是同一个磁盘内的未分配空间、也可以是另一个磁盘内的未分配空间，若是后者的话，它就变成了**跨区卷**（spanned volume）。简单卷可以被用来组成**镜像卷**、**带区卷**或**RAID-5卷**，但在它变成**跨区卷**后，就不具备此功能了。

假设我们要从图10-3-7的磁盘1中未配置的25GB取用3GB，并将其加入简单卷E:，也就是将容量为5GB的简单卷E:扩大到8GB：请如图10-3-7所示选中简单卷E:右击➲扩展卷。

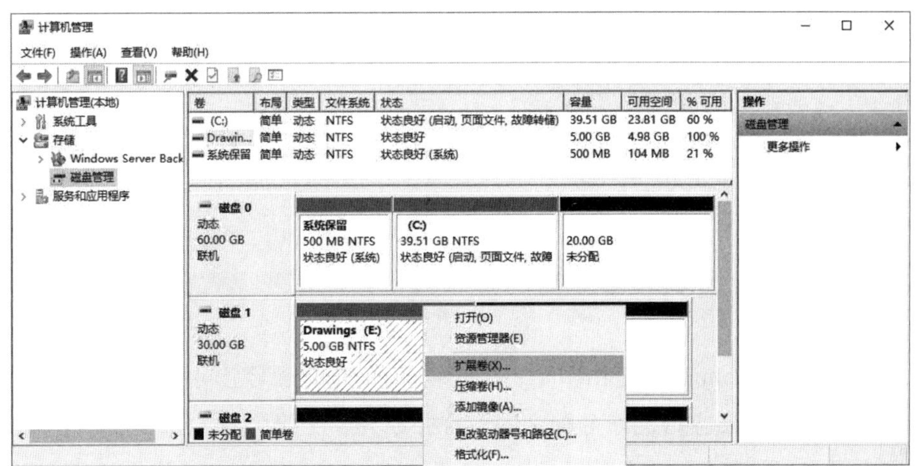

图 10-3-7

在图10-3-8中输入要扩展的容量（3072MB）与此容量的来源磁盘（磁盘1）。图10-3-9为完成后的界面，其中E: 磁盘的容量已被扩大。

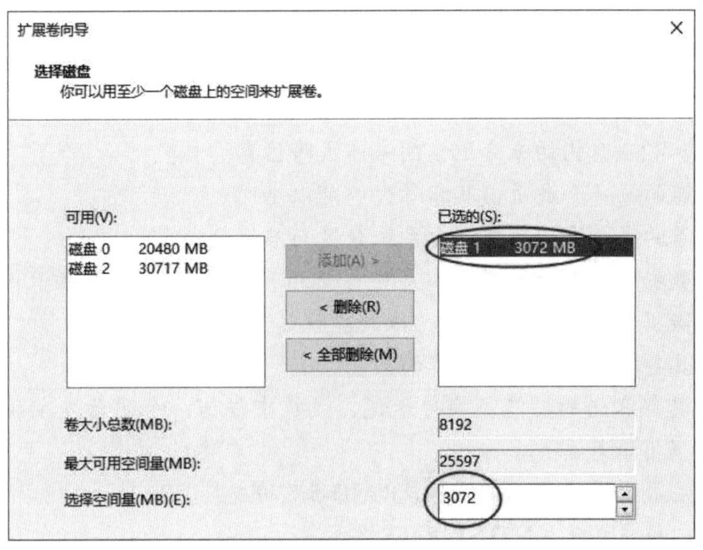

图 10-3-8

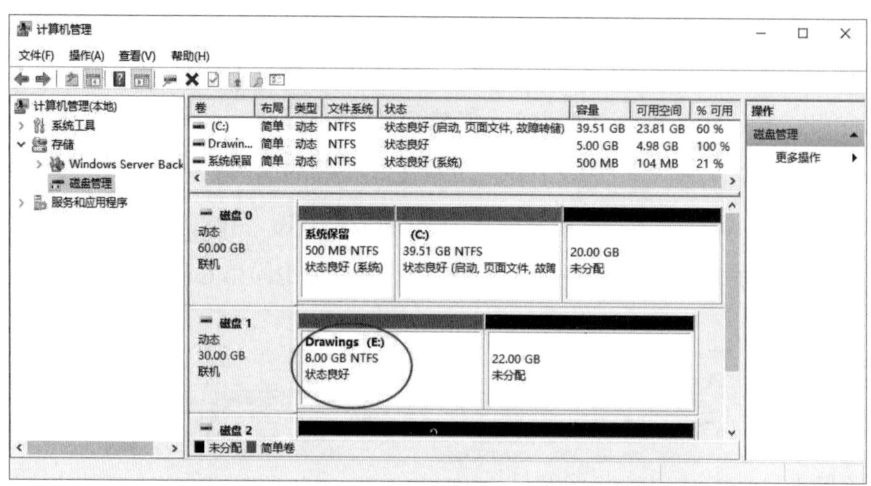

图 10-3-9

10.3.4 跨区卷

跨区卷（spanned volume）是由多个位于不同磁盘的未分配空间所组成的一个逻辑卷，也就是说你可以将多个磁盘内的未分配空间，合并成为一个跨区卷，并赋予一个共同的驱动器号。跨区卷具备以下特性：

- 可以将动态磁盘内多个剩余的、容量较小的未分配空间，合并为一个容量较大的跨区卷，以便更有效地利用磁盘空间。

跨区卷与某些计算机主板所提供的JBOD（Just a Bunch of Disks）功能类似，通过JBOD可以将多个磁盘组成一个磁盘来使用。

- 可以选择2~32磁盘内的未分配空间来组成跨区卷。
- 组成跨区卷的每一个成员，其容量大小可以不同。
- 组成跨区卷的成员中，不能包含**系统分区**与**启动分区**。
- 系统在将数据存储到跨区卷时，是先存储到其成员中的第1块磁盘内，待其空间用罄时才会将数据存储到第2个磁盘，依此类推。
- 跨区卷不具备提高磁盘访问效率的功能。
- 跨区卷不具备容错的功能，换句话说，成员中任何一个磁盘发生故障时，整个跨区卷内的数据将跟着丢失。
- 跨区卷无法成为镜像卷、带区卷或RAID-5卷的成员。
- 跨区卷可以被格式化成NTFS或ReFS格式。
- 可以将其他未分配空间加入到现有的跨区卷内，以便扩展其容量。
- 整个跨区卷是被视为一体的，无法将其中任何一个成员独立出来使用，除非先将整个跨区卷删除。

以下我们利用将图10-3-10中3个未分配空间合并为一个跨区卷的方式来说明如何建立跨区卷。

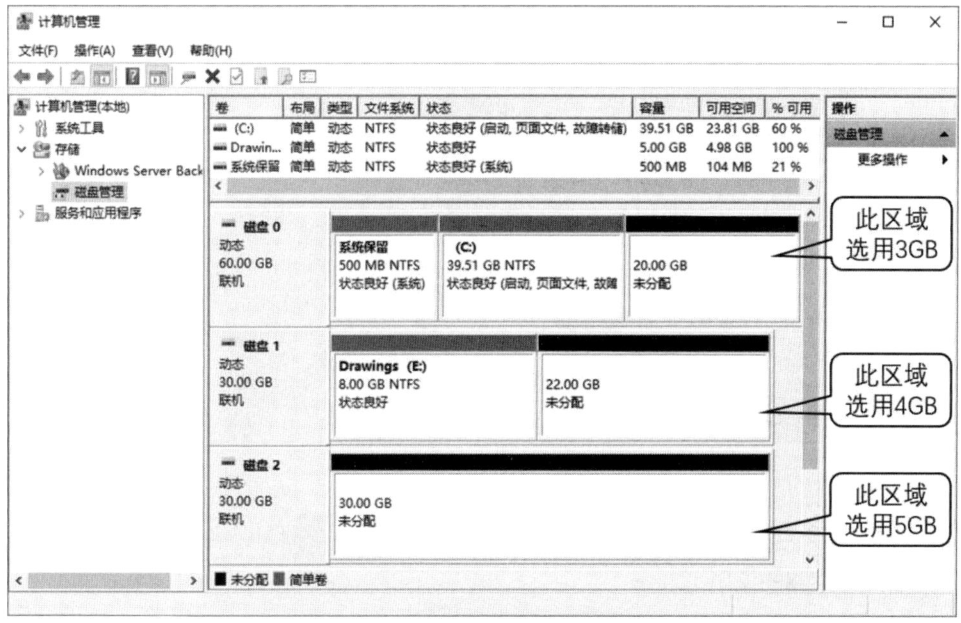

图 10-3-10

STEP 1 选中图10-3-10中3个未分配空间中的任何一个（例如磁盘1）右击➲新建跨区卷。

STEP 2 出现**欢迎使用新建跨区卷向导**界面时单击下一步按钮。

STEP 3 如图10-3-11所示从磁盘0、1、2中分别选用3GB、4GB、5GB的容量（根据图10-3-10的要求）后单击下一步按钮。

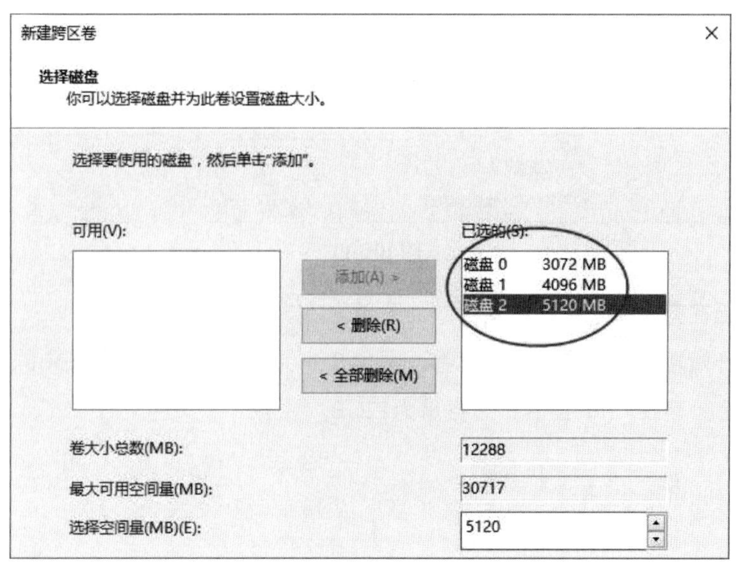

图 10-3-11

STEP 4　在图10-3-12中为此跨区卷指定一个驱动器号后单击下一步按钮（此界面的详细说明，可参阅图10-2-7的说明）。

新建跨区卷
分配驱动器号和路径
为了便于访问，你可以给卷分配一个驱动器号或驱动器路径。
分配以下驱动器号(A):
F
装入以下空白 NTFS 文件夹中(M):
浏览(R)...
不分配驱动器号或驱动器路径(D)

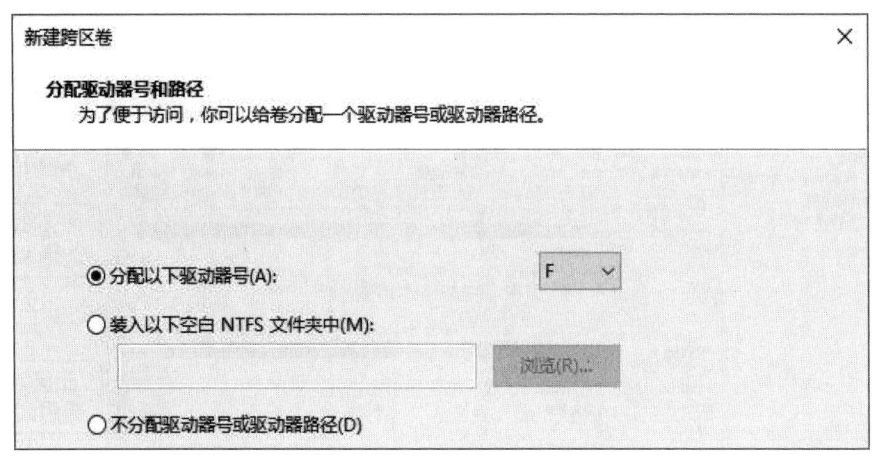

图 10-3-12

STEP 5　在图10-3-13中输入与选择适当的设置值后单击下一步按钮（此界面的详细说明，可参阅图10-2-8的说明）。

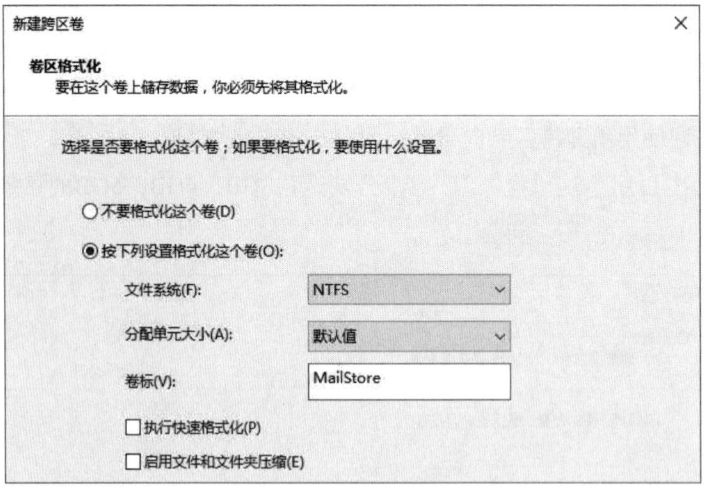

新建跨区卷
卷区格式化
要在这个卷上储存数据，你必须先将其格式化。
选择是否要格式化这个卷；如果要格式化，要使用什么设置。
不要格式化这个卷(D)
按下列设置格式化这个卷(O):
文件系统(F):
NTFS
分配单元大小(A):
默认值
卷标(V):
MailStore
执行快速格式化(P)
启用文件和文件夹压缩(E)

图 10-3-13

STEP 6　出现**正在完成新建跨区卷向导**界面时单击完成按钮。

STEP 7　系统开始建立与格式化此跨区卷，图10-3-14为完成后的界面，图中的F: 磁盘就是跨区卷，它分布在3个磁盘内，总容量为12GB。

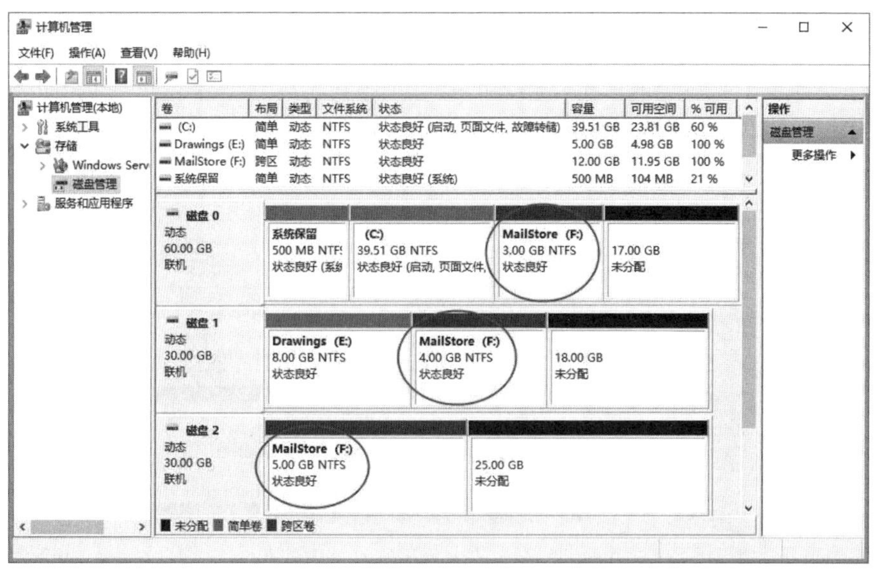

图 10-3-14

10.3.5 带区卷

带区卷（striped volume）是由多个分别位于不同磁盘的未分配空间所组成的一个逻辑卷，也就是说你可以从多个磁盘内分别选取未配置的空间，并将其合并成为一个带区卷，然后赋予一个共同的驱动器号。

与跨区卷不同的是，带区卷的每一个成员，其容量大小是相同的，且数据写入时是平均的写到每一个磁盘内。带区卷是所有卷中运行效率最好的卷。带区卷具备以下的特性：

- 可以从2~32磁盘内分别选用未分配空间来组成带区卷，这些磁盘最好都是相同的制造商、相同的型号。
- 它使用RAID-0（Redundant Array of Independent Disks-0）的技术。
- 组成带区卷的每一个成员，其容量大小是相同的。
- 组成带区卷的成员中不能包含**系统分区与驱动分区**。
- 系统在将数据存储到带区卷时，会将数据拆成等量的64KB，例如由4个磁盘组成的带区卷，则系统会将数据拆成每4个64KB为一组，每一次将一组4个64KB的数据分别写入4 个磁盘内，直到所有数据都写入到磁盘为止。这种方式是所有磁盘同时在工作，因此可以提高磁盘的访问效率。
- 带区卷不具备容错功能，换句话说，成员中任何一个磁盘发生故障时，整个带区卷内的数据将跟着丢失。
- 带区卷一旦被建立好后，就无法再被扩展（xtend），除非将其删除后再重建。
- 带区卷可以被格式化成NTFS或ReFS格式。
- 整个带区卷是被视为一体的，无法将其中任何一个成员独立出来使用，除非先将整个带区卷删除。

以下利用将图10-3-15中3个磁盘内的3个未分配空间合并为一个带区卷的方式来说明如何建立带区卷。虽然3个磁盘当前的未分配空间容量不同，不过我们会在建立带区卷过程中，从各磁盘内选用相同容量（以7GB为例）。

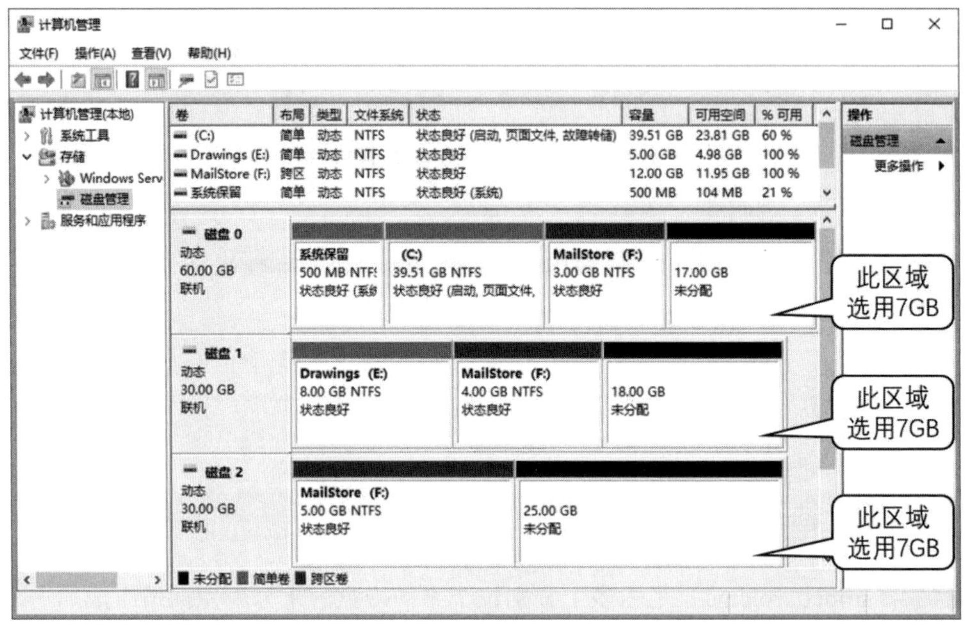

图 10-3-15

STEP 1　选中图10-3-15中3个未分配空间中的任何一个（例如磁盘1）右击➲新建带区卷。

STEP 2　出现**欢迎使用新建带区卷向导**界面时单击下一步按钮。

STEP 3　分别从图10-3-16的各磁盘中选择7168MB（7GB），因此这个带区卷的总容量为21504MB（21GB）。完成后单击下一步按钮。

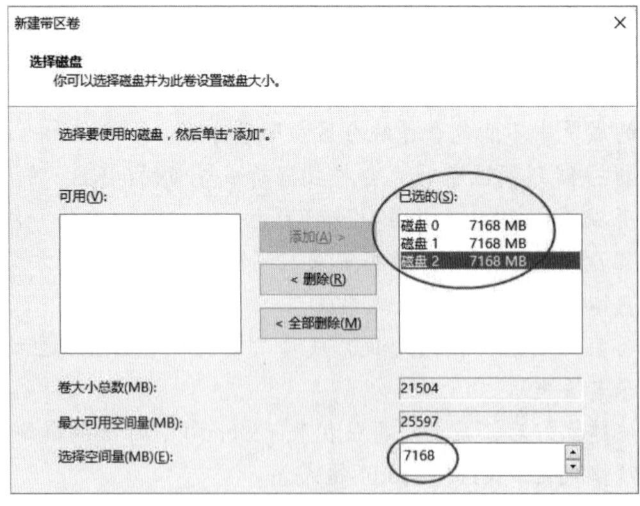

图 10-3-16

如果某个磁盘内没有一个超过7GB的连续可用空间，但是却有多个不连续的未分配空间，其总容量足够7GB的话，则此磁盘也可以成为带区卷的成员。

STEP 4 在图10-3-17中为此带区卷指定一个驱动器号后单击下一步按钮（此界面的详细说明，可参阅图10-2-7的说明）。

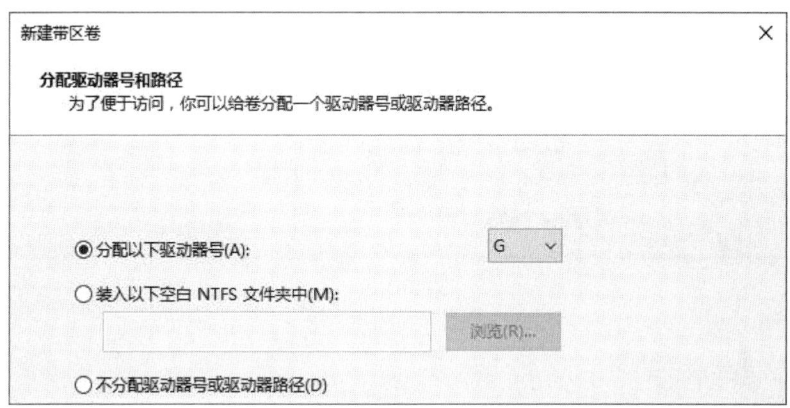

图 10-3-17

STEP 5 在图10-3-18中输入与选择适当设置值后单击下一步按钮（此界面的详细说明，可参阅图10-2-8的说明）。

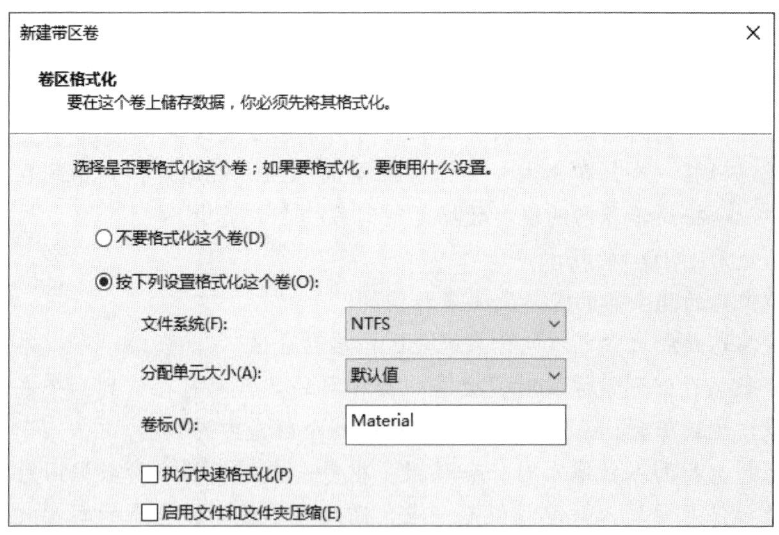

图 10-3-18

STEP 6 出现**正在完成新建带区卷向导**界面时单击完成按钮。

STEP 7 之后系统会开始建立与格式化此带区卷，图10-3-19为完成后的界面，图中G: 磁盘就是带区卷，它分布在3个磁盘内，并且在每一个磁盘内所占用的容量都相同（7GB）。

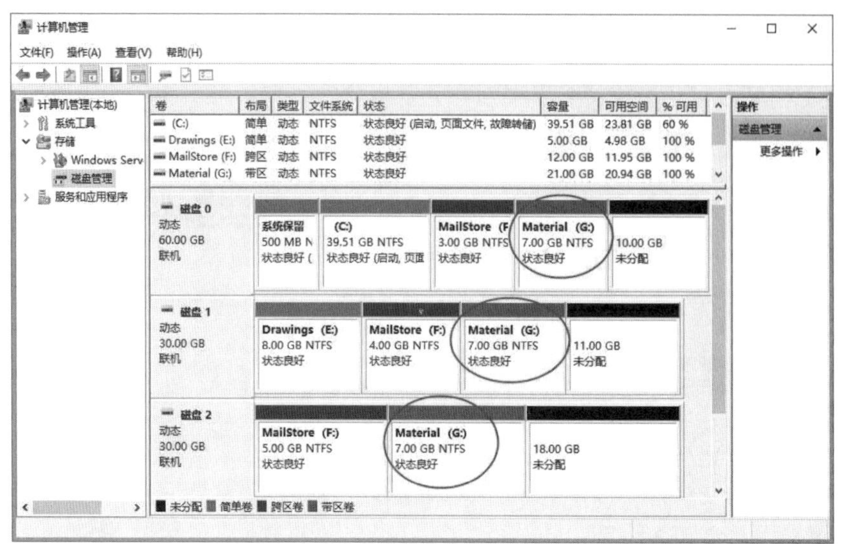

图 10-3-19

10.3.6 镜像卷

镜像卷（mirrored volume）具备容错的功能。可以将一个简单卷与另一个未分配空间组成一个镜像卷，或将两个未配置的空间组成一个镜像卷，然后给予一个逻辑驱动器号。这两个区域内将存储完全相同的数据，当有一个磁盘发生故障时，系统仍然可以读取另一个正常磁盘内的数据，因此它具备容错的能力。镜像卷具备以下的特性：

- 镜像卷的成员只有两个，且它们需要分别位于不同的动态磁盘内。可选择一个简单卷与一个未配置的空间，或两个未配置的空间来组成镜像卷。
- 如果是选择将一个简单卷与一个未分配空间来组成镜像卷，则系统在建立镜像卷的过程中，会将简单卷内的现有数据复制到另一个成员中。
- 镜像卷使用RAID-1的技术。
- 组成镜像卷的两个卷的容量大小是相同的。
- 组成镜像卷的成员中可以包含**系统分区**与**启动分区**。
- 系统将数据存储到镜像卷时，会将一份相同的数据同时存储到两个成员中。当有一个磁盘发生故障时，系统仍然可以读取另一个磁盘内的数据。
- 系统在将数据写入镜像卷时，会稍微多花费一点时间将一份数据同时写到两个磁盘内，故镜像卷的写入效率稍微差一点，因此为了提高镜像卷的写入效率，建议将两个磁盘分别连接到不同的磁盘控制器（controller），也就是采用**Disk Duplexing**架构，该架构也可增加容错功能，因为即使一个控制器故障，系统仍然可利用另外一个控制器来读取另外一块磁盘内的数据。

  在读取镜像卷的数据时，系统可以同时从2块磁盘来读取不同部分的数据，因此可减少读取的时间，提高读取的效率。如果其中一个成员发生故障的话，镜像卷的效率

将恢复为平常只有一个磁盘时的状态。

- 由于镜像卷的磁盘空间的有效使用率只有50%（因为两个磁盘内存储重复的数据），因此每一个MB的单位存储成本较高。
- 镜像卷一旦被建立好后，就无法再被扩展（extend）。
- Windows Server 2019等服务器级别的系统支持镜像卷。
- 镜像卷可被格式化成NTFS或ReFS格式。不过也可选择将一个现有的FAT32简单卷与一个未分配空间来组成镜像卷。
- 整个镜像卷是被视为一体的，如果想将其中任何一个成员独立出来使用的话，请先中断镜像关系、删除镜像或删除此镜像卷。

建立镜像卷

以下利用将图10-3-20中磁盘1的简单卷F: 与磁盘2的未分配空间组成一个镜像卷的方式，来说明如何建立镜像卷（也可以利用两个未配置的空间来建立镜像卷）。

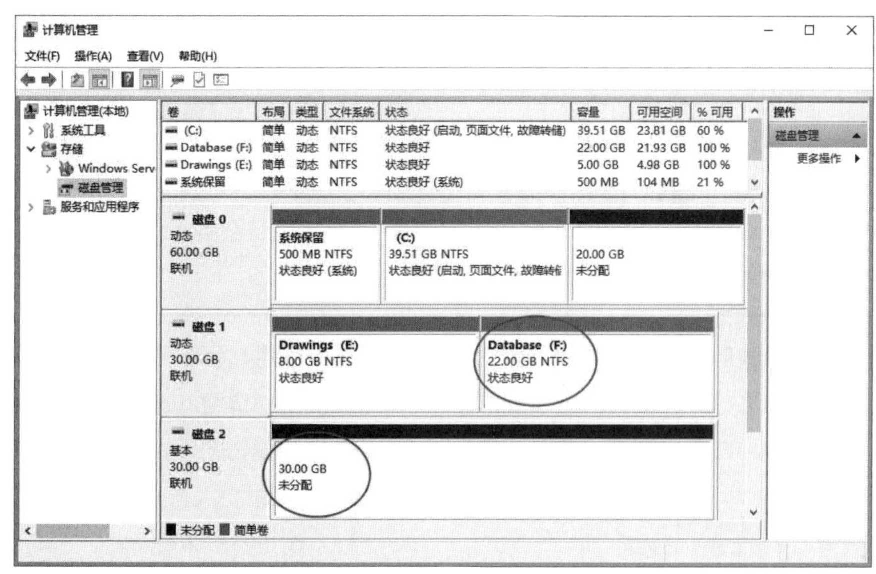

图 10-3-20

STEP 1 选中图10-3-20中的简单卷F: 右击➲添加镜像（如果是选中未配置的空间右击的话，则请选择“新建镜像卷”）。

STEP 2 在图10-3-21中选择**磁盘2**后单击添加镜像按钮。

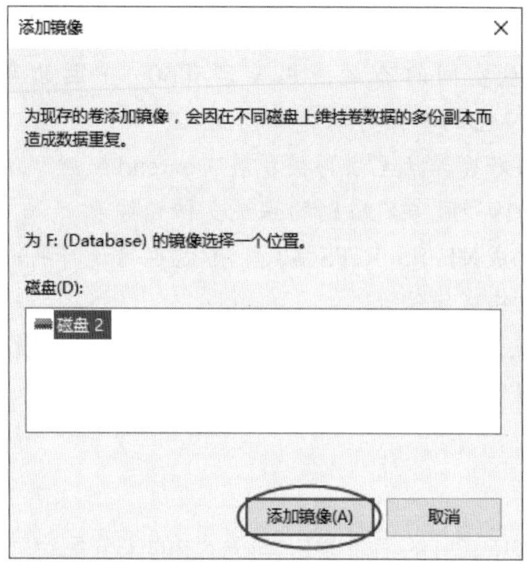

图 10-3-21

Q 为何在图10-3-21中无法选择磁盘0呢？

A 因为在图10-3-20中是针对简单卷F: 来建立镜像卷，其容量为22GB，且已包含数据，而建立镜像卷时需将 F: 的数据复制到另一个未分配空间，然而磁盘0的未分配空间的容量不足（仅20GB），因此无法选择磁盘0（如果系统找不到容量足够的未分配空间的话，则选中简单卷右击后无法选择**添加镜像**选项）。

STEP 3　之后系统会如图10-3-22所示在磁盘2的未分配空间内建立一个与磁盘1的F: 磁盘相同容量的简单卷，且开始将磁盘1的F: 磁盘内的数据复制到磁盘2内的F: 内（同步），完成后的镜像卷F: 分布在两个磁盘内，且两个磁盘内的数据是相同的。

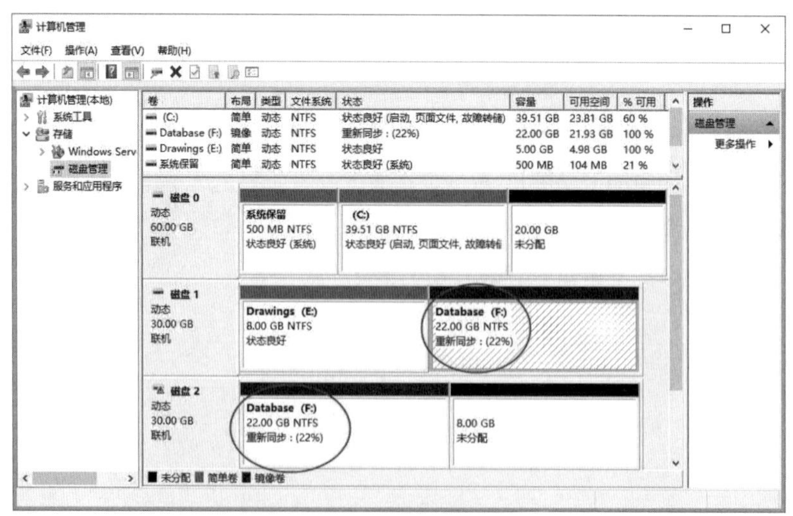

图 10-3-22

如果磁盘2为基本磁盘的话，则在建立**镜像卷**时，系统会自动将其转换为动态磁盘。

建立 UEFI 模式的镜像磁盘

以传统**BIOS模式**工作的计算机，其系统分区（参考图10-3-22中磁盘0之中的**保留分区**）与启动分区（参考图中磁盘0之中的C: 磁盘）的镜像卷的建立方式都可以利用前面的方法。

以**UEFI模式**工作的计算机，其启动分区（参考图10-3-23中磁盘0的C: 磁盘）的镜像卷的建立方式也是可以利用前面的方法，然而图中的**恢复分区**、**EFI系统分区**与**MSR保留区**（图中看不到此区），却需要利用diskpart程序。

我们利用图10-3-23来说明如何将整个磁盘0都镜像到磁盘1。图中磁盘0与1当前都是基本磁盘，假设都已经转换成GPT磁盘。除了要将图中磁盘0的每个磁盘分区都镜像到磁盘1之外，还要将隐藏的MSR保留分区也镜像到磁盘1。

我们先利用diskpart命令来将恢复磁盘分区、EFI系统分区与MSR保留分区镜像到磁盘1，最后利用**磁盘管理**来镜像启动分区（C: 磁盘）。

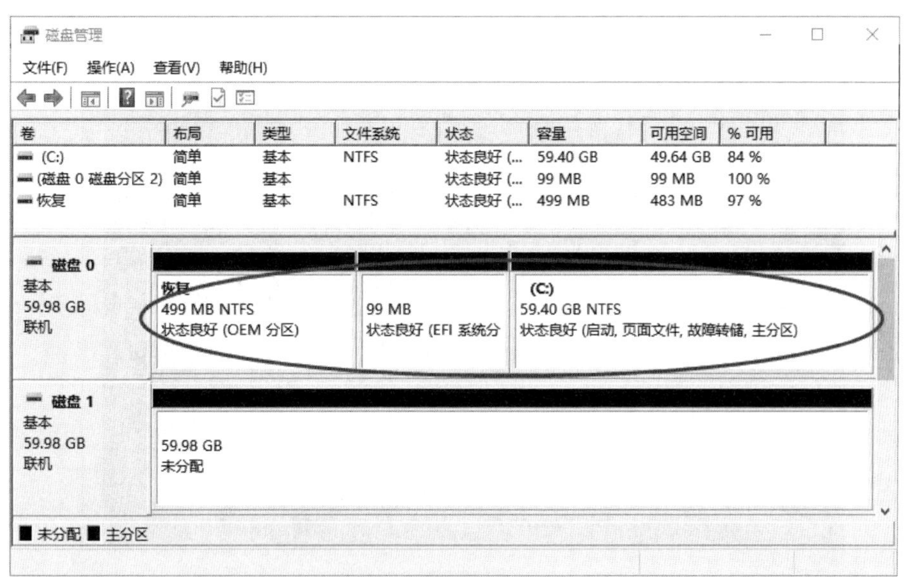

图 10-3-23

STEP 1　单击左下角**开始**图标⊞➲Windows PowerShell➲输入diskpart后按Enter键。

STEP 2　通过以下3个命令来查看恢复磁盘分区的信息（见图10-3-24）：select disk 0、select partition 1、detail partition，然后复制**类型**处的代码并记下此分区的大小（499MB）。

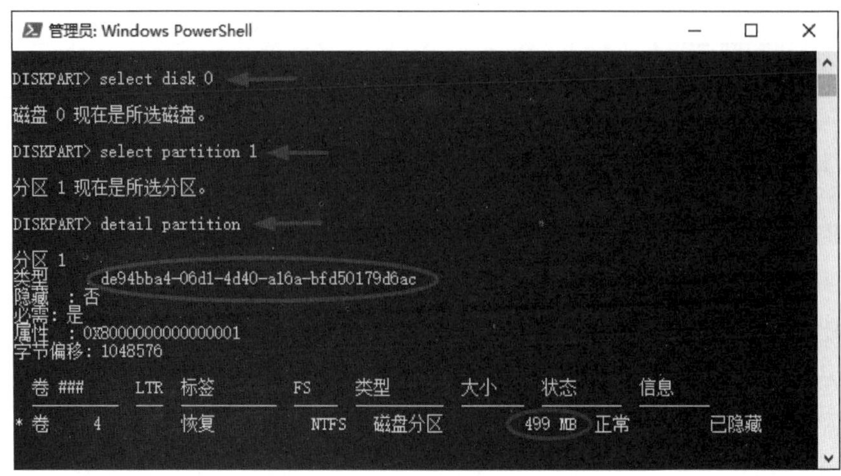

图 10-3-24

STEP 3 如图10-3-25所示通过以下命令，在磁盘1建立恢复磁盘分区：select disk 1、select partition 1、delete partition override、create partition primary size=499、format fs=ntfs quick label=Recovery、set id=输入与磁盘0相同的类型代码。其中磁盘分区大小499MB与磁盘0相同。

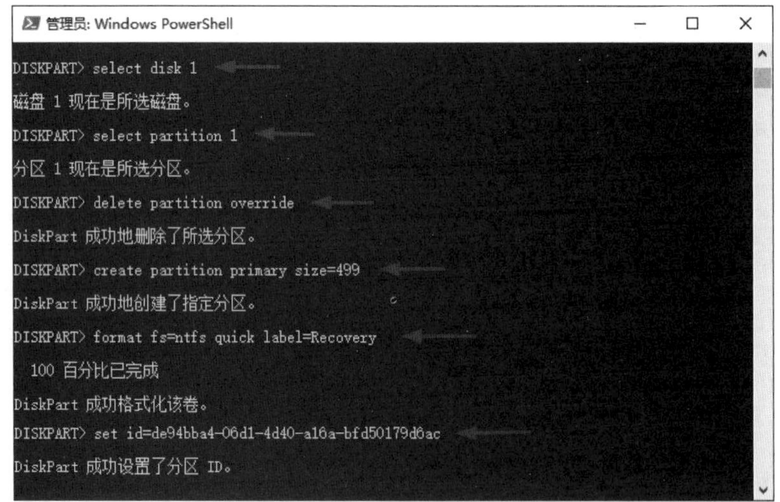

图 10-3-25

STEP 4 接下来利用以下命令，为这两个磁盘分区分配驱动器号（假设分别是q与r，见图10-3-26）后退出diskpart：select disk 0、select partition 1、assign letter=q、select disk 1、select partition 1、assign letter=r、exit。

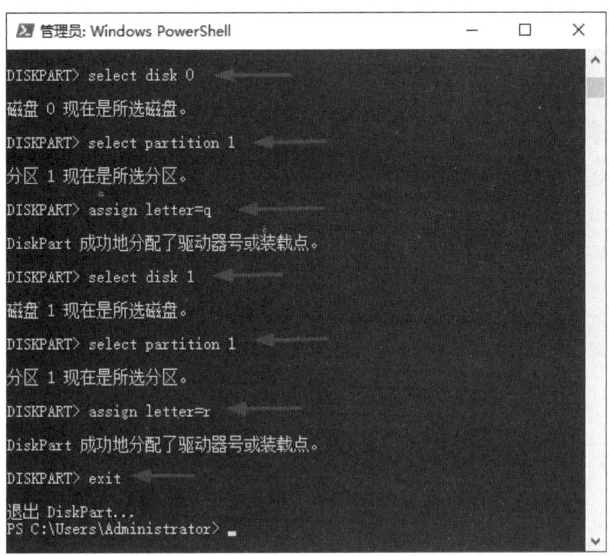

图 10-3-26

STEP 5 接着利用以下命令来将磁盘0的恢复磁盘分区内容，复制到磁盘1的恢复磁盘分区（见图10-3-27）：

robocopy q:\ r:\ * /e /copyall /dcopy:t /xd "System Volume Information"。

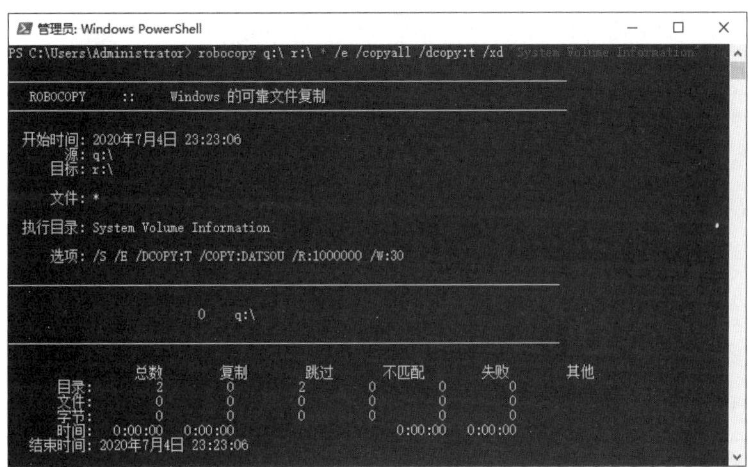

图 10-3-27

STEP 6 接下来准备将磁盘0的EFI系统分区与MSR保留分区镜像到磁盘1。

STEP 7 再执行diskpart。先利用select disk 0、list partition命令来查询EFI系统分区与MSR保留分区的大小，如图10-3-28所示分别是99MB与16MB。

```
管理员: Windows PowerShell

DISKPART> select disk 0

磁盘 0 现在是所选磁盘。

DISKPART> list partition

  分区 ###       类型              大小     偏移量
  -------------  ----------------  -------  -------
  分区      1    恢复               499 MB  1024 KB
  分区      2    系统                99 MB   500 MB
  分区      3    保留                16 MB   599 MB
  分区      4    主要                59 GB   615 MB

DISKPART>
```

图 10-3-28

STEP 8 利用以下命令，在disk 1建立EFI系统分区并分配驱动器号、建立MSR保留分区（见图10-3-29）：select disk 1、create partition efi size=99、format fs=fat32 quick、assign letter=t、create partition msr size=16。

```
管理员: Windows PowerShell

DISKPART> select disk 1

磁盘 1 现在是所选磁盘。

DISKPART> create partition efi size=99

DiskPart 成功地创建了指定分区。

DISKPART> format fs=fat32 quick

  100 百分比已完成

DiskPart 成功格式化该卷。

DISKPART> assign letter=t

DiskPart 成功地分配了驱动器号或装载点。

DISKPART> create partition msr size=16

DiskPart 成功地创建了指定分区。

DISKPART>
```

图 10-3-29

STEP 9 利用以下命令来为磁盘0的EFI系统分区分配驱动器号（见图10-3-30），然后退出diskpart：select disk 0、select partition 2、assign letter=s、exit。

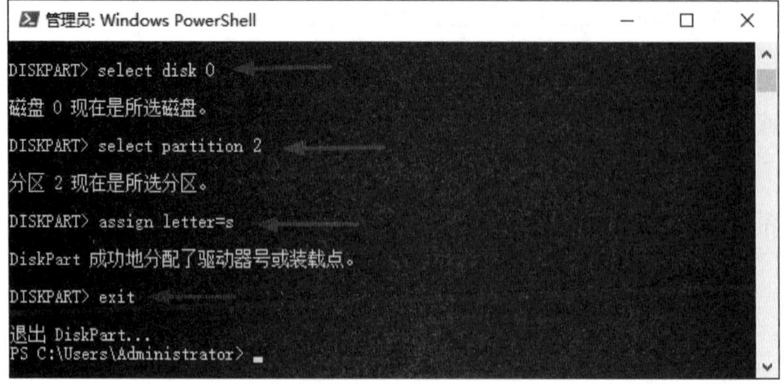

图 10-3-30

STEP 10 利用以下命令来将磁盘0的EFI系统分区，复制到磁盘1的EFI系统分区（见图10-3-31）：

robocopy.exe s:\ t:\ * /e /copyall /dcopy:t /xf BCD.* /xd "System Volume Information"。

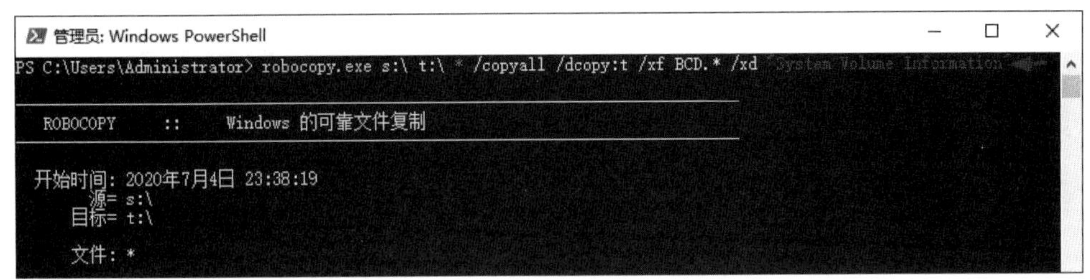

图 10-3-31

STEP 11 请通过【单击左下角**开始**图标⊞➲Windows 管理工具➲计算机管理➲存储➲磁盘管理】的方法，将磁盘0的活动卷（C: 磁盘）镜像到磁盘1。

本范例的磁盘当前是基本磁盘，请先通过以下步骤将其转换成动态磁盘：【选中任意一个基本磁盘右击➲转换到动态磁盘➲勾选基本磁盘0与1➲单击确定按钮➲单击转换按钮】，然后参考前面**建立镜像卷**来将磁盘0的活动卷（C: 磁盘）镜像到磁盘1。

STEP 12 图10-3-32为完成后的界面。

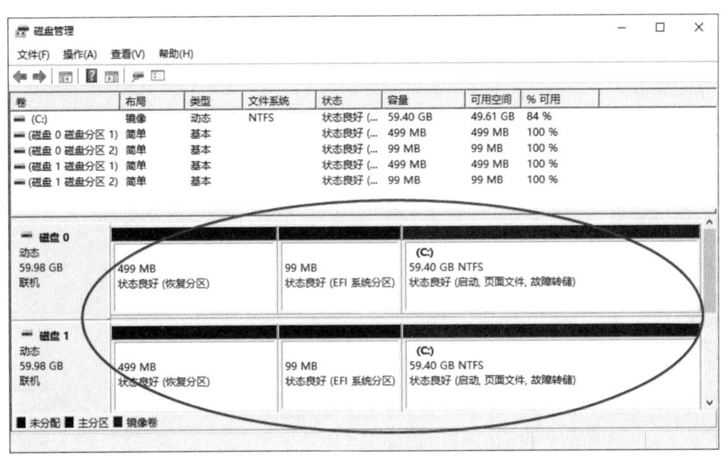

图 10-3-32

中断、删除镜像与删除卷

整个镜像卷是被视为一体的，如果要将其中任何一个成员独立出来使用，可以通过以下方法之一来完成：

- **中断镜像卷**：【选中镜像卷右击➲如图10-3-33所示选择**中断镜像卷**】，中断后，原来的两个成员都会被独立成简单卷，且其中数据都会得到保留。其中一个卷的驱动器号会沿用原来的值，而另一个卷会被改为下一个可用的驱动器号。
- **删除镜像**：【选中镜像卷右击➲删除镜像（见图10-3-33中的选项）】来选择将镜像卷中的一个成员删除，被删除的成员，其中的数据将被删除，且其所占用的空间会被改为未分配空间。另一个成员内的数据会被保留。

- **删除卷**：利用【选中镜像卷右击➲删除卷】将镜像卷删除，它会将两个成员内的数据都删除，且两个成员都会变成未分配空间。

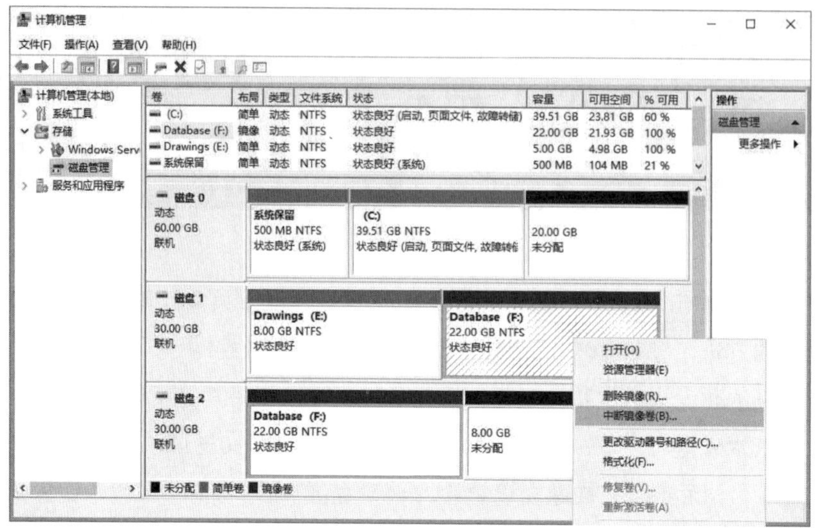

图 10-3-33

修复镜像卷

镜像卷的成员之中如果有一个磁盘发生故障的话，系统还是能够从另一个正常的磁盘来读取数据，但却丧失了容错功能，此时我们应该尽快修复故障的镜像卷，以便继续提供容错功能。图10-3-34的F: 磁盘为镜像卷，我们假设其成员中的磁盘2故障了，然后利用此示例来说明如何修复镜像卷。

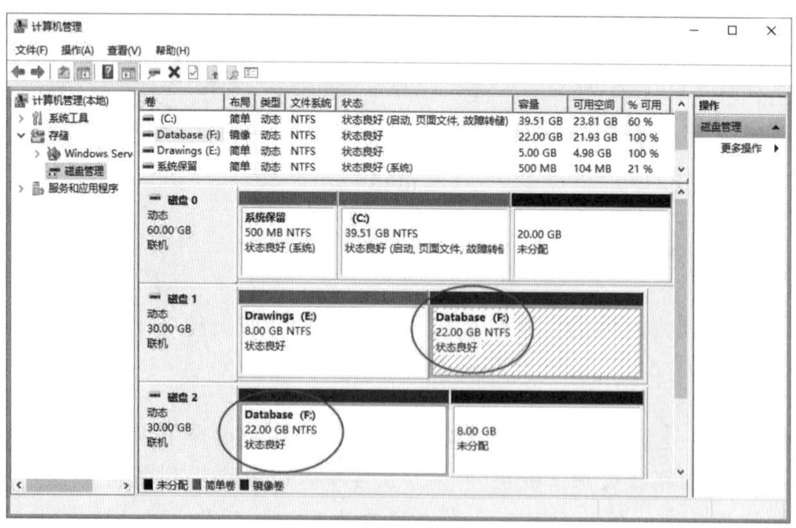

图 10-3-34

STEP 1 关机后从计算机内取出故障的磁盘2。

STEP 2 将新的磁盘（假设容量与故障的磁盘相同）安装到计算机内、重新启动计算机。

STEP 3 单击左下角**开始**图标⊞➲Windows 管理工具➲计算机管理➲存储➲磁盘管理。

STEP 4 在自动弹出的图10-3-35选择将新安装的磁盘2初始化，选择磁盘分区形式后单击确定按钮（如果未自动弹出此界面的话：【选中新磁盘右击➲联机➲选中新磁盘右击➲初始化磁盘】）。

初始化磁盘

磁盘必须经过初始化，逻辑磁盘管理器才能访问。

选择磁盘(S):

☑ 磁盘 2

为所选磁盘使用以下磁盘分区形式:

◉ MBR(主启动记录)(M)

○ GPT (GUID 分区表)(G)

注意: 所有早期版本的 Windows 都不识别 GPT 分区形式。

图 10-3-35

STEP 5 之后将出现图10-3-36的界面，其中的磁盘2为新安装的磁盘，而原故障磁盘2被显示在界面的最下方（上面有**丢失**两个字）。

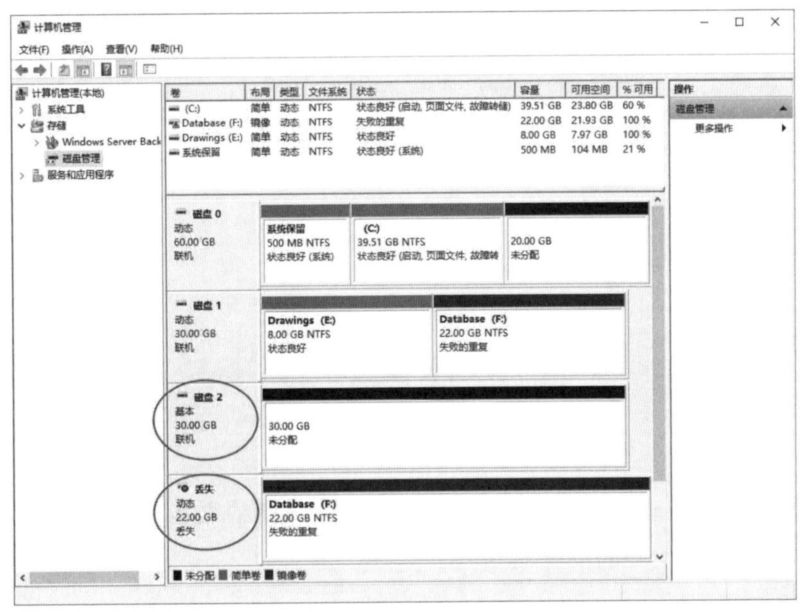

图 10-3-36

STEP 6 如图10-3-37所示【选中有**失败的重复**字样的任何一个F: 磁盘右击➲删除镜像】。

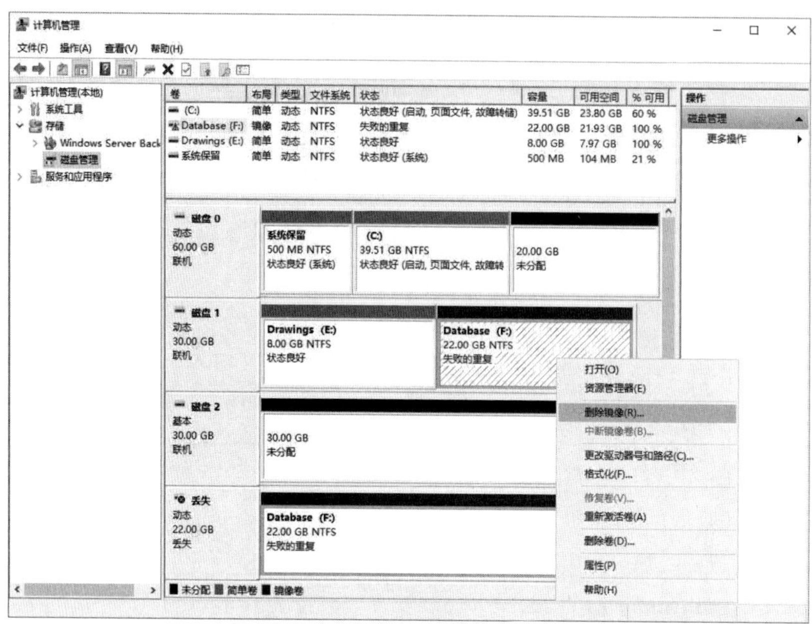

图 10-3-37

STEP 7　在图10-3-38中选择**丢失**磁盘后单击删除镜像、是（Y）按钮。

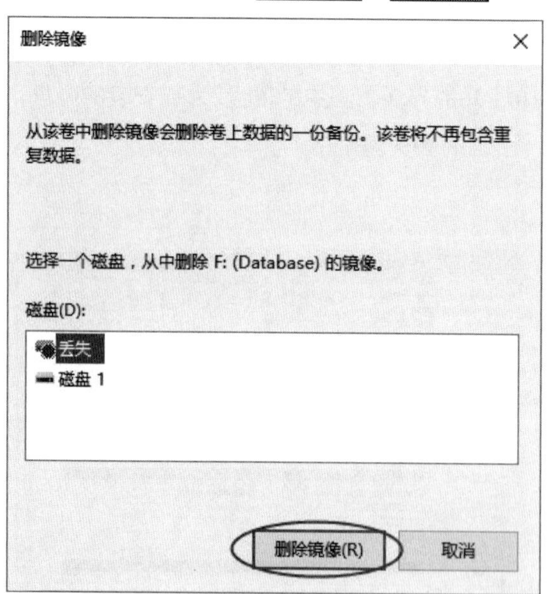

图 10-3-38

STEP 8　图10-3-39为完成删除后的界面，请重新将F: 与新的磁盘2的未分配空间组成镜像卷（参考前面所介绍的步骤）。

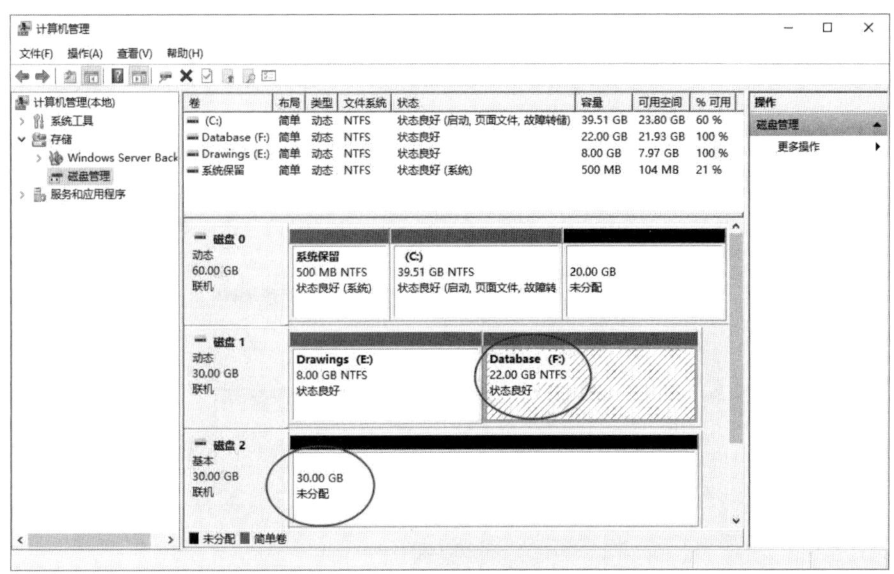

图 10-3-39

如果磁盘并没有故障，却出现**脱机**、**丢失**或**联机（错误）**字样时，可尝试【选中该磁盘右击➲重新激活磁盘】来将其恢复正常。但如果该磁盘经常出现**联机（错误）**字样的话，可能此磁盘快要坏了，请尽快备份磁盘内数据，然后换一块新磁盘。

修复包含系统卷与启动卷的镜像卷

假设计算机内的磁盘结构如图10-3-40所示（以传统**BIOS模式**为例），其中C:磁盘为镜像卷，它也是**启动卷**（存储Windows系统分区），因此每次启动计算机时，系统都会显示如图10-3-41的操作系统选项列表，其中第1、2个选项分别是磁盘0 、1内的Windows Server，系统默认会通过第1选项（磁盘0）来启动Windows Server，并由它来启动镜像功能。图中两个磁盘的第1个磁盘分区（扮演**系统卷**角色的**系统保留**分区）也是镜像卷。

如果图中磁盘0故障，虽然系统仍然可以正常工作，但是却丧失容错功能。如果未将故障的磁盘0从计算机内取出的话，则重新启动计算机时，将无法启动Windows Server ，因为默认的情况下计算机在启动时，其BIOS会通过磁盘0来启动系统，然而磁盘0已经发生故障了，即使更换一块新磁盘，可是如果BIOS仍然尝试从新磁盘0来启动系统的话，则必然启动失败，因为新磁盘0内没有任何数据。此时可以采用以下方法之一来解决问题并重新建立镜像卷，以便继续提供容错功能：

- 更改BIOS设置让计算机从磁盘1来启动，当出现图10-3-41的界面时，选择列表中的第2个选项（辅助丛）来启动Windows Server 2019，启动完成后再重新建立镜像卷。完成后，可自行决定是否要将BIOS改回从磁盘0来启动。
- 将两块磁盘对调，也就是将原来的磁盘1安装到原磁盘0的位置、将新磁盘安装到原磁盘1的位置，然后重新启动计算机，当出现图10-3-41的界面时，选择列表中的第2个选项（辅助丛）来启动Windows Server，启动完成后再重新建立镜像卷。

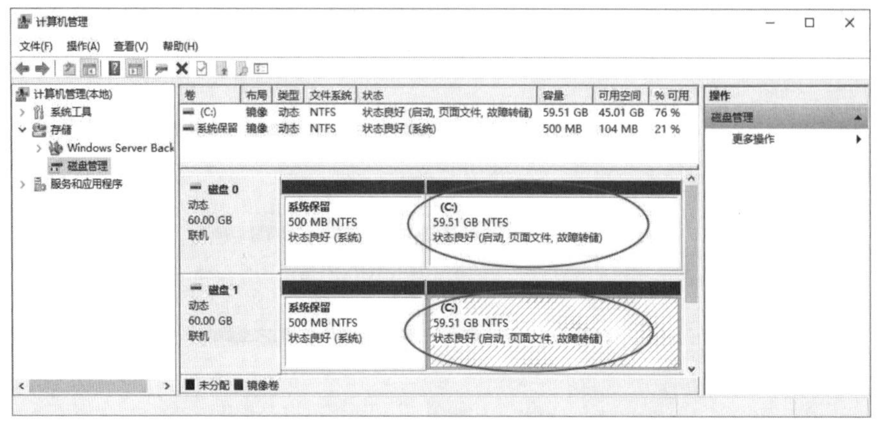

图 10-3-40

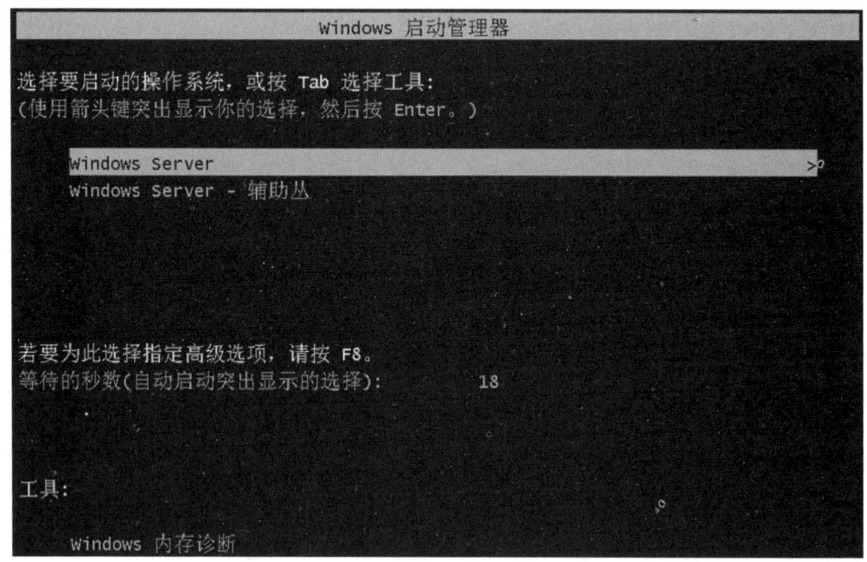

图 10-3-41

10.3.7 RAID-5卷

RAID-5卷与带区卷有一点类似，它也是将多个分别位于不同磁盘的未分配空间组成的一个逻辑卷。也就是说，可以从多块磁盘内分别选择未配置的空间，并将其合并成为一个RAID-5卷，然后赋予一个共同的驱动器号。

与带区卷不同的是：RAID-5在存储数据时，会根据数据内容计算出其**奇偶校验信息**（parity），并将奇偶校验信息一起写入到RAID-5卷内。当某个磁盘发生故障时，系统可以利用奇偶校验信息，推算出该故障磁盘内的数据，让系统能够继续工作。也就是说RAID-5卷

具备容错能力。RAID-5卷具备以下特性：

- 可以从3~32块磁盘内分别选用未分配空间来组成RAID-5卷，这些磁盘最好都是相同的制造商、相同的型号。
- 组成RAID-5卷的每一个成员的容量大小是相同的。
- 组成RAID-5卷的成员中不可以包含**系统分区**与**启动分区**。
- 系统在将数据存储到RAID-5卷时，会将数据拆成等量的64KB，例如由5个磁盘组成的RAID-5卷，则系统会将数据拆成每4个64KB为一组，每一次将一组4个64KB的数据与其同位数据分别写入5 个磁盘内，一直到所有的数据都写入到磁盘为止。
  奇偶校验信息并不是存储在固定磁盘内的，而是依序分布在每块磁盘内，例如第一次写入时是存储在磁盘0、第二次是存储在磁盘1、……、依序类推，存储到最后一个磁盘后，再从磁盘0开始存储。
- 当某个磁盘发生故障时，系统可以利用同位数据，推算出故障磁盘内的数据，让系统能够继续读取RAID-5卷内的数据，不过仅限一个磁盘故障的情况，如果同时有多个磁盘故障的话，系统将无法读取RAID-5卷内的数据。

RAID-6具备在两个磁盘故障的情况下仍然可以正常读取数据的能力。

- 在写入数据时必须花费时间计算奇偶校验信息，因此其写入效率一般来说会比镜像卷差（视RAID-5磁盘成员的数量多少而异）。不过读取效率比镜像卷好，因为它会同时从多个磁盘来读取数据（读取时不需要计算奇偶校验信息）。但如果其中一个磁盘故障的话，此时虽然系统仍然可以继续读取RAID-5卷内的数据，不过因为必须耗用系统资源（CPU时间与内存）来算出故障磁盘的内容，因此效率会降低。
- RAID-5卷的磁盘空间有效使用率为（n–1）/n，n为磁盘的数目。例如利用5个磁盘来建立RAID-5卷，则因为必须利用1/5的磁盘空间来存储奇偶校验信息，故磁盘空间有效使用率为4/5，因此每一个MB的单位存储成本比镜像卷要低（其磁盘空间有效使用率为1/2）。
- RAID-5卷一旦被建立好后，就无法再被扩展（extend）。
- Windows Server 2019等服务器级别的系统支持RAID-5卷。
- RAID-5卷可被格式化成NTFS或ReFS格式。
- 整个RAID-5卷是被视为一体的，无法将其中任何一个成员独立出来使用，除非先将整个RAID-5卷删除。

建立 RAID-5 卷

以下利用将图10-3-42中3个未分配空间组成一个RAID-5卷的方式来说明如何建立RAID-5卷。虽然目前这3个空间的大小不同，不过我们会在建立卷的过程中，从各磁盘内选用相同的容量（以8GB为例）。

STEP 1 选中图10-3-42中的任意一未分配空间右击➲新建RAID-5卷。

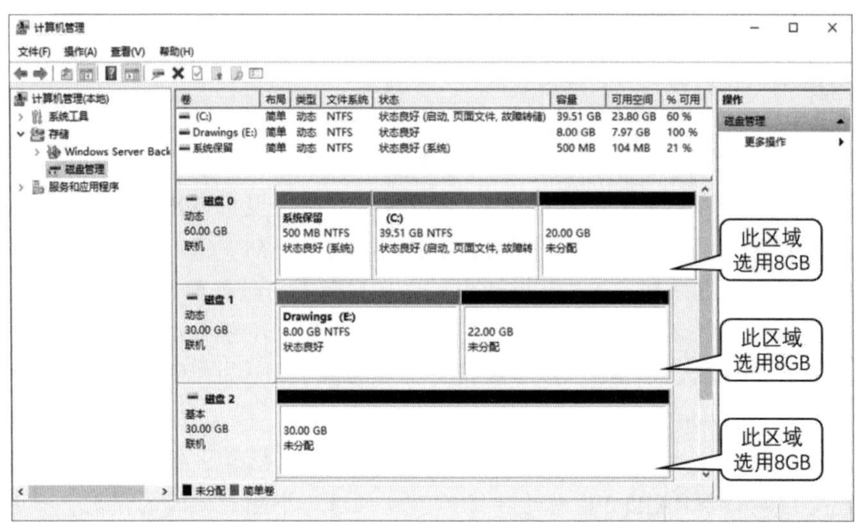

图 10-3-42

STEP 2 出现**欢迎使用新建RAID-5卷**向导界面时单击下一步按钮。

STEP 3 在图10-3-43中分别从磁盘0、1、2选取8192MB（8GB）的空间，也就是这个RAID-5卷的总容量应该是24576MB（24GB），不过因为需要1/3的容量（8GB）来存储奇偶校验信息，因此实际可存储数据的有效容量为16384MB（16GB）。完成后单击下一步按钮。

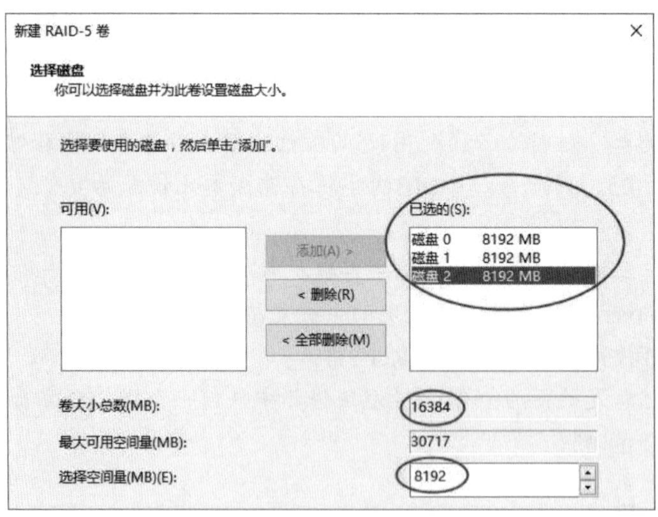

图 10-3-43

若某个磁盘内没有一个超过8GB的连续可用空间，但有多个不连续的未分配空间，其总容量足够8GB的话，则此磁盘也可以成为RAID-5卷的成员。

STEP 4 在图10-3-44中为此RAID-5卷分配一个驱动器号后单击下一步按钮（此界面的详细说明，可参阅图10-2-7的说明）。

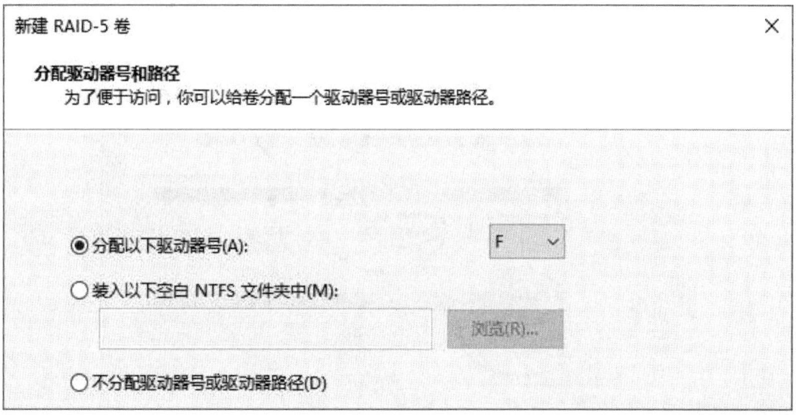

新建 RAID-5 卷

分配驱动器号和路径
为了便于访问，你可以给卷分配一个驱动器号或驱动器路径。

◉ 分配以下驱动器号(A): F
○ 装入以下空白 NTFS 文件夹中(M):
浏览(R)...
○ 不分配驱动器号或驱动器路径(D)

图 10-3-44

STEP 5 在图10-3-45中输入与选择适当的设置值后单击下一步按钮（此界面的详细说明，可参阅图10-2-8的说明）。

新建 RAID-5 卷

卷区格式化
要在这个卷上储存数据，你必须先将其格式化。

选择是否要格式化这个卷；如果要格式化，要使用什么设置。

○ 不要格式化这个卷(D)
◉ 按下列设置格式化这个卷(O):
文件系统(F): NTFS
分配单元大小(A): 默认值
卷标(V): Products
☐ 执行快速格式化(P)
☐ 启用文件和文件夹压缩(E)

图 10-3-45

STEP 6 出现正在完成新建RAID-5卷向导界面时单击完成按钮。

STEP 7 之后系统会开始建立此RAID-5卷，图10-3-46为完成后的界面，图中的F: 磁盘就是RAID-5卷，它分布在3个磁盘内，且每一个磁盘的容量都相同（8GB）。

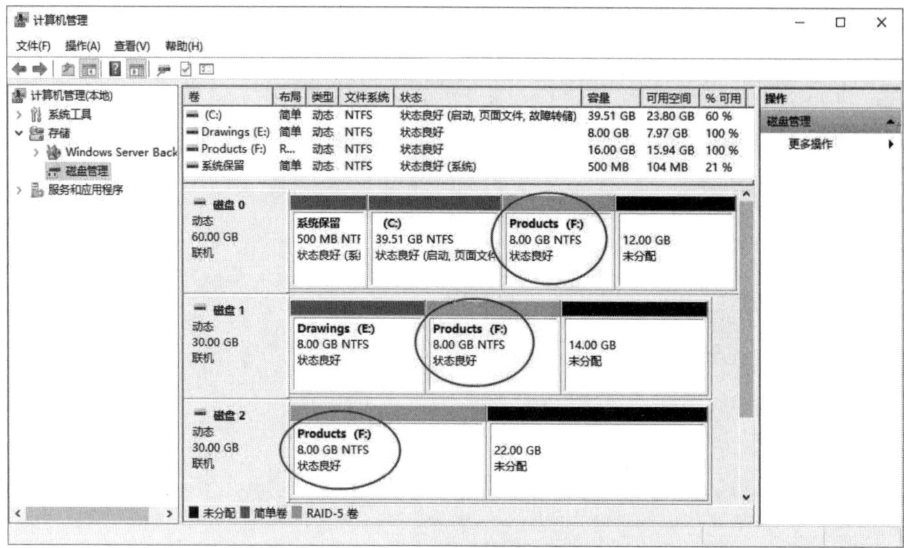

图 10-3-46

修复 RAID-5 卷

RAID-5卷成员之中如果有一个磁盘发生故障，虽然系统还是能够读取RAID-5卷内的数据，但是却丧失容错能力，此时应该尽快修复RAID-5卷，以便继续提供容错能力。假设前面图10-3-46中RAID-5卷F: 的成员之中的磁盘2故障了，我们利用它来说明如何修复RAID-5卷。

STEP **1** 关机后从计算机内取出故障的磁盘2。

STEP **2** 将新的磁盘安装到计算机内、重新启动计算机。

STEP **3** 单击左下角**开始**图标⊞➲Windows 管理工具➲计算机管理➲存储➲磁盘管理。

STEP **4** 在自动弹出的图10-3-47中选择磁盘分区样式后单击确定按钮来初始化新安装的磁盘2（如果未自动弹出此界面的话：【选中新磁盘右击➲联机➲选中新磁盘右击➲初始化磁盘】）。

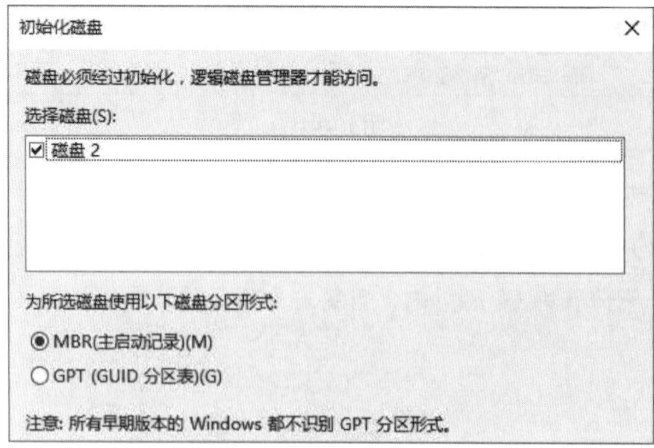

图 10-3-47

STEP 5　之后将出现图10-3-48，其中的磁盘2为新安装的磁盘，而原先故障的磁盘2被显示在界面的最下方（上面有**丢失**两个字）。

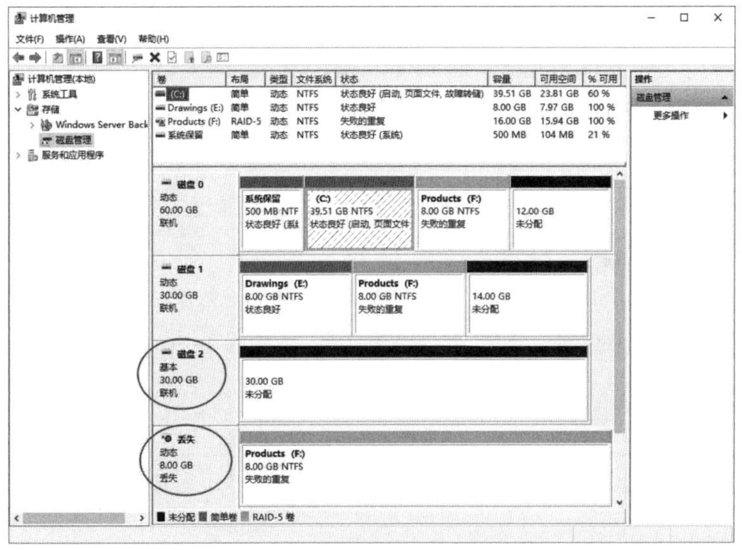

图 10-3-48

STEP 6　如图10-3-49所示【选中有**失败的重复**字样的任何一个F: 磁盘右击➲修复卷】。

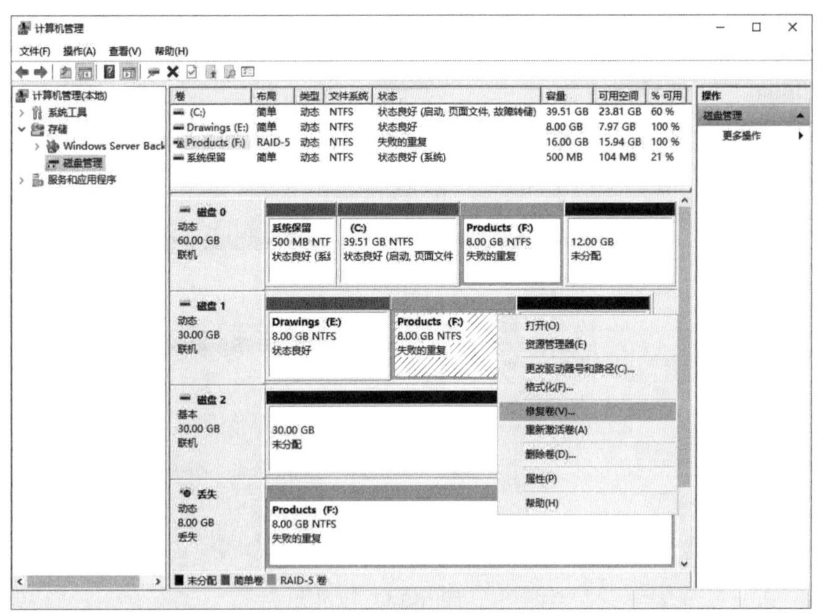

图 10-3-49

STEP 7　在图10-3-50中选择新安装的磁盘2，它会取代原先已损毁的磁盘，以便重新建立RAID-5卷。完成后单击确定按钮。

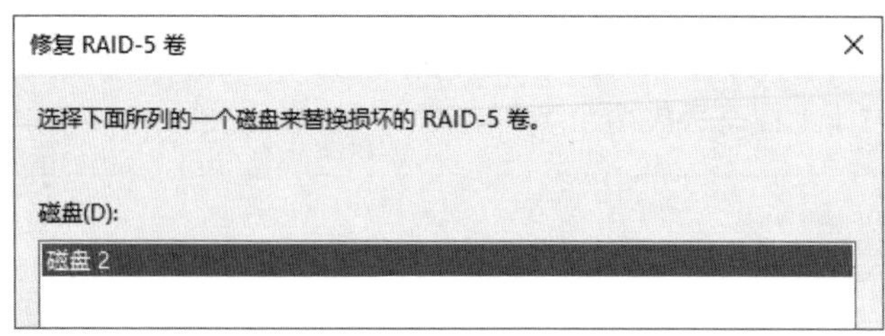

图 10-3-50

STEP 8　如果该磁盘尚未被转换为动态磁盘的话，则请在弹出的界面中单击是（Y）键来将其转换为动态磁盘。

STEP 9　之后系统会利用原RAID-5卷中其他正常磁盘的内容来将数据重构到新磁盘内（同步），这个操作需要花费较长的时间，完成后，如图10-3-51所示F: 又恢复为正常的RAID-5卷。

如果重建时出问题的话，可尝试利用【重新启动➲选中该磁盘右击➲重新激活磁盘】的方式来解决。

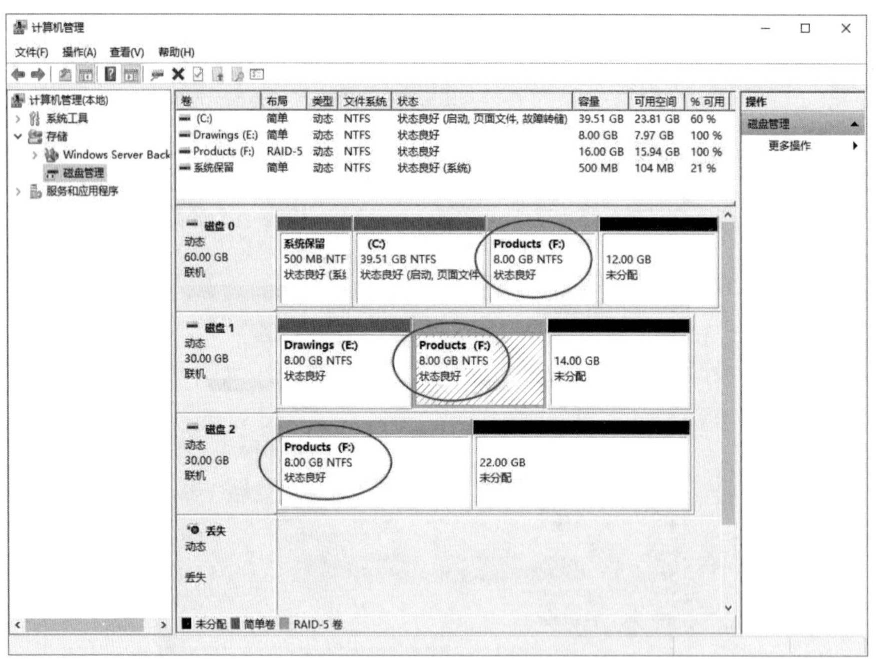

图 10-3-51

STEP 10　如图10-3-52所示【选中标记为丢失的磁盘右击➲删除磁盘】来将故障磁盘删除。

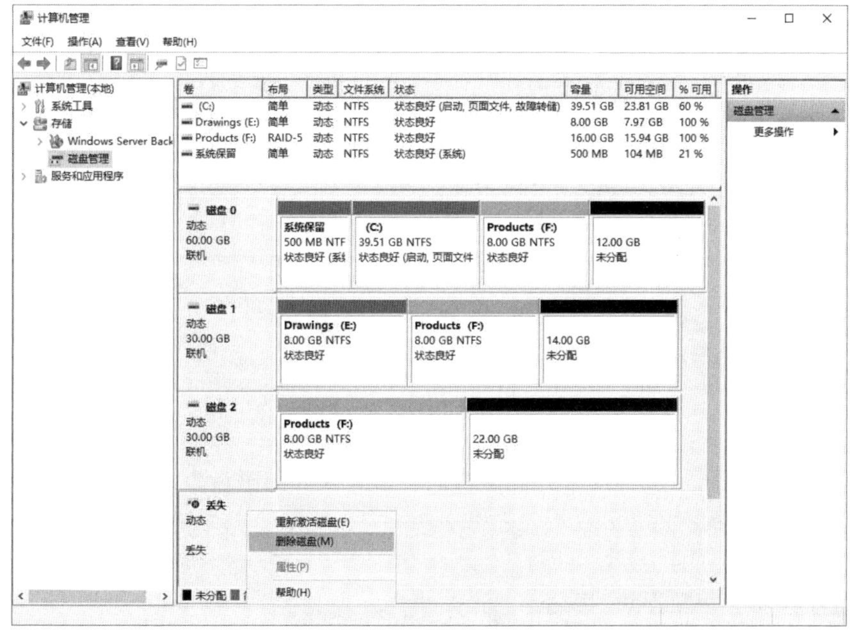

图 10-3-52

10.4　移动磁盘设备

10.4.1　将基本磁盘移动到另一台计算机内

将基本磁盘移动到另一台Windows Server 2019计算机后，正常情况下系统会自动检测到这个磁盘、自动赋予驱动器号后就可以使用这磁盘了。如果因故还无法使用此磁盘的话，则可能还需要执行**联机**操作：【单击左下角**开始**图标⊞➲Windows 管理工具➲计算机管理➲存储➲磁盘管理➲选中这块磁盘右击➲联机】。

如果在**磁盘管理**界面中看不到这块磁盘的话，请试着【选择**操作**菜单➲重新扫描磁盘】。如果还是没有出现这个磁盘的话，请试着【打开**设备管理器**➲选中**磁盘驱动器**右击➲扫描硬件改动】。

10.4.2　将动态磁盘移动到另一台计算机内

将计算机内的动态磁盘移动到另一台Windows Server 2019计算机后，这块动态磁盘会被视为**外部磁盘**（foreign disk）。如果这块磁盘如图10-4-1所示显示为**脱机**的话，请先如图所示【选中它右击➲联机】。

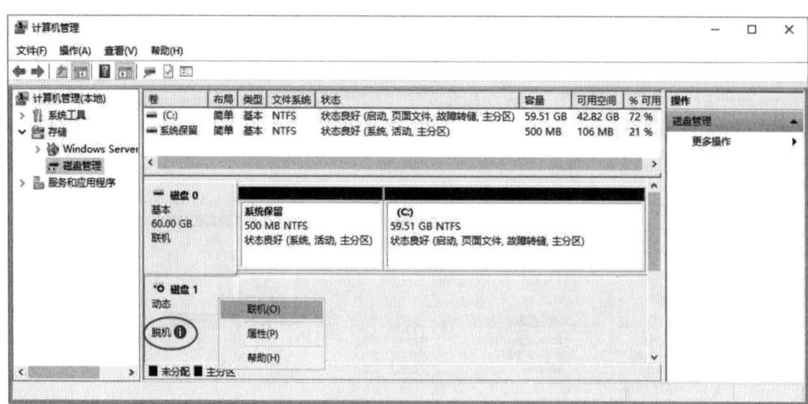

图 10-4-1

然后【如图10-4-2所示选中这个外部磁盘右击➲导入外部磁盘➲单击确定按钮】。

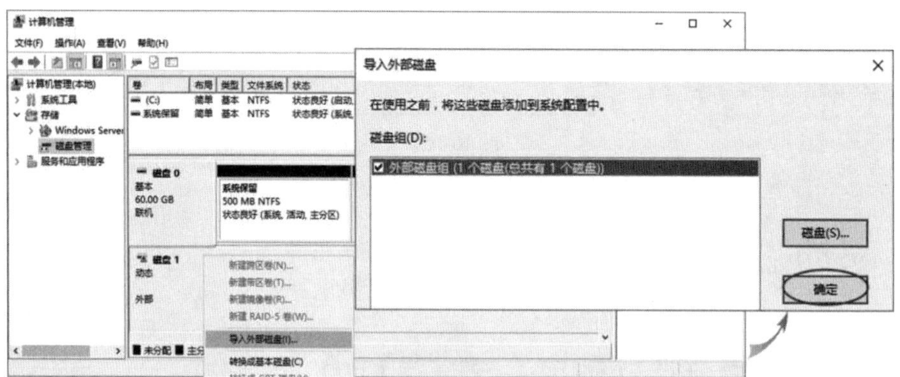

图 10-4-2

图中**外部磁盘组**内只有一个磁盘，如果是同时将多个动态磁盘移动到另一台计算机的话，则界面中的**外部磁盘组**中会有多块磁盘，此时可以通过单击图中磁盘按钮来查看有哪些磁盘。

移动到另一台计算机后，动态卷将保留使用原驱动器号。若驱动器号已经在另外一台计算机内被占用了，则将被分配到下一个可用的驱动器号。如果此卷原来并没有驱动器号，则移动到另外一台计算机后，仍然不会有驱动器号。如果要移动跨区卷、带区卷、镜像卷、RAID-5卷的话，请将其所有成员都一起移动，否则移动后，在另一台计算机内并无法访问这些卷内的数据。

第 11 章　分布式文件系统

分布式文件系统（Distributed File System，DFS）可以提高文件的访问效率、提高文件的可用性与分散服务器的负担。

- 分布式文件系统概述
- 分布式文件系统实例演练
- 客户端的引用设置

11.1 分布式文件系统概述

通过**分布式文件系统**（DFS）将相同的文件同时存储到网络上的多台服务器后：

- **提高文件的访问效率**：当客户端通过DFS来访问文件时，DFS会引导客户端从最接近客户端的服务器来访问文件，让客户端快速访问到所需要的文件。
  DFS会向客户端提供一份服务器列表，这些服务器内都有客户端所需要的文件，但是DFS会将最接近客户端的服务器，例如跟客户端同一个AD DS站点（Active Directory Domain Services site），放在列表的最前面，以便让客户端优先从这台服务器来访问文件。
- **提高文件的可用性**：如果位于服务器列表最前面的服务器意外故障，客户端仍然可从列表中的下一台服务器来取得所需文件，也就是说DFS提供容错功能。
- **提供服务器负载平衡功能**：每一个客户端所获得列表中的服务器排列顺序可能都不相同，因此它们所访问的服务器也可能不相同，也就是说不同客户端可能会从不同服务器来访问所需文件，因此可分散服务器的负担。

11.1.1 DFS的架构

Windows Server 2019是通过**文件和存储服务**角色内的**DFS命名空间**与**DFS 复制**这两个服务来搭建DFS。以下根据图11-1-1来说明DFS中的各个组件：

- **DFS命名空间**：可以通过**DFS命名空间**来将位于不同服务器内的共享文件夹集合在一起，并以一个虚拟文件夹的树状结构呈现给客户端。它分为以下两种：
  - **基于域的命名空间**：它将命名空间的设置数据存储到AD DS数据库与命名空间服务器。如果建立多台命名空间服务器的话，则具备命名空间的容错功能。
    从Windows Server 2008开始新增一种称为**Windows Server 2008 模式**的基于域的命名空间，并将以前旧版的基于域的命名空间称为**Windows 2000 Server模式**。**Windows Server 2008模式**域命名空间支持**以访问为基础的列举**（access-based enumeration，ABE，访问型列举），它会根据用户的权限来决定用户可否能看到共享文件夹内的文件与文件夹，也就是说当用户浏览共享文件夹时，他只能够看到有权访问的文件与文件夹。
  - **独立命名空间**：它将命名空间的设置数据存储到命名空间服务器的登录数据库（registry）。由于独立命名空间只能够有一台命名空间服务器，因此不具备命名空间的容错能力。

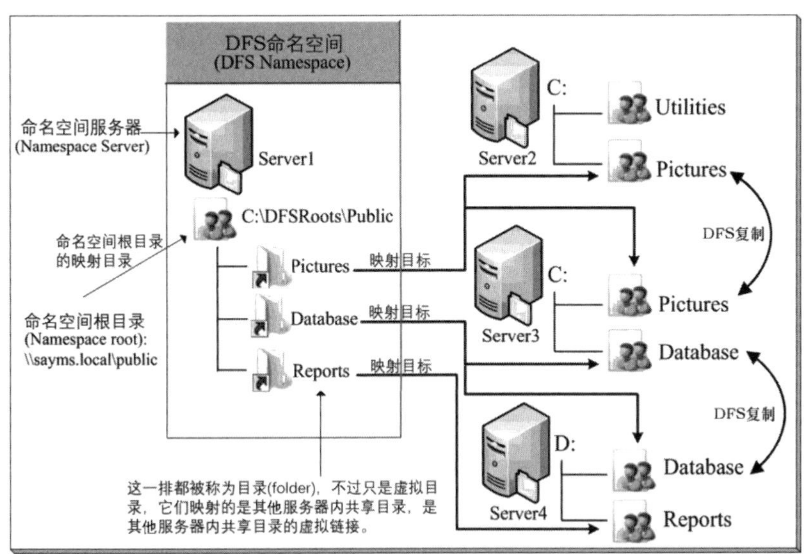

图 11-1-1

- **命名空间服务器**：用来提供命名空间（host namespace）服务的服务器。如果是基于域的命名空间的话，则这台服务器可以是成员服务器或域控制器，并且可以设置多台命名空间服务器；如果是独立命名空间的话，则这台服务器可以是成员服务器、域控制器或独立服务器，不过只能有一台命名空间服务器。
- **命名空间根目录**：它是命名空间的起点。以图11-1-1为例，此根目录的名称为public、命名空间的名称为\\sayms.local\public，而且它是一个基于域的命名空间，其名称是以域名开头（sayms.local）。如果这是一个独立命名空间的话，则命名空间的名称会以计算机名称开头，例如\\Server1\public。
  由图可知此命名空间根目录是被映射到命名空间服务器内的一个共享文件夹，默认是%*SystemDrive*%\DFSRoots\Public，它必须位于NTFS磁盘分区。
- **虚拟目录与映射**：这些虚拟目录分别映射到其他服务器内的共享文件夹，当客户端来浏览文件夹时，DFS会将客户端重定向到虚拟目录所映射到的共享文件夹。前面图11-1-1中共有3个虚拟目录，分别是：
  - **Pictures**：此目录有两个目标，分别映射到服务器Server2的C:\Pictures与Server3的C:\Pictures共享文件夹，它具备目录容错功能，例如客户端在读取文件夹Pictures内的文件时，即使Server2故障，他仍然可以从Server3的C:\Pictures读到文件。当然Server2的C:\Pictures与Server3的C:\Pictures内所存储的文件应该要相同（同步）。
  - **Database**：此目录有两个目标，分别映射到服务器Server3的C:\Database与Server4的D:\Database共享文件夹，它也具备文件夹的容错功能。
  - **Reports**：此文件夹只有一个目标，映射到服务器Server4的D:\Reports共享文件夹，由于目标只有一个，故不具备容错功能。
- **DFS复制**：图11-1-1中文件夹Pictures的两个目标所映射到的共享文件夹，其所提供给客户端的文件必须同步（相同），而这个同步操作可由**DFS复制服务**来自动执行。**DFS复制服务**使用一个称为**远程差异压缩**（Remote Differential Compression，RDC）的压缩演算技术，它能够检测到文件发生的变化，因此复制文件时仅会复制发生变化的部分，而不是整个文件，这可以降低网络的负担。

独立命名空间的目标服务器如果未加入域的话，则其目标所映射的共享文件夹内的文件需手动同步。

11.1.2 复制拓扑

拓扑（topology）一般是用来描述网络上多个组件之间的关系，而此处的**复制拓扑**是用来描述DFS内各服务器之间的逻辑连接关系，并让**DFS复制服务**利用这些关系在服务器之间复制文件。针对每一个文件夹，可以选择以下拓扑之一来复制文件（参见图11-1-2）：

- **集散（hub and spoke）**：它将一台服务器当作是中央节点，并建立与其他所有服务器（分支节点）之间的连接。文件是从中央节点复制到所有的分支支点，并且也会从分支支点复制到中央节点。分支节点之间并不会直接相互复制文件。
- **交错（full mesh）**：它会建立所有服务器之间的相互连接，文件会从每一台服务器直接复制到其他所有的服务器。
- **自定义拓扑**：可以自行建立各服务器之间的逻辑连接关系，也就是自行指定服务器，只有被指定的服务器之间才会复制文件。

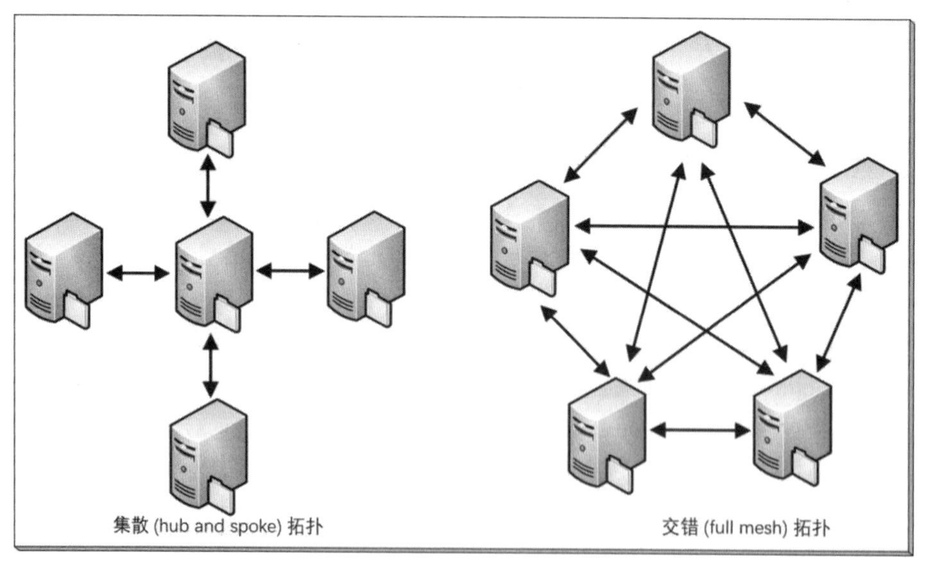

图 11-1-2

你可以根据公司网络的带宽、网络的地理位置与公司的组织结构等来决定采用哪一种拓扑。但是不论选择了哪一种拓扑，都可以自行启用或禁用两台服务器之间的连接关系，例如不想让Server2将文件复制到Server3，可以将Server2到Server3的单向连接关系禁用。

11.1.3 DFS的系统需求

独立命名空间服务器可以由域控制器、成员服务器或独立服务器来扮演，而基于域的命名空间服务器可以由域控制器或成员服务器来扮演。

参与DFS复制的服务器必须位于同一个AD DS林，被复制的文件夹必须位于NTFS磁盘分区内（ReFS、FAT32与FAT均不支持）。防病毒软件必须与DFS兼容，必要时需要联系防病毒软件厂商以便确认是否兼容。

11.2 分布式文件系统实例演练

我们将练习如何来建立一个如图11-2-1所示的基于域的命名空间，图中假设3台服务器都是Windows Server 2019 Datacenter，而且Server1为域控制器兼DNS服务器、Server2与Server3都是成员服务器，请先自行将此域环境搭建好。

图中命名空间的名称（命名空间根目录的名称）为public，由于它是域命名空间，因此完整的名称将是\\sayms.local\public （sayms.local为域名），它映射到命名空间服务器Server1的C:\DFSRoots\Public文件夹。命名空间的设置数据会被存储到AD DS与命名空间服务器Server1。另外图中还建立了文件夹Pictures，它有两个目标，分别指向Server2与Server3的共享文件夹。

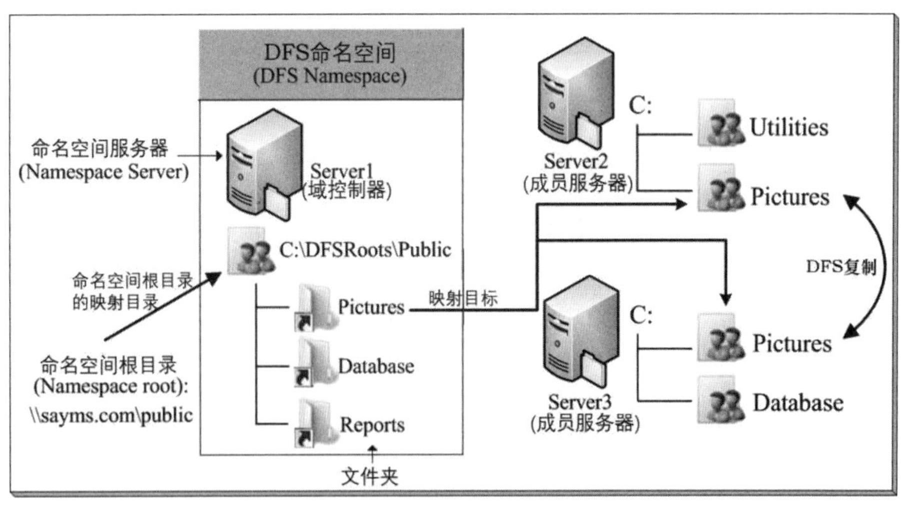

图 11-2-1

11.2.1 安装DFS的相关组件

由于图11-2-1中各服务器所扮演的角色并不完全相同，因此所需要安装的服务与功能也有所不同：

- **Server1**：图中Server1是域控制器（&DNS服务器）兼命名空间服务器，它需要安装**DFS命名空间服务**（DFS Namespace service）。安装**DFS命名空间服务**时，会同时自动安装DFS管理工具，以支持在Server1上来管理DFS。
- **Server2与Server3**：这两台目标服务器需要相互复制Pictures共享文件夹内的文件，因此它们都需要安装**DFS复制服务**。安装**DFS复制服务**时，系统会同时自动安装DFS管理工具，这样也可以在Server2与Server3上来管理DFS。

在 Server1 上安装 DFS 命名空间服务

安装**DFS命名空间**服务的方法为：【打开**服务器管理器**➲单击**仪表板**处的**添加角色和功能**➲持续单击下一步按钮，直到图11-2-2的**选择服务器角色**界面时展开**文件和存储服务**➲展开**文件和iSCSI服务**➲勾选**DFS命名空间**➲单击添加功能按钮➲……】。

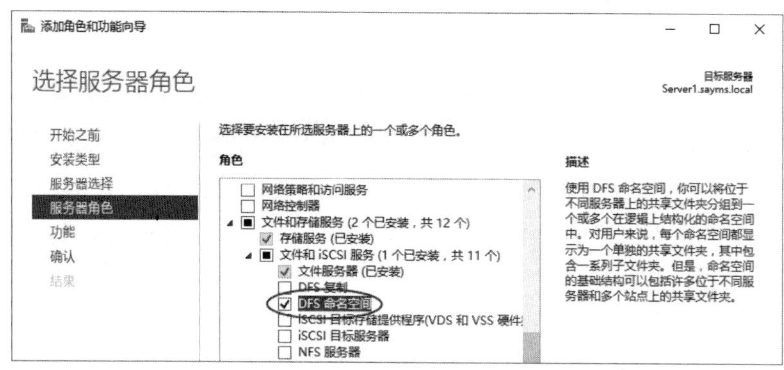

图 11-2-2

在 Server2 与 Server3 上安装所需的 DFS 组件

分别到Server2与Server3安装**DFS复制**服务：【打开**服务器管理器**➲单击**仪表板**处的**添加角色和功能**➲持续单击下一步按钮，直到图11-2-3的**选择服务器角色**界面时展开**文件和存储服务**➲展开**文件和iSCSI服务**➲勾选**DFS复制**➲单击添加功能按钮➲……】。

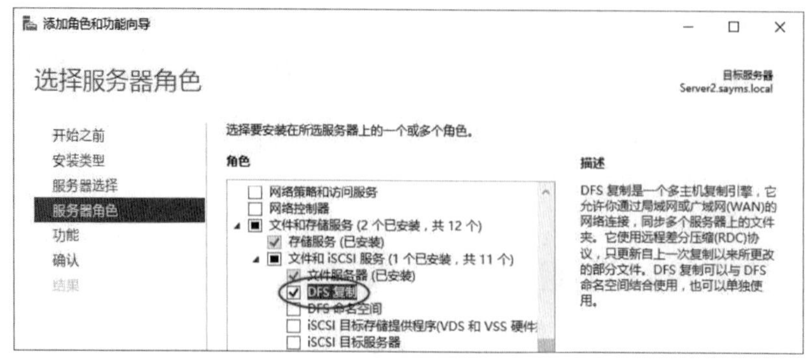

图 11-2-3

在 Server2 与 Server3 上建立共享文件夹

请建立前面图11-2-1中文件夹Pictures所映射到的两个目标文件夹，也就是Server2与Server3中的文件夹C:\Pictures，并将其设置为共享文件夹，假设共享名都是Pictures、将**读取/写入**的权限赋予Everyone。同时复制一些文件到Server2的C:\Pictures内（见图11-2-4），以便验证这些文件是否确实可以通过DFS机制被自动复制到Server3。

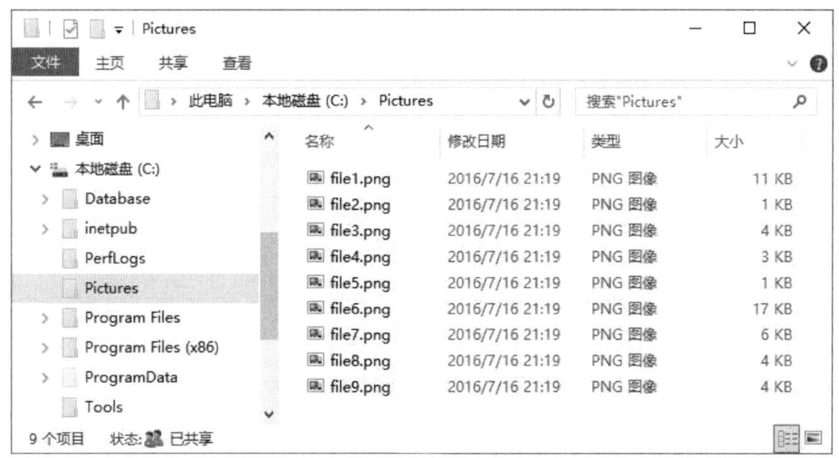

图 11-2-4

> 各目标所映射到的共享文件夹，应通过适当的权限设置来确保其中文件的安全性，此处假设是将**读取/写入**的权限赋予Everyone。

11.2.2　建立新的命名空间

STEP 1　到Server1上按⊞键切换到**开始**菜单➲Windows管理工具➲DFS管理➲如图11-2-5所示单击**命名空间**右侧的**新建命名空间...**。

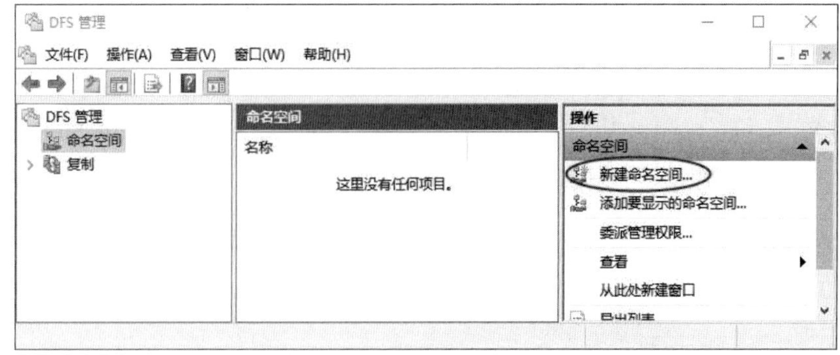

图 11-2-5

STEP 2　在图11-2-6中选Server1当作命名空间服务器后单击下一步按钮。

图 11-2-6

STEP 3　在图11-2-7中设置命名空间名称（例如Public）后单击下一步按钮。

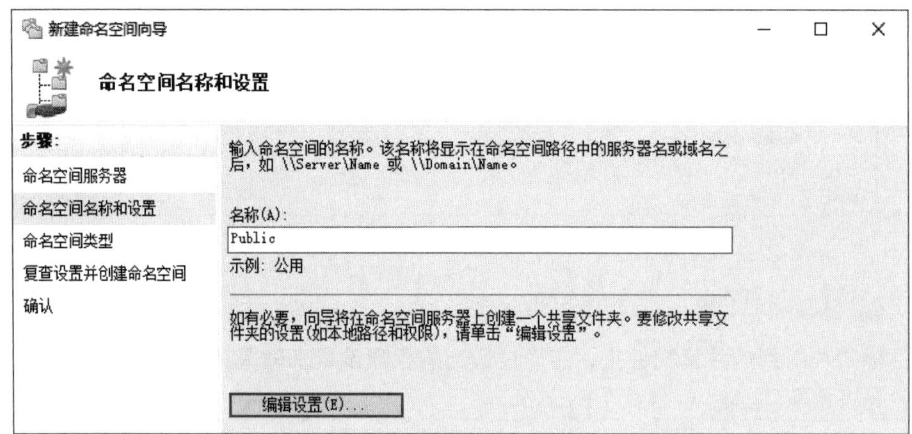

图 11-2-7

系统默认会在命名空间服务器的%*SystemDrive*%磁盘内建立DFSRoots\Public共享文件夹、共享名为Public、所有用户都具有只读权限，如果要更改设置的话，可单击图中的编辑设置按钮。

STEP 4　在图11-2-8中请选择**基于域的命名空间**（默认启用**Windows Server 2008模式**）。由于域名为sayms.local，因此完整的命名空间名称将会是\\sayms.local\Public。

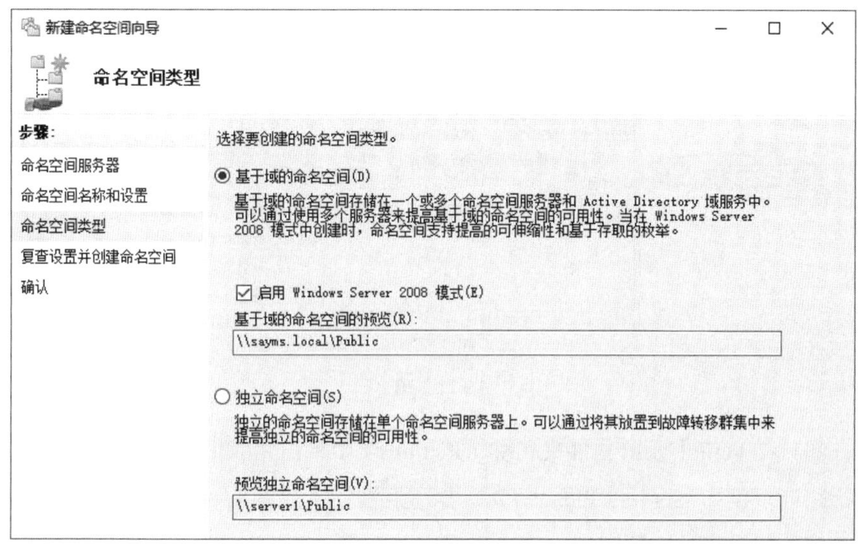

图 11-2-8

STEP 5 在**复查设置并创建命名空间**界面中，确认设置无误后单击创建按钮、关闭按钮。

STEP 6 图11-2-9为完成后的界面。

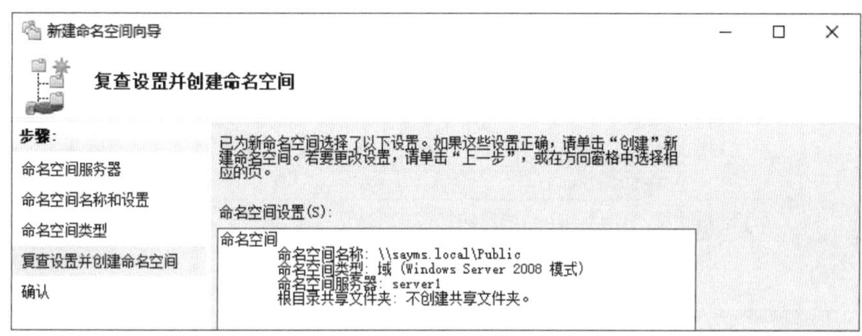

图 11-2-9

11.2.3 建立文件夹

以下将建立前面图11-2-1中的DFS文件夹Pictures，其两个目标分别映射到\\Server2\Pictures与\\Server3\Pictures。

建立文件夹 Pictures，并将目标映射到\\Server2\Pictures

STEP 1 单击图11-2-10中\\sayms.local\Public右侧的**新建文件夹...**。

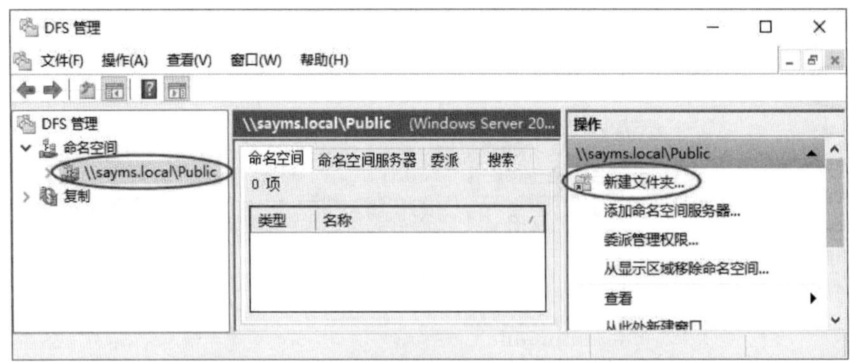

图 11-2-10

STEP 2　在图11-2-11中【设置文件夹名称（Pictures）➲单击添加按钮➲输入或浏览文件夹的目标路径，例如\\Server2\Pictures➲单击确定按钮】。客户端可以通过背景图中**预览命名空间**的路径来访问所映射共享文件夹内的文件，例如\\sayms.local\Public\Pictures。

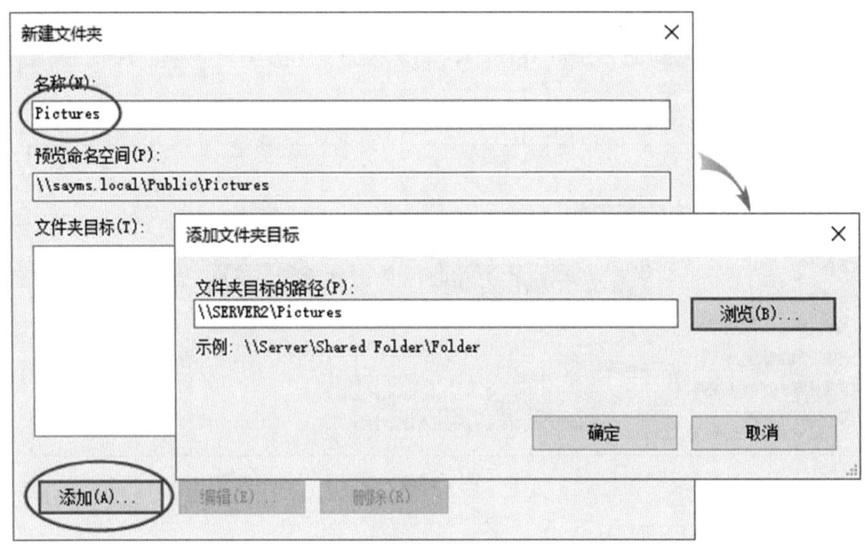

图 11-2-11

新建另一个目标，并将其映射到\\Server3\Pictures

STEP 1　继续单击图11-2-12中添加按钮来设置文件夹的新目标路径，例如图中的\\Server3\Pictures。完成后连续单击两次确定按钮。

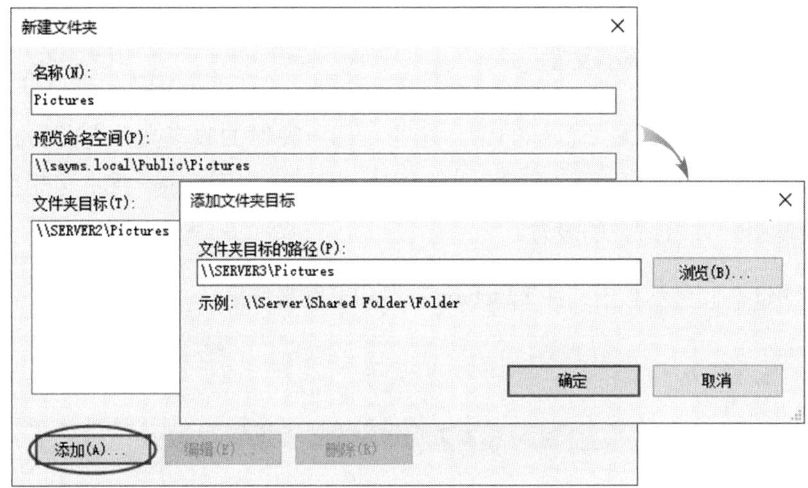

图 11-2-12

STEP 2 可在图11-2-13中单击否按钮，等到下一节**复制组与复制设置**再来说明两个目标之间的复制设置。

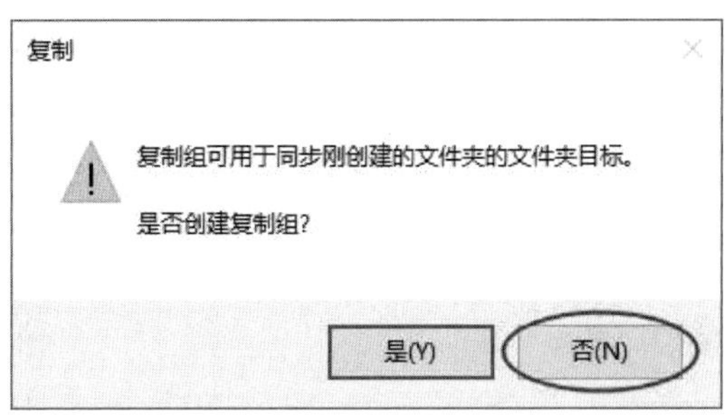

图 11-2-13

STEP 3 图11-2-14为完成后的界面，文件夹Pictures的目标同时映射到\\Server2\Pictures与\\Server3\Pictures共享文件夹。之后如果要增加新目标的话，可单击右侧的**新建文件夹目标...**。

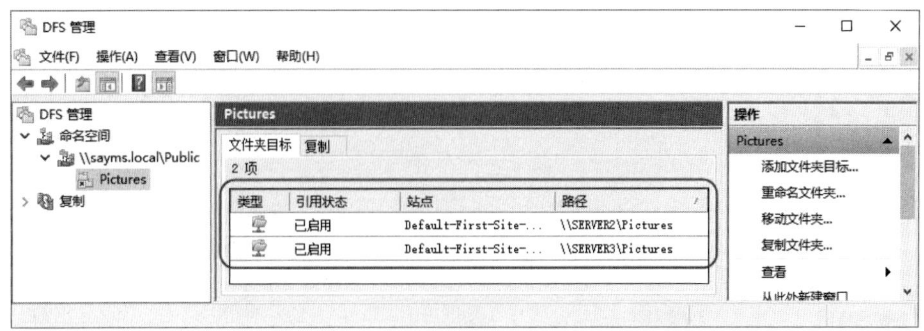

图 11-2-14

11.2.4 复写组与复制设置

如果一个DFS文件夹有多个目标的话，这些目标所映射的共享文件夹内的文件必须同步（相同）。我们可以让这些目标之间自动复制文件来同步，不过你需要将这些目标服务器设置为同一个复制组，并做适当的设置。

STEP 1 如图11-2-15所示单击文件夹Pictures右侧的**复制文件夹...**。

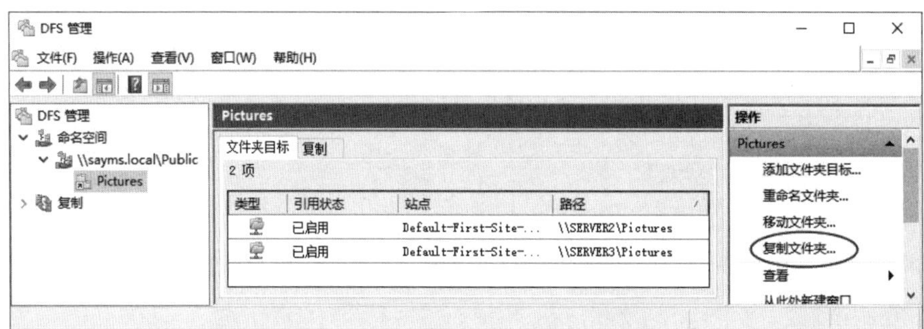

图 11-2-15

STEP 2 在图11-2-16中可直接单击下一步按钮来采用默认的复制组名与文件夹名（或自行设置名称）。

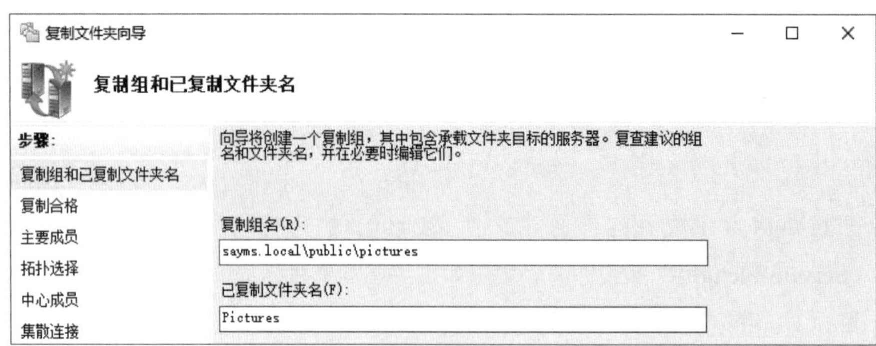

图 11-2-16

STEP 3 图11-2-17中会列出有资格参与复制的服务器，请单击下一步按钮。

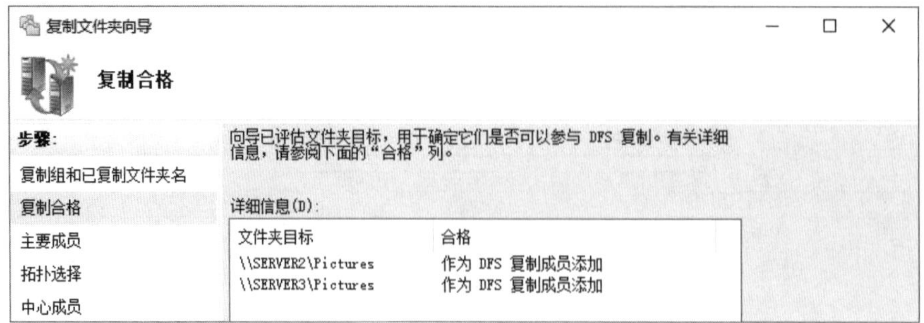

图 11-2-17

STEP 4 请从图11-2-18选择**主要成员**（例如SERVER2），当DFS第1次开始执行复制文件操作时，会将这台主要成员内的文件复制到其他的所有目标。完成后单击下一步按钮。

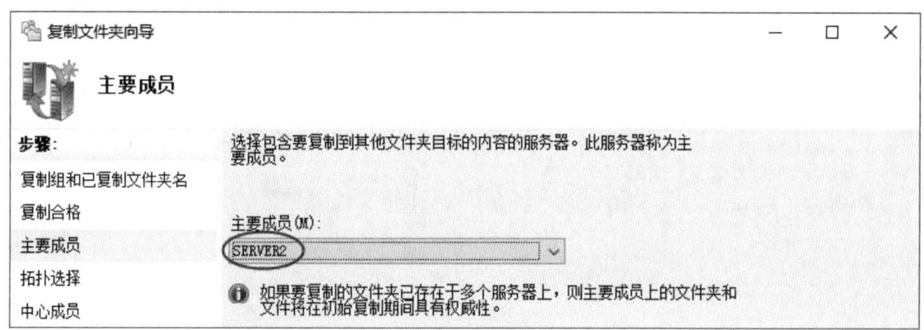

图 11-2-18

只有在第1次执行复制文件操作时，DFS才会将主要成员的文件复制到其他的目标，之后的复制工作是依照所选的复制拓扑来复制的。

STEP 5 在图11-2-19中选择复制拓扑后单击完成按钮（必须有3（含）台以上的服务器参与复制，才可以选择**集散**拓扑）。

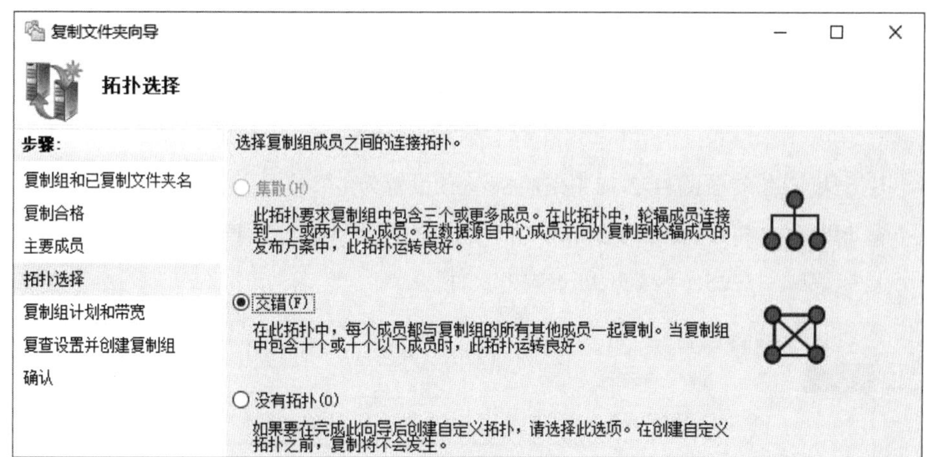

图 11-2-19

STEP 6 你可以如图11-2-20所示选择全天候、使用完整的带宽来复制，也可以选择**在指定日期和时间内复制**来进一步设置。

STEP 7 在**复查设置并创建复制组**界面中，检查设置无误后单击创建按钮。

STEP 8 在**确认**界面中确认所有的设置都无误后单击关闭按钮。

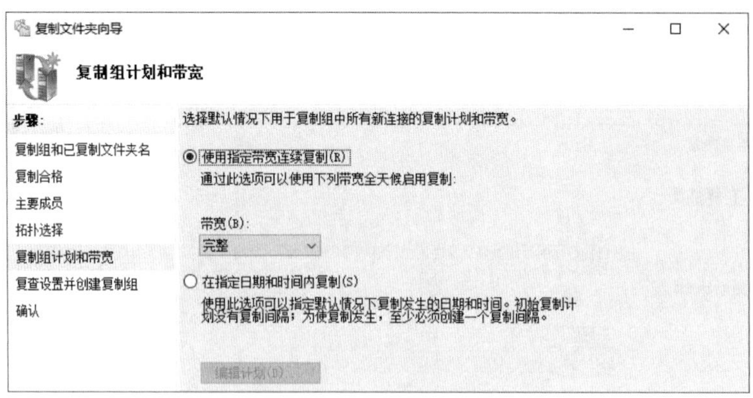

图 11-2-20

STEP 9 在图11-2-21中直接单击确定按钮。这里提示的是：如果域内有多台域控制器的话，则以上设置需要等一段时间才会被复制到其他域控制器，而其他参与复制的服务器也需要一段时间才会向域控制器索取这些设置值。总而言之，参与复制的服务器，可能需要一段时间后才会开始复制的工作。

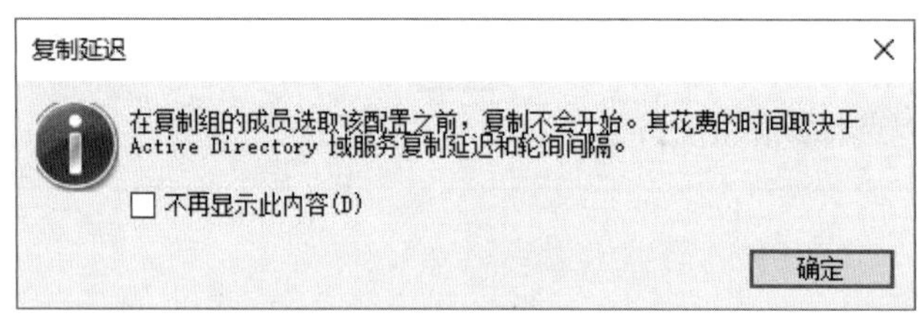

图 11-2-21

STEP 10 由于我们在前面图11-2-18中是将Server2设置为主要成员，因此稍后当DFS第1 次执行复制时，会将\\Server2\Pictures内的文件复制到\\Server3 \Pictures。如图11-2-22所示为复制完成后在\\Server3\Pictures内的文件。

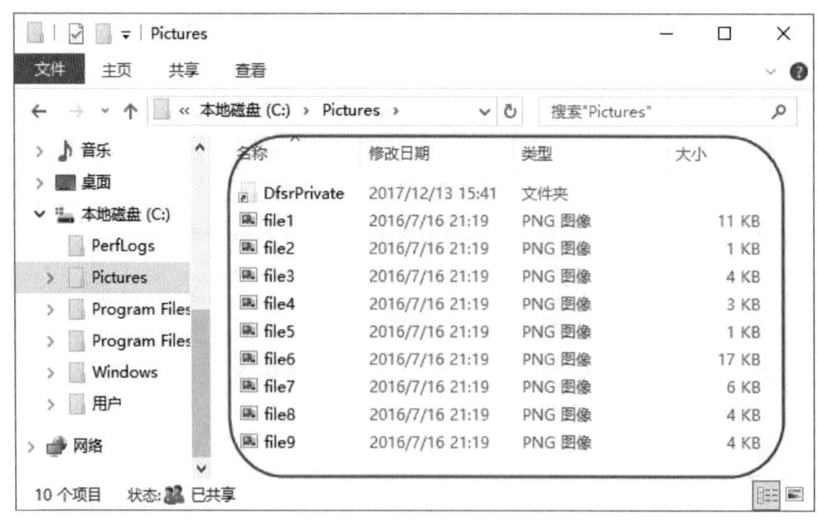

图 11-2-22

在第1次复制时，系统会将原本就存在于\\Server3\Pictures内的文件（如果有的话），移动到图中的文件夹DfsrPrivate\PreExisting内，不过因为DfsrPrivate是隐藏文件夹，因此若要查看此文件夹的话：【打开**文件资源管理器**➲单击**查看**➲单击右侧**选项**图标➲查看➲取消勾选**隐藏受保护的操作系统文件（推荐）**与选择**显示隐藏的文件、文件夹和驱动器**】。

从第2次开始的复制操作，将依照复制拓扑来决定复制的方式，例如复制拓扑被设置为**交错**的话，则当将一个文件复制到任何一台服务器的共享文件夹后，**DFS复制服务**会将这个文件复制到其他所有的服务器。

11.2.5 复制拓扑与复制计划设置

如果要修改复制设置的话，请单击图11-2-23左侧的复制组sayms.local\public \pictures，然后通过右侧**操作**窗格来更改复制设置，例如增加参与复制的服务器（新家成员）、添加复制文件夹（新建已复制文件夹）、建立服务器之间的复制连接（新建连接）、更改复制拓扑（新建拓扑）、创建诊断报告、将复制的管理工作委派给其他用户（委派管理权限）、编辑复制计划（编辑复制组计划）等。

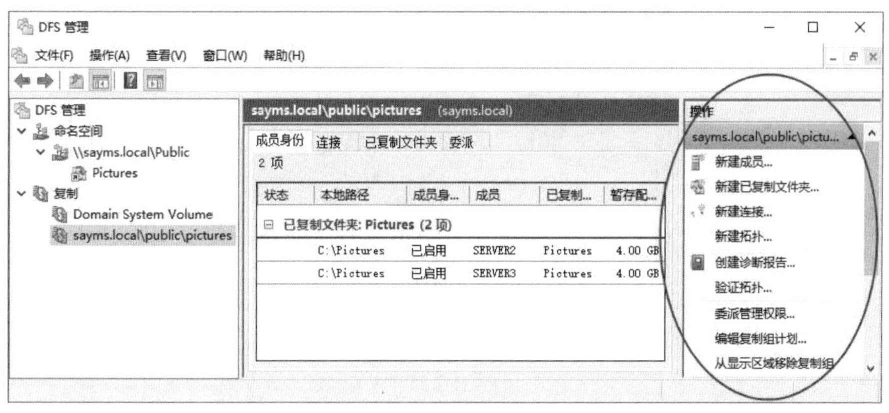

图 11-2-23

无论复制拓扑为何，都可以自行启用或禁用两台服务器之间的连接关系，例如不想让Server3将文件复制到Server2的话，将Server3到Server2的单向连接关系禁用：【如图11-2-24所示单击背景图中的**连接**选项卡➲双击发送成员Server3➲取消勾选**在此连接上启用复制**】。

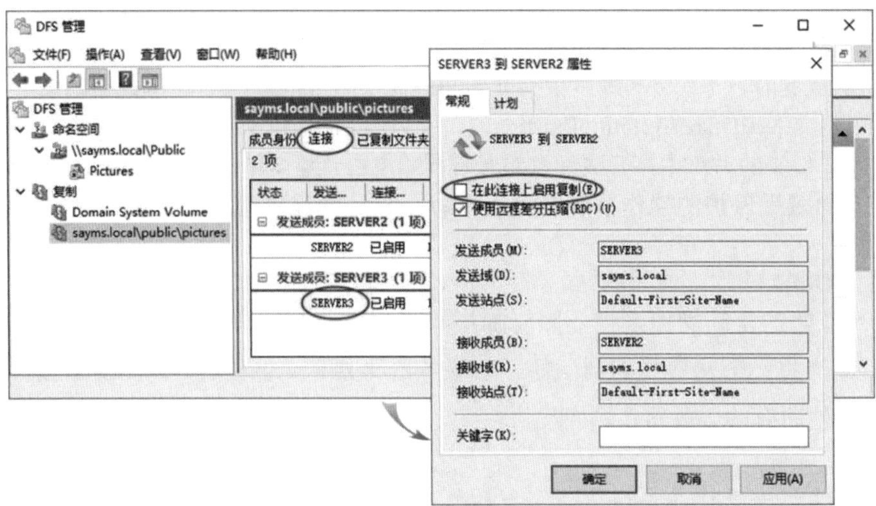

图 11-2-24

也可以通过双击图11-2-25中**已复制文件夹**选项卡下的文件夹Pictures的方式来筛选文件或子文件夹，被筛选的文件或子文件夹将不会被复制。筛选时可使用?或通配符*，例如*.tmp表示排除所有扩展名为.tmp的文件。

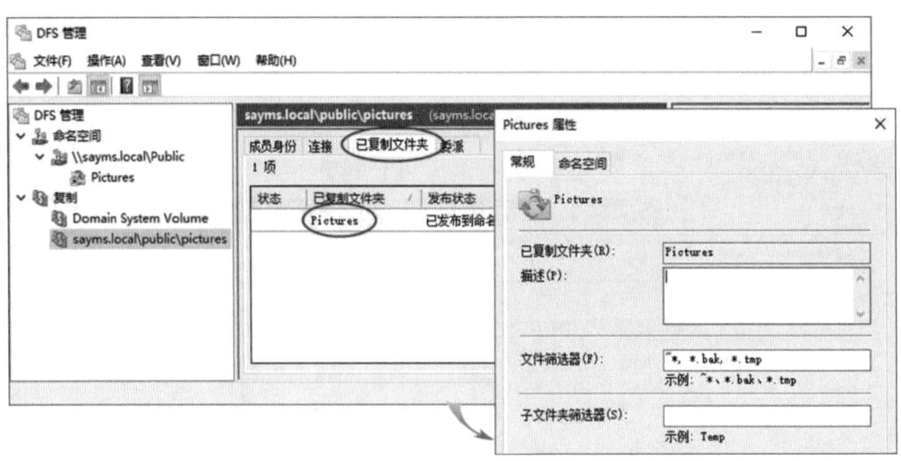

图 11-2-25

11.2.6 从客户端来测试DFS功能是否正常

我们利用Windows 10客户端来说明如何访问DFS文件：【按⊞+R键➲输入sayms.local\public\pictures（或\\sayms.local\public）】访问pictures文件夹文件，如图11-2-26所示，其中sayms.local为域名、public为DFS命名空间根目录的名称、pictures为DFS文件夹名。可能还必须输入用户名与密码。

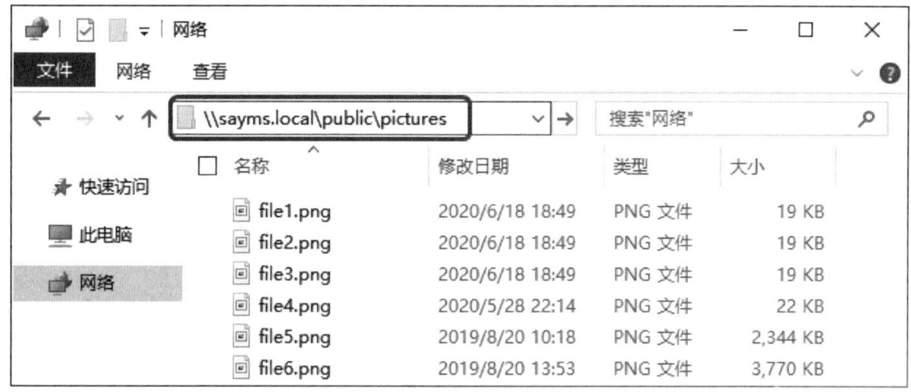

图 11-2-26

如果要访问独立DFS的话，请将域名改为计算机名，例如\\Server5\public\ pictures，其中Server5为命名空间服务器的计算机名、public为命名空间根目录名、pictures为DFS文件夹名。

你可以轮流将Server2与Server3其中一台关机、另一台保持开机的情况下，再到Windows 10计算机来访问Pictures内的文件，会发现都可以正常访问到Pictures内的文件：当原本访问的服务器关机时，DFS会将访问重定向到另一台服务器（会稍有延迟），因此仍然可以正常访问到Pictures内的文件。

11.2.7　添加多台命名空间服务器

基于域的命名空间的DFS架构内可以安装多台命名空间服务器，以便提供更高的可用性。所有的命名空间服务器都必须是隶属于相同的域。

首先这台新的命名空间服务器必须安装**DFS命名空间**服务，接下来可到Server1上【按⊞键切换到**开始**菜单➲Windows管理工具➲DFS管理➲如图11-2-27所示展开到命名空间\\sayms.local\public➲单击右侧**添加命名空间服务器**➲输入或浏览服务器名（例如Server4）➲单击确定按钮】。

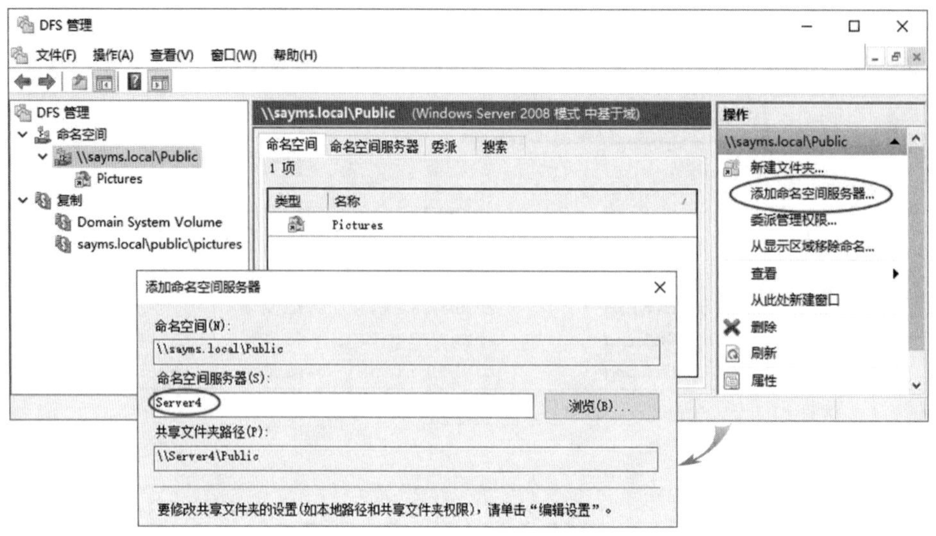

图 11-2-27

11.3 客户端的引用设置

当DFS客户端要访问命名空间内的资源（文件夹或文件等）时，域控制器或命名空间服务器会提供客户端一个**引用列表**（referrals），此列表内包含着拥有此资源的目标服务器，客户端会尝试从位于列表中最前面的服务器来访问所需要的资源，如果这台服务器因故无法提供服务时，客户端会转向列表中的下一个目标服务器。

如果某台目标服务器因故必须暂停服务，例如要关机维护，此时应该避免客户端被重定向到这台服务器，也就是不要让这台服务器出现在**引用列表**中，其设置方法为【如图11-3-1所示单击命名空间\\sayms.local\pubic之下的文件夹Pictures➲选中该服务器右击➲禁用文件夹目标】。

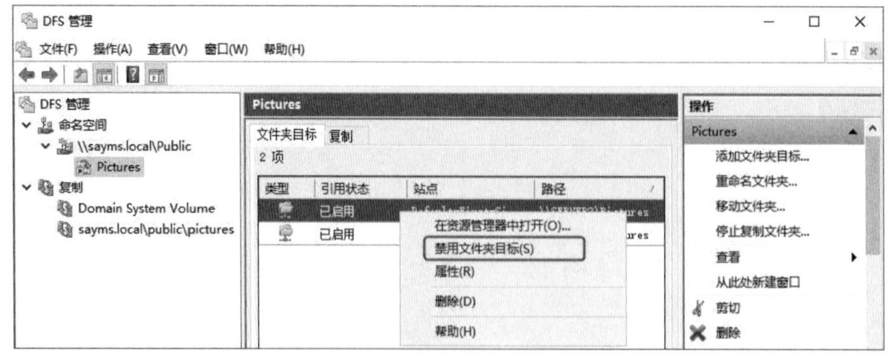

图 11-3-1

另外，要如何来决定**引用列表**中目标服务器的先后顺序呢？这可以通过【如图11-3-2所示

选中命名空间\\sayms.local\pubic右击➲属性➲**引用**选项卡】，图中共提供了缓存持续时间、（先后顺序的）排序方法与客户端故障回复设置。

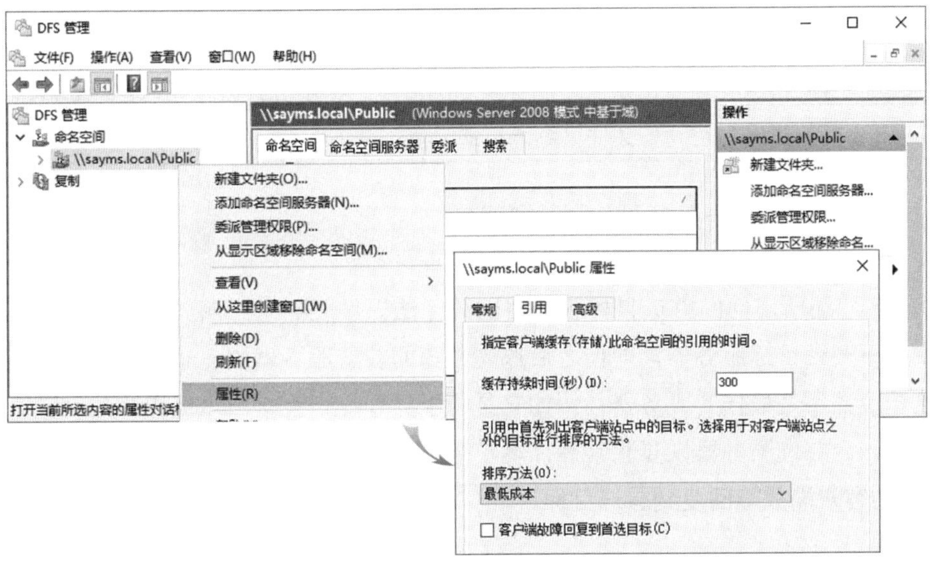

图 11-3-2

11.3.1 缓存持续时间

当客户端取得引用列表后，会将这份列表缓存到客户端计算机内，以后客户端需要该列表时，可以直接从缓存中获得，不需要再向命名空间服务器或域控制器来索取，如此可以提高运行效率，但是这份位于缓存区的列表有一定的有效期限，这个期限就是通过图11-3-2中**缓存持续时间**来设置的，图中默认值为300 秒。

11.3.2 设置引用列表中目标服务器的先后顺序

客户端所取得的引用列表中，目标服务器被排列在列表中的先后顺序如下：

- **如果目标服务器与客户端是位于同一个AD DS站点**：则此服务器会被放在列表中的最前面，如果有多台服务器的话，这些服务器会被随机排列在最前面。
- **如果目标服务器与客户端是位于不同AD DS站点**：则这些服务器会被排列在前述的服务器（与客户端同一个站点的服务器）之后，而且这些服务器之间有着以下的排列方法：
  - **最低成本（lowest cost）**：如果这些服务器分别位于不同的AD DS站点的话，则以站点连接成本（花费）最低的优先。如果成本相同的话，则随机排列。
  - **随机顺序（random order）**：不论目标服务器位于哪一个AD DS站点内，都以随机顺序来排列这些服务器。

- **排除客户端站点外的目标（exclude targets outside of client's site）**：只要目标服务器与客户端是在不同的AD DS站点，就不将这些目标服务器列于引用列表中。

命名空间的应用设置会被其下的文件夹与文件夹目标继承，不过也可以直接针对文件夹来设置，且其设置会覆盖由命名空间继承来的设置。还可以针对文件夹目标来设置，且其设置会覆盖由命名空间与文件夹继承来的设置。

11.3.3　客户端故障回复

当DFS客户端所访问的首选目标服务器因故无法提供服务时（例如故障），客户端会转向列表中的下一台目标服务器，即使之后原先故障的首选服务器恢复正常，客户端仍然会继续访问这一台并不是最佳的服务器（例如它是位于另外一个连接成本比较高的站点）。如果希望原来那一台首选服务器恢复正常后，客户端能够自动转回到此服务器的话，请勾选前面图11-3-2中的**客户端故障回复到首选目标**。

一旦回复原来的首选服务器后，所有新访问的文件都会从这一台首选服务器来读取，不过之前已经从非首选服务器打开的文件，仍然会继续从那一台服务器来读取。

第 12 章　系统启动的疑难排除

如果Windows Server 2019系统因故无法正常启动，可以尝试利用本章所介绍的方法来解决问题。

- 选择“最近一次的正确配置”来启动系统
- 安全模式与其他高级启动选项
- 备份与恢复系统

12.1 选择“最近一次的正确配置”来启动系统

只要Windows系统正常启动，用户也登录成功的话，系统就会将当前的**系统配置**存储到**最近一次的正确配置**（Last Known Good Configuration）中。**最近一次的正确配置**有什么用处呢？如果用户因为更改系统配置，造成下一次无法正常启动Windows系统时，他就可以选择**最近一次的正确配置**来正常启动Windows系统。

系统配置内存储着设备驱动程序与服务等相关设置，例如哪一些设备驱动程序（服务）需要启动、何时启动、这些设备驱动程序（服务）之间的相互依赖关系等。系统在启动时会根据**系统配置**的设置值来启动相关的设备驱动程序与服务。

系统配置可分为**当前的系统配置**、**默认系统配置**与**最近一次的正确配置** 3种，而这些系统配置之间是如何协同工作的呢？

- 计算机启动时：
  - 如果用户并未选择**最近一次的正确配置**来启动Windows系统

    则系统会利用**默认系统配置**来启动Windows系统，然后将**默认系统配置**复制到**当前的系统配置**。
  - 如果用户选择**最近一次的正确配置**来启动Windows系统

    如果用户前一次使用计算机时更改了系统设置，使得Windows 系统无法正常启动的话，可以选择**最近一次的正确配置**来启动Windows系统。启动成功后，系统会将**最近一次的正确配置**复制到**当前的系统配置**。
- 用户登录成功后，当前的系统配置会被复制到最近一次的正确配置。
- 用户登录成功后，其对系统设置的更改都会被存储到**当前的系统配置**内，之后将计算机关机或重新启动时，**当前的系统配置**内的设置值，都会被复制到**默认系统配置**，以供下一次启动Windows系统时使用。

> 选择**最近一次的正确配置**来启动系统，并不会影响到用户个人的文件，例如电子邮件、相片文件等，它只会影响到系统设置而已。

12.1.1 适合于使用“最近一次的正确配置”的场合

可以在发生下列情况时，选择**最近一次的正确配置**来启动Windows系统：

- 在安装了新的设备驱动程序后，因而Windows 系统停止响应或无法启动。此时可选择**最近一次的正确配置**来启动Windows系统，因为在**最近一次的正确配置**中并没有包含此设备驱动程序，因此也不会发生此设备驱动程序所造成的问题。

- 有些关键性的设备驱动程序是不应该被禁用的，否则系统将无法正常启动。如果不小心将这类驱动程序禁用的话，此时可以选择**最近一次的正确配置**来启动Windows系统，因为在**最近一次的正确配置**内并没有将这个驱动程序禁用。

> 有些关键性的设备驱动程序或服务如果无法被启动的话，系统会自动以**最近一次的正确配置**来重新启动Windows系统。

12.1.2　不适合于使用“最近一次的正确配置”的场合

以下情况并不适合利用**最近一次的正确配置**来解决：

- 所发生的问题并不是与系统设置有关：**最近一次的正确配置**只能用来解决设备驱动程序与服务等系统设置有关的问题。
- 虽然系统启动时有问题，但是仍然可以启动，而且用户也可以成功登录：则**最近一次的正确配置**会被**当前的系统配置**（此时它是有问题的设置）所覆盖，因此前一个**最近一次的正确配置**也就丢失了。
- 无法启动的原因是因为硬件故障或系统文件损毁、丢失：因为**最近一次的正确配置**内只是存储系统设置，它无法解决硬件故障或系统文件损毁、丢失的问题。

12.1.3　使用“最近一次的正确配置”

注意如果不是通过以下步骤来启动计算机，而是以正常方式启动计算机的话，则即使正常出现要求登录的界面，也不要登录，否则你想要使用的**最近一次的正确配置**会被覆盖。

STEP 1　打开**命令提示符**窗口（按⊞+R键➲输入cmd后单击确定按钮），然后执行以下命令：

Bcdedit /set {bootmgr} displaybootmenu Yes

STEP 2　重新启动系统后将出现如图12-1-1的**Windows启动管理器**界面，此时请在30秒内按F8键。

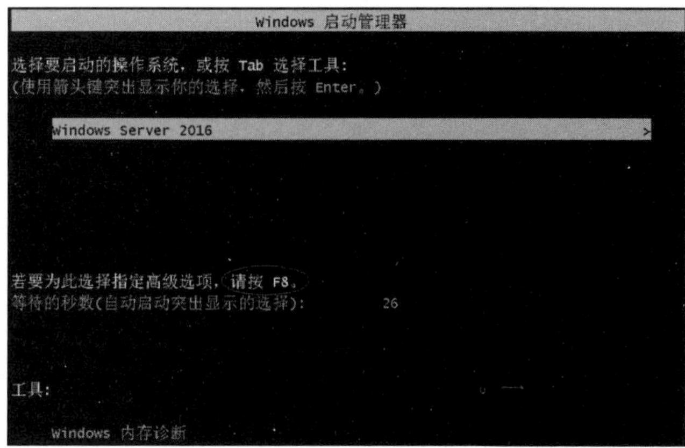

图 12-1-1

1. 如果希望改回以后启动时不要再显示此界面，请再执行上述bcdedit程序，但是将最后的Yes改为No。
2. 也可以通过重新启动、完成自我测试后、系统启动初期立即按F8键的方式，不过需要抓准按F8键的时机。

STEP 3　如图12-1-2所示选择**最近一次的正确配置（高级）**后按Enter键。

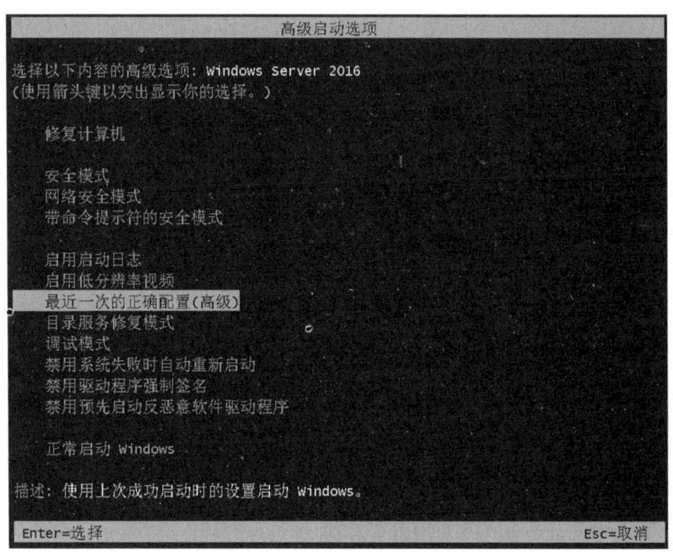

图 12-1-2

12.2　安全模式与其他高级启动选项

除了**最近一次的正确配置**外，还可以通过前面图12-1-2中多个高级启动选项来帮助查找与修复系统启动时所遇到的问题：

- **安全模式**：如果是因为不合适的设备驱动程序或服务而影响到Windows系统正常启动的话，此时也可以尝试选择安全模式来启动系统，因为它只会启动一些基本服务与设备驱动程序（而且会使用标准低分辨率显示模式），例如鼠标、键盘、大容量存储设备与一些标准的系统服务，其他非必要的服务与设备驱动程序并不会被启动。进入安全模式后，就可以修正有问题的设置值，然后重新以普通模式来启动系统。
  例如在安装了高级声卡驱动程序后，Windows系统因而无法正常启动的话，此时可使用安全模式来启动Windows系统，因为它并不会启动此高级声卡驱动程序，进而不会影响Windows系统的启动。利用安全模式启动后，再将高级声卡驱动程序删除、禁用或重新安装正确的驱动程序，然后就可以利用正常模式来启动Windows系统了。
- **网络安全模式**：它与安全模式类似，不过它还会启动网络驱动程序与服务，因此可

以连接Internet或网络上的其他计算机。如果所发生的问题是因为网络功能造成的话，请不要选择此选项。

- **带命令提示符的安全模式**：它类似于安全模式，但是没有网络功能，启动后也没有**开始**菜单，而是直接进入**命令提示符**环境，此时需要通过命令来解决问题，例如将有问题的驱动程序或服务禁用。

可以输入**MMC**后按Enter键，然后添加包含**设备管理器**嵌入式管理单元的控制台，就可以利用鼠标与**设备管理器**将有问题的设备驱动程序禁用或删除。

- **启用启动日志**：它会以普通模式来启动Windows系统，不过会将启动时所加载的设备驱动程序与服务等信息，记录到%*Systemroot*%\Ntbtlog.txt文件内。
- **启用低分辨率视频**：它会以低分辨率（例如800 × 600）与低刷新频率来启动Windows系统。在安装了有问题的显卡驱动程序或显示设置错误，导致无法正常显示或工作时，就可以通过此选项来启动系统。
- **最近一次的正确配置（高级）**：我们在前一节内已经详细介绍过了。
- **目录服务修复模式**：此选项仅在域控制器计算机上适用，可利用它来还原Active Directory数据库。
- **调试模式**：适用于IT专业人员，它会以高级的排错模式来启动系统。
- **禁用系统失败时自动重新启动**：它可以让Windows系统失败时不要自动重新启动。默认情况下，Windows系统失败时会自动重新启动，但是重新启动后又会失败、又重新启动，如此将循环不停，此时需要使用此选项。
- **禁用驱动程序强制签名**：它允许系统启动时加载未经过数字签名的驱动程序。
- 禁用预先启动反恶意软件驱动程序

  系统在开机初期会视驱动程序是否为恶意软件来决定是否要初始化该驱动程序。系统将驱动程序分为以下几种：

  - **好**：驱动程序已经过签名，且未遭窜改。
  - **差**：驱动程序已被识别为恶意代码。
  - **差，但启动需要**：驱动程序已被识别为恶意代码，但计算机必须加载此驱动程序才能成功开机。
- **未知**：此驱动程序未经过“恶意代码检测程序”的保证，也未经“提前启动反恶意软件引导启动驱动程序”来分类。

  系统启动时，默认会初始化被判断为**好**、**差**或“**差，但启动需要**”的驱动程序，但不会初始化被判断为**差**的驱动程序。你可以在开机时来选择此选项，以便禁用此分类功能。

如果要更改相关设置的话：【按⊞+R键➲执行gpedit.msc➲计算机配置➲管理模板➲系统➲提前启动反恶意软件】。

12.3 备份与恢复系统

存储在磁盘内的数据可能会因为天灾、人祸、设备故障等因素而丢失，因而造成公司或个人的严重损失，但是只要平常定期备份（backup）磁盘，并将其存放在安全的地方，之后即使发生上述意外事故，仍然可以利用这些备份来迅速恢复数据，进而保障系统正常运行。

12.3.1 备份与恢复概述

可以通过Windows Server Backup来备份磁盘，而它支持以下两种备份方式：

- **完整服务器备份**：它会备份这台服务器内所有卷（volume）内的数据，也就是会备份所有磁盘（C:、D:、……）内的所有文件，包含应用程序与系统状态。可以利用此备份来恢复整台计算机，包含Windows操作系统与所有其他文件。
- **自定义备份**：可以选择备份**系统保留**分区、常规卷（例如C:、D:），也可以选择备份这些卷内指定的文件；还可以选择备份**系统状态**；甚至可以选择**裸机还原**（bare metal recovery）备份，也就是它会备份整个操作系统，包含**系统状态**、**系统保留**磁盘分区与安装操作系统的磁盘分区，以后可以利用此**裸机还原**备份来还原整个Windows Server 2019操作系统。

Windows Server Backup提供以下两种选择来执行备份工作：

- **备份计划**：利用它来安排备份计划，以便在指定的日期与时间到达时自动执行备份工作。备份的目的地（存储备份数据的位置）可以选择本地磁盘、USB或IEEE 1394接口磁盘、网络共享文件夹等。
- **一次性备份**：也就是手动立即执行单次备份工作，备份目的地可以选择本地磁盘、USB或IEEE 1394接口磁盘、网络共享文件夹，如果计算机内安装了DVD刻录机的话，还可以备份到DVD内。

12.3.2 备份磁盘

请先添加Windows Server Backup功能：【打开**服务器管理器**➲单击**仪表板**处的**添加角色和功能**➲持续单击下一步按钮一直到出现图12-3-1的**选择功能**界面时勾选Windows Server Backup➲……】。

图 12-3-1

计划安排完整服务器备份

以下说明如何通过备份计划来执行完整服务器备份，当所计划的日期与时间到达时，系统就会开始执行备份工作。

STEP 1　请【按⊞键切换到**开始**菜单➲Windows管理工具➲Windows Server Backup】，如图12-3-2所示单击**备份计划**。

如果要备份另一台服务器的话，请通过【按⊞+R键➲执行MMC➲添加Windows Server Backup嵌入式管理单元】的方法来选择其他服务器。

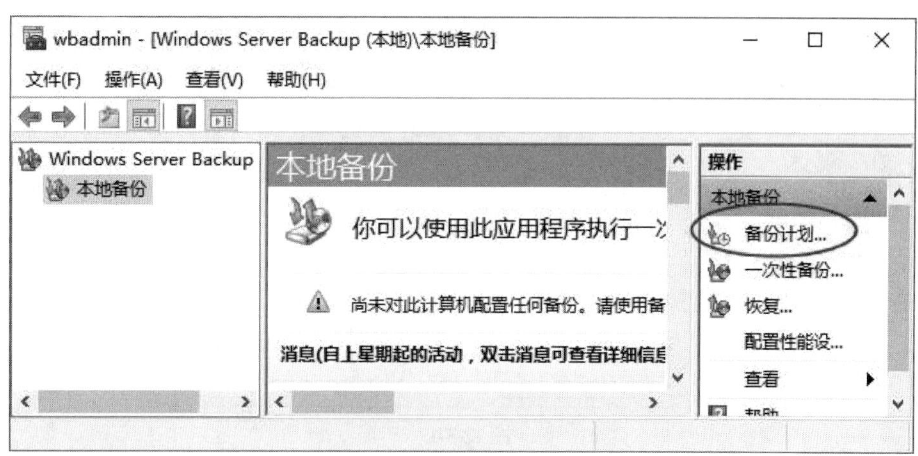

图 12-3-2

STEP 2　出现**开始**界面时单击下一步按钮。

STEP 3　假设在图12-3-3中选择**整个服务器（推荐）**备份。

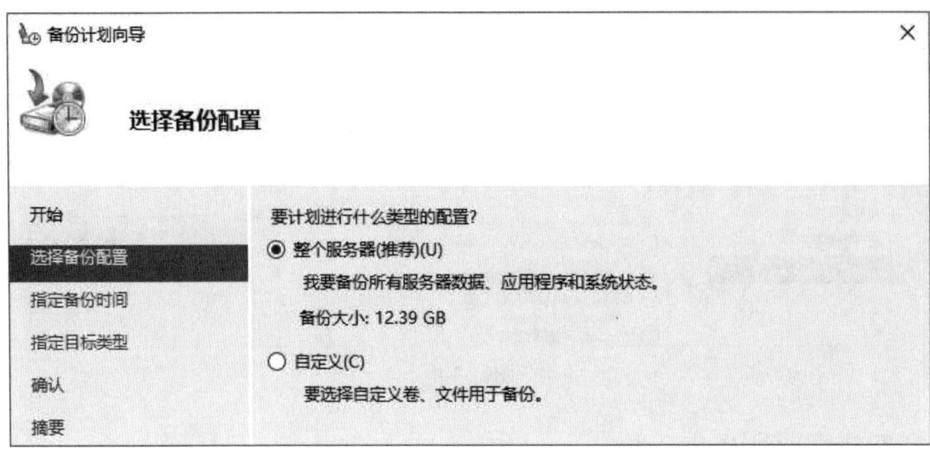

图 12-3-3

STEP 4 在图12-3-4中选择每日一次或多次，并选择备份时间（图中的时间是以半小时为单位的，如果要改用其他时间单位的话，例如要选择下午9:15备份，可以使用**wbadmin**命令来备份）。

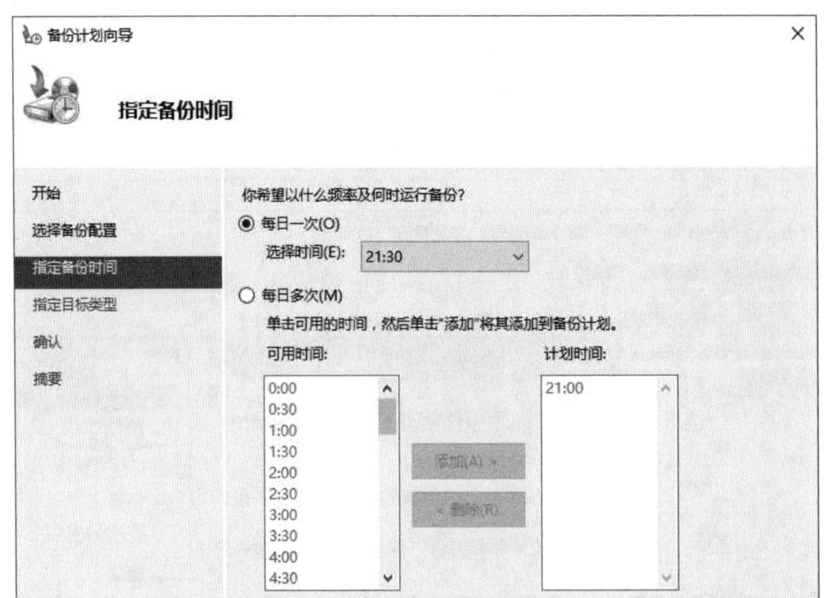

图 12-3-4

STEP 5 在图12-3-5中选择存储备份的位置：

- **备份到专用于备份的硬盘（推荐）**：这是最安全的备份方式，但是注意这种方式会对此专用硬盘格式化，因此其中现有数据都将丢失。
- **备份到卷**：此卷内的现有数据仍然会被保留，不过该卷的工作效率会降低（最多会降低200%）。建议不要将其他服务器的数据也备份到此卷。
- **备份到共享网络文件夹**：可以备份到网络上其他计算机的共享文件夹内。

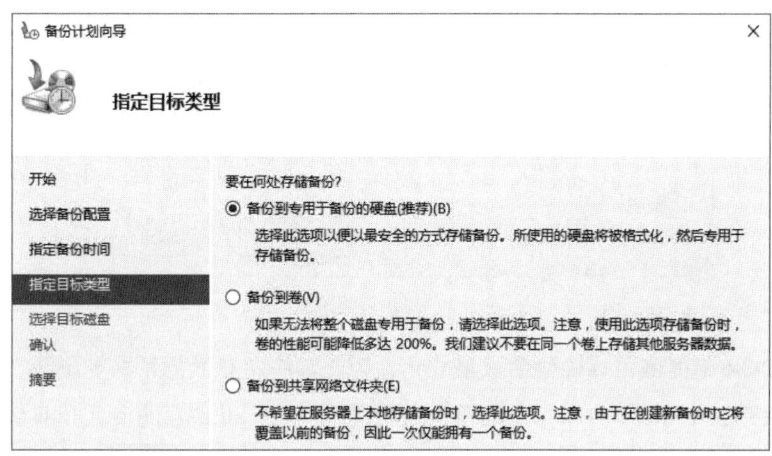

图 12-3-5

STEP 6　在图12-3-6勾选备份目标磁盘后单击**下一步**按钮。如果磁盘没在界面上显示的话，请先单击右下方的**显示所有可用磁盘**按钮来选择。

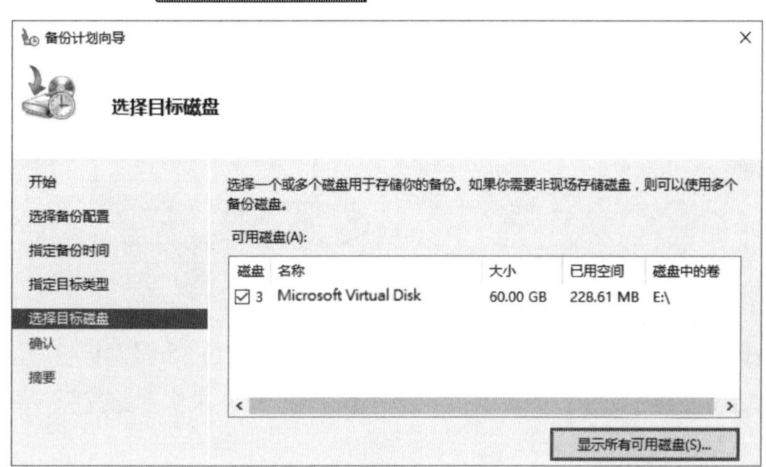

图 12-3-6

> 如果选择多个磁盘（例如USB、IEEE 1394接口磁盘）来存储备份的话，则它具备**离站存放**（store disk offsite）的功能，也就是说系统将其备份到第1块磁盘中后，就可以将此磁盘拿到其他位置存放了，下一次备份时，系统会自动备份到第2块磁盘内，再将第2块磁盘拿到其他位置存放，并将之前的备份磁盘（第1块磁盘）带回来装好，以便让下一次备份时可以备份到这个磁盘内。这种轮流离站存放的方式，可以让数据多一份保障。

STEP 7　注意备份目标磁盘（此示例为E:）会被格式化，因此其中现有的数据都将被删除，故目标磁盘不能被包含在要被备份的磁盘内，然而因为我们选择的是**完整服务器**备份，它会备份所有磁盘，也就是包含备份目标磁盘（E:），会出现图12-3-7的警告界面，此处必须单击**确定**按钮来将此磁盘排除。

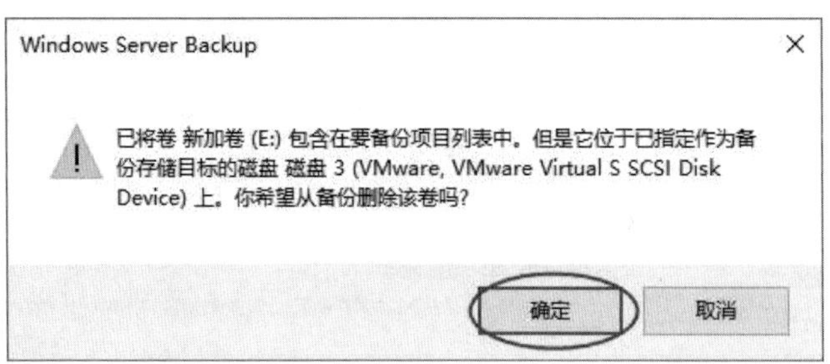

图 12-3-7

STEP 8　图12-3-8中提醒目标磁盘会被格式化，因此其中所有数据都将被删除，而且为了便于**脱机存放**（offsite storage）与确保备份的完整性，此磁盘将专用于存储备份，因此格式化后，不会被赋予驱动器号，也就是在**文件资源管理器**内看不到此磁盘。确认后单击**是（Y）**按钮。

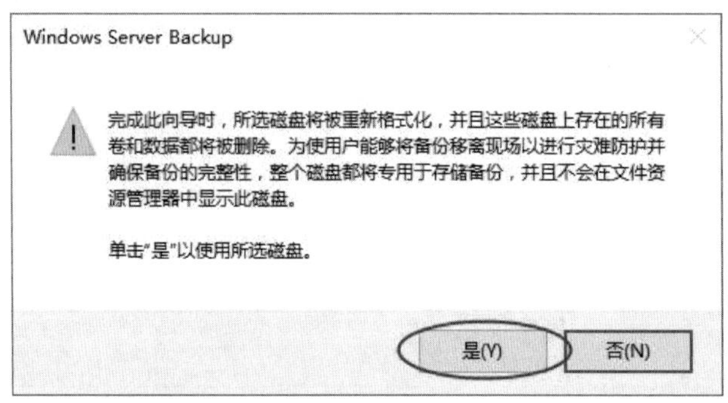

图 12-3-8

STEP 9　由图12-3-9中的**标签**栏中可看出系统会为此备份设置一个识别标签，应记录此标签，以便后续进行还原工作时可以很方便地通过这个标签来识别此备份。单击**完成**按钮。

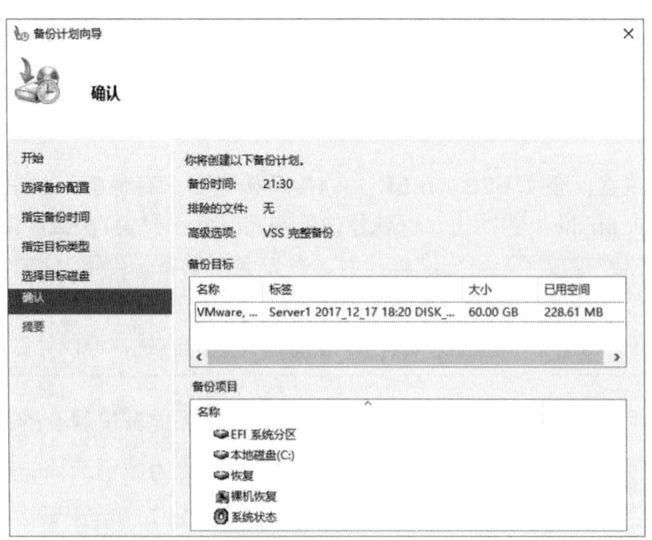

图 12-3-9

STEP 10　出现**摘要**界面时单击关闭按钮。

STEP 11　当计划的时间到达时，系统会开始备份，可以通过图12-3-10来查看当前的备份进度。

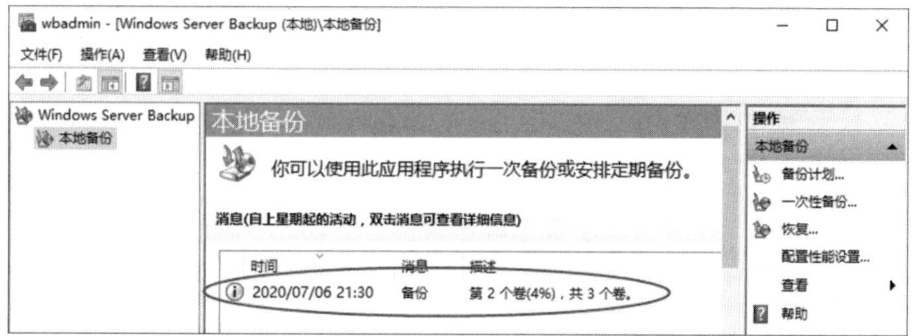

图 12-3-10

自定义备份计划

可以自行选择要备份的项目，然后计划时间来执行备份这些项目的操作，其设置方式与计划完整备份类似，不过在图12-3-11中需要选择**自定义**。

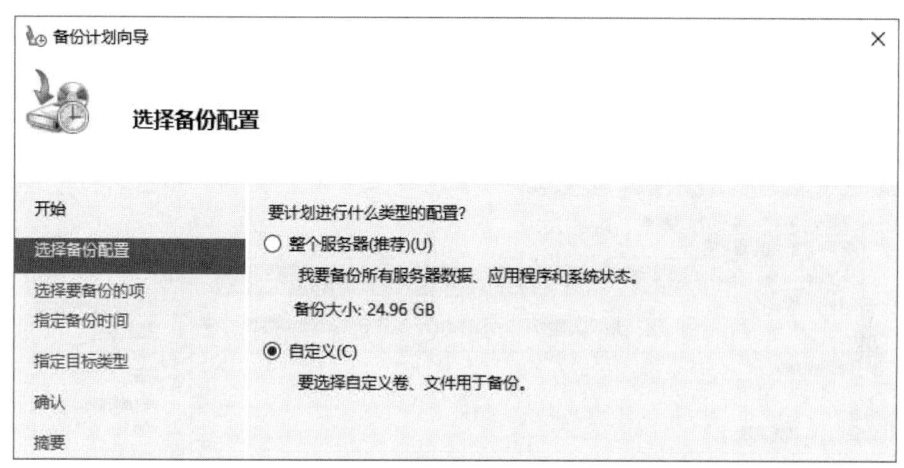

图 12-3-11

然后在图12-3-12背景图中单击添加项目按钮、在前景图中选择要备份的项目，例如裸机恢复、系统状态、EFI系统分区、本地磁盘或磁盘分区内的文件。

如果在图12-3-12背景图中，单击右下角高级设置按钮的话，还可以选择将某些文件夹或文件排除。

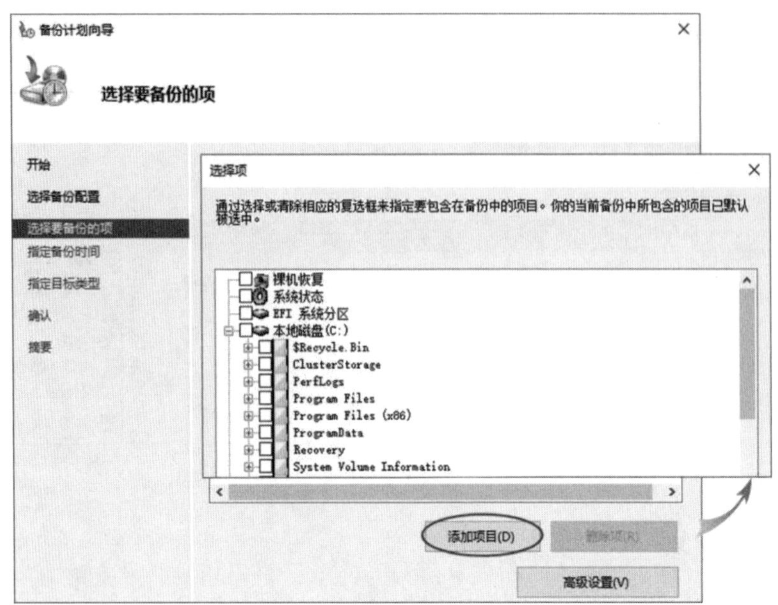

图 12-3-12

一次性备份

你可以如图12-3-13背景图所示单击**一次性备份**来手动立即执行一次备份工作，然后在前景图选择备份方式：

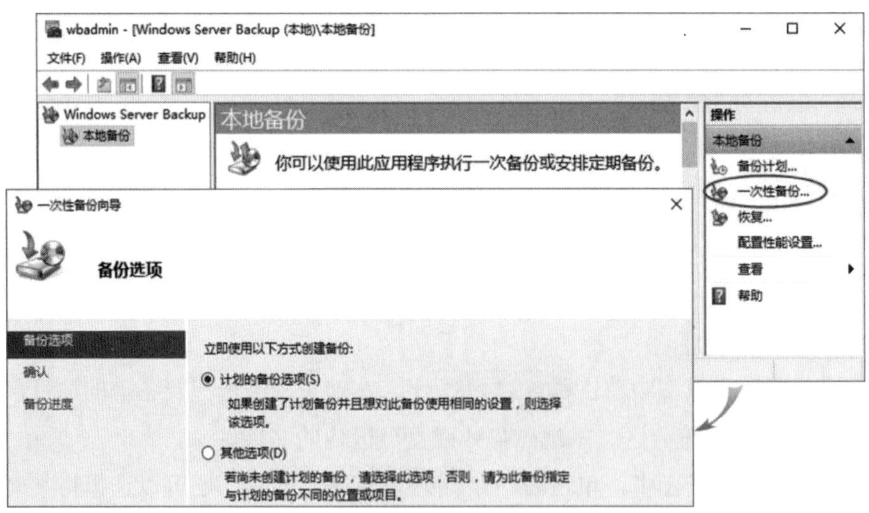

图 12-3-13

- **计划的备份选项**：如果还有计划备份存在的话，此时可以选择与该计划备份相同的设置来备份，例如完整服务器备份或自定义备份、备份时间、备份目标磁盘等设置。
- **其他选项**：重新选择备份设置。

一次性备份的步骤与计划备份类似，不过如果在图12-3-13选择**其他选项**的话，则还可以选择备份到DVD或远程共享文件夹。

12.3.3 恢复文件、磁盘或系统

可以利用之前通过Windows Server Backup所建立的备份来恢复文件、文件夹、应用程序、卷（例如D:、E: 等）、操作系统或整台计算机。

恢复文件、文件夹、应用程序或卷

STEP 1 单击图12-3-14中的**恢复…**。

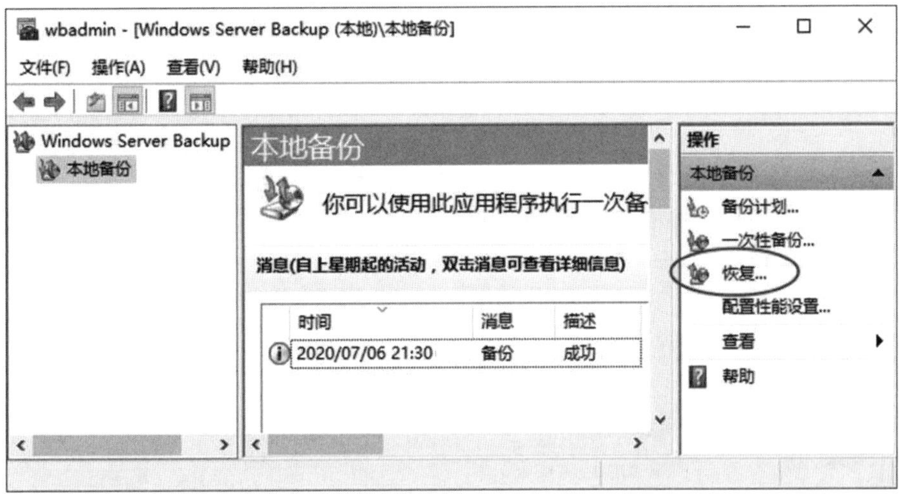

图 12-3-14

STEP 2 在图12-3-15中选择备文件的来源（存储位置）后单击下一步按钮。

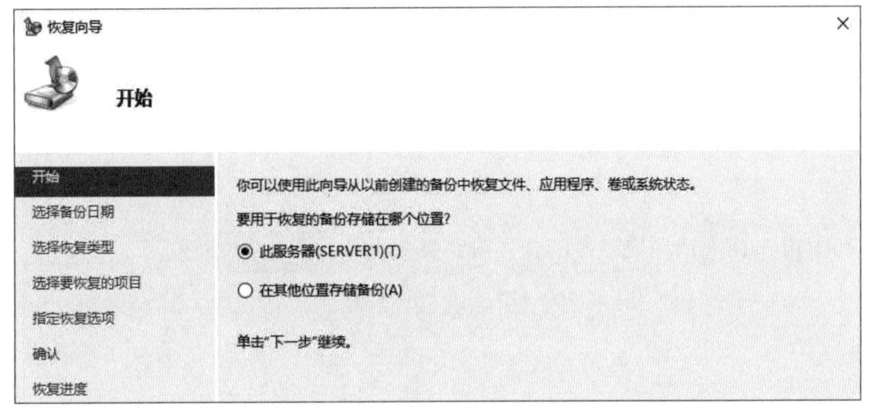

图 12-3-15

STEP 3 在图12-3-16通过日期与时间来选择之前的备份后单击下一步按钮。

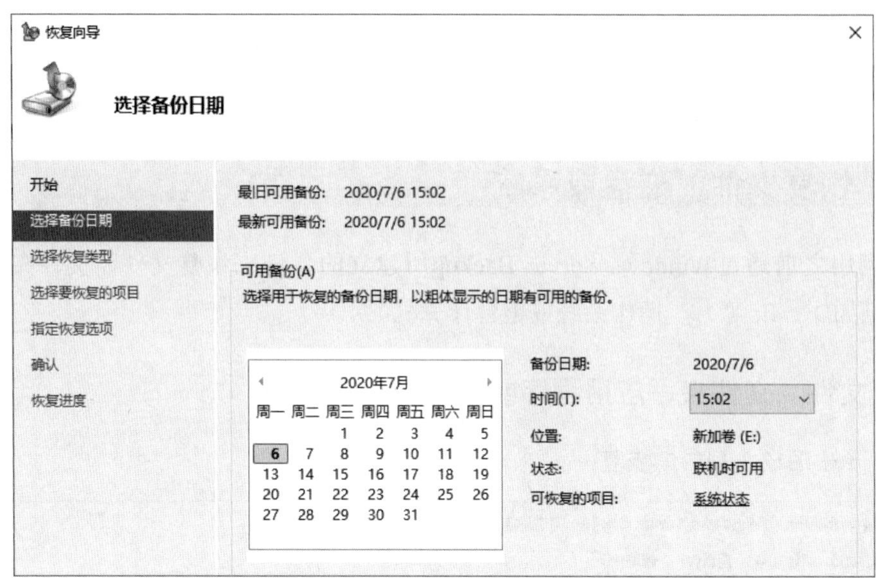

图 12-3-16

STEP 4　在图12-3-17可选择恢复**文件和文件夹**、**应用程序**、**卷**或**系统状态**后单击**下一步**按钮，图中假设选择恢复**文件和文件夹**。

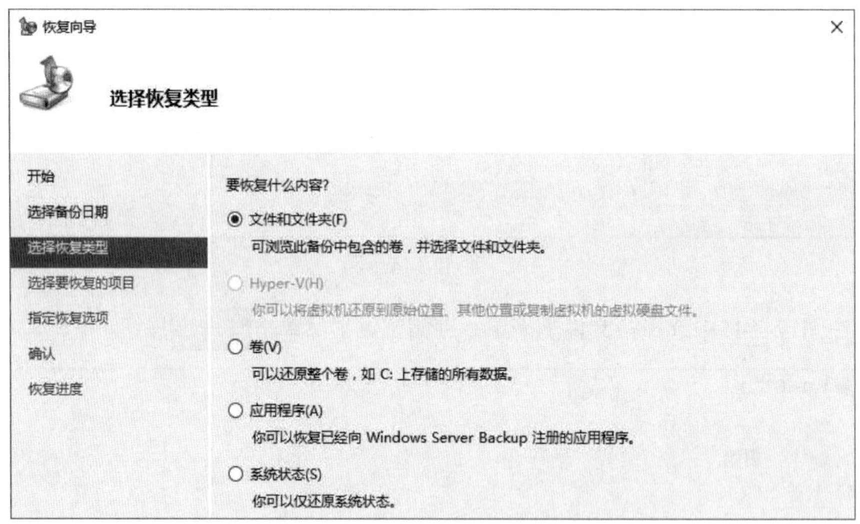

图 12-3-17

STEP 5　在图12-3-18中选择要恢复的文件或文件夹后单击**下一步**按钮。

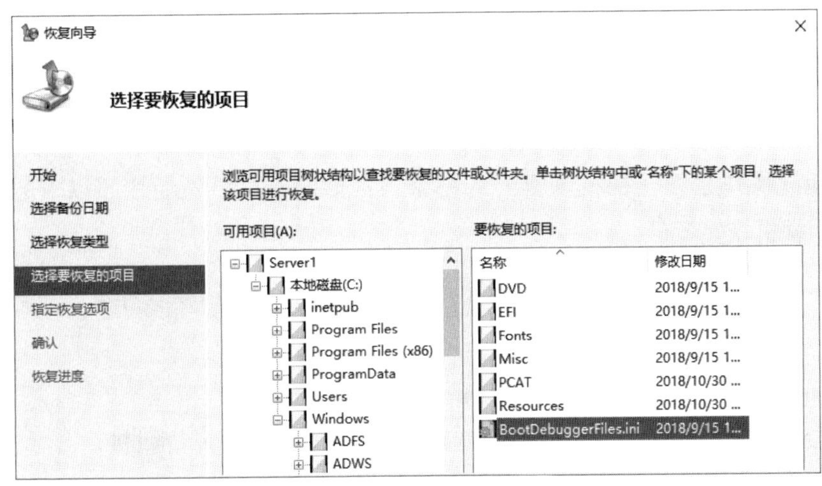

图 12-3-18

STEP 6　在图12-3-19选择恢复的目的地、当此恢复项目已在目标中存在时的处理方式、是否还原其原有的访问控制列表（ACL）。

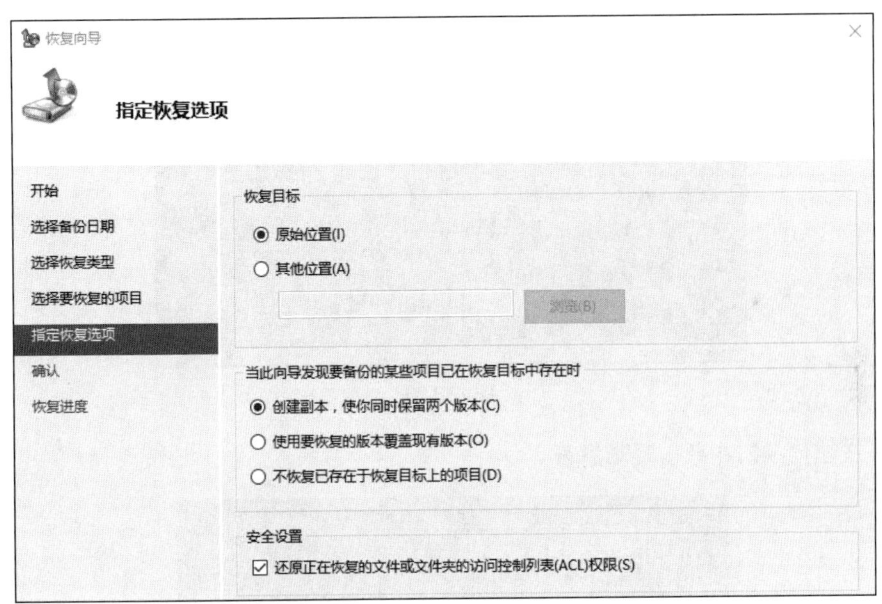

图 12-3-19

STEP 7　出现**确认**界面时单击恢复按钮。

STEP 8　查看**恢复进度**界面，完成恢复后单击关闭按钮。

还原操作系统或整台计算机

可以选择以下两种方式之一来还原操作系统或整台计算机：

- 计算机启动时按F8键，然后选用**高级启动选项**中的**修复计算机**。

利用Windows Server 2019 U盘或DVD启动计算机、选择**修复计算机**。

利用"高级启动选项"

准备好包含操作系统（裸机恢复）或完整服务器的备份，然后依照以下的步骤来还原（假设是使用**裸机恢复**备份）。

STEP 1　打开**命令提示符**窗口（按⊞+R键➲输入cmd后单击确定按钮），然后执行以下命令：

Bcdedit /set {bootmgr} displaybootmenu Yes

STEP 2　重新启动后将出现**Windows启动管理器**界面，请在30秒内按F8键。

STEP 3　如图12-3-20所示选择**修复计算机**后按Enter键。

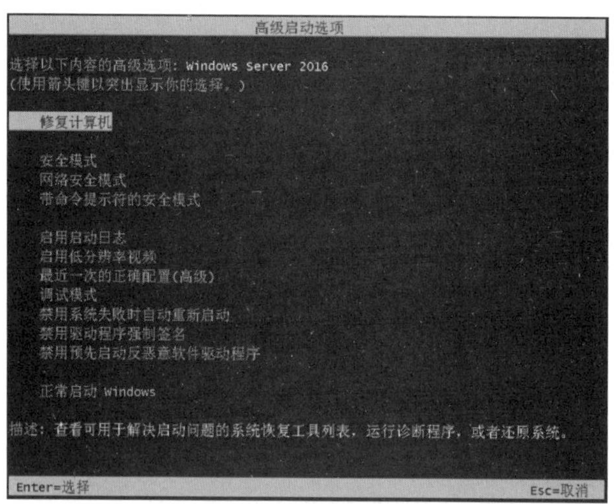

图 12-3-20

STEP 4　在图12-3-21中单击**疑难解答**。

图 12-3-21

STEP 5 在图12-3-22中单击**系统映像恢复**。

图 12-3-22

STEP 6 在图12-3-23中单击系统管理员账户Administrator。

图 12-3-23

STEP 7 在图12-3-24中输入Administrator的密码后单击继续按钮。

图 12-3-24

STEP 8 在图12-3-25中可以选择系统自行找到的最新可用备份来还原，也可以通过**选择系统映像**来选择其他备份，例如位于网络共享文件夹、U盘（可能需安装驱动程序）内的备份。完成后单击下一步按钮。

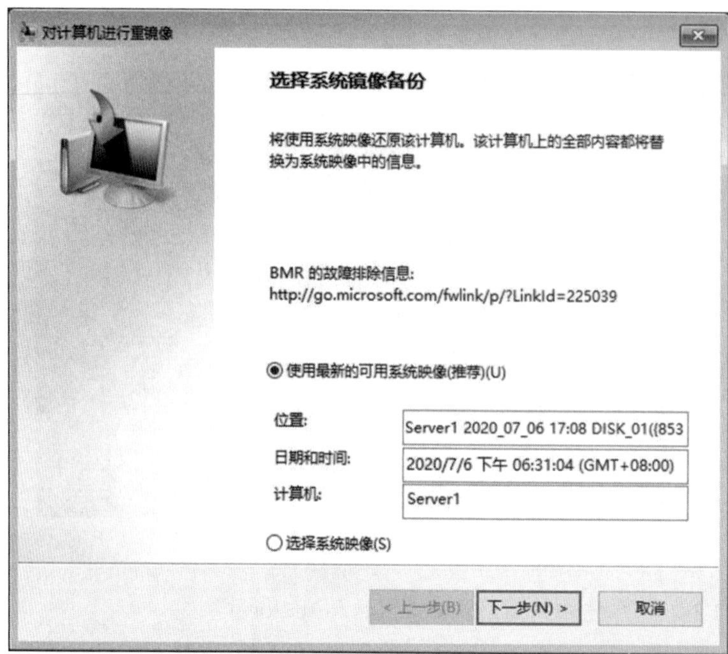

图 12-3-25

STEP 9　在图12-3-26中单击下一步按钮。

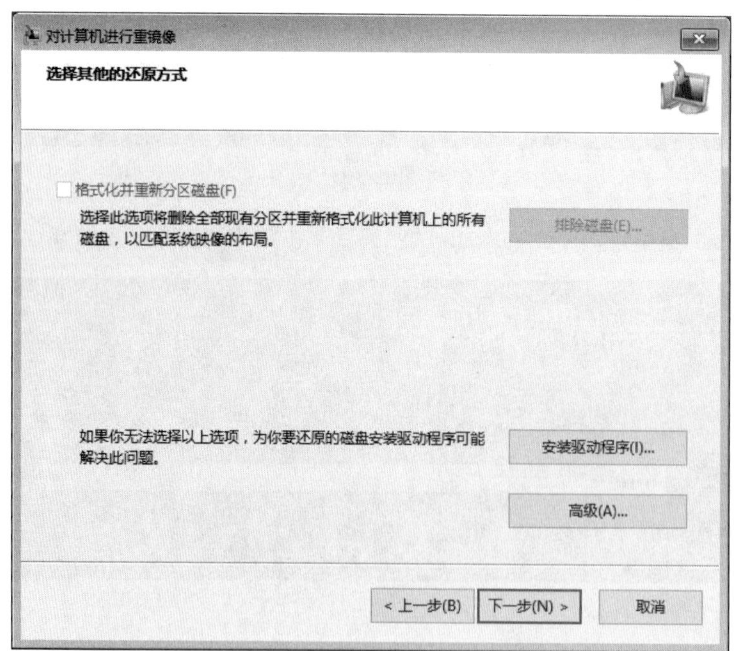

图 12-3-26

STEP 10　最后单击完成按钮即可。完成后，默认会重新启动，如果不想重新启动的话，请先通过前面图12-3-26中的高级按钮来设置。

利用“Windows Server 2019 U 盘或 DVD 启动计算机”

准备好Windows Server 2019 U盘（或DVD）、包含操作系统（裸机恢复）或完整服务器的备份，然后依照以下步骤来恢复（假设是使用**裸机恢复**备份）：

STEP 1 将Windows Server 2019 U盘插入计算机的USB插槽，然后从 U盘启动计算机（可能需到BIOS内修改为从U盘启动）。

STEP 2 在图12-3-27中单击下一步按钮。

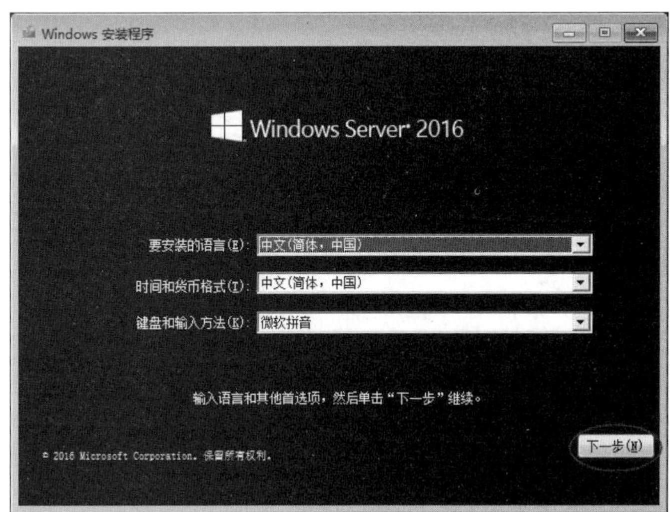

图 12-3-27

STEP 3 在图12-3-28中单击左下角的**修复计算机**。

图 12-3-28

STEP 4 接下来的步骤与前一小节 STEP 4 开始类似，请自行前往参考。

第 13 章　利用 DHCP 自动分配 IP 地址

TCP/IP网络的每一台主机都需要IP地址，并通过此IP地址来与网络上其他主机通信。这些主机可以通过DHCP服务器来自动获取IP地址与相关的选项设置值。

- 主机IP地址的设置
- DHCP的工作原理
- DHCP服务器的授权
- DHCP服务器的安装与测试
- IP作用域的管理
- DHCP选项设置
- DHCP传送代理

13.1　主机 IP 地址的设置

每一台主机的IP地址可以通过以下两种方法之一来设置：

- **手动配置**：这种方法比较容易因为输入错误而影响到主机的网络通信能力，且可能会因为占用其他主机的IP地址而干扰到该主机的运行、增加系统管理员的负担。
- **自动向DHCP服务器获取**：用户的计算机会自动向DHCP服务器申请IP地址，接收到此申请的DHCP服务器会为用户的计算机分配IP地址。它可以减轻管理负担、减少手动输入错误所产生的问题。

想要使用DHCP方式来分配IP地址的话，整个网络内必须至少有一台启动DHCP服务的服务器，也就是需要有一台**DHCP服务器**，而客户端也需要采用自动获取IP地址的方式，这些客户端被称为**DHCP客户端**。图13-1-1为一个支持DHCP的网络示例，图中甲、乙网络内各有一台DHCP服务器，同时在乙网络内分别有DHCP客户端与**非DHCP客户端**（手动输入IP地址的客户端）。

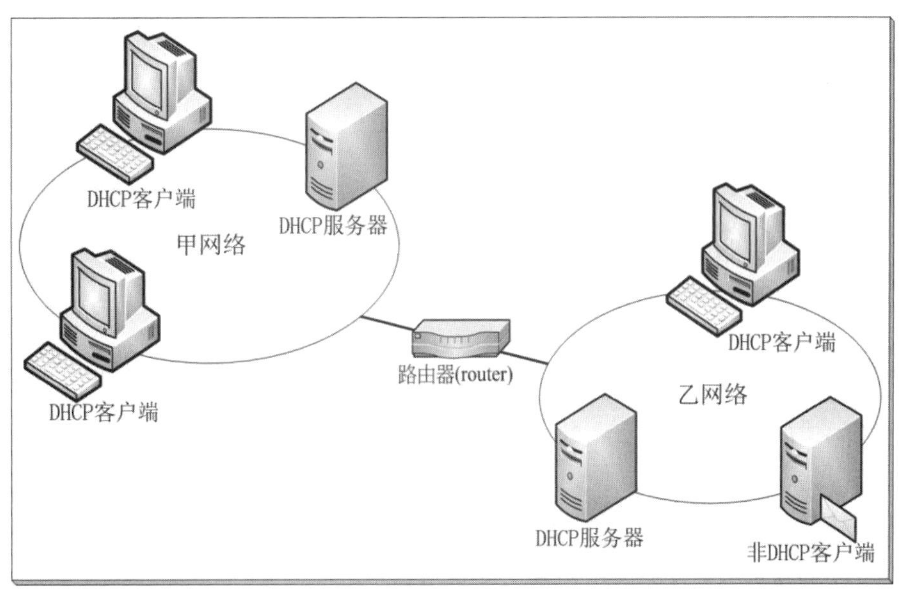

图 13-1-1

DHCP服务器只是将IP地址出租给DHCP客户端一段期间，如果客户端未及时更新租约的话，当租约到期时，DHCP服务器会收回该IP地址的使用权。

我们将手动输入的IP地址称为**静态IP地址**（static IP address），将向DHCP服务器租用的IP地址称为**动态IP地址**（dynamic IP address）。

除了IP地址之外，DHCP服务器还可以向DHCP客户端提供其他相关选项设置（options），例如默认网关的IP地址、DNS服务器的IP地址等。

13.2 DHCP的工作原理

DHCP客户端计算机启动时会查找DHCP服务器，以便向它申请IP地址等设置。然而它们之间的沟通方式，要看DHCP客户端是向DHCP服务器申请（租用）一个新的IP地址还是更新租约（要求继续使用原来的IP地址）而有所不同。

13.2.1 向DHCP服务器申请IP地址

DHCP客户端在以下几种情况之下，会向DHCP服务器索取一个新的IP地址：

- 客户端计算机是第一次向DHCP服务器申请IP地址。
- 该客户端原先所租用的IP地址已被DHCP服务器收回且已租给其他计算机了。
- 该客户端自己释放了原先所租用的IP地址（此IP地址又已经被服务器出租给其他客户端），并要求重新租用IP地址。
- 客户端计算机更换了网卡。
- 客户端计算机被移动到另外一个网段。

13.2.2 更新IP地址租约

如果DHCP客户端想要延长其IP地址的使用期限，则DHCP客户端必须更新（renew）其IP地址租约。

自动更新租约

DHCP客户端在下列的情况下，会自动向DHCP服务器提出更新租约请求：

- **DHCP客户端计算机重新启动时**：每一次客户端计算机重新启动时，都会自动向DHCP服务器发送广播消息，以便要求继续租用原来使用的IP地址。如果租约无法更新成功的话，客户端会尝试与默认网关通信：
  - 如果通信成功且租约并未到期，则客户端仍然会继续使用原来的IP地址，然后等待下一次更新时间到达的时候再更新。
  - 如果无法与默认网关通信，则客户端会放弃当前的IP地址，改为使用169.254.0.0/16的IP地址，然后每隔5分钟再尝试更新租约。
- **IP地址租约期过一半时**：DHCP客户端也会在租约期过一半时，自动发送消息给出租此IP地址的DHCP服务器。

- **IP地址租约期过7/8时**：如果租约过一半时无法成功更新租约的话，客户端仍然会继续使用原IP地址，不过客户端会在租约期过7/8（87.5%）时，再利用广播消息来向任何一台DHCP服务器更新租约。如果仍无法更新成功，则此客户端会放弃正在使用的IP地址，然后重新向DHCP服务器申请一个新的IP地址。

只要客户端成功更新租约，客户端就可以继续使用原来的IP地址，且会重新取得一个新租约，这个新租约的期限根据当时DHCP服务器的设置而定。在更新租约时，如果此IP地址已无法再租给客户端使用的话，例如此地址已无效或已被其他计算机占用，则DHCP服务器也会向客户端响应相应的消息，以便客户端重新申请新的IP地址。

手动更新租约与释放 IP 地址

客户端用户也可以利用**ipconfig /renew**命令来更新IP租约。另外，还可以利用**ipconfig /release**命令自行释放所租用的IP地址，之后客户端会每隔5分钟再去找DHCP服务器租用IP地址，或由客户端用户利用**ipconfig /renew**命令来租用IP地址。

13.2.3 自动专用IP地址

当 Windows客户端无法从DHCP服务器租到IP地址时，它们会自动使用网络ID为169.254.0.0/16的**专用IP**地址（参考图13-2-1），并使用这个IP地址来与其他计算机通信。

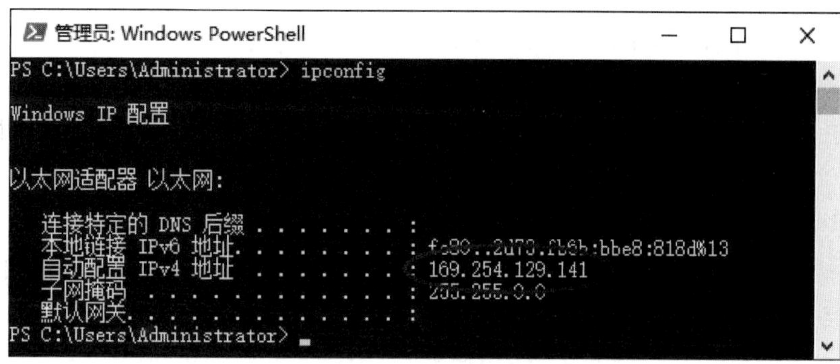

图 13-2-1

在客户端计算机开始使用这个IP地址之前，它会先发送广播消息给网络上的其他计算机，以便检查是否有其他计算机已经使用了这个IP地址。如果没有其他计算机响应此消息，客户端计算机就将此IP地址分配给自己使用，否则就继续尝试其他IP地址。使用169.254.0.0/16地址的计算机仍然会每隔5分钟查找一次DHCP服务器，以便向其租用IP地址，在还没有租到IP地址之前，客户端会继续使用此**专用IP**地址。

以上操作被称为**自动专用IP地址**（Automatic Private IP Addressing，APIPA），它让客户端计算机在尚未向DHCP服务器租用到IP地址之前，仍然能够有一个临时的IP地址可用，以便与同一个网络内也是使用169.254.0.0/16地址的计算机通信。

手动设置IP地址的客户端，如果其IP地址已被其他计算机占用的话，则该客户端也会使用169.254.0.0/16的IP地址，让它可以与同样是使用169.254.0.0/16的计算机通信，而且如果原来手动设置的IP地址已经指定了默认网关的话，即使现在是使用169.254.0.0/16的IP地址，它还是可以通过默认网关来与同一个网段内的其他使用原网络ID的计算机通信，例如原来手动设置的IP地址为192.168.8.1/24，则它还是可以与IP地址为192.168.8.x/24的其他计算机通信。

13.3 DHCP服务器的授权

DHCP服务器安装好以后，并不是立刻就可以对DHCP客户端提供服务，它还必须经过一个**授权**（authorized）的程序，未经过授权的DHCP服务器无法将IP地址出租给DHCP客户端。

DHCP服务器授权的原理与注意事项

- 必须在AD DS域（Active Directory Domain Services）环境中，DHCP服务器才可以被授权。
- 在AD DS域中的DHCP服务器都必须被授权。
- 只有Enterprise Admins组的成员才有权限执行授权操作。
- 已被授权的DHCP服务器的IP地址会被注册到域控制器的AD DS数据库中。
- DHCP 服务器启动时，如果通过AD DS数据库查询到其IP地址已注册在授权列表内的话，该DHCP服务就可以正常启动并对客户端提供出租IP地址的服务。
- 不是域成员的DHCP独立服务器无法被授权。此独立服务器的DHCP服务是否可以正常启动并对客户端提供出租IP地址的服务呢？此独立服务器在启动DHCP服务时，如果检查到在同一个子网内，已经有被授权的DHCP服务器的话，它就不会启动DHCP服务，否则就可以正常启动DHCP服务、向DHCP客户端出租IP地址。

在AD DS域环境下，建议第1台DHCP服务器最好是成员服务器或域控制器，因为如果第1台是独立服务器的话，则一旦之后在域成员计算机上安装DHCP服务器、将其授权并且这台服务器是在同一个子网内，原独立服务器的DHCP服务将无法启动。

13.4 DHCP服务器的安装与测试

我们将利用图13-4-1的环境来练习，其中DC1为Windows Server 2019域控制器兼DNS服务

器、DHCP1为已加入域的Windows Server 2019 DHCP服务器、Win10PC1为Windows 10（不需要加入域）。先将图中各计算机的操作系统安装好、设置TCP/IP属性（图中采用IPv4）、建立域（假设域名为sayms.local）、将DHCP1计算机加入域。

如果利用虚拟环境来练习：

1. 将这些计算机所连接的虚拟网络的DHCP服务器功能禁用；如果利用物理计算机练习，请将网络中其他DHCP服务器关闭或禁用，例如禁用IP共享设备或宽带路由器内的DHCP服务器功能。这些服务器都会干扰实验。
2. 如果DC1与DHCP1的硬盘是从同一个虚拟硬盘复制来的，请执行C:\Windows\System32\Sysprep内的sysprep.exe、勾选**通用**，以便重新设置系统唯一性的数据，例如SID（security identifier，安全标识符）。

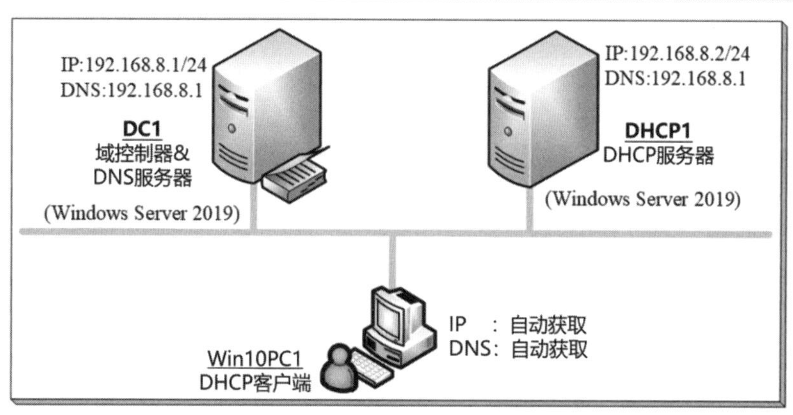

图 13-4-1

13.4.1 安装DHCP服务器角色

在安装DHCP服务器角色之前，先完成以下的工作：

- **使用静态IP地址**：也就是手动输入IP地址、子网掩码、首选DNS服务器等，请参考图13-4-1来设置DHCP服务器的这些网络属性值。
- **事先规划好要出租给客户端计算机的IP地址范围（IP作用域）**：假设IP地址范围是从192.168.8.10到192.168.8.200。

我们需要通过添加**DHCP服务器**角色的方式来安装DHCP服务器：

STEP 1 在图13-4-1中的计算机DHCP1上利用域sayms\Administrator登录。

STEP 2 打开**服务器管理器**➲单击**仪表板**处的**添加角色和功能**➲持续单击下一步按钮一直到出现图13-4-2的**选择服务器角色**界面时勾选**DHCP服务器**，单击添加功能按钮。

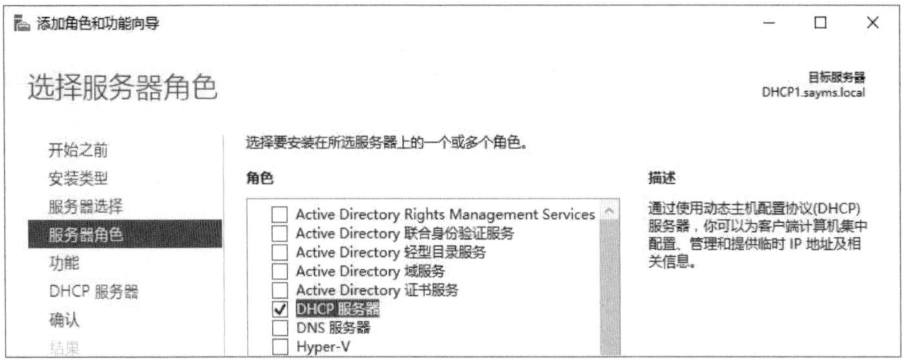

添加角色和功能向导

选择服务器角色

目标服务器
DHCP1.sayms.local

开始之前
安装类型
服务器选择
服务器角色
功能
DHCP 服务器
确认
结果

选择要安装在所选服务器上的一个或多个角色。

角色

- [ ] Active Directory Rights Management Services
- [ ] Active Directory 联合身份验证服务
- [ ] Active Directory 轻型目录服务
- [ ] Active Directory 域服务
- [ ] Active Directory 证书服务
- [x] DHCP 服务器
- [ ] DNS 服务器
- [ ] Hyper-V

描述

通过使用动态主机配置协议(DHCP)服务器，你可以为客户端计算机集中配置、管理和提供临时 IP 地址及相关信息。

图 13-4-2

STEP 3　持续单击**下一步**按钮一直到**确认安装所选内容**界面时单击**安装**按钮。

STEP 4　完成安装后，单击图13-4-3中的**完成DHCP配置**➲单击**下一步**按钮（或通过单击**服务器管理器**界面右上方的惊叹号图标）。

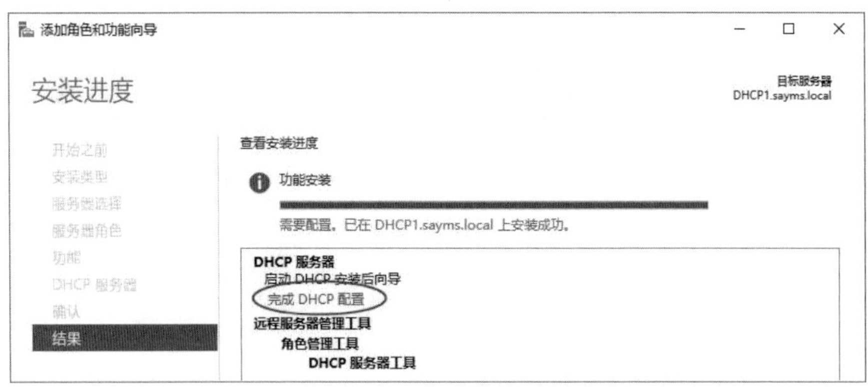

图 13-4-3

STEP 5　在图13-4-4中选择用来将这台服务器授权的用户账户，该账户需隶属于域Enterprise Admins组的成员才有权限执行授权的操作，例如我们登录时所使用的域sayms\Administrator。请如图所示来选择后单击**提交**按钮。

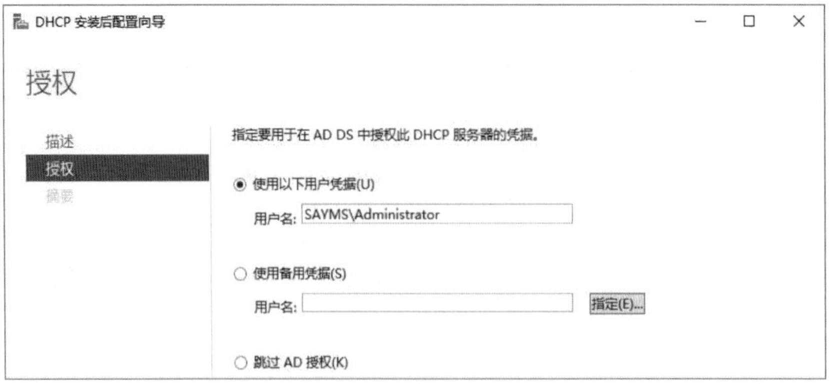

DHCP 安装后配置向导

授权

描述
授权
摘要

指定要用于在 AD DS 中授权此 DHCP 服务器的凭据。

◉ 使用以下用户凭据(U)
用户名: SAYMS\Administrator

○ 使用备用凭据(S)
用户名: 　指定(E)...

○ 跳过 AD 授权(K)

图 13-4-4

也可以事后在DHCP管理控制台内，通过【选中服务器右击➲授权】的方法来完成授权或删除授权的程序。

STEP 6　出现**摘要**界面时单击关闭按钮。

安装完成后，就可以在**服务器管理器**中通过如图13-4-5所示**工具**菜单中的DHCP管理控制台来管理DHCP服务器或单击左下角**开始**图标⊞➲Windows管理工具➲DHCP。

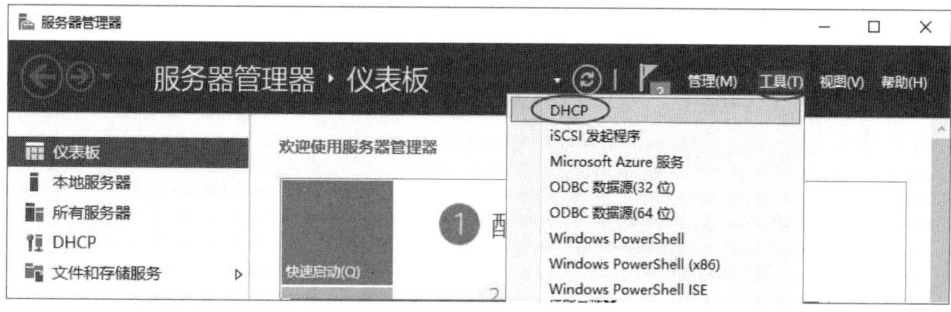

图 13-4-5

通过**服务器管理器**来安装角色服务时，内置的**Windows防火墙**会自动开放与该服务有关的流量，例如此处会自动开放与DHCP有关的流量。

13.4.2　建立IP作用域

必须在DHCP服务器内，至少建立一IP作用域（IP scope），当DHCP客户端向DHCP服务器租用IP地址时，DHCP服务器就可以从这些作用域内选择一个尚未出租的适当的IP地址，然后将其出租给客户端。

STEP 1　如图13-4-6所示，在DHCP控制台中，选中**IPv4**右击➲**新建作用域**。

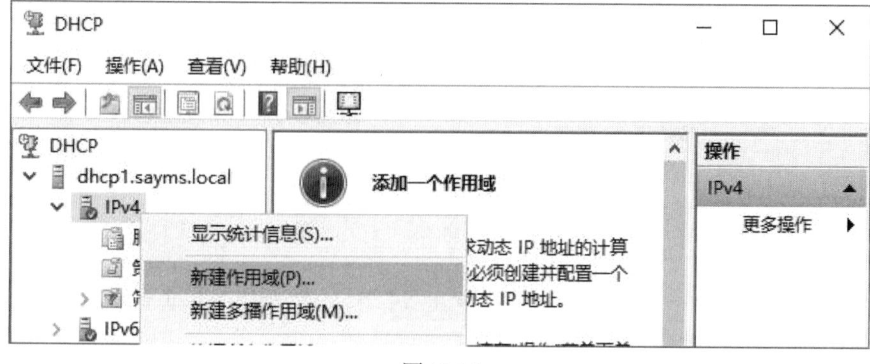

图 13-4-6

STEP 2　出现**欢迎使用新建作用域向导**界面时单击下一步按钮。

STEP 3　出现**作用域名称**界面时，请为此作用域命名（例如TestScope）后单击下一步按钮。

STEP 4　在图13-4-7中设置此作用域中可出租给客户端的起始/结束IP地址、子网掩码的长度（图中24就是子网掩码为255.255.255.0）后单击下一步按钮。

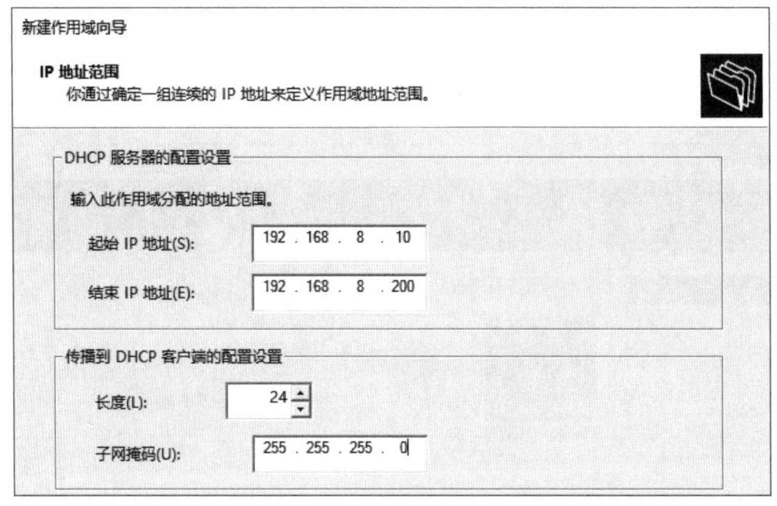

图 13-4-7

STEP 5　出现**添加排除和延迟**界面时，直接单击下一步按钮，如果上述IP作用域中有些IP地址已经通过静态方式分配给非DHCP客户端的话，则可以在此处将这些IP地址排除。

STEP 6　在图13-4-8中设置IP地址的租用期限，默认为8天，单击下一步按钮。

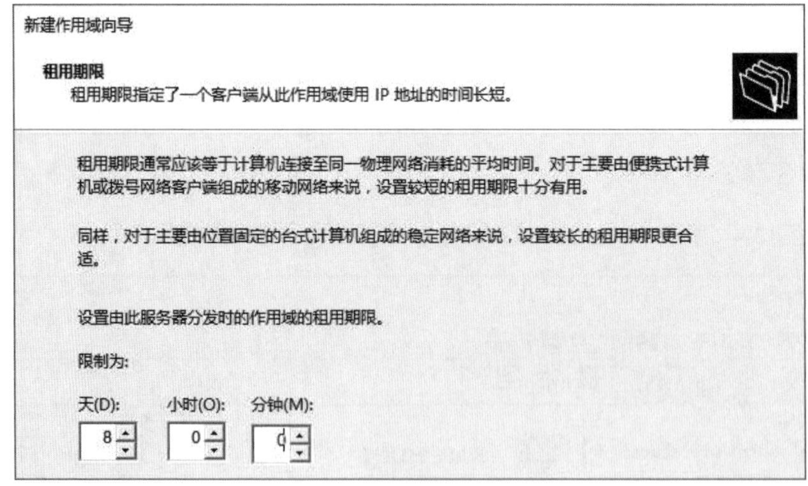

图 13-4-8

STEP 7　在接下来的步骤中都可以直接单击下一步按钮，一直到出现**正在完成新建作用域**界面时，单击完成按钮。

STEP 8　如图13-4-9所示为完成后的界面。

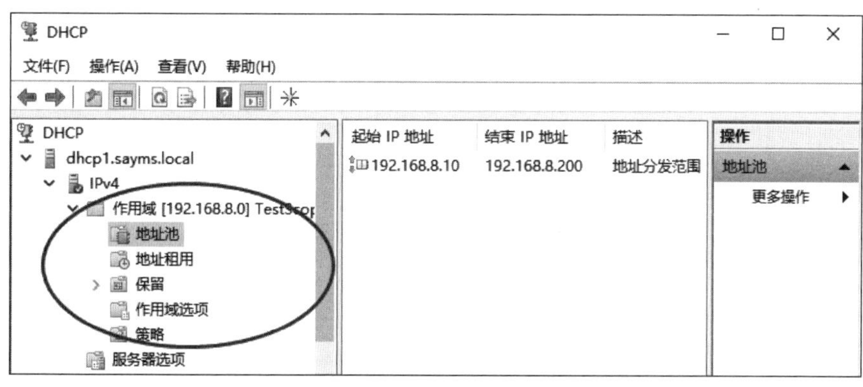

图 13-4-9

13.4.3 测试客户端能否租用到IP地址

请到前面图13-4-1测试环境中的DHCP客户端Win10PC1计算机上进行测试：首先确认此Windows 10的IP地址获取方式为自动获取：【单击左下角**开始**图标⊞➲设置图标⚙➲网络和Internet➲以太网➲更改适配器选项➲双击**以太网**➲属性➲单击**Internet协议版本4（TCP/IPv4）**➲单击属性按钮➲如图13-4-10所示】。

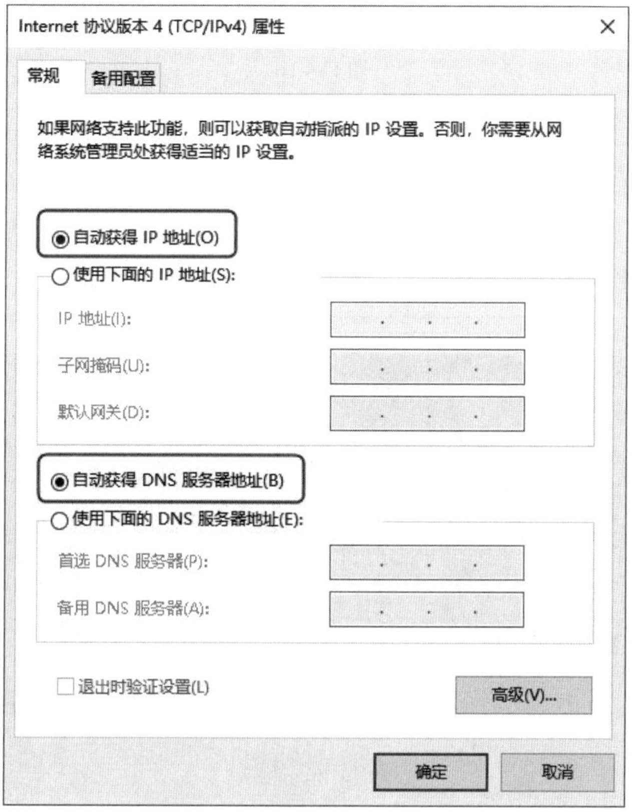

Internet 协议版本 4 (TCP/IPv4) 属性

常规 备用配置

如果网络支持此功能，则可以获取自动指派的 IP 设置。否则，你需要从网络系统管理员处获得适当的 IP 设置。

◉ 自动获得 IP 地址(O)

○ 使用下面的 IP 地址(S):

IP 地址(I):

子网掩码(U):

默认网关(D):

◉ 自动获得 DNS 服务器地址(B)

○ 使用下面的 DNS 服务器地址(E):

首选 DNS 服务器(P):

备用 DNS 服务器(A):

☐ 退出时验证设置(L) 高级(V)...

确定 取消

图 13-4-10

确认无误后，接着来测试该客户端计算机是否可以正常从DHCP服务器租用到IP地址（与选项设置值）：请回到图13-4-11的**以太网 状态**界面、单击详细信息按钮，由前景图可看出此客户端计算机已经取得192.168.8.10的IP地址、子网掩码、此IP地址的租约到期日。

图 13-4-11

客户端也可以执行**ipconfig**命令或**ipconfig /all**来检查是否已经租到IP地址，如图13-4-12所示为成功租用的界面。如果客户端因故无法向DHCP服务器租到IP地址的话，它会每隔5分钟一次继续尝试向服务器租用。客户端用户也可以通过单击前面图13-4-11中诊断按钮或利用**ipconfig /renew**命令来向服务器租用。

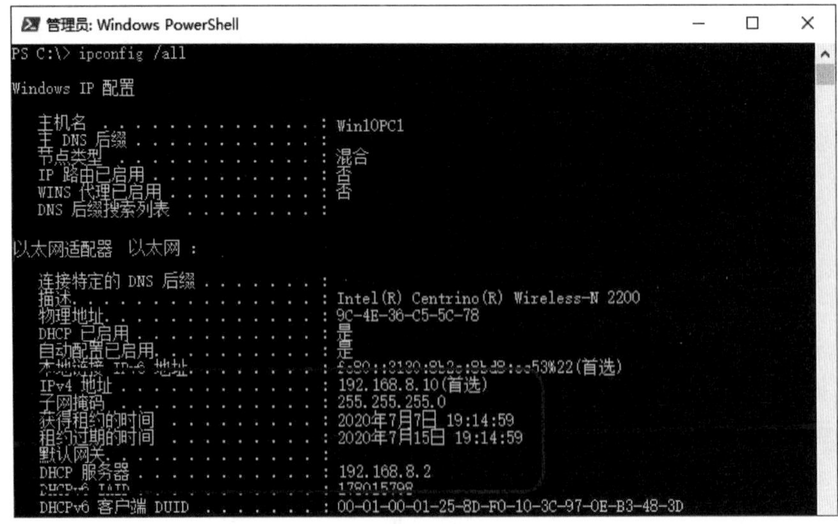

图 13-4-12

DHCP客户端除了会自动更新租约外，用户也可以利用**ipconfig /renew**命令来更新IP租约。用户还可以利用**ipconfig /release**命令自行将IP地址释放掉，之后客户端会每隔5分钟自动再去向DHCP服务器租用IP地址，或由用户利用**ipconfig /renew**命令来向服务器租用IP地址。

13.4.4 客户端的备用配置

客户端如果因故无法向DHCP服务器租到IP地址的话，客户端会每隔5分钟自动再去找DHCP服务器租用IP地址，在未租到IP地址之前，客户端可以暂时使用其他IP地址，此IP地址可以通过图13-4-13的**备用配置**选项卡来设置：

Internet 协议版本 4 (TCP/IPv4) 属性

常规　备用配置

如果此计算机在一个以上的网络上使用，请在下面输入备用的 IP 设置。

◉ 自动专用 IP 地址(T)

○ 用户配置(S)

IP 地址(I):

子网掩码(U):

默认网关(D):

首选 DNS 服务器(P):

备用 DNS 服务器(A):

首选 WINS 服务器(W):

备用 WINS 服务器(N):

☐ 如果设置已发生更改，则在退出时验证(V)

图 13-4-13

- **自动专用IP地址**：这是默认值，它就是Automatic Private IP Addressing （APIPA），当客户端无法从DHCP服务器租用到IP地址时，它们默认会自动使用169.254.0.0/16格式的专用IP地址。
- **用户配置**：客户端会自动使用此处的IP地址与设置值。它特别适合于客户端计算机需要在不同网络中使用的场合，例如客户端为笔记本电脑，这台计算机在公司是向DHCP服务器租用IP地址的，但当此计算机拿回家使用时，如果家里没有 DHCP服务器，无法租用到IP地址的话，就自动会改用此处所设置的IP地址。

13.5 IP作用域的管理

在DHCP服务器内必须至少有一个IP作用域，以便DHCP客户端向DHCP服务器租用IP地址时，服务器可以从这个作用域内，选择一个适当的、尚未出租的IP地址，然后将其出租给客户端。

13.5.1 一个子网只能建立一个IP作用域

在一台DHCP服务器内，一个子网只能够有一个作用域，例如已经有一个范围为192.168.8.10~192.168.8.200的作用域后（子网掩码为255.255.255.0），就不能再建立相同网络ID的作用域，例如范围为192.168.8.210~192.168.8.240的作用域（子网掩码为255.255.255.0），否则会出现图13-5-1的警告界面。

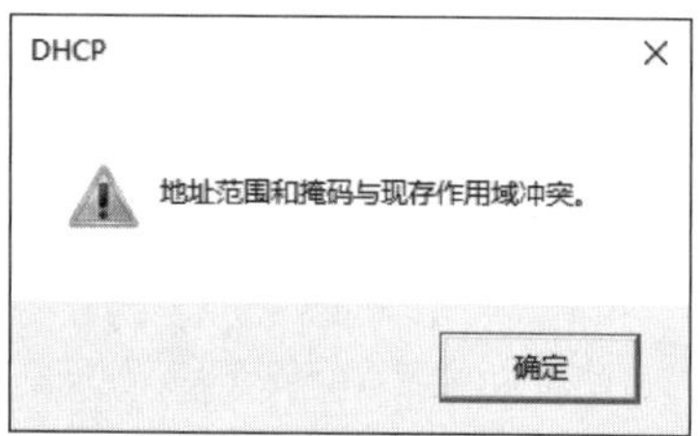

图 13-5-1

如果需要建立IP地址范围包含192.168.8.10~192.168.8.200与192.168.8.210~192.168.8.240的IP作用的话（子网掩码为255.255.255.0），请先建立一个包含192.168.8.10~192.168.8.240的作用域，然后将其中的192.168.8.201~192.168.8.209 这一段范围排除即可：【如图13-5-2所示选中该作用域的**地址池**右击➲新建排除范围➲输入要排除的IP地址范围】。

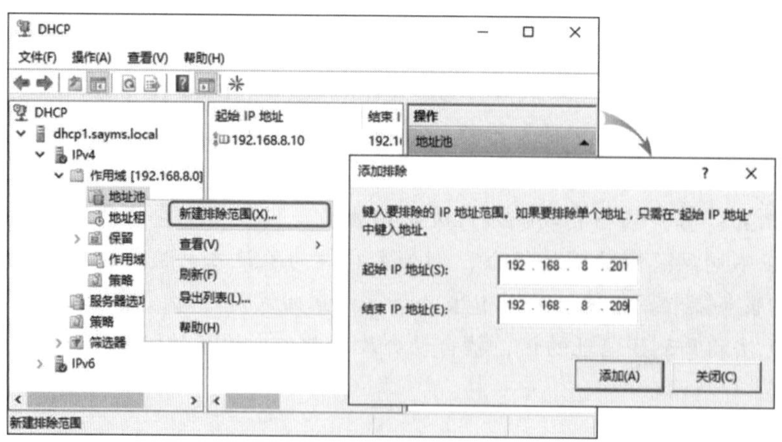

图 13-5-2

DHCP服务器可检测到要出租的地址是否已被其他计算机占用，而你可以通过：【单击**IPv4** ➲单击上方**属性**图标➲**高级**选项卡➲冲突检测次数】来设置。

13.5.2 设置租期期限

DHCP客户端租用到IP地址后，需要在租约到期之前更新租约，以便继续使用此IP地址，否则租约到期时，DHCP服务器可能会将IP收回。可是租用期限该设置为多久才合适呢？以下说明可供参考：

- 如果租期较短，则客户端需要在短时间内就向服务器更新租约，如此将增加网络负担。不过因为在更新租约时，客户端会从服务器取得最新设置值，因此如果租期短，客户端就会较快地通过更新租约的方式来取得这些新设置值。在IP地址数量比较紧张的环境中，应该将租期设置的短一点，这样可以让客户端已经不再使用的IP地址早一点到期，以便让服务器将这些IP地址收回，再出租给其他客户端。
- 如果租期较长，虽然可以减少更新租约的频率，降低网络负担，但是相对的客户端需要等比较长的时间才会更新租约，也因此需要等待比较长的时间才会取得服务器的最新设置值。
- 如果将IP地址的租期设置为**无限制**，则以后客户端计算机从网络中离开或移动到其他网络中时，该客户端所租用的IP地址并不会自动被服务器收回，需要由系统管理员手动将此IP地址从**地址租用**区内删除。

  无限制租用期的IP地址，客户端只有在重新启动时会自动更新租约与取得最新设置值。客户端用户也可以利用**ipconfig /renew**命令来手动更新租约与取得最新设置值。

13.5.3 建立多个IP作用域

可以在一台DHCP服务器内建立多个IP作用域，以便向多个子网内的DHCP客户端提供服务，如图13-5-3所示的DHCP服务器内有两个IP作用域，一个用来提供IP地址给左侧网络内的客户端，此网络的网络ID为192.168.8.0；另一个IP作用域用来提供IP地址给右侧网络内的客户端，其网络ID为192.168.9.0。

图中右侧网络的客户端在向DHCP服务器租用IP地址时，DHCP服务器会选择192.168.9.0作用域的IP地址，而不是192.168.8.0作用域：右侧客户端所发出的租用IP数据包，是通过路由器来转发的，路由器会在这个数据包内的GIADDR（gateway IP address）字段中填入路由器的IP地址（192.168.9.254），因此DHCP服务器便可以通过此IP地址得知DHCP客户端是位于192.168.9.0的网段，所以它会选择192.168.9.0作用域的IP地址给客户端。

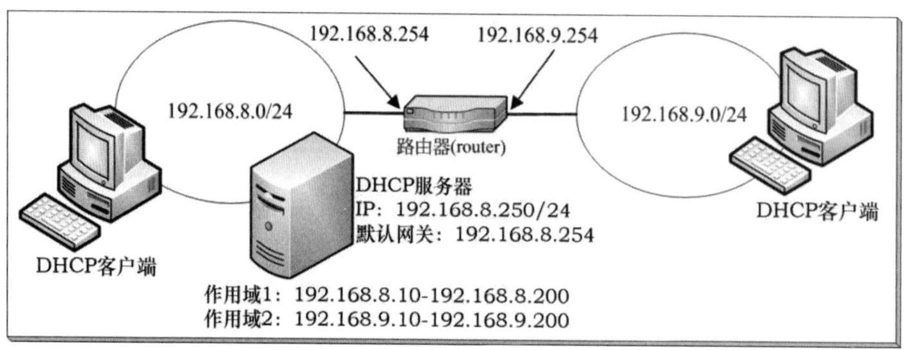

图 13-5-3

图中左侧网络的客户端向DHCP服务器租用IP地址时，DHCP服务器会选择192.168.8.0作用域的IP地址，而不是192.168.9.0作用域：左侧客户端所发出的租用IP数据包是直接由DHCP服务器接收的，因此数据包内的GIADDR字段中的路由器IP地址为0.0.0.0，当DHCP服务器发现此IP地址为0.0.0.0时，就知道是同一个网段（192.168.8.0）内的客户端要租用IP地址，因此它会选择192.168.8.0作用域的IP地址给客户端。

13.5.4 保留特定IP地址给客户端

可以保留特定IP地址以便分配给特定的客户端使用，当此客户端向DHCP服务器租用IP地址或更新租约时，服务器会将此特定IP地址出租给该客户端。保留特定IP地址的方法为【如图13-5-4所示选中**保留**右击➲新建保留➲……】：

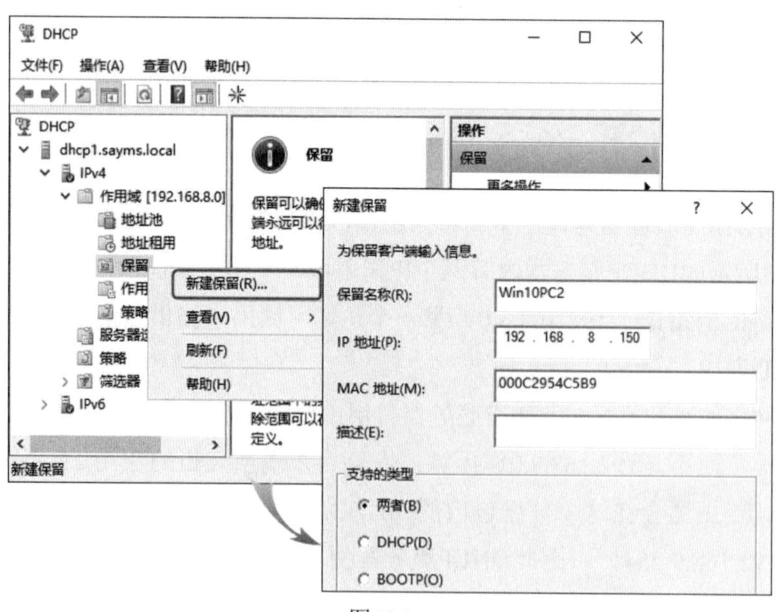

图 13-5-4

- **保留名称**：输入用来识别DHCP客户端的名称（例如计算机名称）。

- **IP地址**：输入欲保留给客户端使用的IP地址。
- **MAC地址**：输入客户端网卡的物理地址，也就是MAC（Media Access Control）地址，它是一个12位的数字与英文字母（A~F）的组合，例如图中的00-0C-29-54-C5-B9。可以到客户端计算机上通过（以Windows 10为例）【单击Windows图标⊞+R键➲输入control后按Enter键➲网络和Internet➲网络和共享中心➲单击**以太网**➲单击详细信息按钮】来查看（参考前面图13-4-11中**物理地址**字段），或利用**ipconfig /all**命令来查看（参考前面图13-4-12中**物理地址**）。
- **支持的类型**：用来设置是否客户端必须为DHCP客户端，或早期那些没有磁盘的BOOTP客户端，或者两者都支持。

可以在图13-5-5中的**地址租用**界面中来查看IP地址的租用情况，包含已出租的IP地址与保留地址。图中192.168.8.10是由DHCP服务器出租给客户端的IP地址，而192.168.8.150是保留地址。

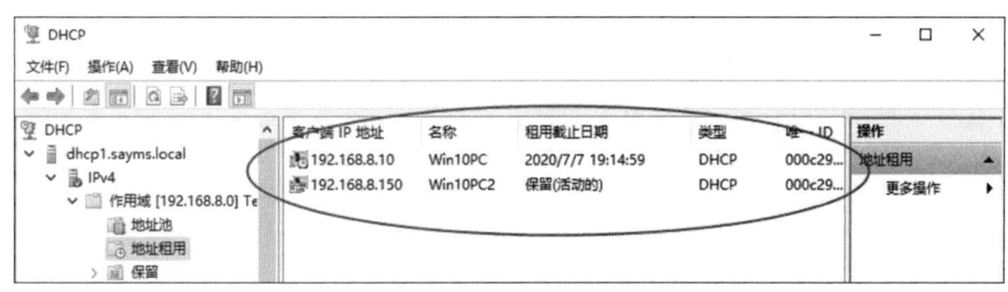

图 13-5-5

> 可以通过作用域下的**筛选器**来允许或拒绝将IP地址出租给特定的客户端计算机，不过默认的**允许**与**拒绝**筛选器都是被禁用的。如果要启用**允许**或**拒绝**筛选器的话：【选中**允许**或**拒绝**筛选器右击➲**启用**】。

13.5.5　多台DHCP服务器的拆分作用域高可用性

可以同时安装多台DHCP服务器来提供具备高可用性的服务，也就是如果有DHCP服务器故障的话，还可以由其他正常的DHCP服务器来继续提供服务。可以将相同的IP作用域配置在这些服务器内，各服务器的作用域内包含了适当比率IP地址范围，但是不能有重复的IP地址，否则可能会发生不同客户端分别向不同服务器租用IP地址，却租用到相同IP地址的情况。这种在每一台服务器内都建立相同作用域的高可用性做法被称为拆分作用域（split scope）。

例如图13-5-6中在DHCP服务器1内建立了一个网络ID为10.120.0.0/16的作用域，其IP地址范围为10.120.1.1~10.120.4.255；而在DHCP服务器2内也建立了相同网络ID（10.120.0.0/16）的作用域，其IP地址范围为10.120.5.1~10.120.8.255。

可以将两台服务器都放在客户端所在的网络，让两台服务器都对客户端提供服务；也可以将其中一台放到另一个网络，以便作为热备服务器，如图13-5-6所示，图中DHCP服务器1一般来说会优先对左侧网络的客户端提供服务，而在它因故无法提供服务时，就改由DHCP服务器2来接手继续提供服务。

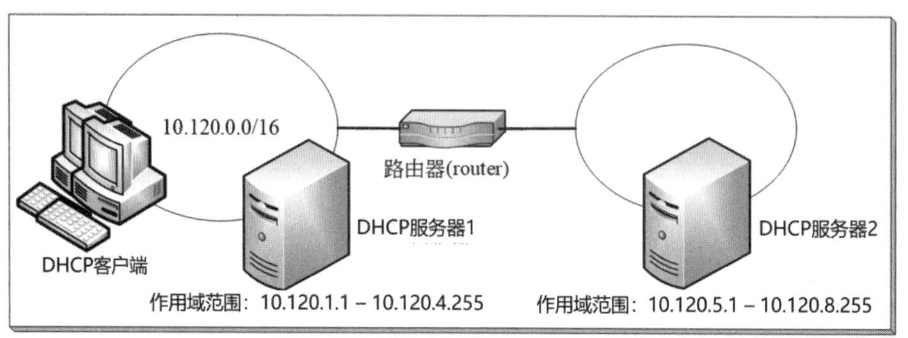

图 13-5-6

13.5.6 互相备份的DHCP服务器

如图13-5-7所示左右两个网络各有一台DHCP服务器，左侧DHCP服务器1有一个192.168.8.0的作用域1用来对左侧客户端提供服务、右侧DHCP服务器2有一个192.168.9.0的作用域1用来对右侧客户端提供服务。同时左侧DHCP服务器1还有一个192.168.9.0的作用域2，此服务器用来作为右侧网络的备用服务器，右侧DHCP服务器2也还有一个192.168.8.0的作用域2，此服务器用来做为左侧网络的备用服务器。

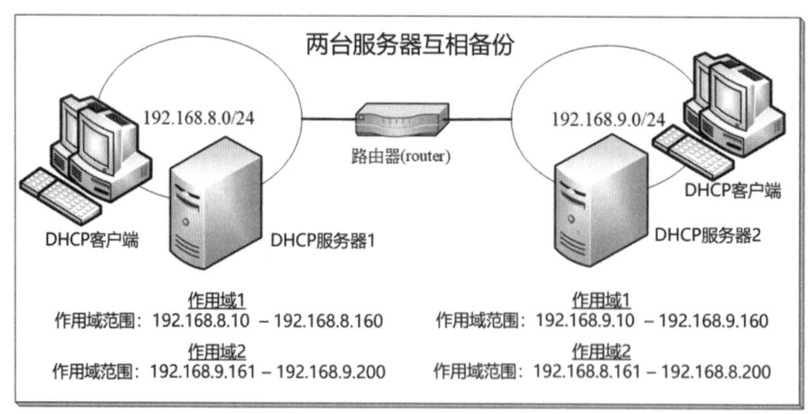

图 13-5-7

13.6 DHCP的选项设置

除了为DHCP客户端分配IP地址、子网掩码外，DHCP服务器还可以为客户端提供其他

TCP/IP配置值选项，例如默认网关、DNS服务器等。当客户端向DHCP服务器租用IP地址或更新IP租约时，便可以从服务器取得这些配置值选项。

DHCP服务器提供很多选项设置，其中有部分选项适用于Windows系统的DHCP客户端，在这些选项中比较常用的有默认网关、DNS服务器、DNS域名等。

可以通过图13-6-1中4个箭头所指处来设置不同级别的DHCP选项：

- **服务器选项**（1号箭头）：它会自动被所有作用域继承，换句话说，它会被应用到此服务器内的所有作用域，因此客户端无论是从哪一个作用域租用到IP地址，都可以得到这些选项的设置。

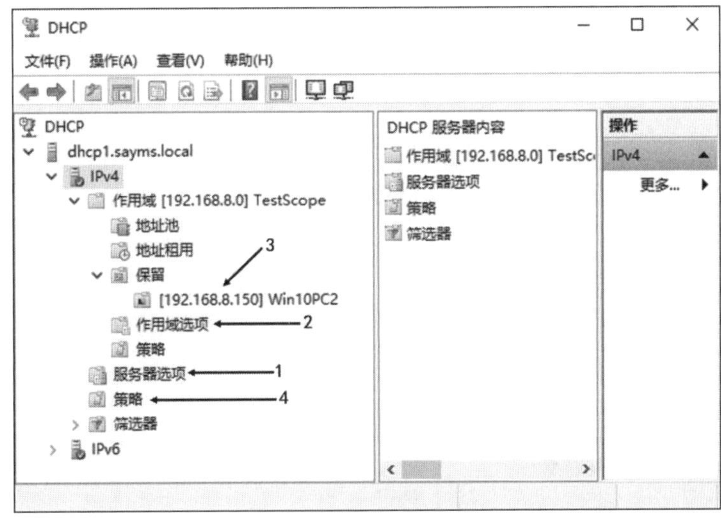

图 13-6-1

- **作用域选项**（2号箭头）：它只适用于该作用域，只有当客户端从这个作用域租到IP地址时，才会得到这些选项。作用域选项会自动被该作用域内的所有保留所继承。
- **保留选项**（3号箭头）：针对某个保留IP地址所设置的选项，只有当客户端租用到这个保留的IP地址时，才会得到这些选项。
- **策略**（4号箭头）：也可以通过策略来针对特定计算机设置其选项。

当服务器选项、作用域选项、保留选项与策略内的选项设置发生冲突时，其优先级为【服务器选项（最低）➲作用域选项➲保留选项➲策略（最高）】，例如服务器选项将 DNS 服务器的IP地址设置为168.95.1.1，而在某作用域的作用域选项将 DNS服务器的IP地址设置为192.168.8.1。此时如果客户端是租用该作用域IP地址的话，则其DNS服务器的IP地址是作用域选项的192.168.8.1。

如果客户端用户自行在其计算机上做了不同的设置（例如图13-6-2中的**首选DNS服务器**），则客户端的设置比DHCP服务器提供的设置优先。

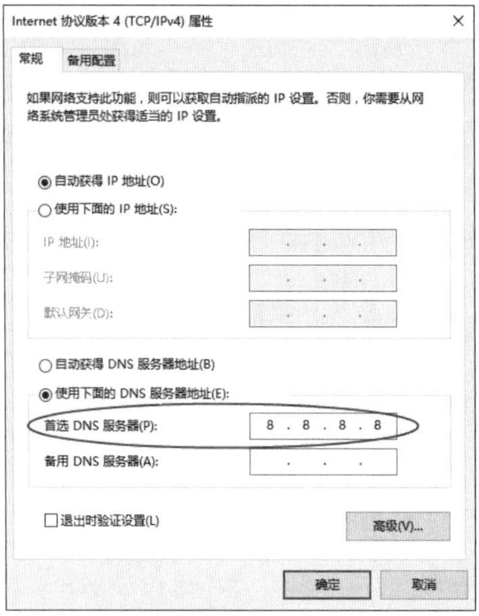

图 13-6-2

配置选项时，举例来说，如果要针对我们所建立的作用域**TestScope**来设置**默认网关**选项的话：【如图13-6-3所示选中此作用域的**作用域选项**右击➲配置选项➲在前景图中勾选**003路由器**➲输入默认网关的IP地址后单击添加按钮】。

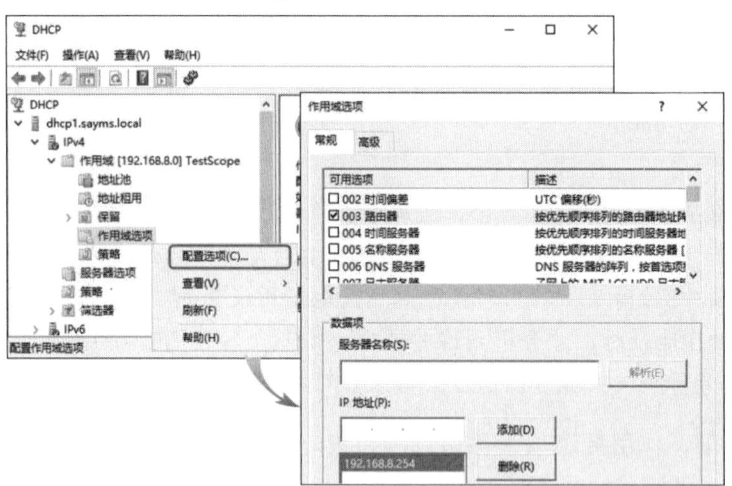

图 13-6-3

完成设置后，请到客户端利用**ipconfig /renew**命令更新IP租约与取得最新的选项设置，此时应该会发现客户端的默认网关已经被指定到我们所设置的“003 路由器”的IP地址，如图13-6-4所示（也可以通过**ipconfig /all**命令来查看）。

```
管理员: 命令提示符

C:\Windows\system32>ipconfig /all

Windows IP 配置

   主机名  . . . . . . . . . . . . . : Win10PC
   主 DNS 后缀 . . . . . . . . . . . : sayms.local
   节点类型  . . . . . . . . . . . . : 混合
   IP 路由已启用 . . . . . . . . . . : 否
   WINS 代理已启用 . . . . . . . . . : 否
   DNS 后缀搜索列表  . . . . . . . . : sayms.local

以太网适配器 以太网:

   连接特定的 DNS 后缀 . . . . . . . :
   描述. . . . . . . . . . . . . . . : Intel(R) 82574L Gigabit Network Connect
ion
   物理地址. . . . . . . . . . . . . : 00-0C-29-54-C5-B9
   DHCP 已启用 . . . . . . . . . . . : 是
   自动配置已启用. . . . . . . . . . : 是
   本地链接 IPv6 地址. . . . . . . . : fe80::348a:fdb6:c132:217a%2(首选)
   IPv4 地址 . . . . . . . . . . . . : 192.168.8.101(首选)
   子网掩码  . . . . . . . . . . . . : 255.255.255.0
   获得租约的时间  . . . . . . . . . : 2018年1月7日 16:35:09
   租约过期的时间  . . . . . . . . . : 2018年1月12日 17:49:36
   默认网关. . . . . . . . . . . . . : 192.168.8.254
   DHCPv4 类 ID . . . . . . . . . : SALES
   DHCP 服务器 . . . . . . . . . . . : 192.168.8.2
   DHCPv6 IAID . . . . . . . . . . . : 50334761
   DHCPv6 客户端 DUID  . . . . . . . : 00-01-00-01-21-E2-62-1A-00-0C-29-54-C5-
B9
   DNS 服务器  . . . . . . . . . . . : 192.168.8.1
   TCPIP 上的 NetBIOS  . . . . . . . : 已启用
```

图 13-6-4

13.7 DHCP中继代理

如果DHCP服务器与客户端分别位于不同网络的话，由于DHCP消息是以广播为主，而连接这两个网络的路由器不会将此广播消息转发到另外一个网络，因而限制了DHCP的有效使用范围。此时可采用以下方法来解决这个问题：

- 在每一个网络内都安装一台DHCP服务器，它们各自对所属网络内的客户端提供服务。
- 选用符合RFC 1542标准的路由器，此路由器可以将DHCP消息转发到不同的网络。如图13-7-1所示是左侧DHCP客户端A通过路由器发送DHCP消息的过程，图中数字就是其工作顺序：
  - DHCP客户端A利用广播消息查找DHCP服务器。
  - 路由器收到此消息后，将此广播消息转发到另一个网络。
  - 另一个网络内的DHCP服务器收到此消息后，直接响应消息给路由器。
  - 路由器将此消息广播给DHCP客户端A。

  之后由客户端所发出的消息，还有由服务器发出的消息，也都是通过路由器来转发。

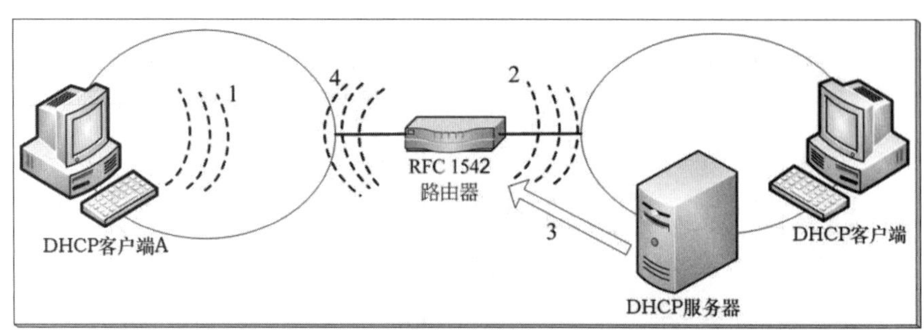

图 13-7-1

- 如果路由器不符合RFC 1542规范的话，则可以在没有DHCP服务器的网络内将一台Windows服务器设置成**DHCP中继代理**（DHCP Relay Agent）来解决问题，因为它具备将DHCP消息直接转发给DHCP服务器的功能。

  以下说明图13-7-2上方的DHCP客户端A通过**DHCP中继代理**工作的步骤：

  - DHCP客户端A利用广播消息查找DHCP服务器。
  - DHCP中继代理收到此消息后，通过路由器将其直接转发给另一个网络内的DHCP服务器。
  - DHCP服务器通过路由器直接响应消息给DHCP中继代理。
  - DHCP中继代理将此消息广播给DHCP客户端A。

  之后由客户端所发出的消息，还有由服务器发出的消息，也都是通过**DHCP中继代理**来转发的。

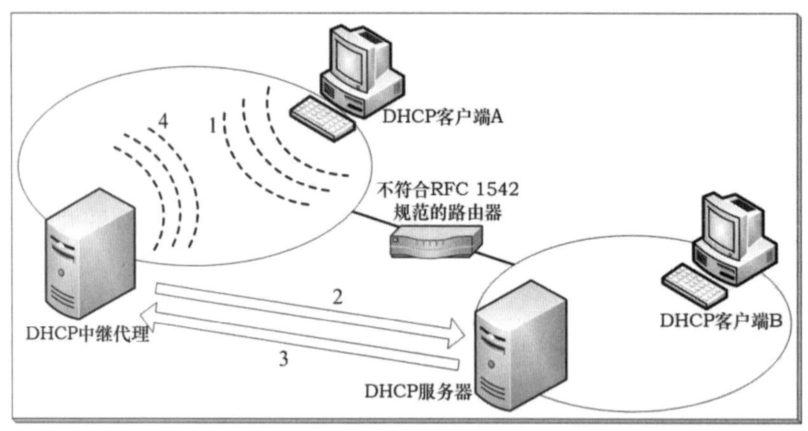

图 13-7-2

设置DHCP中继代理

我们以图13-7-3为例来说明如何设定图左上方的**DHCP中继代理**，当它收到DHCP客户端的DHCP消息时，会将其转发到乙网络的DHCP服务器。

我们需要在这台Windows Server 2019计算机上安装**远程访问**角色，然后通过其所提供的**路由进而远程访问**服务来配置**DHCP中继代理**。

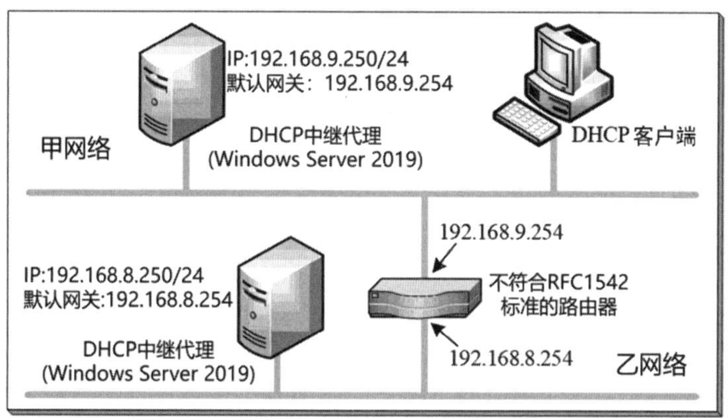

图 13-7-3

STEP 1 打开**服务器管理器**➲单击**仪表板**处的**添加角色和功能**➲持续单击下一步按钮一直到出现如图13-7-4所示的**选择服务器角色**界面时勾选**远程访问**。

添加角色和功能向导

选择服务器角色

目标服务器
RelayAgent

开始之前
安装类型
服务器选择
服务器角色
功能
远程访问
角色服务
确认
结果

选择要安装在所选服务器上的一个或多个角色。

角色

- [ ] Active Directory 域服务
- [ ] Active Directory 证书服务
- [x] DHCP 服务器 (已安装)
- [ ] DNS 服务器
- [ ] Hyper-V
- [ ] MultiPoint Services
- [ ] Web 服务器(IIS)
- [ ] Windows Server Essentials 体验
- [ ] Windows Server 更新服务
- [ ] Windows 部署服务
- [ ] 传真服务器
- [ ] 打印和文件服务
- [ ] 批量激活服务
- [ ] 设备运行状况证明
- [ ] 网络策略和访问服务
- [ ] 网络控制器
- [■] 文件和存储服务 (1 个已安装，共 12 个)
- [x] 远程访问
- [ ] 远程桌面服务
- [ ] 主机保护者服务

描述

远程访问通过 DirectAccess、VPN 和 Web 应用程序代理提供无缝连接。DirectAccess 提供"始终开启"和"始终管理"体验。RAS 提供包括站点到站点(分支机构或基于云)连接在内的传统 VPN 服务。Web 应用程序代理可以将基于 HTTP 和 HTTPS 的选定应用程序从你的企业网络发布到企业网络以外的客户端设备。路由提供包括 NAT 和其他连接选项在内的传统路由功能。可以在单租户或多租户模式下部署 RAS 和路由。

图 13-7-4

STEP 2 持续单击下一步按钮一直到出现如图13-7-5所示的**选择角色服务**界面时勾选**DirectAccess与VPN（RAS）**➲单击添加功能按钮➲单击下一步按钮。

添加角色和功能向导

选择角色服务

目标服务器
RelayAgent

开始之前
安装类型
服务器选择
服务器角色
功能
远程访问
角色服务

为远程访问选择要安装的角色服务

角色服务

- [x] DirectAccess 和 VPN (RAS)
- [ ] Web 应用程序代理
- [ ] 路由

描述

通过 DirectAccess，用户只要能够访问 Internet，即可享受无缝连接到公司网络的体验。通过 DirectAccess，只要计算机连接到 Internet，即可管理移动计算机，从而确保移动用户了解最新的安全和系统健康策略。VPN 使用 Internet 连接加上隧道和数据加密技术组合，可

图 13-7-5

STEP 3　持续单击下一步按钮一直到出现**确认安装所选内容**界面时单击安装按钮➲完成安装后单击关闭按钮➲重新启动计算机、登录。

STEP 4　在**服务器管理员**界面中单击右上方**工具**➲路由和远程访问➲如图13-7-6所示选中本地计算机右击➲配置并启用路由和远程访问➲单击下一步按钮】。

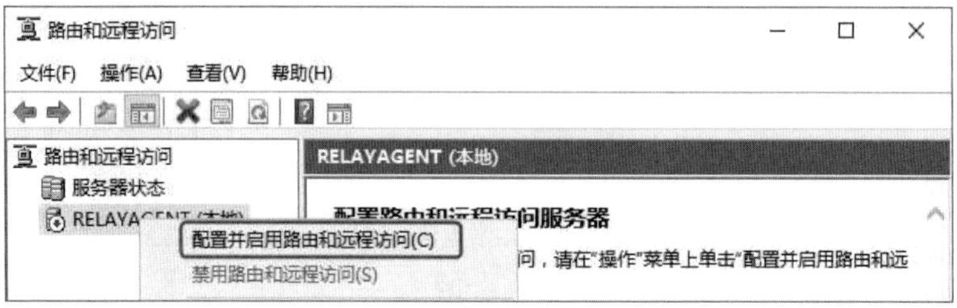

图 13-7-6

STEP 5　在图13-7-7中选择**自定义配置**后单击下一步按钮。

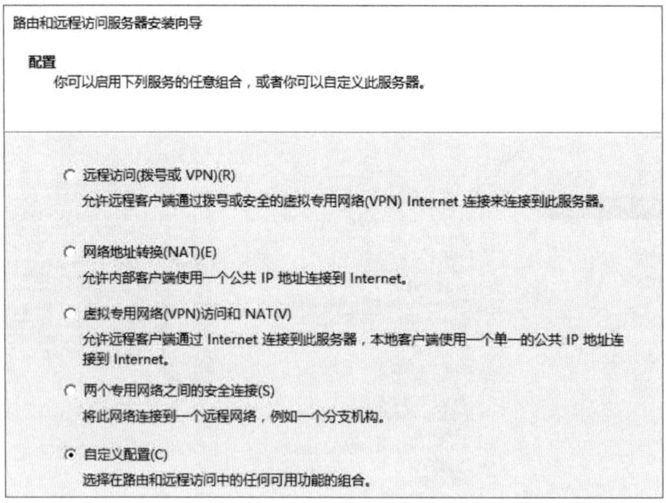

路由和远程访问服务器安装向导

配置
你可以启用下列服务的任意组合，或者你可以自定义此服务器。

- ○ 远程访问(拨号或 VPN)(R)
  允许远程客户端通过拨号或安全的虚拟专用网络(VPN) Internet 连接来连接到此服务器。
- ○ 网络地址转换(NAT)(E)
  允许内部客户端使用一个公共 IP 地址连接到 Internet。
- ○ 虚拟专用网络(VPN)访问和 NAT(V)
  允许远程客户端通过 Internet 连接到此服务器，本地客户端使用一个单一的公共 IP 地址连接到 Internet。
- ○ 两个专用网络之间的安全连接(S)
  将此网络连接到一个远程网络，例如一个分支机构。
- ◉ 自定义配置(C)
  选择在路由和远程访问中的任何可用功能的组合。

图 13-7-7

STEP 6　在图13-7-8中勾选**LAN路由**后单击下一步按钮➲单击完成按钮。

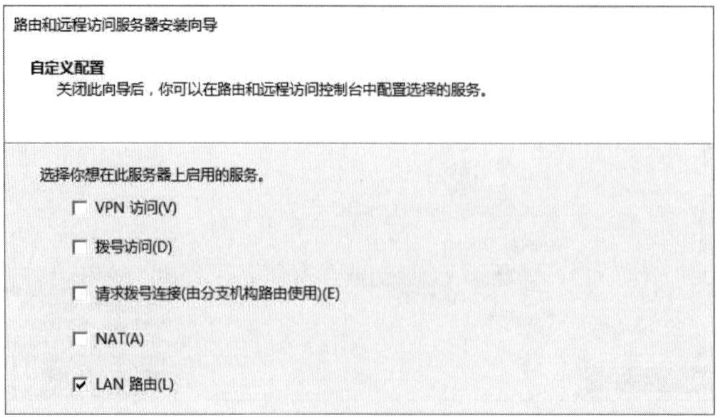

路由和远程访问服务器安装向导

自定义配置
关闭此向导后，你可以在路由和远程访问控制台中配置选择的服务。

选择你想在此服务器上启用的服务。

- ☐ VPN 访问(V)
- ☐ 拨号访问(D)
- ☐ 请求拨号连接(由分支机构路由使用)(E)
- ☐ NAT(A)
- ☑ LAN 路由(L)

图 13-7-8

STEP 7 在接下来的界面中单击启动服务按钮。

STEP 8 如图13-7-9所示【选中**IPv4**下的**常规**右击➲新增路由协议➲选择**DHCP Relay Agent**后单击确定按钮】。

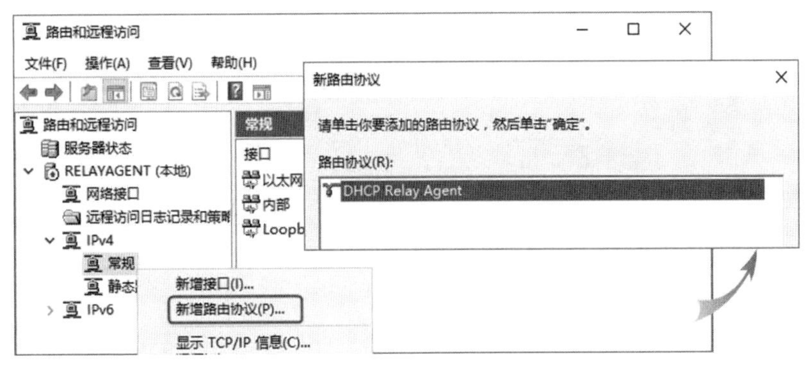

图 13-7-9

STEP 9 如图13-7-10所示【单击**DHCP中继代理**➲单击上方**属性**➲在前景图添加DHCP服务器的IP地址（192.168.8.250）后单击确定按钮】。

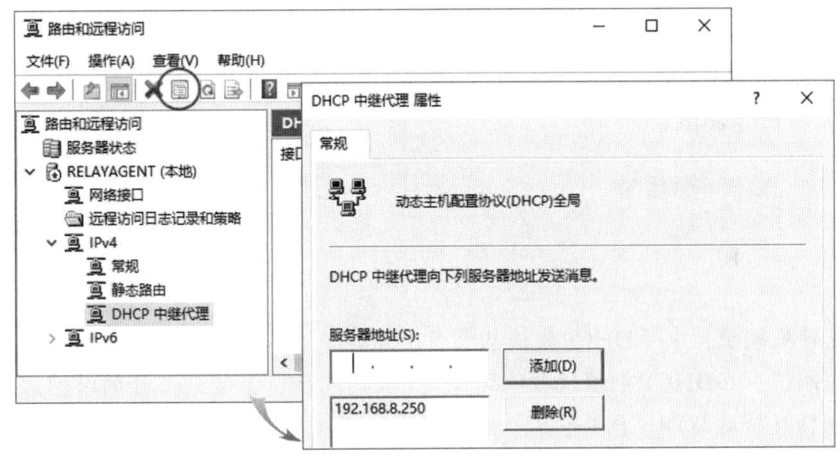

图 13-7-10

STEP 10 如图13-7-11所示【选中**DHCP中继代理**右击➲新增接口➲选择**以太网**➲单击确定按钮】。当**DHCP中继代理**收到通过**以太网**发送过来的DHCP数据包，就会将它转发给DHCP服务器。图中所选择的**以太网**就是图13-7-3中IP地址为192.168.9.250的网络接口。

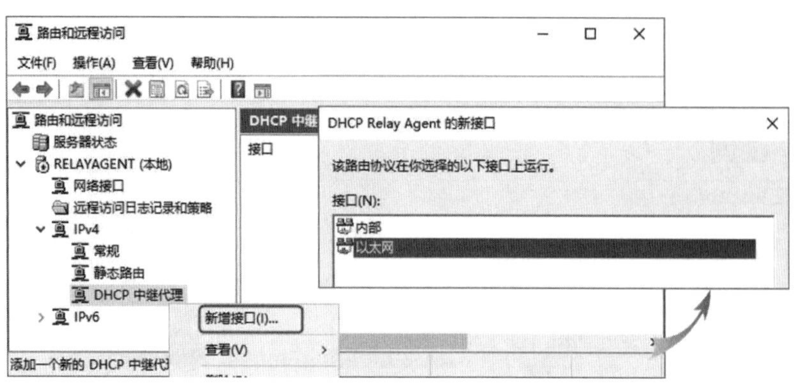

图 13-7-11

STEP 11 在图13-7-12中直接单击确定按钮即可。

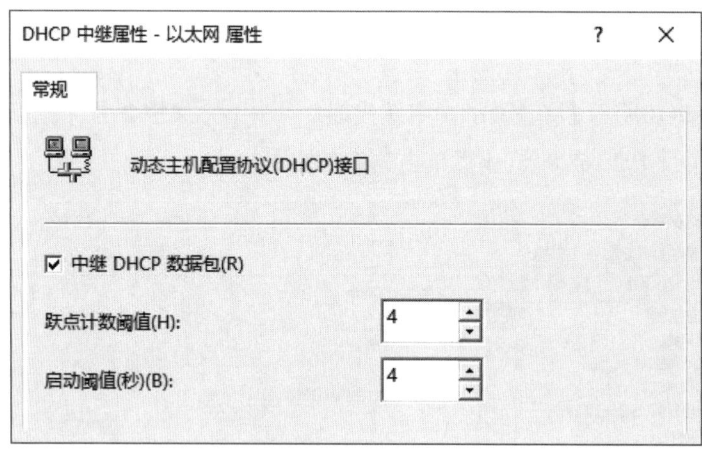

图 13-7-12

- **跃点计数阈值**：表示DHCP数据包最多只能够经过多少个RFC 1542路由器作转发。
- **启动阈值**：在**DHCP中继代理**收到DHCP数据包后，会等到此处的时间过后，再将数据包转发给远程DHCP服务器。如果本地与远程网络内都有DHCP服务器，而你希望由本地网络的DHCP服务器优先提供服务的话，此时可以通过此处的设置来延迟将消息发送到远程DHCP服务器，因为在这段时间内可以让同一网络内的 DHCP服务器有机会先响应客户端的请求。

STEP 12 完成设置后，只要路由器功能正常、DHCP服务器已经建立了客户端所需的IP作用域，客户端就可以正常的租用到IP地址了。

第 14 章　解析 DNS 主机名

本章将介绍如何利用**域名系统**（Domain Name System，DNS）来解析DNS主机名（例如server1.abc.com）的IP地址。Active Directory域的命名机制也与DNS紧密地集成在一起，例如域成员计算机是依赖DNS服务器来查找域控制器。

- DNS概述
- DNS服务器的安装与客户端的设置
- DNS区域的创建
- DNS的区域设置
- 动态更新
- 求助于其他DNS服务器
- 检测DNS服务器

14.1 DNS概述

当DNS客户端要与某台主机通信时，例如要连接网站www.sayms.com，该客户端会向DNS服务器提出查询www.sayms.com的IP地址的请求，服务器收到此请求后，会帮客户端来查找www.sayms.com的IP地址。这台DNS服务器也被称为**名称服务器**（name server）。

当客户端向DNS服务器提出查询IP地址的请求后，服务器会先从自己的DNS数据库内查找，如果数据库中没有所需数据，此DNS服务器会转而向其他DNS服务器来查询。

14.1.1 DNS域名空间

整个DNS架构是一个类似图14-1-1所示的分层式树状结构，这个树状结构称为**DNS域名空间**（DNS domain namespace）。

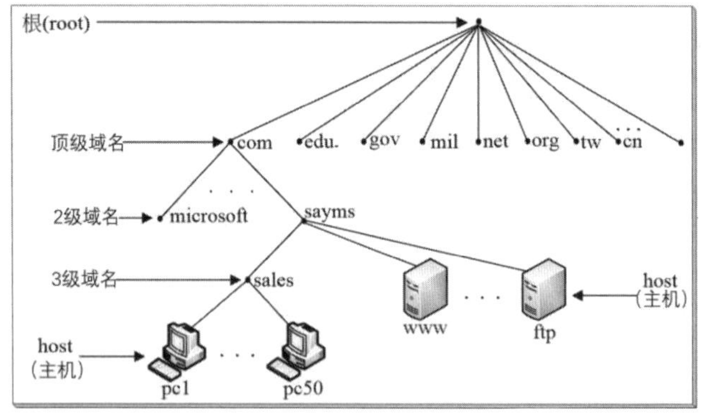

图 14-1-1

图中位于树状结构最上层的是DNS域名空间的**根**（root），通常是用句点（.）来代表**根**，**根**内有多台 DNS服务器，分别由不同机构来负责管理。**根**之下为**顶级域**（top-level domain），每一个顶级域内都有多台的DNS服务器。顶级域用来对组织进行分类。表14-1-1为部分的顶级域名。

顶级域之下为**2级域**（second-level domain），它是供公司或组织来申请与使用的，例如**microsoft.com**是由Microsoft公司所申请的域名。域名如果要在Internet上使用，该域名必须事先申请。

公司可以在其所申请的2级域之下，再细分多层的子域（subdomain），例如sayms.com之下为业务部sales建立一个子域，其域名为sales.sayms.com，此子域的域名最后需附加其父域的域名（sayms.com），也就是说域的名称空间是有连续性的。

表14-1-1

域名	说明
biz	适用于商业机构
com	适用于商业机构
edu	适用于教育、学术研究单位
gov	适用于官方政府单位
info	适用于所有的用途
mil	适用于国防军事单位
net	适用于网络服务机构
org	适用于财团法人等非营利机构
国码或区码	例如cn（中国）、us（美国）

图14-1-1右下方的主机www与ftp是sayms这家公司内的主机，它们的完整名称分别是www.sayms.com与ftp.sayms.com，此完整名称被称为Fully Qualified Domain Name（FQDN），其中www.sayms.com字符串前面的www，以及ftp.sayms.com字符串前面的ftp就是这些主机的**主机名**（host name）。而pc1 - pc50等主机是位于子域sales.sayms.com内，其FQDN分别是pc1.sales.sayms.com - pc50.sales.sayms.com。

以Windows计算机为例，可以在Windows PowerShell窗口内利用**hostname**命令来查看计算机的主机名，也可以利用【打开**文件资源管理器**➲选中**此电脑**右击➲属性➲如图14-1-2所示来查看】，图中**计算机全名**Server1.sayms.com中最前面的Server1就是主机名。

图 14-1-2

14.1.2 DNS区域

DNS**区域**（zone）是域名空间树状结构的一部分，通过它来将域名空间分割为容易管理的小区域。在这个DNS区域内的主机数据，是被存储在DNS服务器内的**区域文件**（zone file）或Active Directory数据库内。一台DNS服务器内可以存储一个或多个区域的数据，同时一个区域的数据也可以被存储到多台DNS服务器内。在区域文件内的数据被称为**资源记录**（resource record，RR）。

将一个DNS域划分为多个区域，可分散网络管理的工作负担，例如图14-1-3中将域sayms.com分为**区域1**（涵盖子域sales.sayms.com）与**区域2**（涵盖域sayms.com与子域mkt.sayms.com），每一个区域各有一个区域文件。区域1的区域文件（或Active Directory数据库）内存储着所涵盖域内的所有主机（pc1 - pc50）的记录，区域2的区域数据文件（或Active Directory数据库）内存储着所涵盖域内所有主机（pc51 - pc100、www与ftp）的记录。这两个区域文件可以放在同一台DNS服务器内，也可以分别放在不同的DNS服务器内。

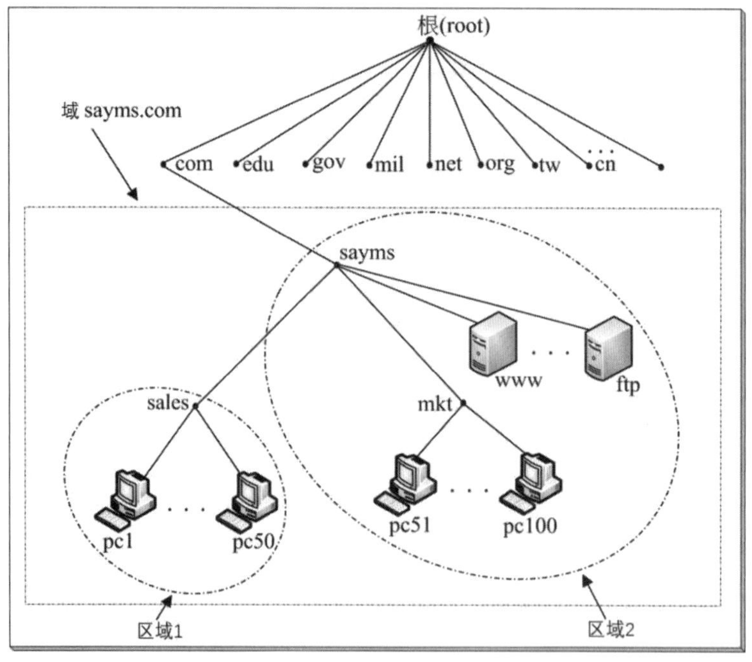

图 14-1-3

一个区域所涵盖的范围必须是域名空间中连续的区域，例如你不能建立一个包含sales.sayms.com与mkt.sayms.com两个子域的区域，因为它们是位于不连续的名称空间内。但是你可以建立一个包含sayms.com与mkt.sayms.com的区域，因为它们位于连续的名称空间内（sayms.com）。

每一个区域都是针对一个特定域来设置的，例如区域1是针对sales.sayms.com，而区域2是针对sayms.com（包含域sayms.com与子域mkt.sayms.com），我们将此域称为是该区域的**根域**（root domain），也就是说区域1的根域是sales.sayms.com，而区域2的根域为sayms.com。

14.1.3 DNS服务器

DNS服务器内存储着域名空间的部分区域记录。一台DNS服务器可以存储一个或多个区域的记录，也就是说此服务器所负责管辖的范围可以涵盖域名空间内一个或多个区域，此时这台服务器被称为是这些区域的**授权服务器**（authoritative server），例如图14-1-3中负责管辖区域2的DNS服务器，就是此区域的授权服务器，它负责将DNS客户端所要查询的记录提供给此客户端。

- **主要服务器（primary server）**：当在一台DNS服务器上建立一个区域后，如果可以直接在此区域内新建、删除与修改记录的话，那么这台服务器就被称为是此区域的**主要服务器**。这台服务器内存储着此区域的正本数据（master copy）。
- **辅助服务器（secondary server）**：当在一台DNS服务器内建立一个区域后，如果这个区域内的所有记录都是从另外一台DNS服务器复制过来的，也就是说它存储的是副本记录（replica copy），这些记录是无法修改的，此时这台服务器被称为该区域的**辅助服务器**。
- **主服务器（master server）**：**辅助服务器**的区域记录是从另外一台DNS服务器复制过来的，此服务器就被称为是这台辅助服务器的**主服务器**。这台**主服务器**可能是存储该区域正本数据的**主要服务器**，也可能是存储副本数据的**辅助服务器**。将区域内的资源记录从**主服务器**复制到**辅助服务器**的操作被称为**区域传送**（zone transfer）。

可以为一个区域设置多台辅助服务器，以便提供以下好处：

- **提供容错能力**：若其中有DNS服务器故障的话，此时仍然可由另一台DNS服务器来继续提供服务。
- **分担主服务器的负担**：多台DNS服务器共同对客户端提供服务，可以分散服务器的负担。
- **加快查询的速度**：例如可以在异地分公司安装辅助服务器，让分公司的DNS客户端直接向此服务器查询即可，不需要向总公司的主服务器来查询，以加快查询速度。

14.1.4 “唯缓存”服务器

唯缓存服务器（caching-only server）是一台并不负责管辖任何区域的DNS服务器，也就是说在这台DNS服务器内并没有建立任何区域，当它接收到DNS客户端的查询请求时，它会帮客户端来向其他DNS服务器查询，然后将查询到的记录存储到快取区，并将此记录提供给客户端。

唯缓存服务器内只有缓存记录，这些记录是它向其他DNS服务器查询来的。当客户端来查询记录时，如果缓存区内有所需要记录的话，可快速将记录提供给客户端。

你可以在异地分公司安装一台**唯缓存服务器**，以避免执行**区域传送**所造成的网络负担，又可以让该地区的DNS客户端直接快速向此服务器查询。

14.1.5 DNS的查询模式

当客户端向DNS服务器查询IP地址时，或DNS服务器1（此时它是扮演着DNS客户端的角色）向DNS服务器2查询IP地址时，它有以下两种查询模式：

- **递归查询（recursive query）**：DNS客户端提交查询请求后，如果DNS服务器内没有所需要的记录的话，则此服务器会代替客户端向其他DNS服务器查询。由DNS客户端所提出的查询要求一般是属于递归查询。
- **迭代查询（iterative query）**：DNS服务器与DNS服务器之间的查询大部分是属于迭代查询。当DNS服务器1向DNS服务器2提出查询请求后，如果服务器2内没有所需的记录的话，它会提供DNS服务器3的IP地址给DNS服务器1，让DNS服务器1自行向DNS服务器3查询。

我们以图14-1-4的DNS客户端向DNS服务器Server1查询www.sayms.com的IP地址为例来说明其流程（参考图中的数字）：

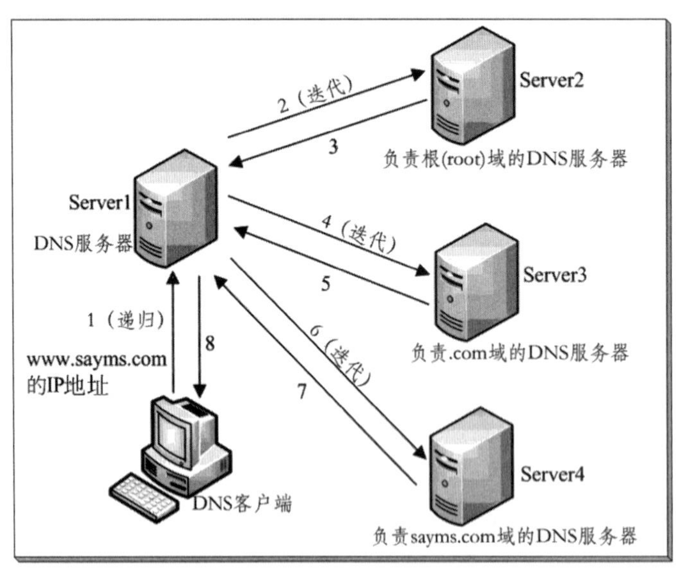

图14-1-4

- DNS客户端向服务器Server1查询www.sayms.com的IP地址（递归查询）。
- 如果Server1内没有此主机记录的话，Server1会将此查询请求转发到根（root）内的

DNS服务器Server2（迭代查询）。

- Server2根据主机名www.sayms.com得知此主机是位于顶级域.com之下，故会将负责管辖.com的DNS服务器Server3的IP地址发送给Server1。
- Server1得到Server3的IP地址后，它会向Server3查询www. sayms.com的IP地址（迭代查询）。
- Server3根据主机名www.sayms.com得知它是位于sayms.com域内，故会将负责管辖sayms.com的DNS服务器Server4的IP地址发送给Server1。
- Server1得到Server4的IP地址后，它会向Server4查询www. sayms.com的IP地址（迭代查询）。
- 管辖sayms.com的DNS服务器Server4将www.sayms.com的IP地址发送给Server1。
- Server1再将此IP地址发送给DNS客户端。

14.1.6 反向查询

反向查询（reverse lookup）是利用IP地址来查询主机名，例如DNS客户端可以查询拥有IP地址192.168.8.1主机的主机名。必须在DNS服务器内建立反向查找区域，其区域名称的最后为in-addr.arpa。例如如果要针对网络ID为192.168.8的网络来提供反向查询服务的话，则这个反向查找区域的区域名称必须是8.168.192.in-addr.arpa（网络ID需反向书写）。在建立反向查找区域时，系统就会自动建立一个反向查找区域数据文件，其默认文件名是**区域名称.dns**，例如8.168.192.in-addr.arpa.dns。

14.1.7 动态更新

Windows的DNS服务器与客户端都具备动态更新记录的功能，也就是说，如果DNS客户端的主机名、IP地址发生变动的话，会将这些变动数据发送到DNS服务器，DNS服务器就会自动更新DNS区域内的相关记录。

14.1.8 缓存文件

缓存文件（cache file）内存储着**根**（root，参见图14-1-1）内DNS服务器的主机名与IP地址映射数据。每一台DNS服务器内的缓存文件应该是一样的，公司内的DNS服务器要向外界DNS服务器查询时，需要用到这些数据，除非公司内部的DNS服务器指定了**转发器**（forwarder，后述）。

在图14-1-4的第2个步骤中的Server1之所以知道**根**（root）内DNS服务器的主机名与IP地址，就是从缓存文件中得知的。DNS服务器的缓存文件位于%*Systemroot*%\System32\DNS文件夹内，其文件名为cache.dns。

14.2 DNS服务器的安装与客户端的设置

扮演DNS服务器角色的计算机需要使用静态IP地址。我们将通过图14-2-1来说明如何设置DNS服务器与客户端，先安装好这几台计算机的操作系统、设置计算机名、IP地址与首选DNS服务器等（图中采用IPv4）。请将这几台计算机的网卡连接到同一个网络上，并建议可以连接Internet。

由于Active Directory域需要用到DNS服务器，因此当将Windows Server 计算机升级为域控制器时，如果升级向导找不到DNS服务器的话，它默认会在这台域控制器上安装DNS服务器。

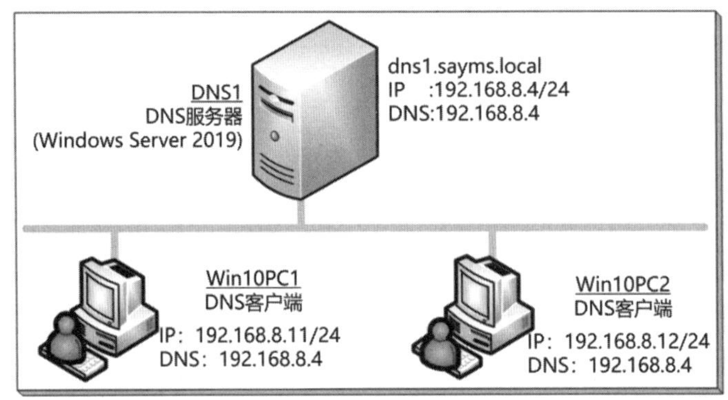

图 14-2-1

14.2.1 DNS服务器的安装

建议先设置DNS服务器DNS1的FQDN，也就是计算机全名，假设此名称的后缀为sayms.local（以下均采用虚拟的**顶级域名**.local），也就是其FQDN为dns1.sayms.local：【打开**服务器管理器**➲单击左侧**本地服务器**➲单击**计算机名**右侧的计算机名➲单击更改按钮➲单击其他按钮➲在**此计算机的主DNS后缀**处输入后缀sayms.local➲……➲按提示重新启动计算机】。

确认此服务器的**首选DNS服务器**的IP地址已经指向自己，以便让这台计算机内其他应用程序可以通过这台DNS服务器来查询IP地址：【打开**文件资源管理器**➲选中**网络**右键单击➲属性➲单击**以太网**➲单击属性按钮➲单击**Internet通信协议版本4（TCP/IPv4）**➲ 单击属性按钮➲确认**首选DNS服务器**处的IP地址为192.168.8.4】。

我们要通过添加**DNS服务器**角色的方式来安装DNS服务器：【打开**服务器管理器**➲单击**仪表板**处的**添加角色和功能**➲持续单击下一步按钮一直到出现如图14-2-2所示的**选择服务器**

角色界面时勾选**DNS服务器➲……**】。

图 14-2-2

完成安装后可以通过【单击**服务器管理器**右上方的**工具**➲DNS】或【单击左下角**开始**图标⊞➲Windows 管理工具➲DNS】的方法来打开DNS控制台与管理DNS服务器、通过【在DNS控制台中选中DNS服务器右键单击➲所有任务】的方法来执行启动/停止/暂停/继续DNS服务器等工作、利用【在DNS控制台中选中**DNS**右击➲连接到DNS服务器】的方法来管理其他DNS服务器。也可以利用**dnscmd.exe**程序来管理DNS服务器。

14.2.2 DNS客户端的设置

以Windows 10计算机为例：【单击左下角**开始**图标⊞➲单击**设置**图标⚙➲单击**网络和Internet**➲单击**以太网**➲单击**更改适配器选项**➲双击**以太网**➲单击属性按钮➲单击**Internet协议版本4（TCP/IPv4）**➲单击属性按钮➲在图14-2-3中的**首选DNS服务器**处输入DNS服务器的IP地址】。

图 14-2-3

如果还有其他DNS服务器可提供服务，则可以在**备用DNS服务器**处输入该DNS服务器的IP地址。当DNS客户端在与**首选DNS服务器**通信时，如果没有收到响应的话，就会改为与**备用DNS服务器**通信（如果要指定两台以上DNS服务器的话，可以通过单击图14-2-3中的高级按钮来设置）。

DNS服务器本身也应该采用相同步骤来指定**首选DNS服务器**（与**备用DNS服务器**）的IP地址，由于本身就是DNS服务器，因此一般会直接指定自己的IP地址。

Q DNS服务器会对客户端所提出的查询请求提供服务，请问如果DNS服务器本身这台计算机内的程序（例如浏览器）提出查询请求时，会由DNS服务器这台计算机自己来提供服务吗？

A 不一定！要看DNS服务器这台计算机的**首选DNS服务器**的IP地址设置，如果IP地址是指定到自己，就会由这台DNS服务器自己来提供服务，如果IP地址是其他DNS服务器，则会由所定义的DNS服务器来提供服务。

14.2.3 使用HOSTS文件

HOSTS文件被用来存储主机名与IP的映射数据。DNS客户端在查找主机的IP地址时，它会先检查自己计算机内的HOSTS文件，看看文件内是否有该主机的IP地址，如果找不到数据，才会向DNS服务器查询。

HOSTS文件存放在每一台计算机的%Systemroot%\system32\drivers\etc文件夹内，请手动将主机名与IP地址映射信息录入到此文件中，图14-2-4是在Windows 10计算机内的一个HOSTS文件示例（#符号代表其右侧为注释文字），图中我们自行在最后添加了两条记录，分别是jackiepc.sayms.local与marypc.sayms.local，此客户端以后要查询这两台主机的IP地址时，可以直接通过此文件得到它们的IP地址，不需要向DNS服务器查询。但如果要查询其他主机的IP地址的话，例如www.microsoft.com，由于这些主机记录并没有被建立在HOSTS文件内，因此需要向DNS服务器查询。

Windows 10计算机需要以系统管理员身分运行**记事本**并打开Hosts文件（单击左下角**开始**图标⊞➲Windows 附件➲选中**记事本**右击➲更多➲以管理员身份运行➲打开Hosts文件），才可以更改Hosts文件的内容。

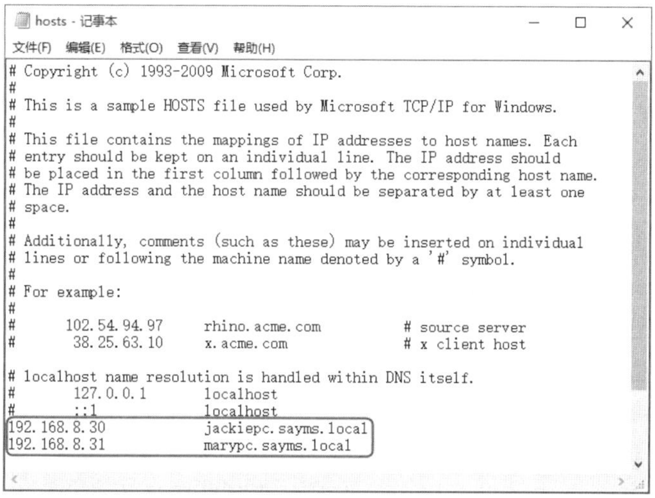

```
hosts - 记事本
文件(F) 编辑(E) 格式(O) 查看(V) 帮助(H)
# Copyright (c) 1993-2009 Microsoft Corp.
#
# This is a sample HOSTS file used by Microsoft TCP/IP for Windows.
#
# This file contains the mappings of IP addresses to host names. Each
# entry should be kept on an individual line. The IP address should
# be placed in the first column followed by the corresponding host name.
# The IP address and the host name should be separated by at least one
# space.
#
# Additionally, comments (such as these) may be inserted on individual
# lines or following the machine name denoted by a '#' symbol.
#
# For example:
#
#      102.54.94.97     rhino.acme.com          # source server
#       38.25.63.10     x.acme.com              # x client host

# localhost name resolution is handled within DNS itself.
#       127.0.0.1       localhost
#       ::1             localhost
192.168.8.30            jackiepc.sayms.local
192.168.8.31            marypc.sayms.local
```

图 14-2-4

当在这台客户端计算机上利用ping 命令来查询jackiepc.sayms.local的IP地址时，就可以通过Hosts文件来得到其IP地址192.168.8.30，如图14-2-5所示。

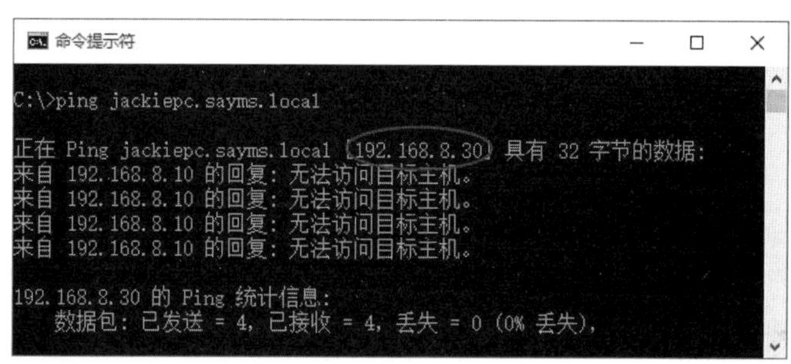

图 14-2-5

14.3 建立DNS区域

Windows Server的DNS服务器支持各种不同类型的区域，而本节将介绍以下与区域有关的主题：DNS区域的类型、建立主要区域、在主要区域内添加资源记录、建立辅助区域、建立反向查找区域与反向记录、子域与委派域。

14.3.1 DNS区域的类型

在日常DNS管理工作中，常用的DNS区域类型有以下几种：

- **主要区域（primary zone）**：它是用来存储此区域内的正本记录，当在DNS服务器内建立主要区域后，就可以直接在此区域内添加、修改或删除记录：

- 如果DNS服务器是独立或成员服务器的话，则区域内的记录是存储在区域文件中的，文件名默认是**区域名称.dns**，例如区域名称为sayms.local，则区域文件名默认就是sayms.local.dns。区域文件被保存在%Systemroot%\System32\dns文件夹内，它是标准DNS格式的文本文件（text file）。
- 如果DNS服务器是域控制器的话，则可以将区域数据记录存储在区域文件或Active Directory数据库。如果将其存储到Active Directory数据库，则此区域被称为**Active Directory集成区域**，此区域内的记录会通过Active Directory复制机制，自动被复制到其他也是DNS服务器的域控制器。**Active Directory集成区域**是主要区域，也就是说你可以添加、删除与修改每一台域控制器的**Active Directory集成区域**内的记录。

- **辅助区域（secondary zone）**：此区域内的记录是存储在**区域数据文件**中的，不过它存储的是此区域数据的副本记录，此副本是利用**区域传送**方式从其**主机服务器**复制过来的。辅助区域内的记录是只读的、不能修改。如图14-3-1中DNS服务器B与DNS服务器C内都各有一个辅助区域，其内的记录是从DNS服务器A复制过来的，换句话说，DNS服务器A是它们的**主机服务器**。

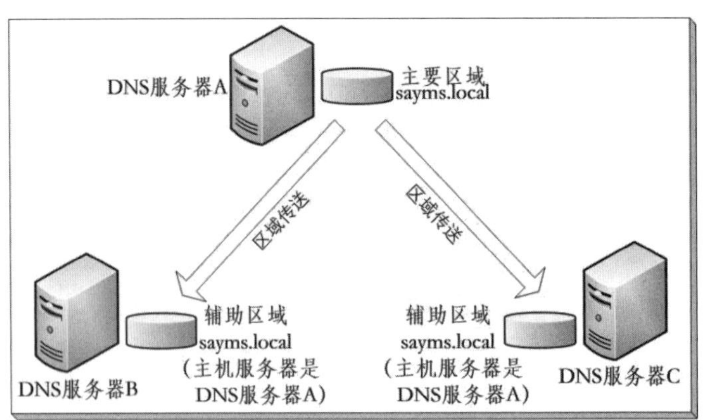

图14-3-1

Windows Server也支持**存根区域（stub zone）**，它也是存储着区域的副本记录，不过它与辅助区域不同，存根区域内只包含少数记录（例如SOA、NS与A记录），利用这些记录可以找到此区域的授权服务器。

14.3.2 建立主要区域

绝大部分DNS客户端所提出的查询请求属于正向映射查询，也就是从主机名来查询IP地址。以下说明如何新建一个提供正向查询服务的主要区域。

STEP 1 单击左下角开始图标⊞➲Windows 管理工具➲DNS。

STEP 2 如图14-3-2所示选中**正向查找区域**右击➲新建区域➲单击下一步按钮。

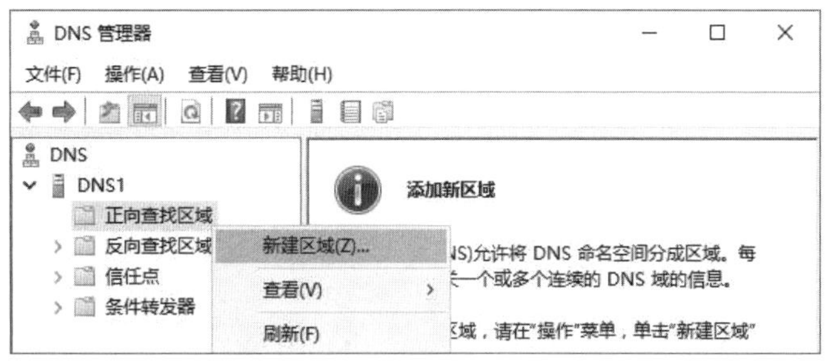

图 14-3-2

STEP 3 在图14-3-3中选择**主要区域**后单击下一步按钮。

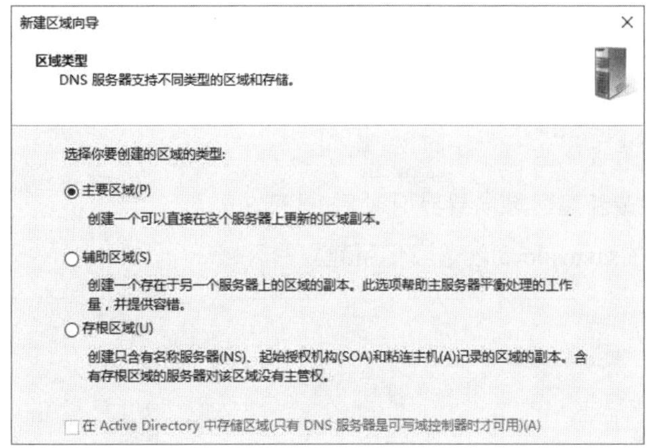

图 14-3-3

区域记录会被存储到区域文件中，但如果DNS服务器本身是域控制器的话，则默认会勾选最下方的**在Active Directory中存储区域**，此时区域记录会被存储到Active Directory数据库（也就是**Active Directory集成区域**），同时可通过另外出现的界面来选择将其复制到其他也是DNS服务器的域控制器。

STEP 4 在图14-3-4中输入区域名称后（例如sayms.local）单击下一步按钮。

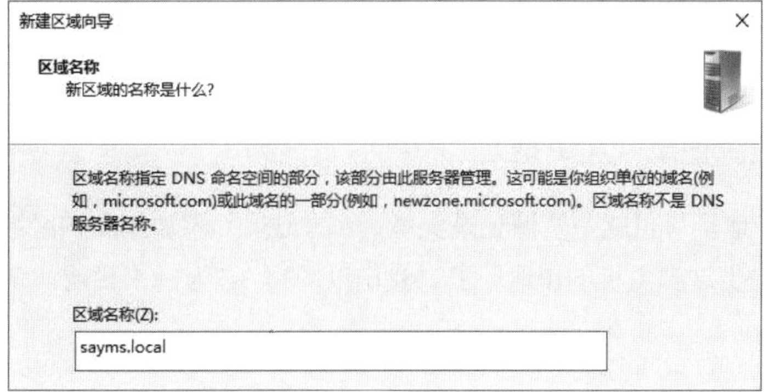

图 14-3-4

STEP 5　在图14-3-5中单击下一步按钮来采用默认的区域文件名。

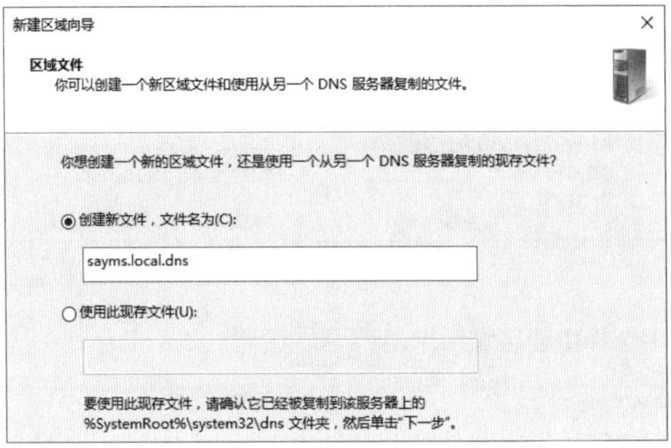

新建区域向导

区域文件
你可以创建一个新区域文件和使用从另一个 DNS 服务器复制的文件。

你想创建一个新的区域文件，还是使用一个从另一个 DNS 服务器复制的现存文件?

创建新文件，文件名为(C):

sayms.local.dns

使用此现存文件(U):

要使用此现存文件，请确认它已经被复制到该服务器上的 %SystemRoot%\system32\dns 文件夹，然后单击"下一步"。

图 14-3-5

STEP 6　在**动态更新**界面中直接单击下一步按钮。

STEP 7　出现**正在完成新建区域向导**界面时单击完成按钮。

STEP 8　图14-3-6中的sayms.local就是我们所建立的区域。

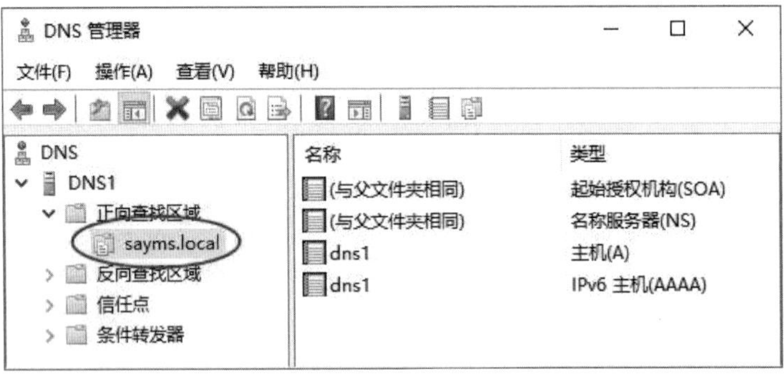

图 14-3-6

14.3.3　在主要区域内创建资源记录

DNS服务器支持各种不同类型的资源记录（resource record，RR），在此我们将练习如何将其中几种常用的资源记录添加到DNS区域内。

新建主机资源记录（A 记录）

将主机名与IP地址（也就是资源记录类型为A的记录）添加到DNS区域后，DNS服务器就可以向客户端提供这台主机的IP地址了。我们以图14-3-7为例来说明如何将主机资源记录添加到DNS区域内。

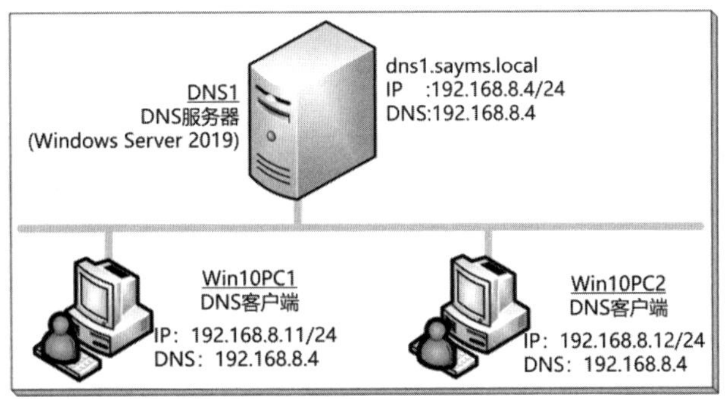

图 14-3-7

请如图14-3-8所示【选中区域sayms.local右击➲新建主机（A或AAAA）➲输入主机名Win10pc1与IP地址➲单击添加主机按钮】（IPv4为A、IPv6为AAAA）。

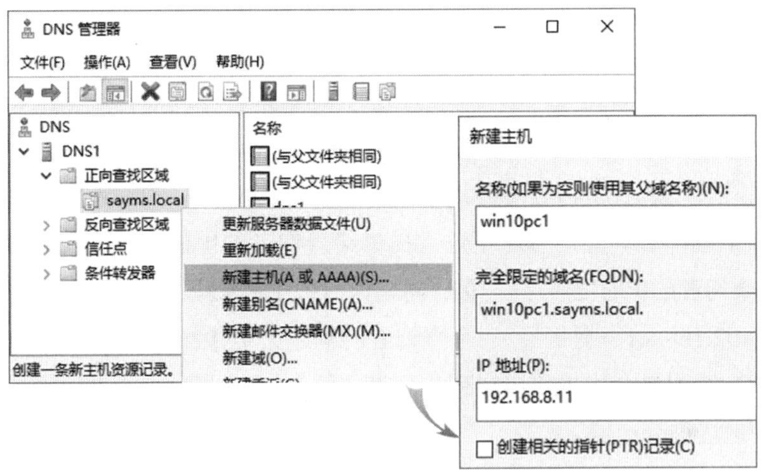

图 14-3-8

重复以上步骤将图14-3-7中Win10pc2的IP地址也添加到此区域中，图14-3-9为完成后的界面（图中主机dns1记录是在建立此区域时，由系统自动添加的）。

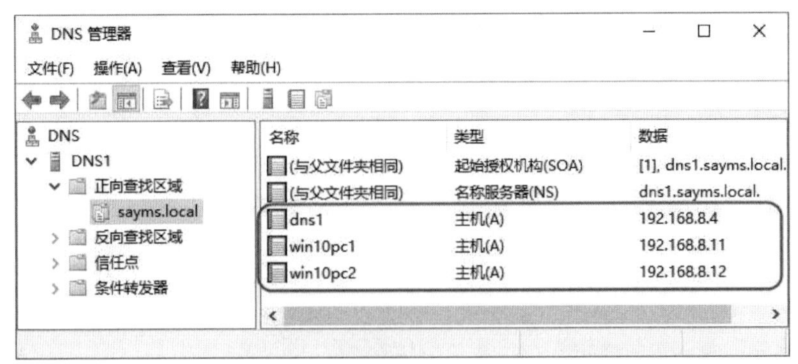

图 14-3-9

接下来可到Win10pc1利用ping 命令来测试，例如图14-3-10中成功的通过DNS服务器得知另外一台主机Win10pc2的IP地址为192.168.8.12。

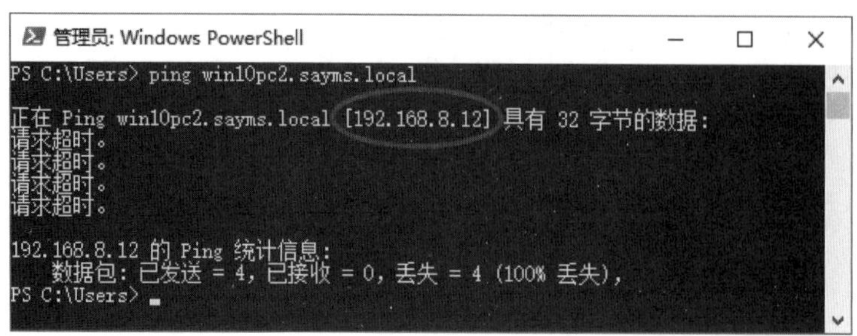

图 14-3-10

由于对方的**Windows Defender 防火墙**默认会拒绝，因此ping命令的结果界面，会出现**请求超时**或**无法访问目标主机**的消息。

如果DNS区域内有多条记录，其主机名相同、但IP地址不同的话，则DNS服务器可提供round-robin（轮询）功能：例如有两条名称都是www.sayms.local、但IP地址分别是192.168.8.1与192.168.8.2的记录，则当DNS服务器接收到查询www.sayms.local的IP地址的请求时，虽然它会将这两个IP地址都告诉查询者，不过它提供给查询者的IP地址的排列顺序有所不同，例如提供给第1个查询者的IP地址顺序是192.168.8.1、192.168.8.2，提供给第2个查询者的顺序会是192.168.8.2、192.168.8.1，提供给第3个查询者的顺序会是192.168.8.1、192.168.8.2……依此类推。一般来说，查询者会优先使用排列在列表中的第1个IP地址，因此不同的查询者可能会分别与不同的IP地址进行通信。

Q 我的网站的网址为www.sayms.local，其IP地址为192.168.8.99，客户端可以利用http://www.sayms.local/来连接我的网站，可是我也希望客户端可以利用http://sayms.local/来连接网站，请问如何让域名sayms.local直接映射到网站的IP地址192.168.8.99?

A 在区域sayms.local内建立一条映射到此IP地址的主机（A）记录，但请如图14-3-11所示在**名称**处保留空白即可。

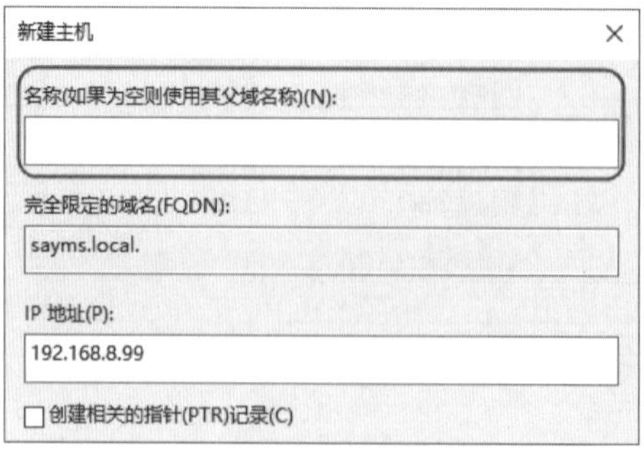

新建主机
名称(如果为空则使用其父域名称)(N):
完全限定的域名(FQDN):
sayms.local.
IP 地址(P):
192.168.8.99
☐ 创建相关的指针(PTR)记录(C)

图 14-3-11

新建主机的别名资源记录（CNAME 记录）

如果你需要为一台主机设置多个主机名，例如某台主机是DNS服务器，其主机名为dns1.sayms.local，如果它同时也是网站，而希望另外给它一个标识性强的主机名，例如www.sayms.local，此时可以利用新建别名（CNAME）资源记录来实现此目的：【如图14-3-12所示选中区域sayms.local右击➲新建别名（CNAME）➲输入别名www➲在**目标主机的完全合格域名**处将此别名分配给dns1.sayms.local（请输入FQDN，或利用浏览按钮选择dns1.sayms.local）】。

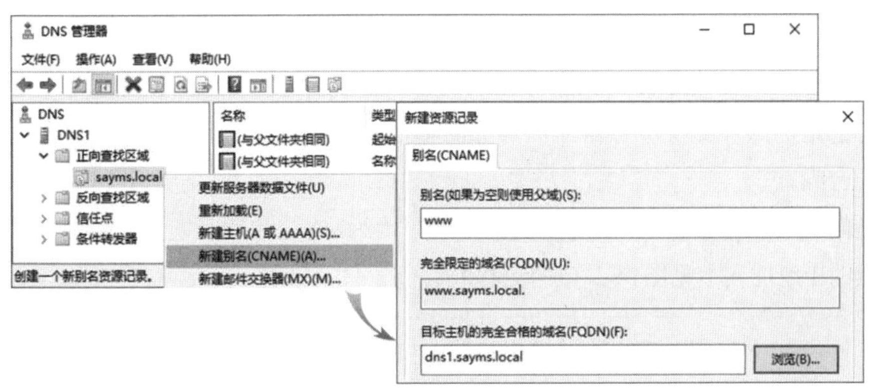

图 14-3-12

图14-3-13为完成后的界面，它表示www.sayms.local是dns1.sayms.local的别名。

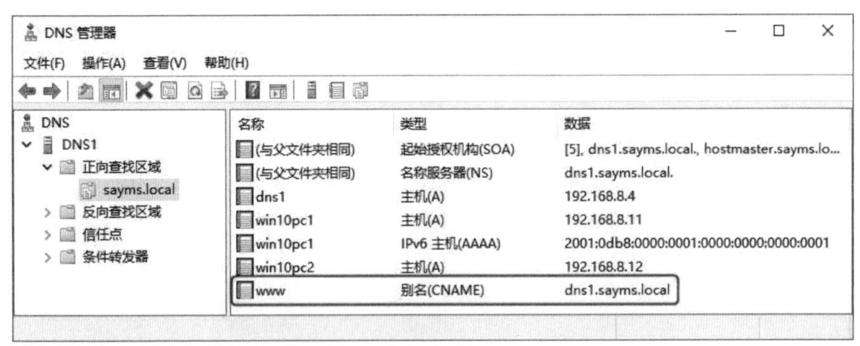

图 14-3-13

可以到DNS客户端Win10pc1利用ping www.sayms.local命令来查看是否可以正常通过DNS服务器解析到www.sayms.local的IP地址，例如图14-3-14为成功获取IP地址的界面，图中还可得知其原来的主机名dns1.sayms.local。

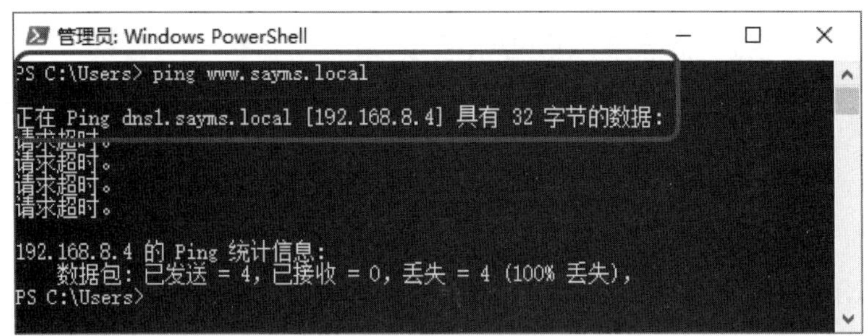

图 14-3-14

新建邮件交换器资源记录（MX 记录）

当将电子邮件发送到**邮件交换服务器**（SMTP服务器）后，此邮件交换服务器必须将邮件转发到目的地的邮件交换服务器，但是你的邮件交换服务器如何得知目的地的邮件交换服务器是哪一台呢？

答案是向DNS服务器查询MX这条资源记录，因为MX记录着负责某个域邮件接收的邮件交换服务器的IP地址（参见图14-3-15的流程）。

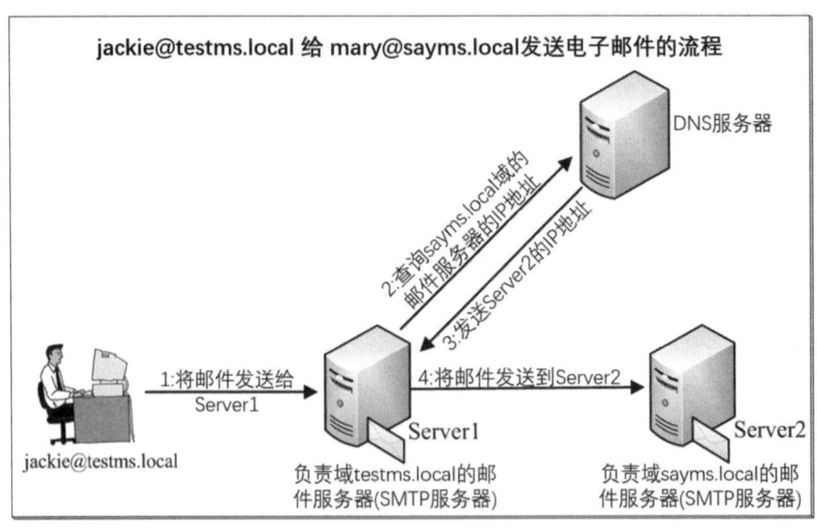

图 14-3-15

以下假设负责sayms.local的邮件交换服务器为smtp.sayms.local，其IP地址为192.168.8.30（请先建立这条A资源记录）。新建MX记录的方法为：【如图14-3-16所示选中区域sayms.local右击➲新建邮件交换器（MX）➲在**邮件服务器完全合格域名（FQDN）**处输入或浏览到主机smtp.sayms.local➲单击确定按钮】。

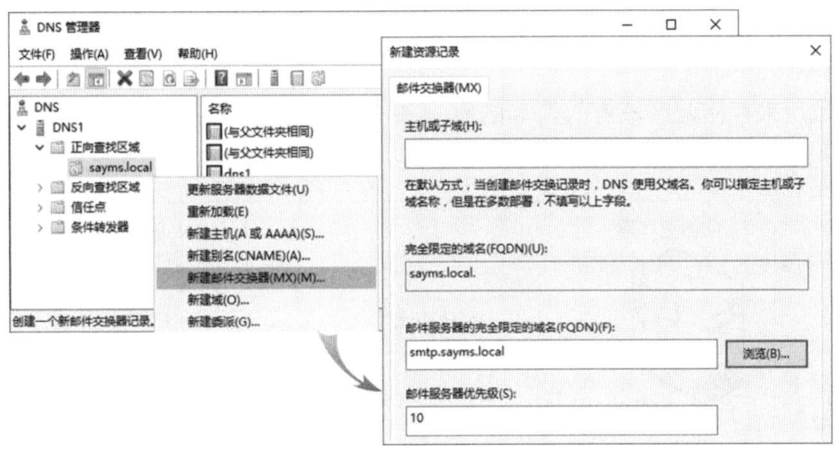

图 14-3-16

图14-3-17为完成后的界面，图中的“**（与父文件夹相同）**”表示与父域名称相同，也就是sayms.local。这条记录的意思是：负责域sayms.local邮件接收的邮件服务器是主机smtp.sayms.local。

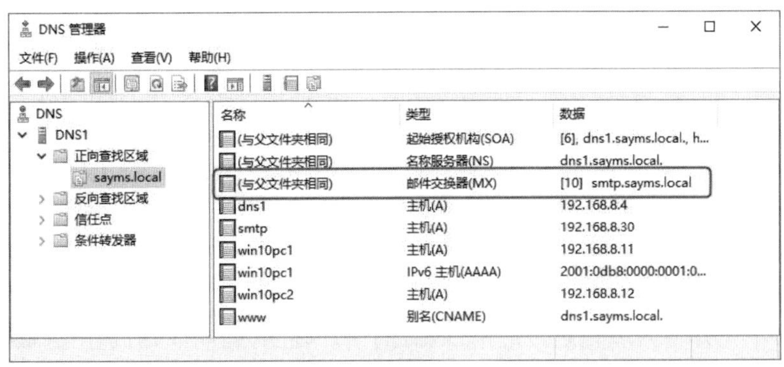

图 14-3-17

在前面图14-3-16中还有以下两个尚未解释的字段：

- **主机或子域**：此处不需要输入任何文字，除非要设置子域的邮件交换服务器，例如若此处输入sales，则表示是在设置子域sales.sayms.local的邮件交换服务器。该子域可以事先或事后建立。也可以直接到该子域建立这条MX记录。
- **邮件服务器优先级**：如果此域内有多台邮件交换服务器的话，则可以建立多条MX资源记录，并通过此处来设置其优先级，数字较低的优先级较高（0最高）。也就是说，当其他邮件交换服务器要向此域发送邮件时，它会先发送给优先级较高的邮件交换服务器，如果发送失败，再改为发送给优先级较低的邮件交换服务器。如果有两台或多台邮件服务器的优先级数字相同的话，则它会从其中随机选择一台。

> 如果觉得界面上所显示的记录异常的话，可以尝试通过：【选中区域右击➲重新加载】来从区域数据文件或Active Directory数据库中重新加载记录。

14.3.4 新建辅助区域

辅助区域用来存储此区域内的副本记录，这些记录是只读的并不能修改。以下利用图14-3-18来练习建立辅助区域。

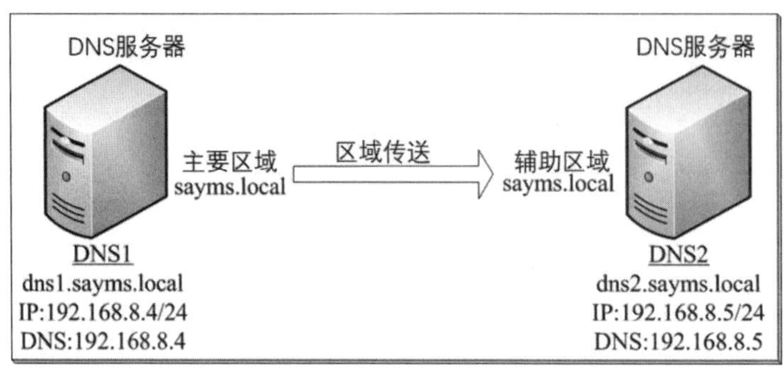

图 14-3-18

我们将在图中DNS2建立一个辅助区域sayms.local，此区域内的记录是从其**主机服务器**DNS1通过**区域传送**复制过来的。图中DNS1仍沿用前一节的DNS服务器，不过请先在其sayms.local区域内为DNS2建立一条A资源记录（FQDN为dns2.sayms.local、IP地址为192.68.8.5），然后另外搭建第2台DNS服务器、将计算机名设置为DNS2、IP地址设置为192.168.8.5、计算机全名（FQDN）设置为dns2.sayms.local，然后重新启动计算机、添加DNS服务器角色。

确认是否允许区域传送

如果DNS1不允许将区域记录传送给DNS2的话，则DNS2向DNS1提出**区域传送**请求时会被拒绝。以下我们先设置让DNS1允许将数据通过区域传送给DSN2。

STEP 1 到DNS1上单击左下角开始图标⊞➲Windows 管理工具➲DNS➲如图14-3-19所示单击区域sayms.local➲单击上方的**属性**图标。

图 14-3-19

STEP 2　如图14-3-20所示勾选**区域传送**选项卡下的**允许区域传送**➲点选**只允许到下列服务器**➲单击编辑按钮以便选择DNS2的IP地址。

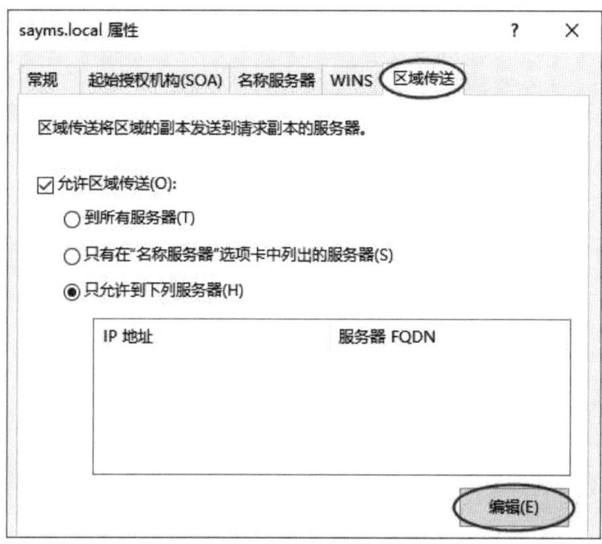

图 14-3-20

STEP 3　如图14-3-21所示输入DNS2的IP地址后按Enter键➲单击确定按钮。注意它会通过反向查询来尝试解析拥有此IP地址的DNS主机名（FQDN），然而我们当前并没有反向查询区域可供查询，因此会显示无法解析的警告消息，此时可以不必理会此消息，它并不会影响到区域传送。

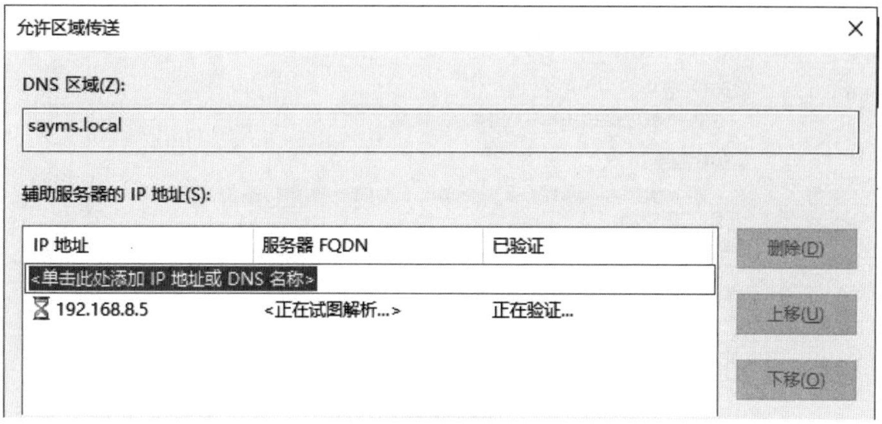

图 14-3-21

STEP 4　图14-3-22为完成后的界面，单击确定按钮。

图 14-3-22

建立辅助区域

我们将到DNS2上建立辅助区域，并设置让此区域从DNS1来复制区域记录。

STEP 1　到DNS2上单击左下角开始图标⊞➲Windows 管理工具➲DNS➲选中**正向查找区域**右击➲新建区域➲单击下一步按钮。

STEP 2　在图14-3-23中选择**辅助区域**后单击下一步按钮。

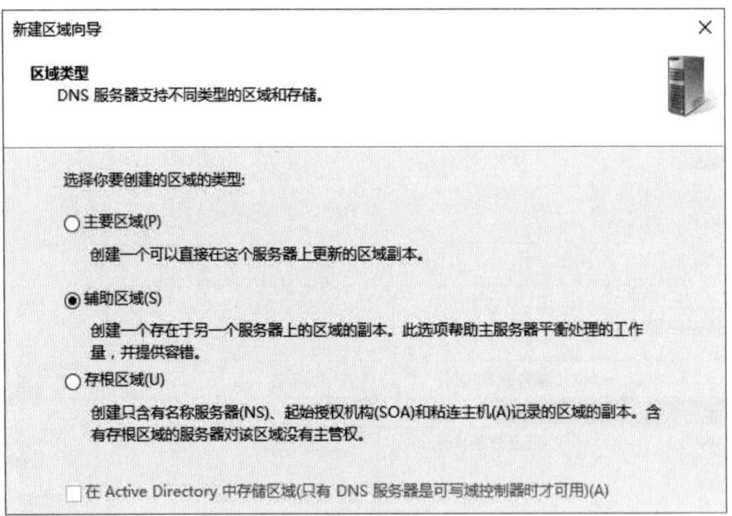

图 14-3-23

STEP 3　在图14-3-24中输入区域名称sayms.local后单击下一步按钮。

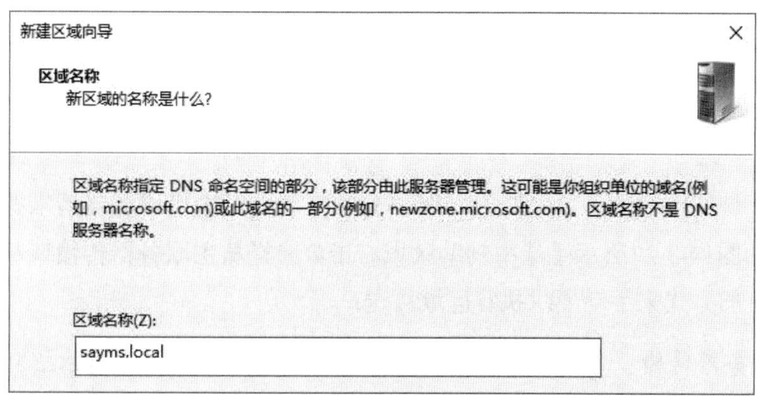

图 14-3-24

STEP 4　在图14-3-25中输入**主机服务器**（DNS1）的IP地址后按Enter键➲单击下一步按钮➲单击完成按钮。

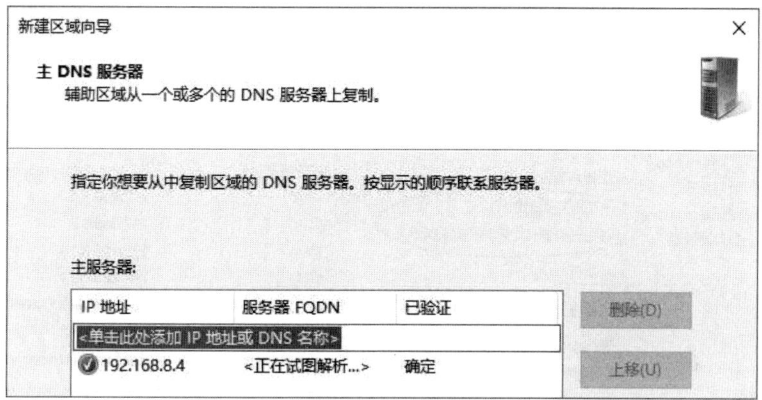

图 14-3-25

STEP 5　图14-3-26为完成后的界面，界面中sayms.local内的记录是自动由其**主机服务器**DNS1复制过来的。

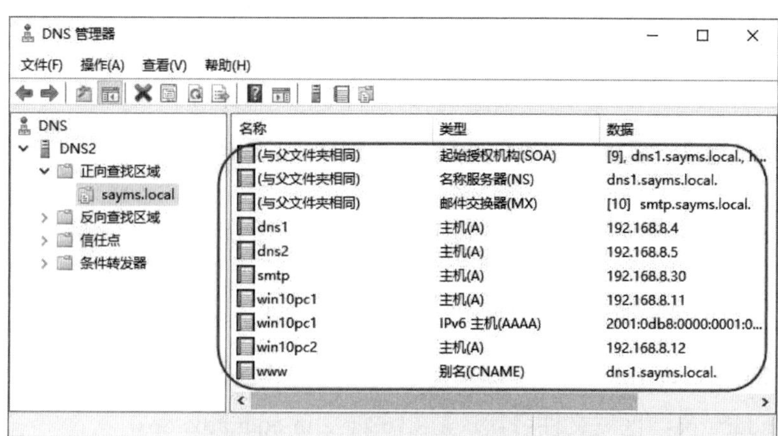

图 14-3-26

如果设置都正确，但却一直都看不到这些记录，请单击区域sayms.local后按F5键刷新，如果仍看不到的话，请将DNS管理控制台关闭再重新打开。

存储辅助区域的DNS服务器默认会每隔15分钟自动向其**主机服务器**请求执行**区域传送**的操作。也可以如图14-3-27所示【选中辅助区域右击➲选择**从主服务器传输**或**从主服务器传送区域的新副本**】的方式来手动要求执行**区域传送**：

- **从主服务器传输**：它会执行常规的**区域传送**操作，也就是如果依据SOA记录内的序号判断出在**主机服务器**内有新版本记录的话，就会执行**区域传送**。
- **从主服务器传送区域的新副本**：不理会SOA记录的序号，重新从**主机服务器**复制完整的区域记录。

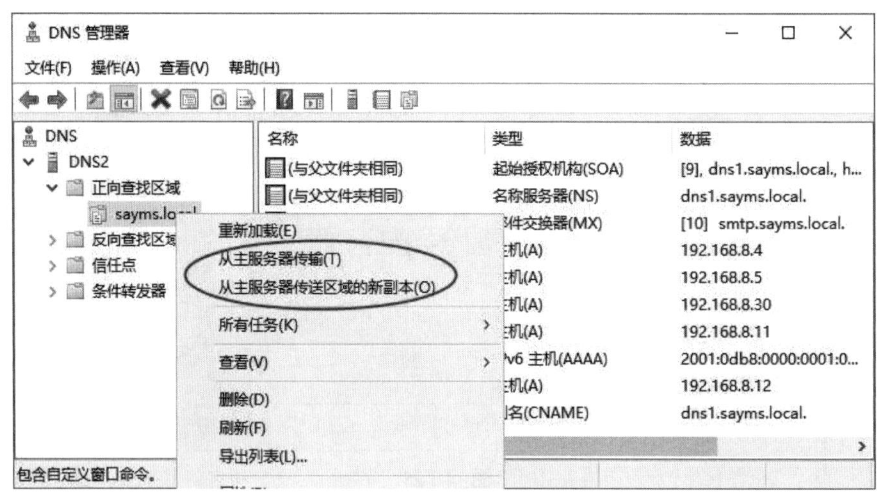

图14-3-27

如果你觉得界面上所显示的记录异常，可以尝试通过：【选中区域右击➲重新加载】来从区域文件中重新加载记录。

14.3.5 建立反向查找区域与反向记录

反向查找区域可以让DNS客户端利用IP地址来查询主机名，例如可以查询拥有192.168.8.11 这个IP地址的主机名。

反向查找区域的区域名称前半段是其网络标识符的反序书写，而后半段是**in-addr.arpa**，例如要针对网络ID为192.168.8的IP地址来提供反向查询功能，则此反向查找区域的区域名称是8.168.192.in-addr.arpa，区域文件名默认是8.168.192.in-addr.arpa.dns。

建立反向查找区域

以下步骤将说明如何新建一个提供反向查询服务的**主要区域**，假设此区域所支持的网络ID为192.168.8。

STEP 1 到DNS服务器DNS1上【如图14-3-28所示选中**反向查找区域**右击➲新建区域➲单击下一步按钮】。

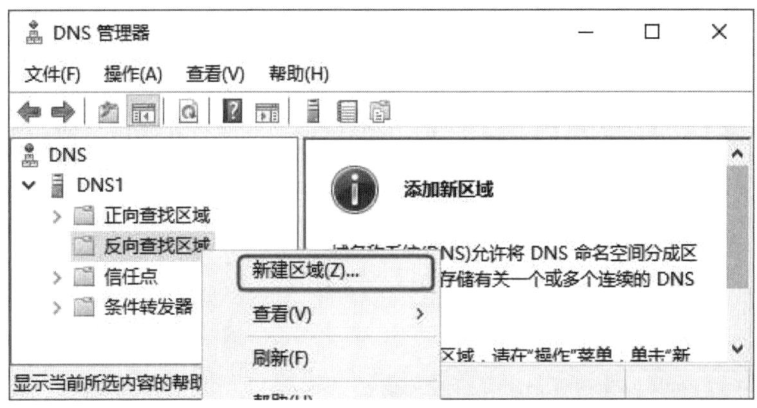

图 14-3-28

STEP 2 在图14-3-29中选择**主要区域**后单击下一步按钮。

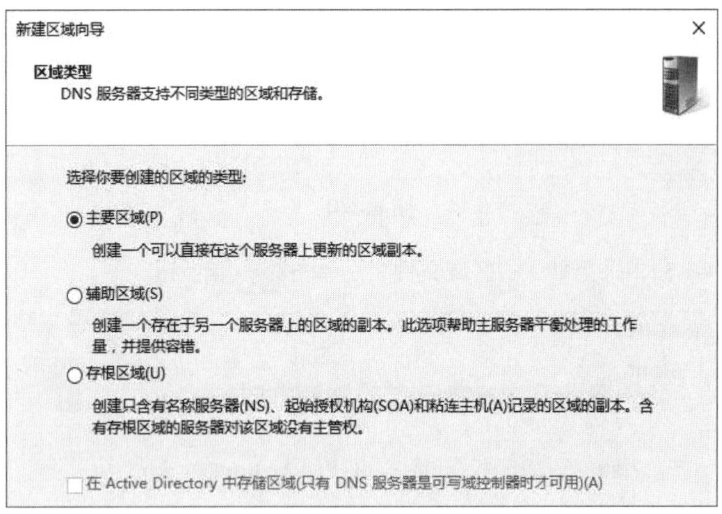

图 14-3-29

STEP 3 在图14-3-30选择**IPv4反向查找区域**后单击下一步按钮。

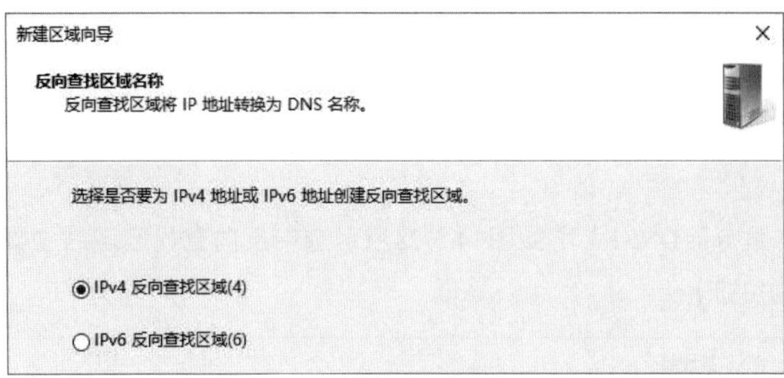

图 14-3-30

STEP 4 在图14-3-31中的**网络ID**处输入192.168.8（或在**反向查找区域名称**处输入8.168.192.in-addr.arpa），完成后单击下一步按钮。

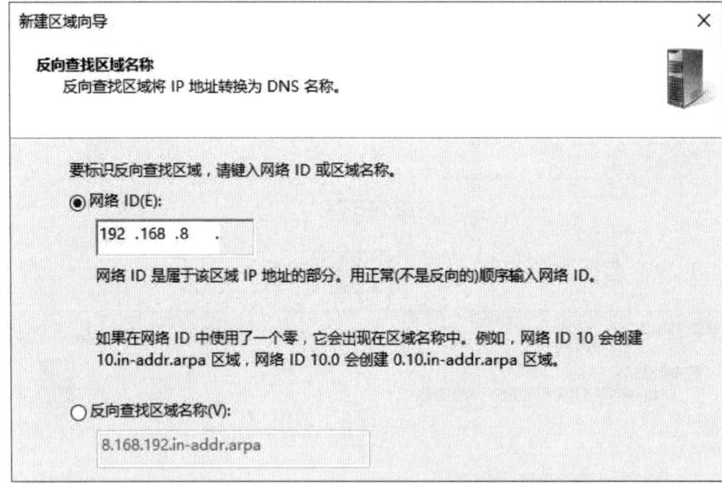

图 14-3-31

STEP 5 在图14-3-32中采用默认的区域文件名后单击下一步按钮。

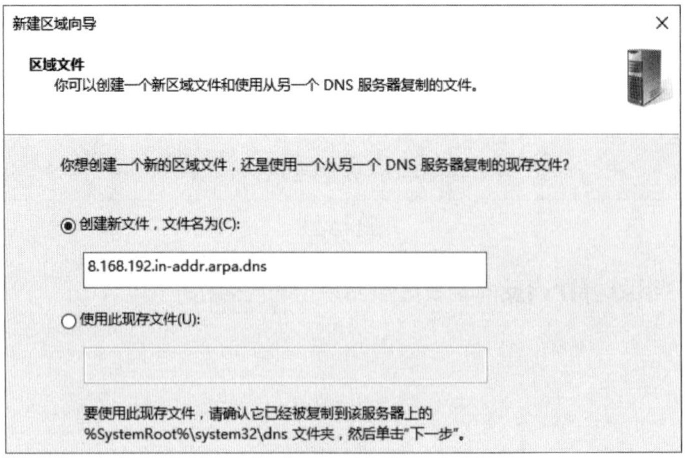

新建区域向导

区域文件

你可以创建一个新区域文件和使用从另一个 DNS 服务器复制的文件。

你想创建一个新的区域文件，还是使用一个从另一个 DNS 服务器复制的现存文件?

创建新文件，文件名为(C):

8.168.192.in-addr.arpa.dns

使用此现存文件(U):

要使用此现存文件，请确认它已经被复制到该服务器上的
%SystemRoot%\system32\dns 文件夹，然后单击"下一步"。

图 14-3-32

STEP 6　在**动态更新**界面中直接单击下一步按钮。

STEP 7　图14-3-33为完成后的界面，图中的8.168.192.in-addr.arpa就是我们所建立的反向查找区域。

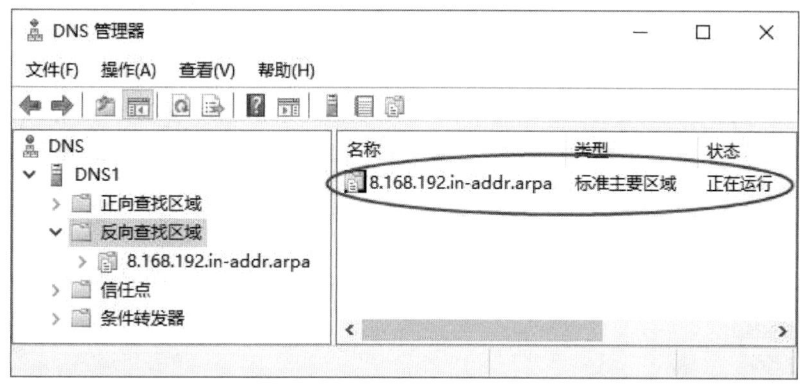

图 14-3-33

在反向查找区域内建立记录

我们利用以下两种方法来说明如何在反向查找区域内新建**指针**（PTR）记录，以便为DNS客户端提供反向查询服务：

- 如图14-3-34所示【选中反向查找区域**8.168.192.in-addr.arpa**右击➲新建指针（PTR）➲输入主机的IP地址与其完整的主机名（FQDN）】，也可以利用浏览按钮到正向查找区域内选择主机。

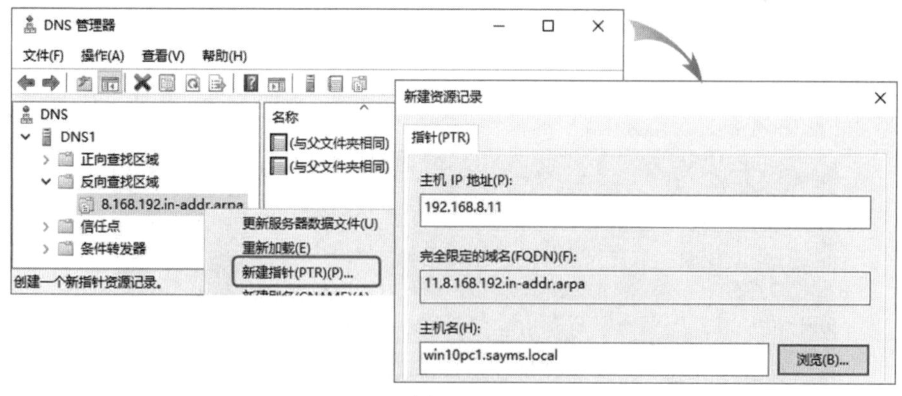

图 14-3-34

- 可以在正向查找区域内建立主机记录的同时，在反向查找区域建立指针记录，也就是如图14-3-35所示勾选**创建相关的指针（PTR）记录**，注意相对应的反向查找区域（8.168.192.in-addr.arpa）需要事先存在。图14-3-36为在反向查找区域内的指针记录。

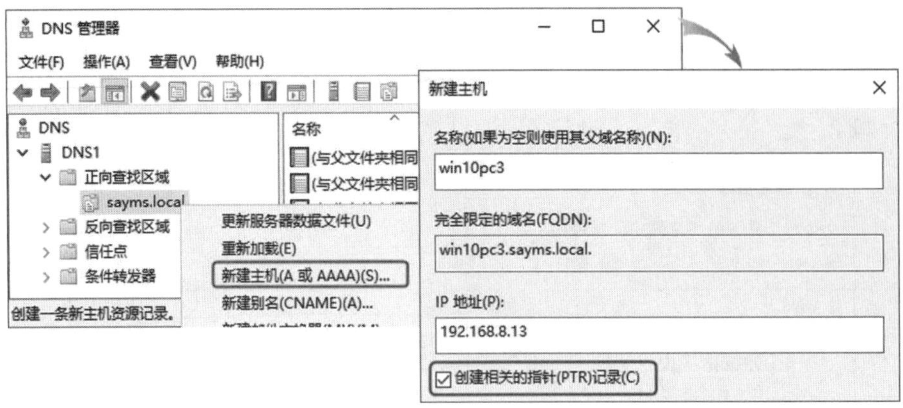

图 14-3-35

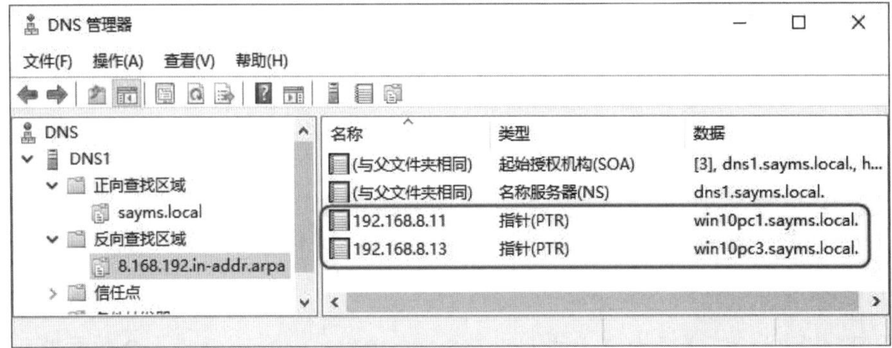

图 14-3-36

请到其中一台主机上（例如Win10pc1）利用**ping -a**命令来测试，例如在图14-3-37中成功的通过DNS服务器的反向查找区域得知拥有IP地址192.168.8.13的主机为win10pc3.sayms.local。

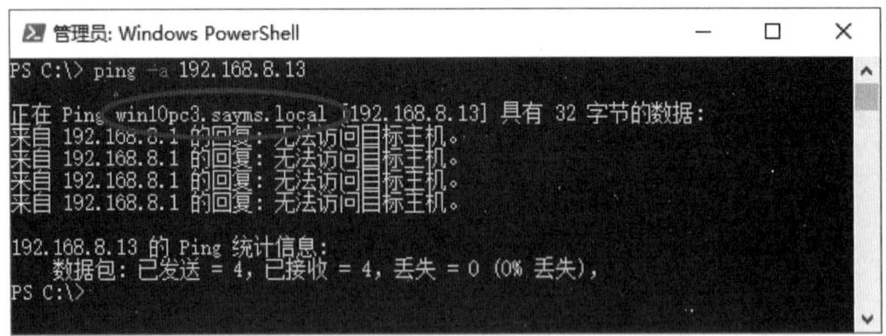

图 14-3-37

由于对方的**Windows Defender 防火墙**默认会拒绝，此ping命令的结果界面会出现**请求超时**或**无法访问目标主机**的消息。

14.3.6 子域与委派域

如果DNS服务器所管辖的区域为sayms.local，而且此区域之下还有数个子域，例如sales.sayms.local、mkt.sayms.local，那么要如何将隶属于这些子域的记录添加到DNS服务器内呢？

- 可以直接在sayms.local区域之下建立子域，然后将记录添加到此子域内，这些记录还是存储在这台DNS服务器内。
- 也可以将子域内的记录委派给其他DNS服务器来管理，也就是此子域内的记录存储在被委派的DNS服务器内。

建立子域

以下说明如何在sayms.local区域之下建立子域sales：如图14-3-38所示选中正向查找区域sayms.local右击➲新建域➲输入子域名称sales➲单击确定按钮。

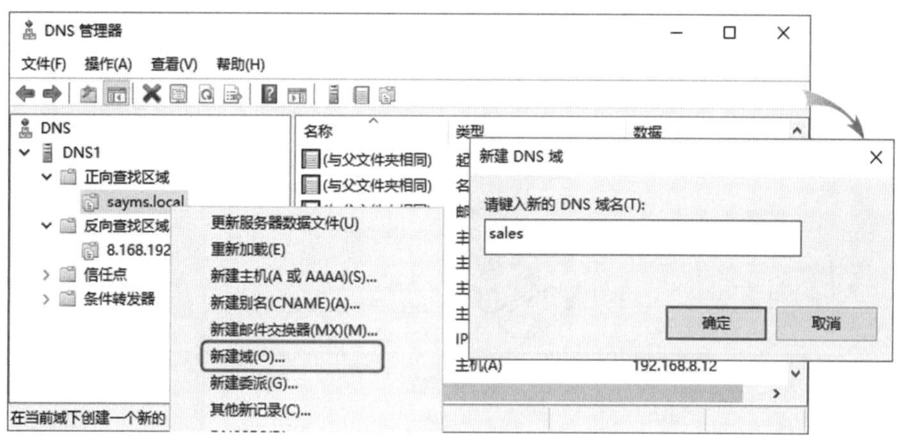

图 14-3-38

接下来就可以在此子域内添加资源记录，例如pc1、pc2等主机数据。图14-3-39为完成后的界面，其FQDN为pc1.sales.sayms.local、pc2.sales.sayms.local等。

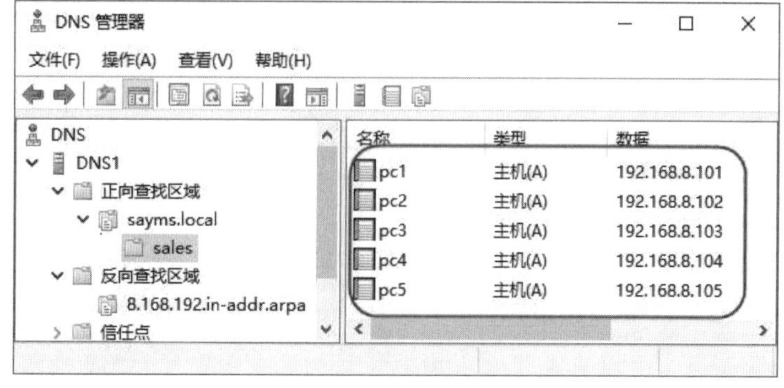

图 14-3-39

建立委派域

以下假设在服务器DNS1内有一个受管辖的区域sayms.local，而我们要在此区域之下新建一个子域mkt，并且要将此子域委派给另外一台服务器DNS3来管理，也就是此子域mkt.sayms.local内的记录是存储在被委派的服务器DNS3内。当DNS1收到查询mkt.sayms.local的请求时，DNS1会向DNS3查询（查询模式为**迭代查询**，iterative query）。

我们利用图14-3-40来练习委派域。我们会在图中的DNS1中建立一个委派子域mkt.sayms.local，并将此子域的查询请求转给其授权服务器DNS3来负责处理。图中DNS1仍沿用前一节的DNS服务器，然后请建立另外一台DNS服务器、设置IP地址等、将计算机名称设置为DNS3、将计算机全名（FQDN）设置为dns3.mkt.sayms.local后重新启动计算机、添加DNS服务器角色。

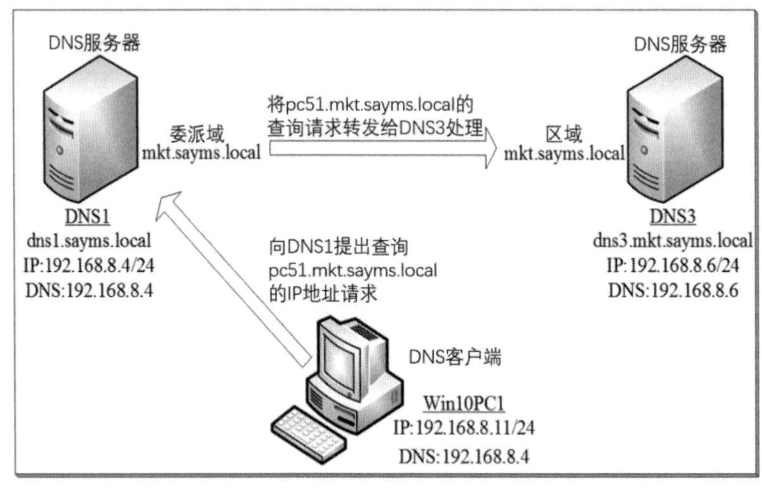

图 14-3-40

STEP 1 先确定受委派的服务器DNS3内已经建立了正向的主要查找区域mkt.sayms.local，同时在其内建立多条用来测试的记录，如图14-3-41中的pc51、pc52等，并应包含dns3自己的主机记录。

图 14-3-41

STEP 2　到DNS1上【如图14-3-42所示选中区域sayms.local右键单击➲新建委派】。

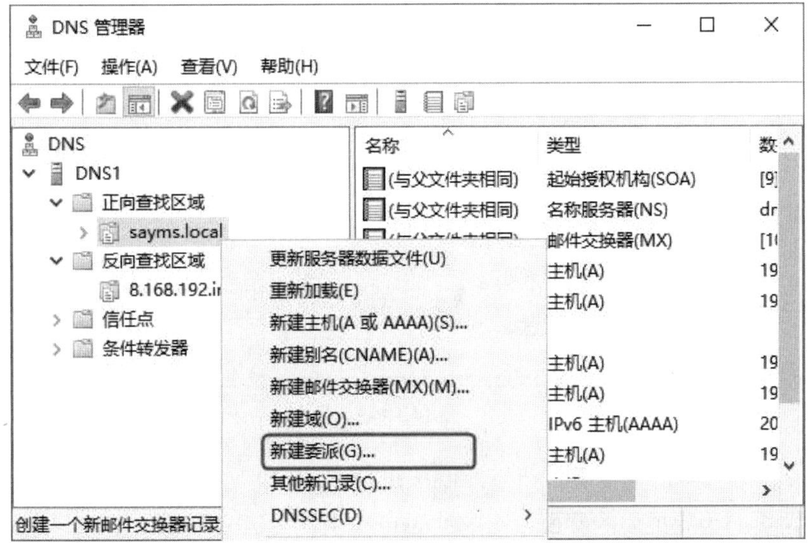

图 14-3-42

STEP 3　出现**欢迎使用新建委派向导**界面时单击下一步按钮。

STEP 4　在图14-3-43中输入要委派的子域名称mkt后单击下一步按钮。

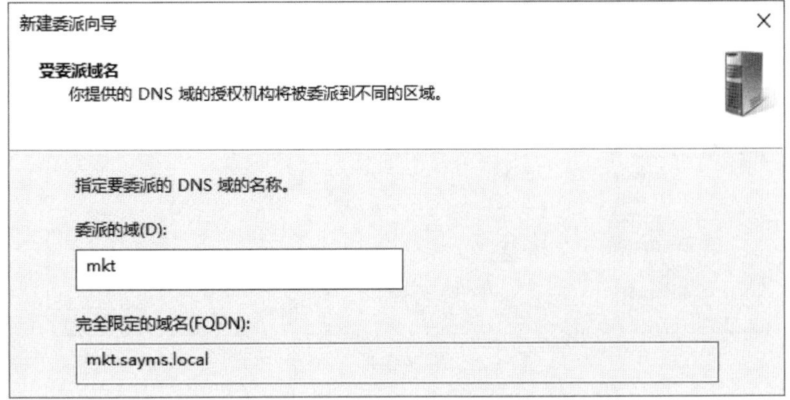

图 14-3-43

STEP 5　在图14-3-44中单击添加按钮➲输入DNS3的主机名dns3.mkt.sayms.local➲输入其IP地址192.168.8.6后按Enter键以便验证拥有此IP地址的服务器是否为此区域的授权服务器➲单击确定按钮。注意由于当前并无法解析到dns3.mkt.sayms.local的IP地址，所以输入主机名后不要单击解析按钮。

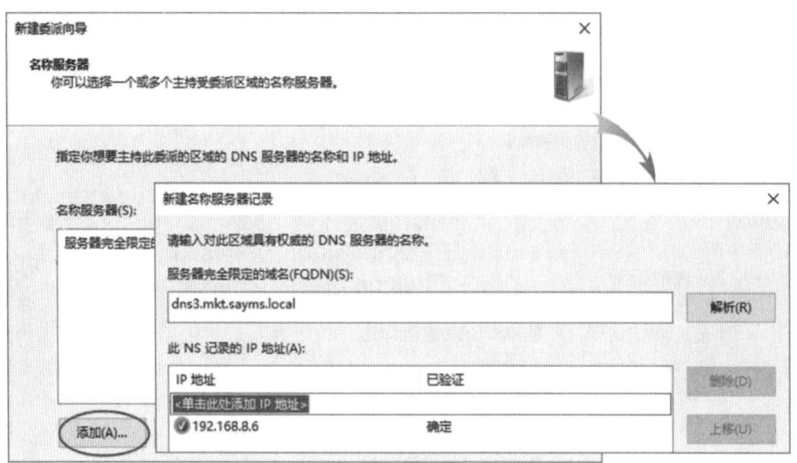

图 14-3-44

STEP 6　接下来继续单击下一步按钮与完成按钮。

STEP 7　图14-3-45为完成后的界面，图中的mkt就是刚才委派的子域，其中只有一条**名称服务器（NS）**的记录，它记载着mkt.sayms.local的授权服务器是dns3.mkt.sayms.local。当DNS1收到查询mkt.sayms.local内的记录的请求时，它会向dns3.mkt.sayms.local查询（**迭代查询**）。

图 14-3-45

STEP 8　到前面图14-3-40中的DNS客户端Win10pc1利用ping pc51.mkt.sayms.local来测试，它会向DNS1查询，DNS1会转向DNS3查询，图14-3-46为成功获取IP地址的界面。

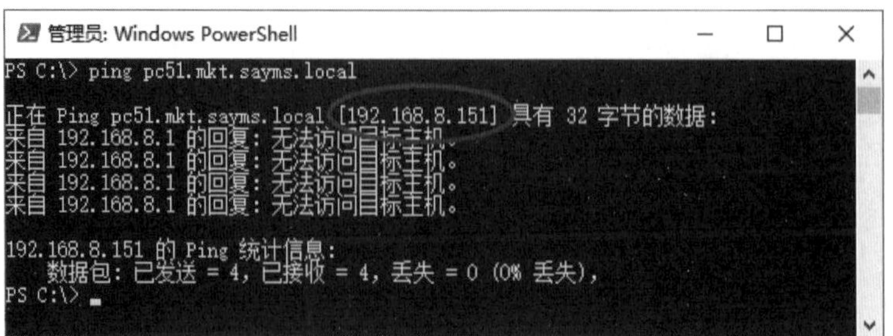

图 14-3-46

DNS1会将这条记录存储到缓存区，如图14-3-47所示，以便之后可以从缓存区读取这条记录给提出查询请求的客户端。如果要看到图中**缓存地址映射**中的缓存记录的话，请先【点选图上方的**查看**菜单➲高级】，在此界面中还可以找到**根**（root）内的DNS服务器。

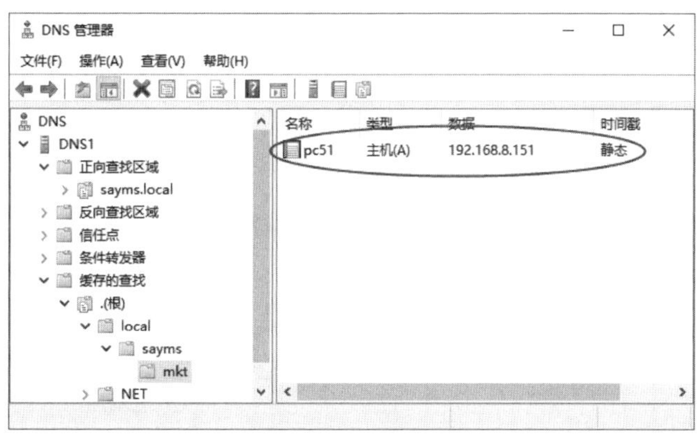

图 14-3-47

14.4 DNS的区域设置

可以通过【选中DNS区域右击➲属性】的方法来更改该区域的设置。

14.4.1 更改区域类型与区域文件名

可以通过图14-4-1来更改区域的类型与区域数据文件名。区域类型可选择**主要区域**、**辅助区域**或**存根区域**。如果是域控制器的话，还可以选择**Active Directory集成区域**，并且可以通过图中**复制**字段右侧的更改按钮将区域内的记录复制到其他扮演域控制器角色的DNS服务器。

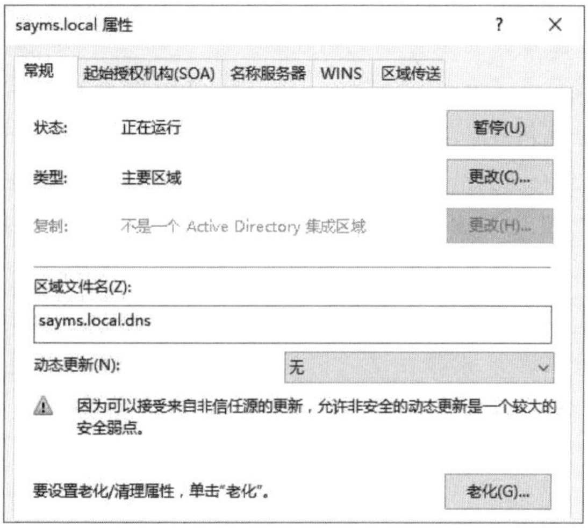

sayms.local 属性

常规 | 起始授权机构(SOA) | 名称服务器 | WINS | 区域传送

状态: 正在运行 暂停(U)

类型: 主要区域 更改(C)...

复制: 不是一个 Active Directory 集成区域 更改(H)...

区域文件名(Z):

sayms.local.dns

动态更新(N): 无

因为可以接受来自非信任源的更新，允许非安全的动态更新是一个较大的安全弱点。

要设置老化/清理属性，单击"老化"。 老化(G)...

图 14-4-1

14.4.2 SOA与区域传送

辅助区域内的记录是利用区域传送的方式从**主机服务器**复制过来的，可是多久执行一次区域传送呢？这些相关的设置值是存储在SOA（start of authority）资源记录中的。可以到存储主要区域的DNS服务器上【选中区域右击➲属性➲通过图14-4-2中的**起始授权机构（SOA）**选项卡来修改这些设置值】。

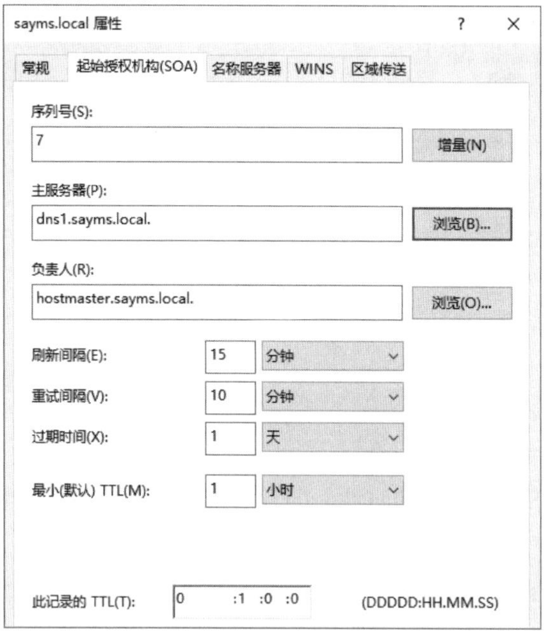

图 14-4-2

- **序列号**：主要区域内的记录发生变动时，序列号就会增加，辅助服务器与主机服务器可以根据双方的序列号来判断主机服务器内是否有新记录，以便通过区域传送将新记录复制到辅助服务器。
- **主机服务器**：此区域的主服务器的FQDN。
- **负责人**：此区域负责人的电子邮件信箱，请自行设置此信箱。由于@符号在区域数据文件内已有其他用途，所以此处利用句点来取代hostmaster后原本应有的@符号，也就是利用hostmster.sayms.local来代表hostmster@sayms.local。
- **刷新间隔**：辅助服务器每隔此段间隔时间后，就会向主机服务器询问是否有新记录，如果有，就会要求区域传送。
- **重试间隔**：如果区域传送失败的话，则在此间隔时间后再重试。
- **过期时间**：如果辅助服务器在这段时间到达时，仍然无法通过区域传送来更新辅助区域记录的话，就不再对DNS客户端提供此区域的查询服务。
- **最小（默认）TTL**：此DNS服务器将记录提供给查询者后，查询者可以将此记录存储到其缓存区（cache），以便下次能够快速地从缓存区获取这个记录，不需要再向外查询。但是这份记录只会在缓存区保留一段时间，这段时间称为TTL（Time to

Live），时间过后，查询者就会将它从缓存区内清除。

TTL时间的长短是通过DNS服务器的主要区域来设置的，也就是通过此处的**最小（默认）TTL**来设置区域内所有记录默认的TTL时间。如果要单独设置某条记录的TTL值的话：【在DNS控制台中单击图上方的**查看**菜单➲高级➲接着双击该条主机记录➲通过图14-4-3来设置】。

win10pc1 属性
主机(A)
主机(如果为空则使用其父域)(H):
win10pc1
完全限定的域名(FQDN)(F):
win10pc1.sayms.local
IP 地址(P):
192.168.8.11
更新相关的指针(PTR)记录(U)
当此记录过时时删除它(D)
记录时间戳(R):
生存时间(TTL)(T): 0 :1 :0 :0 (DDDDD:HH.MM.SS)

图 14-4-3

如果要查看缓存区信息：【在DNS控制台中点选上方的**查看**菜单➲高级➲通过**缓存的查找**来查看】。如果要手动清除这些缓存记录：【选中**缓存的查找**右击➲清除缓存】的方法或参考14.7节最后的说明。

- **此纪录的TTL**：用来设置这条 SOA记录的生存时间（TTL）。

14.4.3 名称服务器的设置

可以通过图14-4-4来添加、编辑或删除此区域的DNS名称服务器，图中已经有一台名称服务器。

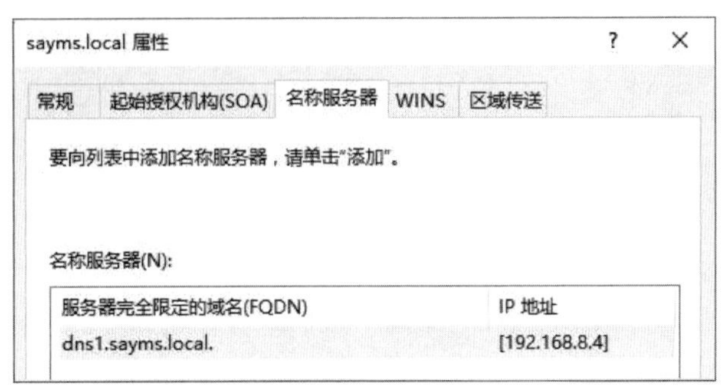

图 14-4-4

也可以通过图14-4-5来看到这台名称服务器的 NS资源记录，图中**“（与父文件夹相同）”**表示与父域名称相同，也就是sayms.local，因此这条NS记录的意思是：sayms.local的名称服务器是dns1.sayms.local。

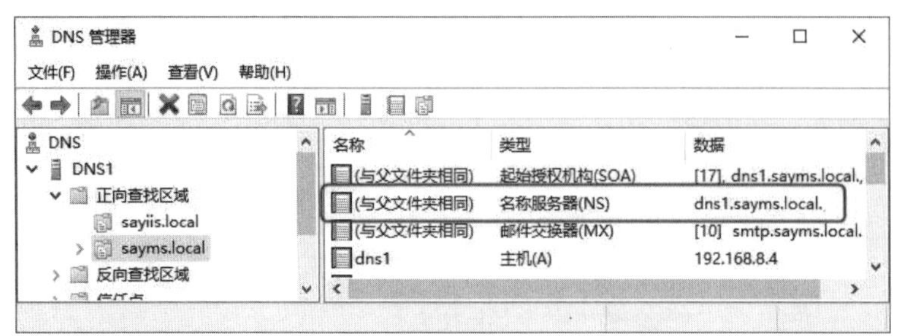

图 14-4-5

14.4.4 区域传送的相关设置

主机服务器只会将区域内的记录传送到指定的辅助服务器，其他未被指定的辅助服务器所提出的区域传送请求会被拒绝，可以通过图14-4-6的界面来指定辅助服务器。图中的**只有在“名称服务器”选项卡中列出的服务器**，表示只接受**名称服务器**选项卡内的辅助服务器所提出的区域传送请求。

主机服务器的区域内记录发生变化时，也可以自动通知辅助服务器，而辅助服务器在收到通知后，就可以提出区域传送请求。通过单击图14-4-6下方的通知按钮后，可以指定要被通知的辅助服务器。

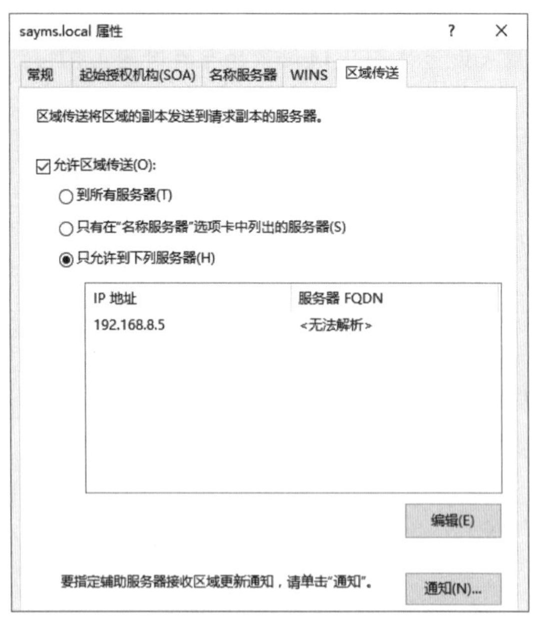

图 14-4-6

14.5 动态更新

DNS服务器具备动态更新功能。如果DNS客户端的主机名、IP地址有变动，当这些变动数据发送到DNS服务器后，服务器就会自动更新区域内的相关记录。

14.5.1 启用DNS服务器的动态更新功能

请针对DNS区域来启用动态更新功能：【选中区域右击➲属性➲在图14-5-1中选择**非安全**或**安全**】，其中**安全**（secure only）仅在域控制器的**Active Directory集成区域**支持，它表示只有域成员计算机有权限执行动态更新，也只有被授权的用户可以更改区域数据记录。

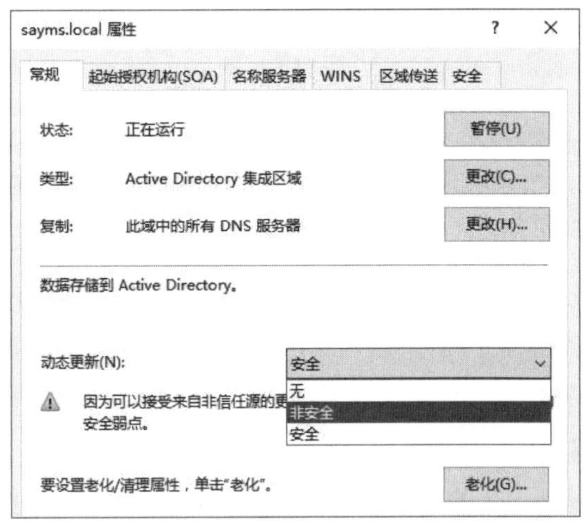

图 14-5-1

14.5.2 DNS客户端的动态更新设置

DNS客户端会在以下几种情况下向DNS服务器提出动态更新请求：

- 客户端的IP地址更改、添加或删除时。
- DHCP客户端在更新租约时，例如重新启动、执行**ipconfig /renew**。
- 在客户端执行ipconfig /registerdns命令。
- 成员服务器升级为域控制器时（需要更新与域控制器有关的记录）。

以Windows 10客户端为例，其动态更新的设置方法为：【单击左下角**开始**图标➲单击**设置**图标➲单击**网络和Internet**➲单击**以太网**➲单击**更改适配器选项**➲双击**以太网**➲单击属性按钮➲单击**Internet协议版本4（TCP/IPv4）**➲单击属性按钮➲单击高级按钮➲如图14-5-2所示通过**DNS**选项卡来设置】。

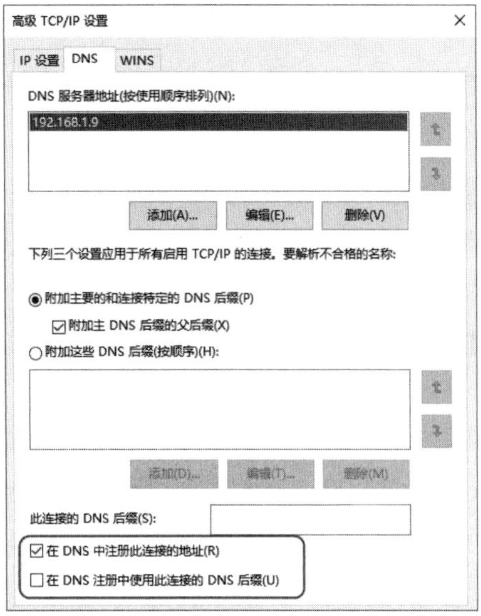

高级 TCP/IP 设置

IP 设置 DNS WINS

DNS 服务器地址(按使用顺序排列)(N):

192.168.1.9

添加(A)... 编辑(E)... 删除(V)

下列三个设置应用于所有启用 TCP/IP 的连接。要解析不合格的名称:

附加主要的和连接特定的 DNS 后缀(P)

附加主 DNS 后缀的父后缀(X)

附加这些 DNS 后缀(按顺序)(H):

添加(D)... 编辑(T)... 删除(M)

此连接的 DNS 后缀(S):

在 DNS 中注册此连接的地址(R)

在 DNS 注册中使用此连接的 DNS 后缀(U)

图 14-5-2

- **在DNS中注册此连接的地址**：DNS客户端默认会将其完整计算机名称与IP地址注册到DNS服务器内，也就是图14-5-3中1号箭头的名称，此名称是由2号箭头的计算机名与3 号箭头的后缀所组成。

Windows 10客户端可以利用【单击下方的**文件资源管理器**➲选中**此电脑**右击➲属性➲单击**更改设置**➲单击**更改**按钮】的方法来进入图14-5-3的界面。图中的**在域成员身份变化时，更改主DNS后缀**选项表示如果这台客户端加入域的话，则系统会自动将域名当作后缀。

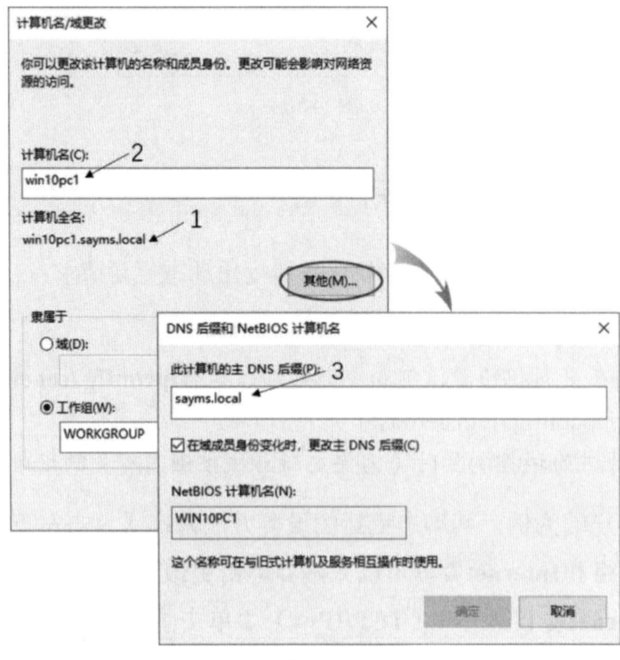

图 14-5-3

可以到DNS区域内来查看客户端是否已经自动将其主机名与IP地址注册到此区域内（先确认DNS服务器的区域已启用动态更新）。试着先更改该客户端的IP地址，然后查看区域内的IP地址是否也会跟着更改，图14-5-4为将DNS客户端Win10pc1的IP地址更改为192.168.8.14后，通过动态更新功能来更新DNS区域的结果界面。

图 14-5-4

如果DNS客户端本身也是DHCP客户端的话，则可以通过DHCP服务器来为客户端向DNS服务器注册。DHCP服务器在收到Windows 7/8/8.1/10等DHCP客户端的请求后，默认会为客户端向DNS服务器动态更新A与PTR记录。

Q 如果DNS1的sayms.local为启用动态更新的主要区域、DNS2的sayms.local为辅助区域、客户端的首选DNS服务器为DNS2，我们知道辅助区域是只读的、不能直接更改其内的记录，请问客户端可以向DNS2要求动态更新吗？

A 可以的，当DNS2接收到客户端动态更新请求时，会转发给管辖主要区域的DNS1来动态更新，完成后再通过区域传送给DNS2。

14.6　求助于其他DNS服务器

DNS客户端对DNS服务器提出查询请求后，如果服务器内没有所需记录，则服务器会代替客户端向位于**根目录提示**内的DNS服务器查询或向**转发器**来查询。

14.6.1　“根提示”服务器

根提示内的DNS服务器就是前面图14-1-1**根**（root）内的DNS服务器，这些服务器的名称与IP地址等数据是存储在%*Systemroot*%\System32\DNS\ cache.dns文件中的，而你也可以通过【在DNS控制台中选中服务器右击➲属性➲如图14-6-1所示的**根提示**（root hints）选项卡】来查看这些信息。

图 14-6-1

可以在**根提示**选项卡下添加、修改与删除DNS服务器，这些变更数据会被存储到cache.dns文件内；也可以通过图中从服务器复制按钮来从其他DNS服务器复制**根提示**。

14.6.2 转发器的设置

当DNS服务器收到客户端的查询请求后，如果要查询的记录不在其所管辖的区域内（或不在缓存区内），则此DNS服务器默认会转向**根提示**内的DNS服务器查询。然而如果企业内部拥有多台DNS服务器的话，可能会出于安全考虑而只允许其中一台DNS服务器可以直接与外界DNS服务器通信，并让其他DNS服务器将查询请求委托给这台DNS服务器负责，也就是说这一台DNS服务器是其他DNS服务器的**转发器**（forwarder）。

当DNS服务器将客户端的查询请求，转发给扮演转发器角色的另外一台DNS服务器后（属于递归查询），就等待查询的结果，并将得到的结果响应给DNS客户端。

指定转发器的方法：请在DNS控制台中【选中DNS服务器右击➲属性➲单击图14-6-2中**转发器**选项卡➲通过编辑按钮来设置】。图中所有欲查询的记录，如果不在这台DNS服务器所管辖区域内的话，都会被转发到IP地址为192.168.8.5的转发器。

图 14-6-2

图中最下面还勾选了**如果没有转发器可用，请使用根提示**，表示如果没有转发器可供使用的话，则此DNS服务器会自行向**根提示**内的服务器查询。为了安全考虑，不想要让此服务器直接到外界查询的话，可取消勾选此选项，此时这台DNS服务器被称为**仅转发服务器**（forward-only server）。**仅转发服务器**若无法通过**转发器**查到所需记录的话，会直接告诉DNS客户端找不到其所需的记录。

你也可以设置**条件转发器**，也就是不同的域转发给不同的转发器，如图14-6-3中查询域sayabc.local的请求会被转发到转发器192.168.8.5，而查询域sayxyz.local的请求会被转发到转发器192.168.8.6。

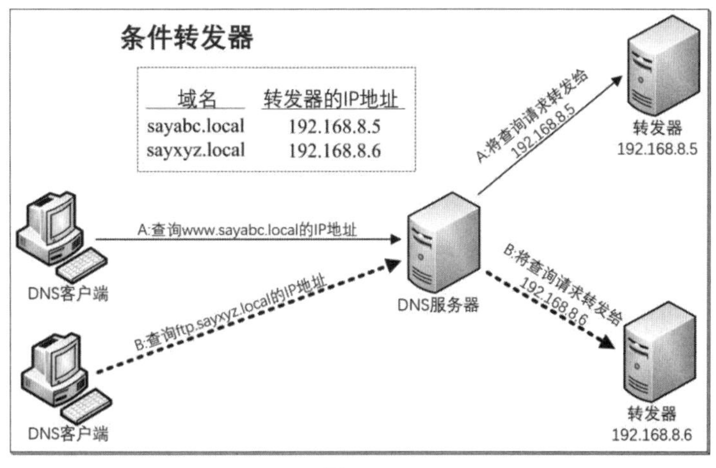

图 14-6-3

条件转发器的设置方法为：【如图14-6-4所示选中**条件转发器**右击➲新建条件转发器➲在前景图中输入域名与转发器的IP地址➲……】，图中的设置会将查询域sayabc.local的请求转发到IP地址为192.168.8.5的DNS服务器。

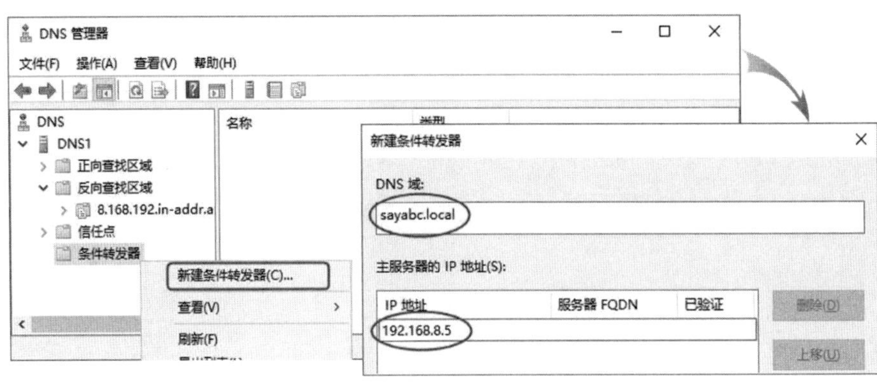

图 14-6-4

14.7 检测DNS服务器

你可以利用本节所介绍的方法来检查DNS服务器的工作是否正常。

14.7.1 监视DNS配置是否正常

请打开DNS控制台，然后【选中DNS服务器右击➲属性➲如图14-7-1所示单击**监视**选项卡】来自动或手动测试DNS服务器的查询功能是否正常。

- **对此DNS服务器的简单查询**：执行DNS客户端对DNS服务器的简单查询测试，这是客户端与服务器两个角色都由这一台计算机来扮演的内部测试。

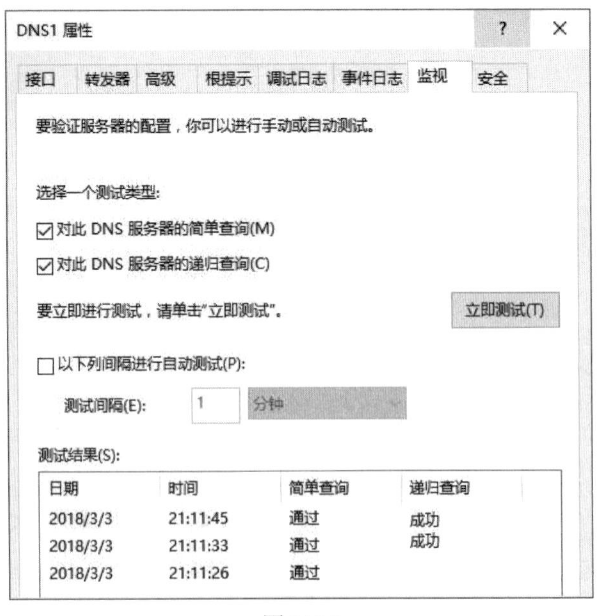

图 14-7-1

- **对此DNS服务器的递归查询**：它会对DNS服务器提出递归查询请求，所查询的记录是位于**根**内的一条 NS记录，因此会利用到**根提示**选项卡下DNS服务器。请先确认此计算机已经连接到Internet后再测试。
- **以下列间隔进行自动测试**：每隔一段时间就自动执行简单或递归查询测试。

勾选要测试的项目后单击立即测试按钮，测试结果会显示在最下方。

14.7.2 利用Nslookup命令查看记录

除了利用DNS控制台来查看DNS服务器内的资源记录外，也可以使用**nslookup**命令。请到**命令提示符**或Windows PowerShell环境下执行**nslookup**命令，或在DNS控制台中【选中DNS服务器右击➲启动nslookup】。

Nslookup命令会连接到**首选DNS服务器**，不过因为它会先利用反向查询来查询**首选DNS服务器**的主机名，因此如果此DNS服务器的反向查找区域内没有自己的 PTR记录的话，则会显示如图14-7-2所示找不到主机名的**UnKnown**消息（可以不必理会它）。**Nslookup**的操作范例请参考图14-7-3（可以输入?来查看**nslookup**命令的语法、执行**exit**命令来退出**nslookup**）。

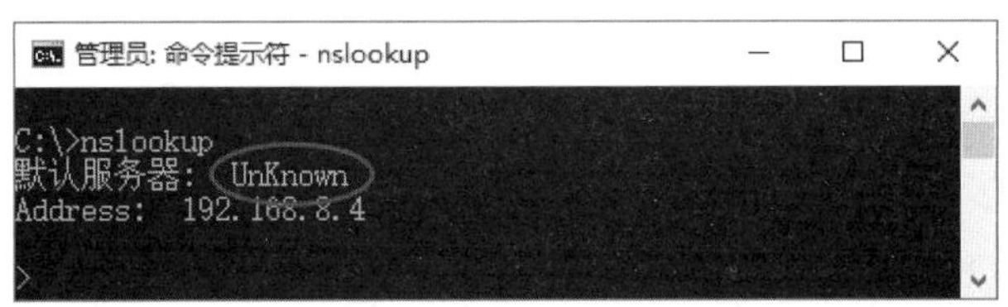

图 14-7-2

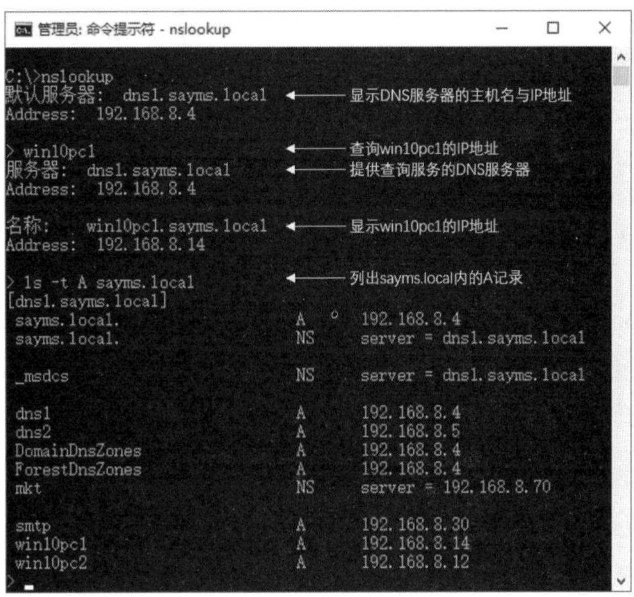

图 14-7-3

如果在查询时被拒绝（见图14-7-4），表示你的计算机并没有被赋予区域传送的权限。如果要开放此权限的话，请到DNS服务器上【选中区域右击➲属性➲通过图14-7-5中的**区域传送**选项卡来设置】，例如图中开放IP地址为192.168.8.5与192.168.8.11的主机可以请求区域传送（同时也让它们可以利用**nslookup**来查询sayms.local区域内的记录）。

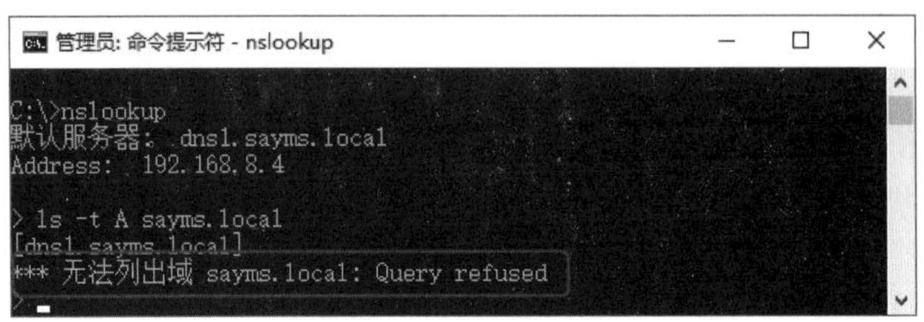

图 14-7-4

图 14-7-5

如果这台DNS服务器的**首选DNS服务器**被指定到127.0.0.1，而你要在这台计算机上来查询此区域的话，请将其**首选DNS服务器**改为自己的IP地址，然后开放区域传送到此IP地址，或在图14-7-5中选择**到所有服务器**。

也可以在**nslookup**提示符下选择查看其他DNS服务器，如图14-7-6所示利用**server**命令来切换到其他DNS服务器、查看该服务器内的记录（图中的服务器192.168.8.5需要将区域传送的权限赋予查询用的计算机，否则无法查询）。

```
管理员: 命令提示符 - nslookup

C:\>nslookup
默认服务器:  dns1.sayms.local
Address:  192.168.8.4

> server 192.168.8.5
默认服务器:  [192.168.8.5]
Address:  192.168.8.5

> ls -t A sayms.local
[[192.168.8.5]]
 sayms.local.                   A      192.168.8.4
 sayms.local.                   A      192.168.8.5
 sayms.local.                   NS     server = dns1.sayms.local

 _msdcs                         NS     server = dns1.sayms.local

 dns1                           A      192.168.8.4
 dns2                           A      192.168.8.5
 DomainDnsZones                 A      192.168.8.4
 DomainDnsZones                 A      192.168.8.5
 ForestDnsZones                 A      192.168.8.4
 ForestDnsZones                 A      192.168.8.5
 mkt                            NS     server = 192.168.8.70

 smtp                           A      192.168.8.30
 win10pc1                       A      192.168.8.14
 win10pc2                       A      192.168.8.12
>
```

切换到DNS服务器192.168.8.5

列出该服务器中sayms.local中的A记录

图 14-7-6

14.7.3 清除DNS缓存

如果DNS服务器的设置与工作一切都正常，但DNS客户端却还是无法解析到正确IP地址的话，可能是DNS客户端或DNS服务器的缓存区内有不正确的记录，此时可以利用以下的方法来将缓存区内的数据清除（或等这些记录过期自动清除）：

- 清除DNS客户端的缓存：到DNS客户端**计算机**上执行ipconfig /flushdns命令。你可以利用ipconfig /displaydns来查看DNS缓存区内的记录。
- **清除DNS服务器的缓存**：在DNS控制台界面中【选中DNS服务器右击➲清除缓存】。

DNS服务器内的过期记录会占用DNS数据库的空间，如果要清除这些过期记录的话，可以通过：【选中区域右击➲属性➲单击右下方的过期按钮】来设置；如果要手动清除的话：【选中DNS服务器右击➲清除过时资源记录】。

第 15 章　架设 IIS 网站

Internet Information Services（IIS）的模块化设计可以减少被攻击与减轻管理负担，让系统管理员更容易搭建安全的、高扩展性的网站。

- 环境设置与安装IIS
- 网站的基本设置
- 物理目录与虚拟目录
- 网站的绑定设置
- 网站的安全性
- 远程管理IIS网站与功能委派

15.1 环境设置与安装IIS

如果IIS网站（Web服务器）是要对Internet用户提供服务，则此网站应该要有一个网址，例如www.sayms.com，不过需要先完成以下工作：

- **申请DNS域名**：可以向Internet服务提供商（ISP）申请DNS域名（例如sayms.com），或到Internet上查找提供DNS域名申请服务的机构。
- **注册管理此域名的DNS服务器**：需要将网站的网址（例如www.sayms.com）与IP地址输入到管辖此域（sayms.com）的DNS服务器内，以便让Internet上的计算机可通过此DNS服务器来得知网站的IP地址。此DNS服务器可以是：
  - 自行搭建的DNS服务器：不过需要让外界知道此DNS服务器的IP地址，也就是需要注册此DNS服务器的IP地址，可以在域名申请服务机构的网站上注册。
  - 直接使用域名申请服务机构的DNS服务器（如果有提供此服务的话）。
- **在DNS服务器内建立网站的主机记录**：需要在管辖此域的DNS服务器内建立主机记录（A），其内记录着网站的网址（例如www.sayms.com）与其IP地址。

15.1.1 环境设置

我们将通过图15-1-1来说明与练习本章的内容，图中采用虚拟的顶级域名 **.local**，请先自行搭建好图中的3台计算机，然后依照以下说明来设置：

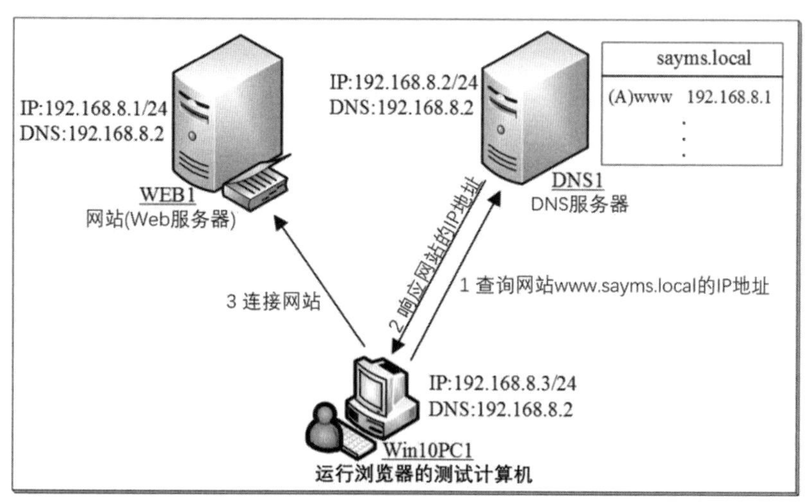

图 15-1-1

- **网站WEB1的设置**：假设它是Windows Server 2019，请依照图15-1-1来设置其计算机名称、IP地址与首选DNS服务器的IP地址（图中采用TCP/IPv4）。

- **DNS服务器DNS1的设置**：假设它是Windows Server 2019，请依照图15-1-1来设置其计算机名称、IP地址与首选DNS服务器的IP地址，然后【打开**服务器管理器**➲单击**仪表板**处的**添加角色和功能**】来安装DNS服务器、建立正向查找区域sayms.local、在此区域内建立网站的主机记录（见图15-1-2）。

图 15-1-2

- **测试计算机Win10pc1的设置**：请依照图15-1-1来设置其计算机名称、IP地址与首选DNS服务器，图中将首选DNS服务器指定到DNS服务器192.168.8.2（见图15-1-3），以便够解析到网站www.sayms.local的IP地址。

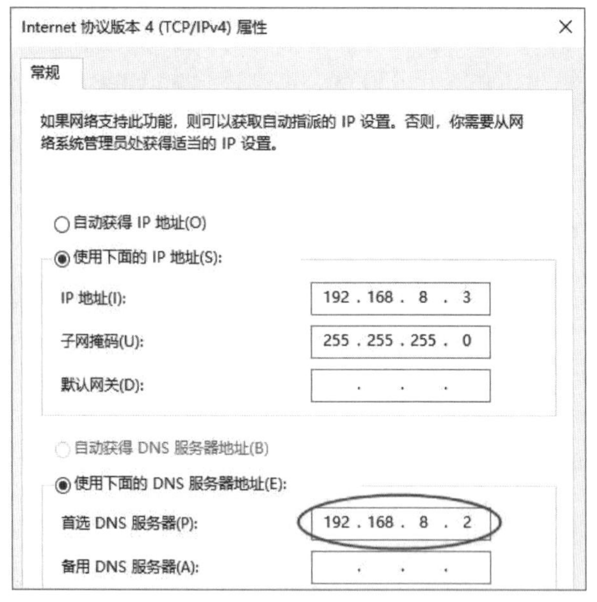

图 15-1-3

然后【选中左下角**开始**图标⊞右击➲Windows PowerShell】，如图15-1-4所示利用ping命令来测试是否可以解析到网站www.sayms.local的IP地址，图中为解析成功的界面。

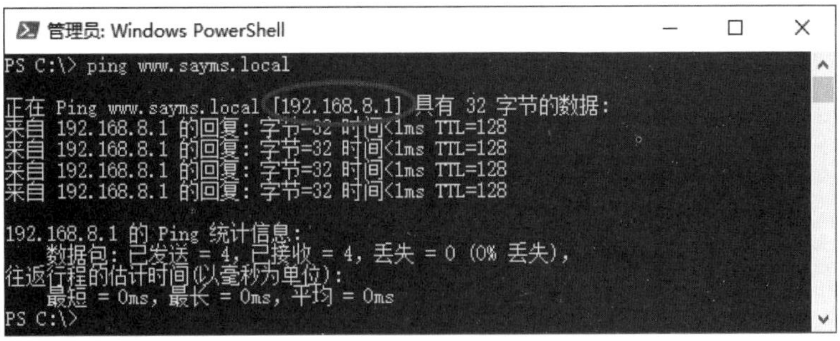

管理员: Windows PowerShell
PS C:\> ping www.sayms.local
正在 Ping www.sayms.local [192.168.8.1] 具有 32 字节的数据:
来自 192.168.8.1 的回复: 字节=32 时间<1ms TTL=128
来自 192.168.8.1 的回复: 字节=32 时间<1ms TTL=128
来自 192.168.8.1 的回复: 字节=32 时间<1ms TTL=128
来自 192.168.8.1 的回复: 字节=32 时间<1ms TTL=128
192.168.8.1 的 Ping 统计信息:
数据包: 已发送 = 4，已接收 = 4，丢失 = 0 (0% 丢失)，
往返行程的估计时间(以毫秒为单位):
最短 = 0ms，最长 = 0ms，平均 = 0ms
PS C:\>

图 15-1-4

15.1.2 安装“Web服务器（IIS）”

我们要通过添加**Web服务器（IIS）**角色的方式来将网站安装到图15-1-1中WEB1上：【打开**服务器管理器**➲单击**仪表板**处的**添加角色和功能**➲持续单击下一步按钮一直到出现如图15-1-5所示的**选择服务器角色**界面时勾选**Web服务器（IIS）**➲单击添加功能按钮➲持续单击下一步按钮一直到出现**确认安装选项**界面时单击安装按钮】。

添加角色和功能向导
选择服务器角色
目标服务器
Web1
开始之前
安装类型
服务器选择
服务器角色
功能
Web 服务器角色(IIS)
角色服务
确认
结果
选择要安装在所选服务器上的一个或多个角色。
角色
Active Directory 域服务
Active Directory 证书服务
DHCP 服务器
DNS 服务器 (已安装)
Hyper-V
MultiPoint Services
Web 服务器(IIS)
Windows Server Essentials 体验
Windows Server 更新服务
Windows 部署服务
传真服务器
描述
Web 服务器(IIS)提供可靠、可管理、可扩展的 Web 应用程序基础结构。

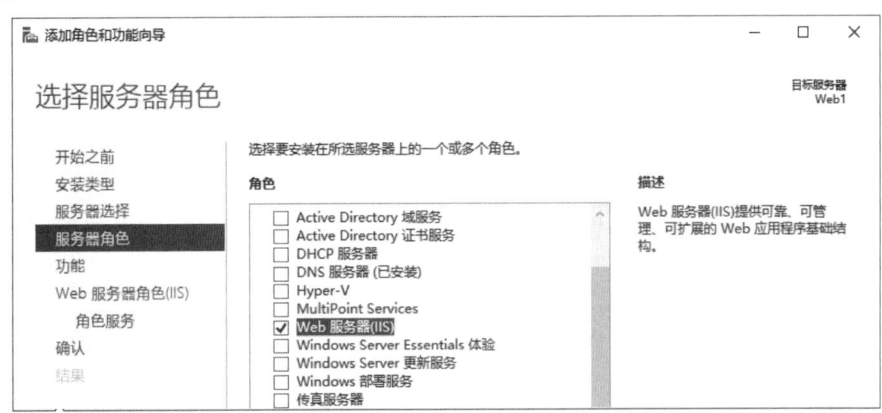

图 15-1-5

15.1.3 测试IIS网站是否安装成功

安装完成后，可通过【打开**服务器管理器**➲单击右上方**工具**菜单➲ Internet Information Services（IIS）管理器】或【单击左下角**开始**图标⊞➲Windows 管理工具➲Information Services（IIS）管理器】的方法来管理IIS网站，在单击计算机名后会出现如图15-1-6所示为**IIS管理器**画面，其中已经有一个名称为**Default Web Site**的内置网站。

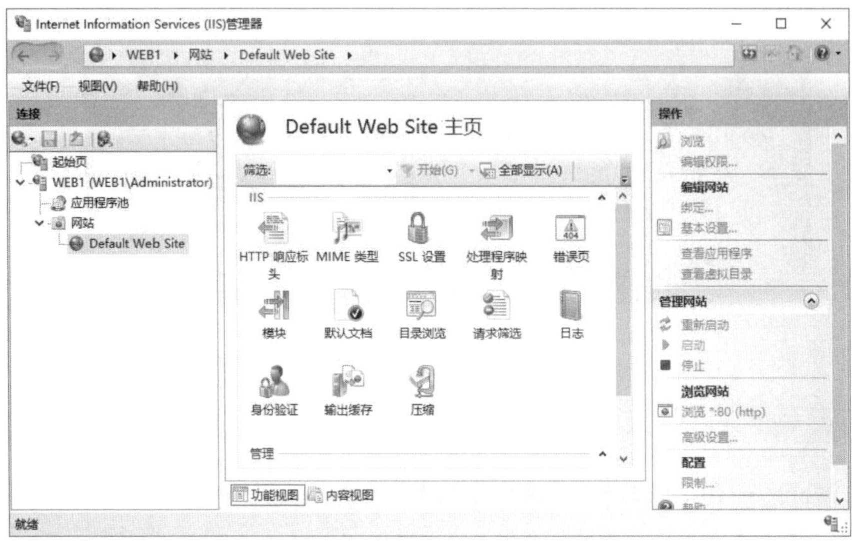

图 15-1-6

接下来测试网站是否正常工作：到图15-1-1中测试计算机Win10pc1上打开浏览器Microsoft Edge，然后通过以下两种方式之一来连接网站：

- **利用DNS网址http://www.sayms.local/**：此时它会先通过DNS服务器来查询网站www.sayms.local的IP地址后再连接此网站。
- 利用IP地址http://192.168.8.1/。

如果一切正常的话，应该会看到图15-1-7所示的默认网页。可以通过前面图15-1-6右侧的**操作**窗格来停止、启动或重新启动此网站。

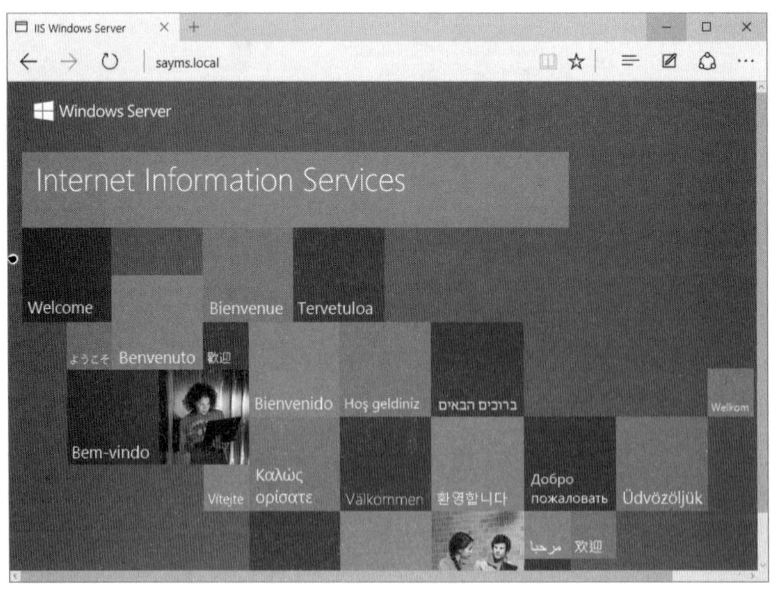

图 15-1-7

15.2 网站的基本设置

可以直接利用Default Web Site作为网站或另外建立一个新网站。本节将利用Default Web Site（网址为www.sayms.local）来说明网站的设置。

15.2.1 网页存储位置与默认首页

当用户利用**http://www.sayms.local/**连接Default Web Site时，此网站会自动将首页发送给用户的浏览器，此首页存储在网站的**主目录**（home directory）中。

网页存储位置的设置

如果要查看网站主目录的话，请如图15-2-1所示单击网站Default Web Site右侧**操作**窗格的**基本设置...**，然后通过前景图中**物理路径**来查看，由图中可知其默认是被设置到文件夹%*SystemDrive*%\inetpub\wwwroot，其中的%*SystemDrive*%就是安装Windows Server 2019的磁盘，一般是C:。可以将主目录的物理路径更改到本地计算机的其他文件夹。

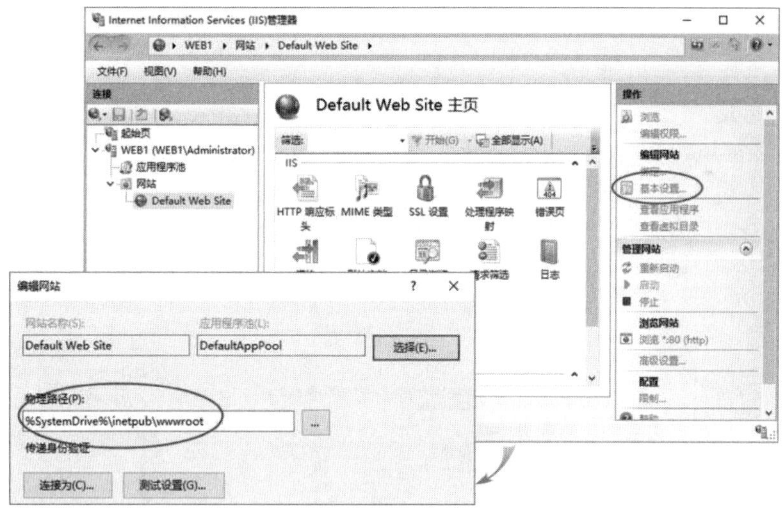

图 15-2-1

可以将其更改到其他计算机内的共享文件夹，也就是在前面图15-2-1**物理路径**中输入此共享文件夹的UNC路径（*计算机名**共享文件夹*）。当用户连接此网站时，网站会到此共享文件夹读取网页并发送给用户，不过网站需提供有权访问此共享文件夹的用户名与密码：通过单击前面图15-2-1中的连接为...按钮来指定用户账户名与密码。

默认的首页文件

当用户连接Default Web Site时，此网站会自动将位于主目录内的首页文件发送给用户的浏览器，然而网站所读取的首页文件是什么呢？可以双击图15-2-2中的**默认文档**、然后通过前景图来查看与设置。

图中列表内共有5个文件，网站会先读取列表最上面的文件（Default.htm），如果主目录内没有此文件的话，则依序读取其后的文件。可通过右侧**操作**窗格内的**上移**、**下移**来调整读取这些文件的顺序，也可通过单击**添加...**来添加默认网页。

图中文件名右侧**条目类型**的**继承**，表示这些设置是从计算机设置继承来的，可以通过【在**IIS管理器**中单击计算机名WEB1➲双击**默认文档**】来更改这些默认值，以后新建的网站都会继承这些默认值。

Default Web Site的主目录内（一般是C:\inetpub\wwwroot）目前只有一个文件名为**iisstart.htm**的网页，网站就是将此网页传送给用户的浏览器。

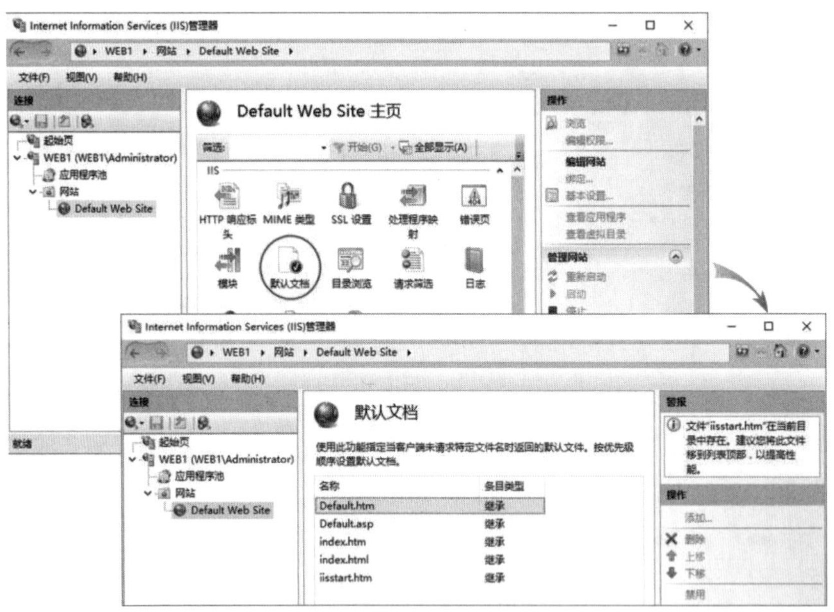

图 15-2-2

如果在主目录内找不到列表中任一个网页文件或用户没有权限读取网页文件的话，则浏览器界面上会出现类似图15-2-3的消息。

图 15-2-3

15.2.2 新建default.htm文件

为了便于练习，我们将在主目录内利用**记事本**（notepad）新建一个文件名为default.htm的网页文件，如图15-2-4所示，此文件的内容如图15-2-5所示。建议先在**文件资源管理器**内单击上方的**查看**、勾选**扩展名**，如此在创建文件时才不容易弄错扩展名，同时在图15-2-4才能显示文件default.htm的扩展名.htm。

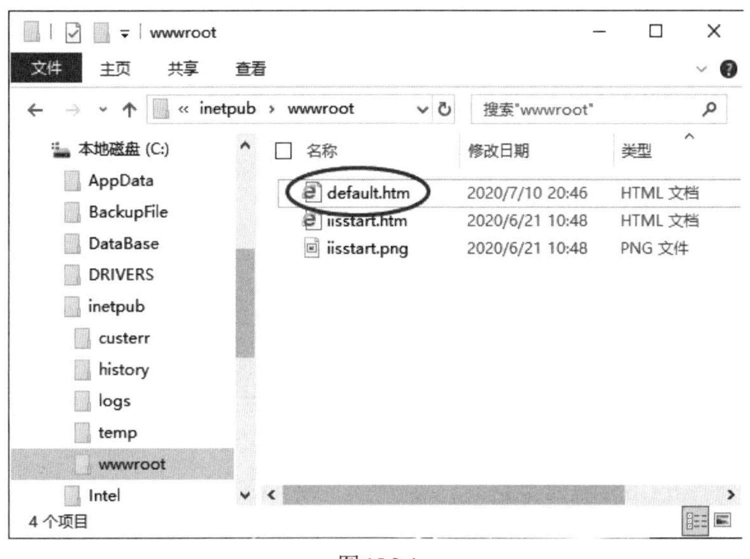

图 15-2-4

图 15-2-5

请确认前面图15-2-2列表中的default.htm是排列在iisstart.htm的前面，完成后到测试计算机Win10pc1上连接此网站，此时所看到的内容将会是如图15-2-6所示。

图 15-2-6

15.2.3 HTTP重定向

如果网站内容正在建设中或维护中的话，可以将此网站暂时重定向到另外一个网站，之后用户连接网站时，所看到的是另外一个网站内的网页。这需要先安装**HTTP重定向**：【打开**服务器管理器**➲单击**仪表板**处的**添加角色和功能**➲持续单击下一步按钮一直到**选择服务器角色**界面➲如图15-2-7所示展开**Web服务器（IIS）**➲勾选**HTTP重定向**➲……】。

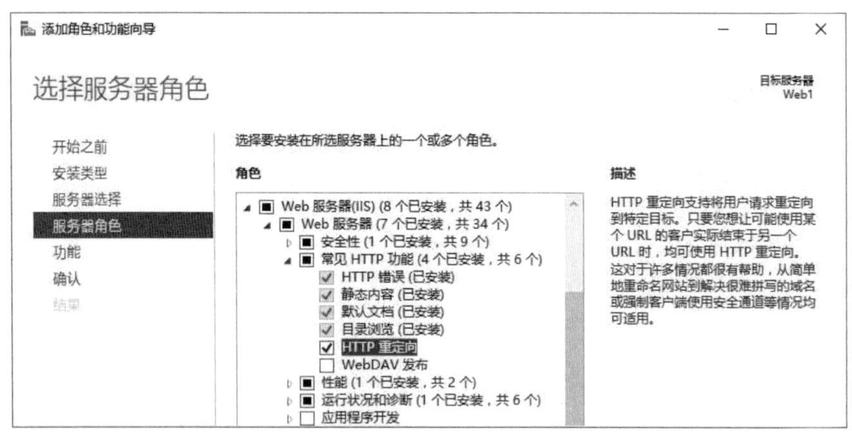

图 15-2-7

接下来【重新打开**IIS管理器**➲如图15-2-8所示双击Default Web Site中的**HTTP重定向**➲勾选**将请求重定向到此目标**➲输入目的地网址】，图中将其由定向到www.sayiis.local。默认是相对重定向，也就是如果原网站收到http://www.sayms.local/ default.htm的请求，则它会将其重定向到相同的首页http://www.sayiis.local/ default.htm。若是勾选**将所有要求重定向到确切的目标（而不是相对于目标）**的话，则会由目的地网站来决定要显示的首页文件。

可以将网站的设置导出保存，以供日后需要时使用：【在**IIS管理器**中单击计算机名称WEB1➲双击Shared Configuration➲……】。

图 15-2-8

15.3 物理目录与虚拟目录

从网站管理角度出发，网页文件应该分门别类地存储到专用的文件夹内，以便于管理。可以直接在网站主目录之下建立多个子文件夹，然后将网页文件放置到主目录与这些子文件夹内，这些子文件夹被称为**物理目录**（physical directory）。

也可以将网页文件存储到其他位置，例如本地计算机的其他磁盘分区内的文件夹，或其他计算机的共享文件夹，然后通过**虚拟目录**（virtual directory）来映射到这个文件夹。每一个虚拟目录都有一个**别名**（alias），用户通过别名来访问这个文件夹内的网页。虚拟目录的好处是：不论将网页的实际存储位置更改到何处，只要别名不变，用户仍然可以通过相同的别名来访问到网页。

15.3.1 物理目录实例演练

假设如图15-3-1所示要在网站主目录之下（C:\inetpub\wwwroot）建立一个名称为telephone的文件夹，并在其中建立一个名称为default.htm的首页文件，此文件内容如图15-3-2所示。

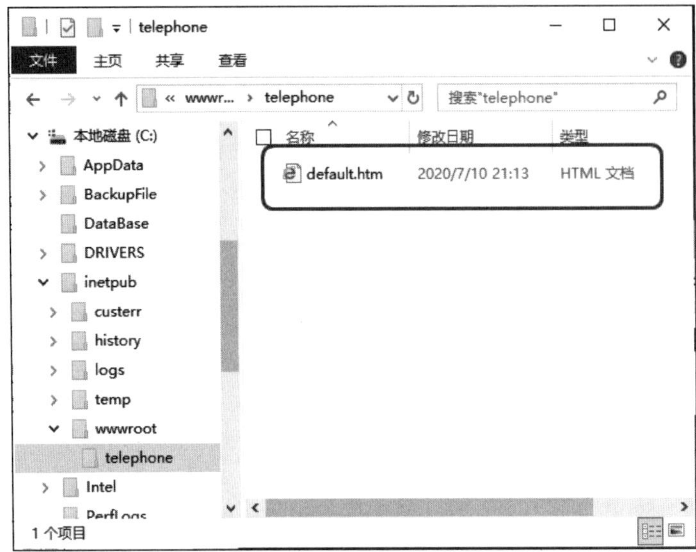

图 15-3-1

图 15-3-2

我们可以从图15-3-3的**IIS管理器**界面左侧看到Default Web Site网站内多了一个物理目录telephone（可能需要刷新界面），同时在单击下方的**内容视图**后，便可以在图中间看到此目录内的文件default.htm。

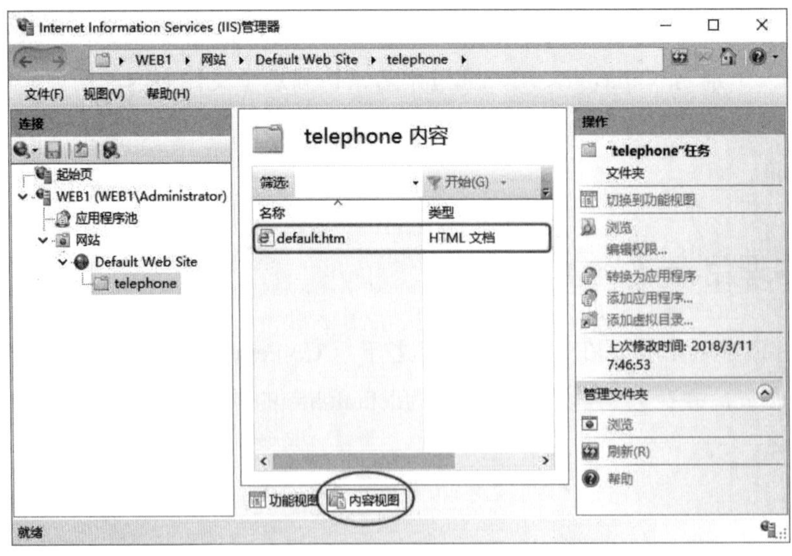

图 15-3-3

接着到测试计算机Win10pc1上运行网页浏览器Microsoft Edge，然后输入**http://www.sayms.local/telephone/**，此时应该会看到图15-3-4的界面，它是从网站主目录（C:\inetpub\wwwroot）之下的telephone\default.htm读取到的。

图 15-3-4

15.3.2　虚拟目录实例演练

假设要在网站的C:\ 之下，建立一个名称为video的文件夹（见图15-3-5），然后在此文件夹内建立一个名称为default.htm的首页文件，此文件内容如图15-3-6所示。我们会将网站的虚拟目录映射到此文件夹。

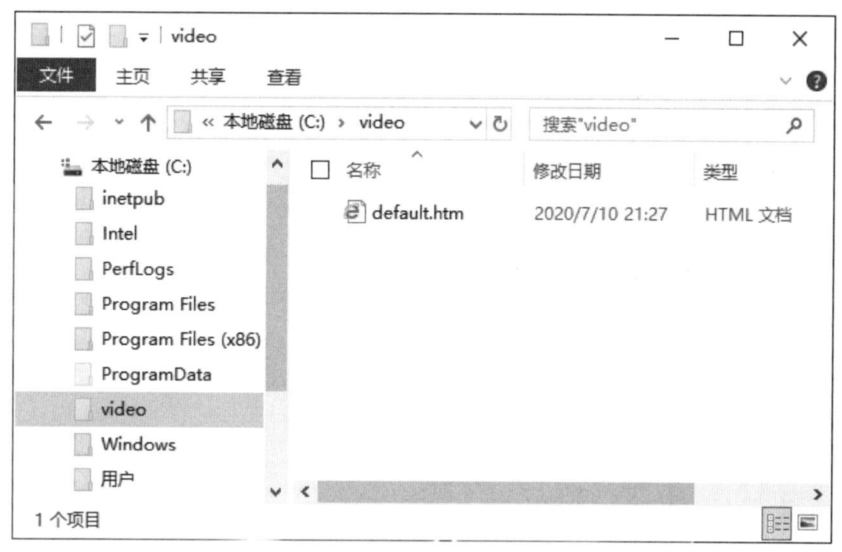

图 15-3-5

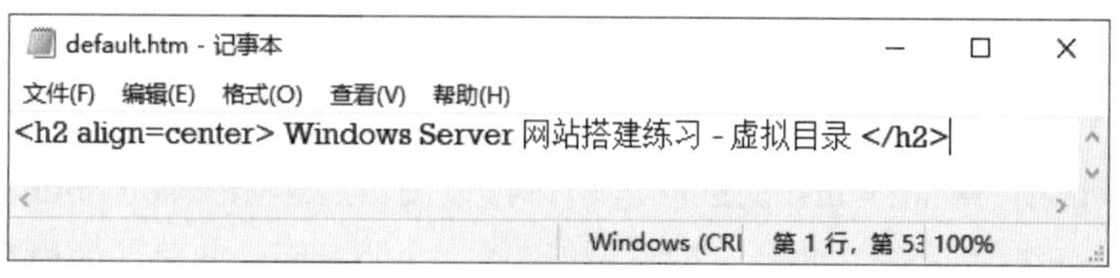

图 15-3-6

接着通过以下步骤来建立虚拟目录：【如图15-3-7所示单击Default Web Site➲单击下方**内容视图**➲单击右侧**添加虚拟目录...**➲在前景图中输入别名（自行命名，例如video）➲输入或浏览到物理路径C:\Video后单击确定按钮】。

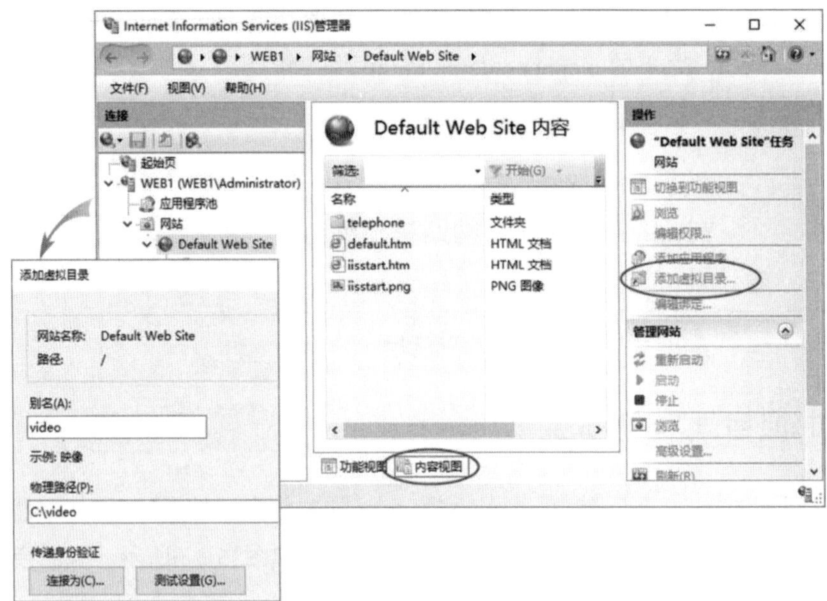

图 15-3-7

我们可以从图15-3-8中看到Default Web Site网站内多了一个虚拟目录video（可能需要刷新界面），而在单击下方**内容视图**后，就可以在图中间看到此目录内的文件default.htm。

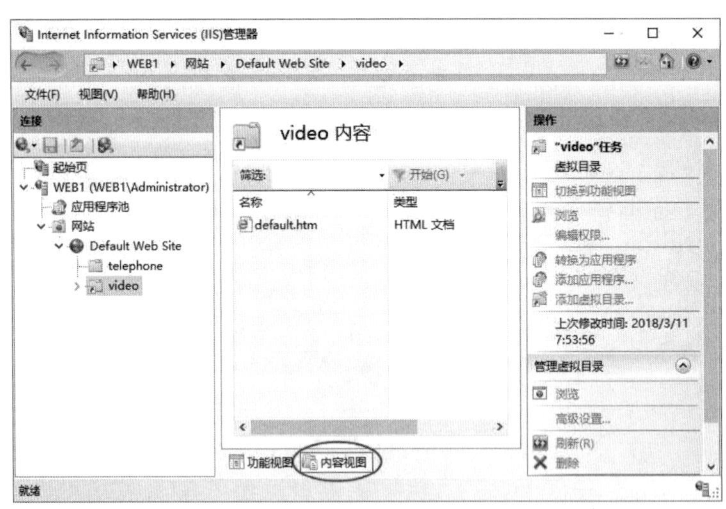

图 15-3-8

接着到测试计算机Win10pc1上运行网页浏览器Microsoft Edge，然后输入**http://www.sayms.local/video/**，此时应该会出现图15-3-9的界面，此界面的内容就是从虚拟目录的物理路径（C:\video）之下的default.htm读取到的。

可以将虚拟目录的物理路径更改到本地计算机的其他文件夹，或网络上的其他计算机的共享文件夹：单击前面图15-3-8下方**功能视图**后单击右侧的**基本设置…**。

图 15-3-9

15.4 网站的绑定设置

IIS支持在一台计算机上同时建立多个网站，而为了能够正确的区分出这些网站，因此必须给予每一个网站唯一的标识信息，而用来标识网站的识别信息有**主机名**、**IP地址**与**TCP端口号**，一台计算机内所有网站的这三个识别信息不能完全相同，而这些设置都是在**绑定**设置内。可以如图15-4-1所示单击**绑定**后，通过前景图来查看Default Web Site的**绑定**设置：

- **主机名**：Default Web Site并未设置主机名，注意一旦设置主机名后，就仅可以采用此主机名来连接Default Web Site，例如如果此处设置为www.sayms.local的话，需要使用http://www.sayms.local/来连接Default Web Site，不能使用IP地址（或其他DNS名称），例如不可以使用http://192.168.8.1/。
- **IP地址**：如果此计算机拥有多个IP地址的话，则可以为每个网站各赋予一个唯一的IP地址，例如如果此处被设置为192.168.8.1的话，则连接到192.168.8.1的请求，都会被送到Default Web Site。
- **TCP端口号**：网站默认的TCP端口号（Port number）是80。你可以更改此端口号，进而使得每个网站分别拥有不同的端口号。如果网站不是使用默认的80的话，则连接此网站时需指定端口号，例如网站的端口号是8080，则连接此网站时需使用http://www.sayms.local:8080/来连接。

图 15-4-1

如果要建立多个网站的话，请先建立此网站所需的主目录（存储网页的文件夹），然后通过【如图15-4-2所示选中**网站**右击➲添加网站】的方法，注意其**主机名**、**IP地址**与**TCP端口号**这三个识别信息不能完全与Default Web Site相同。

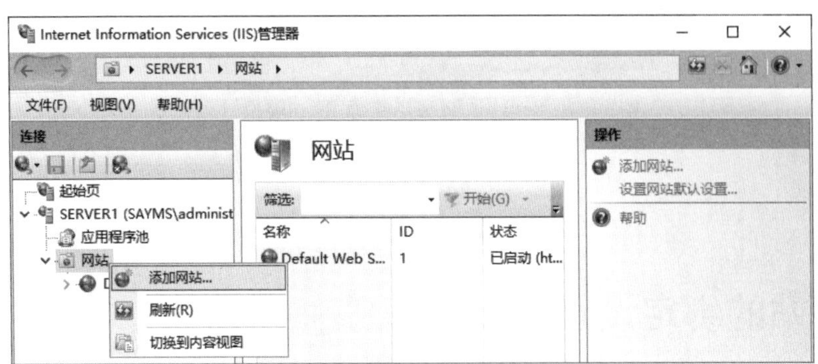

图 15-4-2

15.5 网站的安全性

IIS采用模块化设计，而且默认只会安装少数功能与角色服务，其他功能可以由系统管理员另外自行添加或删除，如此便可以减少IIS网站的被攻击面、减少系统管理员去面对不必要的安全挑战。IIS也提供了不少安全措施来强化网站的安全性。

15.5.1 添加或删除IIS网站的角色服务

如果要为IIS网站添加或删除角色服务的话：【打开**服务器管理器**➲单击**仪表板**处的**添加角色和功能**➲持续单击下一步按钮一直到**选择服务器角色**界面➲如图15-5-1所示展开**Web服务器（IIS）**➲勾选或取消勾选角色服务】。

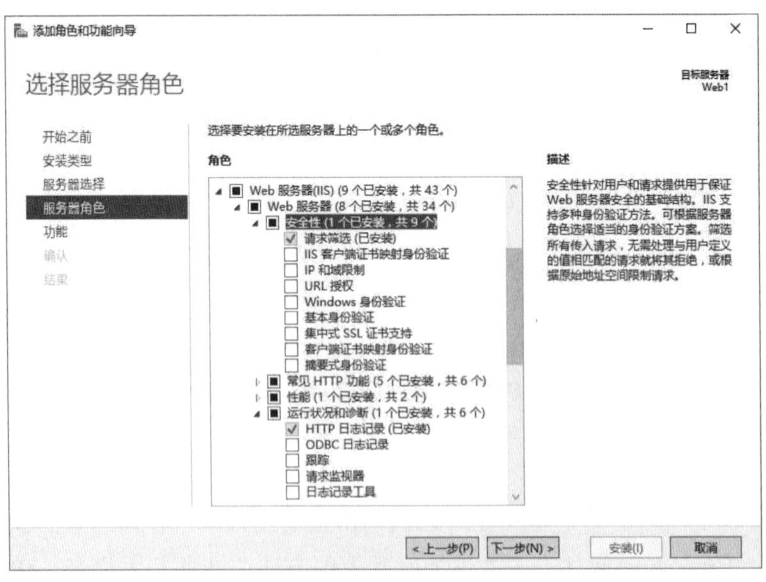

图 15-5-1

15.5.2 验证用户的名称与密码

IIS网站默认允许所有用户连接，不过也可以要求必须输入账号与密码，而用来验证账户与密码的方法主要有：匿名身份验证、基本身份验证、摘要式身份验证（Digest Authentication）与Windows身份验证。

系统默认只启用匿名验证，其他的需要另外通过**添加角色和服务**的方式来安装，请自行如图15-5-2所示勾选所需的验证方法，例如我们同时勾选了基本身份验证、Windows身份验证与摘要式身份验证（安装完成后请重新打开**IIS管理器**）。

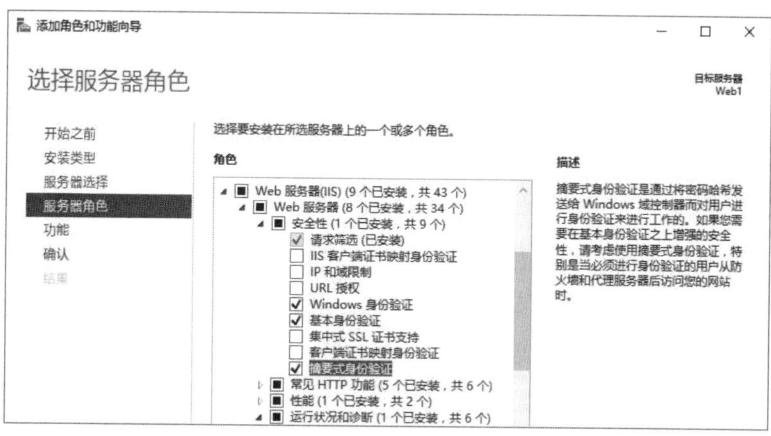

图 15-5-2

可以针对文件、文件夹或整个网站来启用验证，而我们以整个网站为例来说明：【如图15-5-3所示双击Default Web Site窗口中间的**身份验证**➲单击要启用的验证方法后单击右侧的**启用或禁用**】，图中我们暂时采用默认值，也就是只启用匿名身份验证。

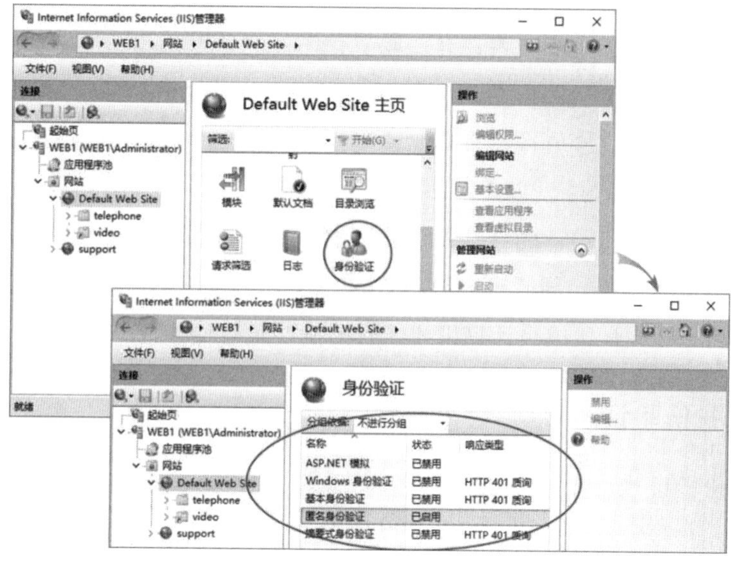

图 15-5-3

身份验证方法的使用顺序

因为客户端浏览器是先利用匿名来连接网站的，此时如果网站的匿名身份验证启用的话，浏览器将自动连接成功，因此如果要练习其他验证方法的话，请暂时将匿名身份验证禁用。如果网站的这四种验证方式都启用的话，则浏览器会依照以下顺序来选用验证方法：匿名身份验证➲Windows身份验证➲摘要式身份验证➲基本身份验证。

匿名身份验证

如果网站启用匿名身份验证方法的话，则任何用户都可以直接利用匿名来连接此网站，不需要输入账户名与密码。系统内置一个名称为**IUSR**的特殊组账号，当用户匿名连接网站时，网站是利用**IUSR**来代表这个用户，因此用户的权限就是与**IUSR**的权限相同。

基本身份验证

基本身份验证会要求用户输入账户名与密码，但用户发送给网站的账户名与密码并没有被加密，因此容易被居心不良者拦截与得知这些数据，因此如果要使用基本身份验证的话，应该要搭配其他可确保数据传输安全的措施，例如使用SSL连接（Secure Sockets Layer，见第16章）。

若要测试基本身份验证功能的话，请先将匿名验证方法禁用，因为客户端浏览器是先利用匿名身份验证来连接网站的，同时也应该将其他两种验证方法禁用，因为它们的优先级都比基本身份验证高。

摘要式身份验证

摘要式身份验证也会要求输入账户名与密码，不过它比基本身份验证更安全，因为账户名与密码会经过MD5算法来处理，然后将处理后所产生的哈希值（hash）传送到网站。拦截此哈希值的人，并无法从哈希值得知账户名称与密码。IIS计算机需要为Active Directory域的成员服务器或域控制器。

如果要使用摘要式身份验证的话，需先将匿名身份验证方法禁用，因为浏览器是先利用匿名身份验证来连接网站的，同时也应该将Windows身份验证方法禁用，因为它的优先级比摘要式身份验证高。必须是域成员计算机才能启用摘要式身份验证。

Windows 身份验证

Windows身份验证也会要求输入账户名与密码，而且账户名与密码在通过网络传送之前，也会经过哈希处理（hashed），因此可以确保安全性。**Windows身份验证**适用于内部客户端来连接内部网络的网站。内部客户端浏览器（例如Microsoft Edge或Internet Explorer）利

用Windows身份验证来连接内部网站时，会自动利用当前的账户名与密码（登录Windows系统时所输入的账户名与密码）来连接网站，如果此用户没有权限连接网站的话，就会再要求用户另外输入账户名与密码。

15.5.3 通过IP地址来限制连接

你也可以允许或拒绝某台特定计算机、某一组计算机来连接网站。例如公司内部网站可以被设置成只允许内部计算机连接、但是拒绝其他外部计算机连接。这需要先安装**IP和域限制**角色服务：【打开**服务器管理器**➲单击**仪表板**处的**新添加色和功能**➲持续单击下一步按钮一直到**选择服务器角色**界面➲展开**Web服务器（IIS）**➲如图15-5-4所示勾选**IP和域限制**➲……】。

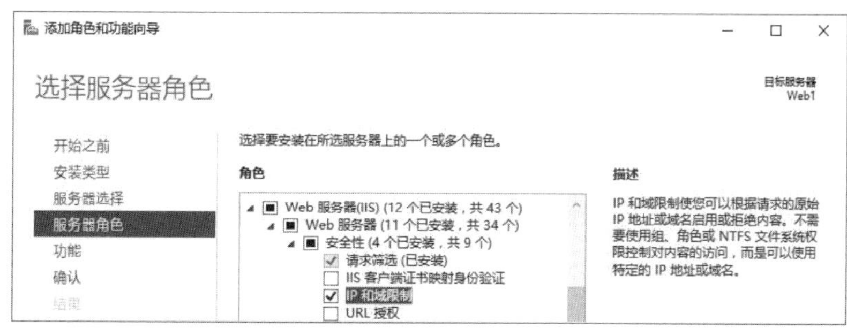

图 15-5-4

拒绝 IP 地址

在重新启动**IIS管理器**后：【单击图15-5-5中Default Web Site窗口的**IP地址和域限制**➲通过**添加允许条目…**或**添加拒绝条目…**来设置】。

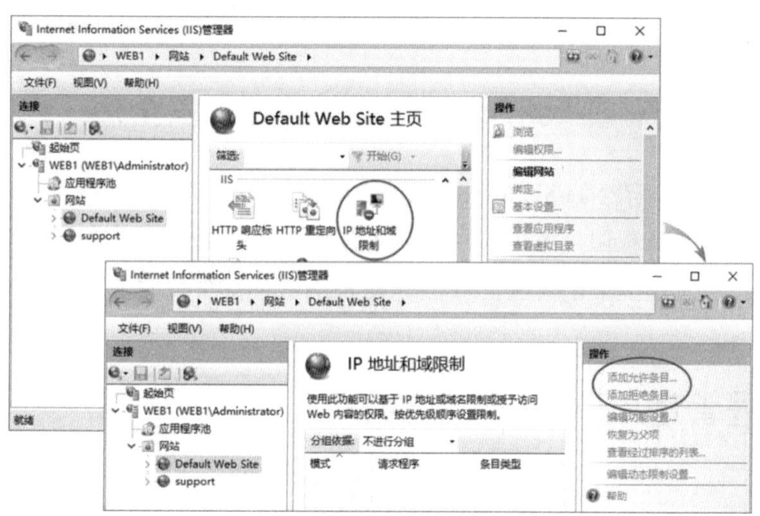

图 15-5-5

没有被指定是否可以连接的客户端，系统默认是允许连接的。如果你要拒绝某台客户端来连接的话，请单击**添加拒绝条目…**，然后通过图15-5-6的背景或前景图来设置，图中背景图表示拒绝IP地址为192.168.8.3的计算机来连接，而前景图表示拒绝网络ID为192.168.8.0的所有计算机来连接。

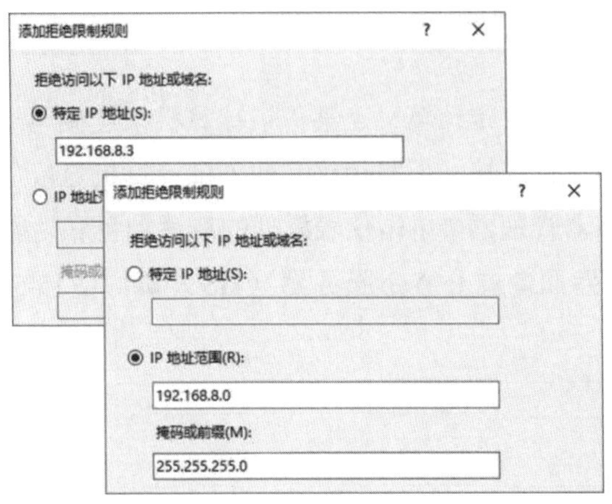

图 15-5-6

当被拒绝的客户端计算机连接Default Web Site网站时，其屏幕上默认会显示如图15-5-7所示的被拒绝界面。

图 15-5-7

15.5.4 通过NTFS 或ReFS权限来增加网页的安全性

网页文件应该要存储在NTFS或ReFS磁盘分区内，以便利用NTFS或ReFS权限来增加网页的安全性。NTFS或ReFS权限设置的方法为：【打开**文件资源管理器**➲选中网页文件或文件夹右击➲属性➲**安全**选项卡】。其他与NTFS或ReFS有关的更多说明可参考第7章。

15.6 远程管理IIS网站与功能委派

可以将IIS网站的管理工作委派给其他不具备系统管理员权限的用户来执行，而且可以针

对不同功能来赋予这些用户不同的委派权限。我们将通过图15-6-1来练习，图中两台服务器都是Windows Server 2019。

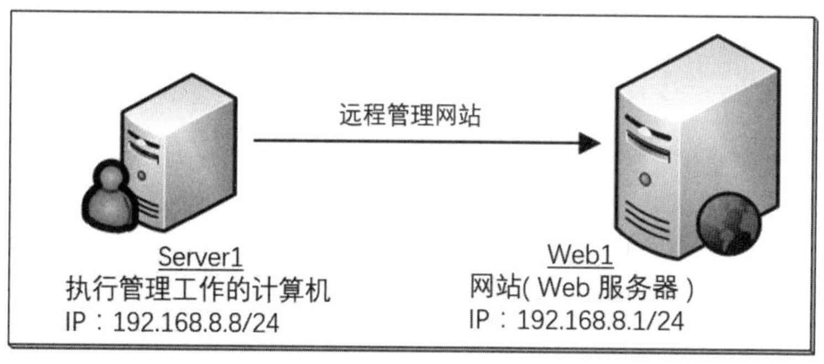

图 15-6-1

15.6.1 IISWeb服务器的设置

要让图15-6-1中的IIS计算机Web1可以被远程管理的话，有些设置需要事先完成。

安装“管理服务”角色服务

IIS计算机必须先安装**管理服务**角色服务：【打开**服务器管理器**➲单击**仪表板**处的**添加角色和功能**➲持续单击下一步按钮一直到**选择服务器角色**界面➲展开**Web服务器（IIS）**➲如图15-6-2所示勾选**管理工具**之下的**管理服务**➲……】，完成后重新打开**IIS管理**控制台。

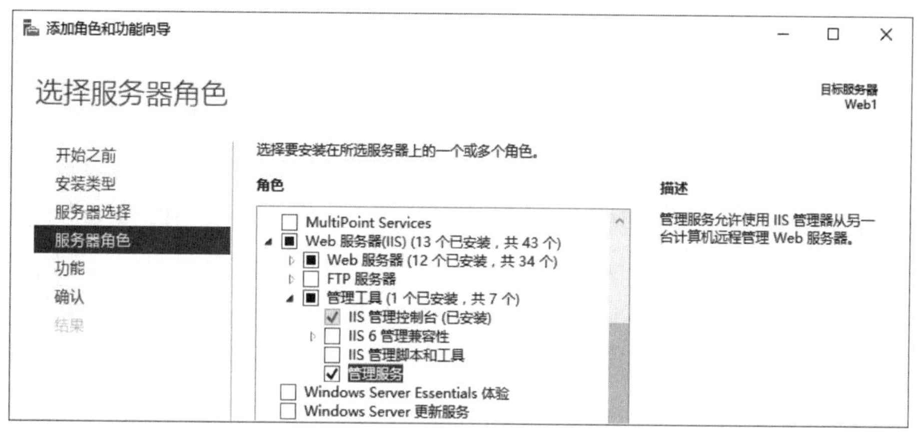

图 15-6-2

建立“IIS 管理器用户”账户

我们要在IIS计算机上设置可以远程管理IIS网站的用户，他们被称为**IIS管理员**，该账户可以是本地用户或域用户账户，也可以是在IIS内另外建立的**IIS管理器用户账户**。如果要建立**IIS管理器用户账户**的话：如图15-6-3所示单击IIS计算机（WEB1）➲双击**IIS管理器用户**➲

单击**添加用户...**来设置用户名（假设为IISMGR1）与密码。

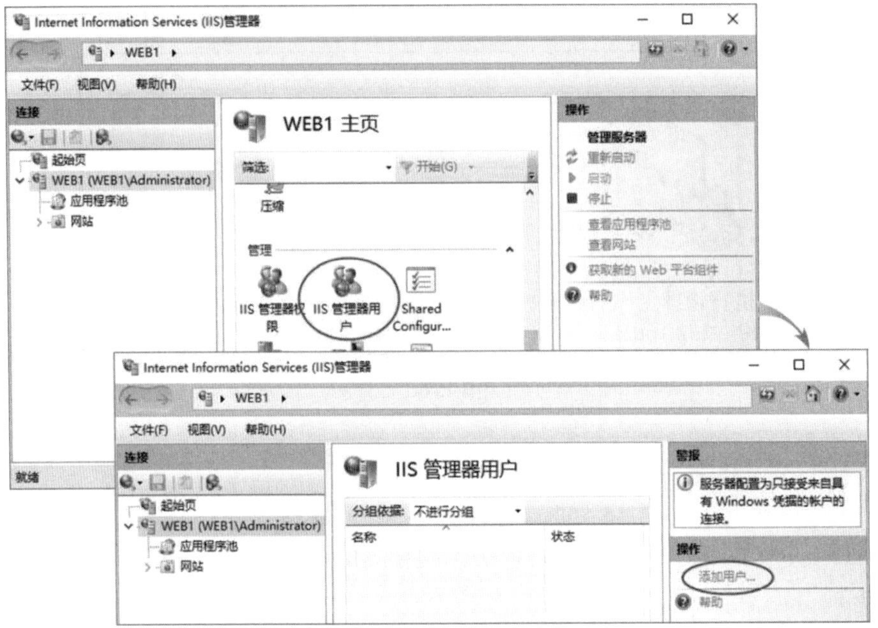

图 15-6-3

如果只是要将管理工作委派给本地用户或域用户账户的话，可以不需要建立**IIS管理器用户**。

功能委派设置

IIS管理员对网站拥有哪些管理权限是通过**功能委派**来设置的：【双击前图15-6-3背景图中的**功能委派**➲通过图15-6-4图来设置】，图中的设置为默认值，例如**IIS管理员**默认对所有网站的**HTTP重定向**功能拥有**读取/写入**的权限，也就是他们可以更改**HTTP重定向**的设置，但是对**IP地址和域限制**仅有**只读**的权限，表示他们不能更改**IP地址和域限制**的设置。

也可以针对不同网站给予不同的委派设置，例如要针对Default Web Site来设置的话：【单击图15-6-4右侧**操作**窗格的**自定义站点委派...**➲然后在**站点**处选择Default Web Site➲通过界面的下半段来设置】。

图 15-6-4

启用远程连接

只有在启用远程连接之后，**IIS管理员**才能通过远程来管理IIS计算机内的网站：【如图15-6-5所示单击IIS计算机（WEB1）➲单击**管理服务**➲在前景图中勾选**启用远程连接**➲单击应用按钮➲单击启动按钮】，由图中**标识凭据**处的**仅限于Windows凭据**可知默认只允许本地用户或域用户账户远程管理网站，如果要开放**IIS管理器用户**也可以连接的话，请改点选**Windows凭据或IIS管理器凭据**。

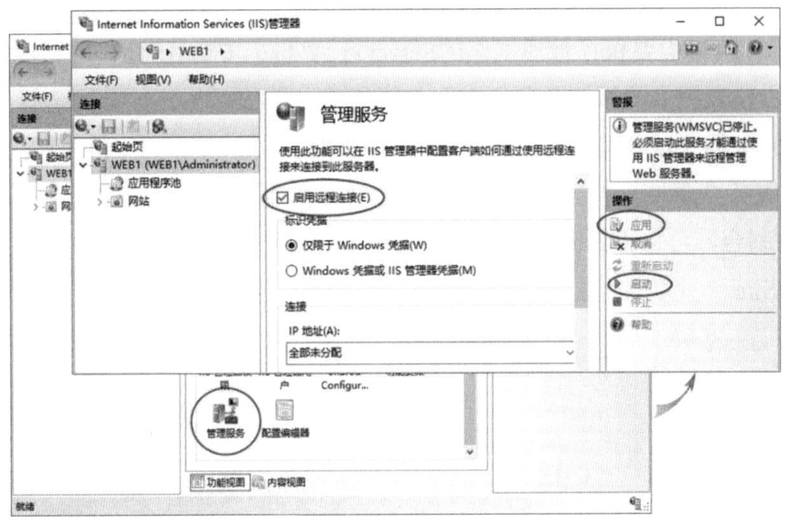

图 15-6-5

如果要更改设置的话，需要先停止**管理服务**，待设置完成后再重新启动。

允许“IIS 管理员”连接

接下来需要选择远程管理网站的用户：【如图15-6-6所示双击Default Web Site界面中的**IIS管理器权限**➲单击**允许用户**➲输入或选择用户】，图中选择的是本地用户账户WebAdmin（请先自行建立此账户），如果要选择我们在图15-6-3所建立的**IIS管理器用户**IISMGR1的话，请先在前面图15-6-5中间的**标识凭据**处选择**Windows凭据或IIS管理器凭据**。

图 15-6-6

15.6.2 执行管理工作的计算机的设置

请到前面图15-6-1中要执行管理工作的Server1计算机上安装**IIS管理控制台**：【打开**服务器管理器**➲单击**仪表板**处的**添加角色和功能**➲持续单击 下一步 按钮一直到**选择服务器角色**界面时勾选**Web服务器（IIS）**➲单击 添加功能 按钮➲持续单击 下一步 按钮一直到如图15-6-7所示的**选择角色服务**界面时，取消勾选**Web服务器**（因不需在此计算搭建网站，此时仅会保留安装**IIS管理控制台**，可以将界面往下卷来查看）➲……】，然后通过以下步骤来管理远程网站Default Web Site。

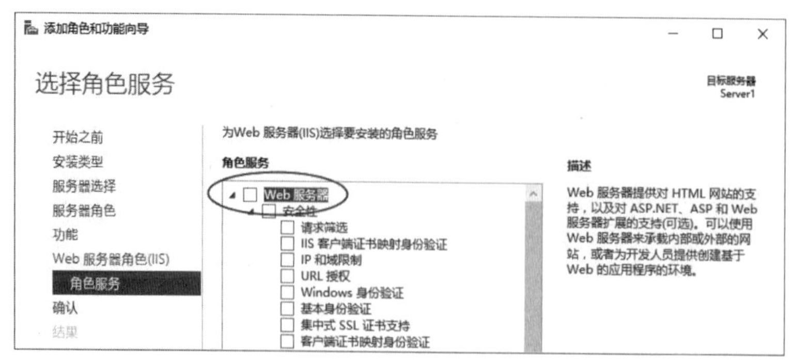

图 15-6-7

如果要在Windows 10内管理远程IIS网站的话，请先启用**IIS管理控制台**（【按⊞+R键➲输入control后按Enter键➲程序➲程序和功能➲启用或关闭Windows功能➲Internet Information Services➲Web管理工具➲IIS管理控制台】），然后到微软网站下载与安装IIS Manager for Remote Administration】。

STEP 1　单击左下角**开始**图标⊞➲Windows 管理工具➲Internet Information Services（IIS）管理器。

STEP 2　如图15-6-8所示单击**起始页**➲**连接至站点...**➲在前景图中输入要连接的服务器名称（WEB1）与站点名称（Default Web Site）➲单击下一步按钮。

图 15-6-8

STEP 3　在图15-6-9中输入**IIS管理员**的用户名与密码后单击下一步按钮。

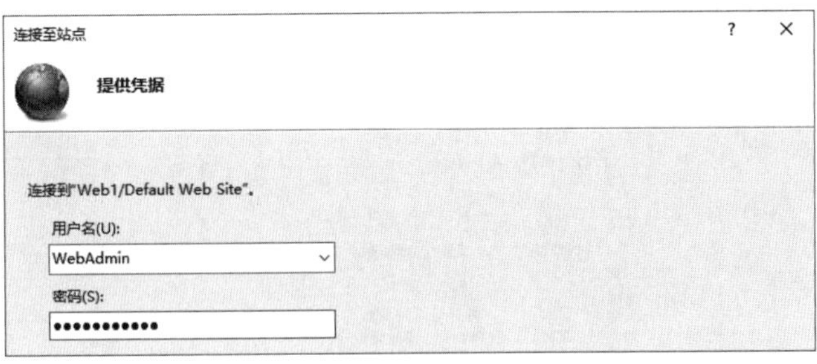

图 15-6-9

如果服务器WEB1未允许**问价和打印机共享**通过 **Windows防火墙**的话，则可能会显示无法解析WEB1的IP地址的警告信息。

STEP 4　若出现图15-6-10的话，请直接单击连接按钮。

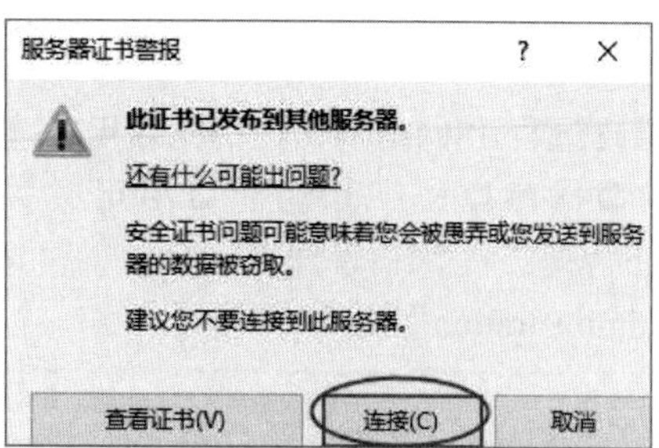

图 15-6-10

此时如果出现（**401**）**未经授权**提示的话，请检查图15-6-6的设置是否完成。

STEP 5　在图15-6-11中直接单击完成按钮即可。

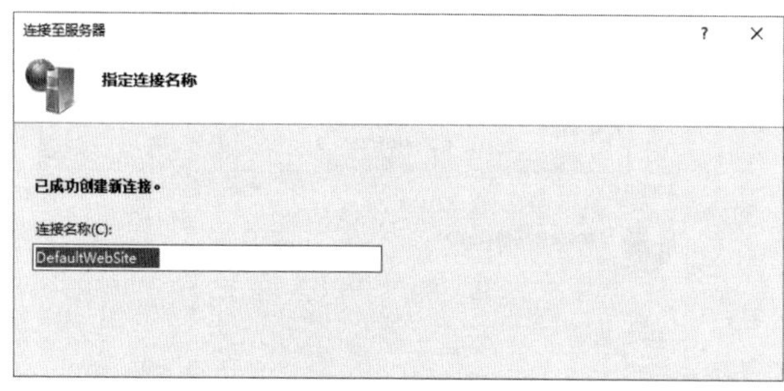

图 15-6-11

STEP 6　接下来就可以通过图15-6-12的界面来管理Default Web Site。

图 15-6-12

IIS计算机是通过TCP端口号8172来监听远程管理的请求，而在安装IIS的**管理服务**角色服务后，**Windows Defender防火墙**就会自动开放此端口。

第16章　PKI与https网站

当数据在网络上传输时，这些数据可能会被截取、窜改，而PKI（Public Key Infrastructure，公钥基础结构）可以确保电子邮件、电子商务交易、文件传输等各类数据传输的安全性。

- PKI概述
- 证书颁发机构（CA）概述与根CA的安装
- https网站证书实例演练
- 证书的管理

16.1 PKI概述

用户通过网络将数据发送给接收者时，可以利用PKI所提供的以下三个功能来确保数据传送的安全性：

- 对传输的数据进行加密（encryption）。
- 接收者计算机会验证所收到的数据是否由发送者本人所发出的（authentication）。
- 接收者计算机还会确认数据的完整性（integrity），也就是检查数据在传输过程中是否被窜改。

PKI根据Public Key Cryptography（公钥密码编译法）来提供上述功能，而用户需要拥有以下的一组密钥来支持这些功能：

- **公钥**：用户的公钥（public key）可以公开给其他用户。
- **私钥**：用户的私钥（private key）是该用户私有的，并且是存储在用户的计算机内，只有他能够访问。

用户需要通过向**证书颁发机构**（Certification Authority，CA）申请证书（certificate）的方法来拥有与使用这一组密钥。

16.1.1 公钥加密法

数据被加密后，需要经过解密才能读取数据的内容。PKI使用**公钥加密法**（Public Key Encryption）来对数据加密与解密。发送者利用接收者的公钥对数据加密，而接收者利用自己的私钥对数据解密，例如图16-1-1为用户George发送一封经过加密的电子邮件给用户Mary的流程。

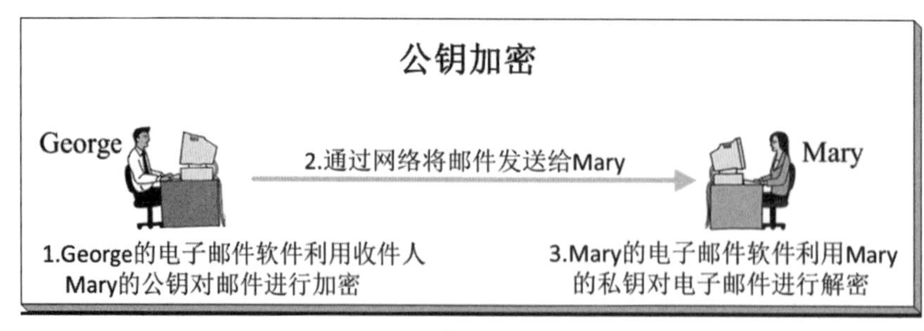

图 16-1-1

图中George需先取得Mary的公钥，才能利用此密钥来将电子邮件加密，而因为Mary的私钥只存储在他的计算机内，故只有他的计算机可以对此邮件解密，因此他可以正常读取此邮

件。其他用户即使拦截这封邮件也无法读取邮件内容，因为他们没有Mary的私钥，无法对其解密。

公钥加密法使用公钥来加密、私钥来解密，此方法又称为**非对称式**（asymmetric）加密法。另一种加密法是**单密钥加密法**（secret key encryption），又称为**对称式**（symmetric）加密法，其加密、解密都是使用同一个密钥。

16.1.2 公钥验证法

发送者可以利用**公钥验证法**（Public Key Authentication）来对要发送的数据做“数字签名”（数字签名、数字签署、digital signature），而接收者计算机在收到数据后，便能够通过此数字签名来验证数据是否确实是由发送者本人所发出，同时还会检查数据在传送的过程中是否被窜改。

发送者是利用自己的私钥对数据签名，而接收者计算机会利用发送者的公钥来验证此份数据。例如图16-1-2为用户George发送一封经过签名的电子邮件给用户Mary的流程。

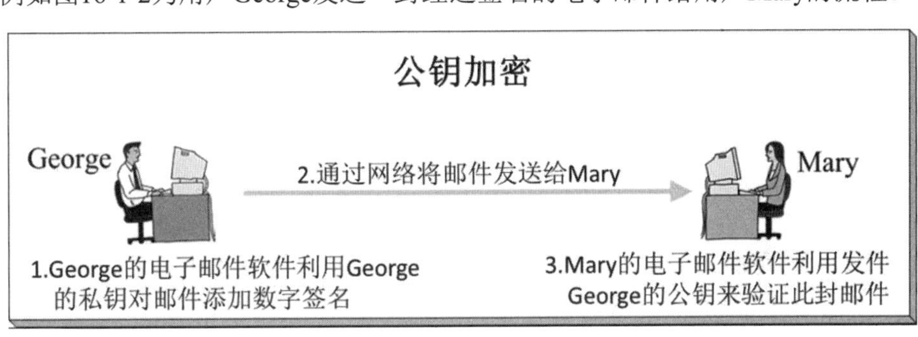

图 16-1-2

由于图中的邮件是经过George的私钥签名，而公钥与私钥是一对的，因此收件人Mary必须先取得发件人George的公钥后，才可以利用此密钥来验证这封邮件是否由George本人所发送过来的，并检查这封邮件是否被窜改。

数字签名是如何产生的？又如何用来验证身份呢？请参考图16-1-3的流程。

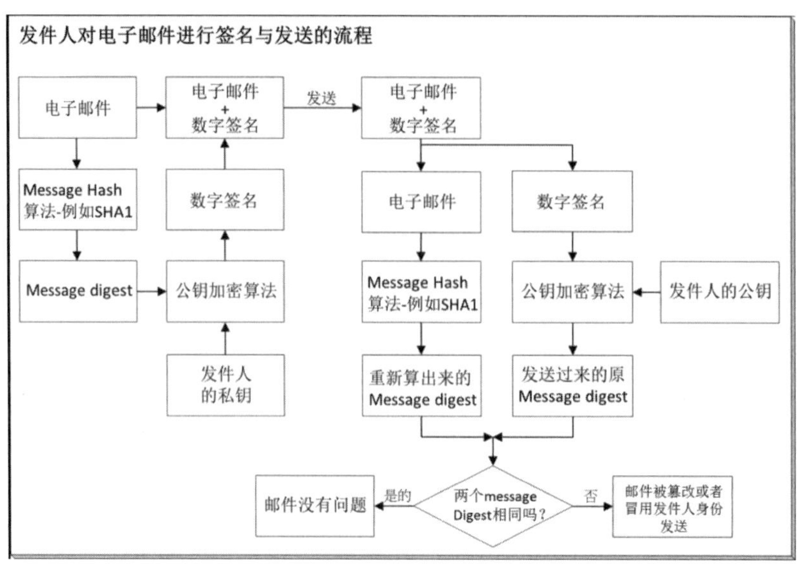

图 16-1-3

以下简要解释图中的流程：

- 发件人的电子邮件经过**消息哈希算法**（message hash algorithm）的运算处理后，产生一个message digest，它是一个**数字指纹**（digital fingerprint）。
- 发件人的电子邮件软件利用发件人的私钥对此message digest加密，所使用的加密方法为**公钥加密算法**（public key encryption algorithm），加密后的结果被称为**数字签名**（digital signature）。
- 发件人的电子邮件软件将原电子邮件与数字签名一并发送给收件人。
- 收件人的电子邮件软件会将收到的电子邮件与数字签名分开处理：
  - 电子邮件重新经过**消息哈希算法**的运算处理后，产生一个新的message digest。
  - 数字签名经过**公钥加密算法**的解密处理后，可得到发件人发来的原message digest。
- 新message digest与原message digest应该相同，否则表示这封电子邮件被窜改或是由假冒身份者发送来的。

16.1.3 https网站安全连接

Https网站使用SSL（Secure Sockets Layer）来提供网站的安全连接。SSL是以PKI为基础的安全通信协议，如果要让网站拥有SSL安全连接（https）功能的话，就需要为网站向**证书颁发机构**（CA）申请SSL证书（就是**Web服务器**证书），证书内包含了公钥、证书有效期限、发放此证书的CA、CA的数字签名等信息。

在网站拥有SSL证书之后，浏览器与网站之间就可以通过SSL安全连接来通信，也就是将URL路径中的**http**改为**https**，例如网站为www.sayms.local，则浏览器要利用

https://www.sayms.local/ 来连接网站。

我们以图16-1-4来说明浏览器与网站之间是如何建立SSL安全连接的。建立SSL安全连接时，会建立一个双方都同意的**会话密钥**（session key），并利用此密钥来将双方所传输的数据加密、解密与确认数据是否被窜改。

- 客户端浏览器利用https://www.sayms.local/来连接网站时，客户端会先发出Client Hello消息给网站服务器。
- 网站服务器回送Server Hello消息给客户端，此消息内包含网站的证书信息（内含公钥）。
- 客户端浏览器与网站双方开始协商SSL连接的安全级别，例如选择40或128位加密密钥。位数越多，越难破解，数据越安全，但网站性能会受到影响。

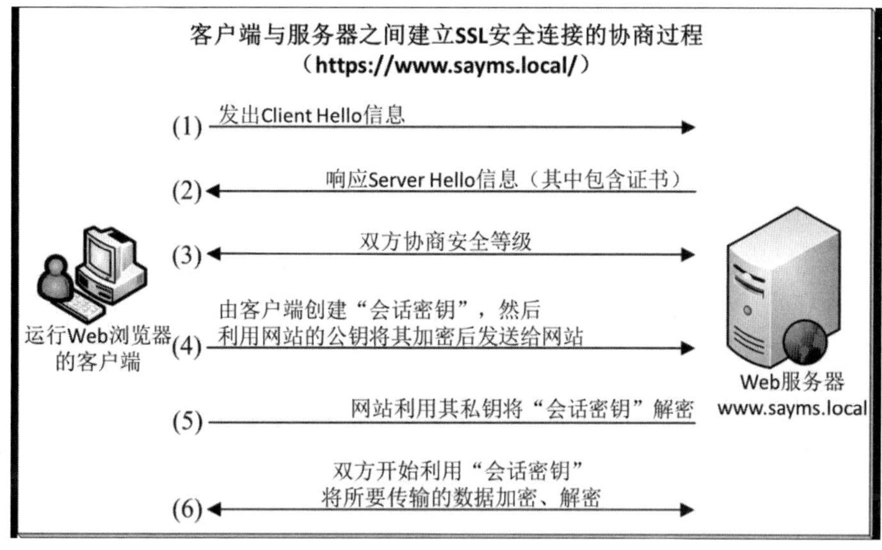

图 16-1-4

- 浏览器根据双方同意的安全级别来建立会话密钥、利用网站的公钥对会话密钥加密、将加密过后的会话密钥发送给网站。
- 网站利用它自己的私钥来对会话密钥解密。
- 之后浏览器与网站双方相互之间传送的所有数据，都会利用这个会话密钥对其加密与解密。

16.2 证书颁发机构概述与根CA的安装

无论是电子邮件保护或SSL网站安全连接都需要申请证书（certification），才可以使用公钥与私钥来对数据加密与验证身份。这就如同必须拥有汽车驾驶执照（证书）才能开车（使用密钥）一样。而负责发放证书的机构被称为**证书颁发机构**（Certification Authority，

CA）。

用户申请证书时会自动建立公钥与私钥，其中的私钥会被存储到用户计算机的注册表（registry）中，同时证书申请数据与公钥会一并被发送到CA。CA检查这些数据无误后，会利用CA自己的私钥对要发放的证书加以签名，然后发放此证书。用户收到证书后，将证书安装到他的计算机中。

证书内包含了证书的发放对象（用户或计算机）、证书有效期限、发放此证书的CA与CA的数字签名（类似于汽车驾驶执照上的交通管理部门公章），还有申请者的姓名、地址、电子邮件信箱、公钥等数据。

16.2.1 CA的信任

在PKI架构下，当用户利用某CA所发放的证书来发送一封经过签名的电子邮件时，收件人的计算机应该要信任（trust）由此CA所发放的证书，否则收件人的计算机会将此电子邮件视为有问题的邮件。

又例如客户端利用浏览器连接SSL网站时，客户端计算机也必须信任发放SSL证书给此网站的CA，否则客户端浏览器会显示警告消息。

系统默认已自动信任一些知名商业CA，而Windows 10计算机可通过【按⊞+R键➲输入control后按Enter键➲网络和Internet➲Internet选项➲**属性**选项卡➲证书按钮➲如图16-2-1所示的**受信任的根证书颁发机构**选项卡】来查看其已经信任的CA。

图 16-2-1

可以向上述商业CA来申请证书，例如VeriSign，但如果贵公司只是希望在各分公司、事业合作伙伴、供货商与客户之间，能够安全的通过Internet传输数据的话，则可以不需要向上

述商业CA申请证书，因为可利用Windows Server 2019 **Active Directory证书服务**（Active Directory Certificate Services）来自行搭建CA，然后利用此CA来给员工、客户与供货商等发放证书，并让其计算机来信任此CA。

16.2.2 AD CS的CA种类

Windows Server 2019的**Active Directory证书服务**（AD CS）将CA分为：

- **企业CA**：企业CA又分为企业根CA与企业从属CA，它需要Active Directory域，可以将企业CA安装到域控制器或成员服务器。它发放证书的对象仅限域用户，当域用户申请证书时，企业CA会从Active Directory来得知该用户的账户信息，并据以决定其是否有权限来申请该证书。

  企业从属CA需向其父CA（例如企业根CA或独立根CA）取得证书之后，才会正常工作。企业从属CA也可以发放证书给再下一层的从属CA。
- **独立CA**：独立CA又分为独立根CA与独立从属CA，它不需要Active Directory域。它可以是独立服务器、成员服务器或域控制器。无论是否为域用户，都可以向独立CA申请证书。
- 独立从属CA需要向其父CA（例如企业根CA或独立根CA）取得证书之后，才会正常工作。独立从属CA也可以发放证书给再下一层的从属CA。

16.2.3 安装Active Directory证书服务与搭建根CA

我们利用图16-2-2说明如何将独立根CA安装到图中的Windows Server 2019计算机CA1，并利用图中的Windows 10计算机Win10PC1来说明如何信任CA：

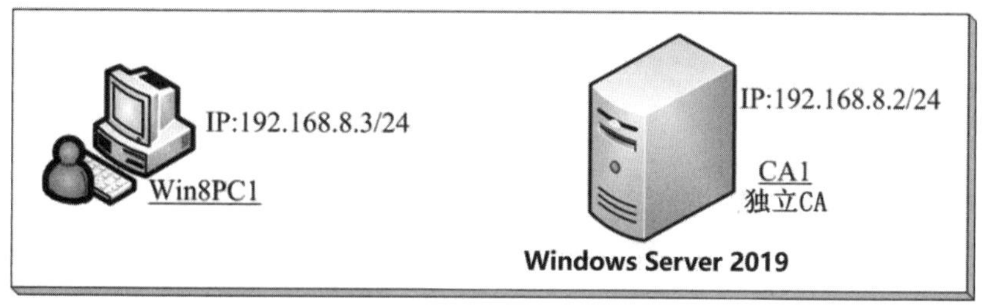

图 16-2-2

STEP 1 请利用本地Administrators组成员的身份如果图中的CA1（若要安装企业根CA的话，请利用域Enterprise Admins组成员的身份登录）。

STEP 2 打开**服务器管理器**➲单击**仪表板**处的**添加角色和功能**➲持续单击下一步按钮一直到出现如图16-2-3所示的**选择服务器角色**界面时勾选**Active Directory证书服务**➲单击添加功能按钮】。

图 16-2-3

STEP 3　持续单击**下一步**按钮一直到出现图16-2-4界面时，请增加勾选**证书颁发机构Web注册**后单击**添加功能**按钮，它会同时安装IIS网站，以支持用户通过浏览器来申请证书。

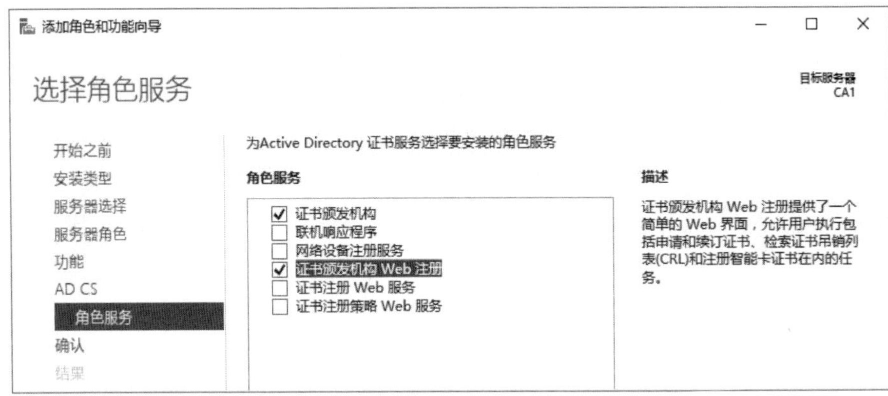

图 16-2-4

STEP 4　持续单击**下一步**按钮一直到**确认安装所选内容**界面时单击**安装**按钮。

STEP 5　单击图16-2-5中的配置目标服务器上的Active Directory证书服务。

图 16-2-5

STEP 6　在图16-2-6中直接单击**下一步**按钮。

图 16-2-6

STEP 7　如图16-2-7所示进行勾选后单击下一步按钮。

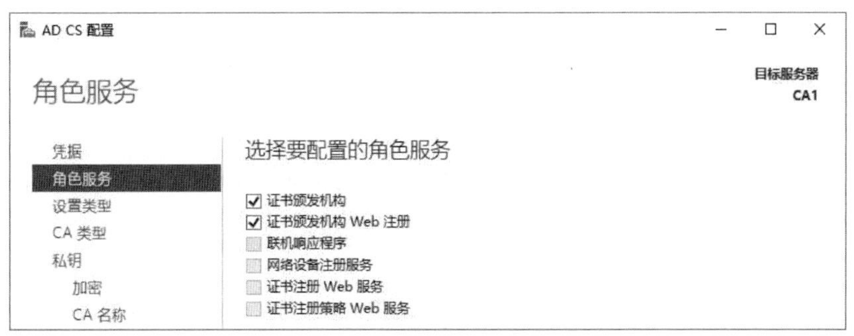

图 16-2-7

STEP 8　在图16-2-8中选择CA的类型后单击下一步按钮。

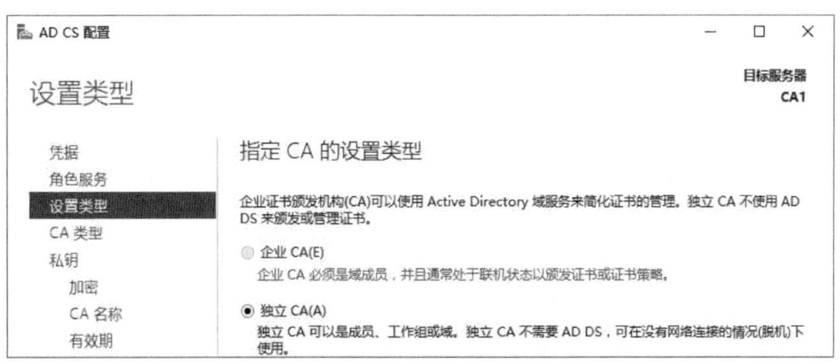

图 16-2-8

如果此计算机是独立服务器或不是利用域Enterprise Admins成员身份登录的话，就无法选择**企业CA**。

STEP 9　在图16-2-9中选择**根CA**后单击下一步按钮。

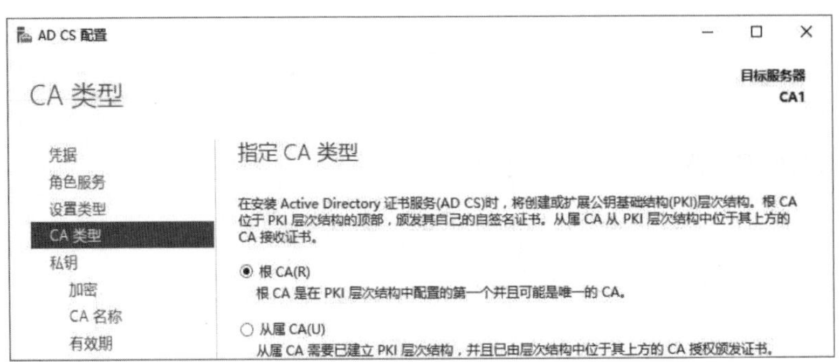

图 16-2-9

STEP 10 在接下来的**私钥**界面采用默认的**创建新的私钥**后单击下一步按钮。CA必须拥有此私钥后才能向客户端发放证书。

STEP 11 出现**指定加密选项**界面时直接单击下一步按钮来采用默认值即可。

STEP 12 在**指定CA名称**界面上为此CA设置名称（假设是Sayms Standalone Root）后单击下一步按钮。

STEP 13 在**指定有效期**界面中单击下一步按钮。CA的有效期限默认为5年。

STEP 14 在**指定数据库位置**界面中单击下一步按钮来采用默认值即可。

STEP 15 在**确认**界面中单击配置按钮、出现**结果**界面时单击关闭按钮。

安装完成后可通过【单击左下角**开始**图标⊞➲Windows 管理工具➲证书颁发机构】或【在**服务器管理器**中单击右上方的**工具**➲证书颁发机构】来管理CA，如图16-2-10所示为独立根CA的管理界面。

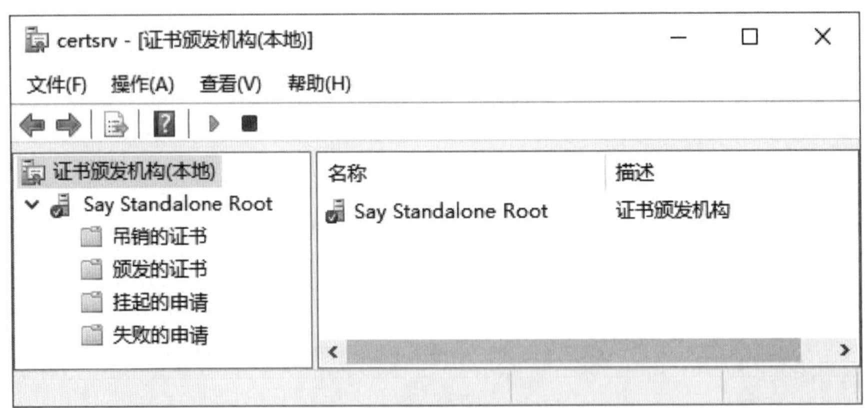

图 16-2-10

如果是企业CA的话，则它是根据**证书模板**（见图16-2-11）来颁发证书的，例如图16-2-11右侧的**用户**模板内同时提供了可以用来对文件加密的证书、保护电子邮件安全的证书与验证客户端身份的证书。

图 16-2-11

如何信任企业 CA

Active Directory域会自动通过组策略让域内的所有计算机信任企业CA（也就是自动将企业CA的证书安装到客户端计算机），如图16-2-12是在域内一台Windows 10计算机上利用【按⊞+R键➲输入control后按Enter键➲网络和Internet➲Internet选项➲**属性**选项卡➲证书按钮➲**受信任的根证书颁发机构**选项卡】所看到的界面，此计算机自动信任企业根CA“Sayms Enterprise Root”。

图 16-2-12

如何手动信任企业或独立 CA

未加入域的计算机并未信任企业CA，另外无论是否为域成员计算机，它们默认也没有信任独立CA，但可以在这些计算机上手动信任企业或独立CA。以下步骤要是让前面图16-2-2中的Windows 10计算机Win10PC1信任图中的独立根CA。

STEP 1 请到Win10PC1上执行Microsoft Edge，并输入以下的URL路径：

http://192.168.8.2/certsrv

其中192.168.8.2为图16-2-2中独立CA的IP地址，此处也可改为CA的DNS主机名或NetBIOS计算机名。

如果客户端为Windows Server 2019、Windows Server 2016等服务器的话，先将其**IE增强的安全配置**关闭，否则系统会阻挡其连接CA网站：【打开**服务器管理器**➲单击**本地服务器**➲单击**IE增强的安全性配置**右侧的设置值➲选择**管理员**处的**关闭**】。

STEP 2 在图16-2-13中单击**下载CA证书、证书链或CRL**。

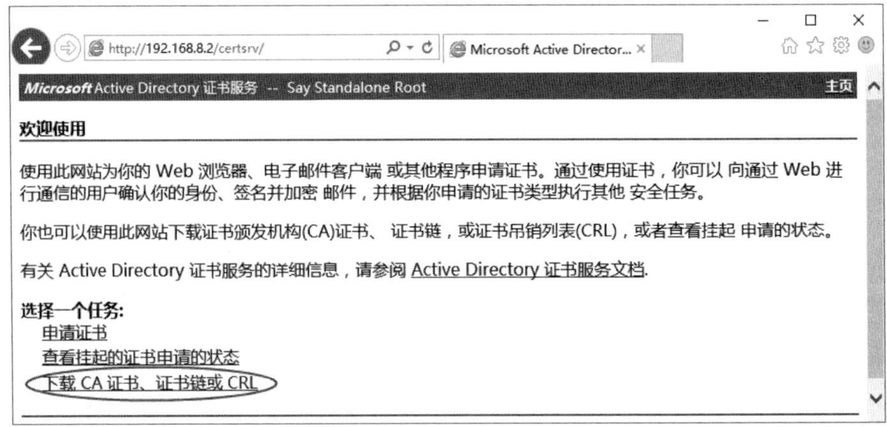

图 16-2-13

STEP 3 在图16-2-14中单击**下载CA证书链**，然后在前景图中单击保存按钮以便将其保存在本地，默认文件名为certnew.p7b。

图 16-2-14

STEP 4　按⊞+R键➲输入**mmc**后按Enter键➲**文件**菜单➲添加/删除管理单元➲从列表中选择**证书**后单击添加按钮➲在图16-2-15中选择**计算机账户**后依序单击下一步按钮、完成按钮、确定按钮。

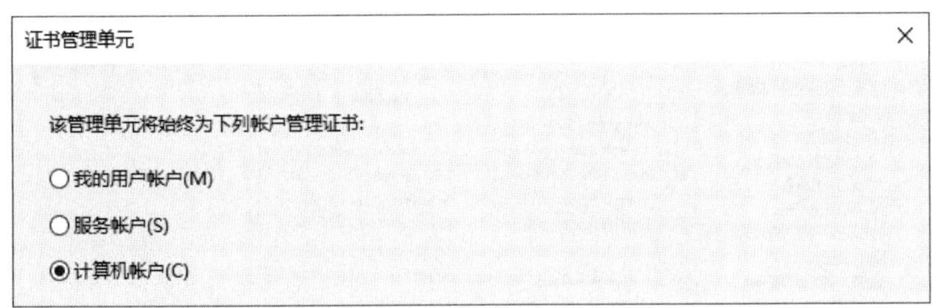

图 16-2-15

STEP 5　如图16-2-16所示展开到**受信任的根证书颁发机构**➲选中**证书**右击➲所有任务➲导入➲单击下一步按钮。

图 16-2-16

STEP 6　在**欢迎使用证书导入向导**界面中单击下一步按钮。

STEP 7　在图16-2-17中选择前面所下载的CA证书链文件后单击下一步按钮。

图 16-2-17

STEP 8 接下来依序单击**下一步**按钮、**完成**按钮、**确定**按钮。图16-2-18为完成后界面。

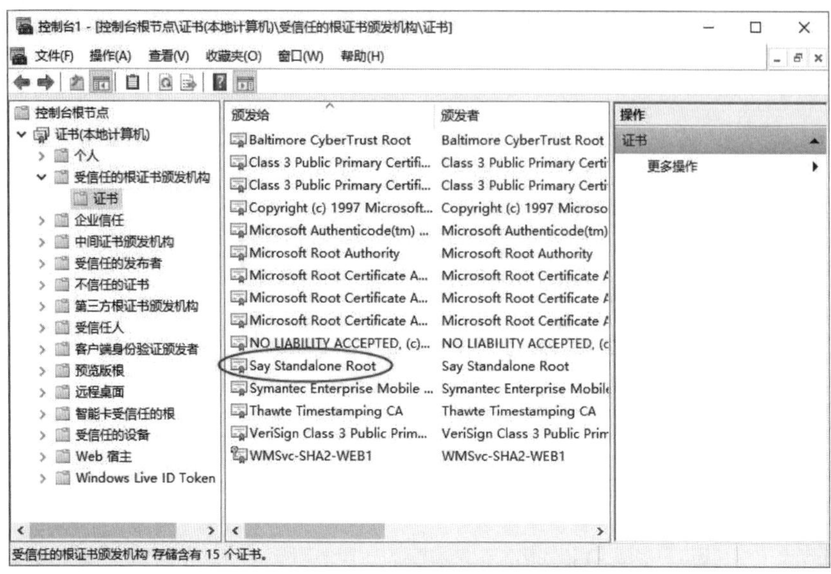

图 16-2-18

16.3 https网站证书实例演练

我们必须为网站申请SSL证书，网站才会具备SSL安全连接（https）的能力。如果网站是要面向Internet用户提供服务的话，请向商业CA来申请证书，例如VeriSign；如果网站只是要对内部员工、企业合作伙伴提供服务的话，则可自行利用**Active Directory证书服务**（AD CS）来搭建CA，并向此CA申请证书即可。我们将利用AD CS来搭建CA，并通过以下程序来练习https（SSL）网站的设置：

- 先在网站计算机上创建证书申请文件。
- 接着利用浏览器将证书申请文件发送给CA，然后下载证书文件：
  - **企业CA**：由于企业CA会自动发放证书，因此在将证书申请文件提交给CA时，就可以直接下载证书文件。
  - **独立CA**：独立CA默认并不会自动发放证书，因此必须等CA管理员手动发放证书后，再利用浏览器来连接CA与下载证书文件。
- 将SSL证书安装到IIS计算机，并将其绑定（binding）到网站，该网站便拥有SSL安全连接的能力。
- 测试客户端浏览器与网站之间的SSL安全连接功能是否正常。

我们利用图16-3-1来练习SSL安全连接，图中要启用SSL的网站为计算机WEB1内的Default Web Site，其网址为www.sayms.local，请先在此计算机安装好**Web服务器（IIS）**角

色；CA1为独立根CA，其名称为Sayms Standalone CA，这台计算机兼扮演DNS服务器，请安装好DNS服务器角色，并在其中建立正向查找区域sayms.local、建立主机记录www（IP地址为192.168.8.1）；我们要在Win10PC1计算机上利用浏览器来连接SSL网站。CA1与Win10PC1计算机可直接使用前面图16-2-2的计算机，但需要另外指定首选DNS服务器IP地址192.168.8.2。

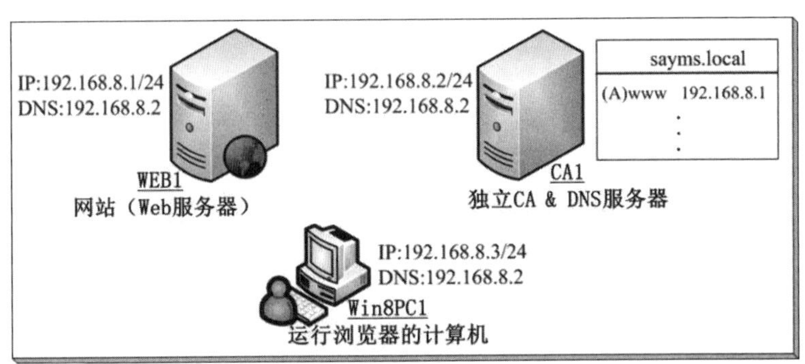

图 16-3-1

16.3.1 让网站与浏览器计算机信任CA

网站WEB1与执行浏览器的Win10PC1都应该信任发放SSL证书的CA，否则浏览器在利用https（SSL）连接网站时会显示警告信息。如果是企业CA，而且网站与浏览器计算机都是域成员的话，则它们都会自动信任此企业CA，然而图中的CA为独立CA，故需要分别到WEB1与Win10PC1上手动执行信任CA的操作，请参考前面**如何手动信任企业或独立CA**的说明。

16.3.2 在网站上创建证书申请文件

请到扮演网站www.sayms.local角色的计算机WEB1上执行以下操作步骤：

STEP 1 单击左下角**开始**图标⊞➲Windows 管理工具➲Internet Information Services（IIS）管理器。

STEP 2 如图16-3-2所示单击WEB1➲服务器证书➲创建证书申请...。

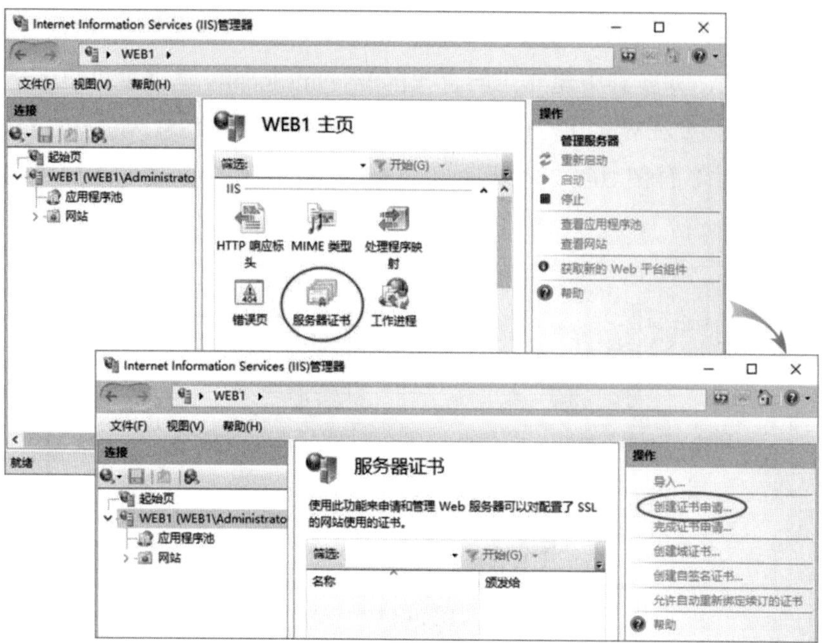

图 16-3-2

STEP 3　在图16-3-3中输入网站的相关数据后单击**下一步**按钮。注意因为在**通用名称**处的网址被设置为www.sayms.local，也就是证书的发放对象为www.sayms.local，因此客户端需要使用此域名来访问网站。

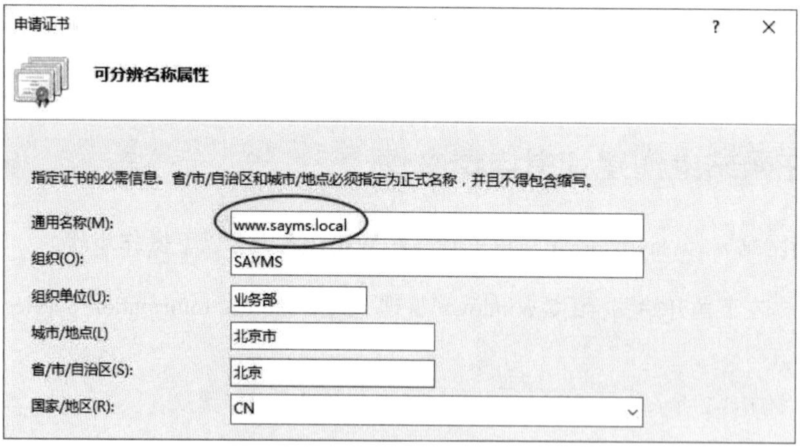

申请证书

可分辨名称属性

指定证书的必需信息。省/市/自治区和城市/地点必须指定为正式名称，并且不得包含缩写。

通用名称(M):	www.sayms.local
组织(O):	SAYMS
组织单位(U):	业务部
城市/地点(L)	北京市
省/市/自治区(S):	北京
国家/地区(R):	CN

图 16-3-3

STEP 4　在图16-3-4中直接单击**下一步**按钮即可。图中的**位长**是用来指定网站公钥的位度，位度越大，安全性越高，但效率越低。

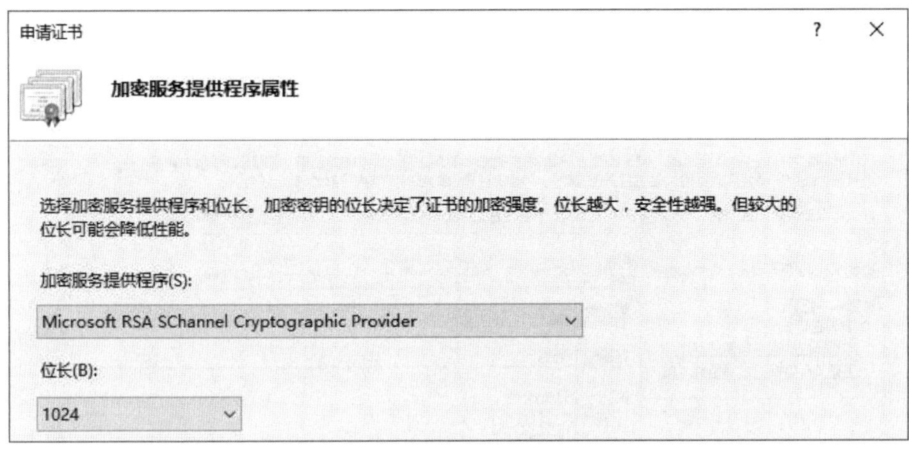

图 16-3-4

STEP 5　在图16-3-5中设置证书申请文件的文件名与存储位置后单击完成按钮。

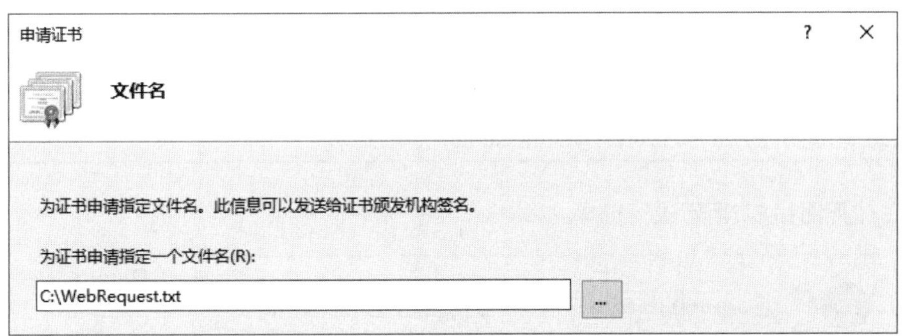

图 16-3-5

16.3.3 证书的申请与下载

继续在扮演网站角色的计算机WEB1上执行以下操作步骤（以下是针对独立根CA，但会附带说明企业根CA的操作）：

STEP 1　先将**IE增强的安全配置**关闭，否则系统会阻挡其连接CA网站：【打开**服务器管理器**➲单击**本地服务器**➲单击**IE增强的安全配置**右侧的配置值➲选择**管理员**处的**关闭**】。

STEP 2　执行Internet Explorer，并输入以下的URL路径：

http://192.168.8.2/certsrv

其中192.168.8.2为图16-3-1中独立CA的IP地址，此处也可改为CA的DNS主机名或NetBIOS计算机名。

STEP 3　在图16-3-6中选择**申请证书**、**高级证书申请**。

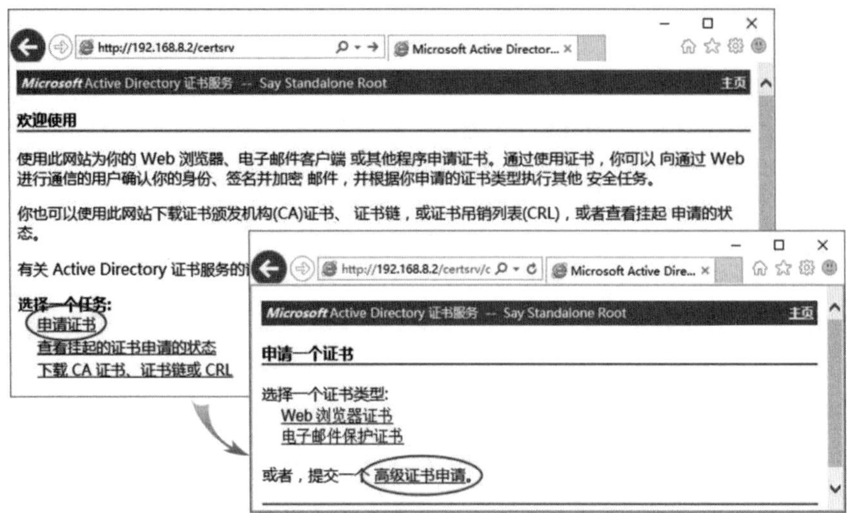

图 16-3-6

> 如果是向企业CA申请证书的话，则系统会先要求输入用户账户名与密码，此时请输入域系统管理员账户（例如sayms\administrator）与密码。

STEP 4 依照图16-3-7所示进行选择。

图 16-3-7

STEP 5 在继续下一个步骤之前，请先利用**记事本**打开前面的证书申请文件C:\WebCertReq.txt，然后如图16-3-8所示复制整个文件的内容。

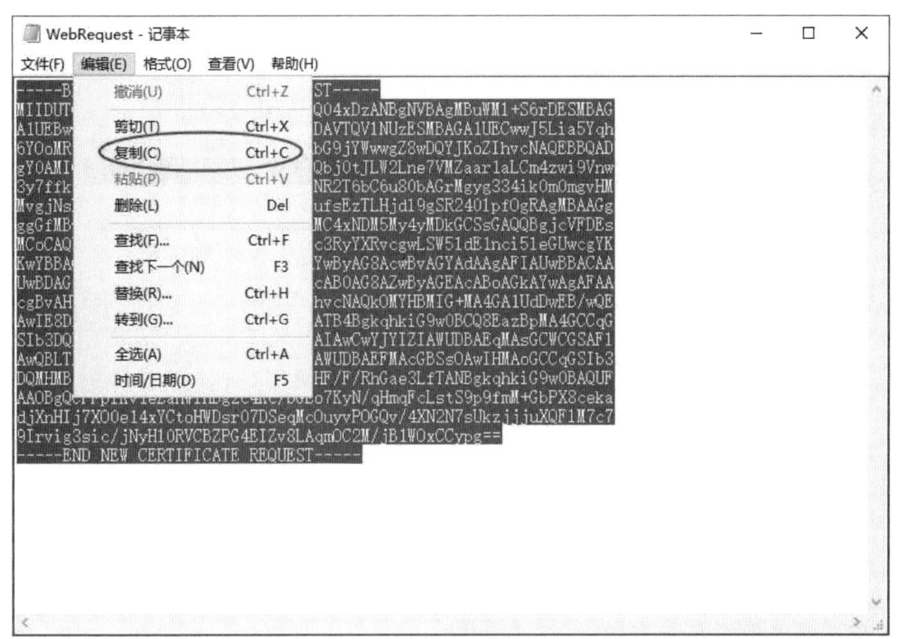

图 16-3-8

STEP 6 将所复制下来的内容粘贴到图16-3-9界面中所示区域，完成后单击**提交**按钮。

如果是企业CA的话，界面中还有一个**证书模板**处字段，请在此字段选择**Web服务器**。

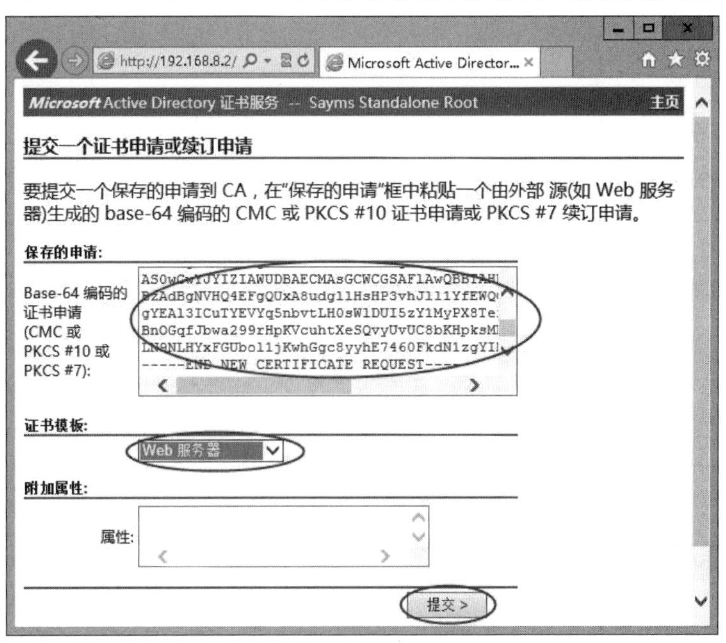

图 16-3-9

STEP 7 因为独立CA默认并不会自动颁发证书，因此请依照图16-3-10的要求，等CA系统管理员颁发此证书后，再来连接CA与下载证书。

图 16-3-10

STEP 8　到CA计算机上【单击左下角**开始**图标⊞➲Windows 管理工具➲证书颁发机构➲展开到**挂起的申请**➲选中图16-3-11中的证书请求右击➲所有任务➲颁发】。

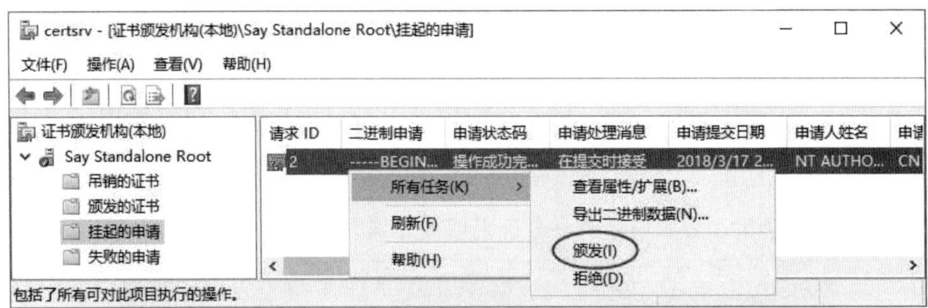

图 16-3-11

STEP 9　回到Web计算机上：【打开网页浏览器➲连接到CA网页（例如http://192.168.8.2/certsrv）➲如图16-3-12所示进行选择】。

图 16-3-12

STEP 10　在图16-3-13中单击**下载证书**、单击保存按钮来存储证书，其默认文件名为

certnew.cer。

图 16-3-13

16.3.4 安装证书

我们要利用以下步骤来将从CA下载的证书安装到IIS计算机上。

STEP 1 如图16-3-14所示单击WEB1➲服务器证书➲完成证书申请...。

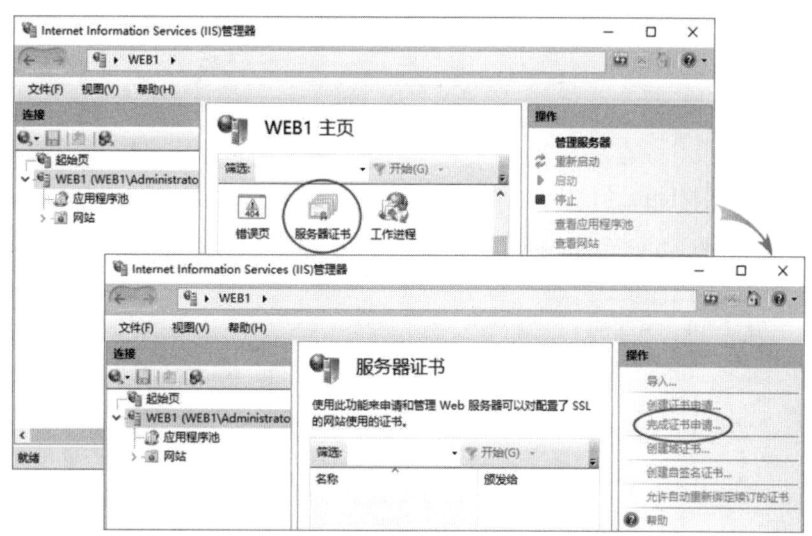

图 16-3-14

STEP 2 在图16-3-15中选择前面所下载的证书文件、设置好记的名称（例如**Default Web Site的证书**）后单击确定按钮。

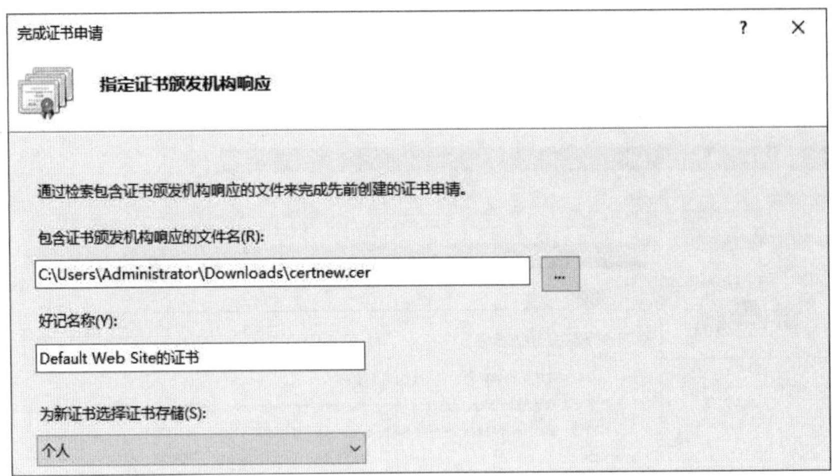

图 16-3-15

STEP **3** 图16-3-16为完成后的界面。

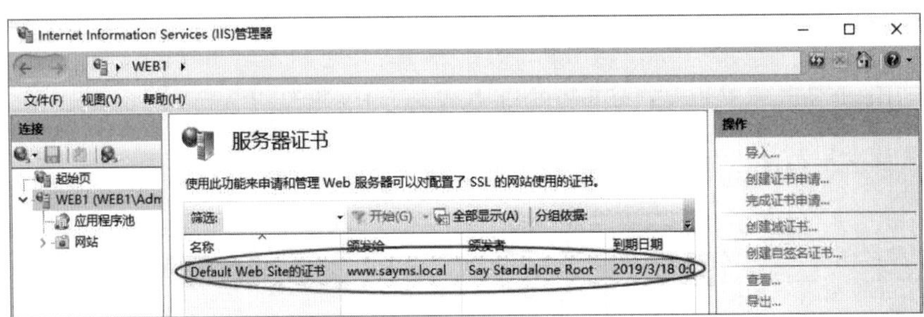

图 16-3-16

STEP **4** 接下来需要将https通信协议绑定（binding）到Default Web Site：请如图16-3-17所示单击Default Web Site右侧的**绑定...**。

图 16-3-17

STEP **5** 如图16-3-18所示单击添加按钮➲在**类型**处选择**https**➲在**SSL证书**处选择**Default Web Site的证书**后单击确定按钮➲单击关闭按钮。

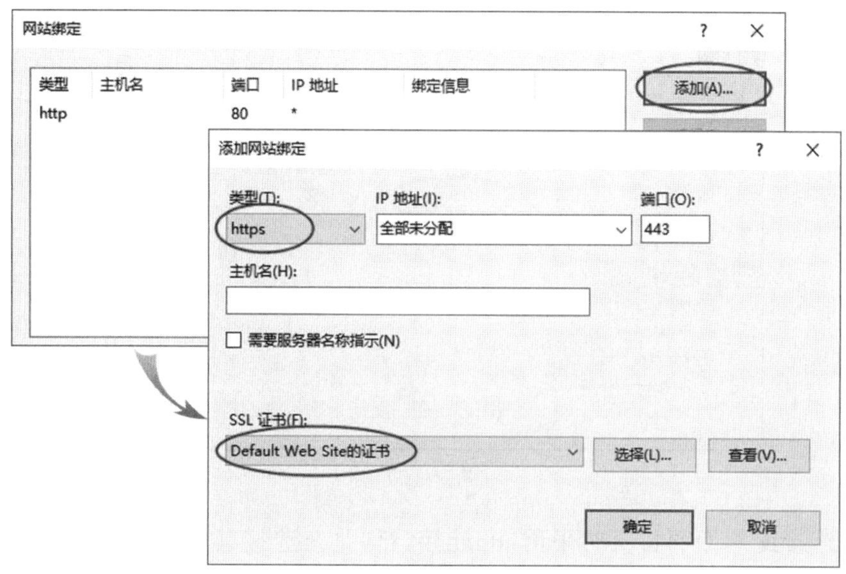

图 16-3-18

STEP 6 图16-3-19为完成后的界面。

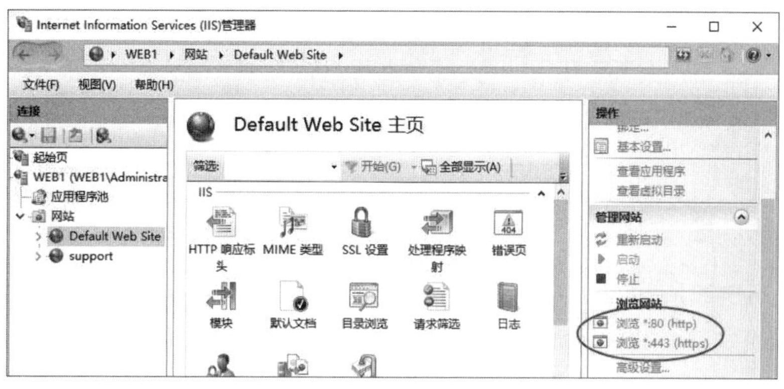

图 16-3-19

16.3.5 测试https连接

为了测试SSL网站工作是否正常，我们将如图16-3-20所示在网站主目录下（假设是C:\inetpub\wwwroot），利用**记事本**（notepad）新建文件名为default.htm的首页文档。建议先在**文件资源管理器**内【单击**查看**菜单➲勾选**扩展名**】，如此在建立文件时才不会弄错扩展名，同时在图16-3-20才看到文件default.htm的扩展名.htm。

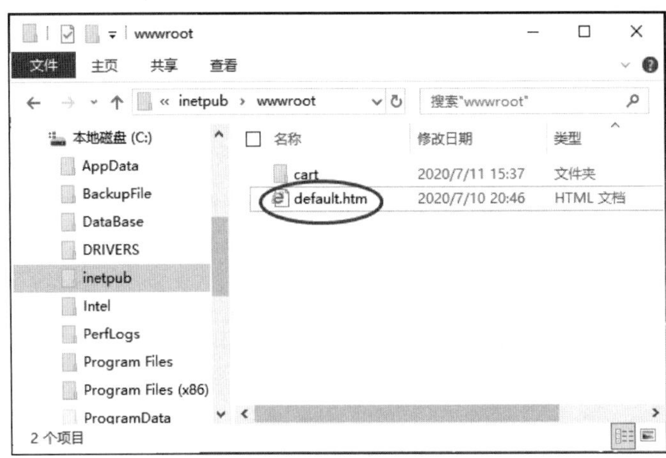

图 16-3-20

假设在连接此网站的首页时采用http连接，但是在连接其中的文件夹cart时就会采用https。此default.htm首页的内容如图16-3-21所示，其中 **SSL安全连接**的URL为**https://www.sayms.local/cart/**。

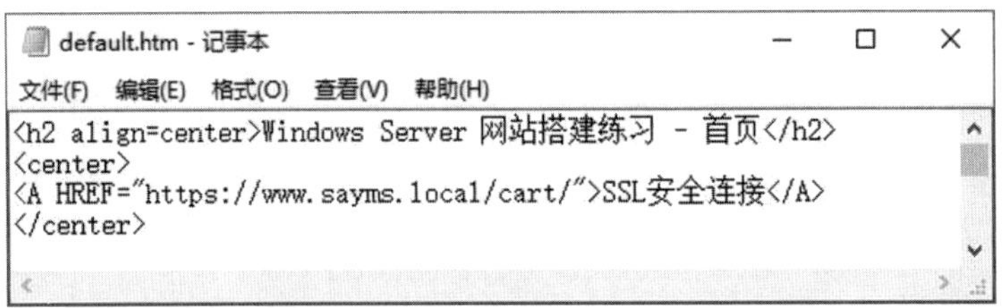

图 16-3-21

接着如图16-3-22所示在主目录之下建立一个子文件夹cart，然后在其中也建立一个default.htm的首页文档，其内容如图16-3-23所示，在用户单击前面图16-3-21中**SSL安全连接**的超链接后，就会以SSL的方式来打开此网页。

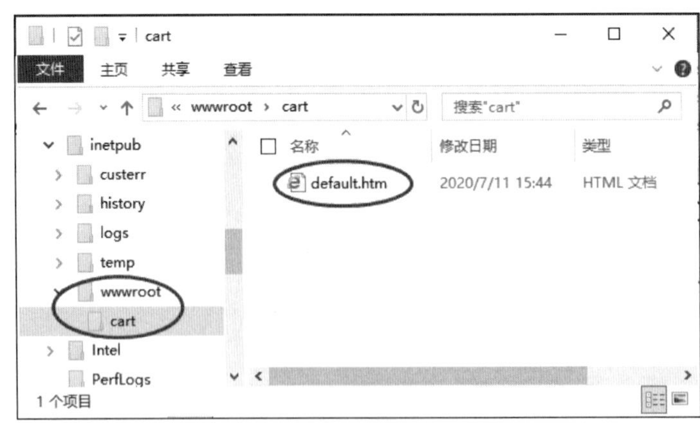

图 16-3-22

图 16-3-23

我们将利用图16-3-1中Win10PC1计算机来尝试与SSL网站建立SSL安全连接：打开Microsoft Edge，然后利用常规连接方式**http://www.sayms.local/** 来访问网站，此时应该会看到图16-3-24的界面。

图 16-3-24

接着单击图16-3-24中下方的**SSL安全连接**超链接（link），此时它会连接到**https://www.sayms.local/cart/** 内的默认网页default.htm（见图16-3-25）。

图 16-3-25

如果Win10PC1计算机并未信任发放SSL证书的CA或是网站的证书有效期限已过或尚未生效、或是并非利用https://www.sayms.local/cart连接网站（例如使用https://192.168.8.1/cart，因为申请证书时所使用的名称为www.sayms.local，因此需要利用www.sayms.local来连接网站），则在单击**SSL安全连接**超链接后将出现如图16-3-26所示的警告界面，此时仍然可以单击下方的**详细信息**，然后单击**继续浏览此网站（不推荐）**来打开网页或先排除问题后再来测试。

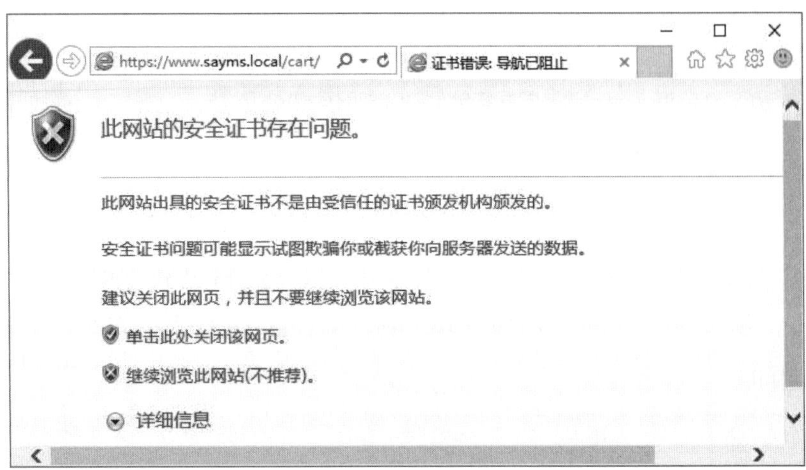

图 16-3-26

如果你确定所有的设置都正确，但是在这台Windows 10计算机的Microsoft Edge浏览器界面上却没有出现应该有的结果时，请先将临时文件删除再试看看：【在Microsoft Edge内单击右上角三点图标➲设置➲隐私与安全➲……】，或是按Ctrl+F5键来要求它跳过临时文件，然后直接去连接网站。

系统默认并未强制客户端需要利用https的SSL方式来连接网站，因此也可以通过http方式来连接。如果要强制连接的话，可以针对整个网站、单一文件夹或单一文件来设置，以文件夹cart为例，其设置方法为：【如图16-3-27所示单击文件夹cart➲SSL设置➲勾选**要求SSL**后单击应用按钮】。

图 16-3-27

如果要针对单一文件来设置的话：【先单击文件所在的文件夹➲单击中间下方的**内容视图**➲单击中间要设置的文件（例如default.htm）➲单击右侧的**切换到功能视图**➲通过中间的**SSL设置**来配置】。

16.4 证书的管理

本节将介绍CA的备份与还原、CA的证书管理与客户端的证书管理等工作。

16.4.1 CA的备份与还原

由于CA数据库与相关数据是包含在**系统状态**（system state）中的，因此可以利用Windows Server Backup来备份系统状态的时候，同时对CA数据进行备份。也可以在扮演CA角色的服务器上：【单击左下角**开始**图标⊞➲Windows 管理工具➲证书颁发机构➲如图16-4-1所示选中CA右击➲所有任务➲**备份CA**或**还原CA**】。

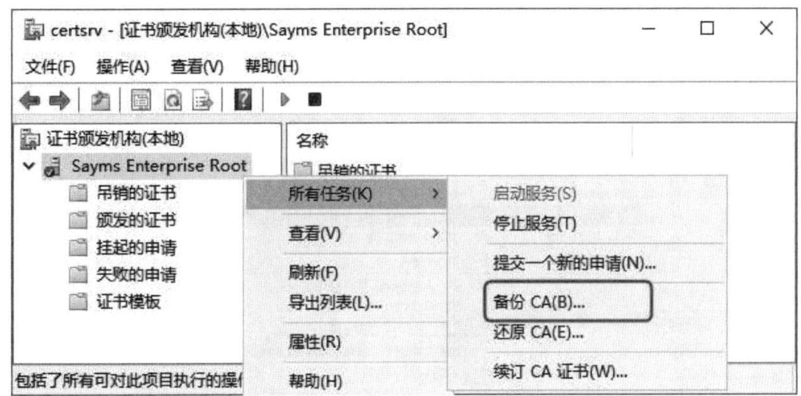

图 16-4-1

16.4.2 管理证书模板

企业CA根据**证书模板**来颁发证书，如图16-4-2所示为企业CA已经开放可供申请的证书模板，每一个模板内包含着多种不同的用途，例如其中的**用户**模板提供文件加密（EFS）、电子邮件保护、客户端身份验证等用途。

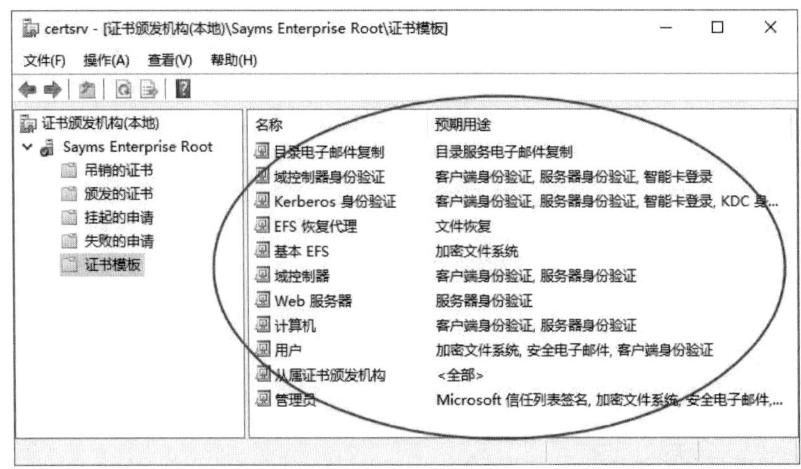

图 16-4-2

企业CA还提供了许多其他证书模板，不过必须先将其启用后，用户才能来申请，启用方法为：【选中图16-4-3中的**证书模板**右击➲新建➲要颁发的证书模板➲选择新的模板（例如**IPSec**）后单击确定按钮】。

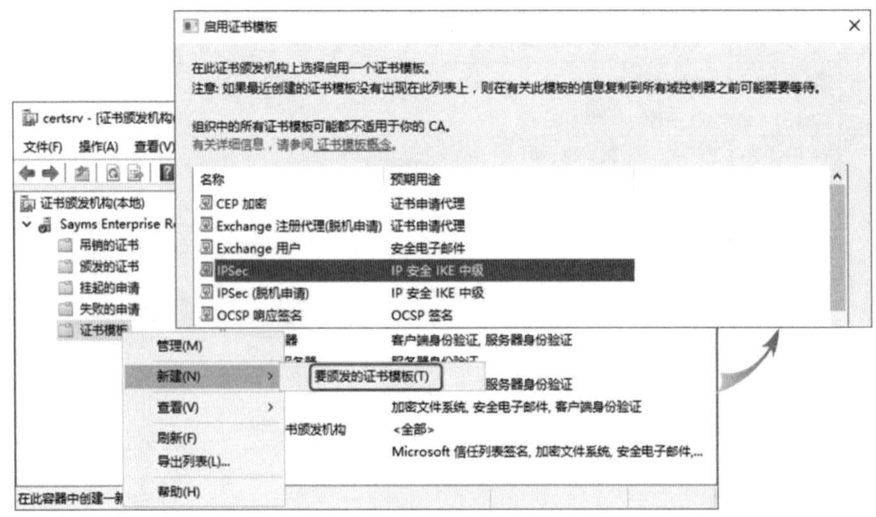

图 16-4-3

你可以更改内置模板的内容，但有的模板内容无法更改，例如**用户**模板。如果想要一个拥有不同设置的用户模板的话，例如有效期限比较长，则可以先复制现有的**用户**模板、然后更改此新范本的有效期限、最后启用此模板，域用户就可以来申请此新模板的证书。更改现有证书模板或建立新证书模板的方法：在**证书颁发机构**控制台中【选中**证书模板**右击➲管理➲在图16-4-4中选中所选证书模板右击➲选择**复制模板**来建立新模板或选择**属性**来更改此模板内的设置】。

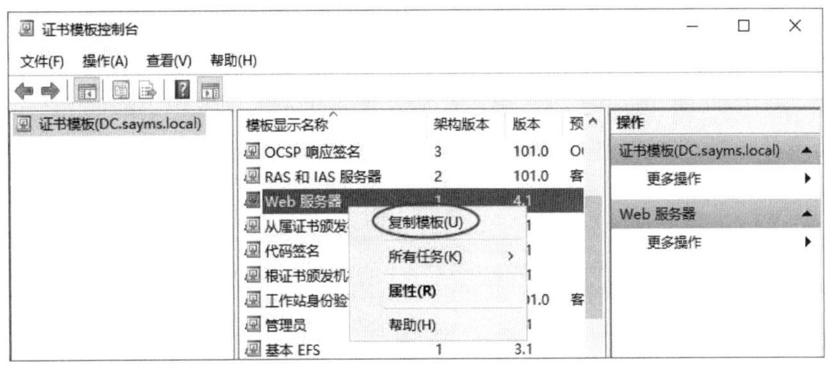

图 16-4-4

16.4.3 自动或手动颁发证书

用户向企业CA申请证书时，需要提供域用户名称与密码，企业CA会通过Active Directory来查询用户的身份，并据以决定用户是否有权申请此证书，然后自动将审核后的证书发放给用户。

然而独立CA不要求提供用户名称与密码，且独立CA默认并不会自动发放用户所申请的证书，而是需要由系统管理员来手动发放此证书。手动发放或拒绝的步骤为：【打开**证书颁发机构**控制台➲单击**挂起的申请**➲选中待颁发的证书右击➲所有任务➲颁发（或拒绝）】。

如果要更改自动或手动颁发设置的话：【选中CA右击➲属性➲在图16-4-5的背景图中单击**策略模块**选项卡➲属性按钮➲在前景图中选择发放的模式】，图中将其改为自动发放。

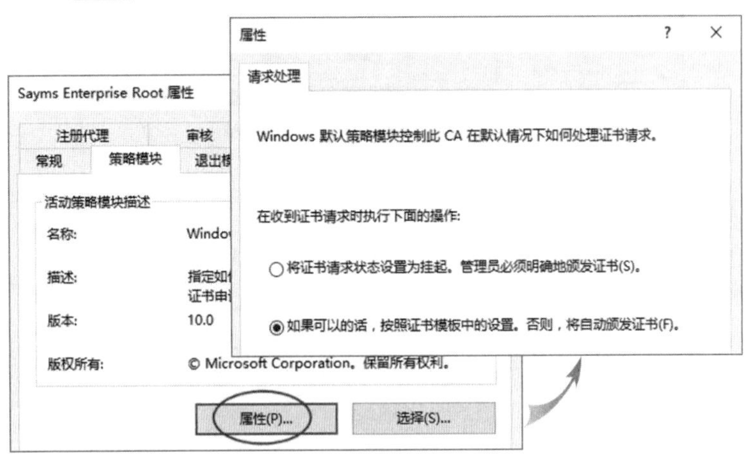

图 16-4-5

16.4.4 吊销证书与CRL

虽然用户所申请的证书有一定的有效期限，例如**电子邮件保护证书**为1年，但是可能会因为其他因素，而提前将尚未到期的证书吊销，例如员工离职。

吊销证书

吊销证书的方法如图16-4-6所示【单击**已颁发的证书**➲选中要吊销的证书右击➲所有任务➲吊销证书➲选择吊销证书的理由➲单击是（Y）按钮】。

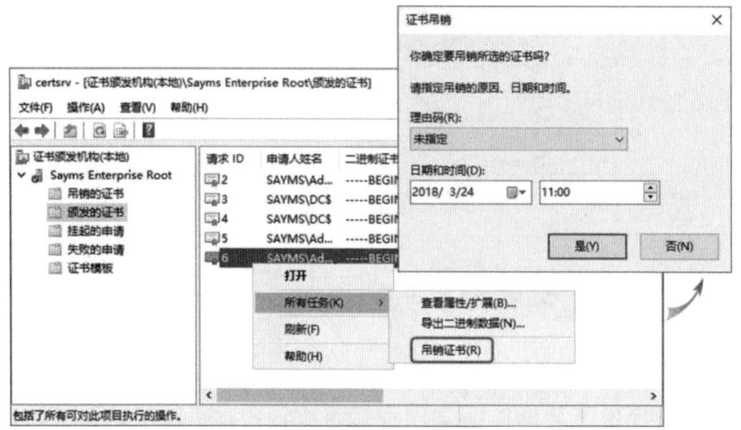

图 16-4-6

已吊销的证书会被加入**证书吊销列表**（certificate revocation list，CRL）内。可以在**已吊销的证书**文件夹内看到这些证书，之后如果要解除吊销的话（只有证书吊销理由为**证书待定**的证书才可以解除吊销），如图16-4-7所示单击**吊销的证书**➲选中该证书右击➲所有任务➲解除吊销证书。

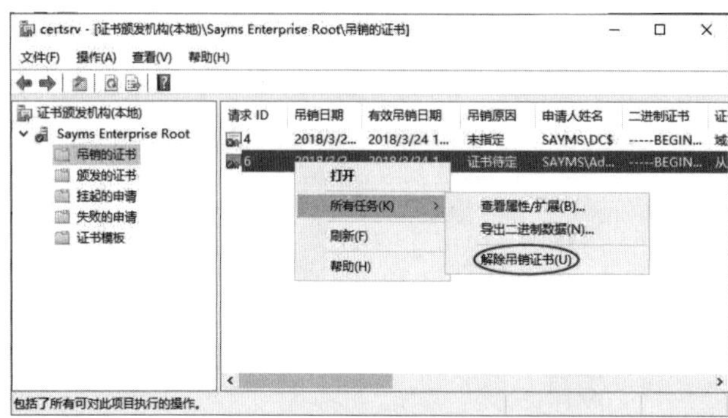

图 16-4-7

发布 CRL

网络中的计算机要如何得知哪些证书已经被吊销了呢？它们只要下载**证书吊销列表**（CRL）就可以知道了，不过必须先将CA的 CRL 发布出来，这里可以采用以下两种发布CRL的方式：

- **自动发布**：CA默认会每隔1周发布一次CRL。可以通过【如图16-4-8所示选中**吊销的证书**右击➲属性】的方法来更改此时间间隔，图中还有一个**增量 CRL**，它是用来存

储自从上一次发布CRL后，新增加的吊销的证书，网络计算机在下载过完整 CRL 后，之后只需下载增量 CRL即可，以节省下载时间。

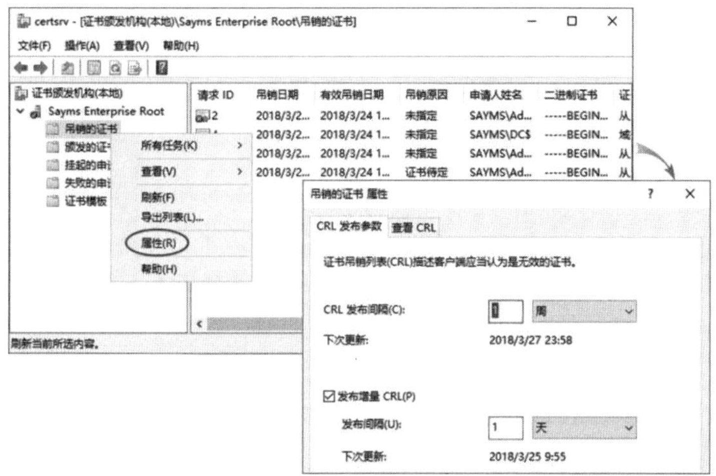

图 16-4-8

- **手动发布**：CA系统管理员可以如图16-4-9所示【选中**吊销的证书**右击➲所有任务➲发布➲选择发布**新的CRL**或**仅增量 CRL**】。

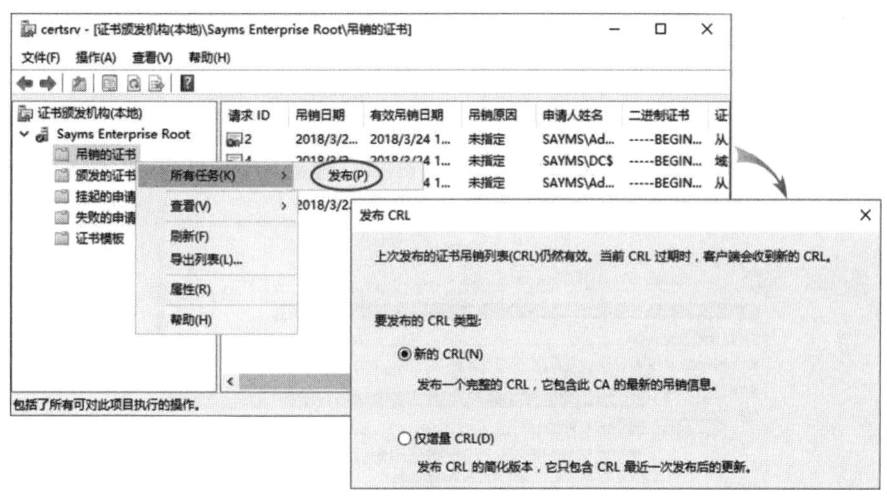

图 16-4-9

下载 CRL

网络中的计算机可以自动或手动从**CRL发布点**来下载CRL：

- **自动下载**：以Windows 10的浏览器为例，可以通过：【按⊞+R键➲输入control后按Enter键➲网络和Internet➲Internet选项➲图16-4-10中的**高级**选项卡】来设置自动下载CRL。

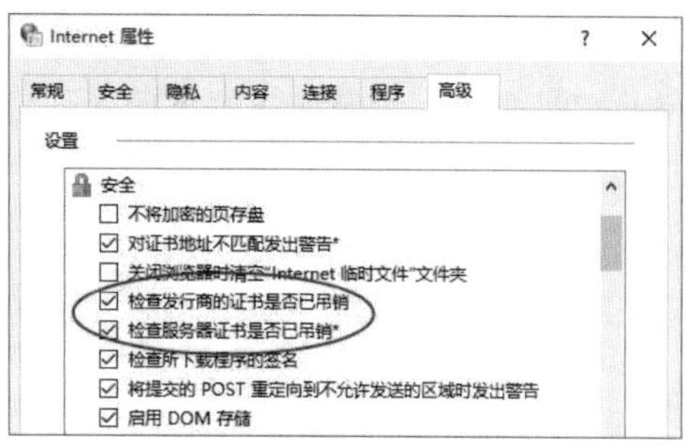

图 16-4-10

- **手动下载**：利用网页浏览器Microsoft Edge来连接到CA，然后如图16-4-11所示选择**下载CA证书、证书链或CRL**。

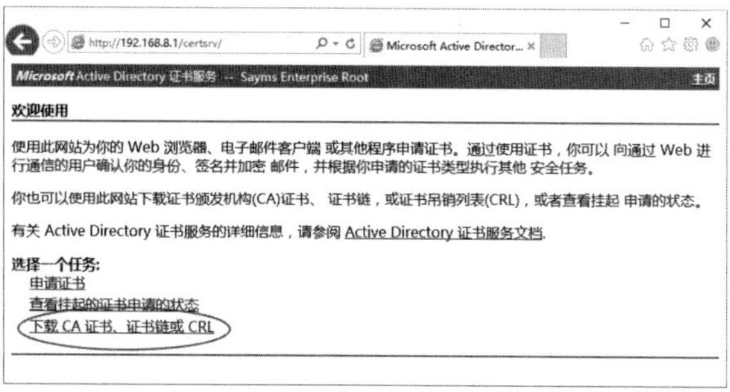

图 16-4-11

接着在图16-4-12中【单击下载最新的基CRL或下载最新的增量CRL➲然后单击保存按钮将其下载并存储到本地】，接着通过【在**文件资源管理器**内选中该文件右击➲安装CRL】的方法来安装。

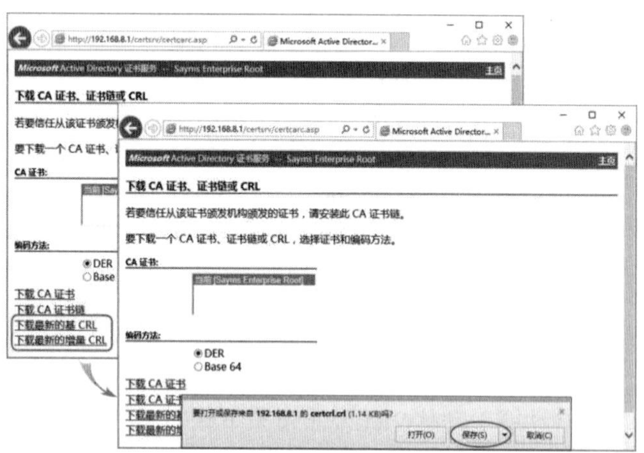

图 16-4-12

16.4.5　导出与导入网站的证书

我们应该将所申请的证书导出存盘备份，之后如果系统重装时就可以将所备份的证书导

入到新系统内。导出存盘的内容可包含证书、私钥与证书路径，而不同扩展名的文件，其内所存储的数据有所不同（请参考表16-4-1）。

表16-4-1

附档名	.PFX	.P12	.P7B	.CER
证书	√	√	√	√
私钥	√	√	x	x
证书路径	√	x	√	x

表中的**证书**包含公钥，而**证书路径**是类似图16-4-13所示的信息，图中表示该证书（发给Default Web Site的证书）是向中继证书颁发机构Sayms Standalone Subordinate申请的，而这个中继证书颁发机构位于根证书授权单位Sayms Enterprise Root之下。

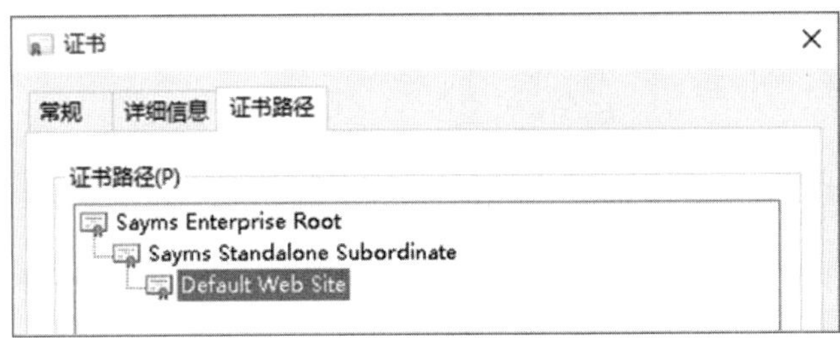

图 16-4-13

我们可以通过以下两种方法来导出、导入IIS网站的证书：

- **利用IIS管理器**：在图16-4-14中单击计算机➲双击**服务器证书**➲单击网站的证书（例如Default Web Site的证书）➲导出➲设置文件名与密码】，其文件扩展名为 .pfx。可以通过前景图最上方的**导入...**来导入证书。

图 16-4-14

- **利用"证书"管理单元**：按⊞+R键➲输入**MMC**后按Enter键➲选择**文件**菜单➲添加/删除管理单元➲从列表中选择**证书**后单击添加按钮➲选择**计算机账户**➲...】来建立**证书**控制台，然后如图16-4-15所示【展开**证书（本地计算机）**➲个人➲证书➲选中所选证书右击➲所有任务➲导出】。如果要导入证书的话：【选中图中左侧的**证书**右击➲所有任务➲导入】。

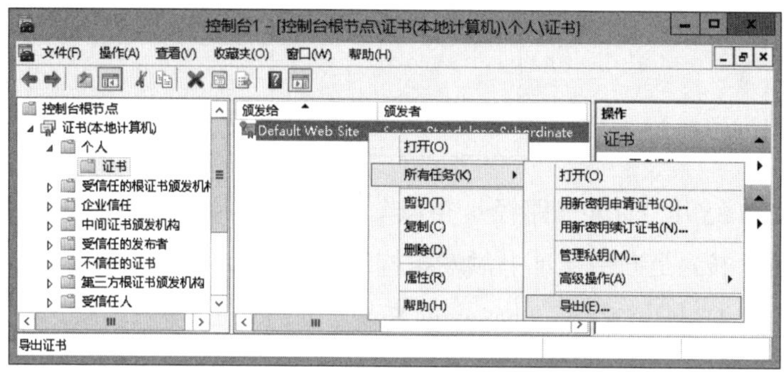

图 16-4-15

16.4.6 续订证书

每一台CA自己的证书与CA所发出的证书都有一定的有效期限（请参考表16-4-2），证书到期前必须续订证书，否则此证书将失效。

表16-4-2

证书种类	有效期限
根CA	在安装时设置，默认为5年
从属CA	默认最多为5年
其他的证书	不一定，但大部分是1年

可以通过**证书颁发机构**控制台来续订CA的证书，如图16-4-16所示，然后在接下来的界面中选择是否要重新建立一组新的密钥（公钥与私钥）。

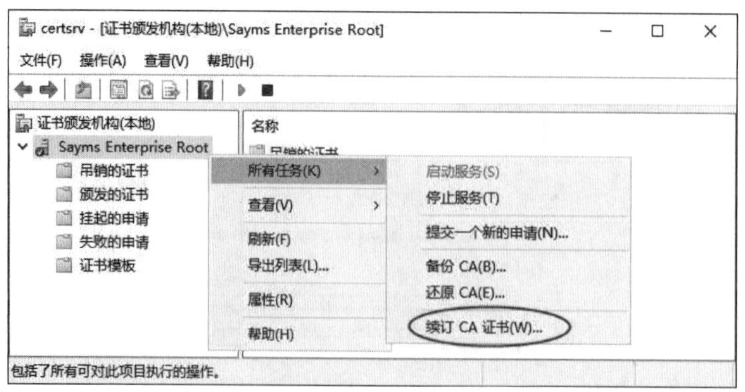

图 16-4-16

如果要续订网站的证书的话：【在**IIS管理器**界面中单击计算机名WEB1➲单击界面中间的**服务器证书**➲通过如图16-4-17所示的方法】。

图 16-4-17

17

第 17 章　Server Core、Nano Server 与 Container

在安装Windows Server时可以选择一个小型化的Windows Server，被称为**Server Core**，它支持大部分服务器角色（但非全部），可以降低使硬盘用量、减少被攻击面；**Nano Server**类似于 Server Core，但更小型化、没有本地登录功能，需要通过远程来管理；**Container**（容器）也是一种虚拟化技术，**Container**内包含执行应用程序所需的所有组件，它的体积小、加载执行快，适合于云应用程序。

- Server Core概述
- Server Core的基本设置
- 在 Server Core内安装角色与功能
- Server Core 应用程序兼容性FOD
- 远程管理 Server Core
- 容器与Docker

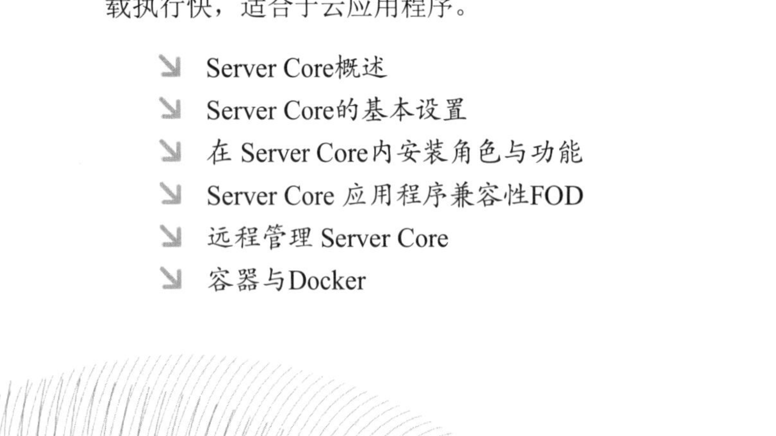

17.1 Server Core概述

在安装Windows Server 2019时，如果是在图17-1-1中选择Windows Server 2019 Standard或Windows Server 2019 Datacenter的话，就是安装Server Core。

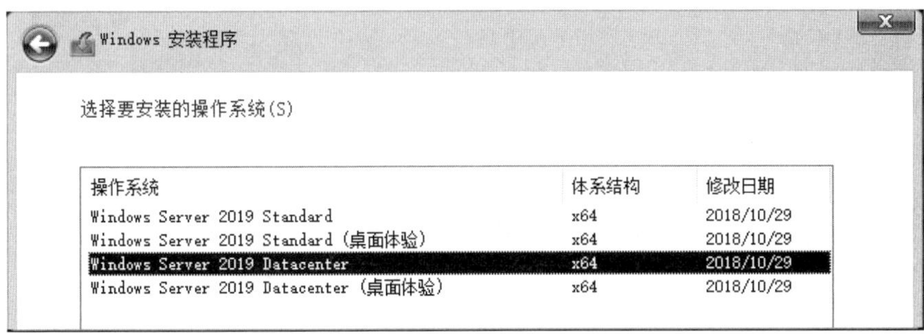

图 17-1-1

Server Core提供一个小型化的运行环境，它可以降低系统维护与管理需求、减少硬盘的使用量、减少被攻击面。Server Core支持以下服务器角色：

- Active Directory证书服务（AD CS）
- Active Directory域服务（AD DS）
- Active Directory轻型目录服务（AD LDS）
- Active Directory Rights Management Services（ADRMS）
- DHCP服务器
- DNS服务器
- 文件服务
- Hyper-V
- IISWeb服务器（包含支持ASP .NET子集）
- 打印和文件服务
- Routing and Remote Access Services（RRAS）
- 流媒体服务
- Windows Server Update Services（WSUS）

Server Core并不提供Windows窗口管理接口（GUI），因此登录 **Server Core**后的管理接口为**命令提示符**（command prompt，如图17-1-2所示），可以在此环境下利用命令来管理**Server Core**或通过另一台Windows Server 2019 桌面体验服务器（GUI模式）来远程管理此**Server Core**。

如果误将**命令提示符**窗口关闭的话，可【按 Ctrl + Alt + Del键➲注销➲再重新登录】或【按 Ctrl + Alt + Del键➲启动任务管理器➲详细信息➲单击**文件**菜单➲运行新任务➲输入**cmd.exe**➲单击确定按钮】来重新打开此窗口。

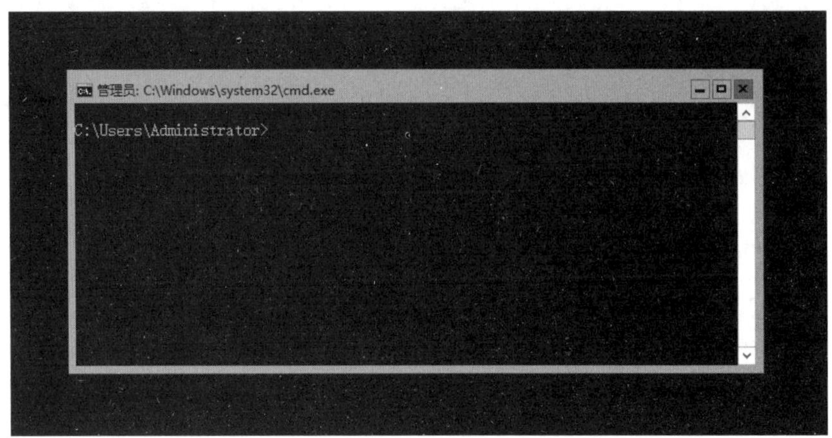

图 17-1-2

在**命令提示符**下执行PowerShell.exe程序，就可以在Windows PowerSehll环境下来管理**Server Core**，如果要离开Windows PowerSehll的话，可以利用exit命令。还可以通过容易使用的Sconfig.cmd程序来配置**Server Core**。

17.2 Server Core的基本设置

以下说明如何更改 **Server Core**的计算机名、IP地址、DNS服务器的IP地址、启用 **Server Core**与加入域等基本设置。

17.2.1 更改计算机名

可以利用hostname或ipconfig /all命令来查看这台服务器当前的计算机名称（主机名）。假设目前的计算机名为ServerCoreBase，同时假设我们要将其更改为ServerCore1，则请通过以下命令来执行计算机名的更改工作：

netdom renamecomputer ServerCoreBase /NewName:ServerCore1

接下来通过以下命令来重新启动计算机，以便让此更改生效：

shutdown /r /t 0

也可以利用Sconfig程序来更改计算机名：执行Sconfig，然后在图17-2-1中选择**2）计算**

机名后按Enter键。

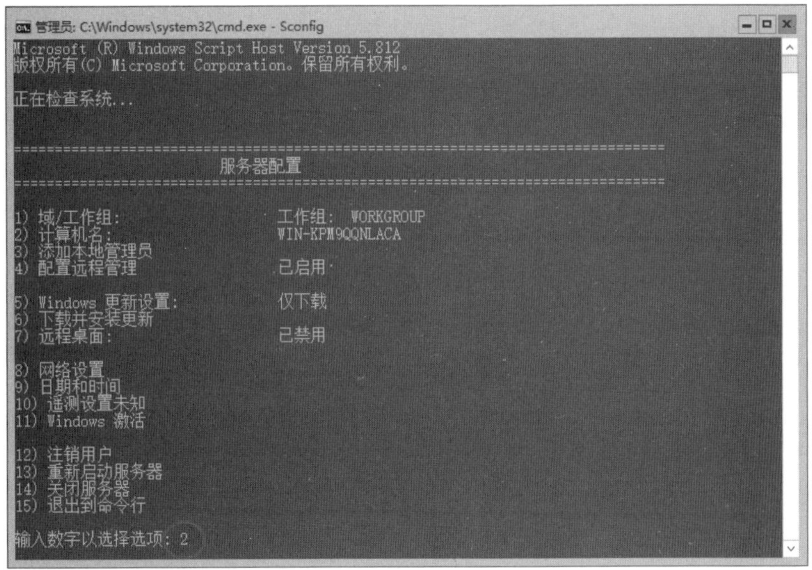

图 17-2-1

17.2.2 更改IP地址

此计算机的IP地址等设置默认是动态获取的，假设我们要将其更改为以下的配置：IP地址为192.168.8.41、子网掩码为255.255.255.0、默认网关为192.168.8.254、首选DNS服务器的IP地址为192.168.8.1。

STEP 1 在**命令提示符**下，执行以下命令：

netsh interface ipv4 show interfaces

STEP 2 找出网卡（以太网）的idx代号，如图17-2-2所示的idx代号为6。

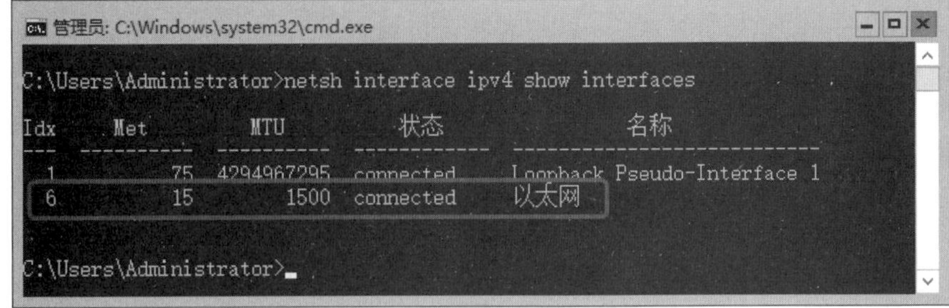

图 17-2-2

STEP 3 执行以下命令来设置IP地址配置（见图17-2-3）：

netsh interface ipv4 set address name="6" source=static address=192.168.8.41 mask=255.255.255.0 gateway=192.168.8.254

其中的“6”为idx代号。

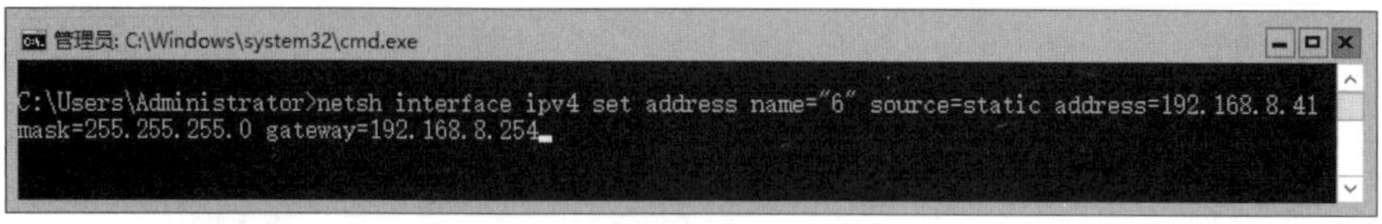

```
C:\Users\Administrator>netsh interface ipv4 set address name="6" source=static address=192.168.8.41
mask=255.255.255.0 gateway=192.168.8.254
```

图 17-2-3

如果要改回动态获取IP设置的话，可执行以下命令：

netsh interface ipv4 set address name="6" source=dhcp

STEP 4 执行以下命令来指定DNS服务器（见图17-2-4）：

netsh interface ipv4 add dnsserver name="6" address=192.168.8.1 index=1

其中**index=1**表示要设置第1台DNS服务器（首选DNS服务器）。

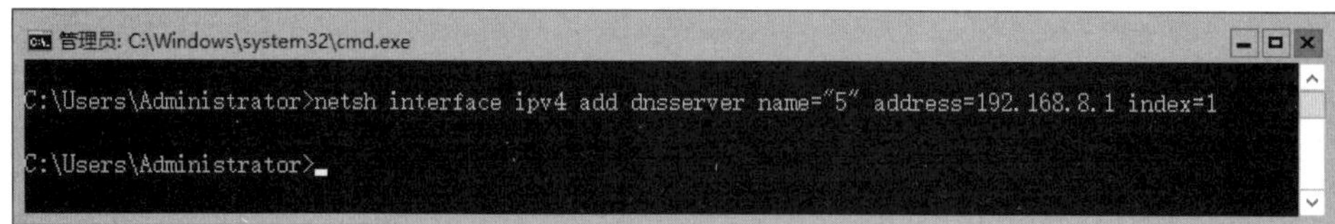

图 17-2-4

如果要删除DNS服务器IP地址的话，请执行以下命令：

netsh interface ipv4 delete dnsserver name="6" address=192.168.8.1

STEP 5 如果需要的话，可以重复前一个步骤（STEP 4），以便设置多台DNS服务器，不过index数值需要依序增加。

STEP 6 利用ipconfig /all命令来查看上述设置是否正确。

也可以利用Sconfig程序来更改IP地址等网络设置：执行Sconfig，然后在图17-2-5选择**8）网络设置**后按Enter键。

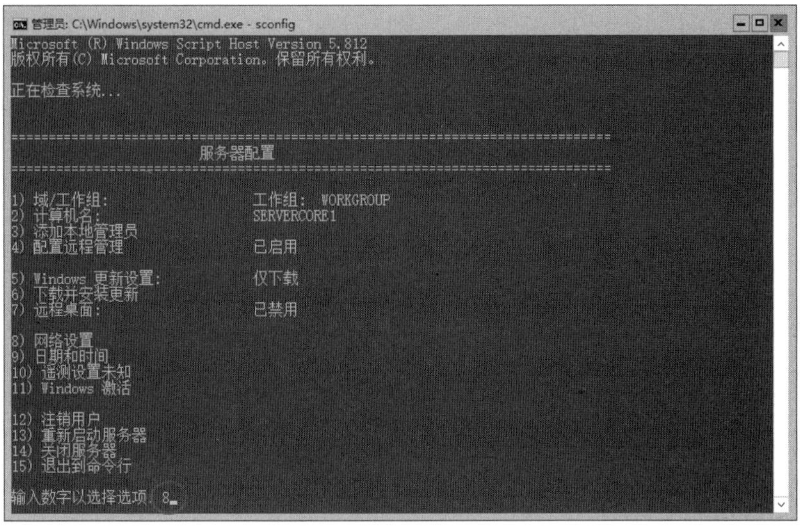

图 17-2-5

前面在**命令提示符**下执行的操作，如果是改为在Windows PowerShell窗口下执行的话，则使用的PowerShell命令分别是：

- 获取IP设置值：

  Get-NetIPConfiguration
- 设置静态IP地址、默认网关：

  New-NetIPaddress -InterfaceIndex 6 -IPAddress 192.168.8.41 -PrefixLength 24 -DefaultGateway 192.168.8.254
- 改回动态获取IP地址：

  Set-NetIPInterface -InterfaceIndex 6 -Dhcp Enabled
- 删除默认网关192.168.8.254：

  Remove-NetRoute -Interfaceindex 6 -NextHop 192.168.8.254
- 指定DNS服务器：

  Set-DnsClientServerAddress -InterfaceIndex 6 -ServerAddresses 192.168.8.1
- 改回动态获取DNS服务器：

  Set-DnsClientServerAddress -InterfaceIndex 6 -ResetServerAddresses

17.2.3 激活 Server Core

可以通过以下步骤来激活 **Server Core**。先执行以下命令来输入产品密钥：

slmgr.vbs –ipk <25个字符的密钥字符串>

完成后，再执行以下的命令来激活 **Server Core**：

slmgr.vbs –ato

屏幕上并不会显示激活成功的消息，但是会显示失败消息。

也可以到一台Windows计算机上打开**命令提示符**窗口，然后通过以下命令来激活这台**Server Core**：

cscript \Windows\System32\slmgr.vbs ServerCore1 <用户名> <密码> -ato

其中假设 **Server Core**的计算机名为ServerCore1（或输入IP地址），而 **<用户名>**请输入系统管理员账户Administrator、**<密码>**为其密码。

17.2.4 加入域

假设此 **Server Core**的计算机名为ServerCore1，而且我们利用域Administrator的身份（假设其密码为111aaAA）来将其加入AD DS域sayms.local。请执行以下命令：

netdom join ServerCore1 /domain:sayms.local /userD:administrator /passwordD:111aaAA

如果担心输入密码时被旁人窥看的话，可改为执行如下命令：

netdom join ServerCore1 /domain:sayms.local /userD:administrator /passwordD:*

之后根据界面上的要求来输入密码，此时密码不会显示在屏幕上。

接下来通过以下命令来重新启动计算机，以便让此更改生效：

shutdown /r /t 0

也可以通过执行Sconfig命令来将此计算机加入域：【如图17-2-6所示选择**1）域/工作组**后按Enter键➲输入**D**键后按Enter键➲输入域名sayms.local后按Enter键➲输入域系统管理员账户Administrator后按Enter键➲输入此账户的密码后按Enter键➲……】。

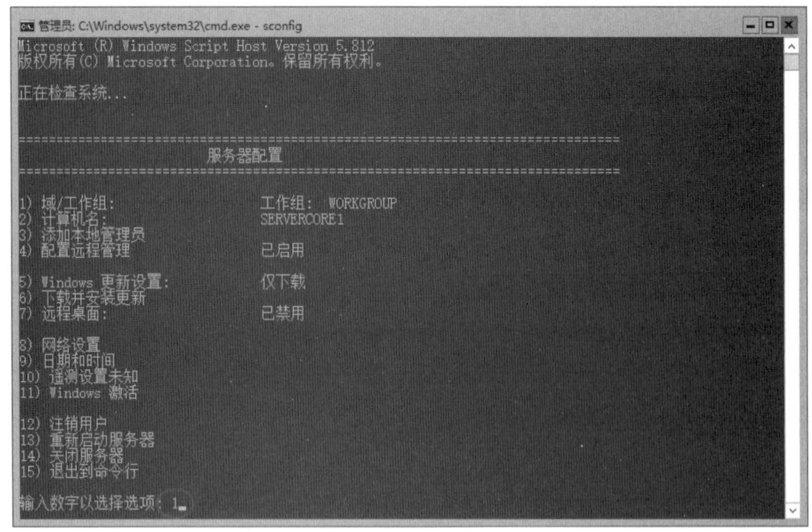

图 17-2-6

如果要利用域用户账户来登录的话：【在登录界面按两次Esc键➲选择**其他用户**➲例如输入sayms.local\administrator➲……】。若是Hyper-V虚拟机的话，请在Hyper-V管理器内单击**查**

看菜单、取消勾选**增强会话**，这样按Esc键才会正常。

17.2.5 将域用户加入本机Administrators组

可以将域用户账户加入到本地系统管理员组Administrators，例如要将域sayms.local用户peter加入到本地Administrators组的话，请执行：

net localgroup administrators /add sayms.local\peter

也可以通过执行Sconfig来将上述域用户Peter加入此计算机的本地Administrators组：【在前面的图17-2-6中选择**3）添加本地管理员**后按Enter键➲输入用户账户sayms.local\Peter键后按Enter键】。

17.2.6 更改日期和时间

如果要更改日期、时间与时区的话，请执行以下命令：

control timedate.cpl

也可以通过执行Sconfig命令来更改日期与时间：【在前面的图17-2-6中选择**9）日期和时间**后按Enter键➲……】。

如果要查看系统的版本信息的话，请执行以下命令：

systeminfo.exe

如果要查看系统信息（软、硬件等信息）的话，请执行以下命令：

msinfo32.exe

17.3 在 Server Core内安装角色与功能

完成Server Core的基本设置后，接着可以安装服务器角色（server role）与功能（feature），在Server Core内仅支持部分的服务器角色（见17.1节）。

17.3.1 查看所有角色与功能的状态

可以先利用以下的**Dism.exe**命令来查看这台**Server Core**内可以被安装的服务器角色与功能、当前已经安装的角色与功能，如图17-3-1所示。

dism /online /get-features /format:table

可以利用以下命令将上述信息保存（假设文件名是t1.txt），然后通过此文件来仔细查看上述信息：

dism /online /get-features /format:table > t1.txt

```
管理员: C:\Windows\system32\cmd.exe

C:\Users\Administrator>dism /online /get-features /format:table

部署映像服务和管理工具
版本: 10.0.17763.1

映像版本: 10.0.17763.107

程序包功能列表 : Microsoft-Windows-Foundation-Package~31bf3856ad364e35~amd64~~10.0.17763.1

------------------------------------------------------------ | --------
功能名称                                                      | 状态
------------------------------------------------------------ | --------
Server-Core                                                  | 已启用
NetFx4ServerFeatures                                         | 已启用
NetFx4                                                       | 已启用
NetFx4Extended-ASPNET45                                      | 已禁用
MicrosoftWindowsPowerShellRoot                               | 已启用
MicrosoftWindowsPowerShell                                   | 已启用
RemoteAccessMgmtTools                                        | 已禁用
RemoteAccessPowerShell                                       | 已禁用
ActiveDirectory-PowerShell                                   | 已禁用
DirectoryServices-DomainController                           | 已禁用
HostGuardianService-Package                                  | 已禁用
DirectoryServices-AdministrativeCenter                       | 已禁用
RemoteAccess                                                 | 已禁用
RemoteAccessServer                                           | 已禁用
RasRoutingProtocols                                          | 已禁用
Web-Application-Proxy                                        | 已禁用
```

图 17-3-1

如果要使用PowerShell命令的话，请先执行PowerShell.exe进入Windows PowerShell窗口，然后执行**Get-WindowsFeature**命令来查看角色或功能的名称，最后执行**Install-WindowsFeature <角色或功能名称>**命令来安装。如果要同时安装多个角色或功能的话，请在这些角色或功能名称之间用逗号隔开。如果要删除角色或功能的话，请用**Uninstall-WindowsFeature**命令。

17.3.2 DNS服务器角色

请执行以下命令来安装DNS服务器角色：

dism /online /enable-feature /featurename:DNS-Server-Full-Role

之后如果要删除DNS服务器角色的话，请执行以下命令：

dism /online /disable-feature /featurename:DNS-Server-Full-Role

其他角色的删除方法也是利用**/disable-feature**参数。

如果要在Windows PowerShell窗口内使用PowerShell命令来完成以上工作的话：

Install-WindowsFeature DNS -IncludeManagementTools

UnInstall-WindowsFeature DNS -IncludeManagementTools

如果要手动来启动或禁用DNS服务器的话，可使用net start dns、net stop dns。

在安装完成后，利用**dnscmd**命令或在其他计算机通过DNS MMC控制台来管理此台DNS服务器。例如要建立一个saycore.local的主要正向查找区域：

dnscmd localhost /ZoneAdd saycore.local /Primary /file saycore.local.dns

如果要在DNS区域saycore.local内添加记录的话，可以使用以下命令，命令中假设要添加A资源记录、DNS服务器的名称为ServerCore1、添加的主机名为Win10PC5、IP地址为192.168.10.5：

dnscmd ServerCore1 /recordadd saycore.local Win10PC5 A 192.168.10.5

如果要在Windows PowerShell窗口内使用PowerShell命令来完成以上工作的话：

Add-DnsServerPrimaryZone -Name "saycore.local" -ZoneFile "saycore.local.dns"

Add-DnsServerResourceRecordA -Name "Win10PC5" -ZoneName "saycore.local" -IPv4Address "192.168.8.5"

17.3.3 DHCP服务器角色

请执行以下命令来安装DHCP服务器角色：

dism /online /enable-feature /featurename:DHCPServer

如果要使用Windows Powershell命令的话，请使用以下命令：

Install-WindowsFeature DHCP -IncludeManagementTools

可以在安装完成后，利用**netsh**命令或在其他计算机通过DHCP MMC控制台来管理这台服务器。

如果是搭建在AD DS域环境中的话，则还需要经过授权的程序。可以利用以下命令来授权（假设此计算机的IP地址为192.168.8.41，并且已经加入sayms.local域。请利用域sayms.local的管理员登录，才有权限执行授权操作）：

netsh dhcp add server ServerCore1.sayms.local 192.168.8.41

完成后可以利用以下命令来检查：

netsh dhcp show server

如果要解除授权的话，可以利用以下命令：

netsh dhcp delete server ServerCore1.sayms.local 192.168.8.41

如果要在Windows PowerShell窗口内使用PowerShell命令来完成以上工作的话：

Add-DhcpServerInDC -DNSName ServerCore1.sayms.local

Get-DhcpServerInDC

Remove-DhcpServerInDC -DNSName ServerCore1.sayms.local

如果要手动来启动或停止DNS服务器的话，可使用net start dhcpserver、net stop dhcpserver。

如果要更改DHCP服务器的启动状态的话，例如要将其设置为自动启动的话（这是默认值），请通过以下命令：

sc config dhcpserver start=auto

其中的**auto**（自动）也可以改为**demand**（手动）、**disabled**（禁用）或**delayed-auto**（自动（延迟启动））。

17.3.4 文件服务器角色

安装文件服务器角色：

Dism /online /enable-feature /featurename:File-Services

安装**文件复制服务**（File Replication Service，FRS）：

Dism /online /enable-feature /featurename:FRS-Infrastructure

安装**分布式文件系统服务**（Distributed File System，DFS）：

Dism /online /enable-feature /featurename:DFSN-Server

也就是安装DNS Namespace（DNS名称空间）服务。

安装**分布式文件系统复制服务**（DFS Replication Service）：

Dism /online /enable-feature /featurename:DFSR-Infrastructure-ServerEdition

安装Server for NFS：

Dism /online /enable-feature /all /featurename:ServerForNFS-Infrastructure

其中的 **/all**表示将所需的其他组件一并安装，如果未加 **/all**参数的话，则需先执行以下命令：

Dism /online /enable-feature /featurename:ServicesForNFS-ServerAndClient

17.3.5 Hyper-V角色

请执行以下命令来安装Hyper-V角色：

Dism /online /enable-feature /featurename:Microsoft-Hyper-V

安装完成后，请在其他计算机利用Hyper-V管理工具来管理，例如在Windows Server 2019 GUI模式内使用**Hyper-V管理器**，而你可以通过安装**Hyper-V管理工具**这个角色管理工具来拥有**Hyper-V管理器**。

17.3.6 打印服务器角色

请执行以下命令来安装与打印服务角色有关的服务：

安装**打印服务器**角色服务

Dism /online /enable-feature /all /featurename:Printing-Server-Role

其中的 **/all**表示将所需的其他组件一并安装，如果未加 **/all**参数的话，则需先执行以下命令：

Dism /online /enable-feature /featurename:Printing-Server-Foundation-Features

安装Line Printer Daemon（LPD）服务

Dism /online /enable-feature /featurename:Printing-LPDPrintService

如果要在这台打印服务器上添加打印机的话，可到另外一台Windows计算机上利用**打印管理**（Print Management）控制台。

17.3.7 Active Directory证书服务角色

请执行以下命令来安装Active Directory证书服务（AD CS）角色：

Dism /online /enable-feature /featurename:CertificateServices

17.3.8 Active Directory域服务角色

请执行以下命令来安装**Active Directory域服务**（AD DS）与域控制器：

Dism /online /enable-feature /all /featurename:DirectoryServices-DomainController

其中的 **/all**表示将安装域控制器所需的其他组件都一并安装。

17.3.9 Web服务器角色

如果要采用默认安装选项来安装**Web服务器（IIS）**的话，请执行以下命令：

Dism /online /enable-feature /all /featurename:IIS-WebServer

其中的 **/all** 表示将所需的其他组件一并安装，如果未加 **/all**参数的话，则需先执行以下命令：

Dism /online /enable-feature /featurename:IIS-WebServerRole

如果要安装其他功能的话，例如安装**基本身份验证**的话，请执行以下命令：

Dism /online /enable-feature /featurename:IIS-BasicAuthentication

其中**基本身份验证**的名称为**IIS-BasicAuthentication**，如果要查看其他功能的名称的话，可参考利用以下命令所建立的t1.txt来查看。

dism /online /get-features /format:table > t1.txt

17.4 Server Core 应用程序兼容性FOD

有些应用程序需要图形接口的环境，例如需要与用户交互，而为了提高应用程序的兼容性，让这些应用程序可以正常在Server Core环境下执行，因此Windows Server 2019 Server Core新增一项称为**Server Core 应用程序兼容性FOD**（Feature-on-Demand，随选安装）的功能。以下是它所提供的部分组件，它让系统管理员可以通过图形接口来更容易地管理服务器：

- 事件查看器（Eventvwr.msc）
- 性能监视器（PerfMon.exe）
- 资源监视器（Resmon.exe）
- 设备管理器（Devmgmt.msc）
- 文件资源管理器（Explorer.exe）
- Windows PowerShell（Powershell_ISE.exe）
- 磁盘管理（Diskmgmt.msc）

  如果是Windows Server 2019 1903版或新版的话，它还支持以下两个组件

- Hyper-V Manager（virtmgmt.msc）
- Task Scheduler（taskschd.msc）

请先连接到微软网站来下载**Server Core 应用程序兼容性FOD**的ISO文件（网页上面有下载FOD的连接），地址为：https://www.microsoft.com/zh-tw/evalcenter/evaluate-windows-server-2019。

然后将此ISO文件存储到某台计算机上的共享文件夹内，假设我们将其存储到\\dc1\tools，因此请到dc1计算机上建立tools文件夹、将其设置为共享文件夹（权限为Everyone读取即可）、将ISO文件复制到此文件夹（以下假设我们已经将ISO文件名改为ServerCoreFOD.ISO）、执行PowerShell.exe来打开Windows PowerShell窗口、接着执行以下两行命令（见图17-4-1）来分别挂载ISO文件与安装**Server Core 应用程序兼容性FOD**、最后按Y键来重启计算机。

```
Mount-DiskImage -ImagePath \\dc1\tools\ServerCoreFOD.ISO
DISM /Online /Add-Capability /CapabilityName:"ServerCore.AppCompatibility
~~~~0.0.1.0" /Source:E: /LimitAccess
```

以上命令请确认你当前登录的账号有权限连接\\dc1\tools共享文件夹，同时假设ISO文件被挂载在E:磁盘（可用get-volume命令来查看挂载在哪一个磁盘）。

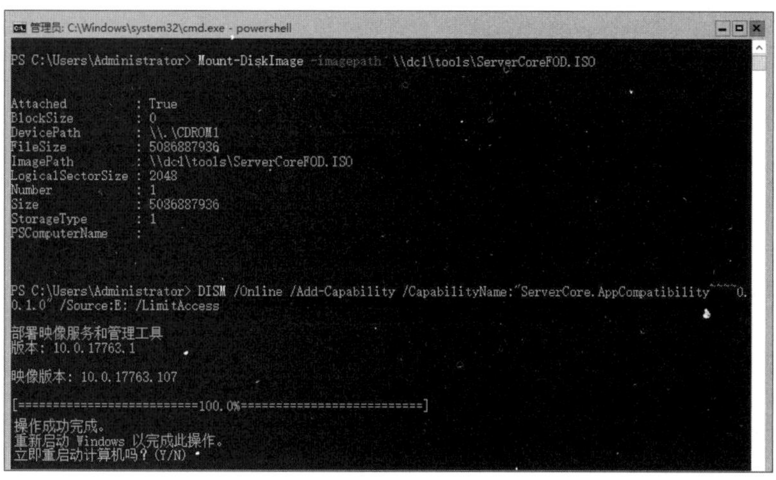

图 17-4-1

接下来就可以利用执行Explorer.exe、Diskmgmt.msc来打开图形化的**文件资源管理器**、**磁盘管理**等工具，如图17-4-2所示。也可以执行mmc，然后通过添加管理单元的方式来自定义图形化的管理工具。

图 17-4-2

如果要安装浏览器Internet Explorer的话，请执行以下命令来挂载ISO文件（假设被挂载在E: 磁盘）与安装Internet Explorer、最后按Y键来重启计算机（见图17-4-3）：

```
Mount-DiskImage  -ImagePath  \\dc1\tools\ServerCoreFOD.ISO
Dism /online /add-package:E:"Microsoft-Windows-InternetExplorer-Optional-Package
~31bf3856ad364e35~amd64~~.cab"
```

```
管理员: C:\Windows\system32\cmd.exe - powershell
PS C:\> Mount-DiskImage -ImagePath \\dc1.sayms.local\tools\ServerCoreFOD.ISO


Attached          : True
BlockSize         : 0
DevicePath        : \\.\CDROM1
FileSize          : 5086337936
ImagePath         : \\dc1.sayms.local\tools\ServerCoreFOD.ISO
LogicalSectorSize : 2048
Number            : 1
Size              : 5086887936
StorageType       : 1
PSComputerName    :


PS C:\> Dism /online /add-package:E:"Microsoft-Windows-InternetExplorer-Optional-Package~31bf3856ad364e35~amd64~~.cab"

部署映像服务和管理工具
版本: 10.0.17763.1

映像版本: 10.0.17763.107

[==========================100.0%==========================]
操作成功完成。
重新启动 Windows 以完成此操作。
立即重启动计算机吗? (Y/N)
```

图 17-4-3

启动计算机后，就可以利用start iexplore.exe命令来启动浏览器Internet Explorer。

17.5　远程管理 Server Core

可以在其他计算机（在此将其称为**源计算机**）通过**服务器管理员**、**MMC管理控制台**或**远程桌面**来远程管理Server Core：

> 还可以通过scregedit.wsf脚本文件来执行其他管理工作，此脚本文件的使用方法可通过以下命令来查询：cscript C:\Windows\System32\scregedit.wsf /?

17.5.1　通过服务器管理器来管理 Server Core

可以在一台Windows Server 2019桌面体验服务器（GUI图形接口模式）的源计算机上，通过**服务器管理器**来连接与管理 **Server Core**。以下假设源计算机与 **Server Core**都是AD DS域成员，且 **Server Core**的计算机名为ServerCore1。

可以在 **Server Core**上，利用Sconfig或Windows PowerShell命令来允许源计算机通过**服务器管理器**远程管理此 **Server Core**。

使用 SCONFIG 允许“服务器管理器”远程管理

Server Core默认已经允许远程计算机可以利用**服务器管理器**来管理，如果要更改设置的话：【在图17-5-1中选择**4）配置远程管理**后按Enter键➲通过图17-5-2来设置】，图中除了可以用来启用、禁用远程管理之外，还可以允许远程计算机来ping此台 **Server Core**。

```
管理员: C:\Windows\system32\cmd.exe - Sconfig
Microsoft (R) Windows Script Host Version 5.812
版权所有(C) Microsoft Corporation。保留所有权利。

正在检查系统...

===============================================================================
                              服务器配置
===============================================================================

1) 域/工作组:                    工作组:  WORKGROUP
2) 计算机名:                     WIN-G7NRS7M55BP
3) 添加本地管理员
4) 配置远程管理                  已启用

5) Windows 更新设置:             仅下载
6) 下载并安装更新
7) 远程桌面:                     已禁用

8) 网络设置
9) 日期和时间
10) 遥测设置增强
11) Windows 激活

12) 注销用户
13) 重新启动服务器
14) 关闭服务器
15) 退出到命令行

输入数字以选择选项: 4
```

图 17-5-1

```
管理员: C:\Windows\system32\cmd.exe - Sconfig
输入数字以选择选项: 4

--------------------------------
 配置远程管理
--------------------------------

当前状态: 已启用远程管理

1) 启用远程管理
2) 禁用远程管理
3) 配置服务器的 Ping 响应

4) 返回主菜单

输入选择:
```

图 17-5-2

也可以通过Configure-SMRemoting.exe –enable命令来启用远程管理、通过Configure-SMRemoting.exe –disable来禁用远程管理。

启用远程管理之后，可以在一台Windows Server 2019桌面体验服务器上，依照以下步骤来远程管理 **Server Core**（假设是ServerCore1）：

STEP 1 打开**服务器管理器**➲选中图17-5-3中**所有服务器**右击➲添加服务器。

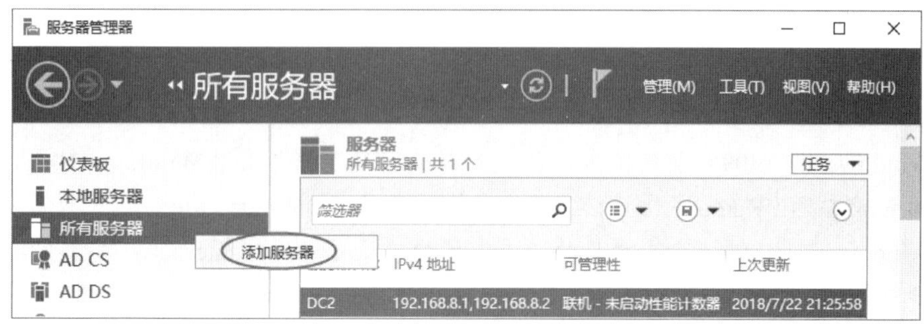

图 17-5-3

STEP 2　在图17-5-4中**名称**处输入ServerCore1后按Enter键（或通过立即查找按钮）、单击ServerCore1后单击▸再单击确定按钮。

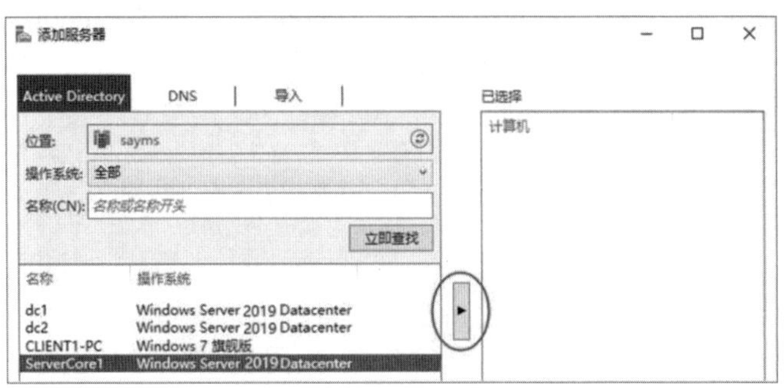

图 17-5-4

STEP 3　之后可以在图17-5-5中选中ServerCore1右击，通过图中选项来管理此 **Server Core**，例如添加角色和功能、重新启动服务器、打开Windows PowerShell等（但如果要通过菜单中的**计算机管理**、**远程桌面连接**等来管理ServerCore服务器的话，则还有其他设置需要完成，后述）。

图 17-5-5

在 Windows 10 上通过“服务器管理器”来远程管理

在Windows 10计算机上安装**服务器管理器**的方法：

- Windows 10 1809之前的版本：请先到微软网站下载与安装**Windows 10 的远程服务器管理工具**（Remote Server Administration Tools for Windows 10）。
- Windows 10 1809（含）之后的版本：请先确认可以连接Internet，然后【单击左下角**开始**图标⊞➲单击**设置**图标⚙➲单击**应用**➲单击**应用和功能**➲单击**添加功能**➲单击**RSAT：服务器管理器**➲单击安装按钮】。

如果Windows 10计算机未加入域的话，则还需：【选中左下角**开始**图标⊞右击➲Windows PowerShell（管理员）➲执行以下命令（参见图17-5-6）】：

set-item wsman:\localhost\Client\TrustedHosts -value ServerCore1.sayms.local

图 17-5-6

命令中的ServerCore1.sayms.local可改为ServerCore1。此Windows 10计算机需可以解析ServerCore1.sayms.local或ServerCore1的IP地址。

之后就可以通过【单击左下角**开始**图标⊞➲服务器管理器➲选中**所有服务器**右击➲添加服务器➲如图17-5-7所示来查找、选择ServerCore1服务器（图中是通过DNS名称来查找，如果已经加入域的话，则也可以通过**Active Directory**选项卡来查找）➲单击确定按钮➲接下来与前面图17-5-5相同】的方法来管理 Server Core。

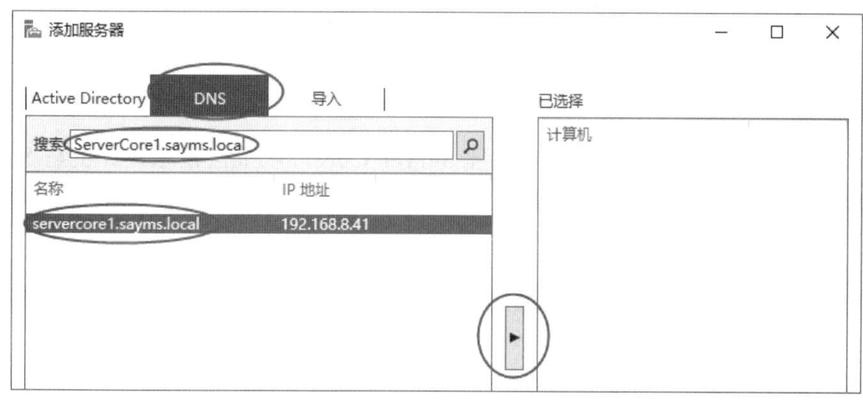

图 17-5-7

如果该Windows 10计算机未加入域的话，则可能还需如图17-5-8所示【选中ServerCore1右击➲管理方式➲输入有权远程管理此ServerCore1的账户与密码】，图中是输入域sayms\administrator的账户与密码，也可以输入ServerCore1的本地系统管理员账户与密码，例如ServerCore1\Administrator。

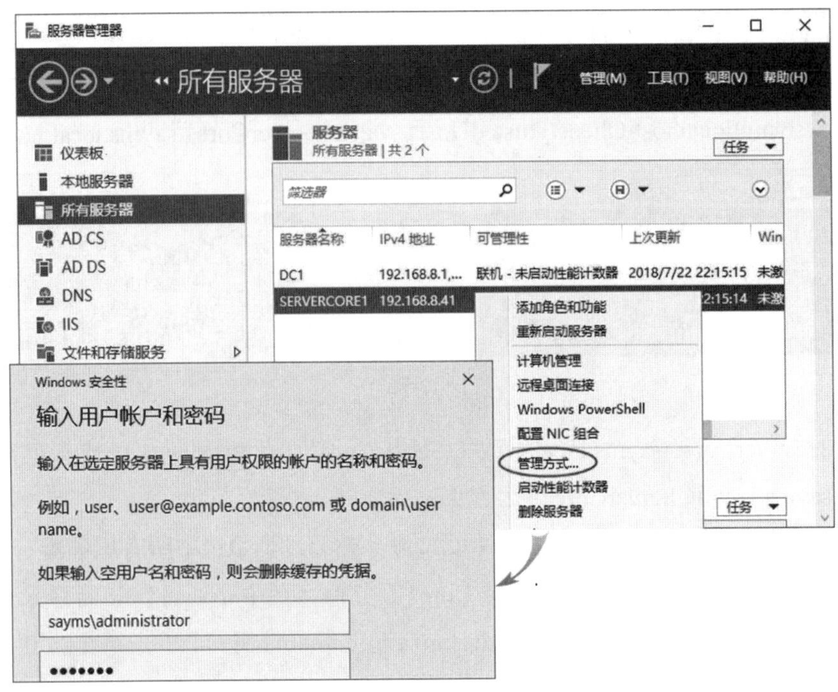

图 17-5-8

17.5.2 通过MMC管理控制台来管理 Server Core

可以通过MMC管理控制台来连接与管理 **Server Core**，以下假设源计算机与 **Server Core** 都是AD DS域成员。

例如要在源计算机上利用**计算机管理**控制台来远程管理 **Server Core**的话，则请先在 **Server Core**上通过以下Windows PowerShell命令来开放其**Windows Defender 防火墙**的**远程事件日志管理**规则（参见图17-5-9）：

Enable-NetFirewallRule -DisplayGroup "远程事件日志管理"

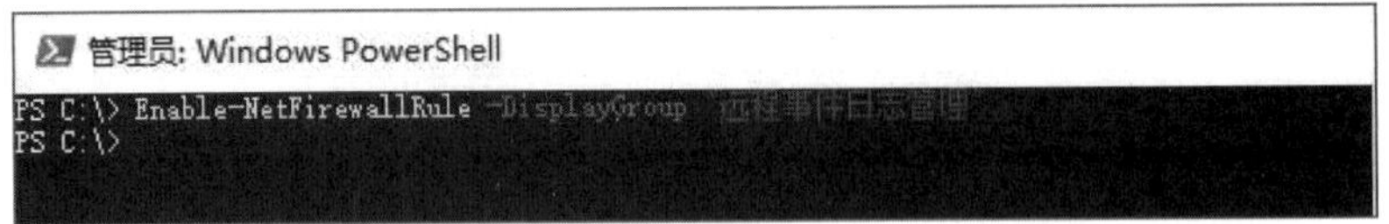

图 17-5-9

如果要禁用此规则的话，请将命令中的**Enable**改为**Disable**。

接下来到源计算机上通过【单击左下角**开始**图标⊞➲Windows 管理工具➲计算机管理】打开**计算机管理**控制台（Windows 10可以在**文件资源管理器**下选中**此电脑**右击➲管理），然后如图17-5-10所示【选中**计算机管理（本地）**右击➲连接到另一台计算机➲输入 **Server Core**

的计算机名或IP地址】来连接与管理 **Server Core**（也可以通过前面图17-5-5的**计算机管理**选项）。

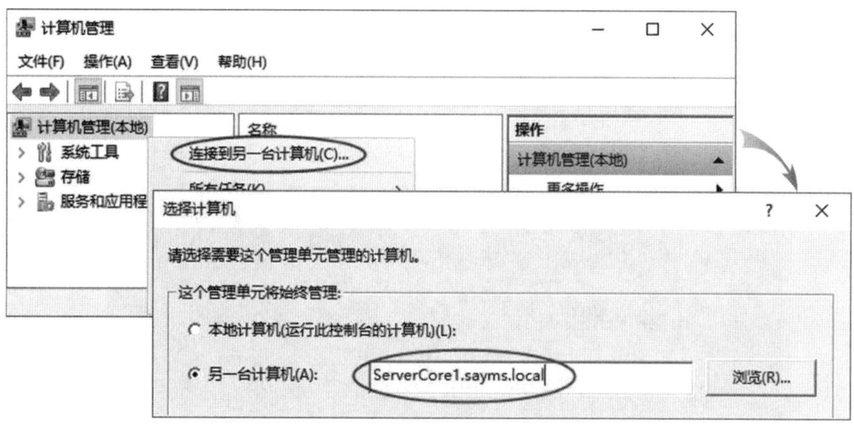

图 17-5-10

如果源计算机不是隶属于AD DS域的话，则可能需要在源计算机上，先通过以下命令来指定用来连接 **Server Core**的用户账户，再通过MMC管理控制台来连接与管理 **Server Core**。以下假设要被连接的 **Server Core**的计算机名为ServerCore1、要被用来连接的账户为Administrator（或其他隶属于 **Server Core**的本地Administrators组的用户）、其密码为111aaAA：

Cmdkey /add:ServerCore1.sayms.local /user:Administrator /pass:111aaAA

也可在源计算机上利用【按⊞+R键➲输入control后按Enter键➲单击**用户账户**（或**用户账户和家庭安全**）➲单击**管理Windows凭据**➲单击**添加Windows凭据**】来指定用来连接 **Server Core**的用户账户与密码。

1. 如果是利用NetBIOS计算机名ServerCore1或DNS主机名ServerCore1.sayms.local来连接 **Server Core**时，但却无法解析其IP地址的话，可以改用IP地址来连接。
2. 在图17-5-10中**另一台计算机**处所输入的名称，必须与在**Cmdkey**命令中（或控制面板）所输入的名称相同。例如前面的示例命令 **Cmdkey** 中是输入ServerCore1.sayms.local，则在图17-5-10中**另一台计算机**处，就必须输入ServerCore1.sayms.local，不能输入ServerCore1或IP地址。

17.5.3 通过远程桌面来管理 Server Core

我们需要先在 Server Core上启用远程桌面，然后通过源计算机的远程桌面连接来连接与管理 Server Core。

STEP 1 请在 **Server Core**上执行以下命令：

cscript C:\Windows\System32\Scregedit.wsf /ar 0

其中的**/ar 0**表示启用**远程桌面**，如果输入**/ar 1**表示禁用、**/ar /v**用来查看**远程桌面**当前的启用状态。

也可以通过执行Sconfig命令来启用**远程桌面**：【如图17-5-11所示选择**7**）**远程桌面**后按Enter键➲输入**E**键后按Enter键➲输入**1**或**2**后按Enter键➲……】。

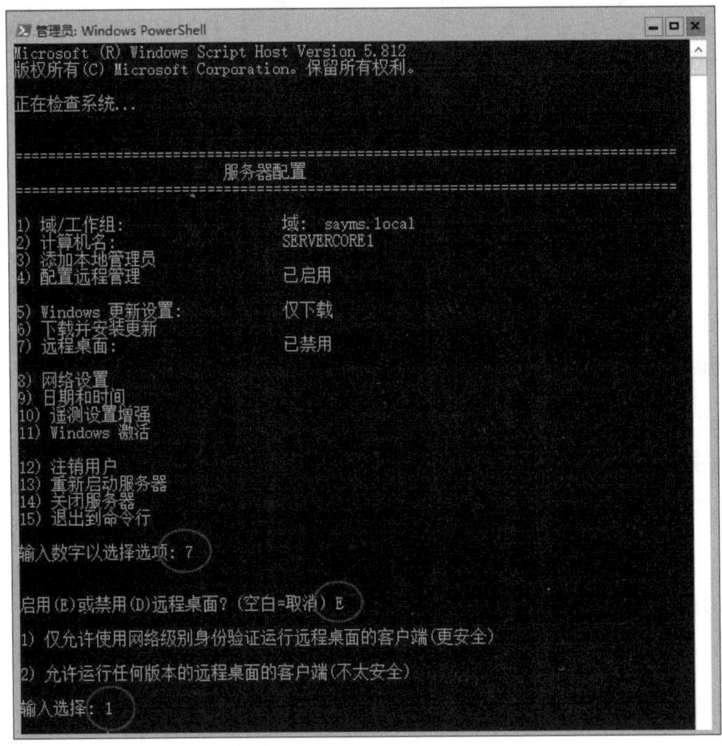

图 17-5-11

也可以利用以下3个PowerShell命令来完成以上工作：

Set-ItemProperty -Path 'HKLM:\System\CurrentControlSet\Control\Terminal Server' -name "fDenyTSConnections" -Value 0

Enable-NetFirewallRule -DisplayGroup "远程桌面"

Set-ItemProperty -Path 'HKLM:\System\CurrentControlSet\Control\Terminal Server\WinStations\RDP-Tcp' -name "UserAuthentication" Value 1

STEP **2** 到源计算机用【按⊞+R键➲输入**mstsc**➲单击确定按钮】（也可以通过前面图17-5-5的**远程桌面连接**选项）。

STEP **3** 如图17-5-12所示输入 **Server Core**的IP地址（或主机名）➲单击连接按钮➲输入Administrator与其密码➲单击确定按钮。

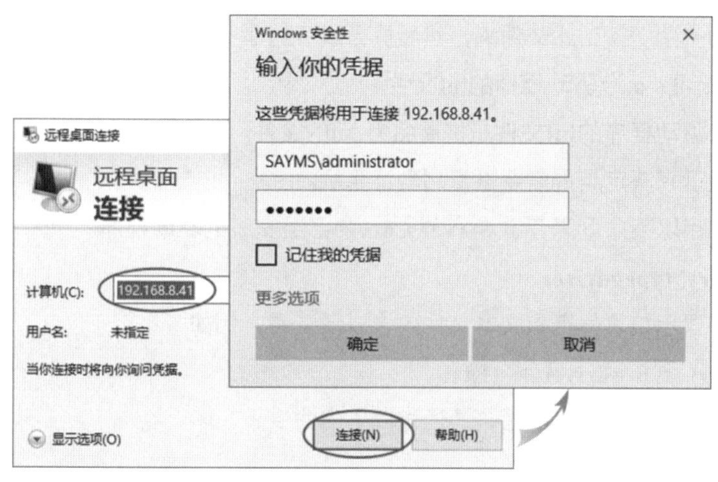

图 17-5-12

STEP 4 接下来可以如图17-5-13所示来管理此 **Server Core**。

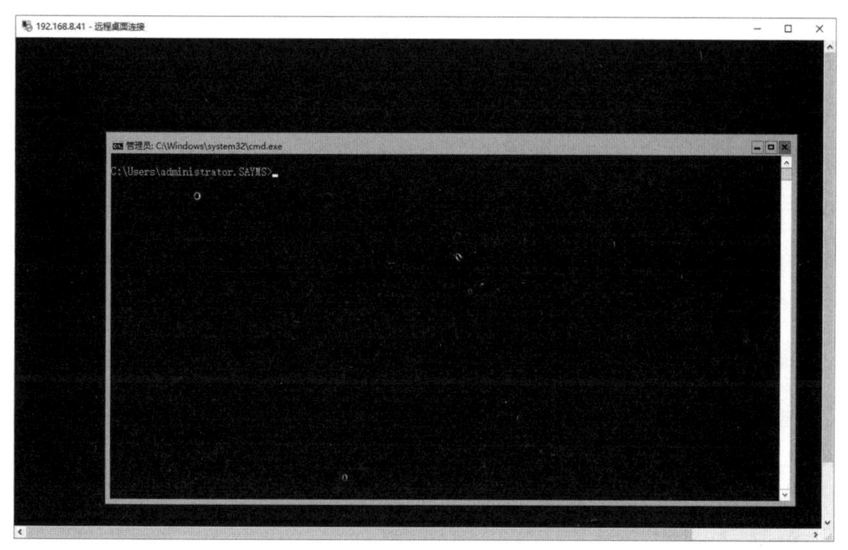

图 17-5-13

STEP 5 完成管理工作后，请输入**logoff**命令以便结束此连接。

17.5.4 硬件设备的安装

如果所安装的硬件设备的驱动程序包含在Windows Server 2019中的话，则在将此硬件设备连接到计算机时，系统的即插即用（PnP）功能就会自动安装此驱动程序。

如果所安装的硬件设备的驱动程序并没有包含在Windows Server 2019中，而是需要另外提供的话，则通过以下步骤来安装：

STEP 1 将驱动程序文件复制到 **Server Core**的一个临时文件夹内。

STEP 2 利用cd命令切换到此文件夹，然后执行以下的命令：

pnputil –i –a <驱动程序的inf文件>

其中的**驱动程序的inf文件**是扩展名为.inf的文件。

STEP 3 依据提示来决定是否需要重新启动计算机。

可以利用以下命令来查看 **Server Core**内已经安装的驱动程序：

sc query type=driver

或是将显示结果另存到文本文件内，以便查看，例如

sc query type=driver > t1.txt

如果要禁用某个服务的话，请通过以下的命令：

sc delete <服务名称>

此<服务名称>可通过前面的查询命令来查看。

17.6 容器与Docker

我们在第5章介绍过虚拟环境与虚拟机，它的架构之一大概如图17-6-1所示，图中在一台安装了Windows Server 2019的计算机（主机）上，通过提供虚拟环境的软件来建立虚拟机，每一台虚拟机内都安装了来宾操作系统（例如Windows 10），然后在此独立的操作系统内执行应用程序。

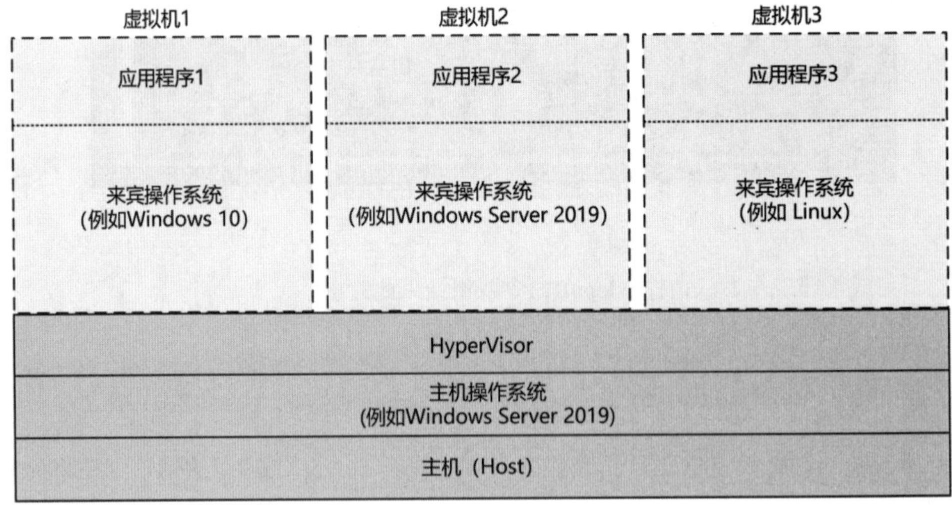

图 17-6-1

而容器（container）的架构大概如图17-6-2所示，图中在一台安装了Windows Server 2019的计算机上，通过Docker来建立与管理容器，而应用程序是在独立的容器内执行。在Docker环境之下不需要来宾操作系统，因此容器的体积小、加载执行快。容器内包含了执行此应用

程序所需的所有组件，例如程序代码、函数库、环境配置等。容器化的应用程序具备可移植性，因此可以在其他的计算机（主机）上执行。

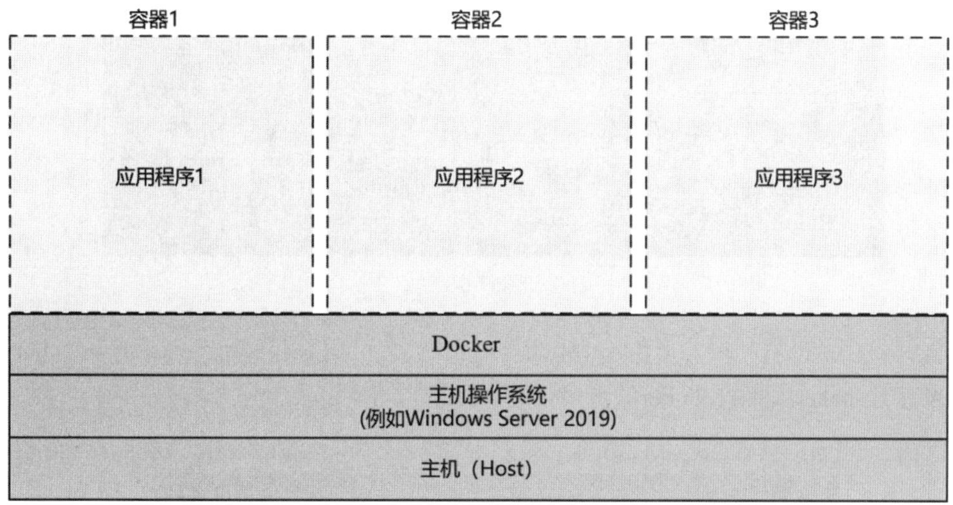

图 17-6-2

微软支持两种不同的容器：Windows Server Container与Hyper-V Container。Windows Server Container类似前面图17-6-2的架构，它们共享主机操作系统核心，体积较轻巧、运行较快；Hyper-V Container则是在拥有独立Windows核心的隔离环境下运行，体积较大、运行较慢，但比较安全。Windows Server 2019支持上述两种容器、Windows 10（专业/企业版）仅支持Hyper-V容器。

17.6.1 安装Docker

我们要将一台Windows Server 2019计算机当作是容器主机（container host）。首先在这台计算机上安装Docker，我们可以通过Docker来管理容器、管理镜像文件（image）、执行容器内的应用程序等。

请【单击左下角**开始**图标⊞➲Windows PowerShell】来打开PowerShell窗口，然后执行以下命令后输入Y，它会从 PowerShell Gallery来安装Docker-Microsoft PackageManagement Provider（参考图17-6-3）：

Install-Module -Name DockerMsftProvider -Repository PSGallery -Force

接着执行PackageManagement PowerShell 模块所提供的以下命令后输入A，它会安装最新版的Docker（参考图17-6-3）：

Install-Package -Name docker -ProviderName DockerMsftProvider

安装完成后，执行Restart-Computer -Force来重新启动计算机。

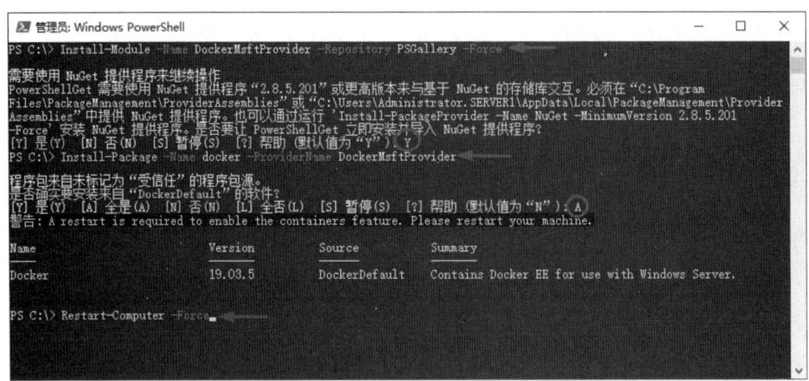

图 17-6-3

重新启动计算机后，再开启PowerShell窗口，然后分别利用docker version与docker info两个命令来查看docker版本与docker的更多信息，如图17-6-4所示。

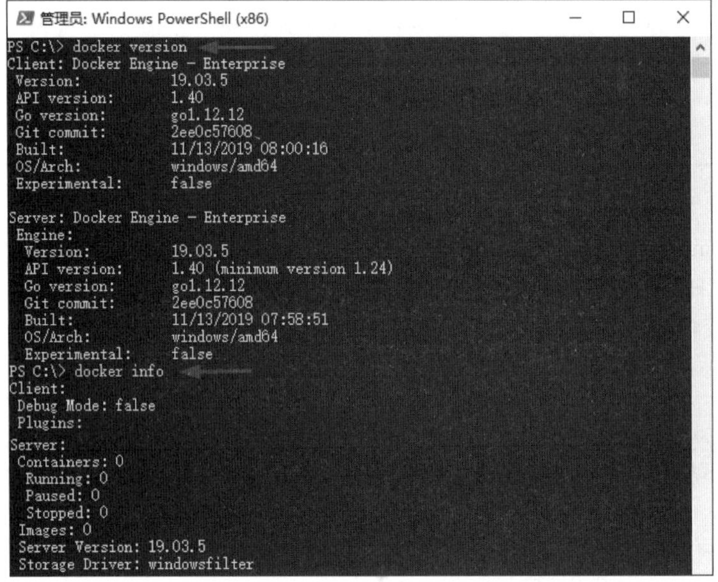

图 17-6-4

也可以通过执行以下命令来查看所安装的docker版本（参考图17-6-5）：

Get-Package -Name Docker -ProviderName DockerMsftProvider

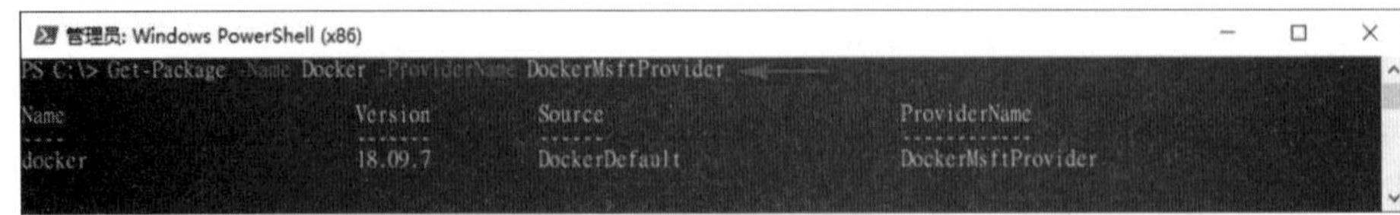

图 17-6-5

以后也可以通过以下命令来查找是否有新版本docker可供安装：

Find-Package -Name Docker -ProviderName DockerMsftProvider

若找到新版本的话，可利用以下两个命令来安装更新与重新启动docker服务：

Install-Package -Name Docker -ProviderName DockerMsftProvider -Update -Force

Start-Service Docker

为了确保容器主机的Windows操作系统是最新的，因此请上网更新系统：【单击左下角**开始**图标⊞➲单击**设置**图标⚙➲单击**更新和安全**➲单击检查更新】，如果容器主机是Server Core的话，请通过sconfig程序，然后选**6）下载并安装更新**。

> 如果要在Windows 10中练习容器，请先到以下网址下载与安装**Docker Desktop for Windows**：
>
> https://hub.docker.com/editions/community/docker-ce-desktop-windows
>
> 安装完成后，选中右下方的Docker Desktop图标右击，单击**Switch to Windows containers...**，然后接续以下章节的操作。

17.6.2　部署第一个容器

本练习利用以下docker run命令来从Docker Hub下载所需的镜像文件（image），然后通过部署容器来执行映象文件中的Hello World应用程序（参考图17-6-6）：

docker run hello-world

它会先从本地硬盘中查找是否有此镜像文件，如果有的话，则直接使用此镜像文件；如果没有的话，则会显示类似Unable to find image ‘hello-world:latest’ locally...的消息（参考图17-6-6第2行的文字），并改为从Docker Hub下载，下载完成后，会将其打包到容器内并执行（另外也会将镜像文件在本地硬盘中另存一份，默认是在C:\ProgramData\Docker\windowsfilter文件夹内）。

```
管理员: Windows PowerShell (x86)
PS C:\> Docker run hello-world
Unable to find image 'hello-world:latest' locally
latest: Pulling from library/hello-world
58fd16eaae0b: Pull complete
59f3ddafd339: Pull complete
4daa128eefd5: Pull complete
Digest: sha256:6540fc08ee6e6b7b63468dc3317e3303aae178cb8a45ed3123180328bcc1d20f
Status: Downloaded newer image for hello-world:latest

Hello from Docker!
This message shows that your installation appears to be working correctly.

To generate this message, Docker took the following steps:
 1. The Docker client contacted the Docker daemon.
 2. The Docker daemon pulled the "hello-world" image from the Docker Hub.
    (windows-amd64, nanoserver-1809)
 3. The Docker daemon created a new container from that image which runs the
    executable that produces the output you are currently reading.
 4. The Docker daemon streamed that output to the Docker client, which sent it
    to your terminal.

To try something more ambitious, you can run a Windows Server container with:
 PS C:\> docker run -it mcr.microsoft.com/windows/servercore powershell

Share images, automate workflows, and more with a free Docker ID:
 https://hub.docker.com/

For more examples and ideas, visit:
 https://docs.docker.com/get-started/

PS C:\> _
```

图 17-6-6

我们可以分别利用docker images与docker ps –a 查看现存的镜像文件与容器，如图17-6-7所示，图中有一个hello-world的镜像文件与一个使用此镜像文件的容器。

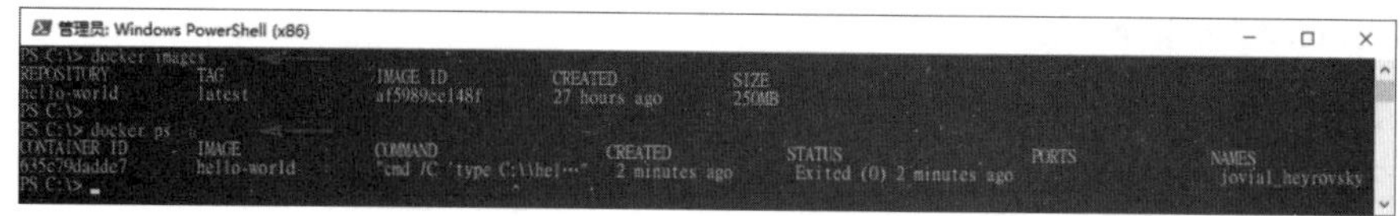

图 17-6-7

如果要删除容器的话，请使用docker rm <*容器标识符*>，以图17-6-7为例，其容器标识符（CONTAINER ID）为635c79dadde7，因此可利用以下命令来删除此容器：

docker rm 635c79dadde7

如果要删除镜像文件的话，请使用docker rmi <*镜像文件标识符*>，以图17-6-7为例，其镜像文件标识符（IMAGE ID）为af5989ee148f，因此可利用以下命令来删除此镜像文件：

docker rmi af5989ee148f

正在被容器使用的镜像文件无法删除，需要先删除容器，再来删除镜像文件。

也可以利用docker pull hello-world命令事先将镜像文件下载、存储到本地硬盘，事后再用docker run来运行，参考图17-6-8（图中假设已经将之前练习的容器与镜像文件都删除了，请先用docker images与docker ps –a来确认已经删除）。

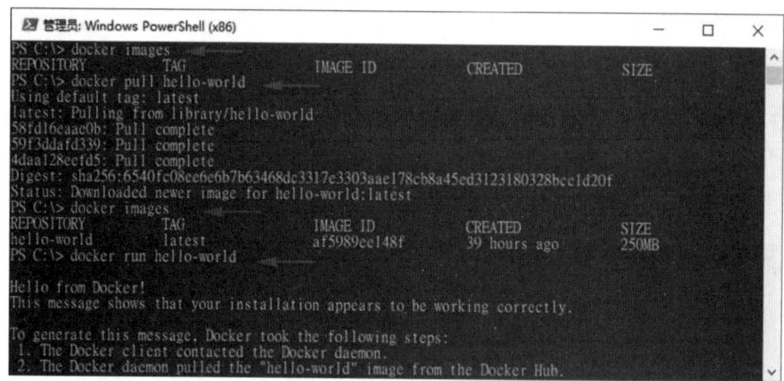

图 17-6-8

17.6.3 Windows基础镜像文件

Windows基础镜像文件（base image）为容器提供了操作系统环境，此镜像文件的内容无法修改。微软目前提供了三个基础镜像文件，分别是：

- Nano Server：精巧的版本，内含.NET core，适合云应用程序。
- Windows Server Core：适合传统的应用程序、支持完整的.NET framework。

- Windows：其镜像文件庞大，包含大部分的Windows组件，对Windows应用程序的支持广泛。

同时微软也将镜像文件从Docker Hub改放到自己的存放点Microsoft Container Registry（MCR），这三个映象文件的相关信息可参考以下网址：

https://hub.docker.com/_/microsoft-windows-nanoserver

https://hub.docker.com/_/microsoft-windows-servercore

https://hub.docker.com/_/microsoft-windows

如果要下载这三种镜像文件的话，可以使用以下命令（假设是1809版）：

docker pull mcr.microsoft.com/windows/nanoserver:1809

docker pull mcr.microsoft.com/windows/servercore:1809

docker pull mcr.microsoft.com/windows:1809

我们将利用以下命令来启动Server Core 1809版容器，启动后会执行**命令提示符**cmd，如图17-6-9所示。注意需要增加-it（interactive，交互式运行）的选项，否则Server Core启动后会马上结束跳回原PowerShell窗口，不会停在**命令提示符**窗口里。

docker run -it mcr.microsoft.com/windows/servercore:1809 cmd

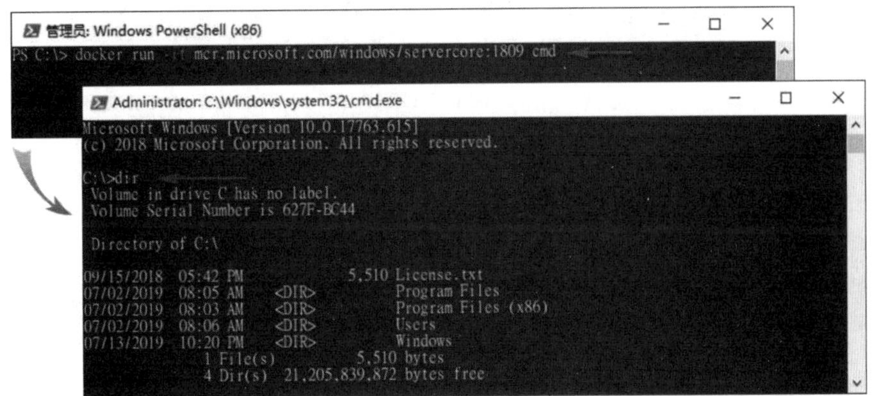

图 17-6-9

在图中的**命令提示符**窗口中执行了dir命令。如果这时不小心单击到窗口右上角的×而关闭窗口，或是按着Ctrl 不放再按 P 、Q键来切换回PowerShell窗口的话，此时容器还继续执行，只是中断连接此容器而已。

请按着Ctrl 不放再按 P 、Q键来测试看看，在跳回PowerShell窗口后，请执行docker ps –a来查看此容器的状态，如图17-6-10所示的STATUS字段的Up 3 minutes表示已经持续执行3分钟了。

如果要重新连接到此容器的话，请执行docker attach *<容器标识符>*，如图17-6-11所示，连接完成后会回到**命令提示符**窗口的刚才dir界面。

```
管理员: Windows PowerShell (x86)
PS C:\> docker run -it mcr.microsoft.com/windows/servercore:1809 cmd

C:\>dir
 Volume in drive C has no label.
 Volume Serial Number is 627F-BC44

 Directory of C:\

09/15/2018  05:42 PM             5,510 License.txt
07/02/2019  08:05 AM    <DIR>          Program Files
07/02/2019  08:03 AM    <DIR>          Program Files (x86)
07/02/2019  08:06 AM    <DIR>          Users
07/13/2019  10:20 PM    <DIR>          Windows
               1 File(s)          5,510 bytes
               4 Dir(s)  21,205,839,872 bytes free

C:\>
PS C:\> docker ps
CONTAINER ID        IMAGE                                       COMMAND     CREATED            STATUS
49dcdc824fc1        mcr.microsoft.com/windows/servercore:1809   "cmd"       3 minutes ago      Up 3 minutes
PS C:\>
```

图 17-6-10

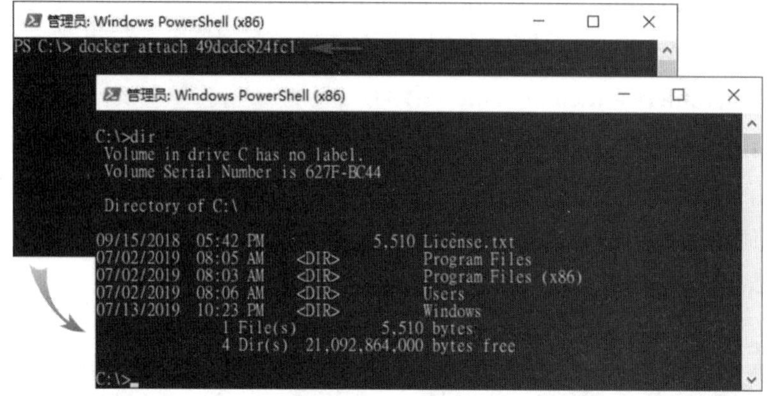
```
管理员: Windows PowerShell (x86)
PS C:\> docker attach 49dcdc824fc1

管理员: Windows PowerShell (x86)
C:\>dir
 Volume in drive C has no label.
 Volume Serial Number is 627F-BC44

 Directory of C:\

09/15/2018  05:42 PM             5,510 License.txt
07/02/2019  08:05 AM    <DIR>          Program Files
07/02/2019  08:03 AM    <DIR>          Program Files (x86)
07/02/2019  08:06 AM    <DIR>          Users
07/13/2019  10:23 PM    <DIR>          Windows
               1 File(s)          5,510 bytes
               4 Dir(s)  21,092,864,000 bytes free

C:\>
```

图 17-6-11

如果是在容器的**命令提示符**窗口内执行exit命令（参考图17-6-12），则会结束执行此容器，由图17-6-12中docker ps –a命令的STATUS字段的状态可看出。

```
管理员: Windows PowerShell (x86)
07/02/2019  08:05 AM    <DIR>          Program Files
07/02/2019  08:03 AM    <DIR>          Program Files (x86)
07/02/2019  08:06 AM    <DIR>          Users
07/13/2019  10:23 PM    <DIR>          Windows
               1 File(s)          5,510 bytes
               4 Dir(s)  21,092,864,000 bytes free

C:\>exit
PS C:\> docker ps -a
CONTAINER ID        IMAGE                                       COMMAND     CREATED            STATUS
49dcdc824fc1        mcr.microsoft.com/windows/servercore:1809   "cmd"       12 minutes ago     Exited (0) 10 seconds ago
PS C:\>
```

图 17-6-12

可以利用docker start<*容器标识符*>来重新启动此容器，然后用docker attach <*容器标识符*>命令来连接此容器（参考图17-6-13）。但如果是重新执行docker run命令的话，则它会另外建立与执行一个新的容器（请用docker ps –a来查看）。另外因为前一个容器在执行期间所做的任何更改，是被存储在沙盒（sandbox），不会更改到镜像文件，因此另外执行的新容器，其环境仍然是与原镜像文件相同。

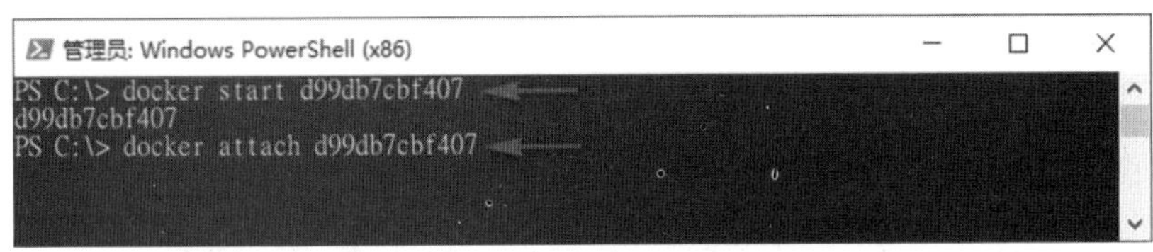

图 17-6-13

我们可以通过docker commit命令，利用现有容器的内容建立新的镜像文件。我们利用前面的容器来说明。请先连接到此容器，然后如图17-6-14所示执行md testdir命令来建立一个名称为testdir的文件夹，利用dir命令来确认此文件夹已经建立成功，然后执行exit命令来结束执行此容器。

```
Administrator: C:\Windows\system32\cmd.exe
Microsoft Windows [Version 10.0.17763.615]
(c) 2018 Microsoft Corporation. All rights reserved.

C:\>md testdir

C:\>dir
 Volume in drive C has no label.
 Volume Serial Number is 627F-BC44

 Directory of C:\

09/15/2018  05:42 PM             5,510 License.txt
07/02/2019  08:05 AM    <DIR>          Program Files
07/02/2019  08:03 AM    <DIR>          Program Files (x86)
07/13/2019  10:42 PM    <DIR>          testdir
07/02/2019  08:06 AM    <DIR>          Users
07/13/2019  10:23 PM    <DIR>          Windows
               1 File(s)          5,510 bytes
               5 Dir(s)  21,106,249,728 bytes free

C:\>exit
```

图 17-6-14

先利用docker ps –a命令来查看此容器的**容器ID**（图17-6-15中是49dcdc824fc1），接着执行如下所示的docker commit命令，以便利用此容器的内容来建立新的镜像文件，假设镜像文件的名称是newdir（此镜像文件的C: 磁盘会有文件夹testdir），接着通过docker images命令来查看刚才所建立的镜像文件。

docker commit 49dcdc824fc1 newdir

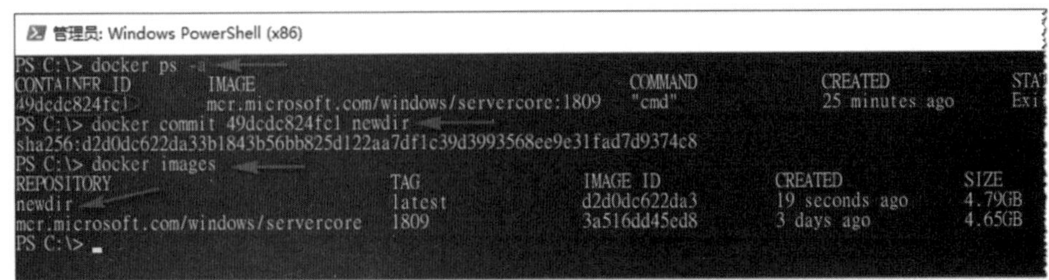

图 17-6-15

最后我们使用如下所示的docker run命令来建立与执行包含此新镜像文件的容器，接着利用dir命令来验证C: 磁盘内确实有testdir文件夹，如图17-6-16所示：

docker run -it newdir

```
Administrator: C:\Windows\system32\cmd.exe
Microsoft Windows [Version 10.0.17763.615]
(c) 2018 Microsoft Corporation. All rights reserved.

C:\>dir
 Volume in drive C has no label.
 Volume Serial Number is 627F-BC44

 Directory of C:\

09/15/2018  05:42 PM             5,510 License.txt
07/02/2019  08:05 AM    <DIR>          Program Files
07/02/2019  08:03 AM    <DIR>          Program Files (x86)
07/13/2019  10:42 PM    <DIR>          testdir
07/02/2019  08:06 AM    <DIR>          Users
07/13/2019  10:23 PM    <DIR>          Windows
               1 File(s)          5,510 bytes
               5 Dir(s)  21,242,949,632 bytes free

C:\>
```

图 17-6-16

17.6.4 自定义镜像文件

前面介绍过可以通过docker commit命令来建立新的镜像文件，它是根据现有容器的内容来建立的。另外也可以利用dockerfile文件与docker build命令来自定义镜像文件，dockerfile是文本文件，它记录着用来建立镜像文件的命令，其中主要包含以下部分：

- 利用FROM命令来指定需要使用的基础镜像文件（base image）。
- 利用LABEL命令标注此镜像文件的维护者。
- 利用RUN命令来指定在镜像文件建立过程中需要执行的命令。
- 利用CMD命令来指定在部署内含此镜像文件的容器时，需要执行的命令。

例如图17-6-17为dockerfile的一个范例，文件名就是dockerfile，没有扩展名（如果利用记事本建立此文件的话，存储文件时在文件名前后加上双引号 "，就不会自动加上扩展名.txt）。文件中#开头表示该行为注释，命令说明请看图中的注释说明。

```
#Dockerfile 示例文件

#指定基础镜像文件，例如ServerCore 1809版
FROM mcr.microsoft.com/windows/servercore:1809

#标注此镜像文件的维护者
LABEL maintainer="testuser@test.com"

#指定利用dism.exe来安装IIS网站
RUN dism.exe /online /enable-feature /all /featurename:iis-webserver /NoRestart

#建立网站的首页文档
RUN echo "Hello World - Dockerfile Testing" > c:\inetpub\wwwroot\index.html

#指定每次容器执行时需要执行的命令或程序，假设时执行命令提示符cmd
CMD [ "cmd" ]
```


图 17-6-17

假设我们已经将此dockerfile文件复制到容器主机的C:\test文件夹之下。如图17-6-18所示执行docker build -t myiis C:\test，其中利用 -t参数来将此镜像文件名称设置为myiis、C:\test表示dockerfile在C:\test文件夹内。图中最后可看到已经成功的建立镜像文件。

```
管理员: Windows PowerShell (x86)
PS C:\> docker build -t myiis C:\test
Sending build context to Docker daemon  2.56kB
Step 1/5 : FROM mcr.microsoft.com/windows/servercore:1809
 ---> 3a516dd45ed8
Step 2/5 : LABEL maintainer="testuser@test.com"
 ---> Running in f5e95f0c0899
Removing intermediate container f5e95f0c0899
 ---> e1841f119b21
Step 3/5 : RUN dism.exe /online /enable-feature /all /featurename:iis-webserver /NoRestart
 ---> Running in a0589c68d442
[==========================99.0%==========================]
[==========================100.0%==========================]
The operation completed successfully.
Removing intermediate container 792f837fd3a2
 ---> 859134e6c646
Step 4/5 : RUN echo "Hello World - Dockerfile Testing" > c:\inetpub\wwwroot\index.html
 ---> Running in ce51367c0cf0
Removing intermediate container ce51367c0cf0
 ---> 340faf91fdee
Step 5/5 : CMD [ "cmd" ]
 ---> Running in f3737e6b6126
Removing intermediate container f3737e6b6126
 ---> 26fab51084e7
Successfully built 26fab51084e7
Successfully tagged myiis:latest
PS C:\Users\Administrator> _
```

图 17-6-18

接着如图17-6-19所示利用docker images来查看此新建立的镜像文件myiis，然后如图17-6-19所示利用docker run –it myiis命令来建立与执行包含此镜像文件的容器。

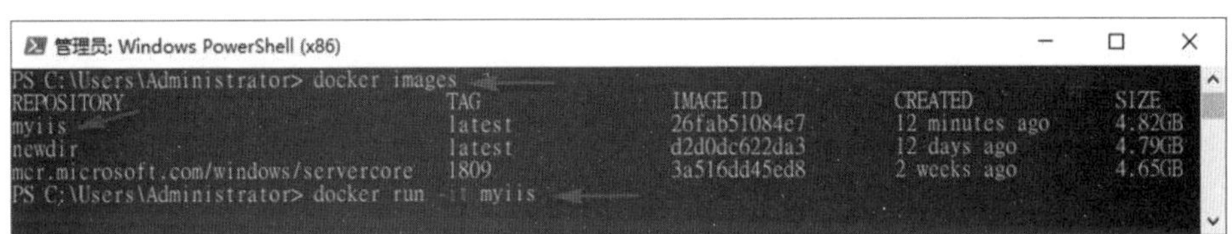

图 17-6-19

由于此镜像文件内包含IIS网站，其首页会显示"Hello World – Dockerfile Testing"文字，因此利用浏览器来连接时会看到如图17-6-20所示的界面。如果要测试连接此网站的话，请先在容器的**命令提示符**窗口内利用ipconfig来查看其IP地址，然后到容器主机打开Internet Explorer、输入IP地址来连接此网站。

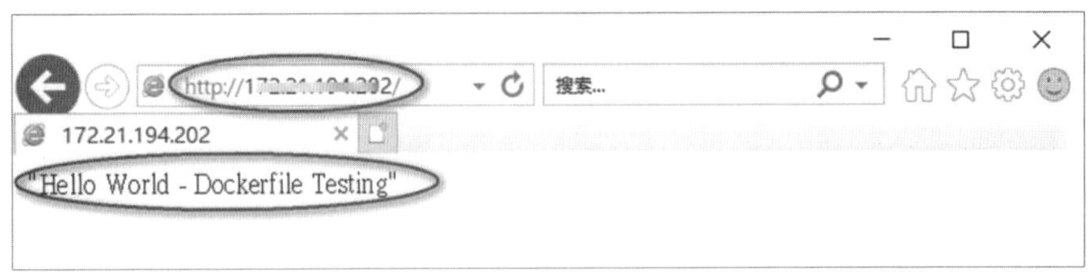

图 17-6-20